U0273399

土木工程数值分析与工程软件应用系列教程

PLAXIS 2D 基础教程

刘志祥　张海清　编著

机械工业出版社

PLAXIS 2D 是一款发展成熟、性能优越并在国际上广受赞誉的岩土工程通用有限元分析软件，它操作流程简明清晰，具备强大的建模、计算及后处理功能；能考虑岩土体的非线性、时间相关性、土与结构相互作用及流固耦合、热流耦合等复杂特性，在很多国家和地区被广泛用于各类岩土工程计算分析和辅助设计。

本书全面讲解 PLAXIS 2D 软件的功能特性及其在岩土工程中的应用方法。全书分为两大部分共 26 章，其中第 1 部分（1～10 章）详细介绍从输入土层、定义结构、指定材料参数、施加荷载、设定（塑性、渗流、动力、热）边界条件、划分网格，到定义施工阶段、设置计算控制参数、执行计算和输出计算结果等整个分析过程中涉及的各项操作细节，可使读者全面了解软件的架构和各个功能；第 2 部分（11～26 章）以 16 个典型岩土工程问题为例，深入讲解利用 PLAXIS 2D 进行实际岩土工程计算分析的方法流程，包括模型构建、参数取值、计算条件设定及计算结果输出与分析的全过程，可使读者具备基本的实战能力。

本书附赠光盘包含与书中各示例课程相配套的 PLAXIS 模型文件及其他相关文件（2D 模型文件基于 PLAXIS 2D 2015 版创建）。

本书作为土木工程数值分析与工程软件应用系列教程之一，适于广大岩土工程师和研究人员入门使用。

图书在版编目（CIP）数据

PLAXIS 2D 基础教程/刘志祥，张海清编著. —北京：机械工业出版社，2017.1

土木工程数值分析与工程软件应用系列教程

ISBN 978-7-111-55417-2

Ⅰ. ①P… Ⅱ. ①刘… ②张… Ⅲ. ①土木工程－应用软件－教材 Ⅳ. ①TU-39

中国版本图书馆 CIP 数据核字（2016）第 278286 号

机械工业出版社（北京市百万庄大街 22 号 邮政编码 100037）
策划编辑：李 帅 责任编辑：李 帅 臧程程
责任校对：陈延翔 封面设计：张 静
责任印制：李 昂
三河市宏达印刷有限公司印刷
2017 年 4 月第 1 版第 1 次印刷
184mm×260mm · 29.75 印张 · 4 插页 · 727 千字
标准书号：ISBN 978-7-111-55417-2
ISBN 978-7-89386-088-1（光盘）
定价：79.80 元

凡购本书，如有缺页、倒页、脱页，由本社发行部调换

电话服务
服务咨询热线：010-88379833
读者购书热线：010-88379649

网络服务
机 工 官 网：www.cmpbook.com
机 工 官 博：weibo.com/cmp1952
教育服务网：www.cmpedu.com
金 书 网：www.golden-book.com

前　言

随着近几年中国经济飞速发展，尤其是城镇化的发展，国家对城乡建设和基础设施建设大举投入，在城建、交通和港口等众多领域不断涌现出大型岩土工程项目，随之引发的工程事故和经济损失也越来越多。因此，对于地质条件、施工工况和周边环境等比较复杂的岩土工程项目，尤其是大型项目，在确定设计施工方案之前，进行方案比选、预判关键变形受力部位并提出改进建议，以及在项目实施过程中，对突发工程事故原因进行分析判断，提出并验证应对措施的合理性和有效性等，以确保施工的安全、顺利进行，已逐渐成为整个工程项目中必不可少的重要环节，相关的监测技术、试验研究也越来越受到重视。这就需要能够模拟整个施工过程、能够考虑复杂荷载工况及地下水条件、考虑土-结构相互作用及流-固耦合作用的专业的岩土分析软件来辅助我们完成这些工作。同时，随着理论研究与工程经验的不断积累与发展，业内专家学者及专业技术人员也逐渐认识到，单纯依靠常规的传统算法已经无法满足日益复杂的岩土工程项目的计算分析需求，在各类岩土工程的设计施工方案的专家评审会上，已普遍要求使用岩土有限元程序进行分析校核。

在众多有限元程序中，PLAXIS 软件以其专业性、友好性和优质性广受用户的认可。与 ANSYS 和 ABAQUS 这类大型通用有限元软件不同，PLAXIS 始终专注于岩土工程问题解决方案，如果说前者所走的是“博、广、通”的路线，那么 PLAXIS 走的则是一条“专、精、深”的路线。PLAXIS 拥有更全面丰富的岩土本构模型和专门针对岩土工程分析特点设计的易于使用的操作界面。与此同时，它的计算内核稳定且高效，其计算结果可靠性在国际岩土工程界得到广泛认可。近年来，PLAXIS 软件在国内大型岩土工程项目应用中已经充分展示了它的专业性和高品质。

PLAXIS 软件是由荷兰公共事业与水利管理委员会提议，于 1987 年由荷兰 Delft 工业大学开始研发，最初是为了解决荷兰本地的与软土相关的岩土模拟分析问题。1993 年，PLAXIS 公司正式成立，并于 1998 年发布第 1 版 Windows 系统的 PLAXIS 软件。同时，着手三维计算内核的研发，并在 2001 年、2004 年逐步推出 PLAXIS 三维隧道分析程序（3DT）、三维基础程序（3DF）。随着技术的不断累积，2015 年，PLAXIS 公司又推出了新一代 PLAXIS 软件 PLAXIS 2D 2015 和 PLAXIS 3D AE，二者的操作界面基本一致。

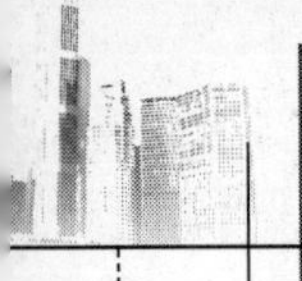

至今，PLAXIS 软件已广泛应用于各种岩土工程项目，如：基坑、挡墙、边坡、抗滑桩、隧道、桩（筏）基础、码头工程等，并得到世界各地岩土工程师的认可，成为其日常工作中不可或缺的数值分析工具。以我国香港地区为例，PLAXIS 程序一直是香港屋宇署（Buildings Department of the Government of Hong Kong）的官方认证岩土分析软件之一。截至 2012 年年初，世界范围内 PLAXIS 用户多达 16000 多家，其中我国国内用户已有百余家，涵盖了铁路、电力、石化、建筑、航务、市政等多个行业。

我们在 2015 年 2 月和 10 月相继出版了《PLAXIS 3D 基础教程》与《PLAXIS 高级应用教程》，填补了国内 PLAXIS 3D 教程与 PLAXIS 高级教程的空白。PLAXIS 2D 2015 软件与旧版软件在交互界面、操作方式上已有很大不同，分析功能也更加丰富和完善，为此，我们编写了这本《PLAXIS 2D 基础教程》。

为了便于广大工程师与学者能够尽快熟悉和使用 PLAXIS 2D 软件，本书系统而详细地讲解了 PLAXIS 2D 各项功能和常见工程项目中的应用方法。全书分为两个部分：功能特性和应用示例。第 1 部分功能介绍（1 ~ 10 章），第 1、2 章介绍程序的概况和一般规定；第 3 ~ 6 章讲述输入程序中的土、结构等建模功能和材料属性设置等前处理功能；第 7 章讲述网格划分和计算设置；第 8 ~ 10 章讲述输出程序的界面、输出结果及生成曲线等后处理功能。第 2 部分应用示例（11 ~ 26 章）以 16 个典型岩土工程问题为例，深入讲述利用 PLAXIS 2D 进行实际岩土工程计算分析的方法流程，包括模型构建、参数取值、计算条件设定及计算结果输出与分析的全过程。另外，在附录中给出了程序的安装说明及相关问题解决方法。

本书的编写由刘志祥与张海清完成。感谢中国建筑标准设计研究院北京金土木信息技术有限公司各位领导对本书的重视与大力支持；感谢前同事卢萍珍在早些年所做的工作；最后要感谢国内的广大 PLAXIS 用户，你们对新版 PLAXIS 2D 中文教程的需求正是我们编写本书的动力源泉。

由于编者水平和时间的限制，书中难免存在错漏之处，敬请广大读者批评指正。也请您在发现错误后反馈给我们，以便再版时进行更新与修正，再次感谢广大读者。

编　者

目　录

前言

第1部分　功能特性

第1章　PLAXIS 2D 软件简介 ········ 3

第2章　一般说明 ········ 4

2.1　单位和符号规定 ········ 4
2.2　文件管理 ········ 6
2.3　帮助工具 ········ 7

第3章　输入程序概述 ········ 8

3.1　启动输入程序 ········ 8
3.2　“输入”程序的界面 ········ 15
3.3　菜单栏中的菜单 ········ 16
3.4　输入程序的结构——模式 ········ 20
3.5　绘图区中的模型 ········ 20
3.6　命令行一般信息 ········ 22
3.7　浏览器 ········ 24

第4章　地层模拟——土模式 ········ 30

4.1　调整模型边界 ········ 30
4.2　创建钻孔 ········ 31
4.3　土层 ········ 32

第5章 荷载和结构——结构模式 …… 39
5.1 辅助工具 …… 39
5.2 几何对象 …… 40
5.3 荷载 …… 44
5.4 指定位移 …… 47
5.5 动力荷载 …… 48
5.6 结构单元 …… 53
5.7 隧道 …… 62
5.8 设计方法 …… 67
5.9 水力条件 …… 71
5.10 热条件 …… 78
5.11 流函数 …… 83
5.12 热函数 …… 88
5.13 导入几何模型 …… 90
第6章 材料属性和材料数据库 …… 92
6.1 土和界面模拟 …… 94
6.2 不排水行为模拟 …… 135
6.3 土工试验模拟 …… 137
6.4 板材料数据组 …… 152
6.5 土工格栅材料数据组 …… 155
6.6 Embedded beam row 材料数据组 …… 157
6.7 锚杆材料数据组 …… 163
6.8 为几何构件指定材料数据组 …… 165
第7章 网格和计算 …… 167
7.1 网格生成——网格模式 …… 167
7.2 定义计算阶段 …… 170
7.3 分析类型 …… 173
7.4 加载类型 …… 184
7.5 水压力计算 …… 188
7.6 温度计算 …… 190
7.7 加载步骤 …… 191
7.8 计算控制参数 …… 195
7.9 水力条件 …… 207
7.10 几何配置——分步施工模式 …… 213
7.11 计算中使用设计方法 …… 220

7.12 开始计算 …… 222

第8章 输出程序概述 …… 229

8.1 输出程序的界面布局 …… 230
8.2 菜单栏中的菜单 …… 231
8.3 命令行中的一般信息 …… 236
8.4 输出程序中的工具 …… 237
8.5 显示区 …… 249
8.6 输出程序中的视图 …… 253
8.7 报告生成 …… 253
8.8 生成动画 …… 258

第9章 输出程序的输出结果 …… 260

9.1 单元关联图 …… 260
9.2 变形 …… 260
9.3 应力 …… 264
9.4 结构和界面 …… 270

第10章 曲线 …… 276

10.1 选择曲线点 …… 276
10.2 生成曲线 …… 278
10.3 曲线格式设置 …… 287
10.4 格式设置选项 …… 290
10.5 重新生成曲线 …… 293
10.6 一张曲线图中生成多条曲线 …… 293

第2部分 应用示例

第11章 砂土地基上圆形基础的沉降分析 …… 296

11.1 工程概况 …… 296
11.2 工况A：刚性基础 …… 297
11.3 工况B：柔性基础 …… 310

第12章 水下基坑开挖分析 …… 317

12.1 几何模型 …… 318
12.2 生成网格 …… 322

12.3　执行计算…………………………………………………………………………… 323
12.4　查看结果…………………………………………………………………………… 327

第 13 章　拉锚地连墙支护基坑降水开挖分析 …………………………………… 330

13.1　几何模型…………………………………………………………………………… 330
13.2　生成网格…………………………………………………………………………… 335
13.3　执行计算…………………………………………………………………………… 335
13.4　查看结果…………………………………………………………………………… 338

第 14 章　软土地基上路堤填筑稳定性分析 ……………………………………… 341

14.1　几何模型…………………………………………………………………………… 341
14.2　生成网格…………………………………………………………………………… 345
14.3　执行计算…………………………………………………………………………… 345
14.4　查看结果…………………………………………………………………………… 348
14.5　安全性分析………………………………………………………………………… 350
14.6　使用排水线………………………………………………………………………… 354
14.7　更新网格 + 更新水压分析 ……………………………………………………… 355

第 15 章　盾构隧道地表沉降及其对桩基的影响分析 …………………………… 357

15.1　几何模型…………………………………………………………………………… 358
15.2　生成网格…………………………………………………………………………… 363
15.3　执行计算…………………………………………………………………………… 363
15.4　查看结果…………………………………………………………………………… 364

第 16 章　新奥法隧道施工过程模拟分析 ………………………………………… 367

16.1　几何模型…………………………………………………………………………… 367
16.2　生成网格…………………………………………………………………………… 371
16.3　执行计算…………………………………………………………………………… 371
16.4　查看结果…………………………………………………………………………… 372

第 17 章　库水骤降坝体稳定性分析…………………………………………………… 374

17.1　几何模型…………………………………………………………………………… 374
17.2　生成网格…………………………………………………………………………… 376
17.3　执行计算…………………………………………………………………………… 376
17.4　查看结果…………………………………………………………………………… 382

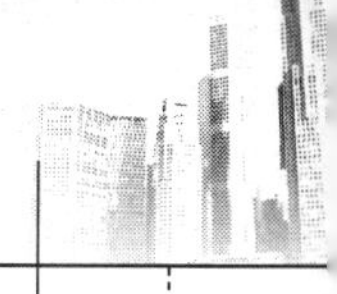

第18章 拉锚地连墙支护基坑降水开挖分析-ULS …… 384

18.1 几何模型 …… 384
18.2 执行计算 …… 386
18.3 查看结果 …… 387

第19章 坝体渗流分析 …… 389

19.1 几何模型 …… 389
19.2 生成网格 …… 390
19.3 执行计算 …… 391
19.4 查看结果 …… 395

第20章 板桩墙基坑渗流分析 …… 397

20.1 几何模型 …… 397
20.2 生成网格 …… 397
20.3 执行计算 …… 398
20.4 查看结果 …… 399

第21章 降水条件下土体饱和度变化分析 …… 400

21.1 几何模型 …… 400
21.2 生成网格 …… 402
21.3 执行计算 …… 403
21.4 查看结果 …… 405

第22章 简谐动力荷载下弹性地基动力分析 …… 406

22.1 几何模型 …… 406
22.2 执行计算 …… 409
22.3 查看结果 …… 411

第23章 打桩效应动力分析 …… 414

23.1 几何模型 …… 414
23.2 生成网格 …… 417
23.3 执行计算 …… 418
23.4 查看结果 …… 419

第24章 建筑物自由振动及地震分析 …… 421

24.1 几何模型 …… 421

24.2 生成网格……427
24.3 执行计算……427
24.4 查看结果……428

第25章 通航船闸热膨胀分析……431

25.1 输入……431
25.2 网格生成……434
25.3 计算……434
25.4 计算结果……438

第26章 冻结法隧道热-流耦合分析……441

26.1 输入……441
26.2 网格生成……445
26.3 计算……445
26.4 计算结果……446
26.5 查看计算结果步骤……446

附录 PLAXIS 2D 程序安装指南……448

参考文献……462

第1部分 功能特性

PLAXIS 系列软件自 1987 年开始研发，1993 年 PLAXIS 公司成立，发展至今已有二十余年。国际上有超过 30 家公司加入了 PLAXIS 发展共同体（Plaxis Development Community，PDC），为 PLAXIS 研发提供资金支持，并对研发成果的性能和品质进行测试和检验。这样就将程序研发与工程实践结合起来，使得 PLAXIS 软件在互动中不断更新、反馈、再更新，功能愈加强大、成熟、完善。

PLAXIS 2D 作为一款优秀的二维岩土有限元软件，在国际工程界及学术界广受好评，近年在国内积累了大批用户。总体来说，PLAXIS 2D 的优势体现在以下几个方面：

（1）计算功能强大，适用范围广　PLAXIS 2D 共包括四大模块，主模块之外还包括渗流模块、动力模块和热模块，可进行塑性、安全性、固结、渗流、动力、热、流固耦合、热流耦合等多种类型的分析。可对常规岩土工程问题（变形、强度）如地基、基础、开挖、支护、加载等进行塑性分析，可对涉及超孔压增长与消散的问题进行固结分析，可对涉及水位变化的问题进行渗流（稳态、瞬态）计算以及完全流固耦合分析，可对涉及动力荷载、地震作用的问题进行动力分析，可对涉及稳定性（安全系数）的问题进行安全性分析，还可以对温度变化影响以及冻结法施工问题进行热分析。从工程类型角度来看，可对基坑、边坡、隧道、桩基、水库坝体等工程进行分析。另外，PLAXIS 2D 还有专门的子程序用于模拟常规土工试验并可进行模型参数优化（土工试验室程序）。

（2）运算稳定，结果可靠　PLAXIS 公司加入了 NAFEMS（一个旨在促进各类工程问题的有限元方法应用的非营利性组织），PLAXIS 研发团队始终与世界各地的岩土力学与数值方法研究人员保持密切联系，以使 PLAXIS 程序能够采用最先进的专业理论与技术，在业界保持高技术标准。众所周知，本构模型是一个岩土有限元软件的灵魂，PLAXIS 程序率先引入了土体硬化模型（HS）和小应变土体硬化模型（HSS）这两个高级本构模型，能够考虑土体刚度随应力状态的变化，其典型应用如基坑开挖支护模拟，对于坑底回弹和地表沉降槽以及支护结构

的变形和内力等的计算结果，经过与众多工程实例监测数据的对比，已经得到世界范围内的广泛认可，成为开挖类有限元计算的首选本构，使得广大工程师摆脱了使用莫尔-库仑（PLAXIS 软件中为“摩尔-库伦”）等初级本构难以考虑土体变刚度特性，甚至得到基坑连同地表整体上抬的计算结果的困扰。国内专家学者及工程师已借此完成了很多基坑工程计算分析，我国《基坑工程手册》（刘国彬、王卫东主编，2009 年，第二版）第 3 章和第 6 章亦对 HS 模型及工程应用案例作了重点介绍。

（3）界面友好，操作便捷　PLAXIS 2D“输入”程序界面下包括土、结构、网格、水力条件、分步施工等五个选项卡，整个建模计算过程按此分析流程依次进行即可。PLAXIS 2D 程序具有交互式图形界面，其土层数据、结构、施工阶段、荷载和边界条件等都是在方便的 CAD 绘图环境中输入，支持 DXF、DWG 图形文件的导入，有专门的隧道设计器可建立复杂形状的隧道结构，有多种工具可以进行修剪、延伸、平移、阵列、分类框选等操作以建立复杂几何模型。PLAXIS 2D 可以自动生成非结构化高精度有限元网格，其中土体采用 15 节点高阶三角形单元模拟，结构单元包括板、梁、锚杆、土工格栅以及 PLAXIS 特有的 Embedded beam row。土与结构相互作用采用界面单元模拟，比如板单元与土体之间的相互作用，建立板之后，可通过右键菜单一键生成接触界面。再比如渗流边界条件，可指定常水头、时间相关变化水头，既可在模型中直接绘制水位面，也可通过数据表格、水头变化函数等指定渗流边界条件。PLAXIS 同时提供图形交互和命令流驱动两种操作方式，并提供基于 Python 语言的二次开发接口。

本书第一部分共 10 章，对 PLAXIS 2D 程序的主要功能特性及相应的各级菜单进行全面介绍，详细讲解从输入土层、设置结构、指定材料参数、施加荷载、设定（塑性、渗流、动力、热力）边界条件、划分网格，到定义施工阶段、设置计算控制参数、执行计算和输出计算结果等整个分析过程中涉及的各项操作细节。

通过第一部分的学习，读者可了解到 PLAXIS 2D 软件如何模拟土层、各类结构，对其功能特性以及参数设置有较全面的了解。本部分内容也可作为 PLAXIS 2D 软件的实用手册，可供读者在使用软件过程中查阅软件相关功能特性信息。

第 1 章 PLAXIS 2D软件简介

PLAXIS 软件最初由荷兰 Delft 工业大学研究团队主导研发（1987 年），早期只有二维版本，专注于解决平面应变问题和轴对称问题。PLAXIS 公司成立后（1993 年），继续发展完善二维程序，推动 PLAXIS 2D 程序不断迭代升级。二十多年来，PLAXIS 系列岩土有限元程序以其界面友好、方便易用、计算可靠等特点在国际岩土工程领域获得了广泛应用和很高声誉。

PLAXIS 2D 是 PLAXIS 系列产品中研发时间最长、功能最完善的一款软件，目前最新版本为 2015 年年初推出的 PLAXIS 2D 2015 版中加入了热分析功能，包括基本模块及动力、渗流、热力等多个高级分析模块，内嵌多种经典及高级土体本构模型，能模拟复杂岩土结构和施工过程，可以针对平面应变和轴对称问题执行常规应力应变分析、固结分析、稳态/瞬态渗流分析、完全流固耦合分析、自由振动/地震荷载动力分析、强度折减安全性分析、稳态/瞬态热流分析和完全热力耦合分析，能考虑土与结构之间相互作用及动力荷载的影响。

至今，PLAXIS 软件已广泛应用于各种岩土工程项目，如：基坑、挡墙、边坡、抗滑桩、隧道、桩（筏）基础、码头工程等，并得到世界各地岩土工程师的认可，日渐成为其日常工作中不可或缺的数值分析工具。截至 2012 年年初，世界范围内 PLAXIS 用户多达 16000 多家；其中国内用户已有百余家，分别是：铁路、电力、石化、建筑、航务、市政等行业设计院及部分高校和科研院所。

PLAXIS 2D 用户需熟悉 Windows 操作环境，为快速了解 PLAXIS 2D 的主要功能，可参照本书第二部分的算例进行上机操作来熟悉相关知识。

PLAXIS 2D 用户界面上包含两个子程序（“输入”和“输出”程序）：

1）“输入”程序（PLAXIS 2D Input，蓝色图标“2D”）是一个前处理器，用于定义问题的几何模型、创建有限元网格和定义计算阶段并执行计算。

2）“输出”程序（PLAXIS 2D Output，橙色图标“2D”）是一个后处理器，可输出各种计算结果的等值线、矢量、云图、剖面以及监测点数值变化曲线等。

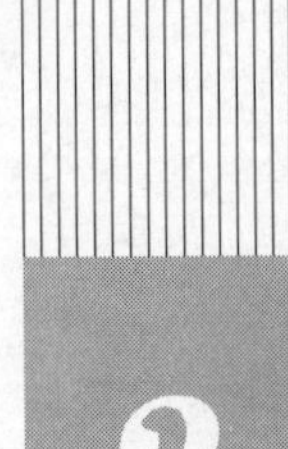

第2章 一般说明

在介绍 PLAXIS 2D 用户界面各个部分的具体功能之前，本章首先介绍一些该软件的通用特性。

2.1 单位和符号规定

2.1.1 单位系统

对于任何一个分析项目，其各项输入信息应采用一致的单位系统。在输入分析项目的几何信息之前，需要先从标准单位系统里选择一组合适的基本单位。基本单位包括长度、力、时间、温度、能量和质量，在“输入”程序的“文件”菜单下选择“项目属性”选项，然后在弹出的“项目属性”窗口中的“模型”选项卡中可定义这些基本单位。PLAXIS 2D 软件默认基本单位为长度 [m]、力 [kN]、时间 [day]、温度 [K]、能量 [kJ]、功率 [kW] 和质量 [t]。表 2-1 列出了 PLAXIS 2D 中所有的可用单位、默认设置和折算到默认单位的换算关系。PLAXIS 2D 分析项目的输入数据和输出数据，都和这里选定的单位系统相一致。PLAXIS 2D 程序会根据用户设置的基本单位系统在参数输入框的右侧列出其对应的输入单位；当以表格形式输入数据时，会在输入列的上方显示对应的单位。本书中的全部算例均采用软件的默认单位系统。

提示：当计算中涉及热效应时，强烈建议采用默认单位系统。

表 2-1 PLAXIS 2D 可用单位和折算到默认单位的换算系数

长度	1mm	1cm	1 [m]	1km	1in	1ft	1yd
换算关系	=0.001m	=0.01m	=1m	=1000m	=0.0254m	=0.3048m	=0.9144m
力	1N	1 [kN]	1MN	1lbf	1kip		
换算关系	=0.001kN	=1kN	=1000kN	=0.0044482kN	=4.4482kN		
时间	1s	1min	1h	1 [day]			
换算关系	=1/86400day	=1/1440day	=1/24day	=1day			
温度	1 [K]	0℃	0°F	1℃	1°F	100℃	212°F
换算关系	=1K	=273.15K	=255.37K	=274.15K	=255.93K	=373.15K	=373.15K

（续）

能量	1J	1［kJ］	1MJ				
换算关系	=0.001kJ	=1kJ	=1000kJ				
功率	1W	1［kW］	1MW				
换算关系	=0.001kW	=1kW	=1000kW				
质量	1kg	1［t］					
换算关系	=0.001t	=1t					

注：1. 表中的缩写单位为 in（inch），ft（feet），yd（yard），lbf（pounds force），kip（kilo pound），s（sec），t（tonne）。
2. 表中“［］”内单位为 PLAXIS 2D 的默认单位。

为方便起见，表 2-2 列出了比较常用的两套单位系统：

表 2-2　常用的两套单位系统

类型	量	国际单位（SI）	英制单位
基本单位	长度	[m]	[in]、[ft]
	力	[kN]	[lbf]、[kip]
	时间	[day]	[day]
几何模型	坐标	[m]	[in]、[ft]
	位移	[m]	[in]、[ft]
材料属性	弹性模量	$[kN/m^2]=[kPa]$	$[psi]=[lbf/in^2]$、$[ksf]=[kip/ft^2]$
	黏（PLAXIS 软件中为“粘”）聚力	$[kN/m^2]$	[psi]、[ksf]
	摩擦角	[deg.]	[deg.]
	剪胀角	[deg.]	[deg.]
	重度	$[kN/m^3]$	[lbf/cu in]、[kip/cu ft]
	渗透系数	[m/day]	[in/day]、[ft/day]
力和应力	集中荷载	[kN]	[lbf]、[kip]
	线荷载	[kN/m]	[lbf/in]、[kip/ft]
	分布荷载	$[kN/m^2]$	[psi]、$[kip/ft^2]$
	应力	$[kN/m^2]$	[psi]、$[kip/ft^2]$

在建立 PLAXIS 2D 分析项目时，如果中途回到“项目属性”窗口更改基本单位，程序会将已输入参数值自动换算为新单位系统下的值，这适用于在“输入”程序里指定的材料数据组和其他材料属性相关参数；但对于和几何模型有关的输入值（比如几何数据、荷载、指定位移或地下水位）并不适用，也不适用于在“输入”程序之外输入的参数。如果要在一个已有项目里使用不同的单位系统，需要人为修改所有几何模型数据，并重新执行所有计算。建议读者在建立模型之前设置好基本单位，尽量避免中途更改基本单位系统。

在平面应变分析中，由指定位移引起的反作用力计算结果，表示沿平面外方向（即图 2-1 中的 z 轴方向）单位宽度上的力。在轴对称分析中，由指定位移引起的反作用力计算结果（“Force-x，Force-y”），表示单位弧度圆形边界上的力。因此，需要将程序输出的“Force-x，Force-y”乘上“2π”才能得到整个轴对称模型上的反作用力。需要注意，对于轴对称模型的其他计算结果，程序是按单位宽度输出的，而非单位弧度。

PLAXIS 2D 中的二维有限元模型是基于几何模型建立的，几何模型由面、线和点组成。可通过定义多个竖直的钻孔来指定模型范围内的土层分布，相邻钻孔之间的土层会自动插值，可以定义非水平的土层和地表面。

2.1.2 符号规定

PLAXIS 2D 中的几何模型建立在基于图 2-1 所示的全局坐标系中的 Oxy 平面上，其中 z 坐标方向指向平面外，在全局坐标系中，z 坐标正方向指向用户。在所有输出数据中，压应力、压力以及孔隙水压力都规定为“负”，拉应力和拉力规定为“正”，图 2-1 所示均为正应力方向。

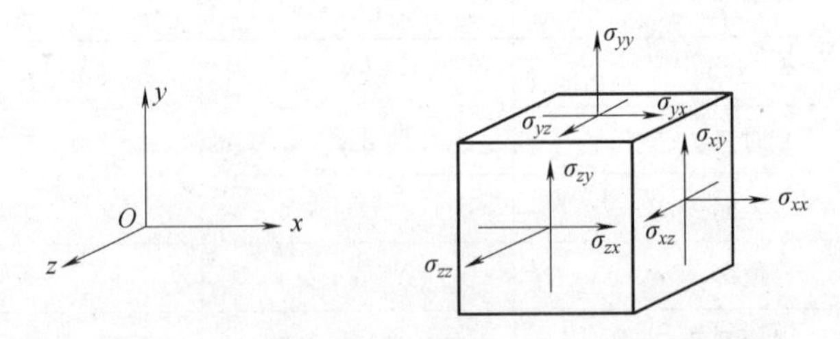

图 2-1　坐标系和正应力分量的表示

虽然 PLAXIS 2D 属于二维有限元程序，但是其应力是基于图 2-1 所示的三维笛卡儿坐标系计算的。在平面应变分析中，σ_{zz}指向平面外。在轴对称分析中，x 方向表示径向，y 方向表示轴向，z 方向表示切向，此时 σ_{xx}表示径向应力，σ_{zz}表示环向应力。

2.2 文件管理

PLAXIS 2D 文件管理由经过修改的普通 Windows 文件管理器（见图 2-2）完成。使用文件管理器，可以查询单机或网络环境下任意允许目录下的文件。对于一个 PLAXIS 2D 项目，使用一个主文件和一个与主文件同名但扩展名不同的子文件夹来存储项目信息，保存 PLAXIS 2D 项目时会自动生成这个主文件和对应的子文件夹。PLAXIS 2D 项目的主文件命名为〈project〉. p2dx，其中〈project〉为项目名称；对应的同名子文件夹〈project〉. p2dxdat 用于存储该项目的其他数据（该子文件夹下的内容是不能够直接读取的，用户一般无须进入该文件夹）。不难理解，要打开一个已有的 PLAXIS 2D 项目时，应确保该项目的主文件及其对应的子文件在同一个存储目录下。

通过文件管理器选中一个 PLAXIS 2D 项目（ *. p2dx）后，文件管理器右侧会显示该项目的几何模型预览视图，可供用户快速预览和识别项目。

图 2-2　PLAXIS 2D 文件管理器

2.3 帮助工具

PLAXIS 2D 的“帮助”菜单下提供了程序手册电子版的链接，以便于用户了解程序功能和特性。另外，通过“帮助”菜单还可创建包含软件许可信息（存储于加密锁中）的文件，用于许可更新和延期。关于“输入”程序和“输出”程序的“帮助”菜单的具体介绍，分别详见本书 3.3.9 和 8.2.12。

许多程序功能在工具栏上设有快捷按钮。当鼠标指针在某个按钮上停留一秒钟以上时，会弹出功能描述信息框，简短说明该按钮的功能。在命令行区域会给出程序对用户操作的响应。对于某些参数，程序会弹出控制面板来帮助用户选择输入值。

第3章 输入程序概述

使用 PLAXIS 2D 软件进行有限元分析，需要在 *Oxy* 平面内建立由点、线和其他构件组成的几何模型，并为其指定相应的材料属性和边界条件。在“输入”程序的前两个选项卡“土”和“结构”（合称为“几何”模式）下定义几何模型，然后可在“输入”程序的后三个选项卡“网格”“水力条件”和“分步施工”（合称为“计算”模式）下生成有限元网格、定义计算阶段并执行计算。

3.1 启动输入程序

安装 PLAXIS 2D 程序后，在“开始”菜单（或“所有程序”菜单）中单击“Plaxis”目录下的蓝色图标“2D”，启动“输入”程序，会弹出“快速选择”窗口，可选择“启动新项目”或“打开已有项目”。图 3-1 所示为安装 PLAXIS 2D 后首次运行“输入”程序时弹出的“快速选择”窗口，如果已经运行过 PLAXIS 2D 项目，则“快速选择”窗口下部还会列出最近运行过的 4 个项目，可直接单击打开。

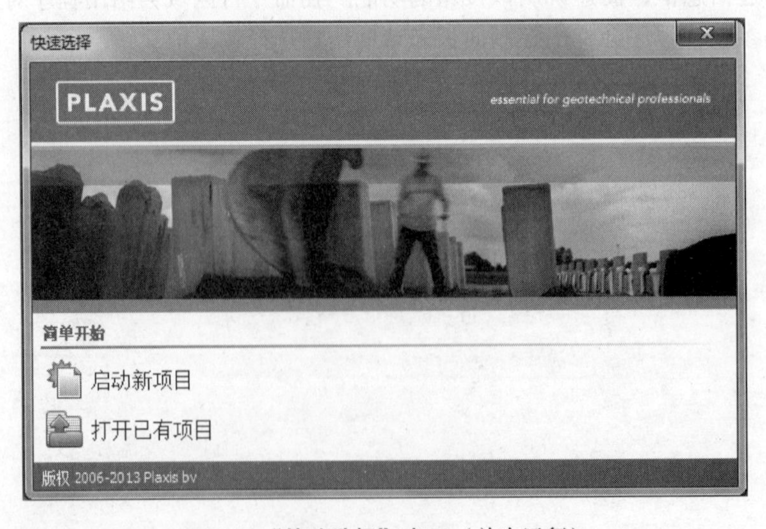

图 3-1 “快速选择”窗口（首次运行）

3.1.1 新建项目

单击“启动新项目”选项，将弹出“项目属性”对话框，可定义新项目的基本模型参数。“项目属性”对话框包含“项目”“模型”和“常量”三个选项卡。“项目”选项卡（见图3-2）下可输入项目名称和项目描述，还可设置公司logo。“模型”选项卡（见图3-3）下可设置分析类型、基本单位以及模型的初始平面尺寸。“常量”选项卡（见图3-4）下可指定重力加速度、参考温度、水的重度及其热力学属性。勾选“设为默认值”并单击〈确认〉按钮，即可将当前值设为默认值。项目属性窗口下各选项详细说明见表3-1。

提示： 在热计算中，孔隙水可能处于不同的状态，即液态（水）、固态（冰）或气态（蒸汽）。土体的热力学属性高度依赖于孔隙水的状态。PLAXIS 2D中，孔隙水的热力学属性并不在材料数据组中定义，而是作为整个分析项目的属性，在“项目属性”对话框下的“常量”选项卡中指定。

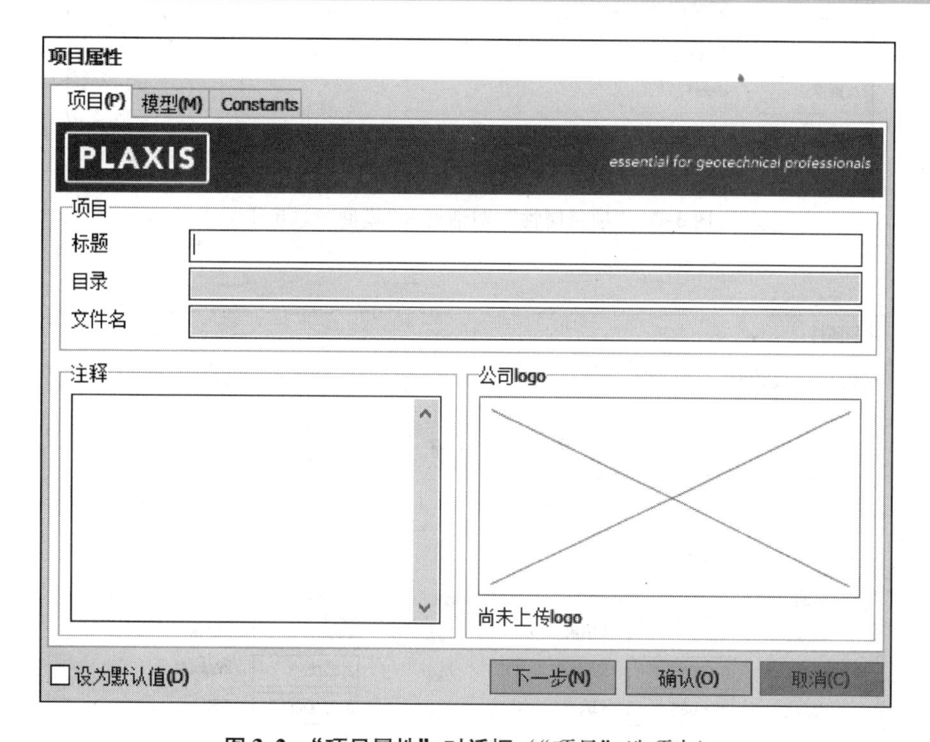

图3-2 “项目属性”对话框（“项目”选项卡）

1. 分析类型

PLAXIS 2D可进行平面应变和轴对称两类二维有限元分析，究竟建立哪类模型更符合实际情况，可大致参照如下原则：

1）平面应变。对于路基、坝体、长条形基坑等纵向长度很长、横剖面形状与尺寸沿纵向基本不变且荷载及应力状态沿纵向基本一致的工程工况，可以垂直纵向（该纵向即为图2-1中的z方向）切取剖面，建立平面应变模型（见图3-5a）。平面应变分析中，假定沿z

方向的位移和应变为0，但是沿z方向的法向应力并不为0。

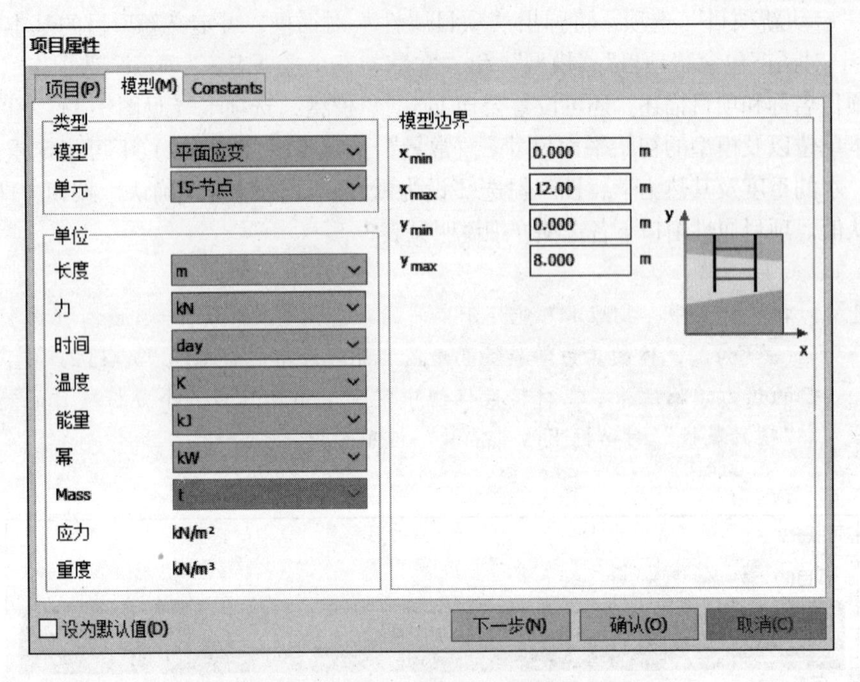

图3-3 “项目属性”对话框（“模型”选项卡）

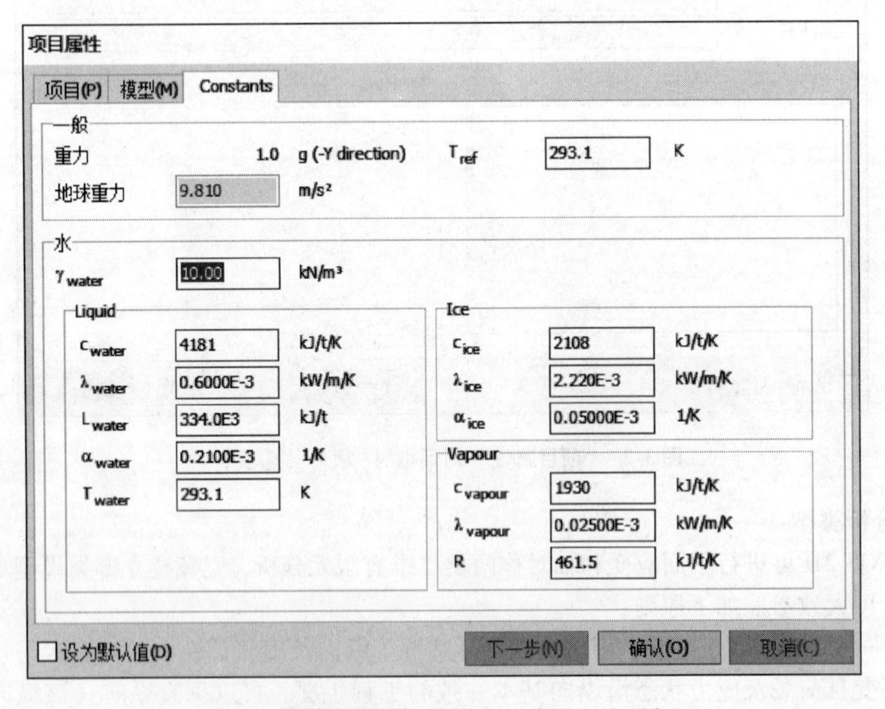

图3-4 “项目属性”对话框（“常量”选项卡）

表 3-1 “项目属性”对话框下各选项功能说明

选项卡	选　项		说　明
项目选项卡	项目	标题	在此输入项目标题，保存项目时，该项目标题将作为项目文件的默认名称
		目录	显示项目文件的保存路径，对于新建项目此处显示为空
		文件名	显示项目文件名，对于新建项目显示为空
	注释		可在此输入项目的相关说明信息
	公司 logo		在该图框中单击，弹出文件管理器，可选择公司标志图形文件，该标志可包含在输出图形中
模型选项卡	类型	模型	选择进行平面应变分析或者轴对称分析
		单元	选择模拟土层或其他实体的单元的类型，可选择6节点三角形单元或15节点三角形单元
	单位	长度	程序采用的默认单位是长度（m）、力（kN）、时间（day）、温度（K）、能量（kJ）、功率（kW）和质量（t），用户也可通过下拉列表选择其他单位。与之相应的应力和重度的单位由程序自动换算，列于上述基本单位的下方，无须用户选择。PLAXIS中的“动力时间”与其他类型分析中的“时间”属于两个不同的参数，在动力分析中，PLAXIS总是会采用“s”作为动力时间单位，所以一般情况下即便是进行动力分析，“项目属性”中的时间单位也可采用“day”。另外，项目内所有输入值的单位应当一致。某输入值的合适单位一般根据基本单位确定，并直接显示在编辑框后面
		力	
		时间	
		温度	
		能量	
		功率	
		质量	
	模型边界	x_{min}，x_{max}，y_{min}，y_{max}	新建项目时，需要指定模型的几何边界。x_{min}、x_{max}、y_{min}和y_{max}的初始值确定了几何模型的外边界。绘图区初始视图内模型将完全可见
常量选项卡	常规	重力	程序默认设定1个重力加速度，沿z轴负方向，无须用户输入
		地球重力	默认长度单位为“m”时，重力加速度g的默认值为9.810m/s^2，沿y轴负方向。重力隐含于用户给出的重度中，重力荷载的施加通过材料重度对应的总乘子ΣM_{weight}来控制。在动力计算中，程序会根据材料重度γ和重力加速度g来计算材料的密度ρ（$\rho=\gamma/g$）
		参考温度	在考虑温度效应的项目中，需要输入参考温度。当没有指定温度条件时，参考温度指地表处的温度，默认参考温度为293.1K（=20℃）
	水/冰/汽	水的重度	考虑孔压的影响时，需要输入水的重度以确定有效应力和孔压。使用默认基本单位“kN”和“m”时，水的重度为10.00 kN/m^3
		比热容	水的比热容c_{water}用于描述单位质量孔隙水中能够存储的能量（热），单位为能量/质量/温度（如kJ/t/K）。对冰和汽同样可指定比热容
		热导率	水的热导率λ_{water}用于描述孔隙水中传输热量的速率，单位为能量/长度/温度（如kW/m/K）。对冰和水蒸气同样可指定热导率
		水的汽化潜热	水的汽化潜热L_{water}是指将水在液态、固态和气态之间进行转换所需的能量，单位为能量/质量
		热膨胀系数	热膨胀系数α是指单位温度引起的体积应变，可指定给水和冰。水蒸气的热膨胀一般会受到限制，所以可忽略掉。注意，冰的热膨胀是从冻结温度负向增大
		水的温度	当水流入土中时（通过流入边界条件或回灌井），假定其温度为指定的水温T_{water}
		蒸汽的特定气体常数	蒸汽的特定气体常数R在相对湿度方程中使用，建议使用默认值

在分析中考虑地震作用时，通常沿模型底部输入地震荷载，剪切波向上传播，此类问题一般采用平面应变模型。

2）轴对称。对于圆形基坑、圆形基础等圆形结构，如果径向剖面的形状与尺寸以及荷载分布沿环向基本一致，则可以建立轴对称应变模型（见图 3-5b）。注意，此时相当于假定过中心轴沿任意方向的径向剖面上的变形和应力状态都一样。另外要注意的一点，在轴对称模型中，x 坐标沿径向，y 坐标沿对称轴方向，且 x 坐标不能为负。

对于单源振动问题，通常采用轴对称模型。因为波在轴对称系统中的传播与其在三维系统中的传播方式相似，能量分散会导致波随传播距离发生衰减，这可归因于几何阻尼（或辐射阻尼）的作用，在轴对称模型中可考虑这一因素的影响。

平面应变模型和轴对称模型中的节点都只有 x 方向和 y 方向两个自由度。

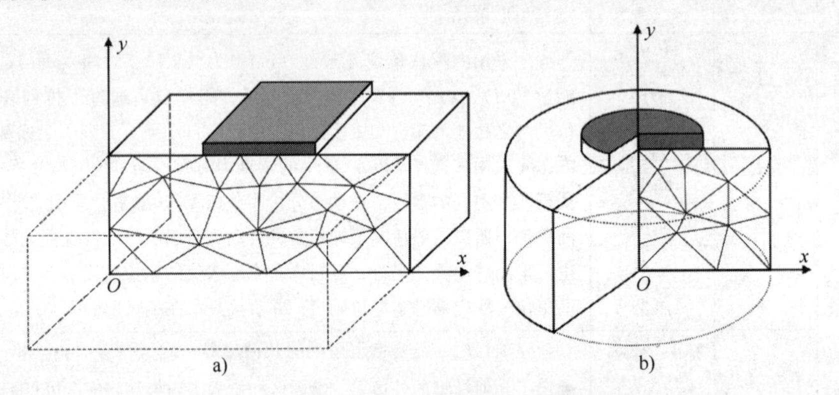

图 3-5　PLAXIS 2D 模拟典型问题举例

a）平面应变模型　b）轴对称应变模型

2. 单元类型

PLAXIS 2D 中采用三角形单元模拟土层和其他实体类组（如填筑的路堤、大断面挡墙和抗滑桩等），提供 15 节点和 6 节点两种三角形单元，说明如下：

1）15 节点三角形单元。PLAXIS 2D 中默认采用 15 节点三角形单元（见图 3-6a）。该单元采用四阶插值计算节点位移，每个单元包括 12 个高斯积分点（应力点）。模型中的结构单元和界面单元会自动与实体单元相协调。

15 节点三角形单元的计算精度非常高，对复杂问题也可给出高精度的应力结果，尤其建议在轴对称分析中使用 15 节点三角形单元。当然，使用这一高精度的多节点、多应力点的单元会占用更多的计算机内存，降低计算速度，尤其是当单元数量比较大的时候。

2）6 节点三角形单元。6 节点三角形单元采用二阶插值计算节点位移，每个单元包括 3 个高斯积分点（见图 3-6b）。模型中的结构单元和界面单元会自动与实体单元相协调。

6 节点三角形单元的计算精度也是比较高的，在单元数量足够的情况下可对典型的变形分析给出很好的结果。但是，对于轴对称分析或可能发生土体破坏的情况，例如计算承载力或通过强度折减法计算安全系数时，采用 6 节点三角形单元计算得到的破坏荷载或安全系数一般会偏高，此时建议采用 15 节点三角形单元。

从节点和应力点数量上来说，一个 15 节点三角形单元相当于四个 6 节点三角形单元，15 节点单元比 6 节点单元的品质更优、功能更强。鉴于目前的计算机软硬件发展水平已经

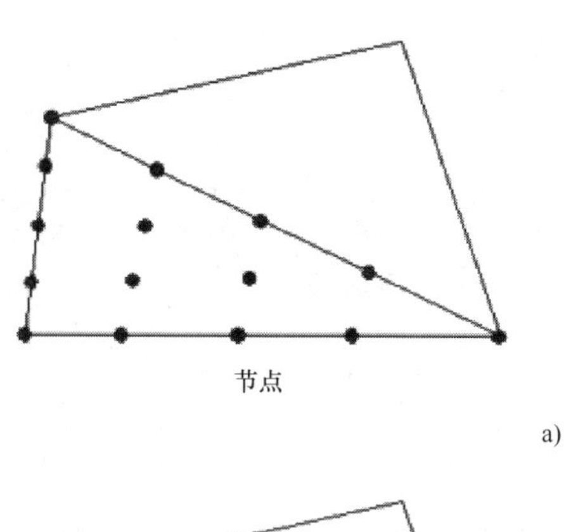

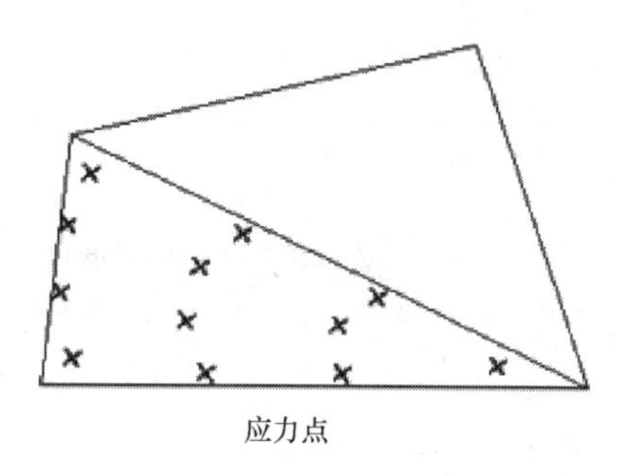

a)

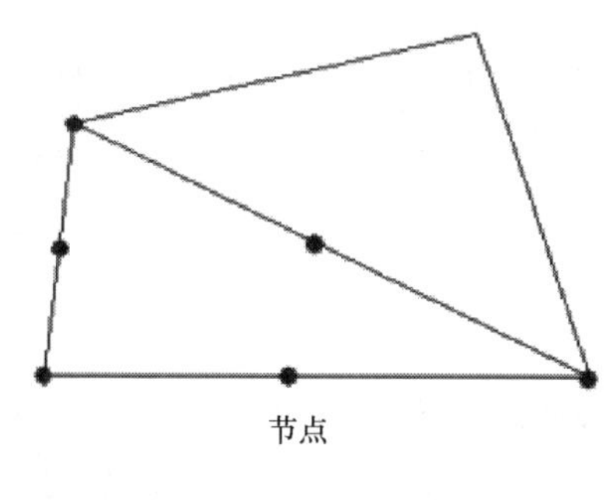

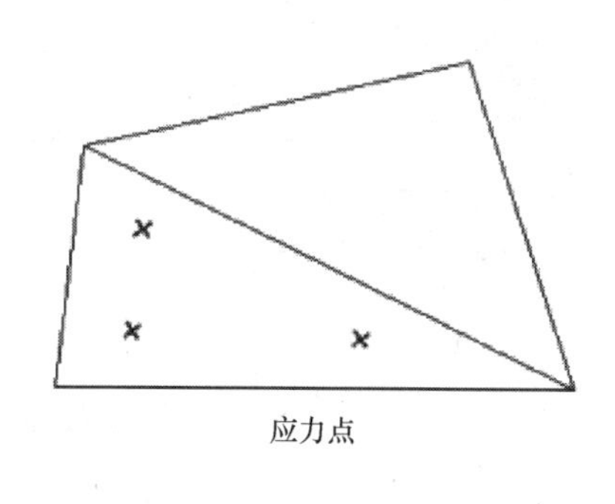

b)

图 3-6　三角形单元及其节点和应力点

a）15 节点三角形单元　b）6 节点三角形单元

比较高，对于主流配置的计算机而言，采用 15 节点单元进行常规二维有限元计算一般不会耗费太多时间，因此建议读者在一般情况下采用 15 节点单元。

除了上面介绍的两种实体单元之外，PLAXIS 2D 还提供了丰富的结构单元类型用以模拟土工问题中常见的各种结构。例如，板单元可模拟地下连续墙、混凝土面板、壳体等结构；土工格栅单元可模拟土工格栅、土工织物等加筋类材料；界面单元可模拟土与结构相互作用；此外还有 Embedded beam row 单元、锚定杆单元、点对点锚杆单元等，详见本书第 5 章。

3.1.2　已有项目

当启动“输入”程序时，“快速选择”窗口中会显示最近运行过的项目列表。如果要打开的项目不在该列表中，可选择“打开已有项目”选项，会弹出文件管理器（见图 2-2），可通过浏览目录选择要打开的 PLAXIS 2D 项目文件（*.p2dx）。选定一个已有工程项目后，主窗口内会显示相应的几何图形。

另外，还可以在“文件”菜单下选择“打开项目”选项来读取已有的 PLAXIS 2D 项目，打开项目时可识别的文件类型默认为“PLAXIS 2D AE 文件（*.p2dx）”。

3.1.3　打包项目

已创建的 PLAXIS 项目可以使用“输入”程序中“文件”菜单下的“打包项目（ ）”功能来进行打包压缩（见图 3-7）。这个功能也可以直接从 PLAXIS 2D 安装文件夹中双击相应的图标（PackProject.exe）来执行，还可以为其创建独立快捷方式。“项目打包”窗口下各选项功能详见表 3-2。

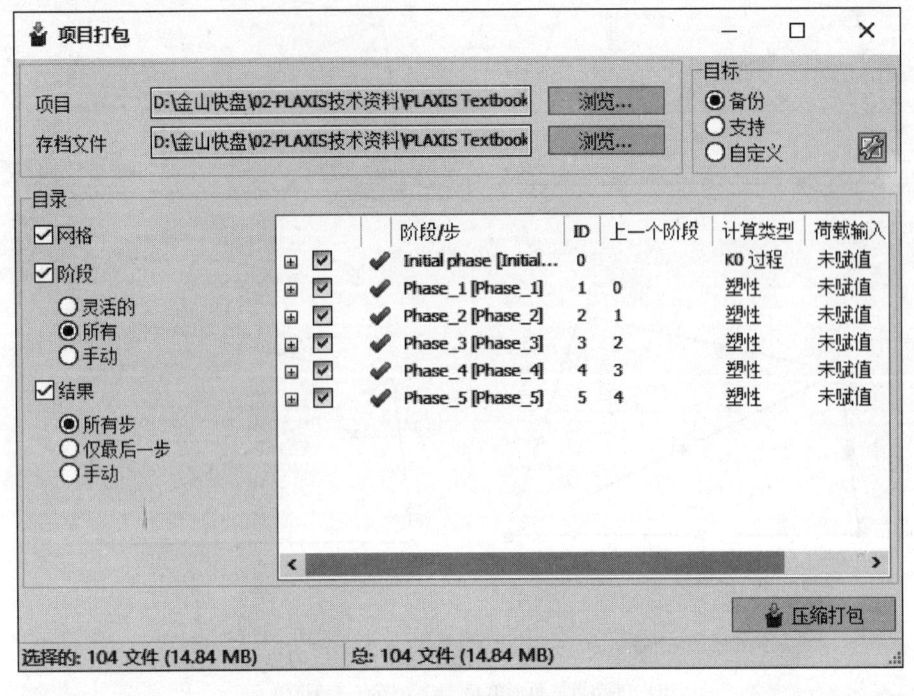

图 3-7 “项目打包”窗口

表 3-2 “项目打包”窗口下的各选项说明

功能框	选项	子项	说明
一般	项目	浏览	单击“浏览”按钮，选择要打包的项目
	存档文件	浏览	单击“浏览”按钮，指定打包项目的存档路径
目标	备份		选择该项后，压缩包中将包括项目中的所有文件以及网格信息、阶段定义和计算结果。项目文件的扩展名、创建程序，以及存档日期都包括在存档名中
	支持		选择该项后，压缩包中将包括为当前项目给予支持所需的全部信息。注意，该功能仅 VIP 用户可用
	自定义		选择该项后，用户可以自定义压缩文件包含的信息
	存档选项“ ”		单击该按钮后，弹出“存档选项”窗口（见图 3-8），可从中定义压缩类型和文档大小
目录	网格		选择该项后，压缩包中将包含与几何模型相关的信息
	阶段	灵活的	当选中列表中某一阶段，程序自动选择其所继承的阶段，以保持连续性
		所有	选择该项，将选中所有阶段
		手动	用户可自主选择压缩包中要包含的阶段
	结果	所有步	压缩包中将包含所有计算步的结果
		仅最后一步	压缩包中仅包含每个计算阶段的最后一个计算步的结果
		手动	用户可自主选择压缩包中要包含的计算步结果

提示： 当在“目标”框下选择“备份”或者“支持”选项后，程序会自动选择“目录”框内的选项。

图 3-8 “存档选项”窗口

3.2 “输入”程序的界面

新建项目时，PLAXIS 2D“输入”程序的界面如图 3-9 所示。“输入”程序界面所包含内容及相关说明见表 3-3。

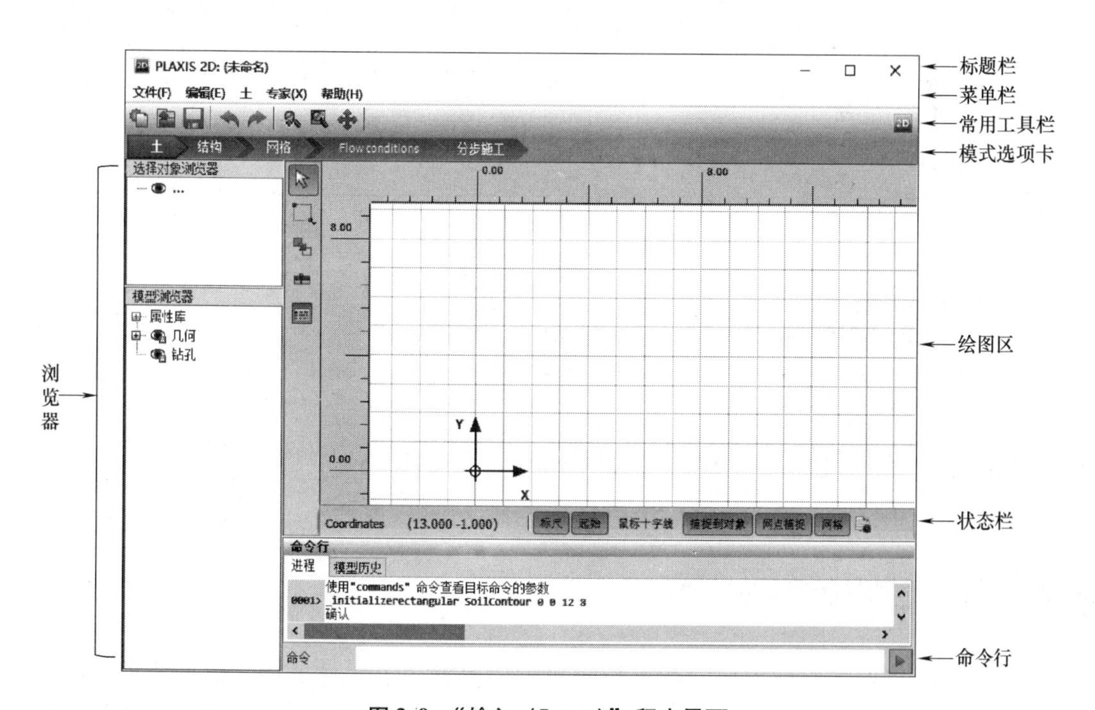

图 3-9 “输入（Input）”程序界面

表 3-3 “输入”程序界面的选项

功能区		说明
标题栏		显示程序的名称和项目的标题。项目中未保存的修改在项目名称中使用“*”表示
菜单栏		包括了“输入”程序中所有可用选项的下拉菜单
常用工具栏		包括常用操作按钮，如存盘、打印、模型显示，还包括激活“输出”子程序的按钮
模式选项卡	土	在该模式下定义模型包含的土层
	结构	在该模式下定义模型中包含的结构
	网格	在该模式下定义网格属性，对几何模型进行离散化，生成有限元模型
	水力条件	在该模式下定义模型中的水力条件
	分步施工	在该模式下定义计算相关设置，并执行计算
绘图区		在绘图区中创建和修改几何模型，使用鼠标以及侧边工具栏中的按钮来完成。侧边工具栏中的按钮根据激活模式的不同而变化
侧边工具栏		此处列出当前激活模式下可用的按钮，鼠标指针在按钮上停留数秒后会显示该按钮的功能提示。其中包括在绘图区中选择单个或多个对象的选项
状态栏		显示光标在绘图区中的位置信息、所处位置的模型对象，在选择绘图工具后还会显示捕捉栅格点提示
命令行		PLAXIS 2D 中可通过键盘在命令行输入相应命令来执行操作。另一方面，所有鼠标操作也会被转换为相应命令。单击“模型历史”选项卡，会显示项目中执行的所有命令。不过，当单击“会话”按钮后，将只显示在激活会话中执行的命令以及程序的响应 选择“帮助”菜单下的“命令参考”选项，可查看程序中有效命令的相关信息
浏览器	选择对象浏览器	显示选中几何对象的属性及其指定特性，并可对其进行显示或隐藏、激活或冻结等操作
	模型浏览器	显示模型中所有几何对象的属性及其指定特性，并可对其进行显示或隐藏、激活或冻结等操作
	阶段浏览器	显示计算阶段列表，可添加、插入、删除或修改计算阶段，并可指定所有计算阶段的从属关系

提示： 1）将鼠标光标移到工具栏的某个按钮上，会显示相应按钮的功能提示。

2）前两个模式（“土”和“结构”）合称为“几何”模式，后三个模式（“网格”“水力条件”和“分步施工”）合称为“计算”模式。这几种模式的更详细介绍见本章第 3.4 节。

3）“选择对象浏览器”和“模型浏览器”合称为“对象浏览器”。

3.3 菜单栏中的菜单

“输入”程序的菜单栏中包含的下拉菜单大体上涵盖了文件处理、数据传输、图形查看、几何建模、有限元网格生成和数据输入等各个选项。菜单的可用性取决于当前激活的模式。“输入”程序中可用的菜单介绍如下。

3.3.1 文件菜单

“文件（File）”菜单下的可用选项见表3-4。

表3-4 “文件”菜单下的可用选项及其说明

菜单	选项	说明
文件	新建项目	新建一个项目，会自动弹出“项目属性”窗口
	打开项目	单击“打开”，会弹出文件管理器，可选择一个已有项目
	近期项目	快速打开一个最近编辑过的项目
	保存项目	用当前文件名保存当前项目；如果尚未命名，会弹出文件管理器，可输入项目名称
	项目另存为	用新文件名保存当前项目，会弹出文件管理器，可输入更改后的项目名称
	打包项目	将当前项目数据打包压缩
	关闭项目	关闭当前项目
	项目属性	激活“项目属性”窗口进行相应设置
	打印	通过指定的打印机来打印几何模型
	退出	退出“输入”程序

3.3.2 编辑菜单

“编辑（Edit）”菜单下的可用选项见表3-5。

表3-5 “编辑”菜单下的可用选项及其说明

菜单	选项	说明
编辑	撤销	可恢复至前一个几何模型状态
	恢复（重做）	重做上一步撤销的操作
	全屏复制	把模型图像复制到Windows剪贴板
	删除	删除对象
	选择所有	在当前模式下选中所有可选对象
	反选所有	对已选中的模型对象全部取消选择

3.3.3 土菜单

“土（Soil）”菜单下的可用选项见表3-6，该菜单仅在“土”模式下可用。

表3-6 “土”菜单下的可用选项及其说明

菜单	选项	说明
土	修改土层	利用“钻孔”功能修改模型中的土层
	导入几何模型	导入预定义的几何模型，该选项为VIP用户专属功能
	显示材料	打开材料数据库，显示相应的材料数据组
	设计方法	打开“设计方法”窗口

3.3.4 结构菜单

“结构（Structures）”菜单下的可用选项见表 3-7，该菜单仅在“结构”模式下可用。

表 3-7 “结构”菜单下的可用选项及其说明

菜单	选项	说明
结构	导入几何模型	导入预定义的几何模型，该选项为 VIP 用户专属功能
	显示材料	打开材料数据库，显示相应的材料数据组
	显示动力乘子	打开“动力乘子”窗口，该选项为动力模块的功能
	显示流函数	打开“流函数”窗口
	显示热函数	打开“热函数”窗口
	设计方法	打开“设计方法”窗口

3.3.5 网格菜单

“网格（Mesh）”菜单下的可用选项见表 3-8，该菜单仅在“网格”模式下可用。

表 3-8 “网格”菜单下的可用选项及其说明

菜单	选项	说明
网格	生成网格	为定义的几何模型生成网格

3.3.6 水力条件菜单

“水力条件（Flow conditions）”菜单下的可用选项见表 3-9，该菜单仅在“水力条件”模式下可用。

表 3-9 “水力条件”菜单下的可用选项及其说明

菜单	选项	说明
水力条件	导入力条件	导入预定义的水力条件
	显示材料	打开材料数据库，显示相应的材料数据组
	显示流函数	打开“流函数”窗口
	显示热函数	打开“热函数”窗口

3.3.7 阶段菜单

“阶段（Phases）”菜单下的可用选项见表 3-10，该菜单仅在“水力条件”模式和“分步施工”模式下可用。

表 3-10 “阶段”菜单下的可用选项及其说明

菜单	选项	说明
阶段	编辑阶段	打开“阶段”对话窗口
	显示材料	打开材料数据库，显示相应的材料数据组
	显示动力乘子	打开“动力乘子”窗口，该选项为动力模块的功能
	显示流函数	打开“流函数”窗口
	显示热函数	打开“热函数”窗口

3.3.8 专家菜单

“专家（Expert）”菜单下的可用选项见表 3-11，该选项为 VIP 用户专属功能。

表 3-11 “专家”菜单下的可用选项及其说明

菜单	选项	说明
专家	检查命令	显示当前项目中运行的命令，可对其进行检查
	运行命令	运行记录文件中的命令
	宏命令库	修改和运行宏。在“宏命令库”窗口中可对宏进行定义和索引，并可在子菜单中选择相应选项后显示宏。单击子菜单中的相应选项，可运行宏
	配置远程脚本服务器（Configure remote scripting server）	指定并打开可用通道，连接本地或远程客户端
	查看文件	显示当前项目中使用的文件（二进制）的内容

3.3.9 帮助菜单

“帮助（Help）”菜单下的可用选项见表 3-12。

表 3-12 “帮助”菜单下的可用选项及其说明

菜单	选项	说明
帮助	手册	显示用户手册
	参考命令	显示程序命令的相关信息
	教学视频	连接 PLAXIS TV 网站，可观看教学视频
	请求支持	发送支持请求
	更新许可	通过 e-mail 更新 PLAXIS 2D 许可
	http://www.plaxis.nl	可链接至 PLAXIS 官方网站
	免责声明	显示完整的免责声明内容
	关于	显示程序版本和许可的相关信息

3.4 输入程序的结构——模式

在 PLAXIS 2D 中，一个项目的模拟过程通过五个模式来完成，可分为“几何”和“计算”模式两类。

3.4.1 几何模式

PLAXIS 项目的几何模型在“几何”模式中定义，“几何”模式的两个选项卡在“输入”程序中显示为蓝色。只能在“几何”模式下改变几何模型（如对象的创建、重置、修改或删除），在“结构”模式下可以为几何模型指定结构（板、锚杆）、界面或荷载。

“几何（Geometry）”模式包括以下两个模式：

1）“土（Soil）”模式。在“土”模式下可定义土层分布、一般水位和初始条件，还可定义土体材料，详见本书第 4 章。注意，土层分布只能在该模式下进行编辑。

2）“结构（Structures）”模式。在“结构”模式下可定义几何实体、结构单元和荷载。注意，结构（如板、锚杆）、界面或荷载等特性只能在“结构”模式下指定给相应几何对象。

3.4.2 计算模式

计算过程在“计算”模式下定义，“计算”模式的选项卡在“输入”程序中显示为绿色。在这些模式下不能创建几何对象，也不能把新特性指定给已有几何对象。不过，已定义的特性（材料数据组、荷载值）的属性可在“计算”模式下修改。

“计算（Calculation）”模式包括以下三个模式：

1）“网格（Mesh）”模式。在“网格”模式下几何模型被离散化并转换为有限元网格。在该模式下不能修改几何模型，一旦修改了几何模型，就应重新生成网格。

2）“水力条件（Flow conditions）”模式。除了根据“土”模式下定义的水力条件生成的水力条件之外，用户还可在该模式下定义和修改用户水力条件。

3）“分步施工（Staged construction）”模式。在该模式下可激活或冻结几何模型的某个（某些）部分，也可改变几何对象的属性，整个 PLAXIS 项目在“分步施工”模式下进行计算。

3.5 绘图区中的模型

在程序的绘图区中显示当前创建的几何模型，并随几何模型的改变自动更新显示。绘图区左侧的侧边工具栏（Side toolbar）上的按钮可用于创建和修改模型。当前可用的工具取决于当前处于激活状态的模式，在后续章节中会根据其功能介绍这些工具。

3.5.1 辅助工具

PLAXIS 2D 程序的绘图区中提供了标尺、坐标系、捕捉、栅格等辅助工具，可使得建模更加方便快捷。这些工具按钮位于绘图区下方，可通过单击相应按钮打开或关闭辅助工具。

1）标尺（Rulers）：标尺位于绘图区的左侧和顶部，用以标明几何模型的 x 坐标和 y 坐

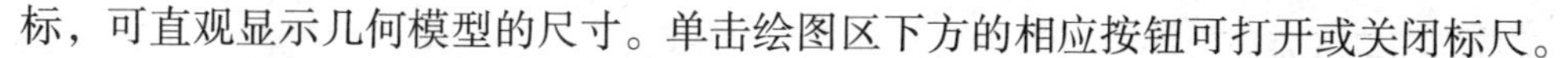

标，可直观显示几何模型的尺寸。单击绘图区下方的相应按钮可打开或关闭标尺。

2）原点和全局坐标系（Origin and global axes）：几何模型的物理坐标原点采用 x 轴和 y 轴的交点表示。两个坐标轴以不同颜色显示，箭头所指为坐标正方向。单击绘图区下方的相应按钮可打开或关闭原点与坐标轴。

3）十字光标（Crosshair）：打开该工具按钮后，绘图区中的光标将显示为正十字线形状，两条线的方向分别与 x 轴和 y 轴平行。

4）栅格和捕捉（Grid and snapping）：为方便建模，用户可在绘图区中定义栅格，这样在绘图区中移动光标可捕捉到栅格点上（与 AutoCAD 中的栅格捕捉类似）。单击绘图区下方的相应按钮可打开或关闭栅格与捕捉。若要定义栅格网与捕捉功能，可单击侧边工具栏上的“捕捉”选项，弹出“捕捉”窗口（见图 3-10），可用选项见表 3-13。

表 3-13 “捕捉”窗口选项

选　项	说　明
开启捕捉	打开或关闭捕捉功能
显示栅格网	在绘图区中显示或隐藏栅格网
间距	设置栅格网的间距，即绘图区中正交栅格网线的间距
捕捉间隔数	设置两相邻栅格点之间的捕捉点数量

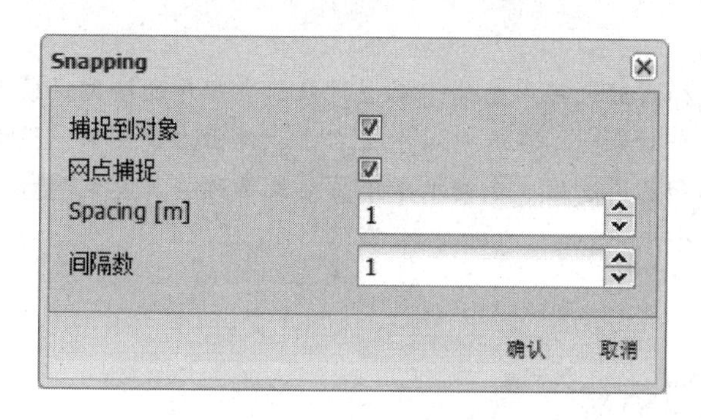

图 3-10 “捕捉”设置窗口

3.5.2 模型视图——缩放

滚动鼠标滚轮，以光标的位置为中心缩放视图。“视图”菜单和工具栏中还有其他缩放视图的选项，见表 3-14。

表 3-14 视图缩放选项

图标	选项	说　明
	放大	单击“放大（Zoom in）”按钮，然后从想要放大区域的一个角点单击鼠标左键并按住，拖动鼠标至放大区域对角线的另一个角点，释放鼠标左键，则放大显示选中的区域。放大区域只能用鼠标定义。该选项可多次重复使用
	重置缩放	单击“重置缩放（Reset zoom）”按钮或从“视图”菜单下选择该选项，可将视图恢复至初始视图

3.5.3 选择几何构件

若要一次选择单个或多个几何对象，可用如下两个选项，见表3-15。

表3-15 选择几何对象选项

图标	选 项	说 明
	选择	单击“选择（Selection）”按钮后，可单击选中几何对象的某一组成部分。按住〈Shift〉键依次单击，可选中多个对象
	选择多个对象	除了使用上述“选择”按钮依次单击选择几何模型构件，还可使用“选择多个对象（Select multiple objects）”按钮一次性选择多个几何构件。单击该按钮后，按住鼠标左键，在绘图区中从一个角点拖动至另一个对角角点划出一个矩形区域，释放鼠标左键，则所有位于该矩形区域内的可见的几何构件都被选中 拖划矩形区域两个角点的顺序会影响选择的类型。如果从左上角点拖划至右下角点，则只有完全处于矩形区域中的几何对象被选中。如果从右下角点拖划至左上角点，则只要几何对象的某部分在矩形区域内，则该对象被选中 此外，单击“选择多个对象”按钮，然后从弹出的子菜单中选择相应的子工具，则可以一次性选择同一类型的多个几何对象（如点、线、面）或同一类型的多个结构单元（如点对点锚杆、板）

提示：单击鼠标右键也可用于选择模型对象。在程序的绘图区或浏览器中选择单个对象或多个对象后，在选中对象上右击，弹出右键菜单，根据选中的对象显示选择名称和不同选项。在菜单中单击对象名称将其复制到剪切板，复制的名称可用于命令流中。

3.6 命令行一般信息

命令行面板位于输入程序用户界面的底部，可以输入命令流来执行建模、计算等操作。实际上，在输入程序中通过单击鼠标进行的所有操作，都会自动生成对应的文本命令，并发送到命令编译器进行处理。

在命令行面板之上还有一个响应面板，显示执行的命令以及相应的响应信息。运行成功的命令会返回绿色的响应信息，包括新生成的几何模型或单元的详细信息。错误的命令将返回红色的响应信息，给出错误报告。

PLAXIS的命令由命令名及其后跟随的参数组成，它们共同构成命令的用法（Signature）。不同的命令后面跟随的参数个数及类型会有所不同，有的命令后面无须跟随其他参数，有的命令后面则需定义多个参数。

1. PLAXIS 2D 命令

PLAXIS 2D 命令可分为两类：

1）全局命令（Global commands）：对全局对象（如项目或几何模型）进行操作，无须指定对象名称，命令后面可能有参数，也可能没有参数。例如“undo”命令就是这样一个全局命令。

2）目标命令（Target commands）：对特定名称的对象（如几何对象或材料）进行操作，例如“set”命令。

PLAXIS 2D 的命令名由简单字符串组成。很多命令除了标准的、详细的全名之外，还有一个缩写名（例如“point”和“pt”）。每个命令名前面都可加下划线前缀，以将其与有同样名称的模型对象区分开来（注意，命令“undo”和“_undo”是相同的）。PLAXIS 2D 程序自动生成的命令通常会加下划线前缀。用户手动输入命令时可以省略下划线前缀。还有一些特殊的命令带有两个下划线前缀，主要用于调试、排错或高级自动化控制等功能，此下划线前缀不可省略（例如用于退出“输入”程序的“_kill”命令）。

2. PLAXIS 2D 命令参数

PLAXIS 2D 命令参数可分为两类：

1）引用对象（References to objects）：以对象名称字符串表示，这些对象名称不能以下划线“_”开头。例如，要为某条几何线（Line_1）添加“板”属性，命令流为“plate Line_1”，其中的参数“Line_1”即为“plate”命令引用对象。

2）参数值（Value）：命令参数值可以是多种数据类型，如字符串、整数、浮点数、枚举和布尔值。字符值参数必须用单引号（'）或双引号（"）括起来，可以用一个、两个或三个引号开始和结束。有效字符值参数举例：" hello" " hello'world'!" " Yong's " modulus" " 。浮点数必须始终使用十进制记数法，即便在以逗号作为分隔符的系统中也是如此。枚举类型可用一个字符串值，或该值所对应的整数索引来表示。布尔型参数值包括 True 和 False。在需要定义参数值的地方，通常也可以用相应类型的属性来定义。例如，当设置某点的 x 坐标时，可用命令“set point_1. x 5. 2”（将点 1 的 x 坐标设为 5. 2）或“set point_1. x point_2. x”（将点 2 的 x 坐标赋值给点 1 的 x 坐标）。

某些情况下，可以将参数值放在圆括号中。例如，生成某个点可用命令“point 1 2”或“point (1 2)”。圆括号为可选项，多用于增强可读性，但有些情况下是必要的，用于区分对某一给定方法的不同类型的调用。

3. PLAXIS 2D 命令的用法

在 PLAXIS 2D 中，提供了一个显示可执行命令信息的全局命令“cms”。通过该命令可列出 PLAXIS 2D 中所有的有效命令的用法。

例如，“delete”命令的用法如下：

```
delete (del)
Material'
 <1, ...: Feature'>'
 <1, ...: Point'|Line'|GeoPolygon'>'
 <1, ...: Borehole>'
Soillayer
```

上面第一行为命令名及其缩写，接下来的每一行都为该命令下可用的不同参数组。本例中“delete”命令有五种不同用法。“delete”命令可用于删除某一种材料（通过引用材料组名称）、某一组特性、某一组几何单元、某一组钻孔，或某一个土层。注意，上述命令用法已表明 PLAXIS 2D 不允许调用一次“delete”命令后同时删除特性、几何单元和钻孔。

下面为"delete"命令的几种应用举例：

```
1) delete SoilMat_1                        #删掉土体材料组 SoilMat_1
2) delete Polygon_1 Polygon_2              #删掉几何体 Polygon_1 和 Polygon_2
3) delete (Polygon_1 Polygon_2)            #删掉几何体 Polygon_1 和 Polygon_2
```

通过 PLAXIS 2D"输入"程序界面下的"帮助"菜单，可以查看所有有效命令的详细介绍。

4. 命令索引

在命令流中可以使用数组索引语法，数组索引通过对象名（Object name）后的一对方括号来实现，方括号中输入整数或字符串。整数索引从零开始，适用于任意可列表对象，即能够应用过滤或表格化命令的任意对象。索引既可以是正数，也可以是负数。正数索引自列表顶部开始引用，索引 0 对应列表中的第一项；而负数索引自列表底部开始向上引用。举例如下：

```
>line(1 2)(5 1)(5 3)(4 7)   #根据括号内坐标创建 4 个点，并创建连接 4 个点的线段
>tabulate Points " x y"     #列出创建的 4 个点及其相应坐标
Object x y
Point_1 1 2
Point_2 5 1
Point_3 5 3
Point_4 4 7
>move Points [0] -1 -2      #将 Point_1 移动至坐标(0 0)处;1 -1 =0,2 -2 =0
>move Points [-1] -1 -2     #将最后一个点，即 Point_4 移至坐标（3 5）处；
                            4 -1 =3，7 -2 =5
>move Points [-4] 1 2       #将倒数第 4 个点，即 Point_1 移至坐标（1 2）处；
                            0 +1 =2，0 +2 =2
```

注意，索引对象时会根据几何对象生成的顺序进行排序引用。对于土体、结构单元、荷载或指定位移等特性，索引排序与其指定给几何对象的顺序无关，而是根据其所指定给的几何对象的生成顺序来确定。

3.7 浏览器

PLAXIS 2D 程序通过"浏览器（Explorers）"来显示物理模型、计算阶段及其设置等相关信息，包括三个浏览器，见表 3-16。

表 3-16　PLAXIS 2D 中的浏览器

浏览器	说明
模型浏览器	模型浏览器（Model explorer）给出物理模型中所有对象的相关信息
选择浏览器	选择浏览器（Selection explorer）给出在绘图区中选中的对象（或对象组）的相关信息。对于选中的对象组，仅显示对该组中所有对象都有效的信息
阶段浏览器	阶段浏览器（Phases explorer）给出项目中定义的计算阶段列表。"阶段浏览器"仅在"计算"模式下可用。不过，由于计算阶段只能在"分步施工"模式下定义，所以在"网格"模式下阶段浏览器显示为灰色

提示：“模型浏览器”和“选择浏览器”合称为“对象浏览器”。

3.7.1 模型浏览器

“模型浏览器（Model explorer）”中显示组成模型的物理对象的相关信息，并随模型的变动而自动更新（见图3-11）。

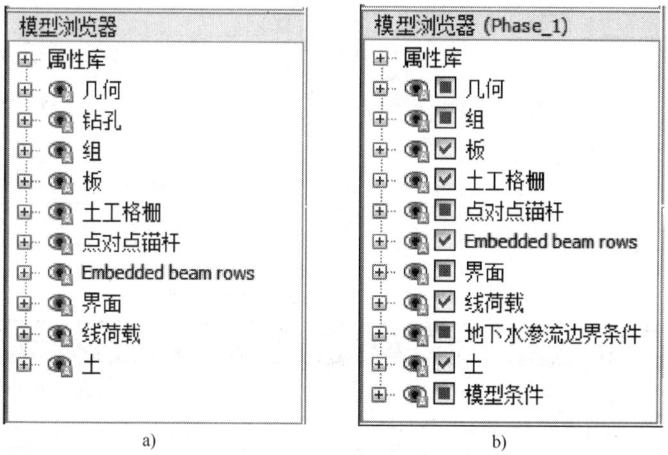

模型浏览器
属性库
几何
钻孔
组
板
土工格栅
点对点锚杆
Embedded beam rows
界面
线荷载
土

a)

模型浏览器 (Phase_1)
属性库
几何
组
板
土工格栅
点对点锚杆
Embedded beam rows
界面
线荷载
地下水渗流边界条件
土
模型条件

b)

图3-11 不同模式下的“模型浏览器”

a）“结构”模式 b）“分步施工”模式

“对象浏览器（Object explorers）”中显示的信息随当前激活模式的不同而变化。与几何相关的信息，如位置坐标，在所有模式中都会给出，但只能在“几何”模式下修改。模型各构件的可见性可在所有模式下的“对象浏览器”中查看和修改，但仅在“分步施工”模式下才可以激活或冻结。“对象浏览器”中显示的信息取决于当前激活的模式，基于不同类别分组排列。

1）属性库（Attributes library）。“属性库”包含已经定义的全局属性和那些已经（可以）指定给单个对象的属性。例如，属性库中一个包含属性信息的材料数据组就是这样一个属性。其他类型的属性有描述时间相关条件的函数，如“动力乘子”或“流函数”，这些函数可分别指定给动力荷载和水力边界条件，用于描述其随时间的变化。另外，“属性库”中还包含根据钻孔信息、土体类组和用户自定义水位等创建的水位条件组。

属性库内的属性是全局性质的，其任何改变都将影响整个模型。如果只想对某一计算阶段中的某些属性进行更改，建议先通过右键菜单复制该属性，然后在复制出的副本中进行修改。“属性库”内包含的属性见表3-17。

2）几何（Geometry）。模型中创建的所有几何对象都列于“几何”目录下。注意，创建一个几何对象时，程序会自动创建其子对象。例如，当创建一条线时，会自动创建其两端的端点。当分解一个几何对象时，也会自动创建分解出的新几何对象。“几何”目录下包含的子目录见表3-18。

表 3-17 “属性库”目录下的属性

<table>
<tr><th>目录</th><th>属性</th><th colspan="2">说　明</th></tr>
<tr><td rowspan="8">属性库</td><td>动力乘子</td><td colspan="2">项目中定义的所有位移和荷载动力乘子都列于“动力乘子（Dynamic multipliers）”目录下</td></tr>
<tr><td>流函数</td><td colspan="2">项目中定义的所有流函数都列于“流函数（Flow functions）”目录下</td></tr>
<tr><td>热函数</td><td colspan="2">项目中定义的所有热函数都列于“热函数（Thermal functions）”目录下，包括温度函数、热流量函数和总热量函数</td></tr>
<tr><td>材料</td><td colspan="2">模型中指定给模型对象的所有材料组都列于“材料（Materials）”目录下，并显示材料组相应的名称和颜色</td></tr>
<tr><td>设计方法</td><td colspan="2">项目中定义的所有设计方法都列于“设计方法（Design approaches）”目录下</td></tr>
<tr><td rowspan="3">水位</td><td colspan="2">列出模型中创建的所有水位。注意，“水位（Water levels）”子目录仅在“计算”模式下可用</td></tr>
<tr><td>钻孔水位（Borehole water levels）</td><td>列出根据钻孔中的水头条件生成的水位</td></tr>
<tr><td>用户水位（User water levels）</td><td>列出在“水位”模式下创建的水位</td></tr>
</table>

表 3-18 “几何”目录下的子目录

目录	属性	说　明
几何	点	列出模型中创建的点（Points）。对每个点，会给出其位置坐标、指定的特性（Feature）和属性（Property）。可指定给点的特性有点荷载、指定点位移和锚定杆等
	线	列出模型中创建的线（Lines）。对每条线，会给出其两端点的位置坐标、指定的特性和属性。可指定给线的特性有板、Embeded beam row、线荷载、线指定位移和点对点锚杆等
	多边形	列出“结构”模式下创建或导入的多边形（Polygons）。对每个多边形，会给出其参考点位置坐标和指定的材料数据组。使用“创建面”工具生成的面或通过分解实体、面生成的面都作为多边形列出。导入的面作为面列出。可指定给面的特性有板、面荷载和指定面位移等
	土多边形	列出根据“土”模式下的钻孔土层或导入的土多边形生成的土体类组（Soil volumes）。对每个土体类组，列出其指定的材料数据组

提示： 1）在“几何”模式下，几何对象的位置参考坐标在“模型浏览器”中给出，可以更改参考点的位置。注意，在“计算”模式下是不能更改的，因为这里不允许几何模型的变动。

2）在“计算”模式下，会给出几何对象的“加密因子”，表明其局部网格加密的程度。更改这个“加密因子”，可以局部加密或粗化局部网格。

3）钻孔（Boreholes）。模型中创建的所有钻孔都列于“钻孔”目录下。对每个钻孔，会给出其 x 坐标及其水头高度。钻孔信息仅在“几何”模式下的“模型浏览器”中可用，此时可修改钻孔位置坐标值和水头高度值。

4）Embedded beam row。模型中创建的所有 Embedded beam row 都列于该目录下，并列

出相应的材料和连接类型信息。

5）土体（Soils）。“土体”目录下列出模型中创建的所有土体类组，并列出每个土体类组指定的材料、体积应变和水力条件。

6）板（Plates）。“板”目录下列出模型中创建的所有板，并列出每块板指定的材料信息。

7）土工格栅（Geogrids）。“土工格栅”目录下列出模型中创建的所有土工格栅，并列出其指定的材料信息。

8）隧道（Tunnels）。“隧道”目录下列出模型中创建的所有隧道断面，会给出组成每个隧道断面轮廓的线段及隧道断面插入点的信息。

9）线荷载（Line loads）。“线荷载”目录下列出模型中创建的所有线荷载，可定义其分布和荷载分量的大小。

10）指定线位移（Line prescribed displacement）。“指定线位移”目录下列出模型中创建的所有指定线位移，可定义其分布和指定位移分量的大小。

11）点荷载（Point loads）。“点荷载”目录下列出模型中创建的所有点荷载，可定义荷载分量的大小。

12）指定点位移（Point prescribed displacement）。“指定点位移”目录下列出模型中创建的所有指定点位移，可定义指定位移分量的大小。

13）界面（Interfaces）。“界面”目录下列出项目中创建的所有正向和负向界面，可为其指定相邻土材料组或专门建立的材料组，并可指定渗透条件。

14）点对点锚杆（Node-to-node anchors）。“点对点锚杆”目录下列出模型中创建的所有点对点锚杆，给出每根点对点锚杆指定的材料信息。

15）锚定杆（Fixed-end anchors）。“锚定杆”目录下列出模型中创建的所有锚定杆信息，给出每根锚定杆指定的材料信息，还可为每根锚定杆定义等效长度及其各方向分量。

16）地下水渗流边界条件（Groundwater flow boundary conditions）。“地下水渗流边界条件”目录下列出模型中创建的所有地下水渗流边界条件，给出每个边界条件指定的渗流行为，如渗透（Seepage）、关闭（Closed）、水头（Head）。通过“行为（Behaviour）”下拉菜单可更改指定的渗流行为。

17）热流边界条件（Thermal flow boundary conditions）。“热流边界条件”目录下列出模型中创建的所有热流边界条件，给出每个边界条件指定的热流行为，如关闭（Closed）、温度（Temperature）、流入（Inflow）、渗出（Outflow）和对流（Convection）。通过“行为（Behaviour）”下拉菜单可更改指定的热流行为。

18）井（Wells）。“井”目录下列出模型中创建的所有井，可定义每口井的行为（Behaviour），如抽取（Extraction）、回灌（Infiltration）、流量（$|q_{well}|$）和最小水头（h_{min}）。

19）排水线（Line drains）。“排水线”目录下列出模型中创建的所有排水线，可定义其水头。

20）连接（Connections）。“连接”目录下列出用户在“分步施工”模式下显式创建的所有连接，该选项仅在“阶段定义”模式下的“模型浏览器”中可用。

21）模型条件（Model conditions）。对每个计算阶段都适用的一般边界条件可在“模型浏览器”下的“模型条件”中指定，包括模型边界上的条件。借此可快速选择一般边界条件整体施加在模型上。"模型条件"子目录在"输入"程序中的"计算"模式下可用。"模型条件"子目录下的信息仅在"水位"模式和"分步施工"模式下才可修改。注意，在模型边界中的任何改动都只适用于当前"阶段浏览器"中选择的阶段。"模型条件"目录下可用选项见表 3-19。

表 3-19 "模型条件"目录下的可用选项

目录	子 目 录	说 明
模型条件	气候（Climate）	用于热力学计算，为表示地表面的所有边界指定由气候条件引起的一般热对流条件，其他类型的热力学边界条件可在"结构"模式下定义
	变形（Deformations）	对选中的计算阶段，程序会自动在几何模型边界上施加一般约束条件［即该选项默认设为"是（True）"］。当相应选项设为"否（False）"时，可移除默认的一般约束，此时需要用户手动设置适当的边界条件
	动力（Dynamics）	可为动力分析定义模型边界上的条件。可用选项为"无（None）"和"黏（PLAXIS 软件中为"粘"）性（Viscous）"。除了边界条件外，还可为每个计算阶段定义松弛系数（C_1 和 C_2）
	地下水渗流（Groundwater flow）	可为地下水渗流计算、固结分析和完全流固耦合分析定义模型边界上的条件。可用选项为"打开（Open）"和"关闭（Closed）"
	降水量	可为模型中表示地表面的所有边界指定由于天气条件引起的竖向回灌（Recharge）或渗入（Infiltration）。其他类型的渗流边界条件可在"结构"模式下定义
	拟静力（Pseudo static）	可以拟静力方式为模型中的动态力指定一个全局加速度，输入的 x 方向加速度分量和 y 方向加速度分量以重力加速度 g 的形式表示
	热流（Thermal flow）	当"阶段"窗口中"热力学"计算类型设为"地温梯度"，该选项可指定地层中的初始温度分布。温度分布通过参考温度 T_{ref}、参考标高 h_{ref} 和地温梯度（沿单位深度的温度增量）来定义，用于热力学条件参数设为"无（None）"的土体类组中
	水位（Water）	可在"模型浏览器"中"模型条件"下的"水位"子目录中为选中的计算阶段定义全局水位

提示： 参考标高 h_{ref} 通常可设为与地表一致，但也可以设在地表以上或以下。当 h_{ref} 设在地表以下时，地表温度等于参考温度（在"项目属性"窗口的"常量"选项卡下定义的 T_{ref}）。从地表面到参考标高 h_{ref} 的温度分布通过稳态热流计算得到，参考标高 h_{ref} 以下的温度分布则通过参考温度 T_{ref} 和地温梯度计算获得。

3.7.2 选择浏览器

在绘图区中选中的对象的相关信息显示在"选择浏览器（Selection explorer）"中。若选中了多个对象，则显示其共有信息。"选择浏览器"的结构与"模型浏览器"相同。

3.7.3 阶段浏览器

“阶段浏览器（Phases explorer）”如图3-12所示（见书后彩色插页），在“输入”程序的“计算”模式下可用。在“阶段浏览器”中会列出计算阶段的执行顺序及每个阶段的相关信息（如计算状态、计算类型、荷载类型等）。“阶段浏览器”中的信息仅在“水力条件”模式和“分步施工”模式下才可修改。

第4章 地层模拟——土模式

进行岩土工程有限元建模首先要创建土层，PLAXIS 2D 2015 在“土（Soil）”模式下使用“钻孔”功能来定义土层。对于一个新建项目，在程序的绘图区中会显示“项目属性”窗口中定义的模型范围（见图4-1）。

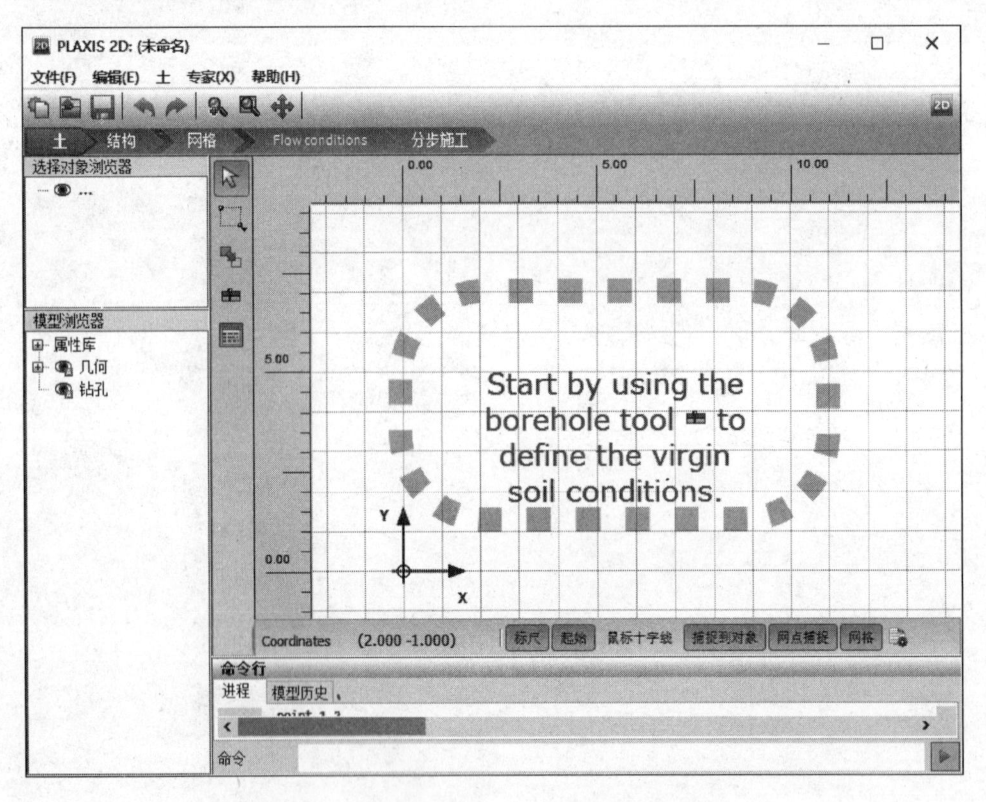

图4-1 新建项目的“土”模式初始视图

4.1 调整模型边界

PLAXIS 2D模型的边界范围可在“项目属性”窗口的“模型”选项卡下指定（见图3-3），如果在建模过程中需要调整模型边界范围，可从“文件”主菜单下选择“项目属性”选项，重新指定模型的边界范围。

4.2 创建钻孔

通常情况下，可通过定义单个或多个钻孔来创建土层，对每个钻孔可指定土层信息和水头高度。如果定义多个钻孔，PLAXIS 2D 会根据钻孔信息，自动在钻孔之间内插得到土层分布。定义的每个钻孔土层都会布满整个模型范围，换句话说，每个钻孔中都包含所有土层。不同钻孔中土层的上下界限可以变化，这样可以定义非均一厚度的非水平土层，甚至局部零厚度的土层（见图 4-4）。

4.2.1 创建新钻孔

要创建一个新的钻孔，可在“土”模式下单击“创建钻孔”按钮“”，然后在绘图区中单击布置钻孔位置，会弹出“修改土层”窗口（见图 4-2），可在此输入或修改钻孔和土层信息。

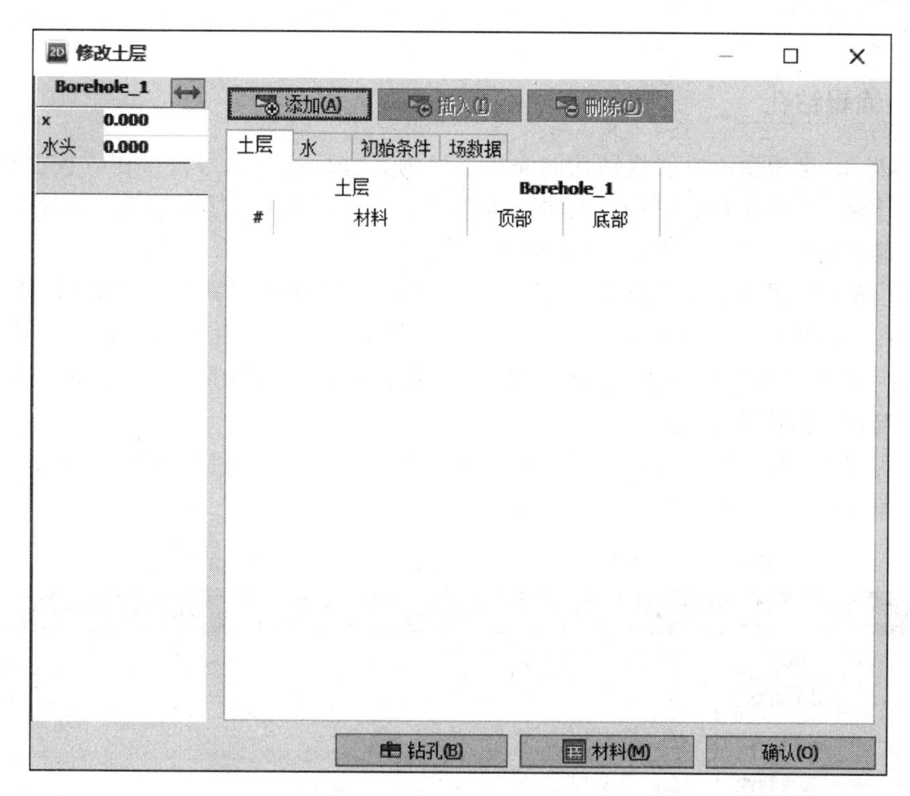

图 4-2 “修改土层”窗口

在“修改土层”窗口中添加新钻孔，操作如下：

1）单击窗口底部的“钻孔”按钮，选择“添加”选项，弹出“添加钻孔”对话框（见图 4-3）。

2）在“添加钻孔”窗口中定义新钻孔的位置（x 坐标）。

3）定义用以从中复制初始土层界限的源钻孔。默认相邻最近的钻孔为源钻孔。

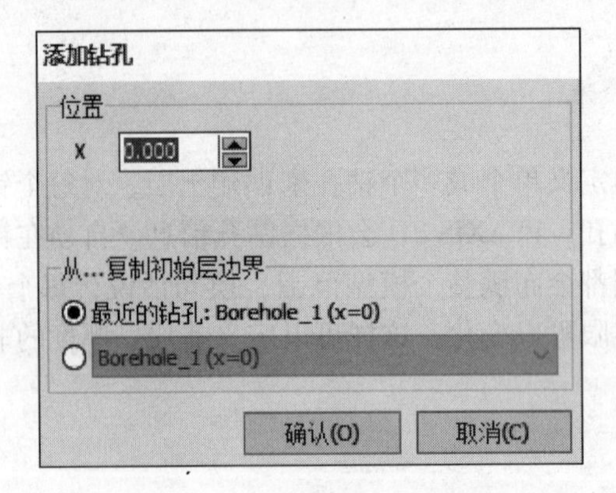

图4-3 “添加钻孔”对话框

提示： 当多个钻孔位于同一位置时，“修改土层”窗口将弹出警告信息。

4.2.2 编辑钻孔

PLAXIS 2D会根据用户创建钻孔的先后顺序为其进行连续编号，可在“模型浏览器”和“修改土层”窗口的柱状图中对其进行重命名。钻孔名称应以字母开头，由字母或数字组成，不能使用除了“_”以外的任何特殊符号。

钻孔位置可以更改，在“修改土层”窗口的柱状图中可指定其新位置坐标。另外，还可以在程序的绘图区中重新指定钻孔位置，首先单击侧边工具栏中的“移动钻孔”按钮“ ”，然后在绘图区中选中钻孔，将其拖放到新的位置。土层的上下界限将根据钻孔的新位置自动与相邻钻孔进行内插。

用户可以指定钻孔在“修改土层”窗口中如何显示，单击窗口底部的“钻孔”按钮，弹出如下菜单选项，见表4-1。

表4-1 “修改土层”窗口中“钻孔”按钮弹出菜单中的选项

按钮	菜单选项	说　明
钻孔	选择	选择在“修改土层”窗口中显示的钻孔
	显示所有	在“修改土层”窗口中显示全部钻孔
	隐藏所有	在“修改土层”窗口中隐藏全部钻孔
	切换可视性	在“修改土层”窗口中显示已选或未选钻孔
	分类	“修改土层”窗口中钻孔的显示顺序可根据钻孔的创建顺序、名称和坐标进行排序

4.3 土层

在新建项目中创建的第一个钻孔一开始是不包含任何土层的，需在“修改土层”窗口中定义钻孔土层。“修改土层”窗口（见图4-2）下包含的内容见表4-2。

表4-2 “修改土层”窗口下包含的内容

窗口	包含内容	说明
修改土层	土层柱状图	在“修改土层”窗口左侧显示全部钻孔的土层柱状图（Soil column），包括钻孔位置坐标、水头、土层界限和土体材料
	上方按钮	“修改土层”窗口上方有添加、插入、删除土层按钮
	“土层”选项卡	显示土层界限和土体材料
	“水”选项卡	显示每层的水力条件以及每个钻孔土层上下界限处的水压力值
	“初始条件”选项卡	显示所有土层的名称、材料模型、初始应力条件参数、OCR、POP、K_{0x}
	“现场数据”选项卡	可导入CPT（静力触探）测试数据
	底部按钮	“修改土层”窗口底部有三个按钮。“钻孔”按钮用于管理钻孔的添加、选择、可视化和分类；“材料”按钮用于打开材料数据库并定义土层材料；单击“确认”按钮则确认前面的定义并关闭“修改土层”窗口

4.3.1 创建钻孔土层

创建钻孔后，可用“修改土层”窗口顶部的三个按钮定义钻孔土层。

1）添加。在模型最下土层的下面添加新土层。

2）插入。在选中土层的上面插入新土层。

3）删除。删除选中的土层。

1. 增加与删除土层

新增土层的厚度默认为0。顶部土层厚度可通过调整其顶、底边界来修改。下方土层的顶边界由其上覆土层的底边界定义。所以，改变此土层的厚度，必须更改其底边界。

如果需在钻孔中加入当前没有的土层，可用“添加”或“插入”按钮添加该新增土层。原则上，该操作将在所有已定义钻孔中新建一个零厚度土层，对已有土层分布没有影响。在当前钻孔中可根据前述方法修改该土层厚度。

要删除一个已有土层，在“土”选项卡或“钻孔柱状图”中右击该土层，在弹出菜单中选择“删除”。注意，这样会将所有钻孔里的这一土层都删掉。如果选中某土层并单击“删除”按钮，将弹出“删除土层”对话框（见图4-4）。

如果当前钻孔中不包含某特定土层，但其他钻孔中包括，那么只需在当前钻孔柱状图中将该层底边界设为与顶边界标高相等（即在当前钻孔中将该层厚度设为0）。

2. 指定土层属性

不同土层具有不同的属性，土层属性可在材料数据组中定义。材料数据组包含在材料数据库中。在“修改土层”窗口中为土层指定材料属性有以下几种方法：

1）单击“材料”按钮，弹出“材料组”对话框，可将其中的材料数据拖放到土层选项卡或土层柱状图中的相应土层上。

2）在“土”选项卡或“初始条件”选项卡中单击材料栏下土层对应的单元格，从已定

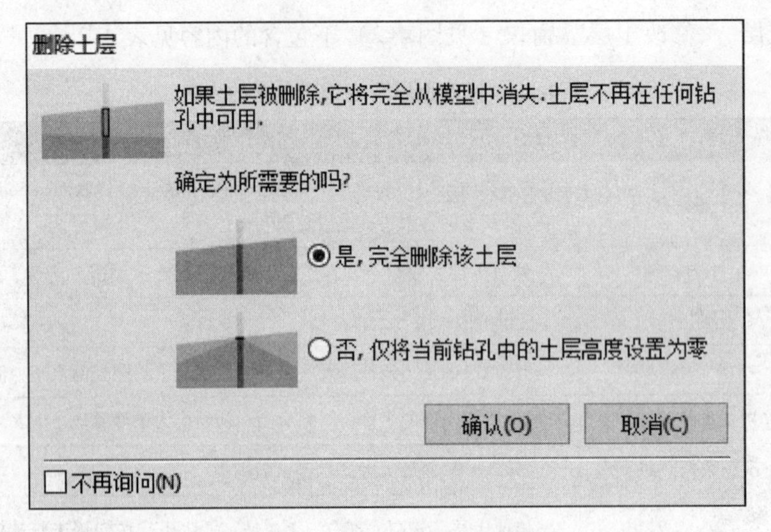

图 4-4 “删除土层”对话框

义材料组下拉菜单中选择土层材料。

3）在“土”选项卡或“初始条件”选项卡中的某个土层上右击，从右键展开菜单中单击“设置材料”，选择要指定的材料。

几何图中土层的颜色代表其设定的材料。重复上述操作，为每个土层指定适当材料组。所有土层的名称和材料组颜色列于“土”选项卡中。如果修改了某个钻孔中的一个土层，则所有其他钻孔中的对应土层也将一同修改。

除了以上方法之外，还可以在“土”模式下的绘图区中为土层指定材料，首先单击侧边工具栏中的“显示材料”按钮“”，弹出“材料组”对话框，然后可将该对话框中的材料拖放到相应土层上。

4.3.2 定义水力条件

地下水和孔压对土体行为有重要影响。PLAXIS 是基于有效应力原理，总应力由有效应力（土粒骨架承受）和孔压（土中孔隙承受）组成，这需要正确定义水力条件。很多情况下，可忽略地下水渗流，地层中（稳态）孔压分布大致可从现场勘察数据中获得。这种情况下，可在创建钻孔时定义水力条件，直接生成孔压。如果考虑地下水渗流，由于事先不清楚孔压分布，需要进行地下水渗流计算从而生成孔压。关于地下水渗流计算和水力边界条件定义的更详细介绍见本书 5.9 节。本节主要介绍在钻孔中定义水力条件直接生成孔压的方法。

在“修改土层”窗口的“水”选项卡下，可从土层栏内的水力条件列表中选择相应选项，为钻孔中土层定义水力条件。此时每个钻孔将显示两栏，分别给出每个土层上（p_{top}）、下（p_{bottom}）界限的孔压分布值（见图 4-5）。注意，孔压为负值。水力条件的列表选项见表 4-3。

表 4-3 “水力条件”列表中包含的选项

属性	选项	说明
水力条件	水头（Head）	孔压根据钻孔中指定水头（潜水位或水位）生成。生成的孔压分布可在钻孔柱状图中查看。如果水头低于土层上界限，则在顶部（p_{pop}）显示正值（吸力）。否则，不显示正孔压
	静水压力（Hydrostatic）	定义土层上界限的孔压值。程序根据水的重度计算土层中孔压分布
	插值（Interpolate）	根据上下土层中的孔压分布进行竖向线性插值，得到中间土层孔压分布
	干（Dry）	移除土层中孔压分布。土层上（p_{top}）、下（p_{bottom}）界限处孔压为 0，且土层中不生成孔压
	用户自定义（User-defined）	可为土层上下界限指定正值或负值，程序据此给定值在土层中进行线性插值生成孔压。不过，在钻孔中只有负值孔压可见。注意，PLAXIS 可以在计算中处理正值孔压（吸力）。在土层上界限指定正值孔压，在下界限指定负值孔压，这意味着该土层中存在潜水面

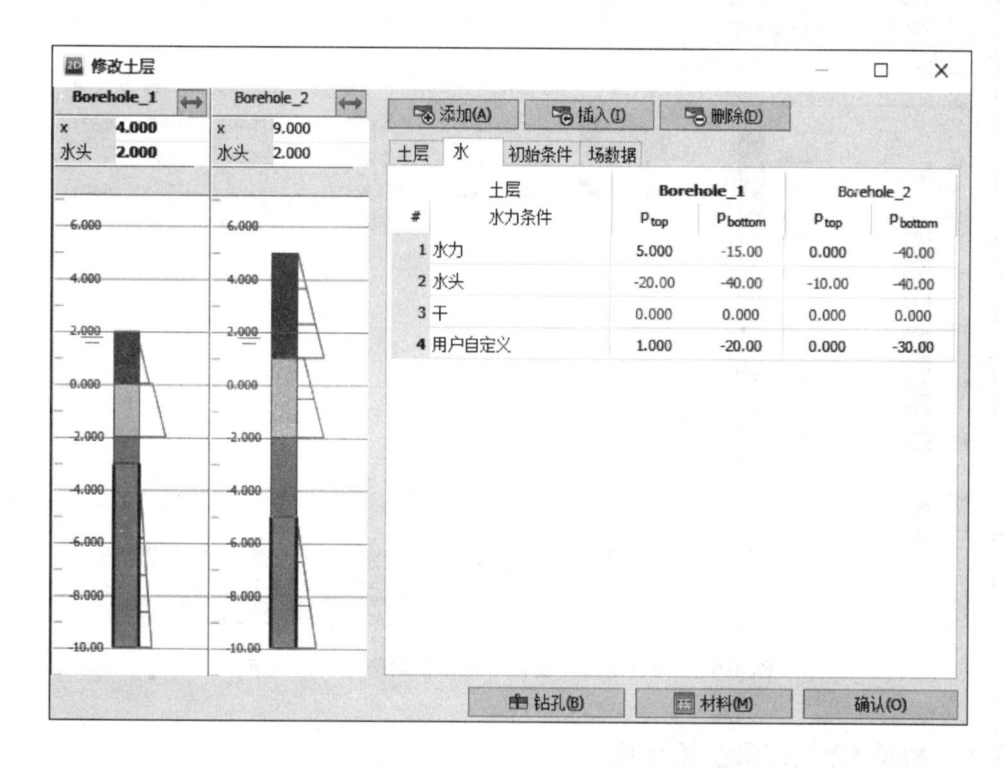

图 4-5 “修改土层”窗口下的“水”选项卡

程序会根据“水”选项卡指定的信息生成水位。水位可以是外部水位也可以是土中潜水位。根据钻孔中指定水头生成的水位在计算阶段中自动视为“全局水位”。

默认情况下，计算中会忽略在潜水位上方非饱和区内的正值孔压（吸力）。不过，

PLAXIS 在计算中是可以考虑吸力的，这需要在材料数据组中指定适当的土水特征曲线，并在计算中允许产生吸力。

4.3.3 土体初始条件

土体初始应力受到土体重度、水力条件和构造历史的影响。可使用“K_0 过程”或“重力加载”两种方法生成初始应力状态。

如果使用“K_0 过程”，需对所有土层指定 K_0 值，即初始水平有效应力和竖直有效应力的比。

如果为超固结土，尤其在使用高级土体模型时要指定超固结比（OCR）。对于特定初始应力状态，还可指定前期固结压力。这些参数可在材料数据组中定义。

“修改土层”窗口中的“初始条件”选项卡提供了表格用以显示土体模型和上述参数（见图4-6）。在“初始条件”选项卡中双击一个值，可打开相应材料数据组。关于初始应力状态的生成方法详见本书7.3.1节。

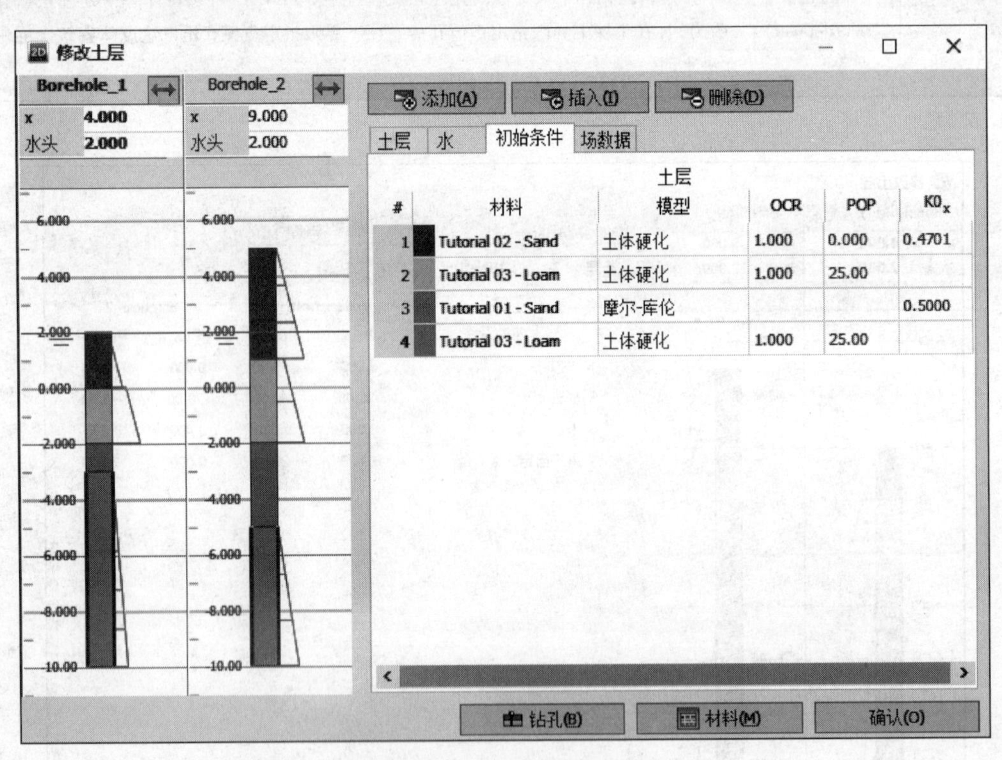

图4-6 “修改土层”窗口下的“初始条件”选项卡

4.3.4 根据 CPT 记录生成土层

钻孔土层还可利用 CPT（静力触探）测试数据来生成。PLAXIS 支持 GEF 格式的 CPT 数据。如果记录数据不是 GEF 格式的，可以处理成符合一定数据格式的 ASCII 或 CPT 文件后再导入。本功能仅对 VIP 用户可用。

要导入现场测试数据，操作步骤如下：

1）在模型中创建一个或多个钻孔。

2）在“修改土层”窗口中单击相应按钮，进入“现场数据（Field data）”选项卡。

3）单击绿色十字按钮“➕”，弹出“打开现场数据（Open field data）”窗口，添加CPT数据文件，导入的有效数据文件列于“现场数据”选项卡下。

4）单击钻孔名右侧的展开按钮“⟷”，从“现场数据（Field data）”下拉菜单中选择该钻孔对应的CPT数据。

5）选择“解译（Interpretation）”方法（目前仅可选“CUR 3 layers”选项），解译准则如图4-7所示。

6）在“最小厚度（Minimal thickness）”栏中输入最小层厚，以免生成土层时出现过多薄层。展开的“修改土层”窗口如图4-8所示。

7）单击“应用土层（Apply layers）”按钮，将土体类组分配给钻孔中的土层。

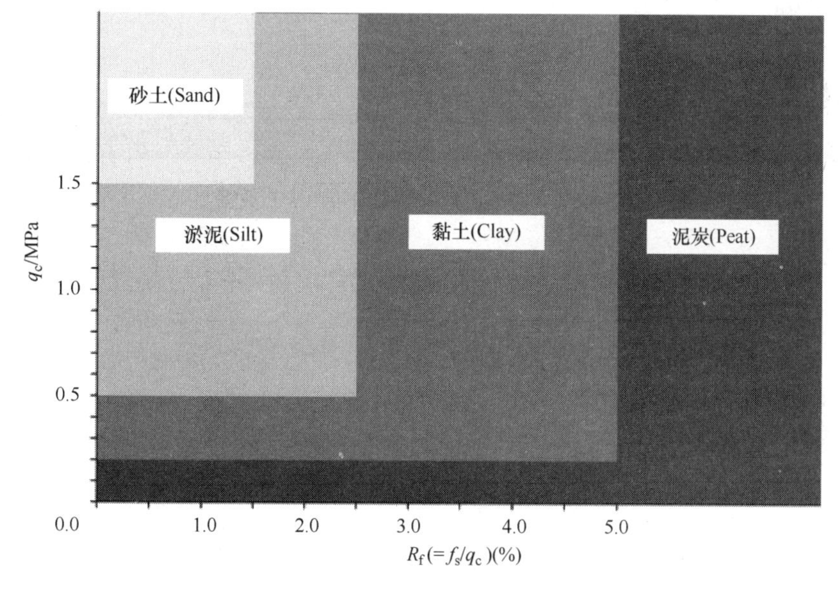

图4-7　解译准则

提示： 1）当利用CPT记录数据生成土层时，生成的土层会应用于整个模型。此时钻孔可用来调整其所在位置的土层厚度。

2）一个项目中只可使用一组CPT数据。利用新CPT数据生成的土层将覆盖已有土层。

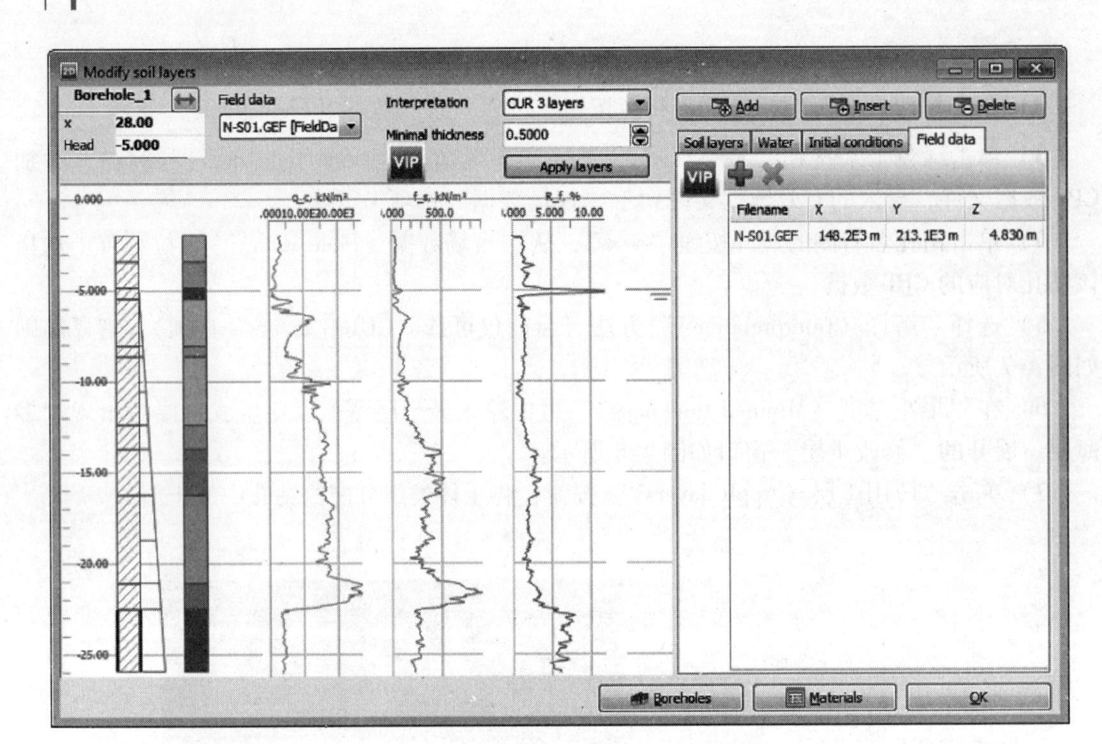

图 4-8 “修改土层”窗口下的 CPT 数据

第5章

荷载和结构——结构模式

上一章介绍了在“土”模式下定义土层的相关内容，本章介绍“结构（Structures）”模式，以及如何在该模式下定义几何对象、结构单元和边界条件。单击“土”模式选项卡右侧的“结构”选项卡，进入“结构”模式，在“结构”模式的绘图区中会显示前面在“土”模式下定义的土层。注意，在“结构”模式下不能修改钻孔。

5.1 辅助工具

PLAXIS 2D 程序的“结构”模式下提供了一些辅助工具，可调整几何模型，更改模型中对象的位置。

5.1.1 选择几何对象

PLAXIS 2D 2015 提供了两种选择模型对象的方式，即单击选择和矩形框选。

1）单击选择（“”）。要选择某个模型对象，可按如下操作：单击侧边工具栏中的箭头按钮“”（激活选择工具），在绘图区中单击几何对象即可将其选中。如需同时选中多个对象，可在按住〈Shift〉键的同时依次单击多个对象。

2）矩形框选（“”）。除了上述选择方法之外，还可以通过“选择多个对象（Select multiple objects）”工具一次性选择多个对象。框选的操作方法类似于 AutoCAD 中通过两个角点绘制矩形的方法：单击框选按钮“”，然后将光标移至绘图区中待选对象分布区域的某个角点，按下鼠标左键，并将光标拖动至待选区域的对角点，这样圈出一个矩形区域，释放鼠标左键，则所有位于该矩形区域内的可见的几何构件都被选中。

拖划矩形区域的两个角点的先后顺序不同会产生不同的选择效果。如果从左上角点拖划至右下角点，则只有完全处于该矩形区域中的几何对象被选中。如果从右下角点拖划至左上角点，则只要几何对象的某部分在矩形区域内，则该对象被选中。这与 AutoCAD 中框选功能的特性类似。

此外，PLAXIS 中还提供了分类框选工具，在一次选择操作中只针对某一类模型对象，可以一次选中多个属于某一类型的几何对象（如点、线、面）或结构单元（如点对点锚杆、板），实现了高效的过滤选择功能，从而避免误操作，大大提高建模效率。在具体使用时，需先单击框选按钮“”，然后从弹出的子菜单中单击待选对象所属类型的选择工具，接下来的选择操作与普通框选操作相同。

提示： 选中模型对象后，可以为其指定模型参数及其他相应属性。除了通过鼠标进行交互操作之外，还可以通过命令流来实现各种建模操作。在程序的绘图区或浏览器中选择单个对象或多个对象后，在选中对象上右击，弹出右键菜单，可从中单击对象名称将其复制到剪切板，复制的名称可用于命令流中。关于命令流的使用可参考本书第 3.6 节。

5.1.2 移动对象

如果想更改模型对象的位置，可在“模型浏览器”修改其参考点坐标。对于比较简单的情况，还可以在绘图区中将模型对象直接拖动到新位置，操作如下：首先选中要移动的模型对象，然后单击“移动对象”按钮“”，再将选中对象拖放到新的位置。

5.2 几何对象

PLAXIS 有限元模型是基于几何模型建立的，几何模型由点、线、面等几何对象组成。PLAXIS 2D 2015 中可以为点、线、面等几何对象指定结构、荷载等特性（Features），也可以通过图 5-1 所示的展开子菜单中的选项直接创建带有某种特性的几何对象。程序会为创建的对象自动命名，用户可在“对象浏览器”中对其进行重命名。

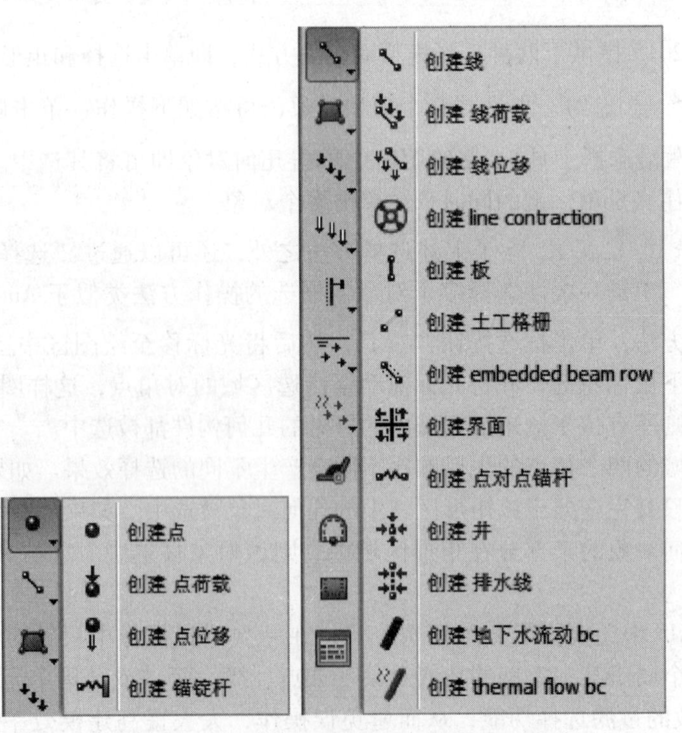

图 5-1 “创建几何对象”展开子菜单

模型中几何对象的位置可以更改，实现方法见5.1.2节。

如需删除模型对象，有两种操作方式，或者说分为两种情况。模型对象一般包含几何和特性等多重信息，以模型中的一条线为例，除了包含其两端点坐标信息之外，还包含为其指定的结构或荷载特性（如果为其指定了结构或荷载特性的话）。在删除模型对象时，可以一次性将其几何和特性信息全部删除，也可以只删除其中某一项特性信息。如果要一次将几何对象及其指定特性全部删除，可在几何对象上右击，然后从弹出菜单中选择“删除”。如果只想删除某个指定特性，则在模型对象上右击后从弹出菜单中选择相应特性，再单击“删除”，则只删除该特性，保留几何对象及其他特性。

提示：注意，如果使用〈Delete〉键，将删除几何对象及其全部指定特性。

5.2.1 点

“点”是几何模型的一个基本组成部分。单击侧边工具栏中的“创建点”按钮“●”，然后在绘图区中单击，即可在单击位置创建一个点。选中该点，可在选择对象浏览器中查看其坐标（见图5-2）。基于“点”可以通过右键菜单创建点荷载、指定点位移和锚定杆等特性。

5.2.2 线

“线”是几何模型的另一个基本组成部分。单击侧边工具栏中的“创建线”按钮“↘”，然后在绘图区中两个不同位置依次单击，则以这两个单击的位置为端点坐标创建一条线。如继续单击鼠标，将创建一系列直线段，右击或按〈Esc〉键将结束线的绘制。在生成线段的同时，程序会自动在其两端点位置生成两个点（见图5-3）。这两个端点控制着线的长度、方向，可以通过更改这两端点坐标来改变这条线的位置和长度。对于“线”可以指定的特性包括：线荷载、指定线位移、板、土工格栅、Embedded beam row、界面、点对点锚杆、井、排水线和地下水渗流边界条件。

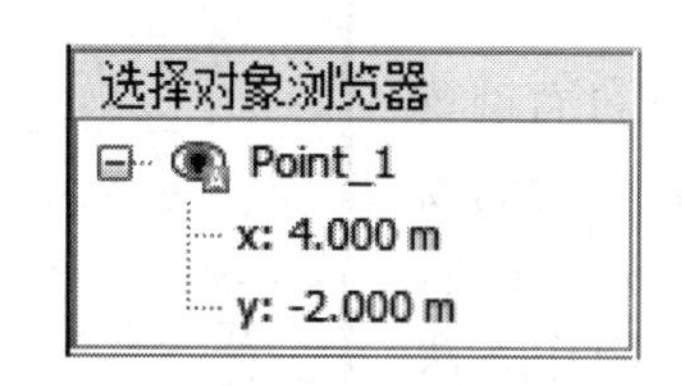

图5-2 “选择对象浏览器”中的点

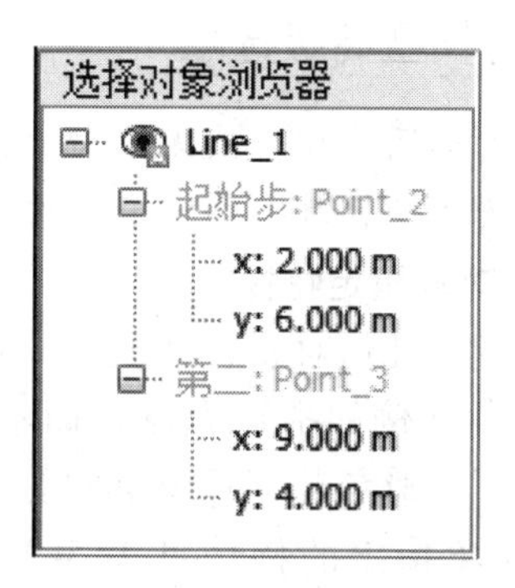

图5-3 “选择对象浏览器”中的线

提示：点对点锚杆和Embedded beam row不能指定给已指定了其他特性的线。

5.2.3 多边形

在“结构”模式下可使用“多边形（Polygon）”工具创建土体类组，土体类组的相关信息可在“选择对象浏览器”中查看（见图5-4）。单击“多边形”按钮“”，弹出展开菜单，包含选项见表5-1。

表5-1 “多边形”工具下的子菜单选项

按钮	子菜单选项	说　明
多边形	创建土多边形（Create soil polygon）	选择该选项，然后在绘图区中相应位置依次单击，则以单击位置为角点坐标创建多边形土体类组
	创建土矩形（Create soil rectangle）	选择该选项，然后在绘图区中拖划矩形区域，则生成相应的矩形土体类组
	遵循边界（Follow contour）	使用该选项，可以现有多边形的某条边作为新建多边形的一条边，用户只需定义非重合的其他边即可，程序会自动考虑该重合边，与用户定义的其他边共同形成新的多边形
	分割多边形（Cut polygon）	使用该选项，可以将某个土多边形分割成多个小的多边形。在土多边形中定义分割线，则以该线为共用边分割成两个小多边形
	添加多边形角点（Add polygon point）	使用该选项，可以为土多边形增加角点。选择该项后在绘图区中单击，程序会根据该单击位置更新土多边形的边界
	删除多边形角点（Delete polygon point）	使用该选项，可删掉土多边形的角点。选择该项后，在土多边形某角点上单击，则删掉该角点，程序会根据其余角点位置更新多边形的形状
	移动多边形角点（Move polygon point）	使用该选项，可以将土多边形的某个角点拖放到新的位置，程序会根据新的角点位置更新多边形的形状
	移动多边形的边线（Move polygon line）	使用该选项，可以将土多边形的某条边拖放到新的位置，程序会根据新的边线位置更新多边形的形状

5.2.4 几何模型高级选项

选中模型对象后（单个或多个对象），在绘图区或者“对象浏览器”中的选中对象上右击，会弹出右键菜单，其中列出了修改几何对象的高级选项。

1. 为几何对象指定特性

在模型中建立几何对象后（例如一条线），可通过右键菜单为其指定特性（例如指定为板）而不必为创建板单元而新建一条线，这样可避免数据重复和操作重复，保持模型简洁。可以为几何对象指定的特性见表5-2所列内容，操作方法如下：

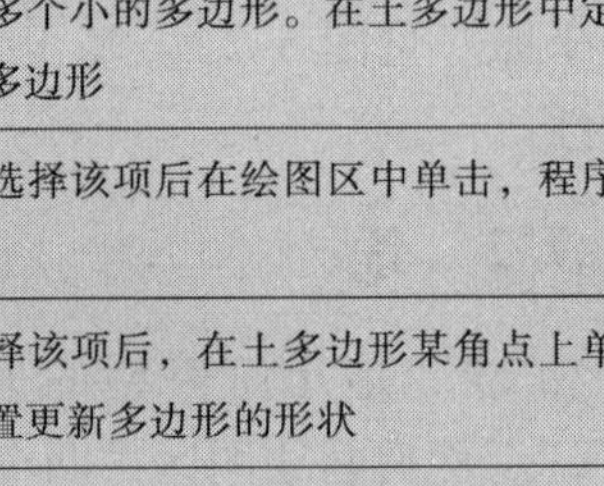

1）在“对象浏览器”或“绘图区”中右击几何对象。

2）从右键弹出菜单中选择要指定的特性。

图5-4 “选择对象浏览器”中的土多边形

表 5-2 可为几何对象指定的特性

几何对象	点	线	多边形
可指定的荷载	点荷载、指定点位移	线荷载、指定线位移	体积应变
可指定的结构和边界	锚定杆	板、土工格栅、Embedded beam row、正向/负向界面、排水线、井、点对点锚杆、地下水渗流边界条件	—

提示： 1）体积应变只能在“分步施工”模式下指定给土体类组。
2）如果已给一条线指定了 Embedded beam row 或点对点锚杆，则不能再为其指定其他特性。

2. 合并重复几何对象

创建特性有三种方法：

1）使用侧边工具栏按钮创建特性。

2）通过右键菜单为已有几何对象指定特性。

3）使用命令流创建特性。

假设模型中已经建立了某几何对象（如一条线）。如果又在该线相同位置创建一根点对点锚杆，程序会随点对点锚杆同时生成一条线。这样就有两条重合的线，其中一条具有“点对点锚杆”特性，另一条没有。此时，PLAXIS 2D 中允许将这两条重复的线合并为一条，从而删除掉多余的那条线。针对创建点对点锚杆的方法的不同，分以下几种情况讨论：

① 如果使用上述第 1）种方法，新生成的线会自动与原有线合并成一条线，并带有“点对点锚杆”特性。

② 如果使用上述第 2）种方法，不会生成多余的线，“点对点锚杆”特性会直接指定给原有的线。

③ 如果使用上述第 3）种方法，会生成多余的线，在“结构”模式下与原有线共同存在。当进入“计算”模式时，这两条重合的线会自动合并成一条带有“点对点锚杆”特性的线。

对于最后一种情况，我们更希望在“结构”模式下就将重复的对象合并，从而手动删除模型中的多余对象，实现模型的精简化。操作方法如下：在“模型浏览器”中右击“几何”“点”或“线”，从右键菜单中选择“合并重复的几何对象（Merge equivalent geometric objects）”；或者在命令行中输入相应的命令，例如：“merge equivalents geometry”（合并重复的几何对象）。

使用命令“merge equivalents geometry objects”可以合并那些并非精确位于同一位置但相距又非常近的几何对象。PLAXIS 2D 默认的距离误差为 0.001 个长度单位，与标准捕捉间距相同（见下文），用户可以在命令中指定距离误差，例如：“merge equivalents geometry 0.2”。当同类几何对象不在完全相同的位置但距离不超过 0.2 个长度单位时，通过该命令可使之合并为单个对象。合并前原几何对象的指定特性都会指定给合并后剩下的那个对象。

提示： 1）钻孔不能合并。
2）如果已经对某条线指定了 Embedded beam row 或点对点锚杆特性，则不能将其与指定了其他特性的线合并。

3. 捕捉到

如果几何对象绘制不完整（存在误差），例如部分未接触或部分重叠，可能导致交叉或网格划分出错。“捕捉到（Snap）”功能可以修正 0.001 个长度单位范围内的这种误差。当使用“snap”命令执行操作时，可临时修改“snap”的误差距离默认值。

“捕捉到（Snap）”功能有如下几种用法：

1）当绘图区下方的“栅格捕捉（Snap to grid）”选项处于激活状态时，通过鼠标在绘图区内单击将只能在栅格点位置创建点。栅格网的间距通常足以避免混淆点的位置，并且便于选中已有的点。

2）当“栅格捕捉”选项未激活，但“对象捕捉（Snap to object）”选项处于激活状态时，通过鼠标在绘图区内单击创建的点将不限于栅格点的位置上，但是如果新建的点距离已有几何对象足够近（在前述“捕捉到”误差距离范围内），该点将自动捕捉到这个已有几何对象上。由于捕捉距离通常比较小，可以存在两个距离很近的独立的点，所以有时本应捕捉到已有几何对象上的点，可能实际上并没有捕捉到该对象上，而是成了一个独立的点。

3）如果“栅格捕捉”和“对象捕捉”选项都未激活，那么极有可能的情况是，两个几何位置原本应一致的几何对象最终成了两个独立的对象。

对于上述第 2）、3）条的情况，可以通过给“snap”命令设置较大的捕捉距离来进行修复。举例如下：

```
snap geometry 0.1
snap lines 0.25
```

对于本应处于相同位置的点或线可以通过“Merge equivalent geometric objects”选项进行合并，参见前述“2. 合并重复几何对象”的内容。

此外，PLAXIS 2D 右键菜单还提供了另一个捕捉选项，可以像 AutoCAD 那样对线进行延伸或修剪，操作方法是：选择线及其待延伸的端点，然后继续选择要延伸到的目标线（或修剪用的边线），单击鼠标右键，从右键菜单中选择“捕捉对象（Snap to object）”选项，操作完成后几何模型会相应更新。

4. 组

右键菜单中的“组（Group）”选项可以将多个对象创建为一个组，生成的组列于“模型浏览器”中的“组”目录下。对组进行操作可以同时修改该组内所有对象的共有属性。将多个对象放于一个组内之后，原对象仍然存在。

5.3 荷载

PLAXIS 2D 模型中可以考虑外荷载的作用，如集中荷载和分布荷载，既可以是静力荷载，也可以是动力荷载。创建荷载有两种方式：①可以在几何对象上右击，从右键菜单中选择创建点荷载或线荷载；②可以使用侧边工具栏中的“创建荷载”菜单（见图5-5），直接创建点荷载或线荷载，同时会生成对应的几何对象。这种方式与创建几何对象的操作类似，可以同时生成几何对象和荷载，比先创建几何对象再指定荷载的效率要高。

荷载输入值可在“结构”模式下指定，但其激活、冻结和更改一般在“分步施工”模式下完成。如果对某一几何对象既设置了约束又施加并激活了荷载，那么在计算中约束将优先于荷载。因此，对已经设置了约束的几何对象再施加荷载是没有意义的，不过对于只约束了某一个方向的情况，可以在另一个自由方向上施加荷载。

图5-5 “创建荷载”菜单

PLAXIS中的荷载可以定义为静力荷载，也可以定义为动力荷载。在“对象浏览器”中的“荷载”目录下包含两部分内容，可分别指定静力荷载和动力荷载的信息。

1）静力荷载。静力荷载的分布及其分量在“荷载”目录的第一部分指定。注意，对于“点荷载”是没有“分布”选项的（见图5-6）。

2）动力荷载。动力荷载的分布及其分量在“荷载”目录的第二部分指定。注意，对于“点荷载”是没有“分布”选项的。除了荷载的分布及其分量之外，还可以为每个荷载分量单独指定动力“乘子”，从其下拉菜单中可以选择已经在“属性库（Attributes library）”中定义的乘子。“选择对象浏览器”中的动力荷载设置如图5-7所示。

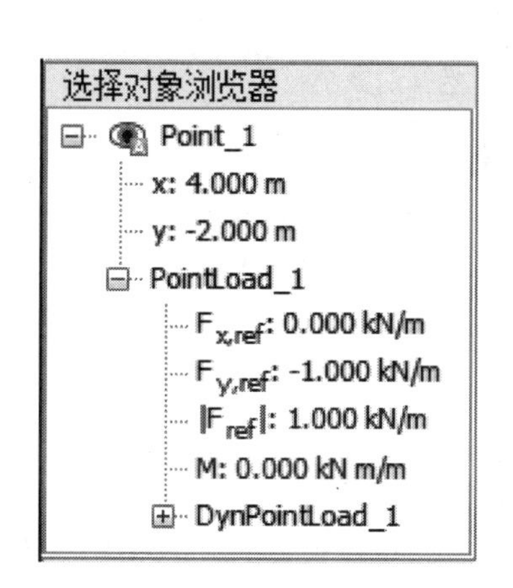

图5-6 “选择对象浏览器”中的静力荷载

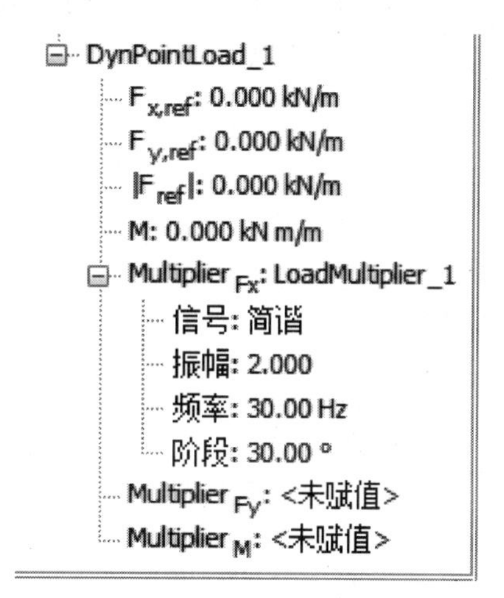

图5-7 “选择对象浏览器”中的动力荷载

提示：只有“点荷载”下可以指定弯矩。

5.3.1 点荷载

点荷载可用“创建点荷载”按钮“”来建立，点荷载输入值的单位为Oxy平面外方向上单位宽度的力，默认值为沿y轴负方向的单位力，即-1kN/m。点荷载的x、y分量以及弯矩值（单位：平面外单位宽度上的力乘以长度）可在“选择对象浏览器”中修改（见图5-8）。如果修改荷载的绝对值，程序会根据荷载初始方向自动计算各个分量。即如果只修改绝对值，不会改变荷载的方向。

提示： 弯矩只能施加在板和Embedded beam row上。如果为某个节点指定了弯矩，但该节点并不属于某个板或Embedded beam row，则计算中并不会考虑这个弯矩。

5.3.2 线荷载

线荷载可通过“创建线荷载”按钮“ ”建立，线荷载输入值的单位为“力/单位长度”（如kN/m），默认方向为y轴负方向。如果直接修改荷载绝对值大小，程序会自动根据荷载初始方向计算各方向分量（见图5-9）。

线荷载可定义的分布选项有：

1）统一的。创建均布线荷载。

2）线性。通过定义分量和起始、结束点的荷载值来定义线性变化的荷载。

3）垂直。创建作用方向与线相垂直的均布线荷载。

4）垂直，竖向增量。创建作用方向与线相垂直的线荷载，荷载大小沿重力方向（$-y$方向）变化，需定义参考点处的荷载分量、荷载大小及其沿$-y$方向的增量。

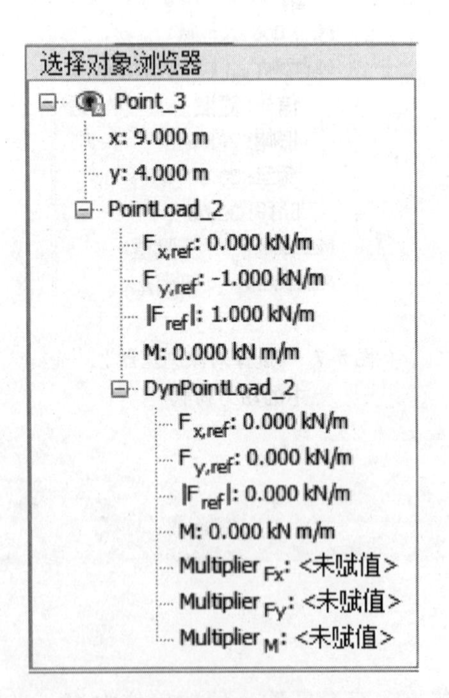

图5-8 “选择对象浏览器”中的点荷载

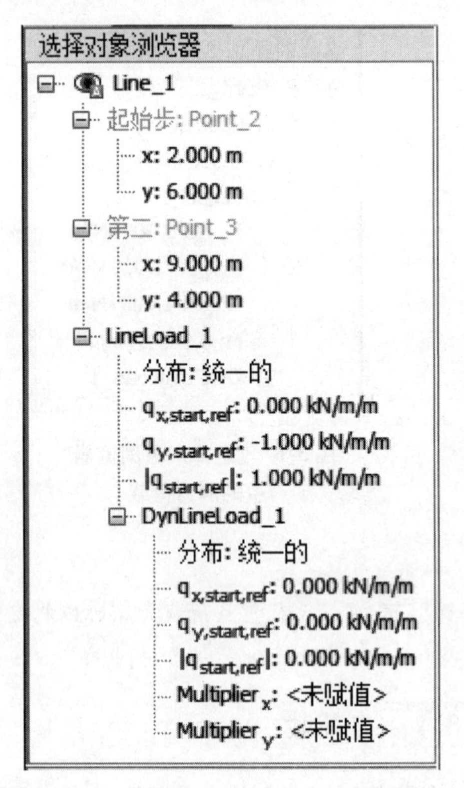

图5-9 “选择对象浏览器”中的线荷载

5.4 指定位移

指定位移是一种特殊的边界条件，可用于控制模型某一部分的位移。可通过右键菜单为几何对象创建指定位移，也可通过“创建指定位移”展开菜单来直接创建。

创建指定位移类似于创建几何对象。单击侧边工具栏中的“创建指定位移”按钮，在展开菜单中提供了快速定义指定位移的选项（见图 5-10），可以不必先创建几何对象再为其指定位移，而是一步完成。指定位移的输入值可在“结构”模式下定义，但其激活、冻结和更改一般在“分步施工”模式下定义施工阶段时完成。

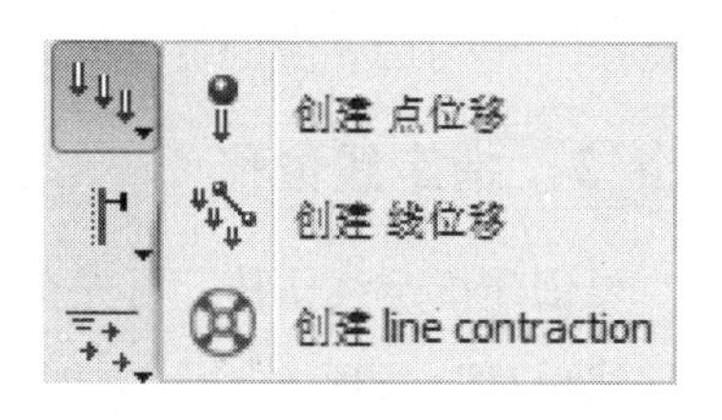

图 5-10 “创建指定位移”菜单

对于一个几何对象如果同时定义并激活了指定位移和荷载，则在计算过程中指定位移优先于荷载。如果对某条线同时施加了指定位移和固定约束，那么计算中将是固定约束发挥作用。不过，如果并不是所有方向的位移都固定，则在自由方向施加荷载是可以起作用的。

提示：“指定位移”应视为计算阶段结束时的总位移（Total displacements）而非增量阶段位移（Incremental phase displacements）。如果计算阶段中不应产生指定位移增量，那么指定位移的值应与前一阶段相同。如果将指定位移值设为 0，则意味着在相反方向施加位移增量，从而使得计算阶段结束时总位移为 0。

PLAXIS 中的指定位移可以定义为静力位移，也可以定义为动力位移。“选择对象浏览器”中的“指定位移”目录由两部分组成，即静力部分和动力部分。

1）静力指定位移。静力指定位移的分布及分量在“指定位移”目录的第一部分定义。注意，对“指定点位移”来说“分布”选项不可用。

2）动力指定位移。可为静力指定位移的每个分量单独指定动力“乘子”，在其下拉菜单中可以选择“属性库（Attributes library）”中已定义的动力乘子。“选择对象浏览器”中的动力指定位移如图 5-11 所示。

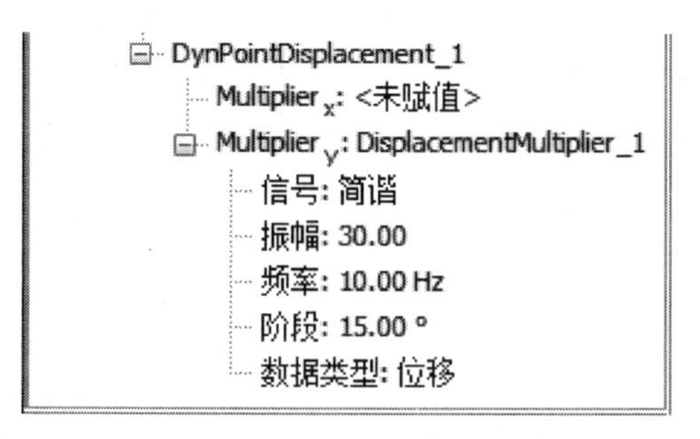

图 5-11 “选择对象浏览器”中的动力指定位移

5.4.1 指定点位移

指定点位移可用“创建指定点位移”按钮“”创建，与创建点类似。指定点位移默认在 x 方向自由，y 方向默认值为 -1。指定点位移分量的选项有“自由”“固定”和“指定”三个。在“对象浏览器”中选择“指定”选项，可选择这些选项并定义位移值。在“对象浏览器”中勾选相应的复选框可以为点指定旋转约束。

5.4.2 指定线位移

要创建指定线位移，可先单击“创建指定位移”按钮，然后从展开菜单中选择“创建指定线位移”选项“”来创建。指定线位移默认在 x 方向自由，y 方向默认值为 -1。指定线位移分量的选项有“自由”“固定”“指定”，可在“模型浏览器”中选择。可为某条线指定均布或线性变化位移。当在“分布”下拉菜单中选择“线性”选项时，可以定义沿该线起始点和结束点的位移值。

5.4.3 收缩

“收缩”可用于模拟线收缩或模拟隧道衬砌周围土体损失。“收缩”施加的是应变，没有单位。要创建收缩，可先单击“创建指定位移”按钮，然后从展开菜单中单击“创建收缩”选项“”。

“收缩”应视为计算阶段结束时施加的总收缩应变（Total contraction）而非增量阶段收缩应变（Incremental phase contraction）。如果计算阶段中不应产生收缩增量，那么指定给收缩的值应与前一阶段相同。如果将收缩值设为 0，意味着是在相反方向施加收缩增量，从而使得计算阶段结束时收缩为 0。

提示：当利用“收缩”模拟 TBM 隧道周围的土体损失时，收缩值应设为隧道体积损失百分比的一半。

5.5 动力荷载

在 PLAXIS 2D 中，动力荷载通过荷载输入值与其动力乘子来定义。每个时间步的实际动力荷载值等于荷载输入值乘上动力乘子。动力乘子可指定给荷载的动力分量或指定位移。模型中施加的动力乘子可在“模型浏览器”中“属性库”目录下的“动力乘子”子目录中定义。

5.5.1 乘子定义

在“模型浏览器”中“属性库”目录下的“动力乘子”子目录上单击鼠标右键，从弹出菜单中选择“编辑”，弹出“乘子”对话框，可在此定义动力乘子（见图 5-12）。“乘子”对话框包括“位移乘子”和“荷载乘子”两个选项卡，分别用于给指定位移和荷载定义乘子（见图5-13）。

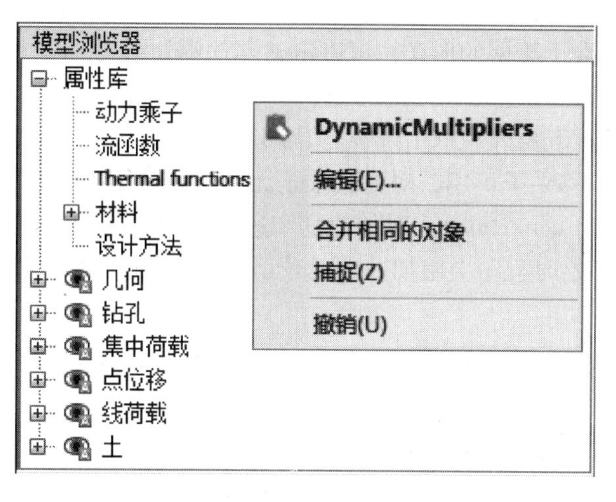

图5-12 “模型浏览器”中的“动力乘子”

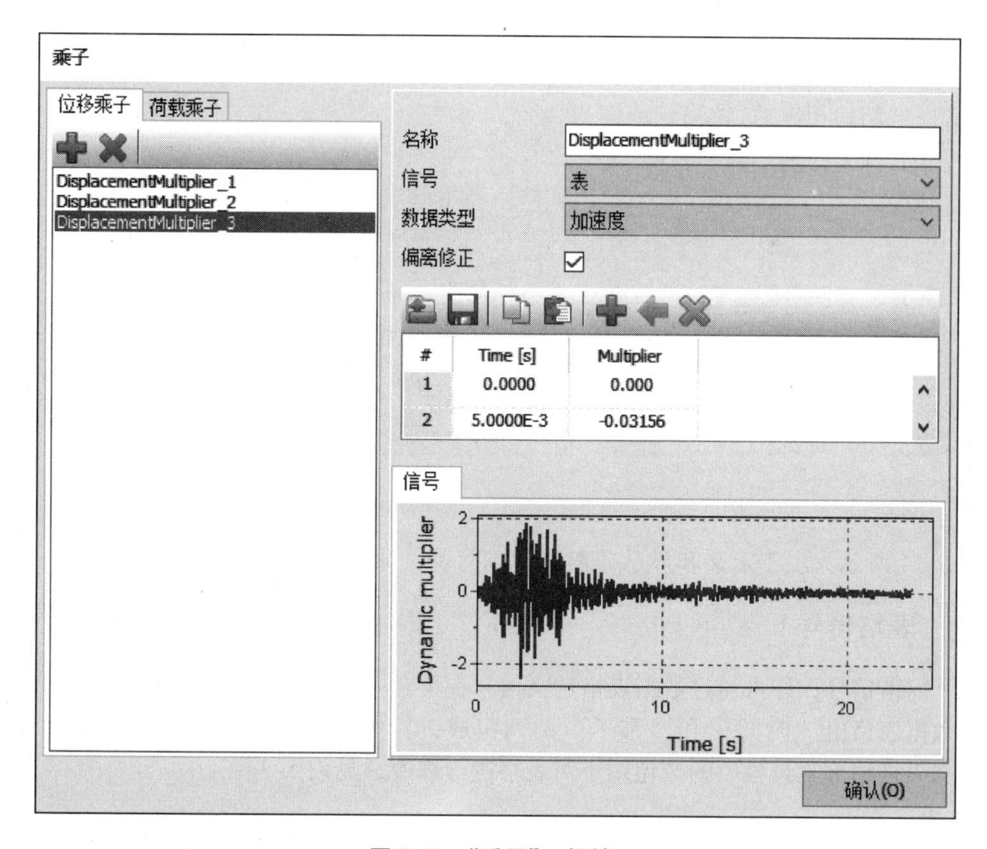

图5-13 “乘子”对话框

在乘子选项卡下的按钮可用于添加新乘子或删除列表中被选中的乘子。添加新乘子后，其定义选项包括：

1）名称。定义乘子的名称。

2）信号。可选择乘子数据的形式，可以定义“简谐”变化乘子，也可以“表格”形式定义非规律变化的乘子。

3）数据类型。可从下拉列表框中选择“位移”“速度”或“加速度”。注意，“数据类型”下拉列表框仅对位移乘子可用，对荷载乘子无须指定数据类型。

4）偏离修正（Drift correction）。对加速度和速度进行时间积分时，位移可能发生偏离。选择该项后，在计算开始时程序会施加一个低频运动并对加速度进行相应修正，以此来修正位移偏离。

5.5.2 简谐信号

PLAXIS 中的简谐荷载按下式定义：

$$F = \hat{M}\hat{F}\sin(\omega t + \varphi_0) \tag{5-1}$$

式中 $\hat{M}$——放大乘子；

$\hat{F}$——荷载输入值；

ω——角频率；$\omega = 2\pi f$（f 为频率，单位为 Hz）；

φ_0——初始相位角（°）；

$\hat{M}\hat{F}$——动力荷载的放大系数。

提示： 动力荷载也可瞬时施加于单个时间步或子步（体荷载）。对于“简谐荷载乘子”，可通过如下方法模拟体荷载：将“放大乘子”设为等于体荷载的大小，频率设为 0Hz，初始相位角设为 90°，且 $F = \hat{M}\hat{F}$。对于从数据文件输入荷载乘子的情况，可以直接定义体荷载。

图 5-14 所示为用于定义和显示“简谐”信号的“乘子”对话框。

5.5.3 表格信号

除了简谐信号，还可通过数据表格定义信号，可在“信号”下拉列表框中选择“表格”选项。数据表格由“时间”和“乘子”两列组成，其中“时间”数据与“动力时间”相关。数据表格顶部工具栏中的按钮用于对表格进行修改，见表 5-3。

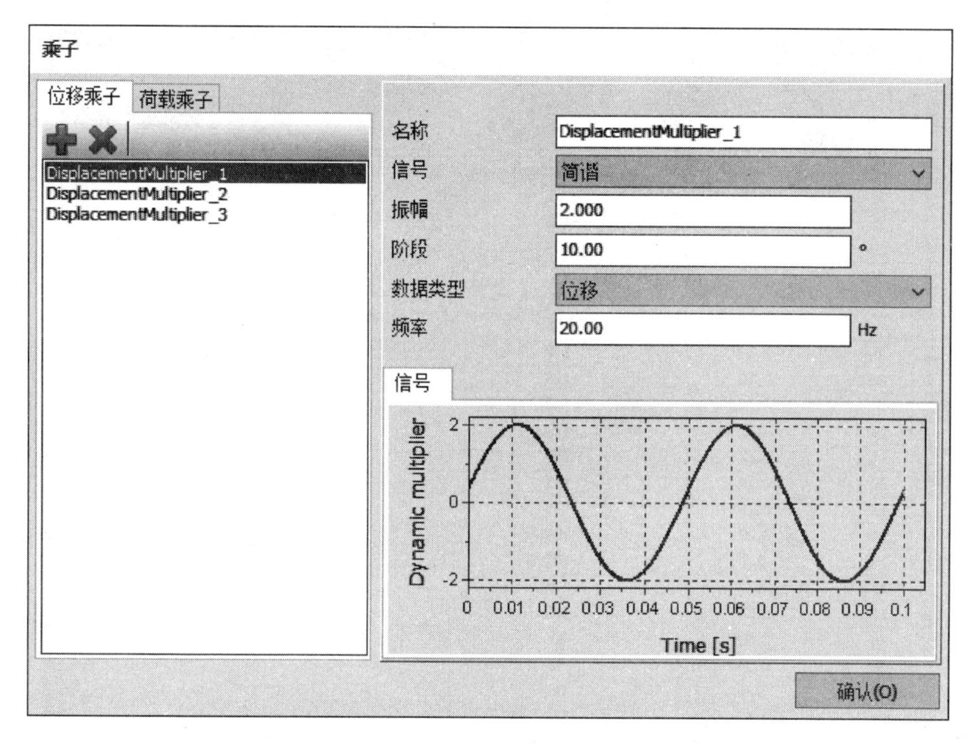

图 5-14 “乘子”对话框下“简谐”信号的定义及其显示

表 5-3 动力乘子窗口中的数据表格相关按钮

功能类别	按钮图标	按钮名称	说明
表格修改		添加行	可在表格中添加一行
		插入	可在表格内已选中的行前插入一行
		删除	可删掉在表格内选中的行
数据导入与保存		打开	除了可在表格中直接输入数据，还可以利用工具栏中的“打开”按钮从数字化荷载数据文件中读取数据。PLAXIS 可以从纯 ASCII 或 SMC 格式文件中读取数据
		保存	不论是利用表格定义的信号还是从数据文件中读取并修改的信号，都可利用“保存”按钮来保存，从而可将其用于其他项目或使当前项目中的修改生效
表格编辑		复制	不论是利用表格定义的信号还是从数据文件中读取并修改的信号，都可利用“复制”按钮进行复制
		粘贴	从其他应用程序中复制的数据（使用〈Ctrl + C〉）可利用“粘贴”按钮来导入。“导入数据”对话框如图 5-15 所示。导入数据的起始行可在“从行（From row）”一栏中定义，数据可按“纯文本文件”或“强震 CD-ROM 文件（SMC）”来分析。单击“确认”按钮，数据和图形显示在“乘子”对话框中

图 5-15 动力乘子的“导入数据”对话框

提示：当导入动力荷载数据时，如果未在“动力荷载”窗口中指定导入数据所在的目录，PLAXIS 默认为数据文件位于当前项目文件夹中。

可导入的动力荷载数据文件主要有以下两种格式：

1）ASCII 文件。ASCII 文件可由用户通过文本编辑器创建。每行定义一对数值（“动力时间”和相应的“乘子”），两数值间至少隔一个空格。每行的时间应不断增加，不过并不必使用恒定不变的时间间隔。

如果动力分析中的时间步与文件给出的时间序列不一致，则某一给定“（动力）时间”点的乘子将根据文件中的数据进行线性内插。如果计算中的“动力时间”大于数据文件中最后一个时间值，则计算将采用文件中的最后一个乘子。

2）SMC 文件。PLAXIS 2D 还可以利用 SMC 格式的地震记录作为地震荷载输入。SMC（Strong Motion CD-ROM）格式现在被美国地质调查局国际强震程序（U. S. Geological Survey National Strong-motion Program）用于记录地震和其他强波的数据。该格式使用 ASCII 字符代码，并在数字时间序列坐标或相应数值后提供文档标题、整数标题、实数标题和注释。标题为用户提供了地震和记录设备信息。

大部分 SMC 文件包含加速度，但也可能包含波速或位移序列及响应谱。推荐使用校正后的地震波数据，即时间序列应为对最终偏离和非零最终速度进行修正之后的。SMC 文件应与几何模型底部指定边界位移联合使用。

提示： 动力乘子中的时间值通常指所有计算阶段列表中的全局动力时间，而不是单个阶段的时间间隔。这意味着在一系列连续动力计算阶段中，每个阶段只是采用其动力乘子的连续部分。

5.6 结构单元

结构单元的创建类似于相应几何对象的创建。为已有几何对象指定结构属性，操作为：首先单击“创建结构”按钮“┣”，从展开菜单中选择相应的结构单元按钮（见图5-16），然后像创建几何对象那样创建结构单元。如果是为已有几何对象指定结构特性，可以在绘图区或“对象浏览器”中右击几何对象，然后从右键菜单中选择相应选项来指定结构。

在计算阶段中可以激活、冻结结构，或修改已指定的材料数据组。

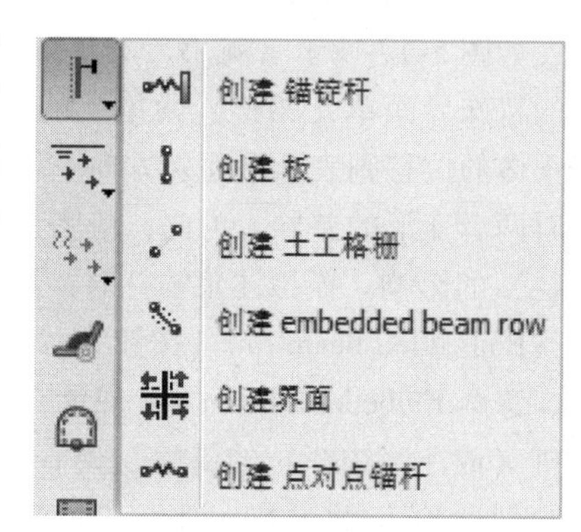

图5-16 “创建结构”菜单

5.6.1 锚定杆

锚定杆（按钮为“⁓┃”）是一个点单元，一侧连接于结构单元，另一侧固定。锚定杆可用于模拟锚杆或挡墙支撑。锚定杆单元形似放倒的“T”形（—|），图形的长度是任意的，没有任何物理意义。

创建锚定杆类似于创建一个几何点。锚定杆默认指向 x 正方向，即在 Oxy 平面内倾角为0。用户可通过指定 x、y 分量来设置锚定杆方向，由各分量确定的长度定义为锚定杆的等效长度。

锚定杆的“等效长度”参数定义为沿锚杆轴向从锚杆连接点到假定位移为零的点之间的距离。锚定杆的方向和等效长度可在“对象浏览器”中修改，若更改其等效长度将在保持原方向不变的情况下自动更新各方向的分量。

锚定杆的材料属性包含在“锚杆”材料数据组中，可通过拖放、对象浏览器或绘图区右键菜单方便地指定给相应结构。

5.6.2 点对点锚杆

点对点锚杆（按钮为“⁓”）是一个两节点弹簧单元，弹簧刚度为常量（法向刚度）。该单元既可承受拉力（锚杆）也可承受压力（支撑），可以设定其抗拉（压）的承载力限值以模拟锚杆或支撑的屈服。此外，还可以设置残余最大抗力值。点对点锚杆的创建与几何线类似。

点对点锚杆材料属性包含在“锚杆”材料数据组中，可通过拖放、对象浏览器或绘图区右键菜单方便地指定给相应结构。

提示：点对点锚杆不能指定给已经被指定了其他特性的线。

5.6.3 Embedded beam row

桩周土体的应力状态和变形特征是三维的，事实上很难在2D模型中真实地模拟这种效应。PLAXIS 2D中提供了Embedded beam row结构单元，能够对2D平面应变模型平面外方向上的一排梁或注浆锚杆进行简化模拟。

Embedded beam row的力学原理是，采用Mindlin梁单元模拟桩（或注浆锚杆），这个梁单元并不在2D网格内部，而是叠加在实体网格之上，模拟岩土材料的实体网格仍然是连续的，如图5-17所示（见书后彩色插页）。在Mindlin梁单元与土体单元之间通过平面外方向上的特殊界面单元相连。梁单元的变形表示平面外方向上一排桩（或注浆锚杆）的变形，岩土体的位移则表示平面外方向上土体平均位移。桩土界面的刚度应能体现桩土相互传递荷载时两者变形的差异。为此，应考虑平面外方向上桩（注浆锚杆）间距与桩径（注浆锚杆直径）的影响。模拟注浆锚杆时，界面应考虑锚杆与岩土体之间注浆材料的涂抹效应。

Embedded beam row（按钮为“”）可用于模拟能将荷载传递至深层土体的一排细长结构，这个Embedded beam row只能在平面应变模型中使用。对Embedded beam row需定义单根桩（或注浆锚杆）的属性以及平面外方向上的桩间距（注浆锚杆间距）。

创建Embedded beam row与创建线类似，注意，模型中的一条线表示平面外方向上的一排桩（注浆锚杆）。创建Embedded beam row时会自动生成相应的几何线。另外，也无须手动创建桩周界面，因为创建Embedded beam row时会自动生成桩土界面单元。

提示：由于不能考虑打桩效应，因此Embedded beam row主要应用于模拟在打桩施工过程中对周围土体影响不大的桩，比如挖孔桩，但对于打入式桩或挤土桩则不太适合。

Embedded beam row可模拟桩或注浆锚杆的力学行为，其材料属性在材料数据组中输入，在计算阶段中当“荷载输入”方式选为“分步施工”时，可以激活或冻结Embedded beam row单元。

1. Embedded beam row的连接点

Embedded beam row与周围土体的连接点（Connection point）的位置及连接的类型可在“对象浏览器”中指定，当Embedded beam row用于模拟桩时，可在“对象浏览器”中从“连接点（Connection point）”下拉菜单中选择“桩顶（Top）”或“桩底（Bottom）”。“桩顶（Top）”对应Embedded beam row中y坐标最大的点，如果Embedded beam row是水平方向的，“桩顶（Top）”将对应Embedded beam row中x坐标最小的点。

当Embedded beam row用于模拟注浆锚杆时，可在“对象浏览器”中从“连接点（Connection point）”下拉菜单中选择“第一（First）”或“第二（Second）”。选中Embedded beam row后，“选择浏览器”中会列出相应几何线的端点坐标，“第一（First）”对应几何线的第一点，“第二（Second）”对应几何线的第二点。

Embedded beam row 与土体的连接有如下三种选项：

1）刚接（Rigid）。梁顶连接点处梁的位移和转角与该处土体单元的位移和转角都耦合（假如该单元有旋转自由度的话）。该选项仅用于梁的连接点与板相连的情况。

2）铰接（Hinged）。梁土连接点处梁的位移与该处土体单元的位移耦合，即连接点处梁土位移完全相等，但转角并不耦合。

3）自由（Free）。梁顶连接点处梁与周围土体的变形并不直接耦合，梁与土之间仅通过界面单元发生相互作用。

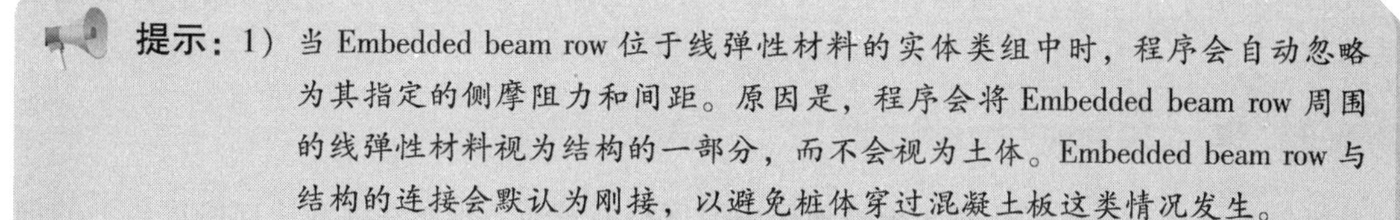

提示： 1）当 Embedded beam row 位于线弹性材料的实体类组中时，程序会自动忽略为其指定的侧摩阻力和间距。原因是，程序会将 Embedded beam row 周围的线弹性材料视为结构的一部分，而不会视为土体。Embedded beam row 与结构的连接会默认为刚接，以避免桩体穿过混凝土板这类情况发生。

2）当 Embedded beam row 与其他结构相交且都处于激活状态时，Embedded beam row 单元与其他结构单元的连接点默认为刚接。如果其他结构单元并未激活，则 Embedded beam row 单元的连接点默认与此处土体节点铰接。

3）如果 Embedded beam row 与其他结构单元或土体单元之间存在界面单元，那么 Embedded beam row 不会与界面相连，而是与其他结构或土体相连接。

2. Embedded beam row 单元

PLAXIS 2D 有限元模型中的 Embedded beam row 单元由线单元组成，线单元的每个节点有 3 个自由度：2 个平移自由度（u_x，u_y）和 1 个转动自由度（在 Oxy 平面内转动：φ_z）。这些单元与板单元类似。当模型中土体采用 6 节点三角形单元时，Embedded beam row 单元由 3 个节点定义；当模型中土体采用 15 节点三角形单元时，Embedded beam row 单元由 5 个节点定义（见图 5-18）。Embedded beam row 单元基于 Mindlin 梁理论（Bathe，1982）构建，可以考虑剪切和弯曲作用下的挠曲变形。此外，该单元还可以考虑轴力作用下的轴向变形。图 5-18 所示为一个 3 节点 Embedded beam row 单元和一个 5 节点 Embedded beam row 单元，及其节点和应力点的分布。

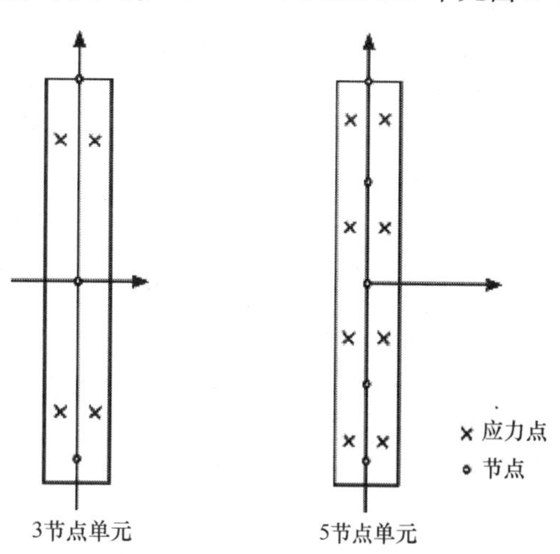

图 5-18 Embedded beam row 单元中的节点和应力点

Embedded beam row 单元的弯矩和轴力根据应力点处的应力进行计算。一个 3 节点 Embedded beam row 单元包含两对 Gaussian 应力点，一个 5 节点 Embedded beam row 单元包含 4 对 Gaussian 应力点。每个应力点均位于 Embedded beam row 单元中心线两侧$\sqrt{3}d_{eq}/6$ 距离处。

桩或注浆锚杆与周围岩土体之间的相互作

用包括侧摩阻力和端阻力，侧摩阻力和端阻力的发挥由梁单元与实体单元之间的相对位移决定。梁单元与实体单元之间设有平面外方向上的特殊界面单元来模拟土-结构相互作用，沿梁单元中心线设有线-线界面，在梁单元底部设有点-点界面。该特殊界面单元包含多个沿梁单元轴向和横向的弹簧和一个沿梁单元轴向的滑块，如图5-19所示（见书后彩色插页）。

Embedded beam row 单元的结构力（内力）通过梁单元上的积分点进行计算，并外推到单元节点上。这些内力可在“输出程序”中通过图形和表格的形式查看。

3. Embedded beam row 属性

Embedded beam row 的材料属性包含在“Embedded beam row”材料数据组中，可以定义桩/锚杆截面的几何形状、材料属性、平面外方向上间距、侧摩阻力、端阻力和界面刚度系数。

5.6.4 板

板单元（按钮为“I”）用于模拟地层中厚度相对较薄、抗弯刚度和法向刚度较大的细长结构物。板单元可以模拟沿平面外方向（z 方向）延伸的围护墙、挡板、壳或衬砌等结构，如图5-20所示。

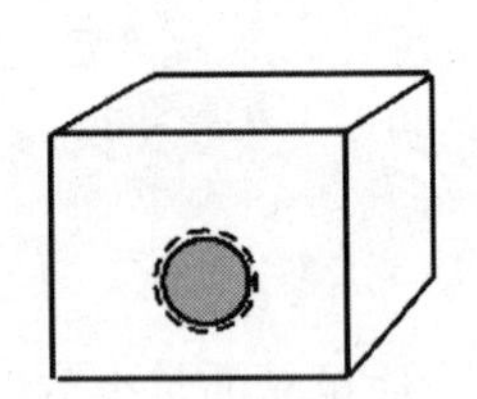

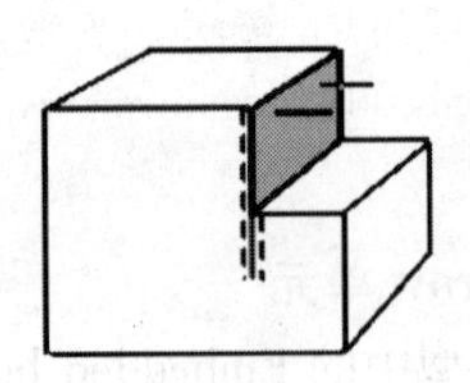
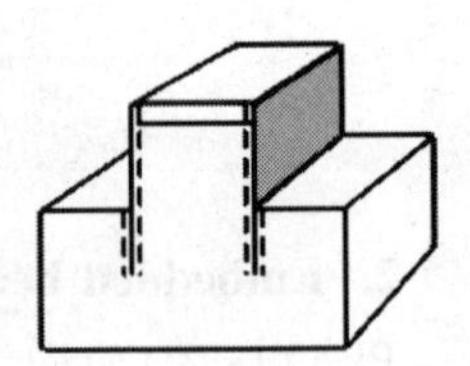

图5-20 板、锚杆和界面单元应用举例

板单元的创建与几何线类似，当创建板单元时，会自动生成相应的几何线，也可以基于已有直线通过右键菜单创建板特性。

板单元材料属性包含在“板”材料数据组中，其中最重要的参数是抗弯刚度 EI 和轴向刚度 EA，程序会根据这两个参数自动计算出板的等效厚度 d_{eq}，计算公式如下

$$d_{eq} = \sqrt{12\frac{EI}{EA}} \tag{5-1}$$

定义施工阶段时，当“荷载输入”方式选为“分步施工”时，可以激活或冻结板。

提示： 对于两个相交的板单元，可以通过“创建连接”功能来指定两者的连接方式（详见5.6.7节）。

1. 板单元

PLAXIS 2D 有限元模型中的板由板单元（线单元）组成，板单元的每个节点有3个自由度：2个平移自由度（u_x，u_y）和1个转动自由度（在 Oxy 平面内转动：φ_z）。当模型中采用6节点土体单元时，板单元由3个节点定义；当模型采用15节点土体单元时，板单元由5个节点定义（见图5-21）。板单元基于 Mindlin 梁理论（Bathe，1982）构建，可以考虑剪切

和弯曲作用下的挠曲变形。此外，该单元还可以考虑轴力作用下的轴向变形。如果板单元的内力达到了给定的最大弯矩或最大轴力，板单元可以进入塑性状态。

板单元的弯矩和轴力根据应力点处的应力进行计算，并外推到板单元的节点上。一个3节点板单元包含两对Gaussian应力点，一个5节点板单元包含4对Gaussian应力点。每个应力点均位于板单元中心线两侧$\sqrt{3}d_{eq}/6$距离处。图5-21所示为一个3节点板单元和一个5节点板单元，及其节点和应力点的分布。

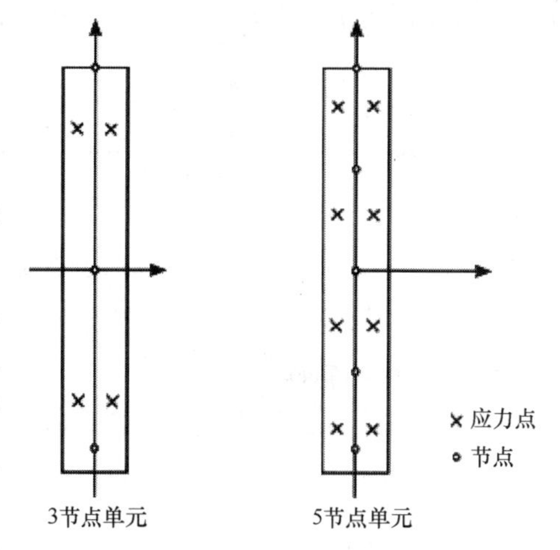

图5-21 板单元的节点和应力点

有一点要注意，当改变刚度比*EI/EA*时，等效厚度d_{eq}以及应力点的间距也会相应改变。如果在板单元中已产生内力的情况下更改刚度比，会改变弯矩的分布，这是不合理的。因此，如果在分析过程中（如“分步施工”模式下）改变板的材料属性，需要保持刚度比*EI/EA*不变。

2. 板的材料属性

板的材料属性包含在“板”材料组中，可以通过拖放、对象浏览器或右键菜单方便地指定给相应板单元。

结构内力通过板单元的积分点进行估算，并插值到单元节点上。在“输出程序”中以图形和表格形式查看结构内力。

5.6.5 土工格栅

土工格栅（按钮为“ ”）为细长结构，具有轴向刚度，没有抗弯刚度，只能受拉不能受压，一般用于模拟土体加筋材料。图5-22所示为应用土工加筋材料的几种典型情况。

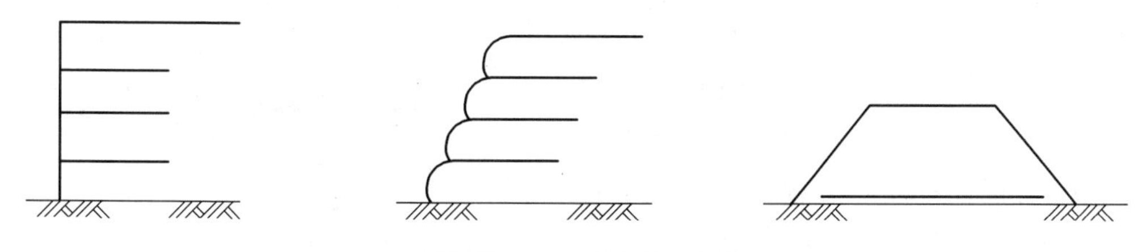

图5-22 土工格栅应用举例

在几何模型中，尚未指定材料组的土工格栅单元显示为浅黄色的线，指定材料组后显示为材料组的颜色。在模型中建立土工格栅与创建几何线的方法类似，创建土工格栅时会自动生成相应的几何线。土工格栅只需指定一个材料属性，即轴向刚度*EA*。

1. 土工格栅单元

土工格栅由土工格栅单元（线单元）组成，土工格栅单元的每个节点有两个平移自由度（u_x，u_y）。当模型中采用6节点土体单元时，土工格栅单元由3个节点定义；当模型采用15节点土体单元时，土工格栅单元由5个节点定义（见图5-23）。土工格栅的轴力通过

Newton-Cotes 应力点计算，这些应力点与节点处于同一位置。

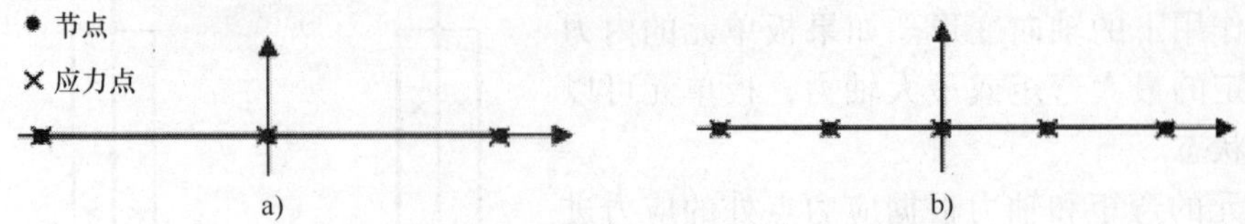

图 5-23　土工格栅单元的节点和应力点分布

a) 3 节点土工格栅单元　b) 5 节点土工格栅单元

2. 土工格栅属性

土工格栅的基本材料属性为轴向刚度 EA。另外，还可以设定拉力的限值以模拟土工格栅的受拉破坏。土工格栅的轴力可在输出程序中以图形、表格等方式查看。

5.6.6　界面

界面是添加到板或土工格栅两侧用以适当模拟土与结构相互作用的节理单元。例如，界面可用于模拟板与其周围土体之间较薄的强受剪材料区域。界面可沿板单元或土工格栅单元创建，或在两个土体类组之间创建。

界面（按钮为“”）可通过单击侧边工具栏中的“创建结构”按钮并在其展开菜单中单击“创建界面”选项来创建，类似于创建几何线，会生成一条带有界面的几何线。如果几何线已存在于模型中，建议通过右键菜单为其指定界面，而不要重新创建线以避免生成重合的线。

界面位于几何线的哪一侧（或两侧），就可以模拟该侧（或两侧）结构与土体的相互作用，绘制界面时光标的移动方向决定了界面位于几何线的哪一侧，反方向绘制的界面将位于另外一侧。在几何线的两侧都可以设置界面，这样可以较充分地考虑结构（如围护墙、挡板、土工格栅等）与土体之间的相互作用。为利于分辨，几何线两侧的界面分别以“+”号和“-”号标记。当“荷载输入”使用“分步施工”时可在计算阶段中激活或冻结界面。

> **提示：** 界面的符号仅用于区分几何线两侧的界面，不影响其行为。

注意，在动力计算中，当使用自由场（Free-field）或柔性地基（Compliant base）边界条件时，需要沿模型边界设置界面，单击侧边工具栏中的相应按钮“”即可自动沿模型周边创建界面。

1. 界面的属性

模型中创建的界面列于“模型浏览器”中的“界面”子目录下。可指定给界面的属性包括材料模式、渗透条件和虚拟厚度因子等（见图 5-24）。

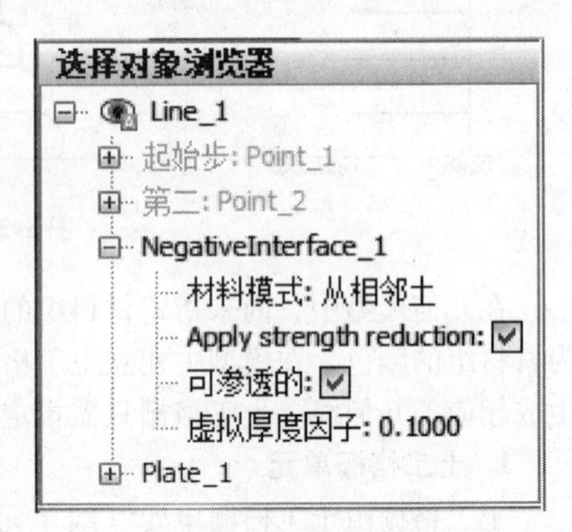

图 5-24　“选择对象浏览器”中的界面属性

例如，考虑界面的一种典型应用，即模拟防渗墙与土体之间的相互作用，界面介于光滑和完全粗糙之间，可在“对象浏览器”中“界面”子目录下定义界面的属性，详见表 5-4。

表 5-4 界面的属性

属性	选项	说明
材料模式	从相邻土	结构与土体相互作用通过设置适当的强度折减系数（R_{inter}）来模拟，该折减系数在周围土体材料数据组的“界面”选项卡内设置。该系数将界面强度（墙体摩擦角和黏聚力）与土体强度（土体摩擦角和黏聚力）联系起来。另外，还可设置残余强度折减系数（$R_{inter,residual}$），考虑界面强度达到最大值后的情况。注意，界面的“材料模式”默认为“从相邻土”
	自定义	除了根据相邻土体强度参数及界面折减系数获得界面的强度之外，也可以单独为界面创建材料组，此时界面的“材料模式”应选为“自定义”，直接给界面指定材料组。注意，自定义材料组的强度折减系数默认设为1
渗透性	透水或不透水	“板”和“土工格栅”等结构单元默认是透水的。要引入不透水属性可以沿结构单元设置界面。注意，对于界面来说，可通过“对象浏览器”中的检查框指定其透水条件（完全透水或完全不透水）。在“单纯地下水渗流”计算中无须给几何对象指定结构单元特性，因为计算中不考虑变形，此时，只需用界面来阻隔渗流。注意，界面的末端始终是透水的
界面虚拟厚度	输入虚拟厚度因子的值	每个界面都会指定一个“虚拟厚度”作为定义界面材料属性的假想尺寸。虚拟厚度越大，则产生的弹性变形也越大。一般来说，假定界面单元产生的弹性变形很小，所以虚拟厚度比较小。另一方面，如果虚拟厚度过小，又容易出现数值病态。虚拟厚度是根据“虚拟厚度因子”乘上全局单元尺寸得到。全局单元尺寸由生成网格时设置的全局疏密度决定。“虚拟厚度因子”的默认值为0.1，可在“对象浏览器”中修改，但一般无须修改。不过，如果界面单元承受很大的法向应力，则可能需要减小“虚拟厚度因子”的取值

2. 界面单元

界面由界面单元组成，图5-25所示为界面单元与土体单元之间的关系。当模型中使用15节点土体单元时，界面单元由5对节点定义；当使用6节点土体单元时，界面单元由3对节点定义。图5-25中界面单元显示为具有一定的厚度，不过在有限元方程中，每个节点对的坐标值是相同的，即实际上界面单元的厚度为0。

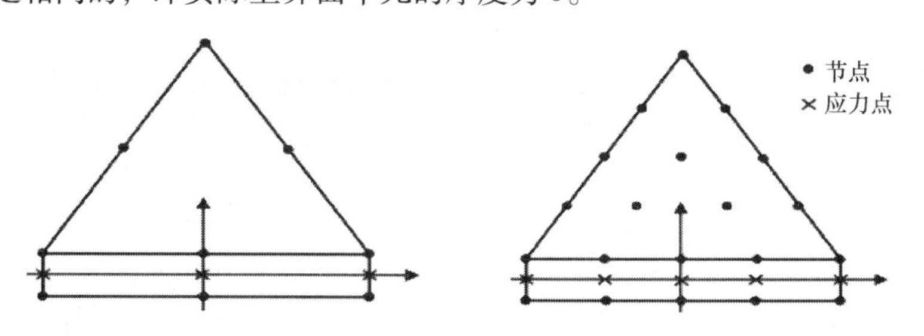

图5-25 界面单元中的节点与应力点分布及其与土体单元的连接

界面单元的刚度矩阵通过Newton-Cotes积分得到，Newton-Cotes应力点的位置与节点对的位置相同。这样，10节点界面单元使用5个应力点，6节点界面单元使用3个应力点。

在界面的两端，界面单元节点对“退化”为单个节点。同样，当结构单元互相垂直连接时（如板与板连接），界面单元节点对也会局部“退化”为单个节点，以免在两个结构单元间出现不连续的情况。

3. 角点周围的界面

如图 5-26 和图 5-27 所示，对土与结构相互作用界面上的某些特殊部位需要特别注意。刚性结构的角点和边界条件的突变处，常常会引起应力和应变集中，但实体单元无法表示这样的应力和应变集中，因此会出现应力的非物理振荡。要解决这个问题，可以通过使用如图 5-27所示的界面单元来解决。

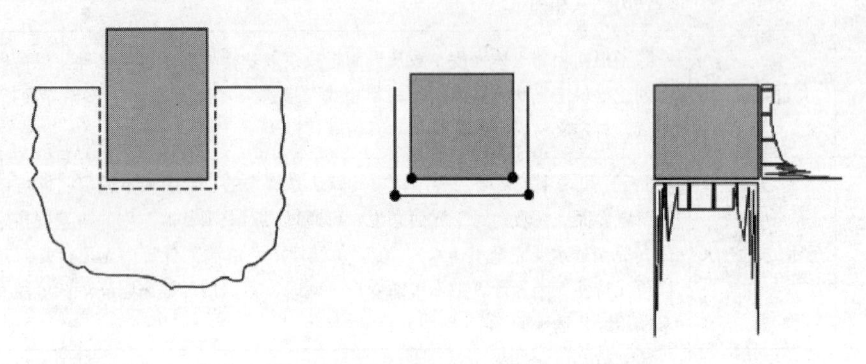

图 5-26 引起应力计算异常的非柔性角点

如图 5-27 所示，在土体中设置附加界面单元，可以避免出现应力振荡问题。这些附加单元能提高有限元网格的柔性，从而避免非物理的应力结果。但是也要注意，这些附加单元不应当在土体里引起不符合实际的弱化，即附加界面单元的折减系数一般应为 1。

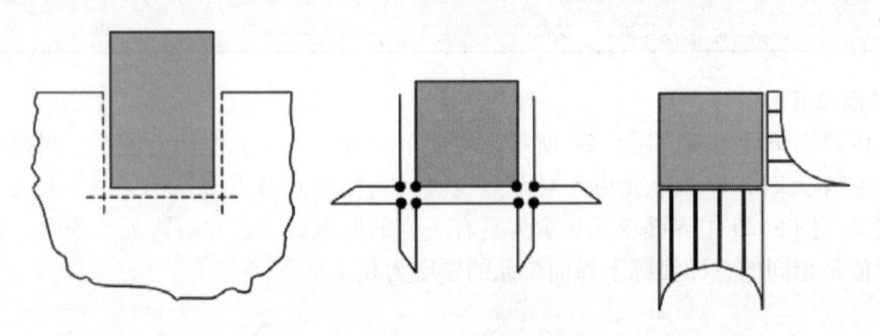

图 5-27 改善应力计算结果的柔性角点

在界面的两端，界面单元节点对“退化”为单个节点。若仅在结构的一侧存在界面，则界面端部节点会归并到相应的结构节点上，即在该位置将只有一个节点。如果结构两侧都有界面，两界面端点会归并为一个节点，不过，这时并不归并到相应的结构节点上，于是，在该位置将有两个节点，即结构节点和两界面的共用节点。结构与周围土体在该点处的相互作用由两界面的组合效应控制。

提示： 如果仅在结构的一侧定义界面，强烈建议将界面延伸至超出结构的底端，以免结构底端被固定到土体上。但要注意这段超出的界面的属性不应导致不真实的土体强度弱化，即超出部分界面的折减系数可设为 1。

5.6.7 连接

当两个板单元相互连接时，默认在两板连接节点上共享所有自由度（转动自由度和平动自由度），即默认为刚接。用户也可以通过定义“连接”来设置两个板之间的连接关系。

一个“连接”包含以下两部分：

1）参考部分（或称“母对象”）：其他对象（“子对象”）连接到该对象上。

2）自定义部分（或称“子对象”）：该对象连接到“母对象”上。

定义“连接”的方法为：单击侧边工具栏中的“创建连接”按钮“ ”，在绘图区中单击指定“自定义部分”，然后单击指定“参考部分”。建立的连接在“自定义部分”上以黄色圆点表示，位于两个板相交点的旁边（见图5-28）。

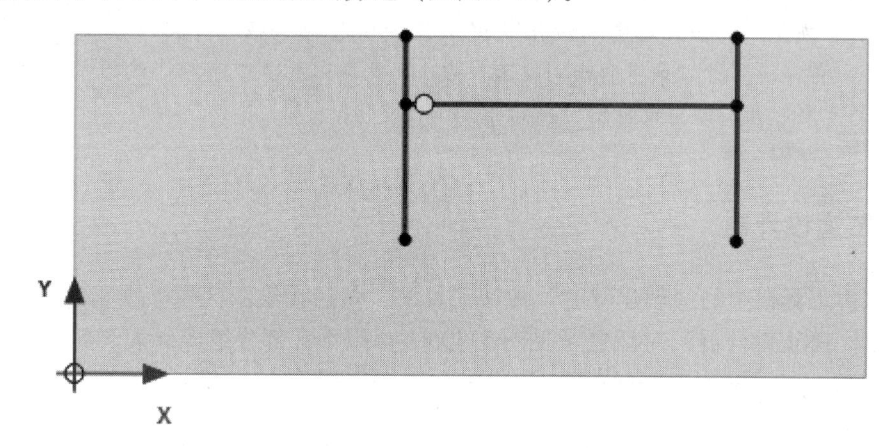

图5-28 模型中的“连接”

注意，只有当“自定义部分”的某一端与“参考部分”相连时，才可以创建“连接”。在计算阶段中，当“自定义部分”和“参考部分”都处于激活状态时，“连接”才会被激活。

“连接”的属性在“选择对象浏览器”中定义，可为其指定的约束选项如图5-29所示。如果选择“固定（Fixed）”选项，则“连接”为刚接；如果选择“自由（Free）”选项，则“连接”为铰接；如果选择“弹簧（Elastic spring）”选项，则需指定弹簧的转动刚度；如果选择“弹塑性弹簧（Elastoplastic spring）”选项，除指定转动刚度外，还需指定最大弯矩（$|M_p|$）。

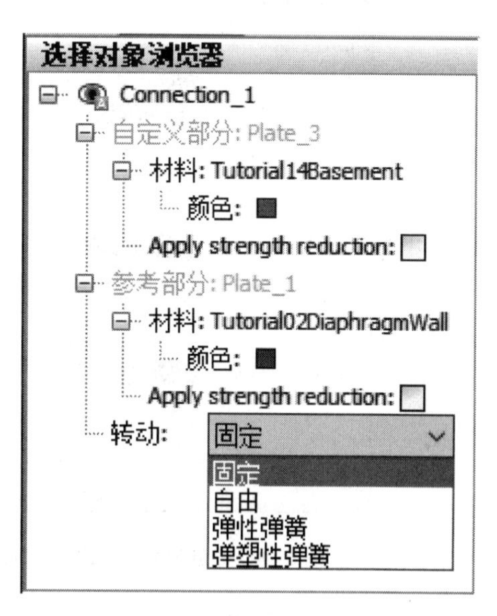

图5-29 “选择对象浏览器”中可指定的“连接”属性

5.7 隧道

如果要模拟隧道工程，可以使用侧边工具栏中的“创建隧道”按钮“”创建圆形或非圆形隧道剖面。隧道剖面由圆弧和直线组成，可以指定的特性有：衬砌（板）、界面、荷载、指定位移、收缩、地下水渗流边界条件等，该隧道剖面可扩展为全三维形状。模型中创建的隧道会列于“模型浏览器”中“隧道”子目录下。隧道剖面的几何形状及相关属性可在“隧道浏览器”窗口中定义。

提示：当关闭“隧道设计器”对话框后，之前定义隧道剖面的操作是不能再撤销或恢复的。如果想重新激活“隧道设计器”对话框，可在“模型浏览器”中“隧道”子目录下列出的隧道上右击，从弹出菜单中选择“编辑”选项，会重新打开“隧道设计器”对话框。

5.7.1 隧道设计器

单击侧边工具栏中的“创建隧道”按钮“”，然后在绘图区模型中指定隧道插入点，之后会弹出“隧道设计器”对话框（见图5-30），由以下几部分组成（表5-5）：

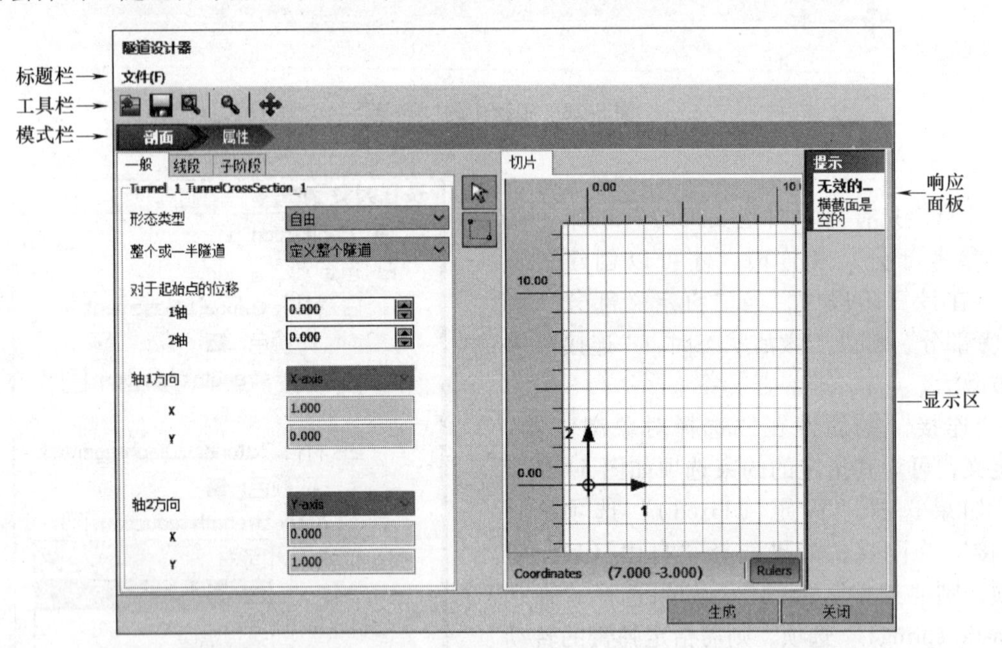

图5-30 “隧道设计器”对话框的“剖面”模式下“一般”标签页

隧道断面的设计在“剖面（Cross section）”与“属性（Properties）”两个模式下完成。“剖面”模式下定义隧道剖面的几何形状，“属性”模式下定义隧道剖面的属性。

表 5-5 “隧道设计器”对话框的组成

对话框	组成部分	说　明
隧道设计器	隧道菜单	包含“文件”菜单，能够读取预定义隧道或者保存新建隧道
	主工具栏	包含如下按钮：导入预定义隧道、保存新建隧道、调整视图
	模式栏	包含两个模式：剖面定义模式和属性定义模式
	显示区	显示定义的剖面形状及其指定属性，在各模式下对隧道剖面的改动都会自动更新显示。显示区下方的支持工具可用于简化隧道剖面的定义及修改
	响应面板	给出定义的隧道剖面的质量响应信息

5.7.2 隧道剖面定义

隧道剖面由直线段和圆弧组成，每段直线和圆弧都以一个“线段”定义。“剖面”模式下包括一般（General）、线段（Segments）、子阶段（Subsections）三个选项卡。

1. 一般

隧道剖面形状在“一般（General）”选项卡下定义（见图 5-30）。

1）形状。隧道断面的形状可分为两类：自由（由直线和圆弧组成）和圆形。每个隧道剖面又可分为两种情况定义：全隧道或半隧道。

2）隧道在模型中的位置。可定义隧道在模型中的插入位置及隧道剖面的方向。隧道插入点的坐标在对象浏览器中定义，默认为打开“隧道设计器”对话框前在模型中单击位置的坐标，修改该坐标值会更改隧道的位置。隧道剖面的第一条线段默认以隧道插入点为起始点，当该线段起始点与隧道插入点不一致时，可使用“起始点偏离（Offset to begin point）”组框来设置线段的起始点相对方向轴的偏移距离。隧道剖面的方向由“方向轴 1（Orientation axis 1）”和“方向轴 2（Orientation axis 2）”定义。

2. 线段

在“隧道设计器”对话框的“线段（Segments）”选项卡下可定义隧道断面的组成线段（见图 5-31）。

1）添加线段。在侧边工具栏中单击按钮“”，可在隧道剖面轮廓线的最后一个线段之后再添加一个新线段。原剖面的最后一个线段的最后一点成为新增线段的起始点。新增线段显示在线段列表中（见图 5-32）。

提示： 在线段列表或显示区中单击线段即可将其选中，被选中线段会在列表和显示区内高亮显示。

2）插入线段。单击按钮“”，可在选中线段前插入一个新线段。新插入线段的结束点成为先前选中线段的起始点。列表中线段的编号会根据其在隧道剖面中的位置自动更新。

3）删除线段。单击按钮“”，可删除已选中的线段。列表中线段的编号会根据其在隧道剖面中的位置自动更新。

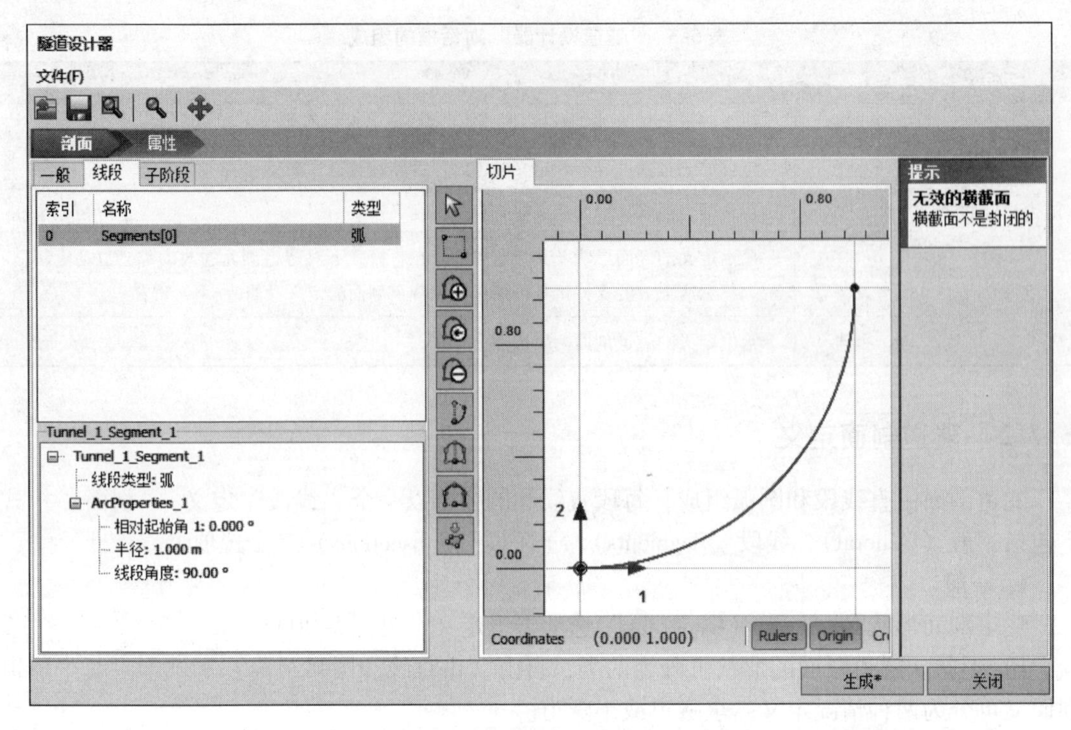

图 5-31 “剖面”模式下的“线段”选项卡

4）延伸线段至剖面对称轴。单击按钮“ ”，将自动在剖面线段的最后新增一个线段，连接剖面线段结束点与对称轴。

5）镜像线段形成闭合剖面。单击按钮“ ”，将自动沿剖面对称轴镜像已有线段，使剖面线段闭合。仅当与对称轴对应的一半线段完成时可用。

6）闭合剖面线段。单击按钮“ ”，将自动创建一个新增线段连接剖面线段的起始点和最后一点，形成闭合剖面。

索引	名称	类型
0	Segments[0]	弧
1	Segments[1]	线
2	Segments[2]	弧

图 5-32 组成隧道剖面轮廓线的线段列表

7）“线段（Segment）”的一般属性：

① 类型：剖面线段的类型有“直线”和“圆弧”两类。对于“直线”，需指定其长度。对于“圆弧”，需指定其半径（Radius）和线段转角（Segment angle），如图 5-33 所示。

② 相对起始角（Relative start angle）：定义为下一线段的起始切线与上一线段的结束切线之间的夹角（见图 5-34）。

如果为“圆弧”指定的半径为负值，则圆弧将以其切线方向为轴进行镜像。注意，当“一般”选项卡下“形状”下拉选项选为“圆形”时，创建的剖面线段将只由一个转角为 360° 或 180° 的单个圆弧组成，即选择该项后，将只能创建出一个圆形或半圆形。

8）隧道子类组的定义。对于非全断面开挖的隧道，例如使用台阶法或其他分部开挖方法的隧道，需要将隧道断面分为几个开挖区域，这可以在“子阶段（Subsections）”选项卡下实现。这样，就可以模拟新奥法（NATM）或其他分部开挖施工过程。实际上，在该选项卡下的直线和圆弧的属性以及侧边工具栏与“线段”选项卡下的内容是相同的。在“子阶段（Subsections）”选项卡下定义的几何线不要求闭合。

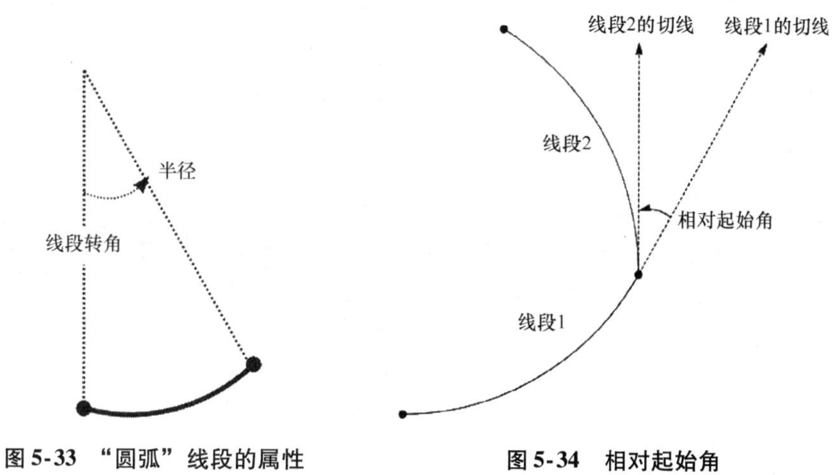

图 5-33　“圆弧”线段的属性　　图 5-34　相对起始角

对隧道剖面中的几何线可以进行交叉分割，操作方法为：先选中要交叉分割的几何线（按住〈Shift〉或〈Ctrl〉键可选择多个几何对象），然后单击“相交”按钮“”，交叉分割完成后可以通过按钮“”删掉多余的部分。

另外，新版本的“隧道设计器”中还提供了直接创建厚衬砌的功能。如果要用实体单元（而非板单元）模拟衬砌，可在“子阶段”选项卡下单击侧边工具栏中的“创建厚衬砌（Generate thick lining）”按钮“”，会弹出相应窗口。在图 5-35 所示的对话框中可输入衬砌厚度，输入正值将在当前隧道轮廓线的外侧创建厚衬砌外轮廓线，输入负值将在当前隧道轮廓线的内侧创建厚衬砌的内轮廓线。在隧道中创建的厚衬砌将作为隧道的一个子类组，需为其指定适当的材料属性，如同对土体类组一样。

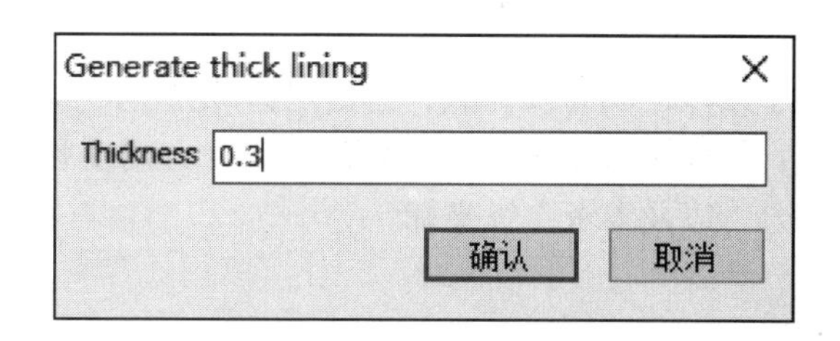

图 5-35　“创建厚衬砌（Generate thick lining）”对话框

5.7.3　导入隧道几何剖面

在“隧道设计器”对话框的“剖面”模式下的“线段”选项卡中，可以导入预定义好的隧道几何剖面（*.dwg 或 *.dxf 文件）。导入的几何剖面需满足以下条件：

1）隧道剖面外轮廓线只能由多段线和/或圆弧组成，在“线段”选项卡中将会列表显示这些线段。

2）隧道剖面内部的几何线会在“子阶段”选项卡中列表显示。

3）如果几何剖面中含有其他不能识别的几何对象，在导入“隧道设计器”时这些未识别对象会被忽略掉。

5.7.4 属性

在“属性”模式下，可以通过右键菜单为隧道轮廓线和内部子类组指定如下特性（表5-6）：

表5-6 隧道指定特性

特 性	说 明
创建板	利用板单元模拟盾构机或喷射混凝土衬砌
创建土工格栅	利用土工格栅单元模拟临时支护或喷射混凝土衬砌
界面	模拟隧道衬砌与周围岩土体之间的相互作用
创建面荷载	为选中的线段或子阶段指定面荷载
创建指定面位移	为选中的线段或子阶段指定面位移
指定面收缩	为选中的线段或子阶段指定面收缩
创建排水	为选中的线段或子阶段指定排水
地下水渗流边界条件	为选中的线段或子阶段指定地下水渗流边界条件
热流边界条件	为选中的线段或子阶段指定热流边界条件
创建刚性体	为选中的线段指定刚性体

为隧道指定荷载，需定义荷载的分布形式、荷载大小和参考点位置（定义线荷载的情况）。荷载分布形式包括：

1）统一的：创建均布线荷载。

2）线性：通过定义荷载分量和起始点、结束点的荷载值来定义线性变化的荷载。起始点与结束点根据其定义顺序确定。

3）垂直：创建垂直于线段的均布线荷载，需指定荷载大小 σ_n。

4）垂直，竖向增量：创建垂直于线段的荷载，沿深度方向变化。需定义参考点处的荷载分量 $\sigma_{n,ref}$、荷载增量 $\sigma_{n,inc}$ 以及参考点纵坐标。

5.7.5 定义隧道轨迹

在“隧道设计器”中还可定义隧道的轨迹，在“一般”选项卡下定义。

插入点的坐标可在对象浏览器中更改，默认显示弹出“隧道设计器”前在模型中单击的插入点坐标。更改插入点坐标后，隧道的位置也会随之变化。隧道轨迹插入点默认为隧道剖面轮廓线第一条线段的起始点。当该线段起始点与隧道插入点不一致时，可使用“起始点偏离（Offset to begin point）”组框来设置线段的起始点相对方向轴的偏移距离。隧道剖面的方向由“方向轴 1（Orientation axis 1）”和“方向轴 2（Orientation axis 2）”定义。

5.8 设计方法

PLAXIS 2D 中提供了“设计方法（Design approaches）”工具，能够在计算中考虑荷载和模型参数的分项系数，可用于进行欧洲规范、荷载抗力系数设计法（LRFD）或其他基于分项系数设计方法的设计计算。

主要思路是，先进行正常使用极限状态（Serviceability Limit State，SLS）分析，此时不使用“设计方法”，荷载和参数输入值为代表值或特征值，其计算结果可用于对变形、应力和结构内力进行评估。如果上述计算结果满足正常使用极限状态的要求，可以继续使用“设计方法”进行承载力极限状态（Ultimate Limit State，ULS）设计，此时需在正常使用状态计算之后添加新阶段进行设计计算。进行与正常使用计算相关的设计计算，可按如下两种流程进行：

1）流程1：

0. 初始阶段

1. 阶段1（SLS） → 4. 阶段4（ULS）

↓

2. 阶段2（SLS） → 5. 阶段5（ULS）

↓

3. 阶段3（SLS） → 6. 阶段6（ULS）

在流程1中，分别对每个正常使用极限状态进行承载力设计计算（ULS）。这就意味着，阶段4从阶段1开始，阶段5从阶段2开始，以此类推。注意，此时刚度参数分项系数仅用于计算由考虑分项系数的荷载（放大）和强度参数（减小）引起的附加位移。

2）流程2：

0. 初始阶段 → 4. 阶段4（ULS）

↓ ↓

1. 阶段1（SLS） 5. 阶段5（ULS）

↓ ↓

2. 阶段2（SLS） 6. 阶段6（ULS）

↓

3. 阶段3（SLS）

在流程2中，承载力设计计算（ULS）从初始阶段开始并顺序执行。这就意味着阶段4从初始阶段开始，阶段5从阶段4开始，以此类推。

在设计计算过程中，岩土工程师需充分考虑影响设计结果的各种条件，并确定要采用哪些荷载组合。

5.8.1 定义设计方法

用户可以参照适用的（规范）设计方法（如 Eurocode 7-DA 3）为荷载和模型参数定义一套相应的分项系数，并为这套分项系数定义一个适当的名字存储在全局数据库中，可在其他项目中调用。这样在正常使用计算之后进行承载力设计计算的工作量会大大减少。

用户定义的设计方法（一套分项系数）属于全局属性，列于“模型浏览器”中“属性库”目录下的相应子目录中，右击该子目录，可以激活“设计方法”窗口（见图 5-36）。注意，“设计方法”选项可在土、结构、水力条件、分步施工等模式下使用。

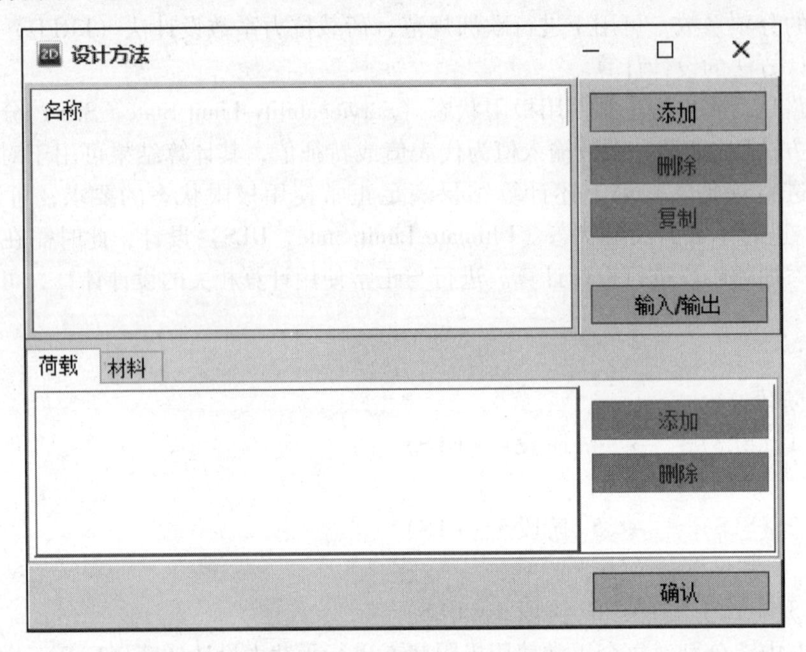

图 5-36 “设计方法”窗口

“设计方法”窗口由两部分组成，上部窗口会列出已定义的设计方法名称，窗口右侧包括对设计方法的添加、删除、复制、导入和导出（见图 5-37）等选项。

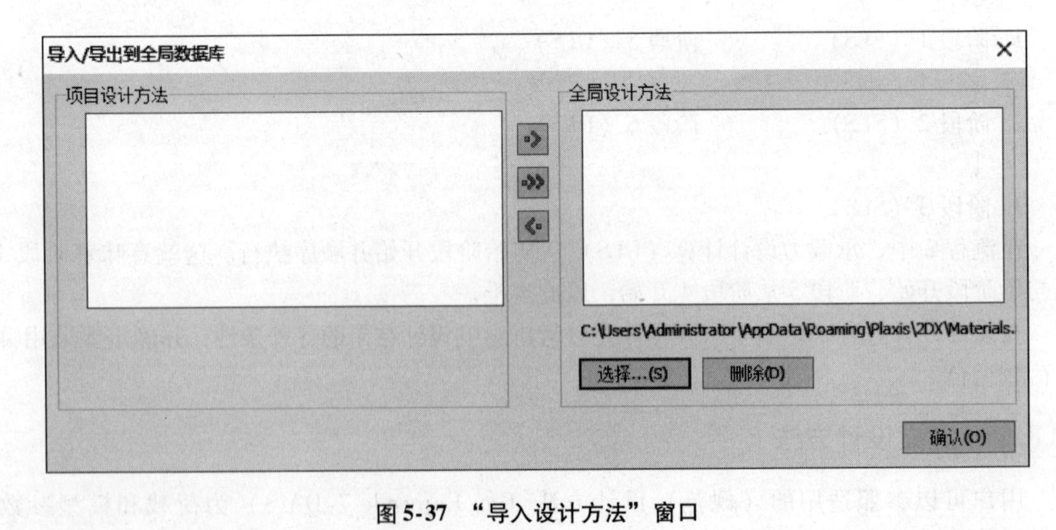

图 5-37 “导入设计方法”窗口

5.8.2 定义荷载分项系数

用户可以为分布荷载（线荷载）、点荷载和指定位移定义分项系数。不同的荷载或荷载组可以定义不同的分项系数，如图5-38所示。最多可定义10种不同的荷载分项系数。在计算过程中，荷载分项系数将乘上荷载参考值作为参与计算的实际荷载值。

提示：荷载设计值等于荷载参考值乘上荷载分项系数。

在定义施工阶段时，可在模型浏览器中为相应子目录下的荷载指定分项系数，作为施工阶段定义的一部分。注意，与“荷载”选项卡对应的分项系数仅当计算中采用设计方法时才会使用，否则，计算中将使用荷载参考值。

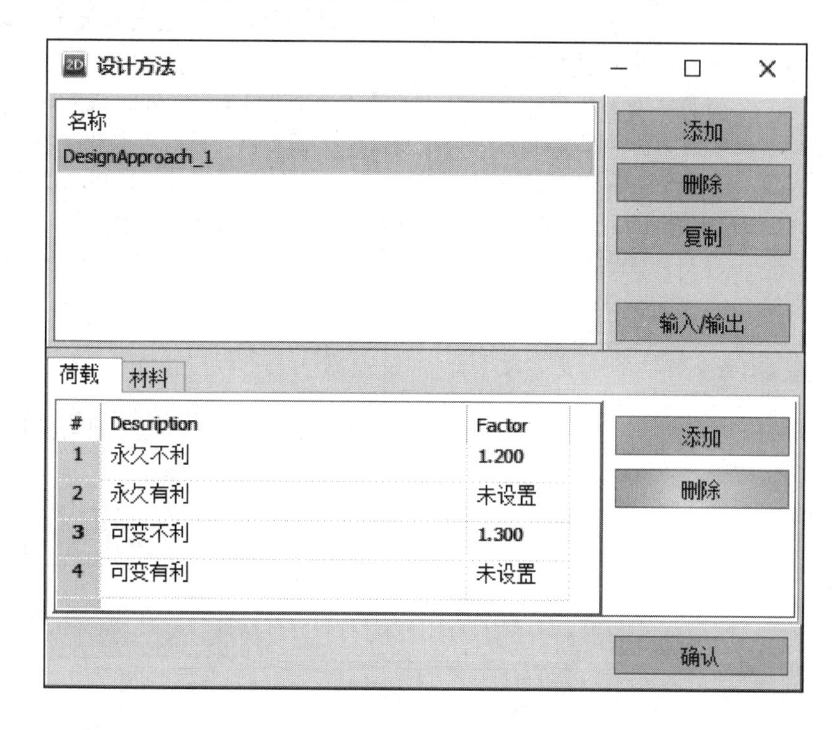

图5-38 “荷载”选项卡

5.8.3 定义材料分项系数

用户可以为选中的“设计方法”定义材料分项系数，已定义的所有材料分项系数会在“设计方法”窗口下方的“材料”选项卡下列表显示（见图5-39）。

指定材料分项系数的方法如下：

1）单击“材料”按钮，弹出“材料组”窗口。

2）打开材料数据组，为不同土体参数指定分项系数，可以看到设置分项系数后对参数的影响。

3）单击进入“参数”选项卡，为材料参数选择相应的标签（即 c'_{ref} 和 φ'），如图 5-40 所示。

定义好分项系数后，还需要进入阶段定义模式，在某个阶段中选择使用设计方法，并确保荷载分项系数指定给了相应的外荷载。

如果同时使用高级土体模型和“设计方法”进行计算，高级土体模型的特性仍会保留，如应力相关刚度特性和硬化效应等。与此不同的是，在“安全性分析”中采用的高级土体模型会丧失高级特性并退化为基本的莫尔-库仑模型。如果将采用“设计方法”计算的总乘子 $\sum M_{sf}$ 与“安全性分析”得到的 $\sum M_{sf}$ 进行比较，即便对 c 和 $\tan\varphi$ 设置同样的分项系数，也会发现计算结果有所差别，这正是由上述原因引起的。

提示： 1）材料分项系数的定义是，材料参数的参考值除以该系数值得到材料参数的设计值。对于重度的分项系数定义也是如此。如果是想放大考虑材料重力的影响，其分项系数应设为小于1。

2）摩擦角 φ 和剪胀角 ψ 的分项系数是分别针对 $\tan\varphi$ 和 $\tan\psi$ 设置的。

3）除了可为土体参数设置分项系数之外，还可以为结构参数设置分项系数。

4）“设计方法”不支持 NGI-ADP 模型、霍克-布朗（Hoek-Brown）模型、关口-太田（Sekiguchi-Ohta）模型和用户自定义模型。

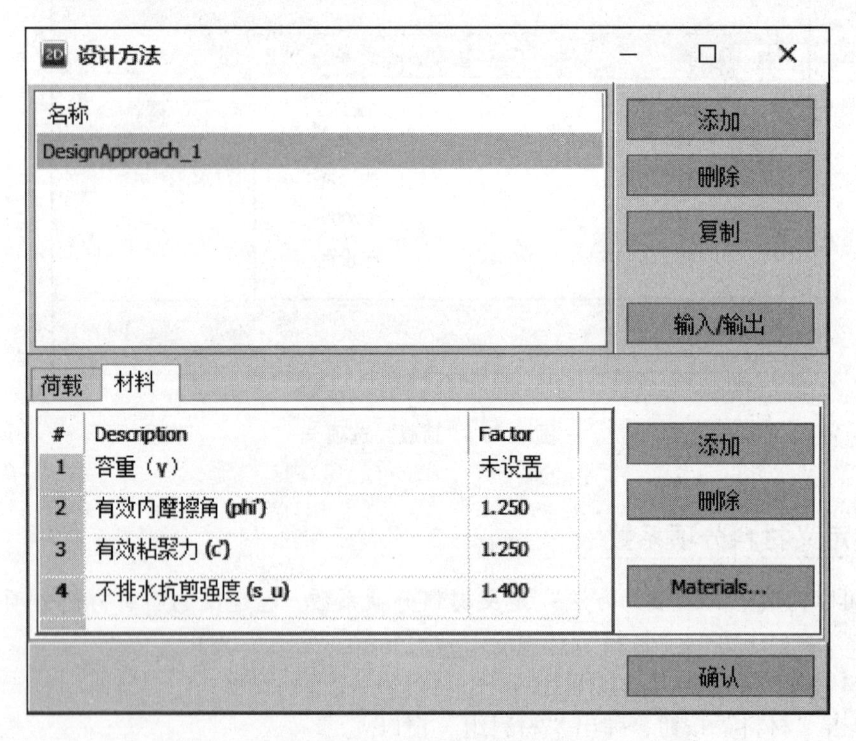

图 5-39 “材料”选项卡

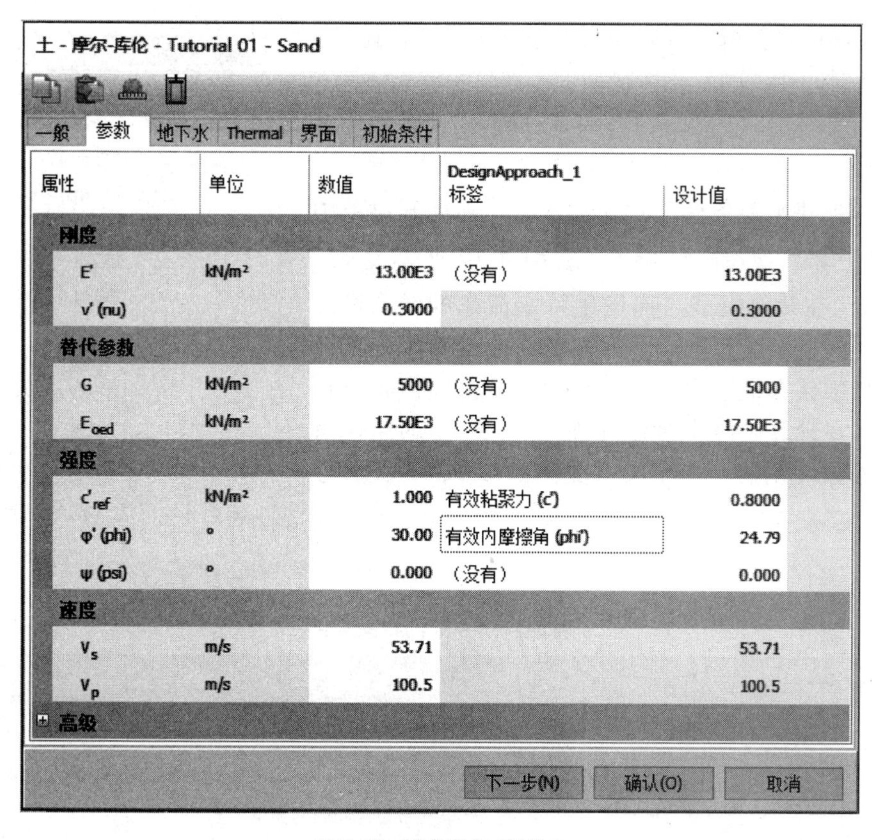

图 5-40 “参数”选项卡

5.9 水力条件

除了可根据钻孔和土体类组中水力条件直接生成孔压之外，还可通过地下水渗流计算或完全流固耦合分析来得到孔压分布，这就需要定义地下水渗流边界条件，即“水力条件”。“水力条件”还包括一些特殊条件，如在地下水渗流计算或完全流固耦合分析中控制模型中某一位置的孔压。

水力条件的创建类似于创建几何对象，单击侧边工具栏中的“创建水力条件”按钮“”，展开的菜单提供了快速定义选项（见图 5-41）。从而不必先创建几何对象再为其指定水力条件，而是可以一步完成。为已有几何对象指定水力条件的操作如下：在绘图区或对象浏览器中右击该几何对象，然后从展开菜单中选择相应水力条件选项。虽然水力条件的输入值在几何模型中指定，但是其激活、冻结或更改一般在“分步施工”模式下进行。

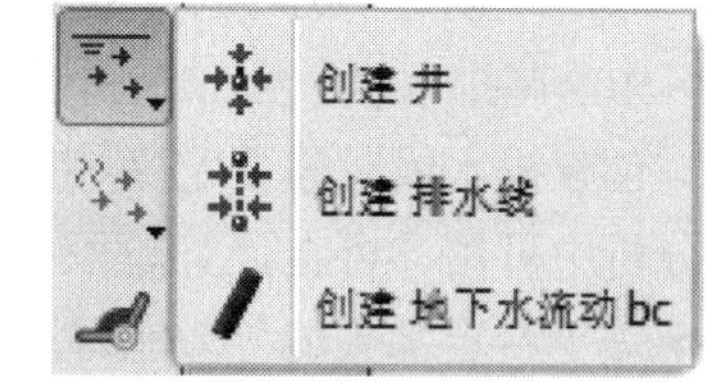

图 5-41 “创建水力条件”菜单

除了图 5-41 所示的特定边界条件外，还可定义适用于整个模型的全局边界条件，即“打开”“关闭”以及“降水量”，可在“模型浏览器”中的“模型条件”子目录下对每个计算阶段进行定义。但要注意，特定水力边界条件优先于全局边界条件。对于瞬态地下水渗流和完全流固耦合分析，可以为水力条件定义“流函数”来考虑其随时间相关的变化情况。

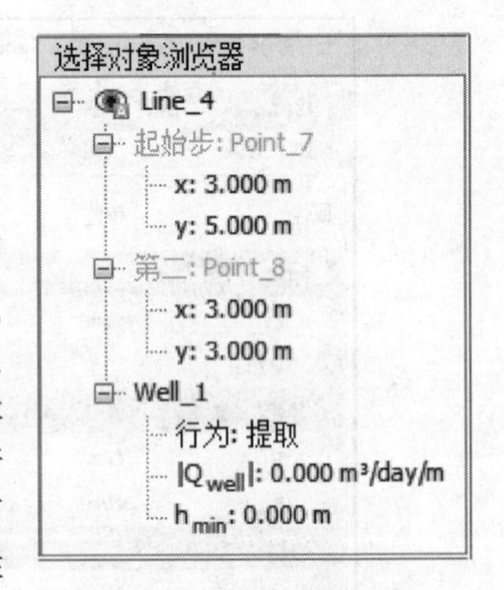

图 5-42 “选择对象浏览器”中“井”的定义

5.9.1 井

单击“创建水力条件”按钮“”，在展开菜单中选择“创建井”选项“”，类似于定义一条线。“井”可视为在几何模型内部发生特定流量的线，可以从该处土体按特定流量抽水，或按特定流量向该处土体注水。该选项仅在地下水渗流计算和完全流固耦合分析中可用，可在计算阶段中激活和冻结。“井”的属性可在“选择对象浏览器”中定义（见图 5-42），相关属性详见表 5-7。

表 5-7 “井”的相关属性

属性	说　明
行为	需指定井的行为，可选项包括“抽水”（Extraction，从土中抽水）和“回灌”（Infiltration，向土中注水）
$\|Q_{well}\|$	井的流量定义为平面外方向单位宽度土体在单位时间内的流量
h_{min}	井中可能达到的最小水头。当地下水头低于 h_{min}，将停止抽水。习惯上将 h_{min} 设为等于地层中井的底部水位

提示： 当井穿过多个土层时，每层土的指定流量为其饱和渗透系数与相交深度的函数。注意，饱和渗透系数在材料数据组的“渗流参数”选项卡下指定。

5.9.2 排水线

单击“创建水力条件”按钮，在展开菜单中选择“创建排水线”按钮“”，然后可在绘图区中绘制排水线，类似于创建几何线。排水线可用于模拟几何模型中的（超）孔压消散。

创建排水线时需要定义相关属性。该选项仅在固结分析、地下水渗流计算或完全流固耦合分析中可用，可在计算阶段中激活或冻结。在计算中，排水线上所有节点的孔压会逐渐消散至等于给定水头的等效孔压。对于“普通”排水线，低于给定水头等效孔压的部分将不受影响。对于“真空”排水线，“水头”可用于定义真空固结过程中地层的真空度。排水线的属性可在“选择对象浏览器”中修改（见图 5-43）。

排水线的属性根据其行为的不同而有所差异，包括“常规”和“真空”两类：

1）常规（Normal）。当排水线类型指定为“常规”时，需定义地下水头（h），如图 5-43所示。该选项仅对固结分析、地下水渗流计算和完全流固耦合分析可用，此时排水线上所有节点的孔压会消散至等于给定水头等效孔压，排水线对低于地下水头等效孔压的部分没有影响。

2）真空（Vacuum）。当排水线类型指定为“真空”时，需定义地下水头（h），如图5-44所示。该水头用于定义真空固结过程在地层中产生的“真空度”。该选项仅用于固结分析、地下水渗流计算或完全流固耦合分析，此时排水线上所有节点的孔压都会消散至等于给定水头等效孔压。注意，与“常规”排水线不同的是，对于孔压低于给定水头等效孔压的节点同样会受到“真空”排水线的影响。

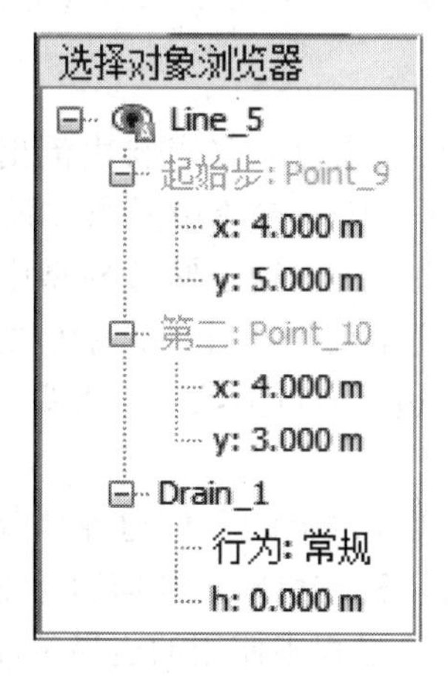

图5-43 “选择对象浏览器”中“常规”排水线的定义

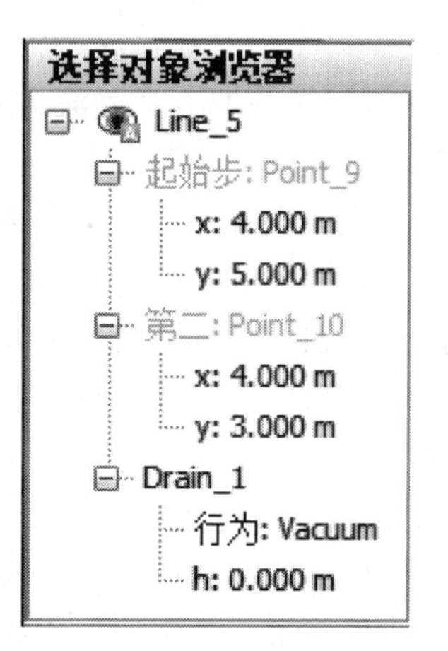

图5-44 “选择对象浏览器”中“真空”排水线的定义

5.9.3 地下水渗流边界条件

要定义地下水渗流边界条件，单击“创建水力条件”按钮，在展开菜单中选择“创建地下水渗流边界条件（Create ground water flow BC）”选项“/”，创建过程类似于创建几何线。渗流边界条件的行为可在“对象浏览器”中选择相应选项来指定，如图5-45所示。

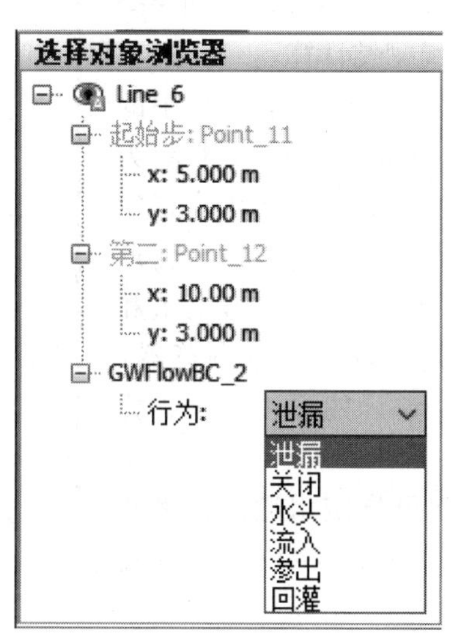

图5-45 “渗流边界条件”的行为

提示： 1）模型周边的边界条件可通过“模型浏览器”中的“模型条件”子目录方便地指定。默认模型底部为“关闭”，防止渗流通过，其他边界默认为“打开（透水）”。

2）在一个计算阶段中，利用“渗流边界条件”定义的水力条件通常优先于“模型条件”。例如，在模型顶面设置了渗流边界条件，同时在“模型条件”中设置降水量，则计算中将只考虑渗流边界条件，而忽略降水量。

PLAXIS 中可定义的地下水渗流边界条件如下：

1）泄漏（Seepage）。“泄漏”边界条件是一个既可自由流入又可自由流出的边界条件（即透水边界），常用于潜水位或外部水位以上的地表面。如果渗流边界条件设为“泄漏”，并完全位于（外部）水位之上，则泄漏条件施加于该边界上，这意味着模型中的水可通过此边界自由流出。如果渗流边界条件设为“泄漏”，并完全位于（外部）水位之下，则自由边界条件自动转换为地下水头条件。该情况下，在每个边界节点上的地下水头由边界节点与水位之间的竖直距离决定。

（外部）水位与几何边界相交的地方孔压为 0。过渡线以上的几何边界部分视为水位以上边界，过渡线以下的几何边界部分视为水位以下边界。这样可对该几何边界施加不同的边界条件，因为一般来说，几何边界由很多节点组成，计算过程中使用的边界条件的真实信息包含在边界节点上而不是在边界线上。

提示： 当指定降水量时，显式设为“泄漏”的边界不会自动转换为“回灌”边界。

2）关闭（Closed）。当边界指定为“关闭”时，将不会有通过该边界的渗流发生（即不透水边界）。此处的渗流包括地下水渗流（地下水渗流计算和完全流固耦合分析）和超孔压消散（固结计算）。

3）水头（Head）。除了根据“模型条件”中的一般水位自动设置水力条件以外，还可以手动为“渗流边界条件”指定地下水头。如果地下水头指定在几何外边界上，将为该边界生成外部水压。变形分析程序会将外部水压视为牵引荷载，并与土重和孔压同时考虑。图 5-46 所示为“选择对象浏览器”中的“水头”定义。定义“水头”的可用选项，详见表 5-8。

4）流入（Inflow）。该选项可指定水通过模型边界向模型内部的“流入”行为，如图 5-47 所示。“流入”定义的可用选项见表 5-9。

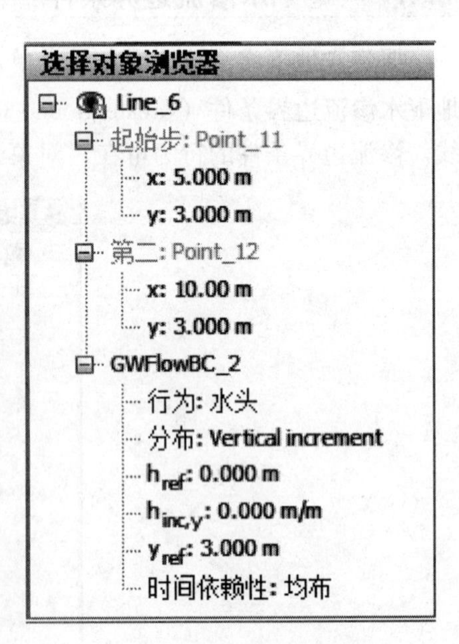

图 5-46 “选择对象浏览器”中的“水头”定义

表 5-8 “水头”行为定义的相关选项

属性	选项	参数	说明
水头分布	常量		沿边界指定常量水头（h_{ref}）
	竖向增量		沿边界指定竖向变化水头，需指定如下参数：
		h_{ref}	指定参考标高处对应的参考水头
		$h_{inc,y}$	指定水头随深度变化的增量
		y_{ref}	指定参考水头对应的参考标高。如果该值低于顶边界，则该标高以下的水头值按下式变化（$h=h_{ref}+y_{ref}-yh_{inc,y}$）
	水平增量		沿边界指定水平变化水头，需指定如下参数：
		h_{ref}	指定参考点处对应的参考水头
		$h_{inc,x}$	指定水头随宽度变化的增量
		x_{ref}	指定参考水头对应的参考标高。如果该值低于顶边界，则该标高以下的水头值根据 $h_{inc,x}$ 变化
	起始/结束值		沿边界指定起始点水头和结束点水头，需指定如下参数：
		$h_{ref,start}$	边界起始点的水头
		$h_{ref,end}$	边界结束点的水头
时间相关性	常量		边界水头不随时间变化
	时间相关		边界水头随时间变化。该选项仅对瞬态渗流和完全流固耦合分析可用。可从下拉菜单中选择表示时间相关的流函数

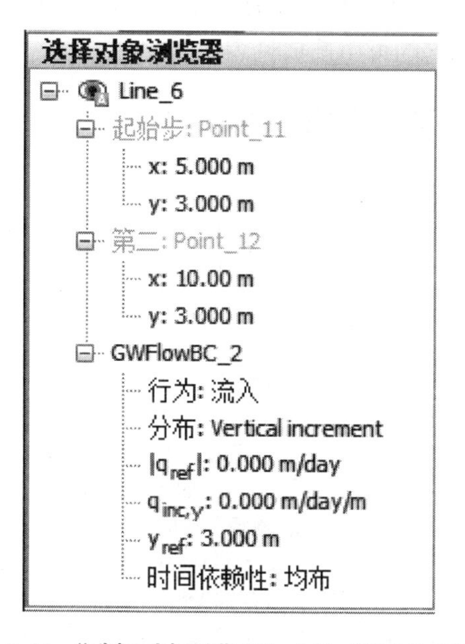

图 5-47 “选择对象浏览器”中的“流入”定义

表 5-9 “流入”行为定义的相关选项

<table>
<tr><th>属性</th><th>选项</th><th colspan="2">说　明</th></tr>
<tr><td rowspan="12">分布</td><td>常量</td><td colspan="2">沿边界定义恒定的流量值，该值指定给参数 $|q_{ref}|$</td></tr>
<tr><td rowspan="4">竖向增量</td><td colspan="2">沿边界指定竖向变化流量，所需参数为：</td></tr>
<tr><td>$|q_{ref}|$</td><td>指定参考标高处的参考流量值，为平面外单位宽度上单位时间内的流量</td></tr>
<tr><td>$|q_{inc,y}|$</td><td>指定流量沿边界变化的增量，即变化速率</td></tr>
<tr><td>y_{ref}</td><td>指定参考流量对应的参考标高。如果该值低于顶边界，则该标高以下的流量值根据 $|q_{inc,y}|$ 变化</td></tr>
<tr><td rowspan="4">水平增量</td><td colspan="2">沿边界指定水平变化流量，所需参数为：</td></tr>
<tr><td>$|q_{ref}|$</td><td>指定参考标高处的参考流量值，为平面外单位宽度上单位时间内的流量</td></tr>
<tr><td>$|q_{inc,x}|$</td><td>指定流量沿边界变化的增量，即变化速率</td></tr>
<tr><td>x_{ref}</td><td>指定参考流量对应的参考标高。如果该值低于顶边界，则该标高以下的流量值根据 $|q_{inc,x}|$ 变化</td></tr>
<tr><td rowspan="3">起始/结束值</td><td colspan="2">沿边界指定起始点流量和结束点流量，需指定如下参数：</td></tr>
<tr><td>$q_{ref,start}$</td><td>边界起始点的流量</td></tr>
<tr><td>$q_{ref,end}$</td><td>边界结束点的流量</td></tr>
<tr><td rowspan="2">时间相关性</td><td>常量</td><td colspan="2">边界上流量不随时间变化</td></tr>
<tr><td>时间相关</td><td colspan="2">边界上流量随时间变化。该选项仅对瞬态渗流和完全流固耦合分析可用。可从下拉菜单中选择表示时间相关的流函数</td></tr>
</table>

5）渗出（Outflow）。该选项可指定水通过模型边界从模型内部向外的“渗出”行为，如图 5-48 所示。“渗出”定义的可用选项见表 5-10。

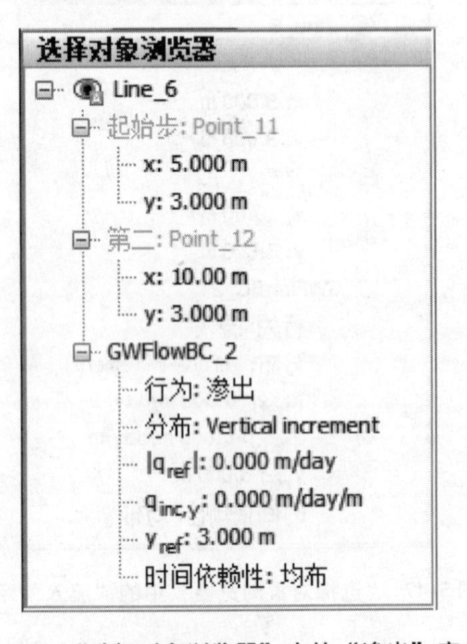

图 5-48 “选择对象浏览器”中的“渗出”定义

表 5-10 “渗出”行为定义的相关选项

属性	选项	参数	说明
分布	常量		沿边界定义恒定的流量值，该值指定给参数 $\lvert q_{ref} \rvert$
	竖向增量		沿边界指定竖向变化流量，所需参数为：
		$\lvert q_{ref} \rvert$	指定参考标高处的参考流量值，为平面外单位宽度上单位时间内的流量
		$\lvert q_{inc,y} \rvert$	指定流量沿边界变化的增量，即变化速率
		y_{ref}	指定参考流量对应的参考标高。如果该值低于顶边界，则该标高以下的流量值根据 $\lvert q_{inc,y} \rvert$ 变化
	水平增量		沿边界指定水平变化流量，所需参数为：
		$\lvert q_{ref} \rvert$	指定参考标高处的参考流量值，为平面外单位宽度上单位时间内的流量
		$\lvert q_{inc,x} \rvert$	指定流量沿边界变化的增量，即变化速率
		x_{ref}	指定参考流量对应的参考标高。如果该值低于顶边界，则该标高以下的流量值根据 $\lvert q_{ine,x} \rvert$ 变化
	起始/结束值		沿边界指定起始点流量和结束点流量，需指定如下参数：
		$q_{ref,start}$	边界起始点的流量
		$q_{ref,end}$	边界结束点的流量
时间相关性	常量		边界上流量不随时间变化
	时间相关		边界上流量随时间变化。该选项仅对瞬态渗流和完全流固耦合分析可用。可从下拉菜单中选择表示时间相关的流函数

6）回灌（Infiltration，入渗）。除了根据降水量会自动生成入渗边界条件之外，还可手动为水位以上的几何边界指定入渗边界条件，该边界条件可考虑满足一定条件的入渗行为。图 5-49 所示为“选择对象浏览器”中“回灌（入渗）”边界条件的属性，相关参数见表 5-11。

提示： 回灌（入渗）量为负值时表示“蒸发”。

表 5-11 “回灌”行为定义的相关选项

属性	选项	说明
分布	q	指定回灌流量，单位为：单位长度/单位时间。负值用于模拟蒸发蒸腾作用（蒸发 + 蒸腾）
	ψ_{max}	指定最大孔压水头，与边界标高有关，单位为长度（默认 0.1 个长度单位）
	ψ_{min}	指定最小孔压水头，与边界标高有关，单位为长度（默认 0.1 个长度单位）
时间相关性	常量	边界上流量不随时间变化
	时间相关	边界上流量随时间变化。该选项仅对瞬态渗流和完全流固耦合分析可用。可从下拉菜单中选择表示时间相关的流函数

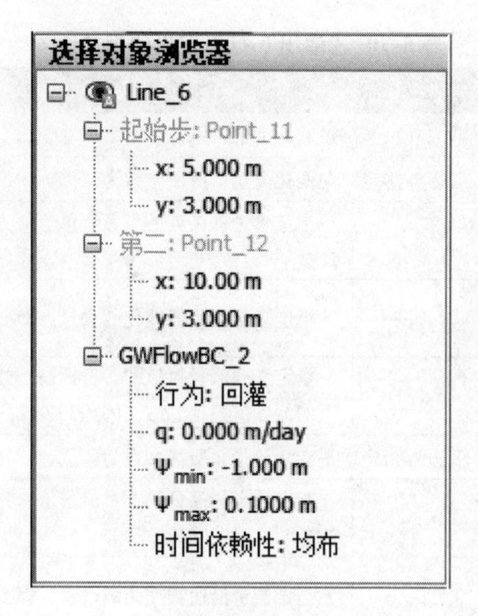

图 5-49 “选择对象浏览器”中的“回灌”定义

5.10 热条件

PLAXIS 2D 2015 的新增功能之一就是热计算功能，可以考虑温度（或温度变化）对土体或结构力学行为的影响（例如热膨胀或土体冻结）。地层中的温度分布可通过热计算获得。地层中的热传输一般通过地下水渗流进行，因此热计算通常与地下水渗流计算相耦合[热-水（TH）耦合]。稳态 TH 耦合计算的结果可用于分析温度对应力和变形的影响（TH-M 半耦合分析）。更一般地，PLAXIS 可以进行热-水-力（THM）完全耦合瞬态计算，能够同时考虑温度随时间变化对应力、变形和地下水渗流的影响。热计算需要指定热条件，可在几何模型中定义温度分布。“热条件”包括类组相关的热条件和基于线的热流边界条件。

与类组相关的热条件可通过温度条件定义：

1）无（None）。如果已选类组中的温度分布应根据全局温度分布获得，应使用该选项。全局温度分布采用参考温度和地压梯度确定，在“模型浏览器”中“模型条件”目录下的“热流”子目录中定义。

2）用户自定义（User-defined）。类组中的温度基于参考标高（y_{ref}）处的参考温度（T_{ref}）和单位宽度温度增量（$T_{inc,y}$）来定义。

除了可定义上述温度条件之外，还可为表示热源的类组定义能量条件。此时，“热条件”下的“能量条件”参数须设为源（Source，产生能量）或汇（Sink，吸收能量），总热流量 Q 的单位为“能量/单位体积”。“源”可设为时间相关的，需指定总热流量函数，包含在“模型浏览器”的“属性库”目录下的“热函数”中。虽然热条件的输入值在几何模型中指定，但其激活、冻结或输入值修改一般在“分步施工”模式下完成。

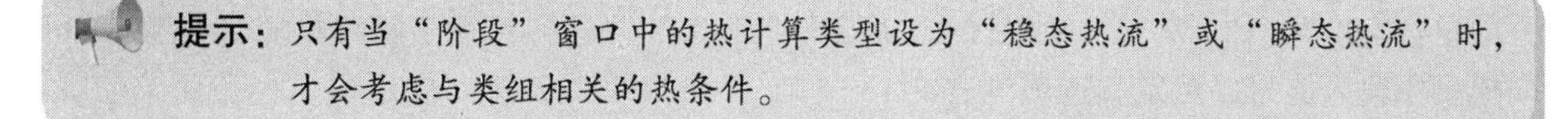

提示： 只有当“阶段”窗口中的热计算类型设为“稳态热流”或“瞬态热流”时，才会考虑与类组相关的热条件。

热计算中，除了需定义地下水渗流边界条件之外（由于TH耦合，对热计算需定义渗流边界条件），还需定义热流边界条件，类似于几何线的创建。热条件还可以通过在几何线上右击，然后从展开菜单中选择相应选项来进行定义。对于瞬态热流和THM完全耦合分析，热条件可以设置时间相关的热函数（见本书第5.12节）。

对基于线的热流边界条件，可定义如下几种类型：

1）关闭（Closed）：边界设为关闭后，通过该边界将没有热流量发生，换言之，该边界是完全隔热的。该边界条件与自然边界条件类似，也就是说，如果没有为模型边界指定热边界条件，或者该热边界条件没有激活，则该边界为关闭热边界，即隔热边界。关闭热边界条件仅用于模型外边界或模型内部激活与冻结类组之间的内部边界。

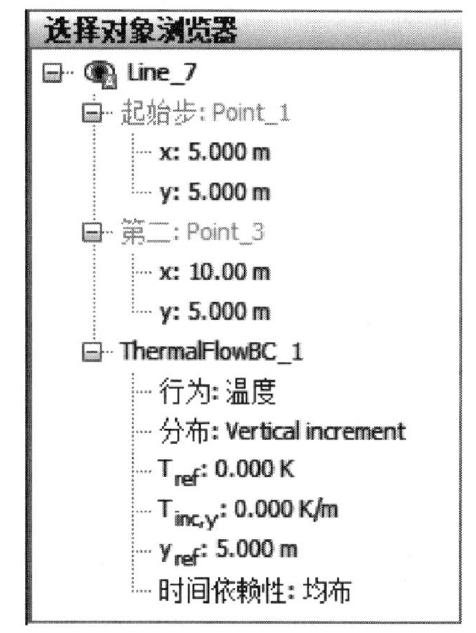

图5-50 “选择对象浏览器”中的“温度”定义

2）温度（Temperature）：在热流边界上可以指定温度分布，如图5-50所示，可用选项见表5-12。

表5-12 “温度”定义相关选项

属性	选项	说明	
分布	常量	沿边界定义恒定的温度，该值指定给参数 T_{ref}	
	竖向增量	沿边界指定竖向变化温度，所需参数为：	
		T_{ref}	指定参考标高处的参考温度值
		$T_{inc,y}$	指定温度随深度变化的增量
		y_{ref}	指定参考温度对应的参考标高。温度值根据下式变化：$T(y)=T_{ref}+(y-y_{ref})T_{inc,y}$
	水平增量	沿边界指定水平变化温度，所需参数为：	
		T_{ref}	指定参考标高处的参考温度值
		$T_{inc,x}$	指定温度沿宽度变化的增量
		x_{ref}	指定参考温度对应的参考标高。温度值根据下式变化：$T(x)=T_{ref}+(x-x_{ref})T_{inc,x}$
	起始/结束值	沿边界指定起始点温度和结束点温度，需指定如下参数：	
		$T_{ref,start}$	边界起始点的温度
		$T_{ref,end}$	边界结束点的温度
时间相关性	常量	边界上温度不随时间变化	
	时间相关	边界上温度随时间变化。该选项仅对瞬态热流和完全THM耦合分析可用。可从下拉菜单中选择表示时间相关的热函数	

3）流入（Inflow）：该选项可指定流入模型的热流量，单位为“功率/单位长度/平面外方向单位宽度”，如 kW/m^2，如图 5-51 所示。“流入”热边界可用于模拟热源（线源），可向模型中输入能量，可定义选项见表 5-13。

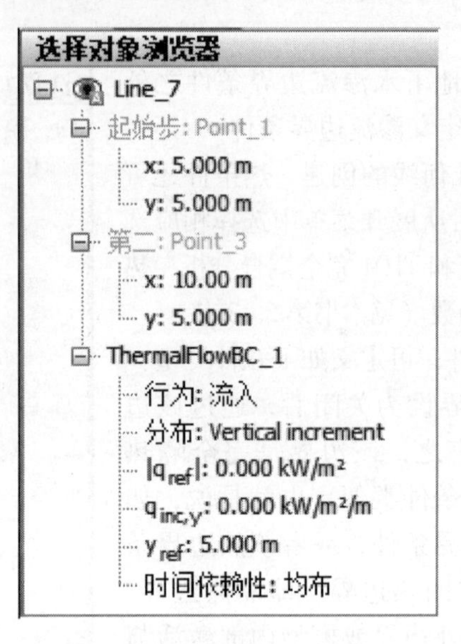

图 5-51 “选择对象浏览器”中的“流入”定义

表 5-13 “流入”行为定义的相关选项

属性	选项	说明	
分布	常量	沿边界定义恒定的热流量值，该值指定给参数 $\|q_{ref}\|$	
	竖向增量	沿边界指定竖向变化热流量，所需参数为：	
		$\|q_{ref}\|$	指定参考标高处的参考热流量值，为平面外单位宽度上单位时间内的热流量
		$q_{inc,y}$	指定热流量沿边界变化的增量，即变化速率
		y_{ref}	指定参考热流量对应的参考标高。热流量值根据下式变化：$q(y)=q_{ref}+(y-y_{ref})q_{inc,y}$。注意，$q(y)$为负值将设为0
	水平增量	沿边界指定水平变化热流量，所需参数为：	
		$\|q_{ref}\|$	指定参考标高处的参考热流量值，为平面外单位宽度上单位时间内的热流量
		$q_{inc,x}$	指定热流量沿边界变化的增量，即变化速率
		x_{ref}	指定参考热流量对应的参考标高。热流量值根据下式变化：$q(x)=q_{ref}+(x-x_{ref})q_{inc,x}$。注意，$q(x)$为负值将设为0
	起始/结束值	沿边界指定起始点热流量和结束点热流量，需指定如下参数：	
		$q_{ref,start}$	边界起始点的热流量
		$q_{ref,end}$	边界结束点的热流量
时间相关性	常量	边界上热流量不随时间变化	
	时间相关	边界上热流量随时间变化。该选项仅对瞬态热流和完全 THM 耦合分析可用。可从下拉菜单中选择表示时间相关的热函数	

4）渗出（Outflow）：该选项可指定渗出模型的热流量，单位为“功率/单位长度/平面外方向单位宽度”，如 kW/m^2，如图 5-52 所示。“渗出”热边界可用于模拟冷却（线汇），可从模型中吸收能量，可定义选项见表 5-14。

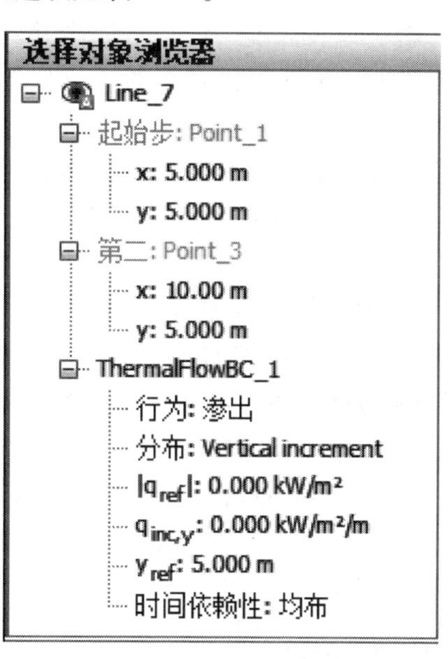

图 5-52 “选择对象浏览器”中的“渗出”定义

表 5-14 “渗出”行为定义的相关选项

属性	选项	说明	
分布	常量	沿边界定义恒定的热流量值，该值指定给参数 $\lvert q_{ref} \rvert$	
	竖向增量	沿边界指定竖向变化热流量，所需参数为：	
		$\lvert q_{ref} \rvert$	指定参考标高处的参考热流量值，为平面外单位宽度上单位时间内的热流量
		$q_{inc,y}$	指定热流量沿边界变化的增量，即变化速率
		y_{ref}	指定参考热流量对应的参考标高。热流量值根据下式变化：$q(y) = q_{ref} + (y - y_{ref}) q_{inc,y}$。注意，$q(y)$ 为负值将设为0
	水平增量	沿边界指定水平变化热流量，所需参数为：	
		$\lvert q_{ref} \rvert$	指定参考标高处的参考热流量值，为平面外单位宽度上单位时间内的热流量
		$q_{inc,x}$	指定热流量沿边界变化的增量，即变化速率
		x_{ref}	指定参考热流量对应的参考标高。热流量值根据下式变化：$q(x) = q_{ref} + (x - x_{ref}) q_{inc,x}$。注意，$q(x)$ 为负值将设为0
	起始/结束值	沿边界指定起始点热流量和结束点热流量，需指定如下参数：	
		$q_{ref,start}$	边界起始点的热流量
		$q_{ref,end}$	边界结束点的热流量
时间相关性	常量	边界上热流量不随时间变化	
	时间相关	边界上热流量随时间变化。该选项仅对瞬态热流和完全 THM 耦合分析可用。可从下拉菜单中选择表示时间相关的热函数	

5）对流（Convection）：对流条件是指，在对流边界上存在某一特定温度（T_{fluid}）的介质，同时，该介质将其温度传递到该边界上（即邻近物质）。对流边界条件可用于如下情况：

① 在地表面，空气温度会影响地表温度，但地表温度并不一定等于空气温度。对于该情况，可在“模型浏览器”中“模型条件”目录下的“气候”条件进行模拟，实质上，此时施加在地表的边界条件即为对流边界条件。

② 对于冷冻管或钻孔换热器，制冷液会将其温度传递到周围土体中去。此时，热边界位于模型内部。这样，“对流”边界可施加在真实几何边界上，也可施加在模型内部的几何线上。

除了介质温度（T_{fluid}）之外，还需定义换热系数（热阻的倒数），单位为“功率/单位长度/平面外单位宽度/单位温度”，如 $kW/m^2/K$，如图 5-53 所示。换热系数越大，通过热边界传递的热越多。如果换热系数为 0，将没有热传递到边界上，这就意味着热边界条件处于冻结状态。如果换热系数无限大，则“对流”边界条件相当于“温度”边界条件。此外，还可定义对流条件的时间相关特性，如果对流边界不随时间变化，则将“时间相关性”选项设为“常量”；如果考虑对流边界随时间的变化，则需从下拉菜单中选择相应的热函数，该选项仅对瞬态热流和完全 THM 耦合分析可用。

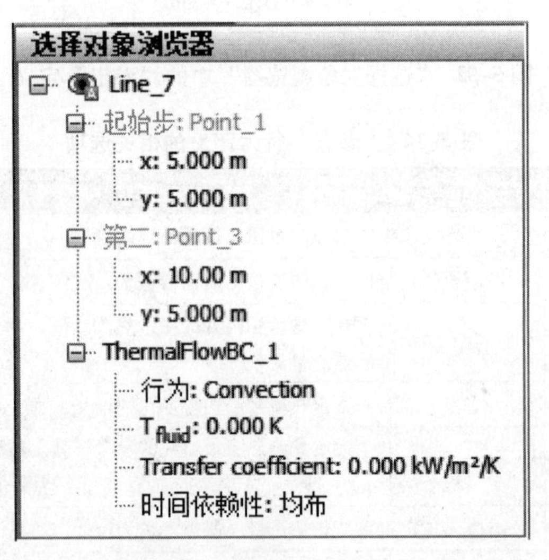

图5-53 “选择对象浏览器”中“对流”的定义

提示：热流边界条件在“渗流条件”模式下可见。在开始热计算之前，建议先进入“渗流条件”模式对已定义的热流边界条件进行检查。

6）使用上一阶段的值（从先前阶段得到的不变值）：该选项一直可用，特别是当上一阶段（母阶段）为瞬态热流计算或完全 THM 耦合计算，且采用热函数定义热边界条件时，如图 5-54 所示。选择该项后，热流边界条件将基于上一阶段末（考虑指定的热函数和母阶段的时间间隔）的边界条件定义为常量条件。如果上一阶段与时间无关（时间间隔为0)，或边界条件是恒定的，则直接取用上一阶段的边界条件。如果边界条件在上一阶段处于冻结状态，则在当前阶段仍将处于冻结状态，这意味着该边界为关闭状态（通过边界的流量为0)。

7）保持上一阶段的函数（先前阶段的主函数)：该选项一直可用，特别是当上一阶段（母阶段）为瞬态热流计算或完全 THM 耦合计算，且采用热函数定义热流边界条件时，如图5-55所示。选择该项后，热流边界条件定义为时间相关的，并使用上一阶段中指定的热函数（温度函数、热流量函数或总热流量函数)。此时，热函数在当前阶段开始时输入（=母阶段的结束时间)。如果上一阶段与时间无关（时间间隔为0)，或边界条件是恒定的，则直接取用上一阶段的边界条件。如果边界条件在上一阶段处于冻结状态，则在当前阶段仍将处于冻结状态，这意味着该边界为关闭状态（通过边界的流量为0)。

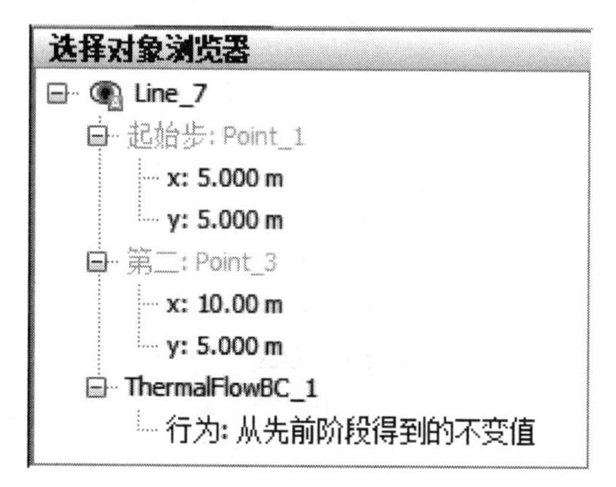

图5-54 “选择对象浏览器”中“使用上一阶段的值”的定义

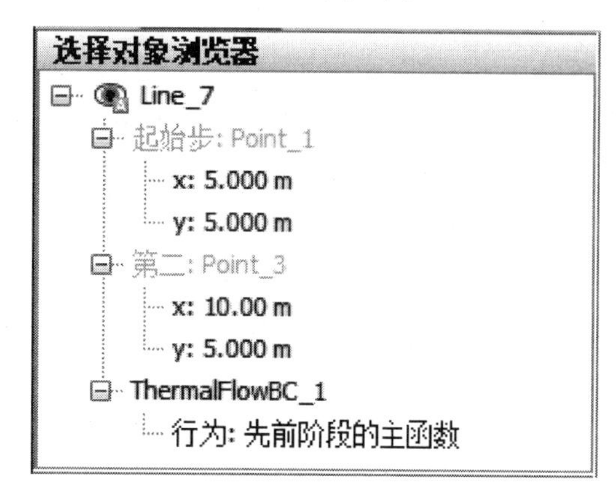

图5-55 “选择对象浏览器”中“保持上一阶段的函数”的定义

5.11 流函数

流函数（Flow functions）用于定义“水头（Head)”和“流量（Discharge)”等随时间的变化关系，在“模型浏览器”的“属性库（Attributes library)”目录下的对应子目录中定义（见图5-56)。

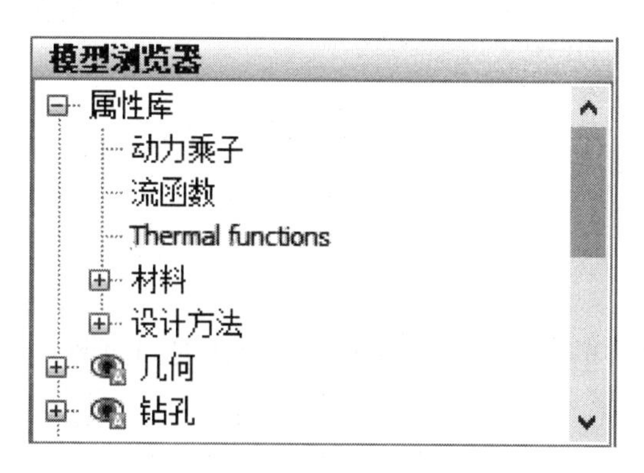

图5-56 “模型浏览器”中的“流函数”子目录

流函数可指定给“水位”或“地下水渗流边界条件”。注意，时间相关条件可指定给除“泄漏（Seepage）”和“关闭（Closed）”之外的所有水力边界条件。

提示：流函数不能指定给非水平水位。

在“模型浏览器”中“属性库（Attributes library）”目录下的“流函数（Flow functions）”子目录上单击鼠标右键，在弹出菜单中选择“编辑”选项，会弹出“流函数（Flow functions）”对话框，在该对话框中可定义流函数。该窗口由两个选项卡组成，即“水头函数（Head functions）”和“流量函数（Discharge functions）”，如图5-57所示。

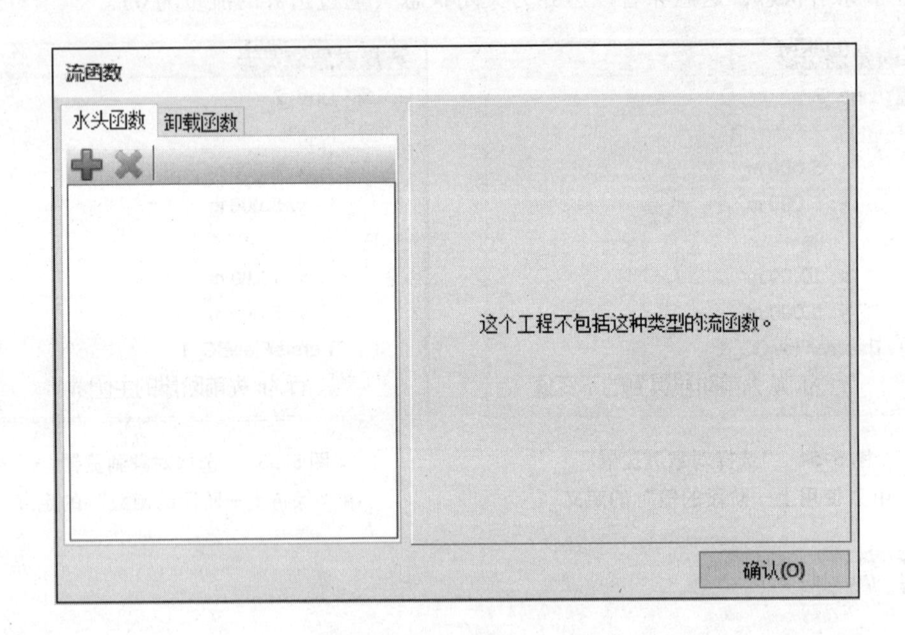

图5-57 “流函数”对话框

选项卡下方的两个按钮用于添加新的流函数或删除选中的流函数。单击按钮“➕”，添加一个新的流函数，会显示其定义选项：

1）名称：定义流函数名称。

2）信号：可指定信号类型，可选项为“线性”“简谐”和“表格”。“信号”下拉列表框中的可选项见下文。

5.11.1 简谐

“信号”下拉列表框中的“简谐”选项用于定义随时间简谐变化的渗流边界条件。水位的简谐变化通常定义如下

$$y(t) = y_0 + A\sin(\omega_0 t + \varphi_0) \tag{5-2}$$

式中 ω——角频率，$\omega_0 = 2\pi/T$；

A——振幅（单位为长度，如m）；

T——波的周期（单位为时间，如 day）；

φ_0——初始相位角；

y_0——简谐变化的中心，不一定等于上一阶段结束时的水位（y_0'），$y_0' = y_0 + A\sin(\omega_0)$。

在“流函数”对话框下可定义和显示简谐变化的水力边界条件，如图 5-58 所示。

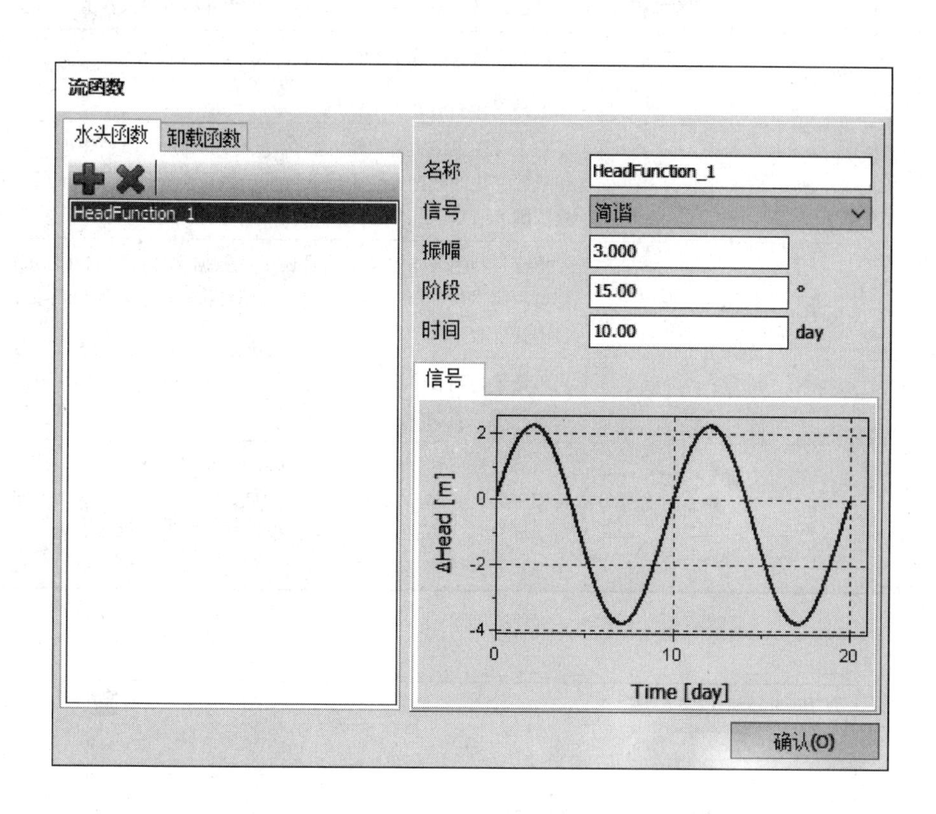

图 5-58 “流函数”对话框下“简谐”变化水头函数的定义和显示

5.11.2 表格

“信号”下拉列表框中除了“简谐”之外，还可选择“表格”选项。“表格”数据由两列组成，在“水头函数”选项卡下的表格数据由“时间（Time）”和“水头（Head）”两列组成，在“卸载函数”选项卡下的表格数据由“时间（Time）”和“流量（Discharge）”两列组成，相关按钮功能说明见表 5-15。

单击窗口右侧的“打开文本文件”按钮（Open .txt file），从“打开”窗口中选择要导入的文件。导入的流函数数据文件必须为 ASCII 格式，可用文本编辑器创建。每行需定义一对数值（真实时间和对应的水位值或流量值），两数值之间至少用一个空格隔开。注意，PLAXIS 只支持十进制数英文点记号。导入数据的图形在数据表格下方显示。

表 5-15 “流函数”对话框中“表格”数据的相关按钮

功能类别	按钮图标	按钮名称	说明
表格修改		添加行	可在表格中添加一行。单击表中的单元格可输入数值
		插入	可在表格内已选中的行前插入一行
		删除	可删掉在表格内选中的行
数据导入与保存		打开	除了可在表格中直接输入数据，还可以利用工具栏中的“打开”按钮从数字化的数据文件中读取数据。如果没有指定数据文件所在的目录，则 PLAXIS 默认为数据文件存放在当前项目的目录下
		保存	不论是利用表格定义的信号还是从数据文件中读取并修改的信号，都可利用“保存”按钮来保存，从而可将其用于其他项目或使当前项目中的修改生效
表格编辑		复制	不论是利用表格定义的信号还是从数据文件中读取并修改的信号，都可利用“复制”按钮进行复制
		粘贴	从其他应用程序中复制的数据（使用〈Ctrl + C〉）可利用“粘贴”按钮来导入。“导入数据”对话框如图 5-59 所示。导入数据的起始行可在“从行（From row）”一栏中定义。单击“确认”按钮，数据和图形显示在“流函数”对话框中

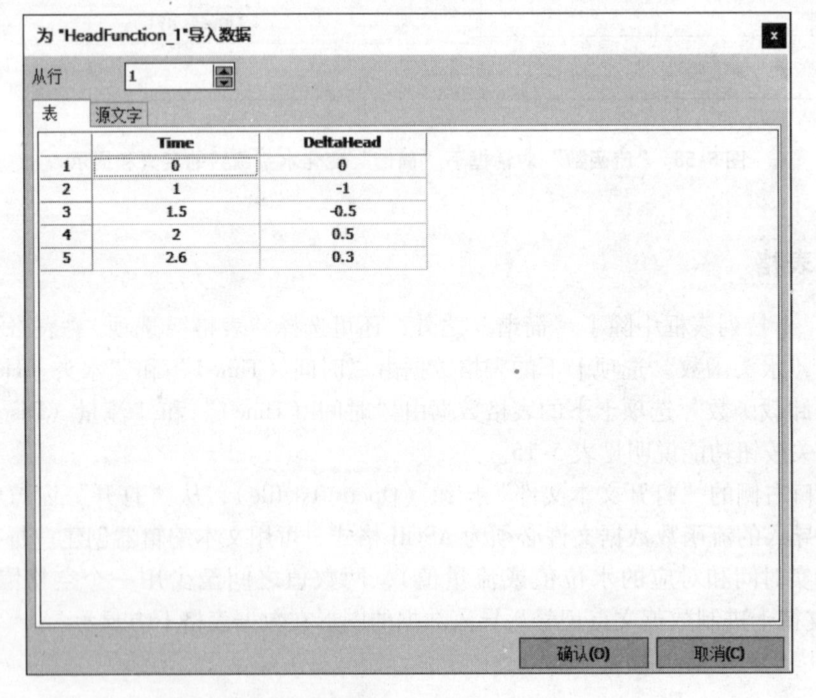

图 5-59 用于流函数定义的“导入数据”对话框

5.11.3 线性

“信号”下拉列表框中除了“简谐”和“表格”之外，还可选择“线性”选项，用以定义随时间线性增加或减小的渗流边界条件。对于线性变化的地下水头，需要定义的参数有：

1）水头增量（Δ_{Head}）：表示当前计算阶段的时间间隔内水位的增加或减小，单位为长度的单位，如m。该参数与时间间隔共同决定了水位增加或减小的变化速率。

2）时间（t）：表示当前计算阶段的时间间隔，单位为时间的单位，如day。注意，定义流函数所用的时间间隔不影响“阶段”窗口中定义的计算阶段的持续时间。

对于线性变化的回灌（入渗）、流入或渗出等条件的流函数，需定义的参数为Δq，单位为“体积/单位时间/平面外单位宽度”，如m^3/day/m，表示在当前计算阶段的时间间隔内特定流量的增加或减小。

提示： 流函数中的时间通常指整个计算阶段列表中的全局时间，而不是单个阶段的时间间隔。这意味着在一系列连续的渗流计算中，每个阶段仅使用流函数中对应本阶段的部分。

5.11.4 连续阶段流函数

流函数可作为指定给“渗流边界条件”或“水位”的属性。当在“阶段定义”模式下选择了相应选项后，PLAXIS会确保在连续阶段计算中流函数的连续性。

1. 边界流函数连续性

除了前面5.9.3节中介绍的渗流边界条件的几种行为之外，在“阶段定义”模式下还有另两种地下水渗流边界条件相关的行为可选（见图5-60）：

1）使用前一阶段的值（从先前阶段得到的不变值）：当前阶段中的边界条件是前一阶段结束时达到的状态的延续，在当前计算阶段中保持不变。

2）保持前一阶段的函数（先前阶段的主函数）：当前阶段边界条件等于前一阶段达到的状态。PLAXIS可根据前一阶段定义的边界流函数来保持边界状态连续性。

2. 水位流函数连续性

在连续计算阶段中为水位指定的流函数可保持连续性，在“模型浏览器”中“模型条件（Model conditions）”目录下的“水（Water）”子目录中的水位条件上单击鼠标右键，在弹出菜单中有如下两个选项。

1）创建达到的水位（Create the reached water level）：选择该项后，在前一计算阶段结束时水位到达的位置创建新水位，并在当前阶段中保持水位不变。

2）创建达到的水位并继续（Create the reached water level and continue）：选择该项后，在前一计算阶段结束时水位到达的位置创建新水位，并根据前一阶段中对初始水位指定的流函数继续进行变化。

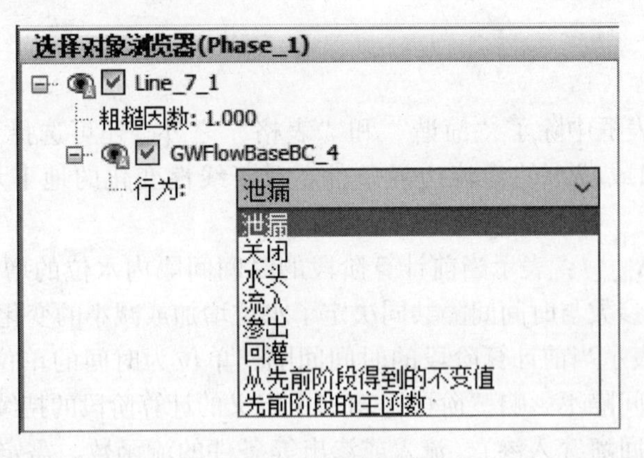

图 5-60 “阶段定义”模式下“渗流边界条件”行为的可选项

5.12 热函数

热函数（Thermal functions）用于描述热条件随时间的变化，其中温度函数、热流量函数和总热流量函数的定义有所差别，在“模型浏览器”的“属性库（Attributes library）”目录下的“热函数”子目录中定义（见图 5-61）。

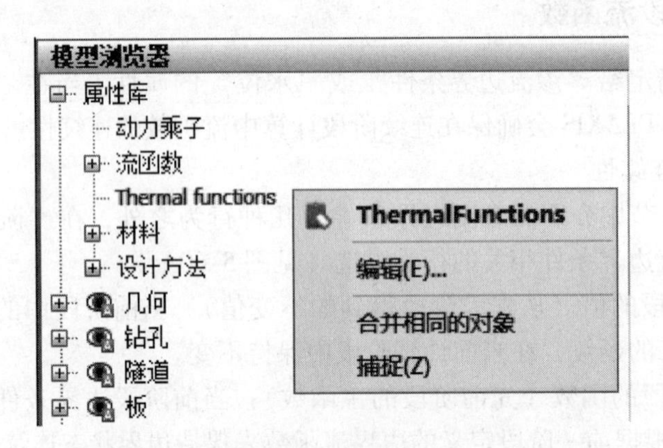

图 5-61 “模型浏览器”中的“热函数”子目录

热函数可指定给“热流边界条件”或“土体类组”。注意，时间相关条件仅可指定给温度、流入、渗出和对流条件。对于对流条件，时间相关性会施加在引起热对流的介质上（液体、空气）。在“模型浏览器”中“属性库（Attributes library）”目录下的“热函数（Thermal functions）”子目录上单击鼠标右键，在弹出菜单中选择“编辑”选项，会弹出“热函数（Thermal functions）”对话框，在该对话框中可定义热函数。该对话框由三个选项卡组成，即“温度函数（Temperature functions）”“热流量函数（Heat flux functions）”和“总热流量函数（Heat total flux functions）”，分别为温度、热流量和总热流量定义时间相关函数，如图 5-62 所示。

温度函数可指定给热流边界条件，也可指定给“气候”模型条件下定义的空气温度。

热流量函数可指定给基于线的热流边界条件，热流量单位为“功率/单位长度/平面

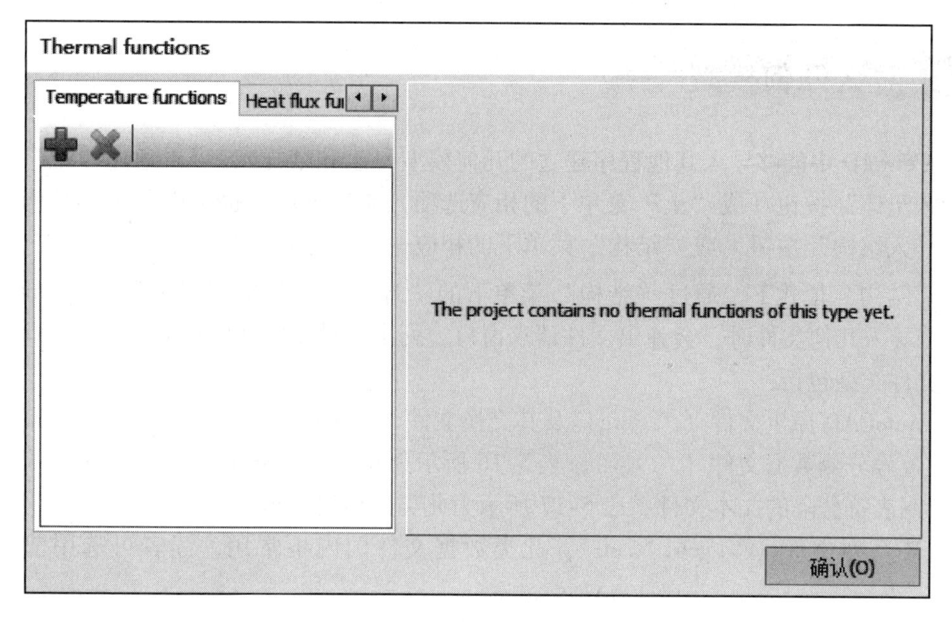

图 5-62 “热函数”对话框

外方向单位宽度”，如 kW/m^2。总热流量函数可指定给土体类组，其热条件下的能量条件可设为源或汇。总热流量的单位为“功率/单位体积”，如 kW/m^3。

热函数的定义与流函数相似，也分为“简谐”、“表格”和“线性”三种信号类型。“简谐”信号用于定义随时间简谐变化的热流边界条件，定义方法可参考 5.11.1 节。“表格”信号用于定义随时间任意变化的热流边界条件，“温度函数”的“表格”信号由“时间（Time）”和“温度（Temperature）”两列组成，“热流量函数”的“表格”信号由“时间（Time）”和“热流量（Heat flux）”两列组成，定义方法可参考 5.11.2 节。“线性”信号用以定义随时间线性增加或减小的热流边界条件。对于线性变化的热条件，需要定义的参数有：

1）温度增量（$\Delta_{\text{Temperature}}$）：表示当前计算阶段的时间间隔内温度的增加或减小，单位为温度的单位，如 K。该参数与时间间隔共同决定了温度增加或减小的变化速率。

2）时间（t）：表示当前计算阶段的时间间隔，单位为时间的单位，如 day。注意，定义热函数所用的时间间隔不影响“阶段”窗口中定义的计算阶段的持续时间。

对于线性变化的流入或渗出等条件的热函数，需定义以下两个参数：

1）热流量增量（Δ_{HeatFlux}）：表示指定时间内增加或减小的热流量，单位为“功率/单位面积”，如 kW/m^2。

2）总热流量增量（$\Delta_{\text{HeatTotalFlux}}$）：表示指定时间内增加或减小的总热流量，单位为“功率/单位体积”，如 kW/m^3。

提示： 热函数中的时间通常指整个计算阶段列表中的全局时间，而不是单个阶段的时间间隔。这意味着在一系列连续的热计算中，每个阶段仅使用热函数中对应本阶段的部分。

5.13 导入几何模型

PLAXIS 2D 中能够导入其他程序建立的几何模型（土和结构），可以通过“土”模式下的“导入土体”按钮（或“土”菜单下的相应选项）导入土层，也可以通过“结构”模式下的“导入结构”按钮（或“结构”菜单下的相应选项）导入结构几何线。

在“结构”模式下，通过“结构”菜单下的“导入结构”按钮“”，可以导入几何形状。当导入几何文件时，会弹出文件请求窗口，列出可导入的文件扩展名。PLAXIS 2D 可导入的文件类型包括：

1）AutoCAD 原生文件（*. dwg）及其交换文件（*. dxf）。

2）逗号分隔数据文件（*. csv），表 5-16 所示为此类数据格式举例。

3）制表符分隔的文本文件，表 5-17 所示为此类数据格式举例。

4）M 系列文件（*. geo，*. sti），此类数据文件国内不常用，读者可选用前面几种类型。

表 5-16 逗号分隔文件数据格式举例（. csv）

```
Points
0 , 0.0 , 0.0
1 , 20.0 , 0.0
2 , 20.0 , 10.0
3 , 0.0 , 10.0
Lines
0 , 0 , 1
1 , 1 , 2
2 , 2 , 3
3 , 3 , 0
```

表 5-17 制表符分隔文件数据格式举例（. txt）

```
Points
0   0.0    0.0
1   20.0   0.0
2   20.0   10.0
3   0.0    10.0
Lines
0   0   1
1   1   2
2   2   3
3   3   0
```

当在文件请求窗口中选好要导入的几何文件并单击“打开”按钮之后，会弹出“导入几何形状”窗口（见图5-63），可在此选择导入几何对象的类型以及进行必要调整，通过“对象类型”下面的检查框可以选择要导入的对象类型，即可以只导入某（几）类几何对象。

提示： PLAXIS 2D 程序安装包中提供了一些预定义好的几何对象，对应的文件位于 PLAXIS 2D 程序安装目录下的“Importables”文件夹中。

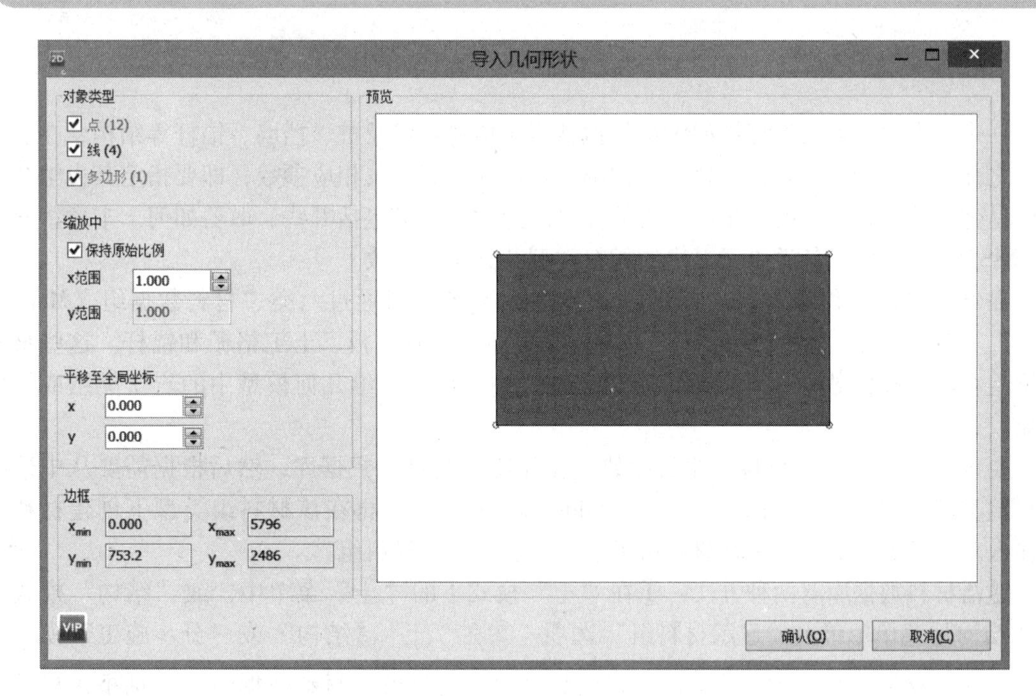

图5-63 “导入几何形状”窗口

“导入几何形状”窗口下可设置的选项如下：

1）缩放：导入几何对象时可通过为每个全局方向定义缩放系数来对导入的几何对象进行缩放。“保持初始方向比率（Keep original aspect ratio）”选项可为所有方向指定相同的缩放系数。这种情况下，仅有 x 方向的缩放比率值可以修改。

2）坐标偏离：导入几何对象后，可通过三种方法设置参考点。

① 导入几何模型边界最小值：自动选取导入的几何模型边界的最小值作为插入点。

② 导入几何模型边界最大值：自动选取导入的几何模型边界的最大值作为插入点。

③ 自定义：用户可手动指定插入点坐标。重新指定插入点坐标，即可更改参考点的位置。

3）边框：显示包围导入几何对象的边框坐标。

提示： 导入几何对象时不能导入材料属性，需要在材料数据库中创建。

第6章 材料属性和材料数据库

一个岩土工程数值计算模型中可能包括岩土体材料以及桩、挡墙、锚杆等结构，在进行计算之前，需要为这些岩土材料和结构单元指定材料属性及相应参数，即要指定其力学行为特性是弹性的还是塑性的，相应行为特性下的力学参数又包括哪些、取值如何。本章将介绍PLAXIS 2D 程序中为各类单元提供的材料类型及其相应参数。

在 PLAXIS 2D 程序中，岩土和结构的材料属性参数可通过六类“材料数据组（Material sets）”来输入，即：土和界面、梁、Embedded beam row、板、土工格栅和锚杆。这些材料数据组存储在材料数据库（Material database）中，可指定给几何模型中的岩土类组或结构对象。

要设置 PLAXIS 2D 材料属性及参数，首先应打开材料数据库，然后根据需要从中选择材料组类型，如“土和界面”或“Embedded beam row”，再在该材料组类型下创建材料组并输入对应参数的值。在一种材料组类型下可创建多个材料组。

激活材料数据库有两种方法：①在“土”模式下的“土”菜单中，或“结构”模式下的“结构”菜单中单击“显示材料组”选项。②在“土”“结构”或“分步施工”模式下单击“显示材料”按钮“”。激活材料数据库时会弹出“材料数据组”对话框，显示当前 PLAXIS 2D 项目中材料数据库的内容。新建项目的材料数据库默认为空，里面不包含材料组。

PLAXIS 2D 中使用的材料数据库可分为两类，第一类可称之为项目材料库，用于存储当前 PLAXIS 2D 项目中创建的各个材料组；另一类可称之为全局材料库，用于存储全局文件夹下的材料组，这些材料组可供不同的 PLAXIS 2D 项目使用，能在 PLAXIS 2D 项目之间进行材料组数据交换。单击“材料数据组”对话框上方的“显示全局”按钮，在该对话框右侧会扩展出另一半对话框以显示全局材料库中的材料组，如图 6-1 所示。

在展开后的“材料数据组”对话框的左右两侧（“项目材料库”和“全局材料库”）各有两个下拉列表框和一个树状视图。在左侧的“材料组类型”下拉列表框中可以选择在树状视图里显示哪一种材料数据组（可选的材料组类型有：土和界面、梁、Embedded beam row、板、土工格栅或锚杆）。树状视图里的各个材料组通过用户定义的名称加以区别。对于“土和界面”材料组，可以在“组序”下拉列表框里选择材料模型、材料类型或数据组名称来作为排序的依据。如果在“组序”下拉列表框中选择“无（None）”选项，则材料数据组按程序默认排序显示。

在左右两个树状视图之间有三个按钮，可用于将项目数据库与全局数据库中的材料组分别复制到对方的数据库中。三个按钮的功能如下：

1）“■>”：用于将选中的项目材料组复制到全局数据库中。

2）“■>>”：用于将项目数据库中某一材料组类型下的所有材料组复制到全局数据库中。

3）“<■”：用于将选中的全局材料组复制到项目数据库中。

在全局数据库的树状视图下方会显示选中的全局数据库的存储路径，该路径下方有两个按钮功能如下：

1）“选择”：选择一个现有的全局数据库。

2）“删除”：从全局数据库中删除选中的材料数据组。

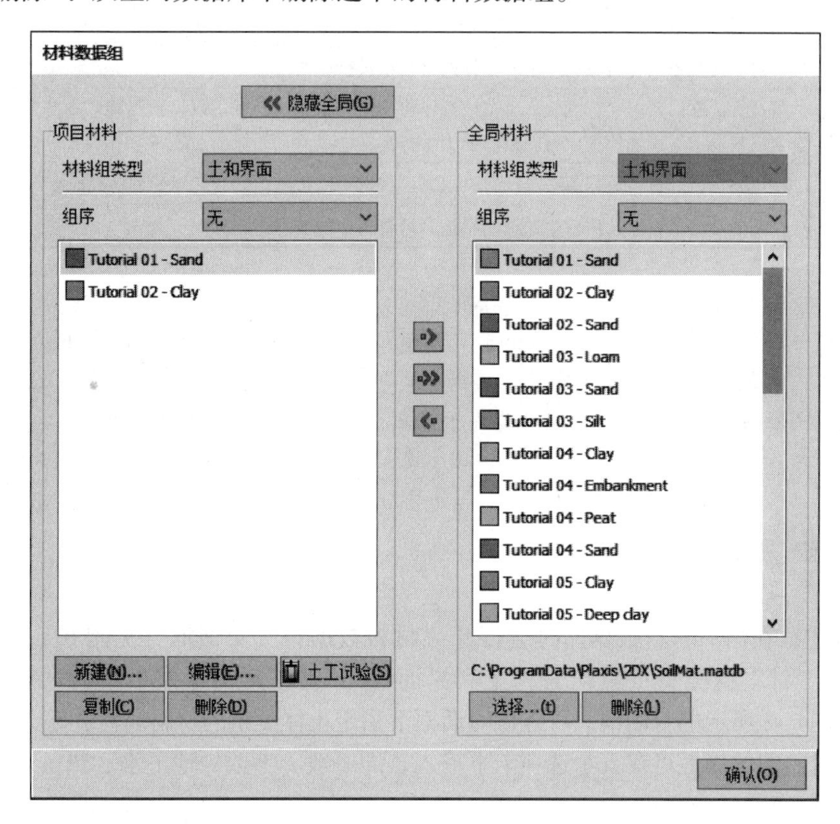

图6-1 “材料数据组”对话框显示项目和全局数据库

默认情况下，PLAXIS 2D 程序的全局材料数据库会包括用户手册中所有示例教程中的全部“土和界面”材料组，存储在“SoilMat. matdb”文件中。该文件与其他 PLAXIS 2D 土和界面数据库文件相互兼容，存放在 PLAXIS 2D 的安装文件夹下。结构单元的材料组分别存储在独立的文件中。类似地，板、土工格栅、梁、Embedded beam row、锚杆的全局数据库，分别存储在“PlateMat2D. matdb”“GeogridMat. matdb”“EmbeddedPile2DMat. matdb”和“AnchorMat2D. matdb”文件中。注意，除了全局材料文件（*. matdb）之外，还可选择项目材料文件（*. plxmat）和旧版程序的项目材料文件（*. mat）作为全局数据库。

提示： 单击“选择”按钮，输入新建全局数据库的名称，然后单击“打开”按钮，可以创建一个新的全局数据库。

当前项目的材料数据库可通过树状视图下方的按钮进行管理，各按钮功能见表6-1。

表6-1 当前项目的材料数据库的管理按钮

按钮	说明
新建	为当前项目新建一个材料数据组。单击该按钮将弹出新窗口，用来输入材料属性或模型参数。要输入的第一项内容一般为用户定义的材料组名称。材料数据组建好之后将出现在树状视图里，以用户所定义的名称表示
编辑	可对当前项目的材料数据库中所选择的材料组进行修改
土工试验	可执行标准的室内土工试验。单击该按钮将弹出一个窗口，可用以模拟几种基本的土工试验并检查给定材料参数下所选的土体材料模型的力学行为特性
复制	在当前项目的材料数据库中选择材料组，可将选中的数据组复制到新的材料数据组
删除	在当前项目的材料数据库中选择材料组，可将选中的数据组删除

提示： 在“材料数据组”对话框中，可以通过箭头和/或〈Enter〉键遍历各个选项。当遍历到“材料模型”或“排水类型”时，可以通过按下〈Space〉键激活下拉菜单。箭头和/或字母可用于做出选择，按〈Enter〉键确定。

6.1 土和界面模拟

如前所述，在激活材料数据库时会打开“材料数据组”对话框（见图6-1），此时“项目材料”的“材料组类型”默认为“土和界面”，单击该对话框左下角的“新建”按钮，则会弹出如图6-2所示的对话框，可在该对话框下指定土体类组的材料属性并输入相应的模型参数。土体材料组的属性可在五个选项卡下输入，即一般、参数、地下水、热（Thermal）、界面和初始条件。

6.1.1 “一般”选项卡

在“一般”选项卡下可定义土体的材料模型（本构模型）、排水类型和一般属性，例如重度。针对不同的土层可以定义不同的材料数据组。在该选项卡下可对材料组进行命名，由于树状视图中的材料组是以其名称列表显示，因此建议数据组的名称要有意义。

不同的材料数据组还可以指定不同的颜色以便于识别，该颜色也将显示在树状视图中。用户创建材料组时PLAXIS 2D会为每个材料组默认分配一种颜色，用户可以更改该颜色。单击“一般”选项卡中的“颜色”框即可修改材料组的颜色。

1. 材料模型

岩土体材料在荷载作用下将表现出明显的非线性行为，这些非线性应力应变行为可以通

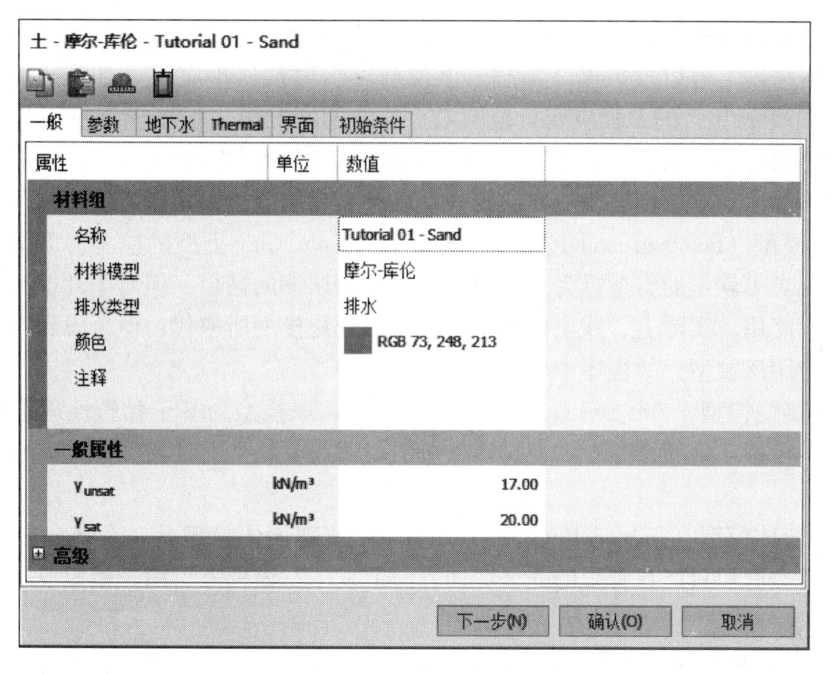

图6-2 “土”对话框中的“一般”选项卡

过不同复杂程度的数学模型（本构模型）进行描述。当然，本构模型越复杂，所需的参数就会越多。PLAXIS 2D 提供了十种常用的土体本构模型和一个自定义本构接口，用于模拟土及其他连续介质的行为。关于这些本构模型及其参数的详细介绍可参见 PLAXIS 2D 用户手册中的材料模型手册（Material Models Manual），下文只做简单介绍。

1）线弹性模型（Linear elastic model，LE）：该模型可用于描述遵循各向同性线弹性的胡克定律（Hooke′s law）的材料行为。由于岩土材料的力学行为具有非线性和塑性，因此用线弹性模型来模拟岩土材料的性状是有很大局限性的。一般情况下，对于土体内部的刚性结构，如板、桩等结构单元以及混凝土材料、硬岩层等可考虑使用线弹性模型进行简化模拟。

2）莫尔-库仑模型（Mohr-Coulomb model，MC）：该模型属于一阶模型，可在一定程度上描述岩土材料的特性，由于参数易于获取，且一般情况下可以较好地描述土的破坏应力状态，在岩土工程中有着广泛应用。由于针对同一土层使用一个常刚度参数，因此可以相对快速地预估变形结果。但其不能考虑土体的刚度与应力、应力路径相关的特性，也不能考虑土体刚度的各向异性，所以一般用于岩土性状的初步近似。

3）土体硬化模型（Hardening Soil model，HS）：该模型为二阶高级本构模型，属于双曲线弹塑性模型，构建于塑性剪切硬化理论框架，即考虑了剪切硬化，可模拟主偏量加载引起的不可逆应变。同时，该模型还考虑了压缩硬化，可模拟土体在主压缩条件下的不可逆压缩变形。土体硬化模型的一个基本特征是考虑了土体刚度的应力相关性，这是该模型比 MC 模型先进的地方之一。该二阶模型可用于模拟砂土、碎石土，也可用于模拟黏土和淤泥等软土。其局限性是，由于土体硬化模型是各向同性的硬化模型，因此不能模拟滞回特性或者反复循环加载的情况，也不能考虑土的剪胀和结构性变化引起的软化特点，亦不能区分小应变情况下具有的较大刚度和工程应变水平下减小的刚度。

4）小应变土体硬化模型（Hardening Soil model with small-strain stiffness，HS small）：该

模型为弹塑性双曲线模型，其在土体硬化模型的基础上考虑了土的受荷历史和刚度的应变相关性，在一定程度上可以模拟循环加载。该模型可以模拟从小应变（如低于10^{-5}的应变）到大应变（如高于10^{-3}的工程应变）范围内土体的不同响应。但该模型不能考虑循环加载过程中的软化效应，不能考虑由于土的剪胀和结构性变化引起的软化效应。另外，小应变土体硬化模型不能考虑不可逆体积应变的累积，以及循环加载过程中产生的液化行为。

5）软土模型（Soft Soil model，SS）：该模型为Cam-Clay类型的模型，可用来模拟正常固结黏土和泥炭等软土的力学行为，主要适于模拟主压缩的情形，但对于开挖类问题则不大合适，不推荐使用。实际上，软土模型可以被土体硬化模型所取代，但考虑到有的用户可能比较习惯于使用该模型，故程序中仍保留了这个模型。

6）软土蠕变模型（Soft Soil Creep model，SSC）：该模型为基于黏塑性理论框架的二阶模型，可用于模拟正常固结黏土和泥炭等软土的时间相关特性。该模型包含对数主压缩和次压缩。

7）节理岩体模型（Jointed Rock model，JR）：节理岩体模型是一个各向异性的弹塑性模型，其中塑性剪切只能在有限的几个剪切方向上发生。该模型可用于模拟成层或节理岩体性状。

8）修正剑桥黏土模型（Modified Cam-Clay model，MCC）：这是一个著名的临界状态模型，可以用来模拟正常固结软土的性状。该模型假设在体积应变和平均有效应力之间存在对数关系。

9）NGI-ADP模型（NGI-ADP model，NGI-ADP）：NGI-ADP模型可考虑黏土的不排水加载，进行承载力、变形及土-结构相互作用分析，对不同的应力路径可以定义不同的各向异性应力强度。

10）霍克-布朗模型（Hoek-Brown model，HB）：这是一个著名的理想弹塑性模型，用于模拟岩石各向同性行为。该模型中对岩体采用常刚度参数，对剪切破坏和拉伸破坏用非线性应力曲线来描述。

11）关口-太田模型（非黏性的）［Sekiguchi-Ohta model（Inviscid）］：该模型为剑桥黏土型的有效应力模型，适用于描述黏性土的非时间相关特性。

12）关口-太田模型（黏性的）［Sekiguchi-Ohta model（Viscid）］：该模型为剑桥黏土型的有效应力模型，适用于描述黏性土的时间相关特性（蠕变）。

13）自定义土体本构模型（User-defined soil models，UDSM）：用户除了可以使用PLAXIS 2D中内置的标准的本构模型以外，还可以引入自定义的本构模型。关于PLAXIS 2D自定义本构的详细介绍可参见PLAXIS 2D用户手册之材料模型手册。感兴趣的用户可以通过PLAXIS官方网站（www.plaxis.nl）查看已有的用户自定义土体模型。

2. 排水类型

原则上，PLAXIS 2D中所有模型参数都是用来描述土体的有效响应，即和土体骨架有关的应力-应变关系。岩土体的一个重要特点就是存在孔隙水，孔压（时间相关的）对土体响应有显著影响。PLAXIS 2D提供了多种选项，能够在土体响应中考虑水与土体骨架的相互作用，最高级的选项为“完全流固耦合分析”。很多情况下在分析长期效应（排水）或短期效应（不排水）时可以不考虑孔压随时间的变化。在不排水分析中，应力的改变（加载或卸载）可能产生超孔压，超孔压随时间的消散过程可采用“固结”计算进行分析。

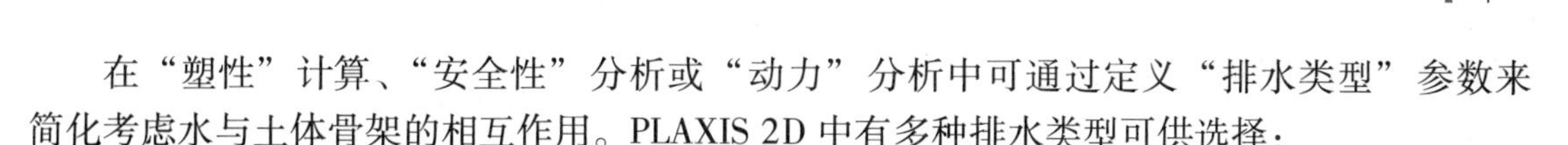

在“塑性”计算、“安全性”分析或“动力”分析中可通过定义“排水类型”参数来简化考虑水与土体骨架的相互作用。PLAXIS 2D 中有多种排水类型可供选择：

（1）排水行为　使用该选项不会产生超孔压，适用于干土、强渗透性的砂土或低速率加载的情况。如果需要模拟土体的长期行为，且不考虑不排水加载及固结的精确历史，也可以使用该选项。

（2）不排水行为　该选项适用于孔隙水不能自由通过土骨架的饱和土。有时由于（黏性土的）低渗透性或快速加载可忽略孔隙水的流动。所有定义为不排水行为的类组将表现为不排水属性，即使整个类组或其某一部分位于潜水位以上也是如此。

模拟土体的不排水行为有三种方法。

1）方法 A 是使用有效刚度参数和有效强度参数进行不排水有效应力分析，该方法可以预测孔压，随后也可以进行固结分析。此时不排水剪切强度（s_u）为模型的计算结果而不是输入的参数，建议用户使用已知数据核查计算结果。使用该方法需要在“排水类型”下拉列表框中选择“不排水（A）”。

2）方法 B 是使用有效刚度参数和不排水强度参数进行不排水有效应力分析，此时不排水剪切强度（s_u）为输入参数，该方法可以预测孔压。当下一个计算阶段为固结分析时，不排水剪切强度（s_u）由于是输入参数，所以不参与更新。考虑采用该方法进行分析时，需要在“排水类型”下拉列表框中选择“不排水（B）”选项。

3）方法 C 是使用不排水参数进行不排水总应力分析。该方法不会给出孔压情况，因此执行固结分析是没有意义的。此时不排水剪切强度（s_u）为输入参数。考虑采用该方法进行分析时，需要在“排水类型”下拉列表框中选择“不排水（C）”选项。

（3）非多孔行为　对于“非多孔”类型的类组，不论是初始孔压还是超孔压，都不予考虑。非多孔行为通常和线弹性模型联合使用，一般应用于混凝土或其他结构物的模拟。对非多孔材料或完整岩石输入饱和重度没有意义。

在固结分析或完全流固耦合分析中，土层的排水能力由“渗流”选项卡中的渗流参数决定，而不是由其排水类型决定。但排水类型对固结分析或完全流固耦合分析中水的可压缩性有影响。

提示：“排水类型”只在“塑性”计算、“安全性”分析或“动力”分析中考虑。在“固结分析”或“完全流固耦合分析”中会忽略“排水类型”，土体响应将由材料的“渗透系数”决定。

3. 饱和重度与非饱和重度（γ_{sat}和γ_{unsat}）

饱和重度与非饱和重度（单位为“力/单位体积”，如 kN/m^3）是指包括孔隙内液体在内的土骨架的总重度。非饱和重度γ_{unsat}用于潜水位以上的土体，饱和重度γ_{sat}用于潜水位以下的土体。潜水位处稳态孔压为0（$p_{steady}=0$）。只有在完全流固耦合分析中，潜水位才定义为当前孔压为0（$p_{water}=0$）处的水位。这意味着在完全流固耦合分析中潜水位的位置会发生变化，从而土体的重度也会随之变化。

非多孔材料的重度只与其非饱和重度有关，大小就等于总重度。对于有孔隙的土，其非饱和重度明显小于饱和重度。比如，砂土的饱和重度一般为 20kN/m^3 左右，而砂土的非饱和重度可能要小得多，其大小取决于饱和度。

提示：实际情况中的土体不可能处于完全干燥的状态，因此建议不要给 γ_{unsat} 输入土的干重度。比如，潜水位以上的黏土，可能因为毛细作用接近完全饱和，而水位以上其他区域可能部分饱和。PLAXIS 2D 可以处理潜水位以上的部分饱和土的行为，此时土的重度通常直接由 γ_{unsat} 定义，不考虑饱和度。

土体的重力通过"计算"模式中的"重力加载"或"K_0 过程"激活，这通常作为第一个计算阶段（初始阶段）。

4. 高级一般属性

单击"一般"选项卡下的"高级"子目录，可以定义高级模拟功能的相关属性（见图 6-3）。

1）孔隙比（e_{init}，e_{min}，e_{max}）。孔隙比 e 与孔隙率 n 有关（$e=n/(1-n)$），在一些特殊的选项中需要用到该数值。e_{init} 为初始孔隙比，在每个计算步中将根据初始孔隙比和体积应变 $\Delta\varepsilon_v$ 计算实际孔隙比。在"地下水"选项卡下给定 c_k 值，这些参数将用于计算渗透系数的变化。除了 e_{init}，还可以输入 e_{min} 和 e_{max}，这些参数与土的最大和最小密度有关。当使用土体硬化模型或小应变土体硬化模型且剪胀角大于 0，则在达到最大孔隙率时，动剪胀角会被设置为 0（此即为剪胀截断），使用其他本构模型时该选项不可用。如果想避免在使用土体硬化模型或小应变土体硬化模型时出现剪胀截断，需要在"高级一般属性"子目录中取消勾选相应选项。

2）瑞利（Rayleigh）α 和 β。动力计算中的材料阻尼由土体黏滞特性、摩擦和不可逆应变的发展引起。PLAXIS 中所有塑性模型都可以产生不可逆（塑性）应变，因此可以引起材料阻尼。但是该阻尼一般并不足以模拟真实土体的阻尼特性。例如，根据大多数土体模型，土体在卸载及重加载时表现出纯弹性行为，这时是没有阻尼的。PLAXIS 中有一个模型包含了黏滞行为，即软土蠕变模型（SSC）。在动力计算中使用该模型可引起黏滞阻尼，但软土蠕变模型同样很难体现出加载和再加载循环中的蠕变应变。PLAXIS 中还有一个模型包含加载和再加载循环中的滞后行为，即小应变土体硬化模型（HSS）。使用该模型时，累积阻尼量依赖于应变圈的幅值。在小幅振动情况下，即使采用小应变土体硬化模型也不能体现材料阻尼，而实际土体中仍会表现出一定大小的黏滞阻尼。因此，在动力计算中需要借助附加阻尼模拟土体的实际阻尼特性，这可以通过瑞利阻尼实现。

瑞利阻尼是一种数值特性，其阻尼矩阵 $\boldsymbol{C}$ 由质量矩阵 $\boldsymbol{M}$ 和刚度矩阵 $\boldsymbol{K}$ 组成

$$\boldsymbol{C}=\alpha\boldsymbol{M}+\beta\boldsymbol{K} \tag{6-1}$$

式中　α 和 β——瑞利系数，可在"土"对话框下"一般"选项卡中对应的单元格内指定（见图 6-3）。

α 决定质量对系统阻尼的影响，α 越大，低频振动的阻尼越大；β 决定刚度对系统阻尼的影响，β 越大，高频振动的阻尼越大。在 PLAXIS 2D 中，可以为每一种土体、界面或板的材料数据组指定上述参数，这样即可为有限元模型中每一种材料单独赋予（黏滞）阻尼特性。

就阻尼参数的辨识而言，尽管已有大量相关研究，但至今尚未有公认的方法。在工程应用中多是采用几个参数来考虑材料阻尼，一个常用的工程参数是阻尼比 ξ。对于临界阻尼，

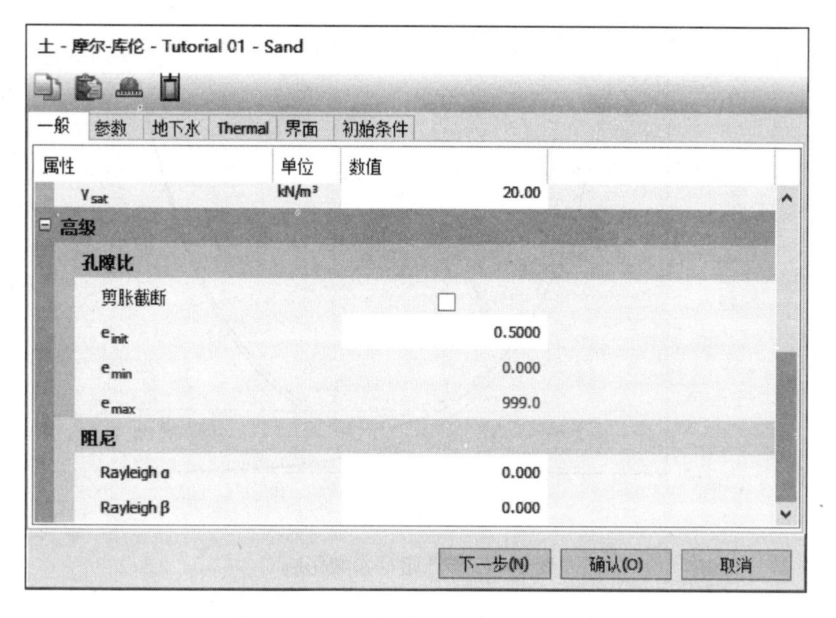

图 6-3 “一般”选项卡下的阻尼参数

定义为 $\xi=1$，即给单自由度体系一个初始激励 u_0，该阻尼大小可以使其不发生反弹而能平稳地停下来，如图 6-4 所示。

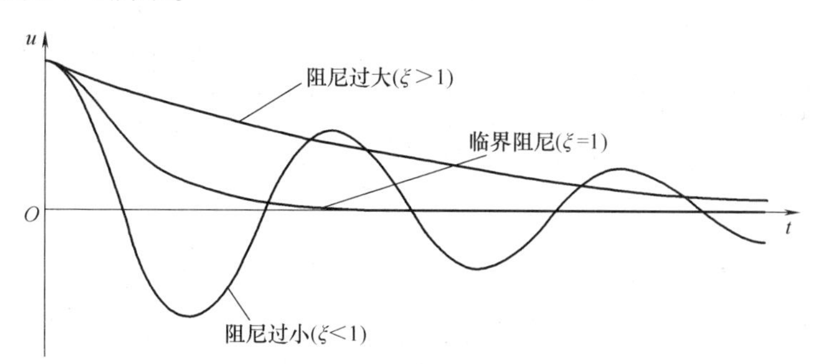

图 6-4 阻尼比 ξ 对单自由度体系自由振动的影响

对于瑞利阻尼，阻尼比 ξ 和瑞利阻尼参数 α 和 β 可建立如下关系式

$$\alpha+\beta\omega^2=2\omega\xi \tag{6-2}$$

式中 ω——$\omega=2\pi f$，为角频率，(rad/s)；f 为频率，单位 Hz（1/s）。

解上述方程，可得瑞利阻尼系数如下

$$\alpha=2\omega_1\omega_2\frac{\omega_1\xi_2-\omega_2\xi_1}{\omega_1^2-\omega_2^2},\ \beta=2\frac{\omega_1\xi_1-\omega_2\xi_2}{\omega_1^2-\omega_2^2} \tag{6-3}$$

例如，期望在目标频率 $f=1.5$Hz 和 8.0Hz 时得到目标阻尼 8%，则对应的瑞利阻尼比为 $\alpha=1.2698$，$\beta=2.002681$。从图 6-5 可看出，在目标频率范围内，阻尼曲线位于目标阻尼的下方；在目标频率范围之外时，阻尼曲线位于目标阻尼的上方。

在材料数据组“一般”选项卡中单击阻尼参数对应的单元格，在右侧出现的面板中指定目标阻尼比（ξ）和目标频率（f），程序会自动计算阻尼参数（α 和 β），并给出阻尼比与频率的函数关系曲线，如图 6-6 所示。

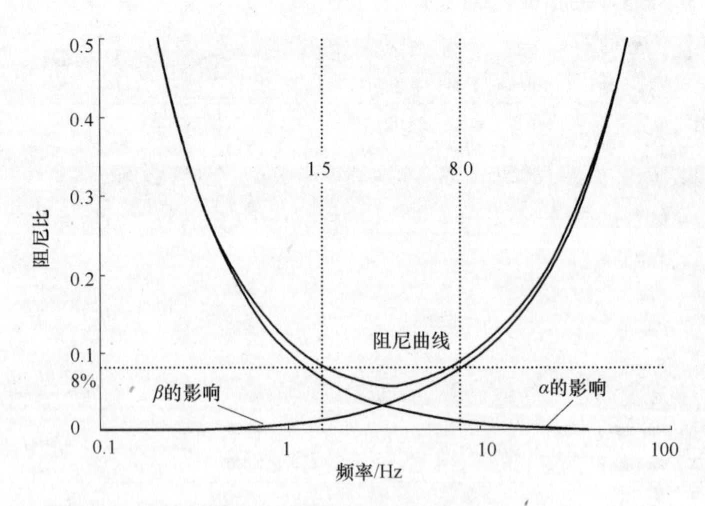

图 6-5　瑞利阻尼参数影响

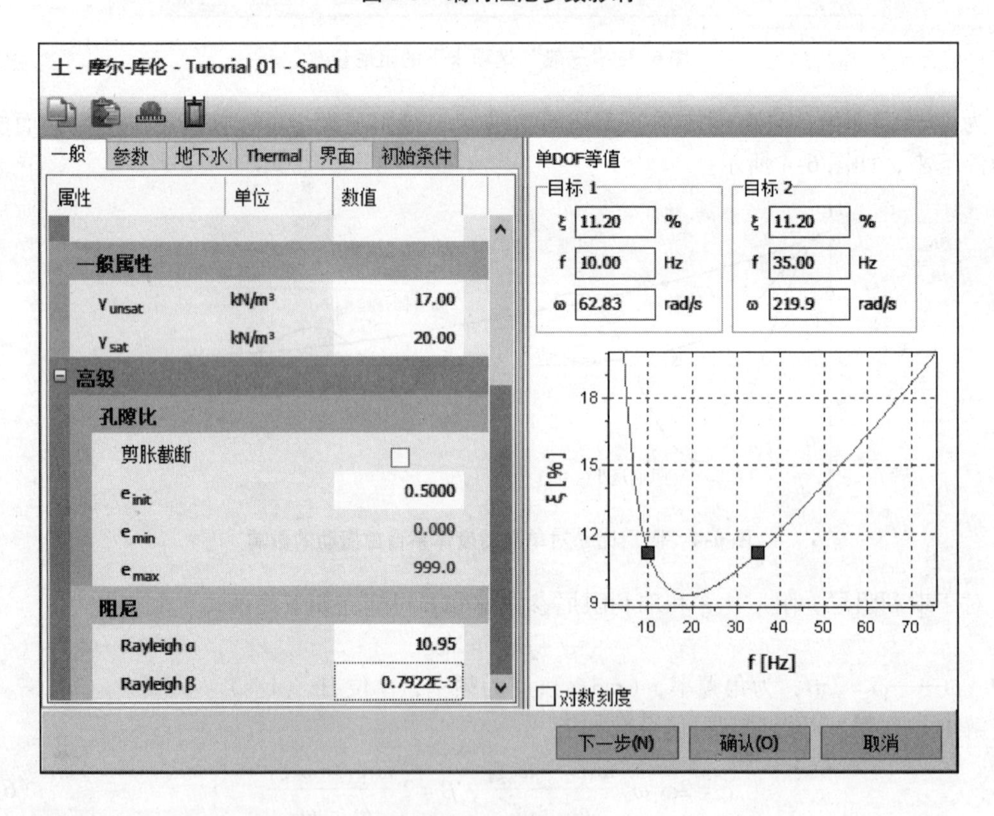

图 6-6　ξ 和 f 的输入

6.1.2　“参数”选项卡

在土体材料数据组的“参数”选项卡下可为选择的土体本构模型定义刚度和强度参数，具体参数与所选择的本构模型及排水类型有关。

1. 线弹性模型（LE）

线弹性模型（排水行为）的“参数”选项卡如图6-7所示。

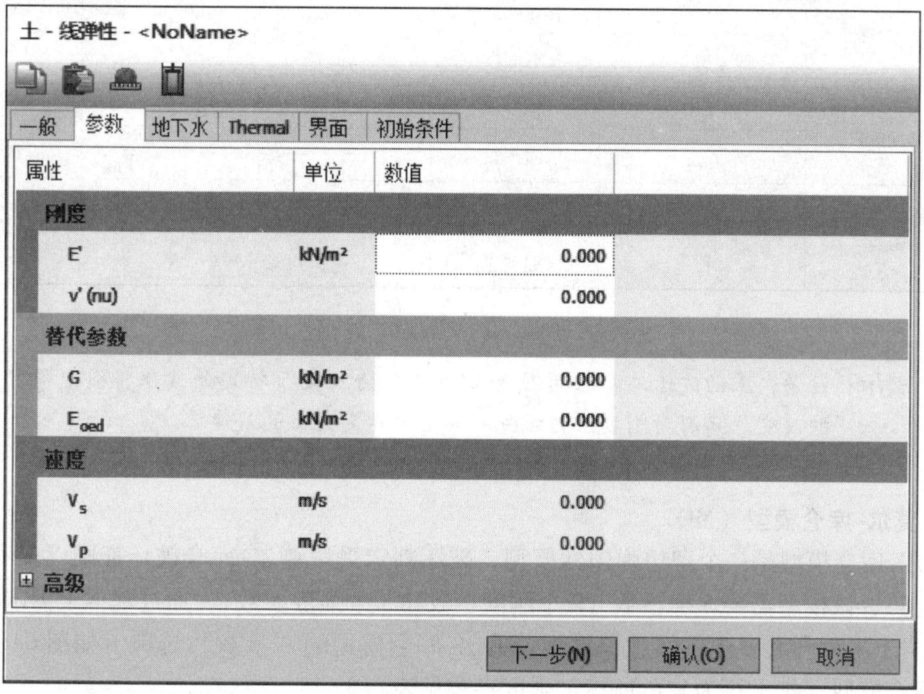

土 - 线弹性 - <NoName>

一般 | 参数 | 地下水 | Thermal | 界面 | 初始条件

属性	单位	数值
刚度		
E'	kN/m²	0.000
ν' (nu)		0.000
替代参数		
G	kN/m²	0.000
E_{oed}	kN/m²	0.000
速度		
V_s	m/s	0.000
V_p	m/s	0.000
⊞ **高级**		

下一步(N) 确认(O) 取消

图6-7 线弹性模型（排水）的“参数”选项卡

提示： 使用线弹性模型时可选的排水类型包括“排水”“不排水（A）”“不排水（C）”和“非多孔”。排水类型选择“不排水（A）”或“非多孔”时，所用参数与排水行为一样。排水类型选择“不排水（C）”时，将使用不排水弹性模量（E_u）和不排水泊松比（ν_u）。

线弹性模型的定义需要两个弹性刚度参数，分别为有效弹性模量 E' 和有效泊松比 ν'。此外，程序还会给出剪切模量 G 和压缩模量 E_{oed} 作为备用的替代参数，详见表6-2。注意，替代参数 G 和 E_{oed} 受输入参数 E' 和 ν' 的影响，若为 G 或 E_{oed} 输入某值，E' 亦将随之改变。

在线弹性模型中可以指定随深度线性变化的刚度，可以定义单位深度下的刚度增量 E'_{inc}。E'_{inc} 与参数 y_{ref} 相关，在标高 y_{ref} 以上的刚度等于 E'_{ref}，标高 y_{ref} 以下的刚度按下式变化

$$E'(y) = E' + (y_{ref} - y)E'_{inc},\quad y < y_{ref} \tag{6-4}$$

线弹性模型一般不适宜模拟土体的高度非线性行为，但可用于模拟结构如较厚的混凝土墙或板的力学行为，相对土体而言其强度属性一般比较高。在这些应用中，线弹性模型通常与非多孔材料一起使用，以避免在结构单元中生成孔压。

在“动力模块”可用的情况下，除了可输入与土体强度和刚度相关的参数以外，还可以输入土的波速参数，见表6-2。

表 6-2　线弹性模型的参数

类　别	符　号	说　明	单　位
常用刚度参数	E'	有效弹性模量	kN/m^2
	ν'	有效泊松比	—
替代刚度参数	G	剪切模量，其中 $G=\frac{E'}{2(1+\nu')}$	kN/m^2
	E_{oed}	压缩模量，其中 $E_{oed}=\frac{E'(1-\nu')}{(1+\nu')(1-2\nu')}$	kN/m^2
动力参数	V_s	剪切波速，其中 $V_s=\sqrt{G/\rho}$，$\rho=\gamma/g$	m/s
	V_p	压缩波速，其中 $V_p=\sqrt{E_{oed}/\rho}$，$\rho=\gamma/g$	m/s

提示： 注意，土的波速与输入的 E' 和 ν' 有关，输入某个特定的波速将引起弹性模量的改变。只有对刚度应力无关的模型才能定义土的波速。

2. 莫尔-库仑模型（MC）

莫尔-库仑模型是一个理想弹塑性模型，破坏判定采用莫尔-库仑破坏准则（简称莫尔-库仑模型），该模型需要 5 个参数（2 个刚度参数和 3 个强度参数），通过基本土工试验即可获得，岩土工程师大多比较熟悉该模型。莫尔-库仑模型的“参数”选项卡如图 6-8 所示，莫尔-库仑模型（排水行为）的刚度、强度参数见表 6-3。

表 6-3　莫尔-库仑模型的参数

类　别	符　号	说　明	单　位
常用刚度参数	E'	有效弹性模量	kN/m^2
	ν'	有效泊松比	—
替代刚度参数	G	剪切模量，其中 $G=\frac{E'}{2(1+\nu')}$	kN/m^2
	E_{oed}	压缩模量，其中 $E_{oed}=\frac{E'(1-\nu')}{(1+\nu')(1-2\nu')}$	kN/m^2
强度参数	c'_{ref}	有效黏聚力	kN/m^2
	φ'	有效摩擦角	(°)
	ψ	剪胀角	(°)

提示： 使用莫尔-库仑模型时可选的排水类型包括“排水”“不排水（A）”“不排水（B）”“不排水（C）”和“非多孔”。

1）排水类型选择“不排水（A）”或“非多孔”时，所用参数与排水行为一样。

2）排水类型选择“不排水（B）”时 $\varphi=\varphi_u=0$，$\psi=0$，使用不排水剪切强度 s_u（替代有效黏聚力 c'）。

3）排水类型选择“不排水（C）”时，所有参数都为不排水的，将使用不排水弹性模量 E_u、不排水泊松比 ν_u 和不排水剪切强度 s_u，且 $\varphi=\psi=0$。

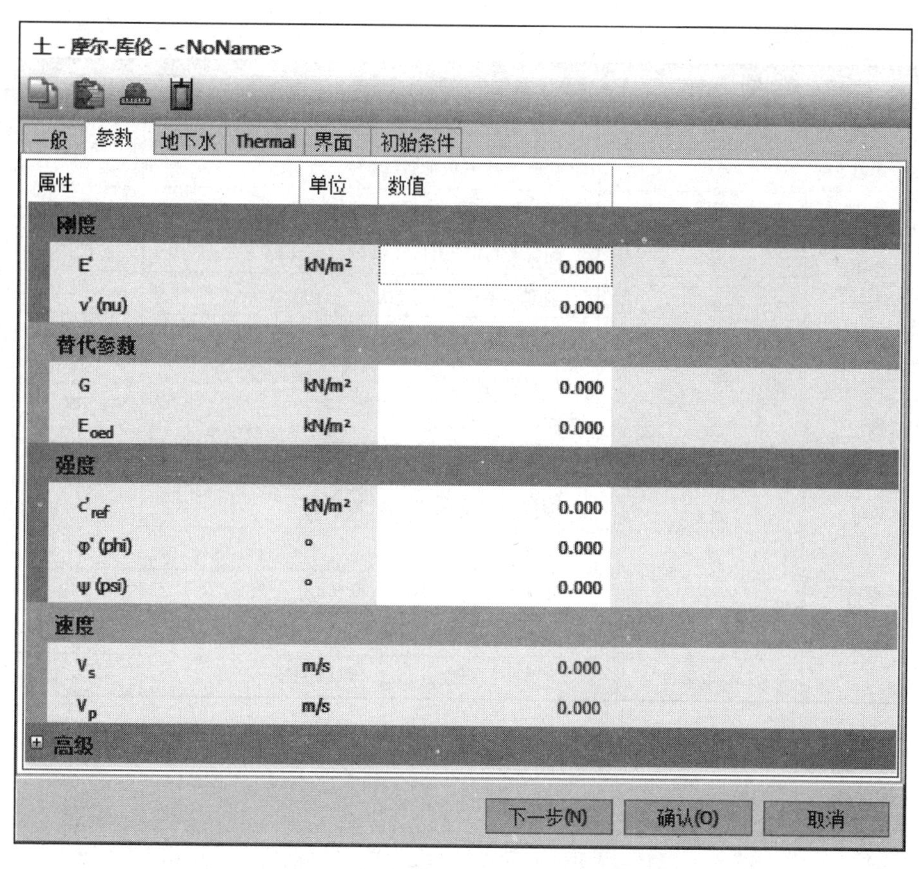

图 6-8　莫尔-库仑模型（排水）的“参数”选项卡

在莫尔-库仑模型中可以指定随深度线性变化的刚度，可参见前面线弹性模型的相关内容。

在莫尔-库仑模型中可以通过参数 c'_{inc} 定义有效黏聚力随深度的变化，c'_{inc} 与参数 y_{ref} 共同决定某深度处黏聚力的大小，标高 y_{ref} 以上黏聚力为 c'_{ref}，y_{ref} 以下的黏聚力如下式所示

$$c'(y) = c'_{ref} + (y_{ref} - y)c'_{inc},\ y < y_{ref} \tag{6-5}$$

在一些实际问题中，当剪应力足够小时可能会出现拉应力区。黏土层中沟堑附近的土层表面有时出现拉伸裂缝，这表明除了受剪破坏，土体还可能因为受拉而破坏。这种情况可以在 PLAXIS 2D 分析中选择“拉伸截断（Tension cut-off）”选项来考虑，可以输入允许抗拉强度（$\sigma_{t,soil}$）。对莫尔-库仑模型，默认拉伸截断的抗拉强度为零。

3. 土体硬化模型（HS）

土体硬化模型对应的“参数”选项卡如图 6-9 所示，各参数的简略说明见表 6-4。

表 6-4　土体硬化模型的参数

类　别	符　号	说　明	单　位
常用刚度参数	E_{50}^{ref}	标准三轴排水试验割线刚度	kN/m^2
	E_{oed}^{ref}	侧限压缩试验切线刚度	kN/m^2
	E_{ur}^{ref}	卸载/重加载刚度（默认 $E_{ur}^{ref}=3E_{50}^{ref}$）	kN/m^2
	m	刚度的应力相关幂指数	—

（续）

类　别	符　号	说　明	单　位
替代刚度参数	C_c	压缩指数	—
	C_s	膨胀指数或重加载指数	—
	e_{init}	初始孔隙比	—
高级刚度参数	ν_{ur}	卸载-重加载泊松比（默认 $\nu=0.2$）	—
	p^{ref}	刚度参考应力（默认 $p^{ref}=100\text{kN/m}^2$）	kN/m²
	K_0^{nc}	正常固结 K_0 值（默认 $K_0^{nc}=1-\sin\varphi$）	—
强度参数	c'_{ref}	有效黏聚力	kN/m²
	φ'	有效摩擦角	(°)
	ψ	剪胀角	(°)
高级强度参数	c'_{inc}	与莫尔-库仑模型同（默认为0）	kN/m³
	y_{ref}	参考标高	m
	R_f	破坏比 q_f/q_a（默认为0.9）	—
	拉伸截断	考虑拉伸截断时勾选该项	—
	抗拉强度	允许抗拉强度 $\sigma_{tension}$，默认为零	kN/m²

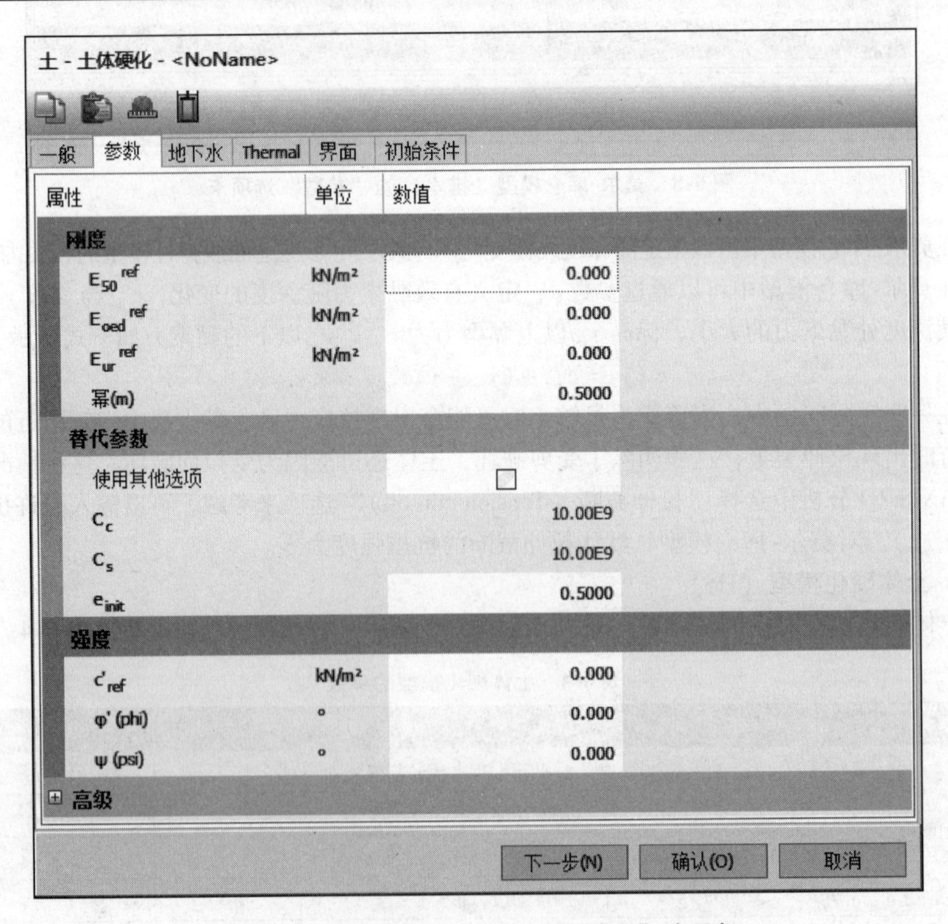

图6-9　土体硬化模型（排水）的“参数”选项卡

提示： 使用土体硬化模型时可选的排水类型包括“排水”“不排水（A）”和“不排水（B）”。

1）排水类型选择“不排水（A）”时，所用参数与排水行为一样。

2）排水类型选择“不排水（B）”时，$\varphi=\varphi_u=0$，$\psi=0$，使用不排水剪切强度 s_u（替代有效黏聚力 c'）。

4. 小应变土体硬化模型（HSS）

与标准的土体硬化（HS）模型相比，小应变土体硬化模型还需要输入另外两个参数 $\gamma_{0.7}$ 和 G_0^{ref}。小应变土体模型的“参数”选项卡如图6-10所示，各参数的简略说明见表6-5。

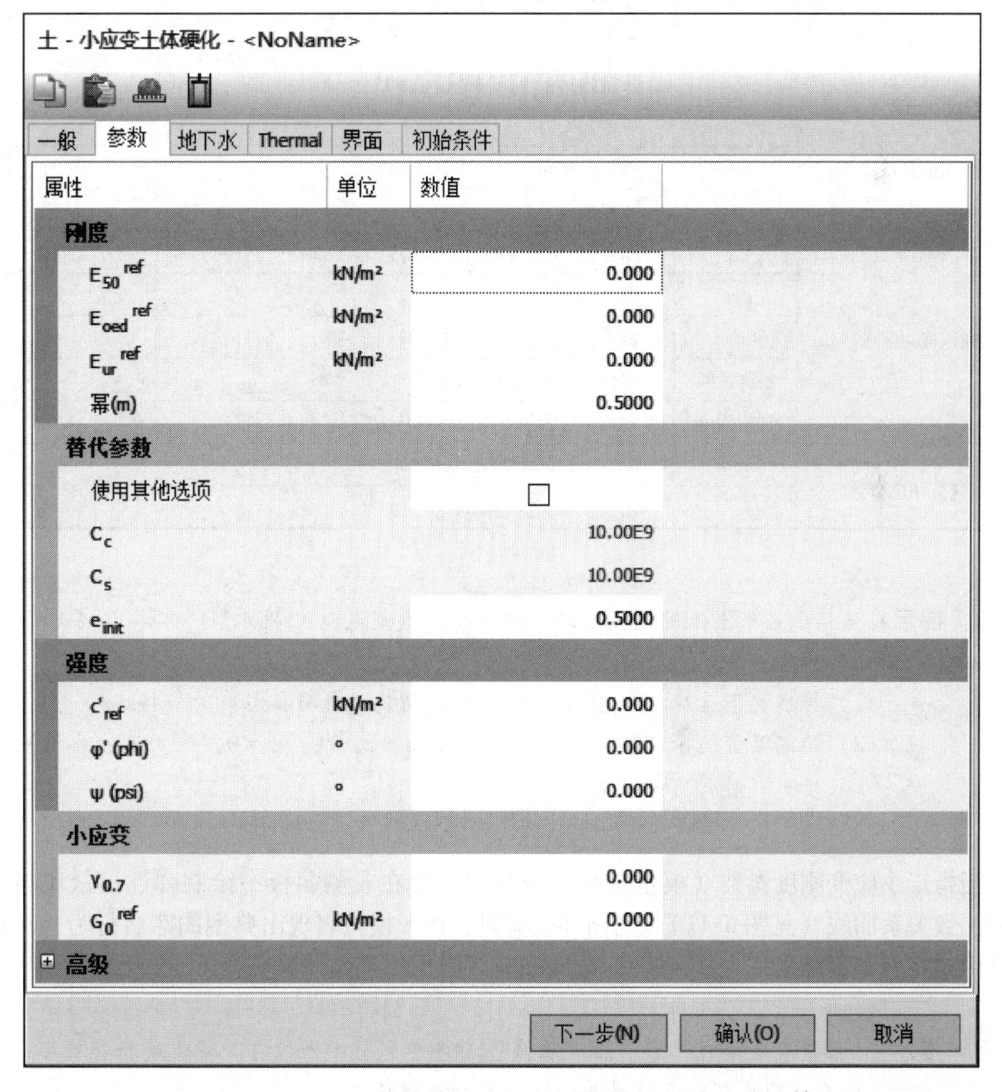

图6-10　小应变土体硬化模型（排水）的“参数”选项卡

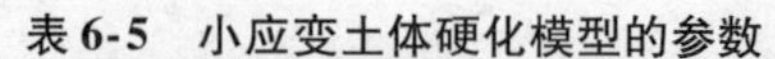

表 6-5　小应变土体硬化模型的参数

类　别	符　号	说　明	单　位
常用刚度参数	E_{50}^{ref}	标准三轴排水试验割线刚度	kN/m^2
	E_{oed}^{ref}	侧限压缩试验切线刚度	kN/m^2
	E_{ur}^{ref}	工程应变（$\varepsilon \approx 10^{-3}$到$10^{-2}$）范围内卸载/重加载刚度（默认$E_{ur}^{ref}=3E_{50}^{ref}$）	kN/m^2
	m	刚度的应力相关幂指数	—
替代刚度参数	C_c	压缩指数	—
	C_s	膨胀指数或重加载指数	—
	e_{init}	初始孔隙比	—
高级刚度参数	ν_{ur}	卸载-重加载泊松比（默认$\nu=0.2$）	—
	p^{ref}	刚度参考应力（默认$p^{ref}=100$ kN/m^2）	kN/m^2
	K_0^{nc}	正常固结K_0值（默认$K_0^{nc}=1-\sin\varphi$）	—
强度参数	c'_{ref}	有效黏聚力	kN/m^2
	φ'	有效摩擦角	(°)
	ψ	剪胀角	(°)
高级强度参数	c'_{inc}	与莫尔-库仑模型同（默认为0）	kN/m^3
	y_{ref}	参考标高	m
	R_f	破坏比q_f/q_a（默认为0.9）	—
	拉伸截断	考虑拉伸截断时勾选该项	—
	抗拉强度	允许抗拉强度$\sigma_{tension}$，默认为零	kN/m^2
小应变刚度参数	$\gamma_{0.7}$	$G_s=0.722G_0$时的剪切应变	—
	G_0^{ref}	小应变参考剪切模量（$\varepsilon<0^{-6}$）	kN/m^2

提示：使用小应变土体硬化模型时可选的排水类型包括“排水”“不排水（A）”和“不排水（B）”。

1）排水类型选择“不排水（A）”时，所用参数与排水行为一样。

2）排水类型选择“不排水（B）”时，$\varphi=\varphi_u=0$，$\psi=0$，使用不排水剪切强度s_u（替代有效黏聚力c'）。

当指定小应变刚度参数（模量衰减曲线）时，会在右侧面板中绘制弹性模量比与剪应变的函数关系曲线（见图6-11）。当循环受剪时，HSS模型表现出典型的滞后行为，在动力计算中这将引起迟滞阻尼（Hysteretic damping）。阻尼比是循环剪应变γ_c的函数。

提示：“模量衰减曲线”和“阻尼曲线”都基于完全弹性行为。硬化或局部破坏引起的塑性应变可能导致显著的低刚度和高阻尼。

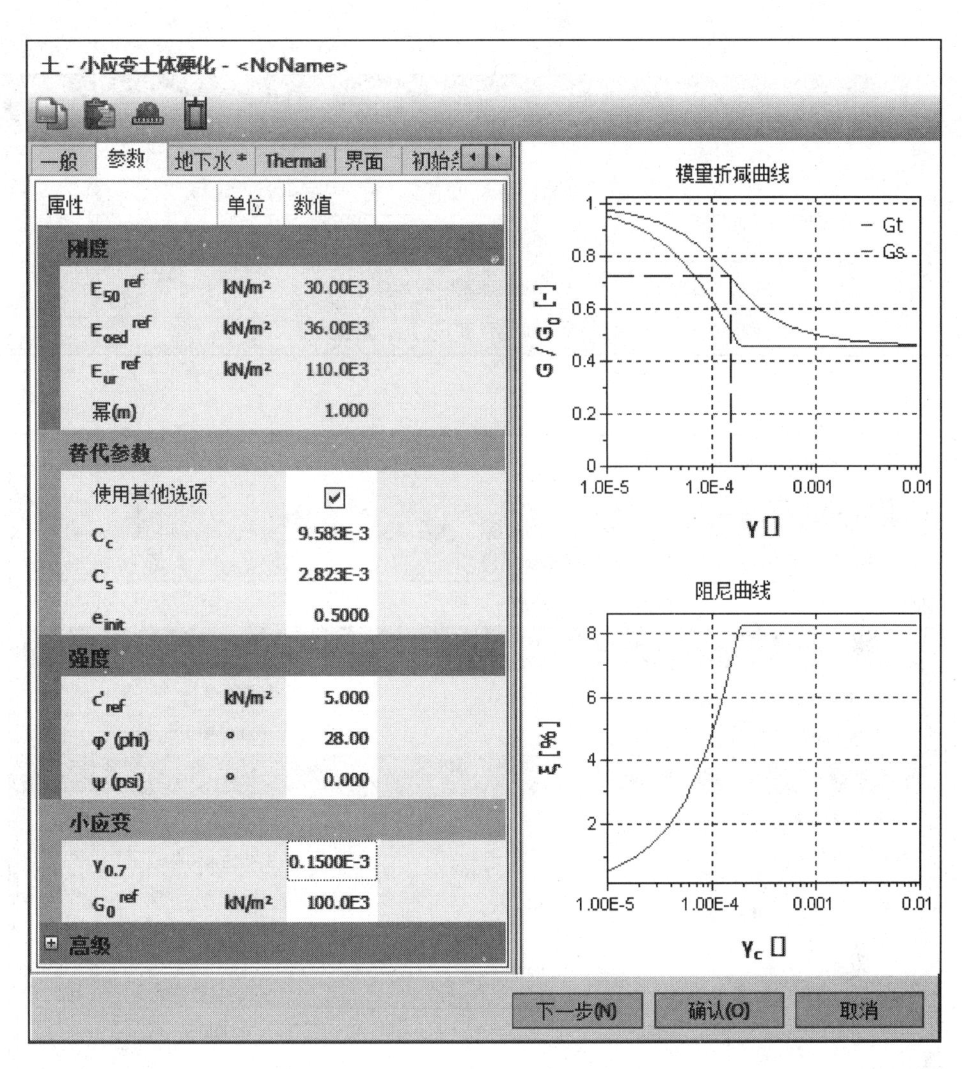

图 6-11　小应变刚度参数对阻尼的影响

5. 软土模型（SS）

软土模型的“参数”选项卡如图 6-12 所示，相关参数说明见表 6-6。

表 6-6　软土模型的参数

类　别	符　号	说　明	单　位
常用刚度参数	λ^*	修正压缩指数	—
	κ^*	修正回弹（膨胀）指数	—
替代刚度参数	C_c	压缩指数	—
	C_s	膨胀指数或重加载指数	—
	e_{init}	初始孔隙比	—
强度参数	c'_{ref}	有效黏聚力	kN/m^2
	φ'	有效摩擦角	(°)
	ψ	剪胀角	(°)

（续）

类别	符号	说明	单位
高级参数	ν_{ur}	卸载-重加载泊松比（默认 $\nu_{ur}=0.15$）	—
	K_0^{nc}	正常固结 K_0 值（默认 $K_0^{nc}=1-\sin\varphi$）	—
	M	K_0^{nc} 相关参数	—
	拉伸截断	考虑拉伸截断时勾选该项	—
	抗拉强度	允许抗拉强度 $\sigma_{tension}$，默认为零	kN/m²

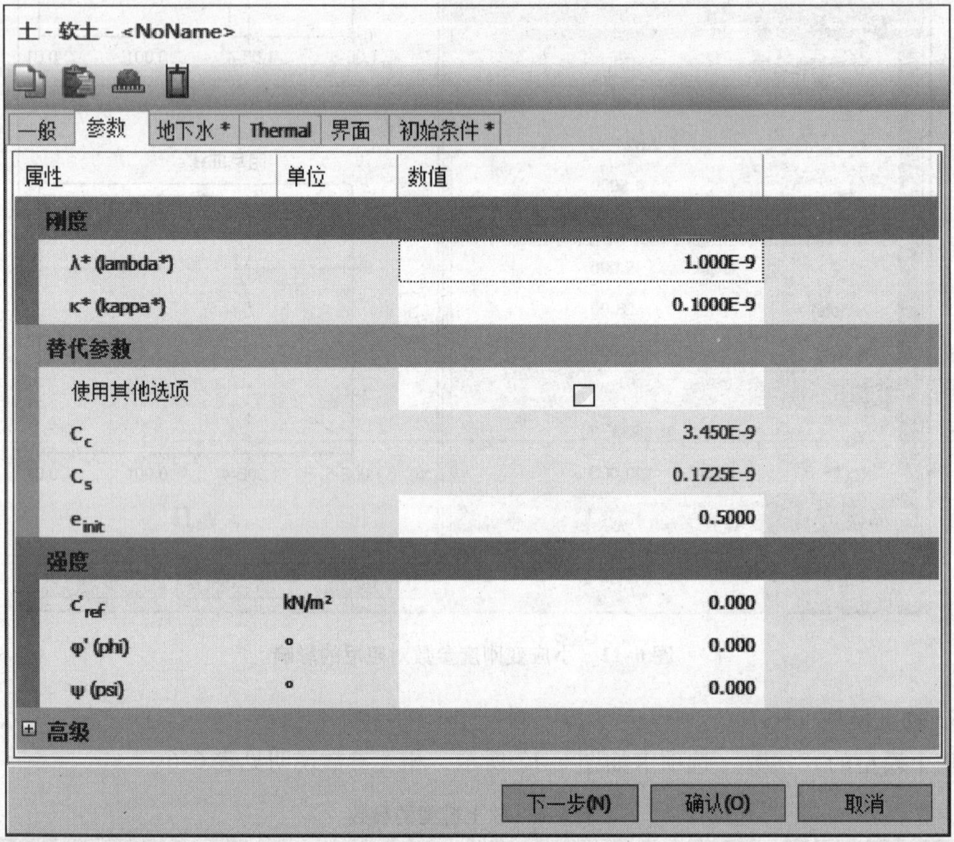

土 - 软土 - <NoName>

一般 | 参数 | 地下水 * | Thermal | 界面 | 初始条件 *

属性	单位	数值
刚度		
λ* (lambda*)		1.000E-9
κ* (kappa*)		0.1000E-9
替代参数		
使用其他选项		☐
C_c		3.450E-9
C_s		0.1725E-9
e_{init}		0.5000
强度		
c'_{ref}	kN/m²	0.000
φ' (phi)	°	0.000
ψ (psi)	°	0.000
⊞ **高级**		

下一步(N)　确认(O)　取消

图 6-12　软土模型（排水）“参数”选项卡

提示： 使用软土模型时可选的排水类型包括“排水”和“不排水（A）”。排水类型选择“不排水（A）”时，所用参数与排水行为一样。

6. 软土蠕变模型（SSC）

软土蠕变模型的“参数”选项卡如图 6-13 所示，相关参数说明见表 6-7。

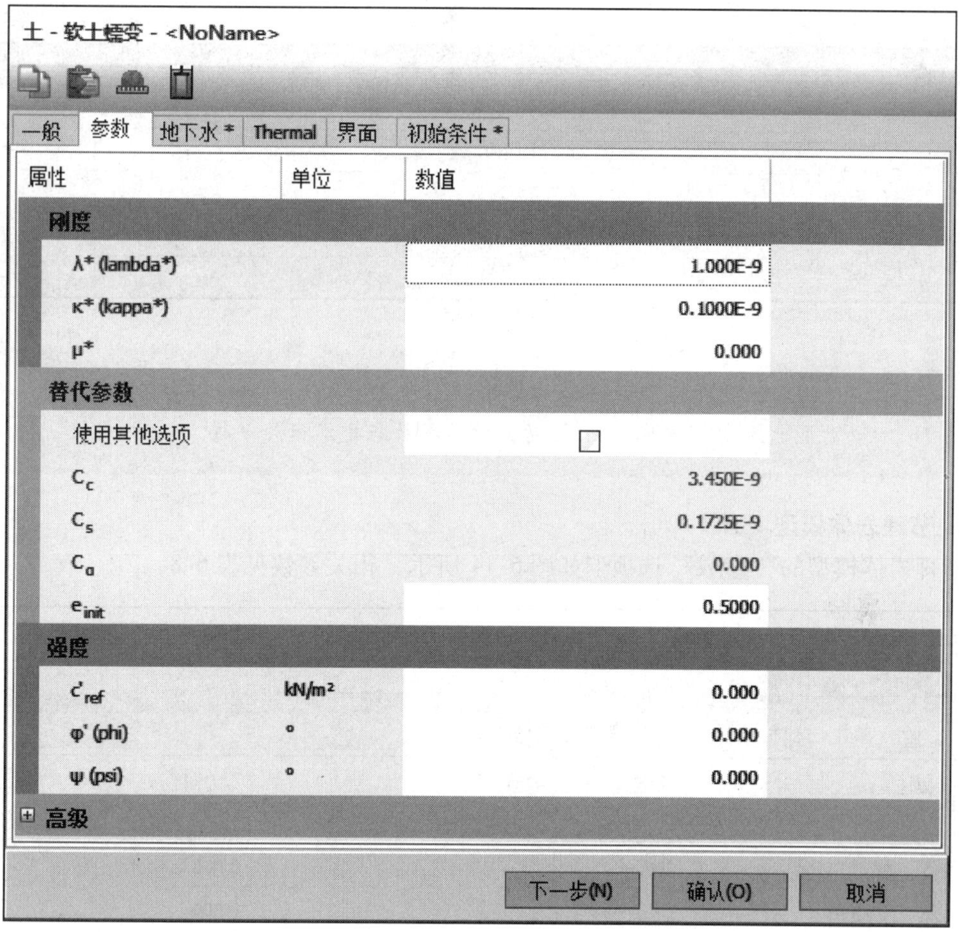

土 - 软土蠕变 - <NoName>

一般 | 参数 | 地下水 * | Thermal | 界面 | 初始条件 *

属性	单位	数值
刚度		
λ* (lambda*)		1.000E-9
κ* (kappa*)		0.1000E-9
μ*		0.000
替代参数		
使用其他选项		□
C_c		3.450E-9
C_s		0.1725E-9
C_α		0.000
e_{init}		0.5000
强度		
c'_{ref}	kN/m²	0.000
φ' (phi)	°	0.000
ψ (psi)	°	0.000
⊞ **高级**		

下一步(N) 确认(O) 取消

图 6-13 软土蠕变模型（排水类型）“参数”选项卡

表 6-7 软土蠕变模型的参数

类别	符号	说明	单位
常用刚度参数	λ^*	修正压缩指数	—
	κ^*	修正回弹（膨胀）指数	—
时间效应参数	μ^*	修正蠕变指数	—
替代刚度参数	C_c	压缩指数	—
	C_s	膨胀指数或重加载指数	—
	C_a	次压缩指数	—
	e_{init}	初始孔隙比	—
强度参数	c'_{ref}	有效黏聚力	kN/m^2
	φ'	有效摩擦角	(°)
	ψ	剪胀角	(°)

（续）

类　别	符　号	说　明	单　位
高级参数	ν_{ur}	卸载-重加载泊松比（默认 $\nu_{ur}=0.15$）	—
	K_0^{nc}	正常固结 K_0 值（默认 $K_0^{nc}=1-\sin\varphi$）	—
	M	K_0^{nc} 相关参数	—
	拉伸截断	考虑拉伸截断时勾选该项	—
	抗拉强度	允许抗拉强度 $\sigma_{tension}$，默认为零	kN/m^2

提示： 使用软土蠕变模型时可选的排水类型包括“排水”和“不排水（A）”。排水类型选择“不排水（A）”时，所用参数与排水行为一样。

7. 节理岩体模型（JR）

节理岩体模型的“参数”选项卡如图 6-14 所示，相关参数见表 6-8。

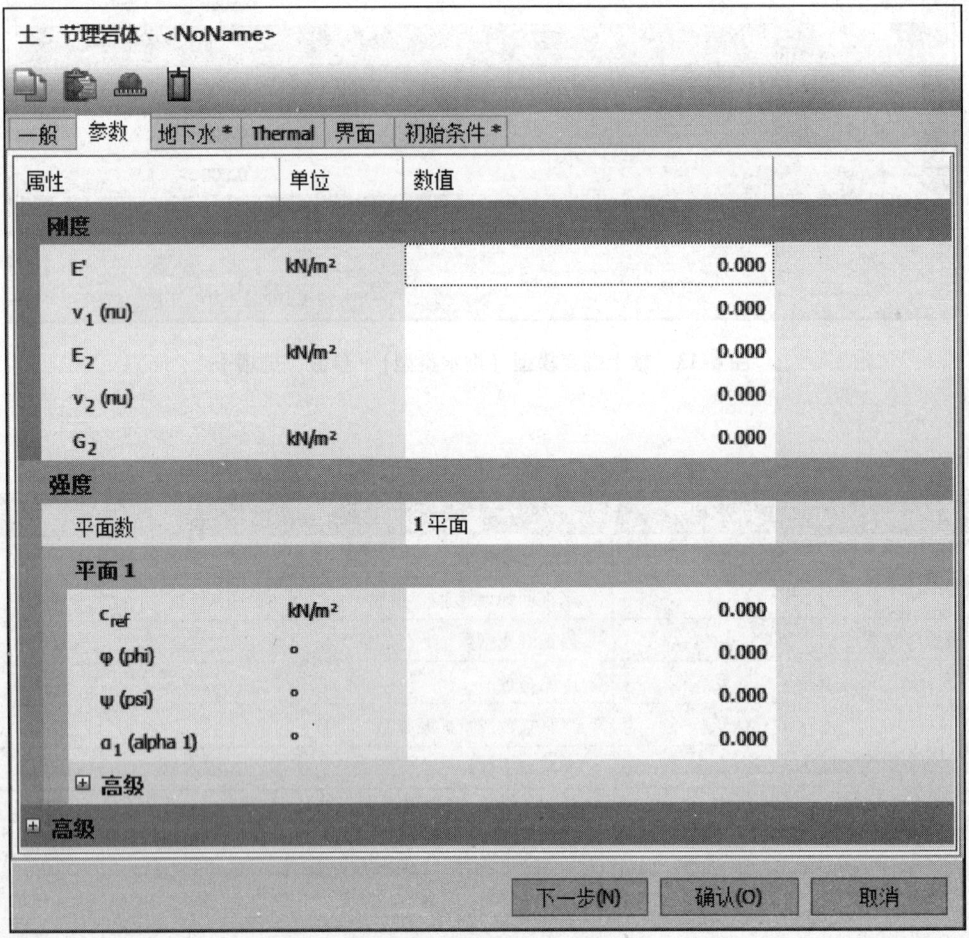

土 - 节理岩体 - <NoName>

一般　参数　地下水 *　Thermal　界面　初始条件 *

属性	单位	数值
刚度		
E'	kN/m²	0.000
ν_1 (nu)		0.000
E_2	kN/m²	0.000
ν_2 (nu)		0.000
G_2	kN/m²	0.000
强度		
平面数		1 平面
平面 1		
c_{ref}	kN/m²	0.000
φ (phi)	°	0.000
ψ (psi)	°	0.000
α_1 (alpha 1)	°	0.000
⊞ 高级		
⊞ 高级		

下一步(N)　确认(O)　取消

图 6-14　节理岩体模型（排水）“参数”选项卡

表 6-8 节理岩体模型的参数

类别		符号	说明	单位
刚度参数		E_1	连续岩石弹性模量	kN/m^2
		ν_1	连续岩石泊松比	—
“平面1”方向上的各向异性弹性参数（如层理方向）		E_2	“平面1”方向上的弹性模量	kN/m^2
		G_2	“平面1”方向上的剪切模量	kN/m^2
		ν_2	“平面1”方向上的泊松比	—
强度参数	沿节理方向的强度参数（平面 $i=1, 2, 3$）	c_i	黏聚力	kN/m^2
		φ_i	摩擦角	(°)
		ψ_i	剪胀角	(°)
		$\sigma_{t,i}$	抗拉强度	kN/m^2
	节理方向的定义（平面 $i=1, 2, 3$）	n	节理方向数量（$1 \leqslant n \leqslant 3$）	—
		$\alpha_{1,i}$	倾角	(°)
		$\alpha_{2,i}$	倾向	(°)

提示： 使用节理岩体模型时可选的排水类型包括“排水”和“非多孔”。排水类型选择“非多孔”时，所用参数与排水行为一样。

8. 修正剑桥黏土模型（MCC）

修正剑桥黏土模型是一个临界状态模型，可用来模拟正常固结软土的性状。该模型假设体积应变和平均有效应力为对数关系。修正剑桥黏土模型的“参数”选项卡如图6-15所示，相关参数见表6-9。

表 6-9 修正剑桥黏土模型的参数

类别	符号	说明	单位
刚度参数	λ	Cam-Clay 压缩指数	—
	κ	Cam-Clay 膨胀指数	—
	ν	泊松比	—
	e_{init}	加载/卸载初始孔隙比	—
强度参数	M	临界状态线切线斜率	—
	K_0^{nc}	根据 M 得到的正常固结水平应力系数。 $M=3\sqrt{\frac{(1-K_0^{nc})^2}{(1+2K_0^{nc})^2}+\frac{(1-K_0^{nc})(1-2\nu_{ur})(\lambda^*/\kappa^*-1)}{(1+2K_0^{nc})(1-2\nu_{ur})\lambda^*/\kappa^*-(1-K_0^{nc})(1+\nu_{ur})}}$	—

提示： 使用修正剑桥模型时可选的排水类型包括“排水”和“不排水（A）”。排水类型选择“不排水（A）”时，所用参数与排水行为一样。

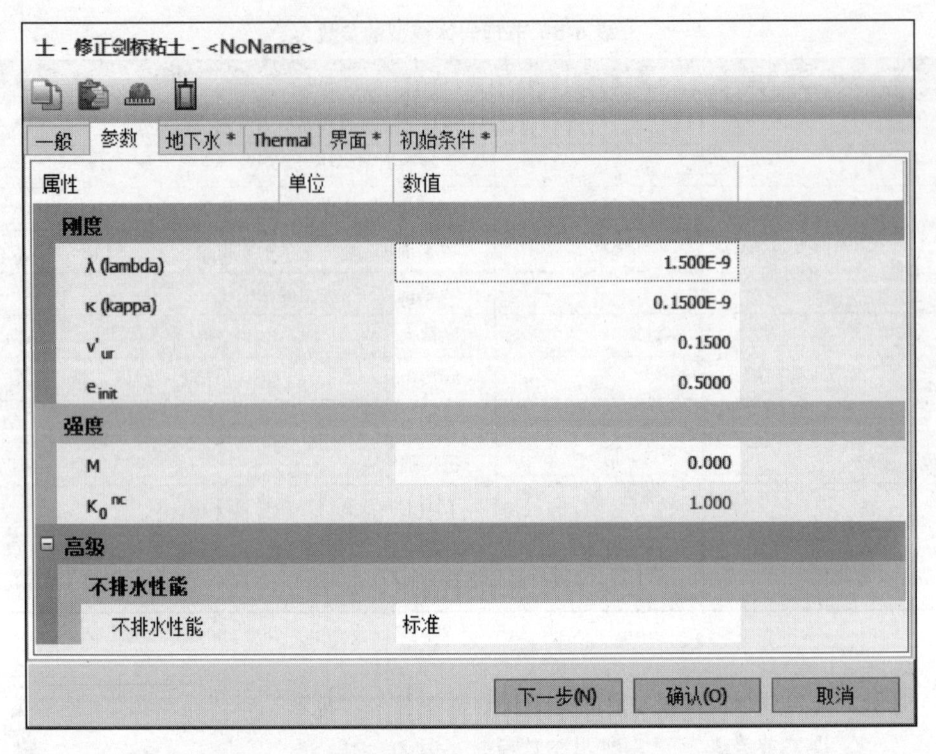

图 6-15　修正剑桥黏土模型（排水）“参数”选项卡

9. NGI-ADP 模型（NGI-ADP）

NGI-ADP 模型可用于黏土不排水加载时的承载力、变形和土工结构相互作用分析。NGI-ADP 模型的“参数”选项卡如图 6-16 所示，相关参数说明见表 6-10。

表 6-10　NGI-ADP 模型的参数

类　别	符　号	说　明	单　位
刚度参数	G_{ur}/s_u^A	卸载/重加载剪切模量与（平面应变）主动剪切强度比值	—
	γ_f^C	三轴压缩剪切应变（$\lvert\gamma_f^C = 3/2\varepsilon_1^C\rvert$）	(%)
	γ_f^E	三轴拉伸试验剪切应变	(%)
	γ_f^{DSS}	直剪试验剪切应变	(%)
强度参数	$s_u^{A,ref}$	参考（平面应变）主动剪切强度	kN/m²/m
	$s_u^{C,TX}/s_u^A$	三轴压缩试验剪切强度与（平面应变）主动剪切强度的比值（默认为 0.99）	—
	y_{ref}	参考深度	m
	$s_{u,inc}^A$	剪切强度随深度增量	kN/m²/m
	s_u^P/s_u^A	（平面应变）被动剪切强度与（平面应变）主动剪切强度之比	—
	τ_0/s_u^A	初始剪应力与主动剪切强度之比（默认 0.7）	—
	s_u^{DSS}/s_u^A	直剪强度与（平面应变）主动剪切强度的比值	—
高级参数	ν'	有效泊松比	—
	ν_u	不排水泊松比	—

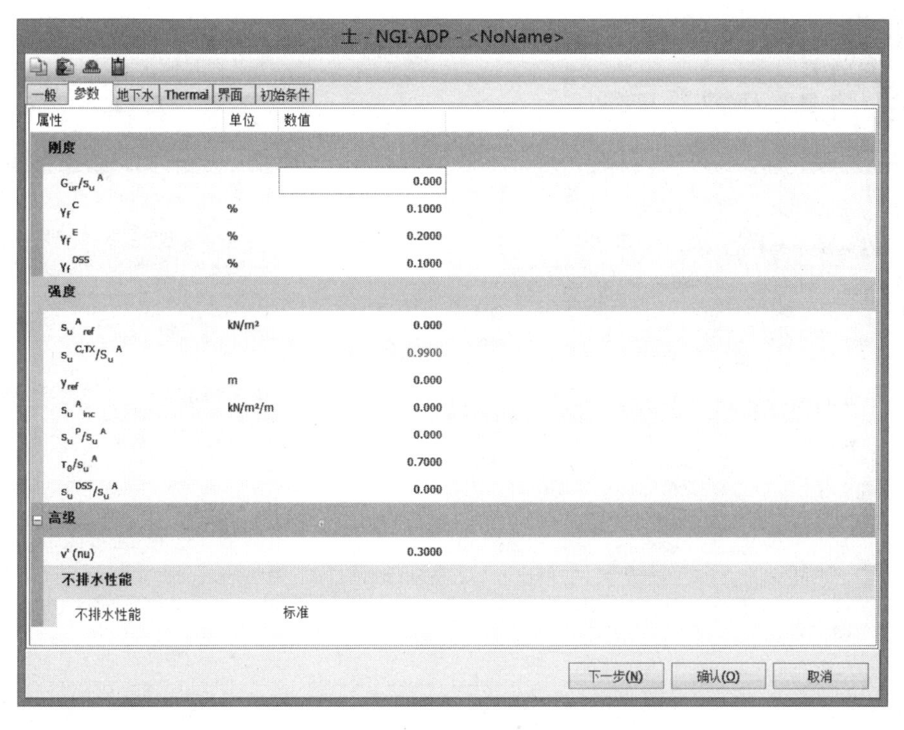

图 6-16 NGI-ADP 模型“参数”选项卡

提示： 使用 NGI-ADP 模型时可选的排水类型包括“排水”“不排水（B）”和“不排水（C）”。排水类型选择“不排水（B）”时，所用参数与排水行为一样。

10. 霍克-布朗模型（HB）

霍克-布朗模型的“参数”如图 6-17 所示，相关参数见表 6-11。

表 6-11 霍克-布朗模型的参数

类别	符号	说明	单位
刚度参数	E	弹性模量	kN/m^2
	ν	泊松比	—
霍克-布朗参数	σ_{ci}	单轴抗压强度	kN/m^2
	m_i	完整岩石材料常数	—
	GSI	地质强度指数	—
	D	扰动因子，取决于岩体受扰动程度	—
	ψ_{max}	剪胀角（$\sigma'_3=0$ 时）	(°)
	σ_ψ	$\psi=0$ 时围压 σ'_3 的绝对值	kN/m^2

提示： 使用霍克-布朗模型时可选的排水类型包括“排水”和“非多孔”。排水类型选择“非多孔”时，所用参数与排水行为一样。

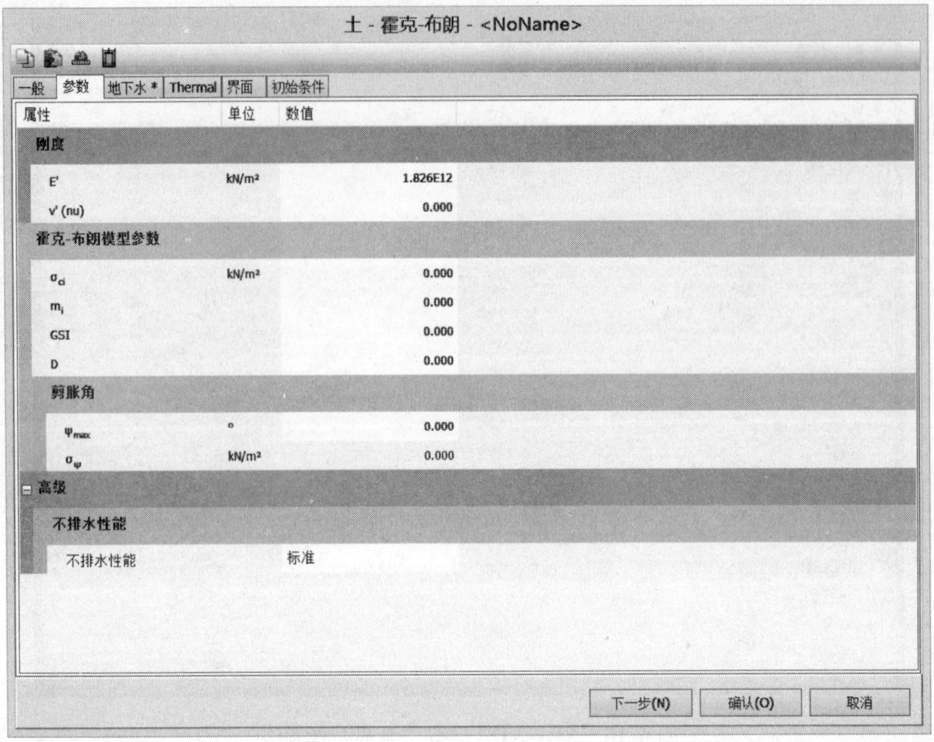

PLAXIS 2D 基础教程

图 6-17　霍克-布朗模型（排水）“参数”选项卡

11. 关口-太田模型（Inviscid，非黏性的）

关口-太田模型（Inviscid）的“参数”选项卡如图 6-18 所示，相关参数见表 6-12。

表 6-12　关口-太田模型（Inviscid）的参数

类　别	符　号	说　明	单　位
常用刚度参数	λ^*	修正压缩指数	—
	κ^*	修正回弹（膨胀）指数	—
替代刚度参数	C_c	压缩指数	—
	C_s	膨胀指数或重加载指数	—
	e_{init}	初始孔隙比	—
强度参数	M	临界状态线的正切	—
高级参数	ν_{ur}	卸载-重加载泊松比	—
	K_0^{nc}	正常固结水平应力系数	—

提示：使用关口-太田模型（Inviscid）时可选的排水类型包括“排水”和“不排水(A)”。排水类型选择“不排水（A）”时，所用参数与排水行为一样。

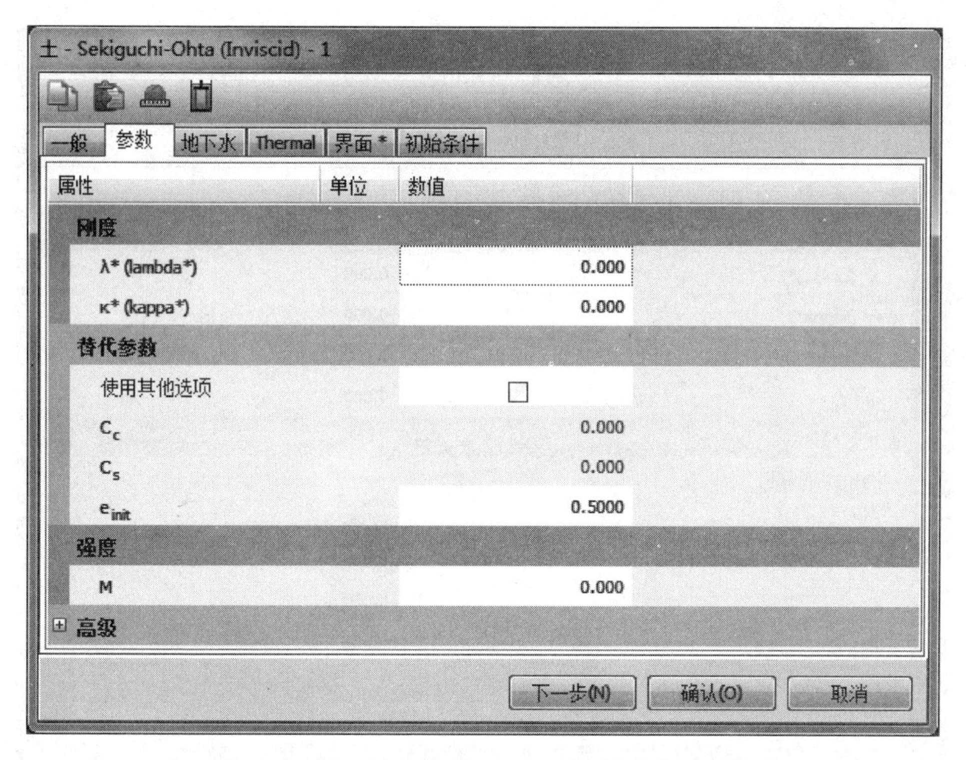

图 6-18 关口-太田模型（Inviscid）“参数”选项卡

12. 关口-太田模型（Viscid，黏性的）

关口-太田模型（Viscid）的“参数”选项卡如图 6-19 所示，相关参数见表 6-13。

表 6-13 关口-太田模型（Viscid）的参数

类 别	符 号	说 明	单 位
常用刚度参数	λ^*	修正压缩指数	—
	κ^*	修正回弹（膨胀）指数	—
	α^*	次压缩系数	—
	dot V_0	初始体积应变率	—
替代刚度参数	C_c	压缩指数	—
	C_s	膨胀指数或重加载指数	—
	C_α	次压缩指数	—
	e_{init}	初始孔隙比	—
强度参数	M	临界状态线的正切	—
高级刚度参数	ν_{ur}	卸载-重加载泊松比	—
	K_0^{nc}	正常固结水平应力系数	—

提示：使用关口-太田模型（Viscid）时可选的排水类型包括“排水”和“不排水（A)”。排水类型选择“不排水（A)”时，所用参数与排水行为一样。

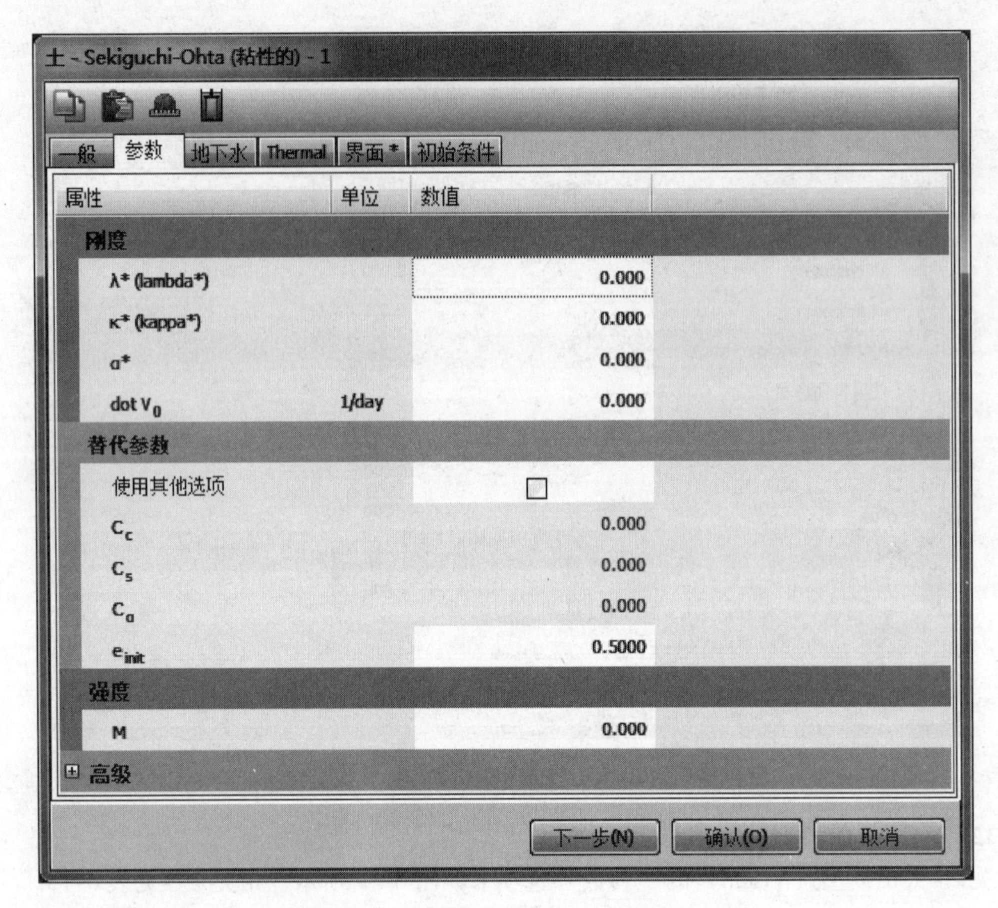

图 6-19　关口-太田模型（Viscid）“参数”选项卡

13. 用户自定义土体模型（UDSM）

用户自定义土体模型时，“参数”选项卡显示两个下拉菜单，上部组合框列出了包含有效用户自定义土体模型的所有 DLL 文件；下面的对话框则显示所选的 DLL 文件中定义的土体模型。每个用户自定义模型都有自己的参数组，在 DLL 文件中定义。当选择了一个可用的本构模型后，PLAXIS 将自动从 DLL 文件中读取该模型的参数名称和单位，然后填充对应的参数表格。

以上所介绍的是与选用的土体本构模型及排水类型相关的参数，接下来介绍几个可用于模拟土体的“不排水性能”的高级参数。“不排水性能”高级参数下拉列表框有三个选项（见图 6-20），即“标准”“手动-刚度相关 K_w”和“手动-恒定 K_w”。默认情况下，土体的固体材料（即颗粒）视为不可压缩的（$\alpha_{Biot}=1$），不排水泊松比取为 0.495，“标准”不排水性能即是如此。除此之外，还可以选择“手动-刚度相关 K_w”选项，可以输入Skempton-B 参数，程序会自动计算 K_w 和 $K_{w,ref}/n$。最后，还可以选择“手动-恒定 K_w”选项，考虑固体材料的可压缩性，可以指定 α_{Biot}、K_w 和 v_u，程序会自动计算 Skempton-B 和 $K_{w,ref}/n$。

在“土”对话框下的“参数”选项卡中可以设置的“不排水性能”高级参数见表 6-14。

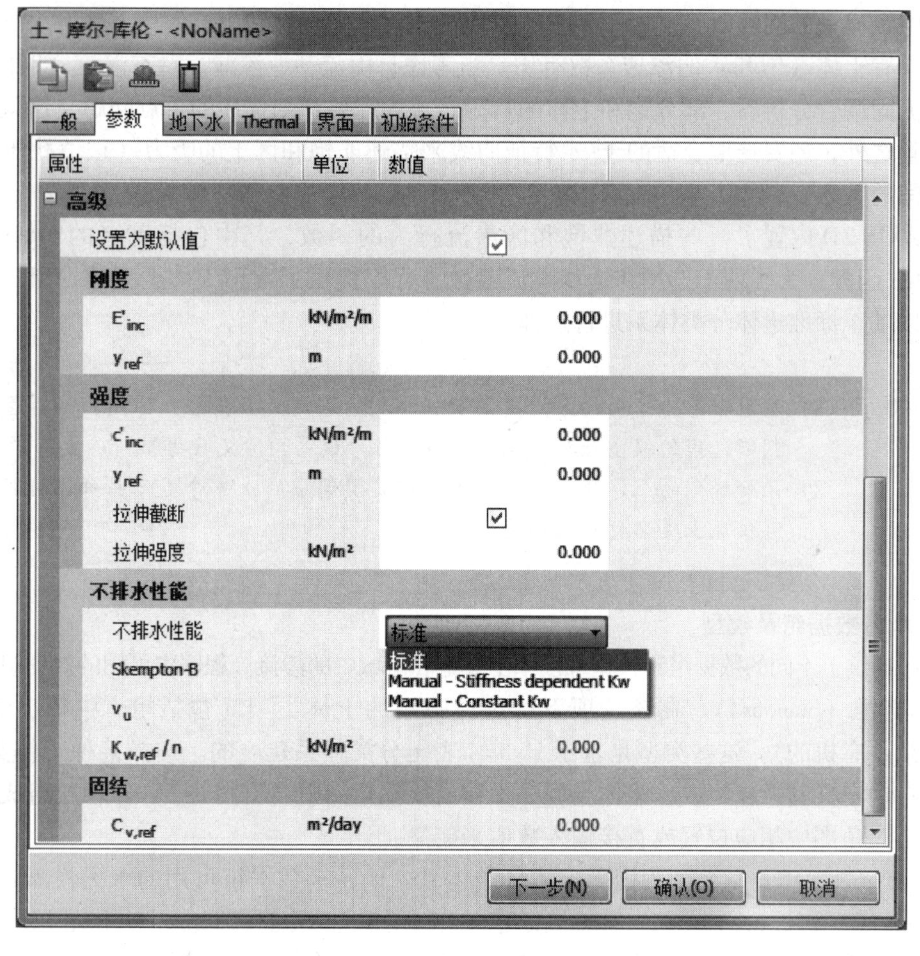

图 6-20 “不排水性能”的高级参数

表 6-14 “不排水性能”的高级参数

参 数	说 明	单 位
Skempton-B	决定孔隙水对平均应力改变的影响	—
ν_u	不排水泊松比	—
α_{Biot}	比奥 α 孔压系数	—
K_w	水的体积模量	kN/m^2
$K_{w,ref}/n$	孔隙流体的参考体积刚度	kN/m^2

提示： 选用用户自定义模型时，可用的排水类型包括“排水”“不排水（A）”和“非多孔”。

6.1.3 “地下水”选项卡

当采用“地下水渗流”“固结”或“完全流固耦合”等计算类型求解饱和土或非饱和

土中孔隙水流动的问题时，需要用到渗流参数。当考虑完全饱和土层的稳态地下水渗流或固结时，只有土体（饱和）的渗透系数有用。当考虑自由流动、渗漏、瞬态渗流（时间相关）或完全流固耦合分析时，部分饱和土体的行为将成为需要详细描述的重点问题。这就需要除常规设置之外，还要选取合适的土-水特征曲线来描述非饱和区土的吸力（正值孔压）与饱和度之间的关系。

PLAXIS 2D 内置了一些描述非饱和区渗流行为的函数，其中包括著名的 Mualem-Van Genuchten 函数。为了便于选用非饱和渗流参数，程序提供了常用土体类型数据组。这些数据组可以基于标准土体分类体系进行选择。

提示： 1）虽然程序为了用户方便提供了一些土的预定义数据组，但用户还是要自己判断选用的模型及参数是否合适，另外这些预定义数据组精确度有限。

2）此处提到的土体分类体系与我国相关规范中的土体分类体系并不相同，不可仅凭土类名称对号入座。

1. 水力数据组及模型

程序提供了不同的数据组和模型来模拟土体饱和区域中的渗流。程序中可用的数据组包括：

1）标准（Standard）。在该选项下可选择常用的土体类型（包括粗、中等、中等密、细、很细、有机的），这些类型是基于 Hypres 表土分类体系建立的。选择某种土体类型后，程序会自动定义其颗粒组成，土体类型显示在土质三角图中（见图 6-21）。颗粒组成也可以通过单击三角图中相应位置或直接输入数值来定义。

2）Hypres。Hypres 系列为国际土体分类体系。Hypres 数据组可用的水力模型包括 Van Genuchten 模型和近似 Van Genuchten 模型。土可分为上层土（Topsoil）和下层土（Subsoil），通常所说的土可认为是下层土。Hypres 数据组的“类型”下拉列表框中包括粗、中等、中等密、细、很细和有机的。

提示： 只有当土层位于地表以下 1 m 以内时才将其视为上层土。

用户选择的土类和级配（颗粒组分）会在土质三角图中显示。反过来，用户也可以通过单击三角图中某个部分或手动输入颗粒组分的数值来选择土的类型（见图6-22）。

Van Genuchten 模型和近似 Van Genuchten 模型相应的参数分别见表 6-15 和表 6-16。

3）USDA。USDA 系列是另一套国际土体分类体系。针对 USDA 数据组，可用的水力模型包括 Van Genuchten 模型和近似 Van Genuchten 模型。

选择 USDA 数据组后，“类型”下拉列表框中可选择：砂（Sand）、壤质砂土（Loamy sand）、砂质肥土（Sandy loam）、沃土（Loam）、淤泥（Silt）、粉砂壤土（Silt loam）、砂质黏性肥土（Sandy clay loam）、黏质壤土（Clay loam）、淤泥质黏壤土（Silty clay loam）、砂质黏土（Sandy clay）、粉砂黏土（Silty clay）和黏土（Clay）。所选土的类型和级配（颗粒组分）与 Hypres 数据组不同，该点可以从土质三角图中看出来。反过来，用户也可以通过单击三角图中某个部分或手动输入颗粒组分的数值来选择土的类型（见图 6-23）。

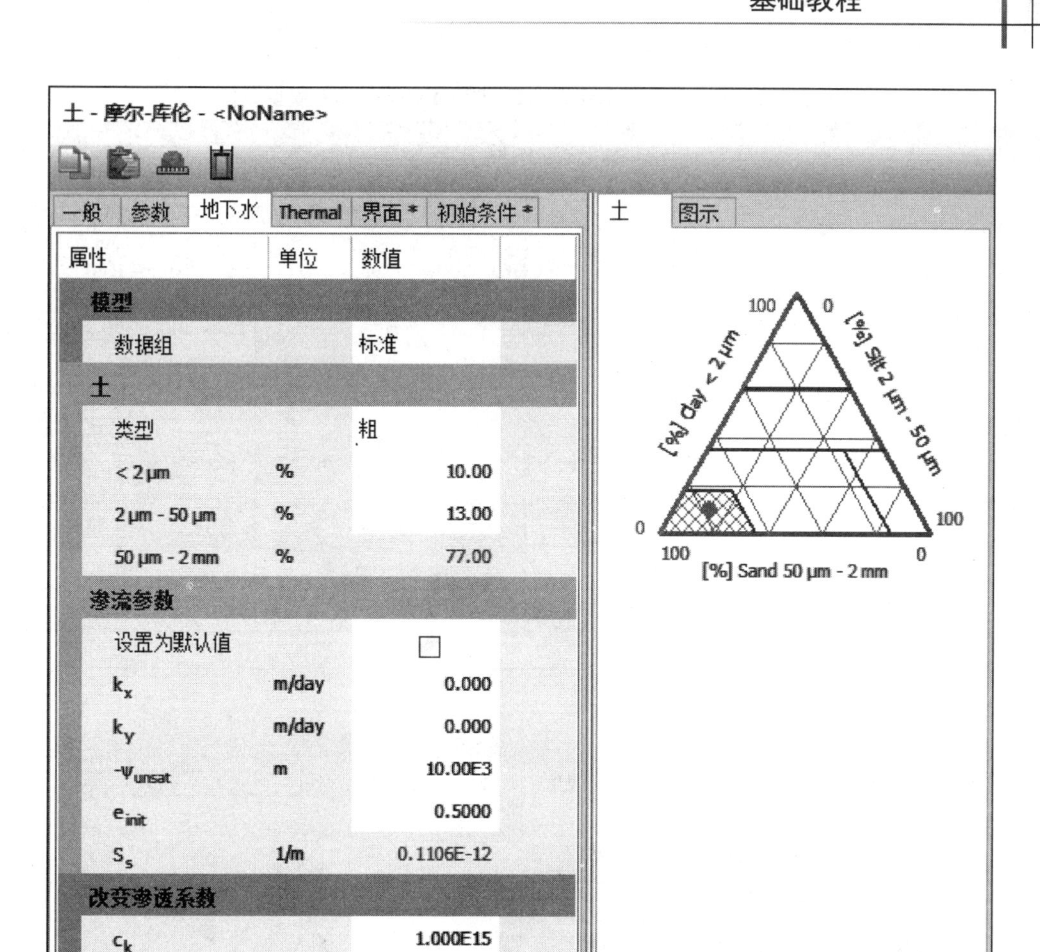

图 6-21 “标准”数据组中的渗流参数

表 6-15 Hypres 系列中选用 Van Genuchten 模型参数

	土的类型	θ_r	θ_s	K_{sat}/(m/day)	g_a/m^{-1}	g_l	g_n
上层土	粗	0.025	0.403	0.600	3.83	1.2500	1.3774
	中等	0.010	0.439	0.121	3.14	-2.3421	1.1804
	中等密	0.010	0.430	0.0227	0.83	-0.5884	1.2539
	细	0.010	0.520	0.248	3.67	-1.9772	1.1012
	很细	0.010	0.614	0.150	2.65	2.5000	1.1033
下层土	粗	0.010	0.366	0.700	4.30	1.2500	1.5206
	中等	0.010	0.392	0.108	2.49	-0.7437	1.1689
	中等密	0.010	0.412	0.0400	0.82	0.5000	1.2179
	细	0.010	0.481	0.0850	1.98	-3.7124	1.0861
	很细	0.010	0.538	0.0823	1.68	0.0001	1.0730
	有机的	0.010	0.766	0.0800	1.30	0.4000	1.2039

表 6-16 Hypres 系列中选用近似 Van Genuchten 模型参数

	土的类型	ψ_s/m	ψ_k/m
上层土	粗	-2.37	-1.06
	中等	-4.66	-0.50
	中等密	-8.98	-1.20
	细	-7.12	-0.50
	很细	-8.31	-0.73
下层土	粗	-1.82	-1.00
	中等	-5.60	-0.50
	中等密	-10.15	-1.73
	细	-11.66	-0.50
	很细	-15.06	-0.50
	有机的	-7.35	-0.97

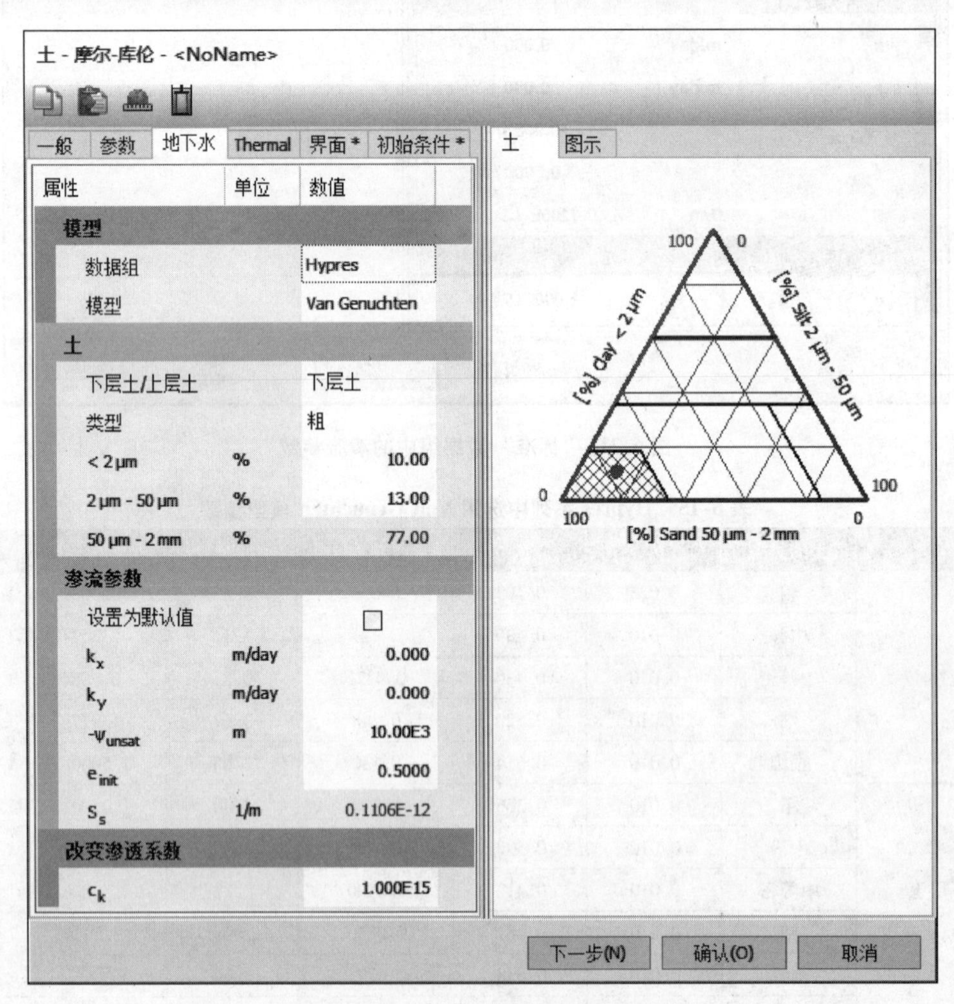

图 6-22 “Hypres” 数据组渗流参数

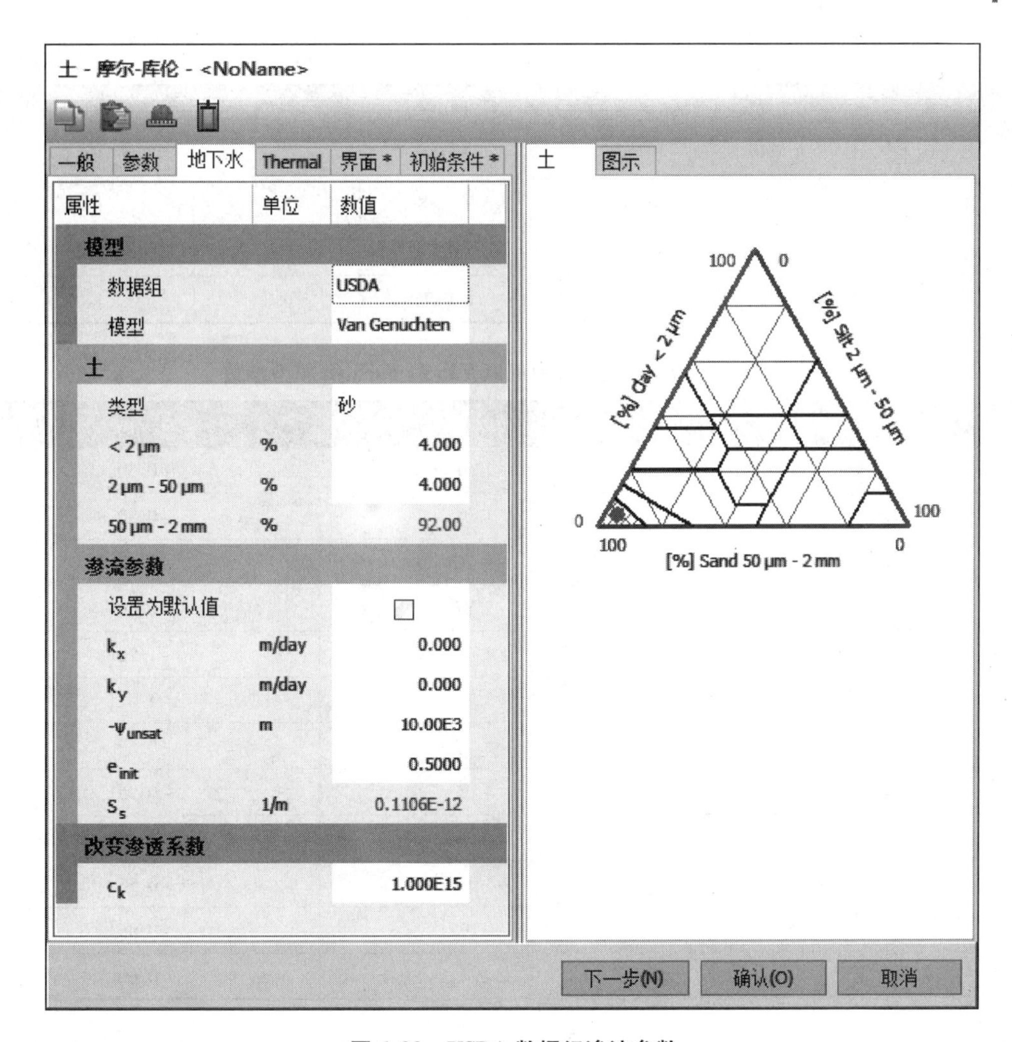

图 6-23　USDA 数据组渗流参数

与 Van Genuchten 模型和近似 Van Genuchten 模型相应的参数分别见表 6-17 和表 6-18。

表 6-17　USDA 系列中选用 Van Genuchten 模型参数（所有数据组中 $g_l=0.5$）

土的类型	θ_r	θ_s	K_{sat}/(m/day)	g_a/m^{-1}	g_n
砂	0.045	0.430	7.13	14.5	2.68
壤质砂土	0.057	0.410	3.50	12.4	2.28
砂质肥土	0.065	0.410	1.06	7.5	1.89
沃土	0.078	0.520	0.250	3.6	1.56
淤泥	0.034	0.614	0.600	1.6	1.37
粉砂壤土	0.067	—	0.108	2.0	1.41
砂质黏性肥土	0.100	0.366	0.314	5.9	1.48
黏质壤土	0.095	0.392	0.624	1.9	1.31

（续）

土的类型	θ_r	θ_s	K_{sat}/(m/day)	g_a/m^{-1}	g_n
淤泥质黏壤土	0.089	0.430	0.168	1.0	1.23
砂质黏土	0.100	0.380	0.288	2.7	1.23
粉砂黏土	0.070	0.360	0.00475	0.5	1.09
黏土	0.068	0.380	0.0475	0.8	1.09

表 6-18　USDA 系列中选用近似 Van Genuchten 模型参数

土的类型	ψ_s/m	ψ_k/m
砂	-1.01	-0.50
壤质砂土	-1.04	-0.50
砂质肥土	-1.20	-0.50
沃土	-1.87	-0.60
淤泥	-4.00	-1.22
粉砂壤土	-3.18	-1.02
砂质黏性肥土	-1.72	-0.50
黏质壤土	-4.05	-0.95
淤泥质黏壤土	-8.23	-1.48
砂质黏土	-4.14	-0.55
粉砂黏土	-31.95	-0.95
黏土	-21.42	-0.60

4）Staring。Staring 系列土体分类体系在荷兰应用比较广泛。Staring 数据组中可用的水力模型有 Van Genuchten 模型和近似 Van Genuchten 模型。

土可分为上层土（Topsoil）和下层土（Subsoil），通常所说的土可认为是下层土。选择该数据组后，“类型”下拉列表框中（见图 6-24）包括的下层土有：非壤质砂土（Non-loamy sand, O1）、壤质砂土（Loamy sand, O2）、超肥砂土（Very loamy sand, O3）、极其肥沃的砂土（Extremely loamy sand, O4）、粗砂（Coarse sand, O5）、砾泥（Boulder clay, O6）、滩涂肥土（River loam, O7）、砂质肥土（Sandy loam, O8）、粉砂壤土（Silt loam, O9）、亚黏土（Clayey loam, O10）、轻黏土（Light clay, O11）、重黏土（Heavy clay, O12）、超重黏土（Very heavy clay, O13）、沃土（Loam, O14）、重肥黏土（Heavy loam, O15）、低滋育泥炭（Oligotrophic peat, O16）、滋育泥炭（Eutrophic peat, O17）、泥炭层（Peaty layer, O18）；上层土包括：非壤质砂土（Non-loamy sand, B1）、壤质砂土（Loamy sand, B2）、超肥砂土（Very loamy sand, B3）、极其肥沃的砂土（Extremely loamy sand, B4）、粗砂（Coarse sand, B5）、砾泥（Boulder clay, B6）、砂质肥土（Sandy loam, B7）、粉砂壤土（Silt loam, B8）、亚黏土（Clayey loam, B9）、轻黏土（Light clay, B10）、重黏土（Heavy clay, B11）、超重黏土（Very heavy clay, B12）、沃土（Loam, B13）、重肥黏土（Heavy loam, B14）、泥炭砂（Peaty sand, B15）、砂质泥

炭（Sandy peat，B16）、泥炭黏土（Peaty clay，B17）、黏性泥炭（Clayey peat，B18）。所选土的类型和颗粒组分与 Hypres 及 USDA 数据组不同，所选土体水力模型显示在“地下水”选项卡右侧的“土”选项卡下方。

提示：只有当土层位于地表以下 1m 以内时才将其视为上层土。

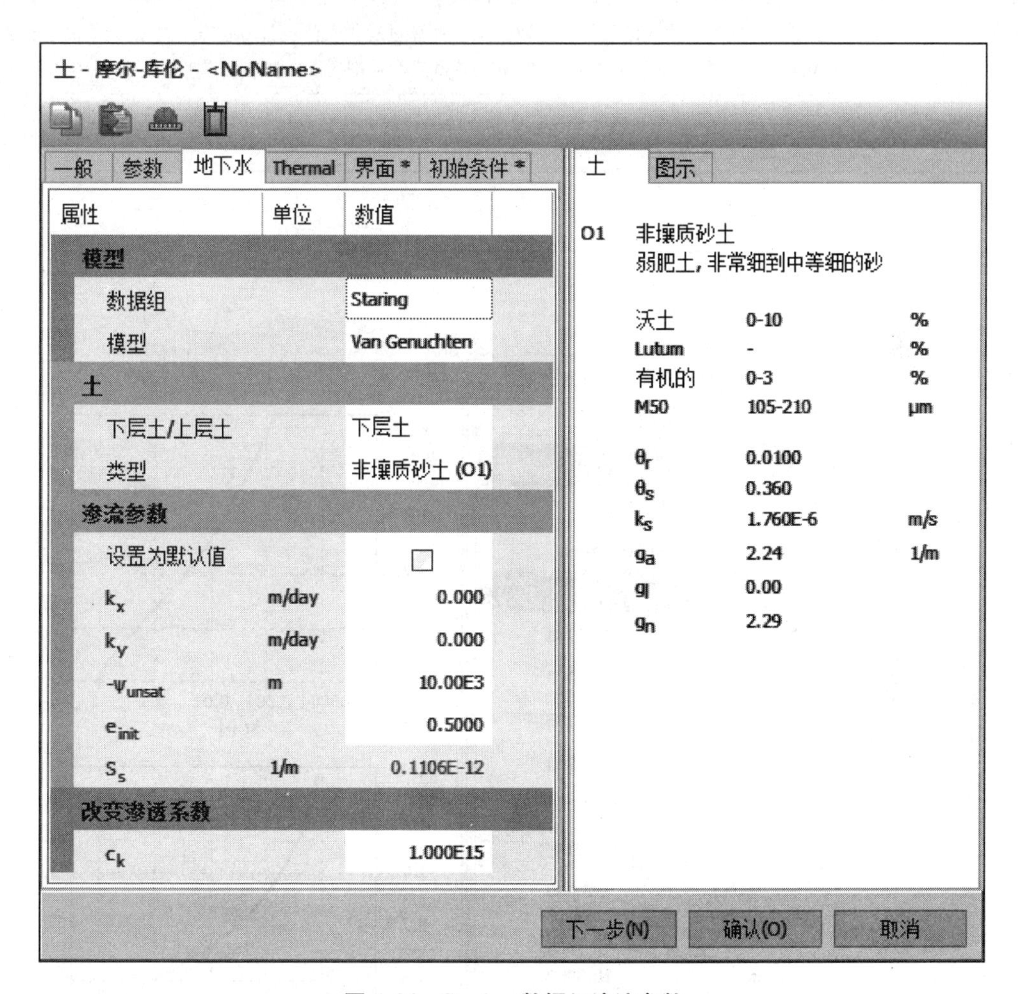

图 6-24　Staring 数据组渗流参数

5）用户自定义。通过“用户自定义”选项（见图 6-25），用户可手动定义饱和属性和非饱和属性。注意，该选项需要用户对非饱和地下水渗流模拟有足够的经验。可用的水力模型见表 6-19。

2. 渗透系数（k_x 和 k_y）

渗透系数（水力传导系数）具有与速度相同的量纲，即“长度单位/时间单位”。在固结分析和地下水渗流计算中需要为所有排水或不排水类组定义渗透系数，包括被认为几乎不可渗透的土层，只有完全无渗透性的非多孔排水类型才无须指定渗透系数。在 PLAXIS 2D

中可以为土体分别定义沿 x、y 轴方向的各向异性渗透系数。注意，当排水类型选择非多孔时，渗透系数输入区域将成为灰色（即不可输入）。

表 6-19 用户自定义水力数据组可用的水力模型

类型	说明
Van Genuchten	该模型需要直接输入剩余饱和度 S_{res}，$p=0$ 时的饱和度 S_{sat} 及三个调和参数 g_n、g_a、g_l
样条曲线	“样条曲线”函数需要直接输入毛细高度 ψ（长度单位）、相对渗透性 K_r 及饱和度 S_r。单击“表格”标签即可输入样条曲线函数数据。计算过程中，渗流计算内核将根据样条曲线函数，在相对渗透性和毛细高度之间，以及相对饱和度和毛细高度之间进行“平滑”处理
饱和的	选择“饱和的”选项后，不需要再输入其他数据。在计算过程中，PLAXIS 将对指定了“饱和的”数据组的土层持续使用饱和渗透参数

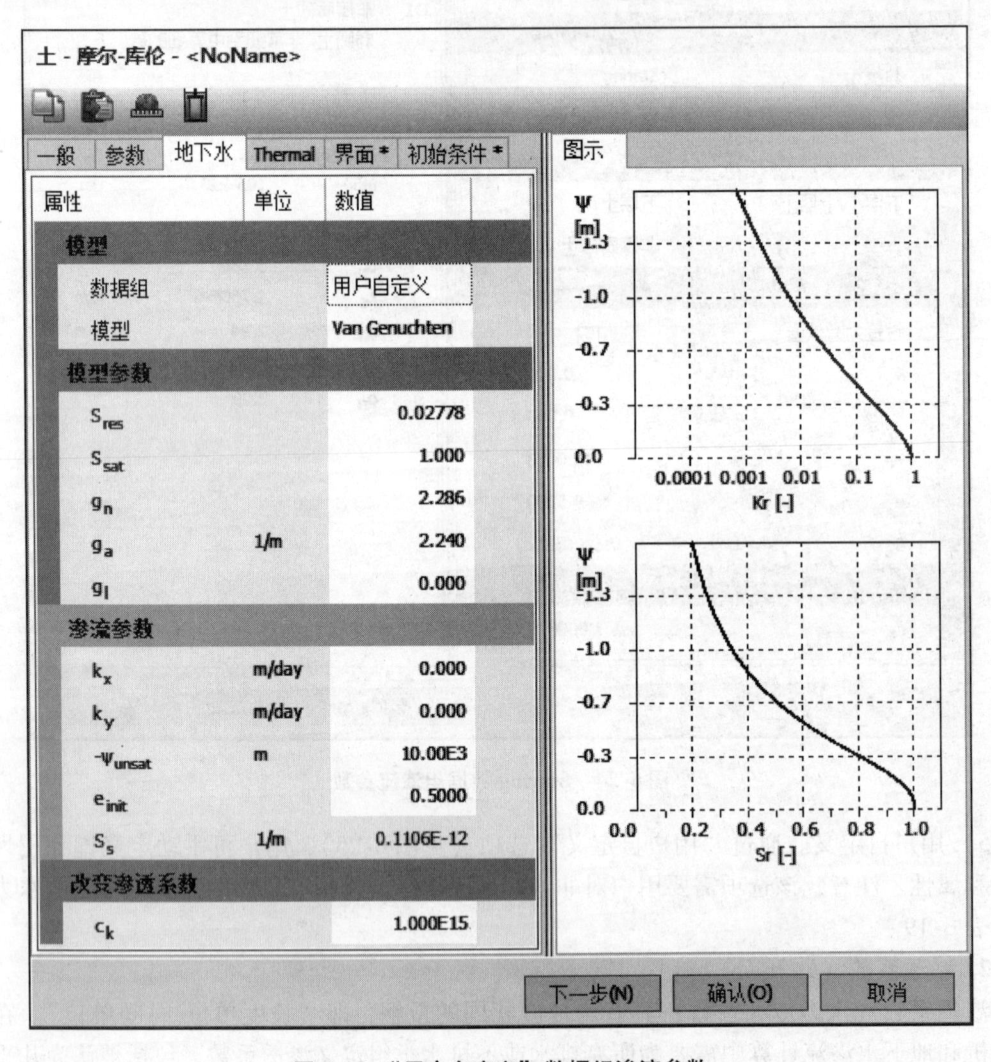

图 6-25 “用户自定义”数据组渗流参数

上述渗透系数在计算过程中保持为常量，如果需要考虑渗透性在固结分析过程中的变化，可在“土”对话框中“一般”选项卡下输入适当的渗透性变化参数 c_k 和孔隙比 e_{init}、e_{min}、e_{max}。

当使用标准、Hypres、USDA 或 Staring 数据组时，如果勾选“设置为默认值”选项即可根据所选的土类自动设置渗透系数。如果不勾选“设置为默认值”，用户可手动输入渗透系数值。

3. 非饱和区域（ψ_{unsat}）

ψ_{unsat}（相对静水位的高度，单位为长度）设置了最大压力水头，在该范围内用 Mualem-Van Genuchten 函数计算相对渗透性和饱和度，负号表示吸力。在 ψ_{unsat} 设置的水头以上，K_r 和 S 保持为常数，这样可以保证满足最小饱和度 S_{min}（见图 6-26）。该数值用来限制高度非饱和区域中的相对渗透性 K_r 和饱和度。

默认 $\psi_{unsat}=10^4$，该默认值取得很大，主要是为了表明默认情况下非饱和区不受限制。

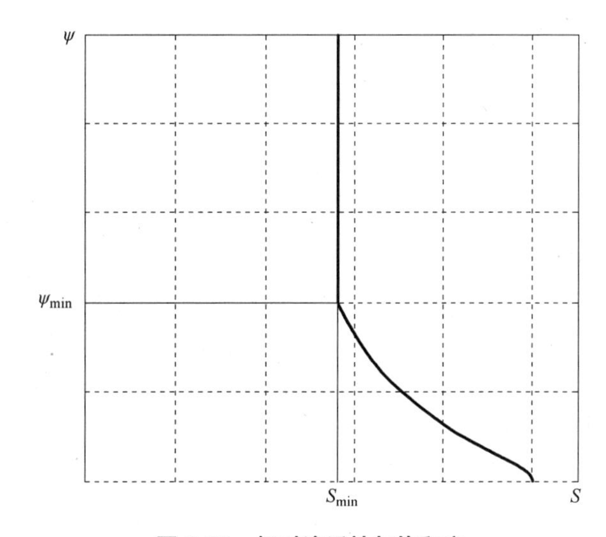

图 6-26 相对渗透性与饱和度

渗透系数变化（c_k）：若要在固结分析中考虑渗透系数的变化，需输入适当的 c_k 参数和孔隙比。输入实际数值后，渗透性将根据下述公式变化

$$\lg\left(\frac{k}{k_0}\right)=\frac{\Delta e}{c_k} \tag{6-6}$$

式中 Δe——孔隙比改变值；

k——计算过程中的渗透系数；

k_0——在材料数据组中输入的渗透系数值（即沿两个坐标轴方向分别取 k_x 和 k_y 的输入值），注意要在“一般”选项卡下输入适当的初始孔隙比 e_{init}。建议该参数只与土体硬化模型、小应变土体硬化模型、软土模型或软土蠕变模型一起使用，此时 c_k 值通常与压缩系数 C_c 为同一数量级。当使用其他本构模型时，c_k 应保持默认值 10^{15}。

6.1.4 “热（Thermal）”选项卡

在“热”选项卡（见图 6-27）下可以定义涉及温度（变化）及其对应力、变形和地下水渗流影响的相关参数，下面介绍这些参数的含义。

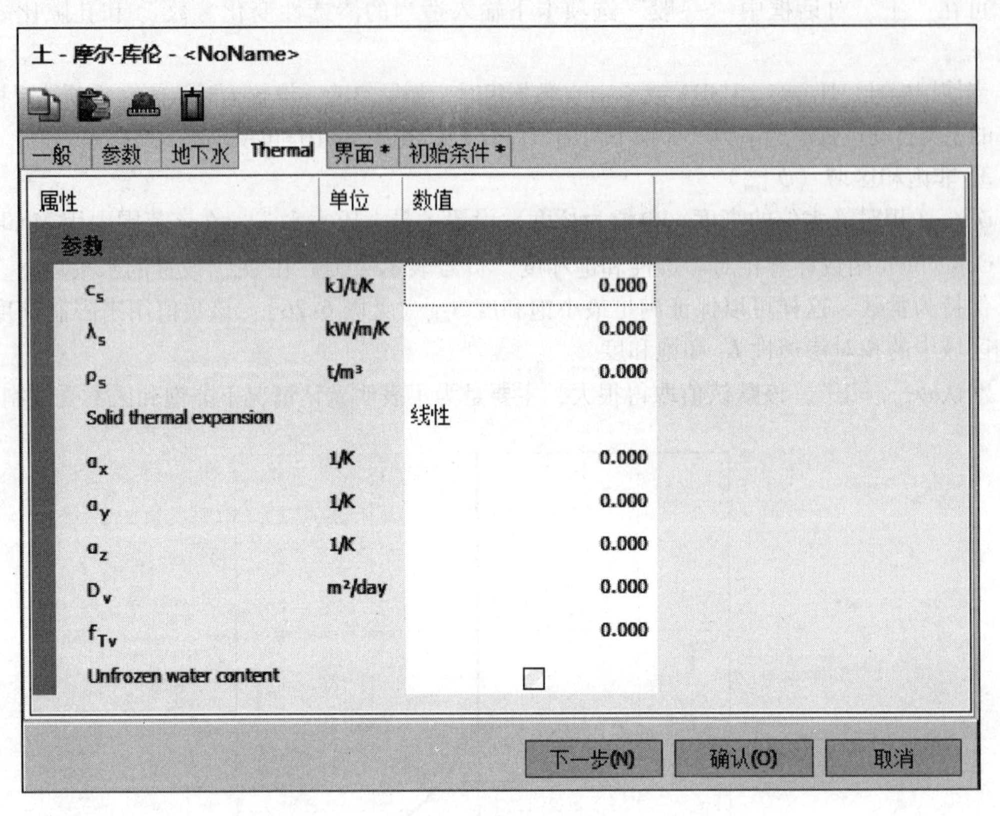

图 6-27 “土”对话框的“Thermal”选项卡

1. 比热容

固体材料（即土颗粒）的比热容 c_s 用于描述其单位体积内能够储存的能量，单位为“能量/质量/温度”，例如：kJ/t/K。材料的比热容越大，提高温度所需的能量就越多。

固体材料中储存的总热量为材料密度 ρ_s 与比热容 c_s 的乘积。由于土体为多孔介质，其热储量包括土颗粒的热储量和孔隙流体的热储量两部分。考虑如下几种情况：

1）对于非多孔材料

$$(\rho C)_{soil} = \rho_s C_s \tag{6-7}$$

2）对于干材料

$$(\rho C)_{soil} = (1-n)\rho_s C_s \tag{6-8}$$

3）对于相变（例如冻土）

$$(\rho C)_{soil} = (1-n)\rho_s C_s + nS[(1-w_u)\rho_i C_i + w_u \rho_w C_w] + n(1-S)\rho_v C_v \tag{6-9}$$

4）其他情况

$$(\rho C)_{soil} = (1-n)\rho_s C_s + nS\rho_w C_w + n(1-S)\rho_v C_v \tag{6-10}$$

式中 n——孔隙率，$n = e/(1+e)$，e 为孔隙比；

S——饱和度；

w_u——未冻含水量；

下角标 i——冰的属性（固态水）；

下角标w——水的属性（液态水）；
下角标 v——水蒸气的属性（气态水）。

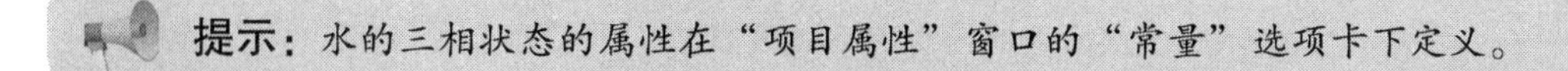

提示：水的三相状态的属性在“项目属性”窗口的“常量”选项卡下定义。

2. 导热系数

固体材料的导热系数 λ_s 用于描述固体材料（即固体颗粒）中能够传导的能量（热）的比率，单位为“功率/长度/温度”，例如：kW/m/K。导热系数越大，传导的能量越多，材料中温度变化的传播速度越快。

由于土体为多孔介质，土体的总导热系数由土体颗粒导热系数和孔隙流体导热系数组成，考虑如下几种情况：

1）对于非多孔材料

$$\lambda_{soil} = \lambda_s \tag{6-11}$$

2）对于干材料

$$\lambda_{soil} = (1-n)\lambda_s \tag{6-12}$$

3）对于相变（例如冻土）

$$\lambda_{soil} = (1-n)\lambda_s + nS[(1-w_u)\lambda_i + w_u\lambda_w] + n(1-S)\lambda_v \tag{6-13}$$

4）其他情况

$$\lambda_{soil} = (1-n)\lambda_s + nS\lambda_w + n(1-S)\lambda_v \tag{6-14}$$

式中 λ_i——冰的导热系数（固态水）；
λ_w——水的导热系数（液态水）；
λ_v——水蒸气的导热系数（气态水）。

3. 密度

固体材料的密度 ρ_s 用于描述固体颗粒的密度，单位为“质量/体积”，例如：石英的密度为 2.65t/m^3。密度与材料的重度有关，也与总热储量有关。

提示：PLAXIS 不会对材料的密度和重度进行一致性检查。

4. 热膨胀系数

热膨胀系数 α 用于描述温度升高时材料的膨胀量。换句话说，热膨胀系数是单位温度引起的应变。如果是各向同性热膨胀，各方向的热膨胀系数是相等的，PLAXIS 中也可以沿 x、y 方向分别设置各向异性热膨胀系数。除了可以输入线性热膨胀系数之外，考虑各向同性膨胀时，还可以直接指定一个体积热膨胀值。

5. 水蒸气扩散系数

水蒸气扩散系数 D_v 控制着材料中水蒸气的扩散，如果将其设为零，则意味着关闭材料中的质量通量。

6. 热扩散增强因子

热扩散增强因子 f_{Tv} 影响温度对水蒸气质量通量的依赖，如果将其设为零，则意味着水蒸气质量通量仅受孔压变化的控制。

提示： 默认情况下是不考虑水蒸气的，即蒸汽扩散系数和热扩散增强因子默认设为零。

7. 未冻含水量

未冻含水量选项可用于多年冻土、地层冻结和其他冻土等情况。在冻土中，部分孔隙水处于固态，部分孔隙水仍处于液态。未冻含水量将处于液态的孔隙水以温度的函数表示。打开该选项后，需在右侧面板中创建表格，定义未冻含水量 w_u 为温度的函数，在表格中输入数值，表格下方会显示温度函数图形（见图6-28），该对话框下相关按钮功能见表6-20。

对饱和土（和/或非饱和土）进行热计算时，会考虑孔隙水的相变（从水变为冰），未冻含水量用于确定孔隙中水和冰的量。这很重要，因为孔隙流体的不同相具有不同的热属性和水力属性。

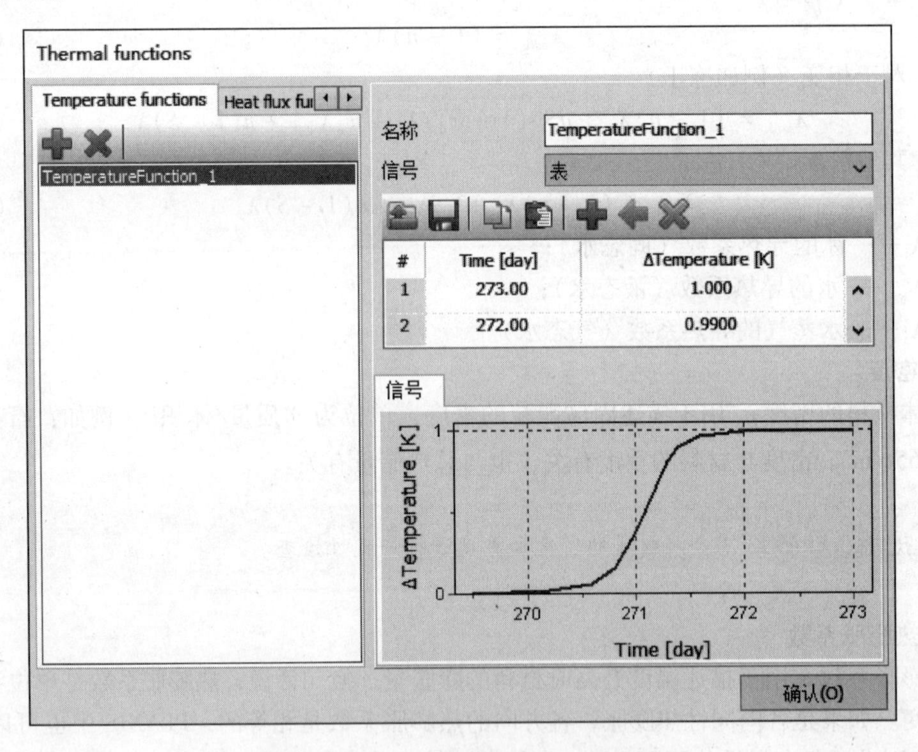

图6-28 未冻含水量“导入”对话框

表6-20 “温度函数”对话框下按钮功能

功能类别	按钮图标	按钮名称	说明
表格修改		添加行	可在表格中添加一行。单击表中的单元格可输入数值
		插入	可在表格内已选中的行前插入一行
		删除	可删掉在表格内选中的行

（续）

功能类别	按钮图标	按钮名称	说　明
数据导入与保存		打开	除了可在表格中直接输入数据，还可以利用工具栏中的“打开”按钮从数字化的数据文件中读取数据。如果没有指定数据文件所在的目录，则 PLAXIS 默认数据文件存放在当前项目的目录下
		保存	不论是利用表格定义的信号还是从数据文件中读取并修改的信号，都可利用“保存”按钮来保存，从而可将其用于其他项目或使当前项目中的修改生效
表格编辑		复制	不论是利用表格定义的信号还是从数据文件中读取并修改的信号，都可利用“复制”按钮进行复制
		粘贴	从其他应用程序中复制的数据（使用〈Ctrl + C〉）可利用“粘贴”按钮来导入。“导入数据”对话框如图 6-29 所示。导入数据的起始行可在“从行（From row）”一栏中定义。单击“确认”按钮，数据和图形显示在“温度函数”窗口中

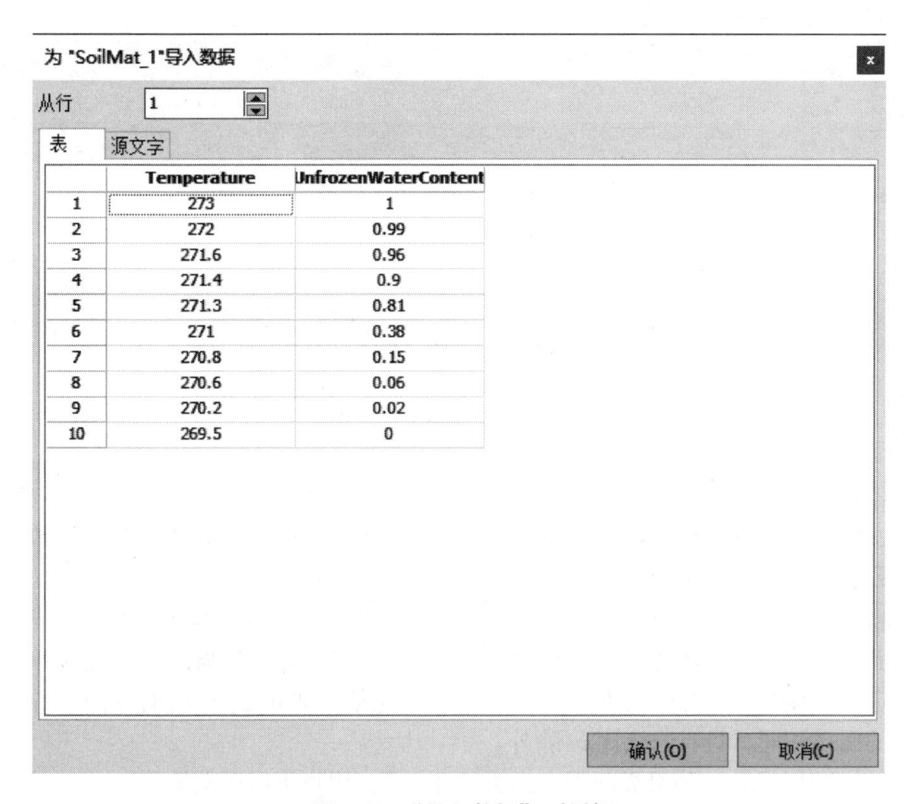

图 6-29 “导入数据”对话框

6.1.5 “界面”选项卡

界面单元的属性与周围土体的模型参数相关，界面属性参数在“土”对话框中的“界面”选项卡下输入，这些参数依赖于周围土体所选用的材料模型。如果土体的“材料模型”选为线弹性模型、莫尔-库仑模型、土体硬化模型、小应变土体硬化模型、软土模型、软土蠕变模型、节理岩体模型或者霍克布朗模型，则强度折减系数 R_{inter} 为主要的界面参数（见图 6-30）。如果土体选用修正剑桥模型，所需界面参数为有效黏聚力 c'_{ref}、有效摩擦角 φ' 及剪胀角 ψ'。如果土体选用用户自定义土体模型，界面参数包括压缩模量 E_{oed}^{ref}、有效黏聚力 c'_{ref}、有效摩擦角 φ'、剪胀角 ψ'、UD-指数和 UD-p^{ref}。

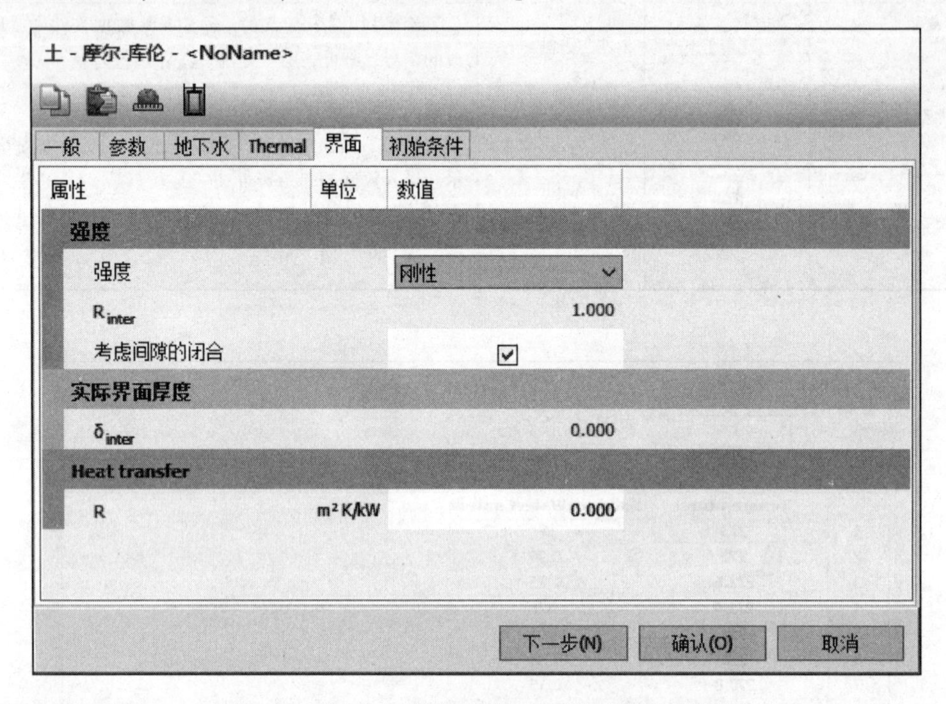

图 6-30 “土”材料组对话框中的“界面”选项卡

1. 界面强度

当土体行为选用线弹性模型、莫尔-库仑模型、土体硬化模型、小应变土体硬化模型、软土模型、软土蠕变模型、节理岩体模型、霍克布朗模型或 NGI-ADP 模型来模拟时，界面强度用参数 R_{inter} 定义，可用选项如下：

1）刚性（Rigid）。当界面强度与周边土体强度相当时使用该选项，例如结构对象角部外延的界面由于不是用来体现土-结构相互作用的，不应该折减其强度，因此应该将此类界面属性指定为“刚性”（对应的 $R_{inter}=1.0$）。此时包括剪胀角 ψ_i 在内的界面属性与材料数据组中土的属性相同，只有泊松比 ν_i 除外。

2）手动（Manual）。如果界面强度设为“手动”，用户可以手动输入 R_{inter} 的值。一般情况下由于土-结构相互作用界面比相邻土层的强度低，柔性大，也就是说，界面的 R_{inter} 应小于1。如果没有详细资料，可以假设 R_{inter} 为2/3，一般不会采用大于1的 R_{inter} 值。

如果界面是弹性的，那么不但可能发生滑动（平行于界面的相对运动），还可能发生张

开或重叠（比如垂直于界面的相对位移）。此类位移的大小为

$$\left.\begin{aligned}\text{弹性张开位移} &= \frac{\sigma}{K_{\mathrm{N}}} = \frac{\sigma t_i}{E_{\mathrm{oed},i}} \\ \text{弹性滑移位移} &= \frac{\tau}{K_{\mathrm{S}}} = \frac{\tau t_i}{G_i}\end{aligned}\right\} \tag{6-15}$$

式中　G_i——界面的剪切模量；

$E_{\mathrm{oed},i}$——界面的一维压缩模量；

t_i——在几何模型里输入界面时生成的界面虚拟厚度；

K_{N}——弹性界面的轴向刚度；

K_{S}——弹性界面的剪切刚度。

剪切模量和压缩模量的关系由下式表示

$$\left.\begin{aligned}E_{\mathrm{oed},i} &= 2G_i\frac{1-\nu_i}{1-2\nu_i} \\ G_i &= R_{\mathrm{inter}}^2 G_{\mathrm{soil}} \leqslant G_{\mathrm{soil}} \\ \nu_i &= 0.45\end{aligned}\right\} \tag{6-16}$$

提示： 折减系数 R_{inter}不仅折减界面强度，还折减界面的刚度。

由以上公式可知，如果弹性参数取值较小，计算所得的弹性位移有可能过大。反过来，如果弹性参数取值太大，则有可能造成数值病态。影响界面刚度大小的关键因素是界面的虚拟厚度，程序会自动确定虚拟厚度以保证界面具有足够的刚度。用户也可以更改虚拟厚度的值，在几何模型中双击界面单元，从弹出的“界面”窗口中可以更改虚拟厚度。

3）手动设置残余强度（Manual with residual strength）。当界面强度达到由 R_{inter}确定的界面强度极限值时，界面强度可以软化至由 $R_{\mathrm{inter,residual}}$确定的一个降低值。如果在界面强度设置时选择“手动设置残余强度”选项，就可以定义 $R_{\mathrm{inter,residual}}$。

4）界面强度（Interface strength，R_{inter}）。使用弹塑性模型描述界面行为以模拟土-结构相互作用，采用库仑准则区分界面的弹性行为（即在界面内可以出现小位移）和塑性行为（即可能出现永久滑移）。

当剪应力 τ 满足下式时界面将保持为弹性

$$|\tau| < -\sigma_{\mathrm{n}}\tan\varphi_{\mathrm{i}} + c_{\mathrm{i}} \tag{6-17}$$

式中　σ_{n}——有效正应力。

当剪应力 τ 满足下式时界面将表现出塑性行为

$$|\tau| = -\sigma_{\mathrm{n}}\tan\varphi_{\mathrm{i}} + \mathrm{c}_{\mathrm{i}}$$

其中 φ_{i}和 c_{i} 分别为界面的摩擦角和黏聚力。界面的强度属性与岩土层的强度属性有关，每个材料数据组中都包含一个对应的强度折减因子 R_{inter}。界面的强度属性会根据其相关材料组的土体强度属性和强度折减因子 R_{inter}按如下规则计算得出

$$\left.\begin{aligned}c_{\mathrm{i}} &= R_{\mathrm{inter}}c_{\mathrm{soil}} \\ \tan\varphi_{\mathrm{i}} &= R_{\mathrm{inter}}\tan\varphi_{\mathrm{soil}} \leqslant \tan\varphi_{\mathrm{soil}} \\ R_{\mathrm{inter}} &< 1\text{ 时 }\psi_{\mathrm{i}} = 0°\text{；否则 }\psi_{\mathrm{i}} = \psi_{\mathrm{soil}}\end{aligned}\right\} \tag{6-18}$$

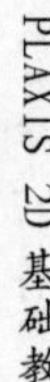

除库仑剪应力准则之外，前述拉伸截断准则也适用于界面（如果“拉伸截断”选项没有被勾除的话）

$$\sigma_n < \sigma_{t,i} = R_{inter}\sigma_{t,soil} \tag{6-19}$$

式中 $\sigma_{t,soil}$——土体的抗拉强度。

5）界面残余强度（Residual interface strength，$R_{inter,residual}$）。如果在设置界面强度时选择“手动设置残余强度”选项，就可以定义 $R_{inter,residual}$。一旦达到界面强度限值，界面强度会软化至由 $R_{inter,residual}$ 和土体强度属性确定的一个降低值。

提示： 1）在“设计方法（Design approaches）”中，对界面强度 R_{inter} 和残余界面强度 $R_{inter,residual}$ 将使用同样的分项系数。

2）不建议在“安全性”计算中使用降低的残余强度。

6）考虑裂隙闭合（Consider gap closure）。当达到界面抗拉强度时，结构与土体之间可能出现裂隙（即张开），此后反向加载时，需在结构与土体之间恢复接触之后才可继续产生压应力，这一过程可通过在“土”对话框的“界面”选项卡下选择“考虑裂隙闭合”选项来实现。如果没有勾选该项，则反向加载时会立即产生接触应力，这可能不符合实际。

7）界面使用霍克-布朗模型（Interfaces using the Hoek-Brown model）。当使用霍克-布朗模型描述岩石行为时，界面等效强度属性 φ_i、c_i 和 $\sigma_{t,i}$ 根据该模型获得，此时还是使用一般剪切强度准则和抗拉强度准则，即

$$\left.\begin{aligned}|\tau| &= -\sigma_n\tan\varphi_i + c_i\\ \sigma_n &\leqslant \sigma_{t,i}\end{aligned}\right\} \tag{6-20}$$

界面强度属性基于相邻连续单元中的最小有效主应力 σ'_3 进行计算，在霍克-布朗曲线上过侧限应力（围压）为 σ'_3 的点作切线并以 c 和 φ 表达，即

$$\left.\begin{aligned}\sin\varphi &= \frac{\overline{f'}}{2+\overline{f'}}\\ c &= \frac{1-\sin\varphi}{2\cos\varphi}\left(\overline{f} + \frac{2\sigma'_3\sin\varphi}{1-\sin\varphi}\right)\end{aligned}\right\} \tag{6-21}$$

式中 $\overline{f}$——$\overline{f} = \sigma_{ci}\left(m_b\dfrac{-\sigma'_3}{\sigma_{ci}} + c\right)^a$；

$\overline{f'}$——$\overline{f'} = am_b\left(m_b\dfrac{-\sigma'_3}{\sigma_{ci}} + s\right)^{a-1}$。

a、m_b、s 和 c_i 为霍克-布朗模型参数，在对应的材料数据组中输入。界面摩擦角 φ' 和黏聚力 c'_i 以及界面抗拉强度 $\sigma_{t,i}$ 将根据界面强度折减因子 R_{inter} 计算得到

$$\left.\begin{aligned}\tan\varphi_i &= R_{inter}c\\ c_i &= R_{inter}c\\ \sigma_{t,i} &= R_{inter}\sigma_t = R_{inter}\frac{s\sigma_{ci}}{m_b}\end{aligned}\right\} \tag{6-22}$$

8）界面使用修正剑桥黏土模型（Interfaces using the Modified Cam-Clay model）：如果选

用修正剑桥黏土模型描述界面周围土体行为，则模拟界面行为需要的参数有：界面黏聚力 c_{ref}，界面内摩擦角 φ_i 和界面剪胀角 ψ_i。

如果界面是弹性的，则可能发生沿界面滑动（平行于界面的相对运动）、界面张开或重叠（比如垂直于界面的相对位移），位移大小可按式（6-15）求得。剪切模量和压缩模量符合如下关系式

$$\left.\begin{aligned} E_{oed,i} &= \frac{3(1-\nu_i)}{\lambda(1+\nu_i)}\frac{\sigma_n}{(1+e_0)} \\ G_i &= \frac{3(1-2\nu_i)}{2(1+\nu_i)}\frac{\sigma_n}{\lambda(1+e_0)} \\ \nu_i &= 0.45 \end{aligned}\right\} \tag{6-23}$$

2. 实际界面厚度（δ_{inter}）

实际界面厚度 δ_{inter} 代表的是介于结构和土之间的剪切区的实际厚度，只有当界面与 HS 模型共同使用时 δ_{inter} 的取值才比较重要。实际界面厚度通常是平均粒径尺寸的几倍。当采用“剪胀截断”选项时 δ_{inter} 用于计算界面孔隙比的变化，界面的剪胀截断对于准确计算抗拔桩承载力很重要。

3. 热阻

在热计算中，界面单元可作为绝缘体，将界面两侧的温度分隔开。与渗流计算中界面单元的行为（或者完全隔水或者完全透水）相比，在热计算中界面单元可以导热。热阻 R 用于控制穿过界面的热量。热阻定义为界面厚度 d 与界面材料导热系数 λ 之比，即

$$R = \frac{d}{\lambda} \tag{6-24}$$

热阻值通常由绝缘材料的制造商提供，一般制作成板、泡沫或毛料。另外，也可以根据材料的导热系数和界面层的特征厚度通过上式计算热阻。

4. 位于结构角部下方或周围的界面

当沿结构单元建立界面时，有时会将界面延伸至结构转角部位的下方或周围以避免应力振荡，这部分延伸出来的界面并不是用来模拟土-结构相互作用的，而只是为了保证界面具有足够的柔性。当这部分界面单元的 R_{inter} 取值小于 1 时就会不真实地降低其周围土层的强度，从而导致这部分土体性状不符合实际甚至引起土体破坏。因此，建议用户新建一个单独的材料数据组取其 R_{inter} 值为 1 并将其指定给这部分特殊的界面单元，操作方法是：在这部分特殊的界面单元上单击鼠标右键，从右键菜单的“设置材料”选项中选择新建的那个 R_{inter} 等于 1 的数据组。

5. 界面渗透性

界面的渗透性可在“计算”模式下的“界面”子目录中勾选相应检查框来指定。不透水界面可用于在固结分析和渗流计算中阻隔垂直向界面的渗流，例如模拟止水帷幕。这是通过将界面单元节点对的孔压自由度完全分离来实现的。另一方面，如果用户不希望模型中的界面对渗流和（超）孔压消散产生影响，例如结构角部超出部分的界面，该界面可设为透水的，此时界面单元节点对的孔压自由度完全耦合。

6.1.6 “初始条件”选项卡

通过“K_0 过程”生成初始应力所需的相关参数在土体材料数据组的“初始条件”选项

卡中进行设置（见图6-31）。

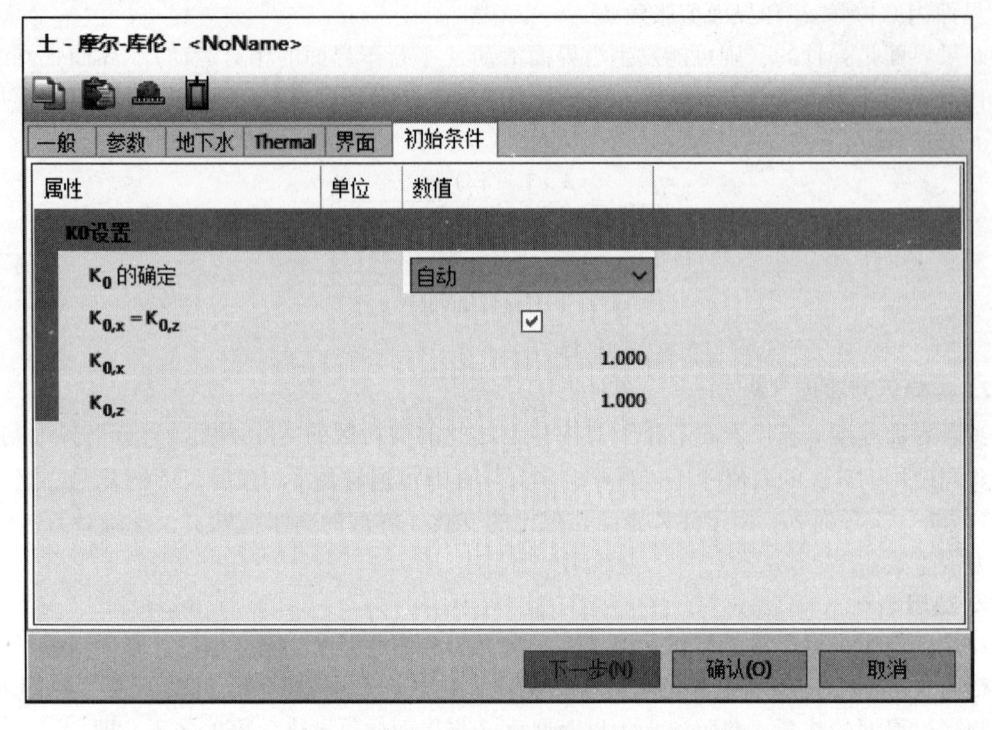

图6-31 “土”对话框（莫尔-库仑模型“初始条件”选项卡）

K_0 值可由程序根据土体类组的内摩擦角自动计算，也可由用户人为指定。如在“K_0 的确定”下拉列表框中选择“自动”选项，程序会自动计算 K_0；如选择“手动”选项则可人工输入 K_0。

1. K_0 数值

一般可指定两个 K_0 值，一个沿 x 方向（平面内），一个沿 z 方向（平面外）

$$K_{0,x}=\sigma'_{xx}/\sigma'_{yy},\ K_{0,z}=\sigma'_{zz}/\sigma'_{yy} \tag{6-25}$$

如果两个方向的 K_0 值相同，可以勾选相应检查框，使得 $K_{0,x}=K_{0,z}$。

K_0 的默认数值由程序根据 Jaky 公式自动计算获得

$$K_0=1-\sin\varphi \tag{6-26}$$

对于高级土体模型（土体硬化模型、小应变土体硬化模型、软土模型、软土蠕变模型、修正剑桥黏土模型），程序会基于 K_0^{nc} 以及 OCR 和 POP 的数值按下式自动计算 K_0

$$K_{0,x}=K_{0,z}=K_0^{nc}OCR-\frac{\nu_{ur}}{1-\nu_{ur}}(OCR-1)+\frac{K_0^{nc}POP-\dfrac{\nu_{ur}}{1-\nu_{ur}}POP}{|\sigma'^{0}_{yy}|} \tag{6-27}$$

上式中的 POP 将使得土层中的 K_0 值与应力相关。

需要注意 K_0 值过大或过小时得到的初始应力可能处于破坏状态。对于无黏性材料，当 K_0 满足下式时可避免破坏

$$\frac{1-\sin\varphi}{1+\sin\varphi}<K_0<\frac{1+\sin\varphi}{1-\sin\varphi} \tag{6-28}$$

2. *OCR* 和 *POP*

当使用高级土体模型（土体硬化模型、小应变土体硬化模型、软土模型、软土蠕变模型、修正剑桥模型和关口-太田模型），需要确定初始前期固结应力。工程应用中通常使用竖向前期固结应力 σ_p，但 PLAXIS 2D 需要一个等效各向同性前期固结应力 P_p^{eq} 来确定帽盖型屈服面的初始位置。如果是超固结材料，还需要指定超固结比 *OCR*，即先前达到的最大有效竖向应力 σ_p 与当前原位有效竖向应力的比值 σ'^0_{yy} 如下式所示

$$OCR = \frac{\sigma_p}{\sigma'^0_{yy}} \tag{6-29}$$

除了超固结比 *OCR* 以外，还可以使用预超载压力（Pre-Overburden Pressure，POP）确定初始应力状态，预超载压力定义为

$$POP = |\sigma_p - \sigma'^0_{yy}| \tag{6-30}$$

上述两种指定竖向前期固结应力的方法示意如图 6-32 所示。

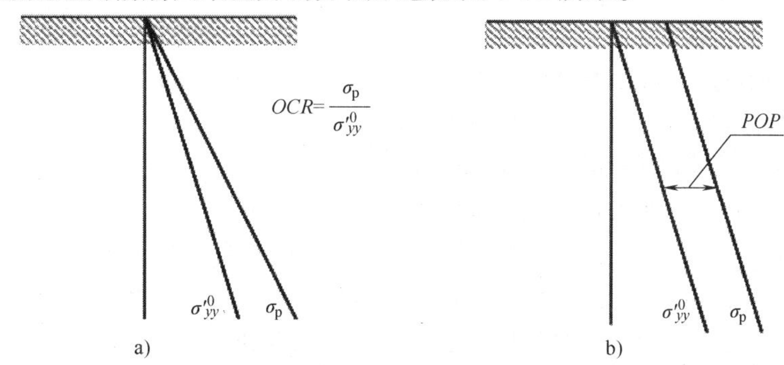

图 6-32　竖向前期固结应力与原位竖向有效应力关系图

a）使用 *OCR*　b）使用 *POP*

前期固结应力 σ_p 用于计算 p_p^{eq}，p_p^{eq} 决定着高级土体模型中帽盖型屈服面的初始位置，P_p^{eq} 基于土体应力状态进行计算，即

$$\sigma'_1 = \sigma_p,\ \sigma'_2 = \sigma'_3 = K_0^{nc}\sigma_p \tag{6-31}$$

式中　K_0^{nc}——正常固结条件下的 K_0 值，默认基于 Jaky 公式计算 $K_0^{nc} \approx 1 - \sin\varphi$，对于高级土体模型也可直接输入 K_0^{nc} 的值。

6.2 不排水行为模拟

在不排水条件下，不会产生水的流动，因此加载后会产生超孔压。适合进行不排水分析的情况有：

1）土体渗透性很差，或加载速度很快。

2）必须评价短期行为。

在 PLAXIS 的“塑性”计算、“安全性”分析或“动力”分析中可以采用多种方式模拟土体不排水行为，具体模拟方法取决于用户选取的“排水类型”参数，下面将简要介绍几种不排水模拟方法。

1. 用有效刚度参数进行不排水有效应力分析

在塑性计算阶段，不排水材料中总平均应力的改变将导致超孔压的产生。PLAXIS 中会区分稳态压力和超孔压，超孔压一般由塑性计算中发生的小体积应变引起，并假定孔隙水的压缩性很小（但不为零）。这样可在不排水塑性计算中确定有效应力，从而可以使用有效刚度参数进行不排水计算。PLAXIS 中的所有材料模型都可以使用这种方法基于有效刚度参数模拟不排水行为。使用有效刚度参数进行不排水计算，可以显式区分有效应力和（超）孔压。

2. 用有效强度参数进行不排水有效应力分析

不排水有效应力分析可以使用有效强度参数 c' 和 φ' 来模拟材料的不排水抗剪强度。在这种情况下，孔压的发展是得到正确的有效应力路径的关键，正确的有效应力路径才会使土体在真实的不排水抗剪强度（c_u 或 s_u）下发生破坏。但应注意到，大多数土体模型在不排水加载过程中都不能提供正确的有效应力路径。因此，如果基于有效强度参数指定材料的强度，将得到错误的不排水强度。另一个问题是，不排水材料的有效强度参数通常难以通过勘察数据获取。

在不排水加载条件下使用有效强度参数的优点是，固结之后抗剪强度会有所增长，当然该增量从数值上而言可能是错误的，原因同上所述。

3. 用不排水强度参数进行不排水有效应力分析

尤其对于软土而言，通常得不到有效强度参数，一般从不排水试验中获得不排水抗剪强度（c_u 或 s_u）。但是，根据不排水抗剪强度确定有效强度参数 c' 和 φ' 并不容易。此外，即使得到了合理的有效强度参数，还需要注意这些有效强度参数在分析中能否提供正确的不排水抗剪强度。由于所用本构模型本身的局限性，在不排水分析中遵循的有效应力路径可能与实际有偏差。

为了能够直接控制材料的抗剪强度，PLAXIS 允许用户直接输入不排水抗剪强度（不排水（B））进行不排水有效应力分析。

提示： 1）“排水类型”设置仅在“塑性”计算、“安全性”分析或“动力”分析中考虑。当进行“固结”分析或“完全流固耦合”分析时，为土体指定的“排水类型”无效，土体响应将由在材料数据库的“渗流参数”选项卡下指定的材料饱和渗透系数来决定。

2）土体不排水行为的模拟要比排水行为的模拟复杂得多，在进行相关分析时应多加注意。

6.2.1 不排水（A）

排水类型“不排水（A）”使用有效刚度参数和有效强度参数模拟不排水行为。“不排水（A）”的特点如下：

1）不排水计算按有效应力分析进行，使用有效刚度参数和有效强度参数。

2）能生成孔压，但可能不准确，取决于所选用的模型和参数。

3）不排水抗剪强度 s_u 不是输入参数，而是本构模型的输出结果，需要根据已知数据核实所得抗剪强度的准确性。

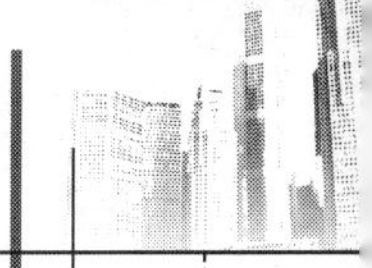

4）不排水计算之后可进行固结分析，这将影响抗剪强度。

以下模型可选用“不排水（A)”：线弹性模型、莫尔-库仑模型、土体硬化模型、小应变土体硬化模型、软土模型、软土蠕变模型、修正剑桥模型和用户自定义模型。

6.2.2 不排水（B）

排水类型“不排水（B)”使用有效刚度参数和不排水强度参数模拟不排水行为。“不排水（B)”的特点如下：

1）不排水计算按有效应力分析执行。

2）使用有效刚度参数和不排水强度参数。

3）能生成孔压，但可能非常不准确。

4）不排水抗剪强度 s_u 为输入参数。

5）不排水计算之后不建议进行固结分析。如果一定要进行固结分析，需要更新 s_u。

“不排水（B)”类型可用于下述模型：莫尔-库仑模型、土体硬化模型、小应变土体硬化模型和 NGI-ADP 模型。注意，在土体硬化模型或小应变土体硬化模型中使用“不排水（B)”时，模型中的刚度模量不再是应力相关的，且模型不再具有压缩硬化特性。

6.2.3 不排水（C）

排水类型“不排水（C)”使用不排水参数进行总应力分析，模拟不排水行为。这种情况下，使用不排水弹性模量 E_u 和不排水泊松比 ν_u 模拟刚度，用不排水抗剪强度 c_u（s_u）和 $\varphi=\varphi_u=0°$模拟强度。通常将不排水泊松比取为接近 0.5 的数值（一般取 0.495 ~ 0.499)，但泊松比不能等于 0.5，以免引起刚度矩阵奇异。该方法的缺点是没有区分有效应力和孔压，因此所有有效应力相关的输出结果应该视为总应力，且所有孔压等于 0。注意，直接输入不排水抗剪强度，抗剪强度不会随固结而自动增大。“不排水（C)”的特点如下：

1）不排水计算按总应力分析执行。

2）使用不排水刚度参数和不排水强度参数。

3）不会产生孔压。

4）不排水剪切强度 s_u 为输入参数。

5）固结分析无效，因此不应执行固结分析；如果一定要进行固结分析，需更新 s_u。

“不排水（C)”可用于线弹性模型、莫尔-库仑模型和 NGI-ADP 模型。

提示： 对于“不排水（B)”和“不排水（C)”，可使用高级参数 $s_{u,inc}$ 模拟抗剪强度随深度的增加。

6.3 土工试验模拟

PLAXIS 2D 中的“土工试验”工具是基于单质点算法来模拟基本土工试验的一个快捷程序，无须建立完整的有限元模型。利用“土工试验”可对土体本构模型描述的土体行为与现场勘察得到的土工试验数据描述的土体行为进行比较，并且可以对模型参数进行优化，从而使模型结果最大限度地接近勘察试验数据。“土工试验”功能可用于任意土体模型，包括程序内置的标准土体模型和用户自定义模型。

“土工试验”可以在“材料数据组”对话框里启动（见图 6-33），也可以在“土体”参数定义窗口下启动。

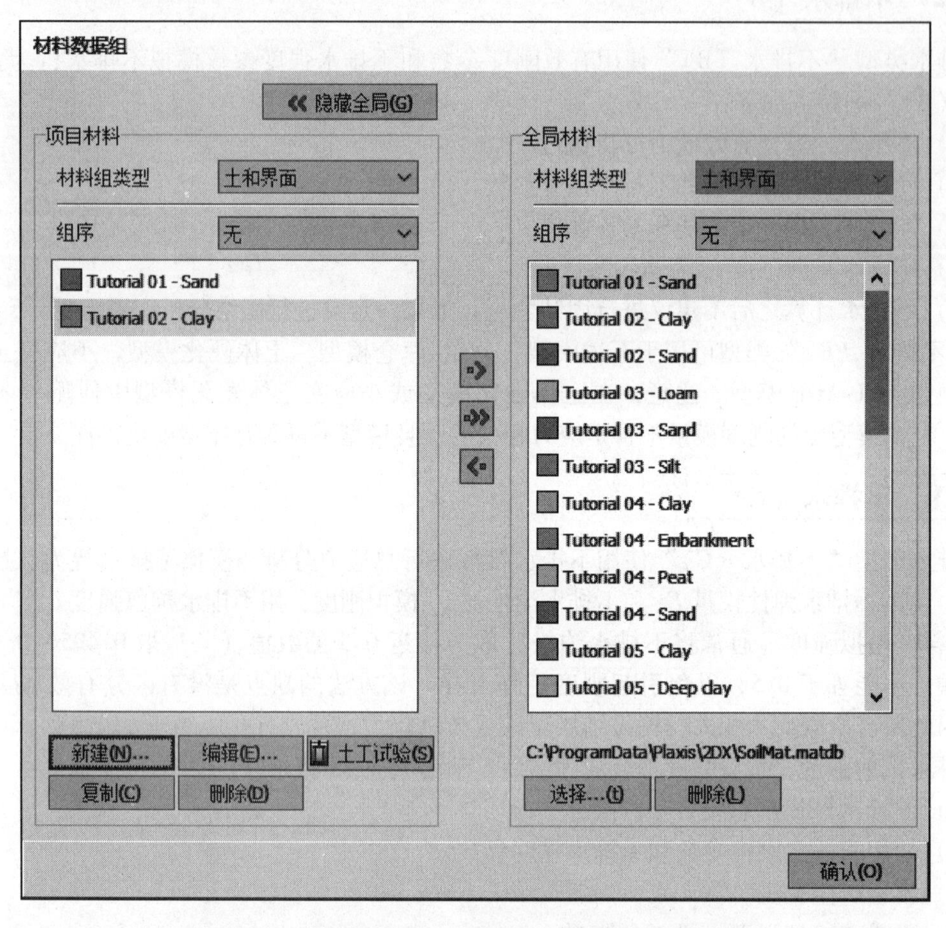

图 6-33　“材料数据组”对话框显示项目和全局数据库

单击相应按钮启动“土工试验”，程序界面如图 6-34 所示，现对各项组成部分介绍如下。

1. 菜单栏

菜单栏包括以下内容：

1）“文件”菜单：可打开、保存或关闭试验数据文件（*. vlt）。

2）“试验”菜单：可选择将要模拟的试验类型，包括三轴试验、固结试验、CRS 试验、DSS 试验和常规三轴试验。

3）“结果”菜单：可选择要显示的图表。

2. 工具栏

工具栏中的按钮可用于载入、保存或运行土工试验结果，可以打开“土工试验”的“设置”窗口对结果进行配置，还包括参数优化功能。

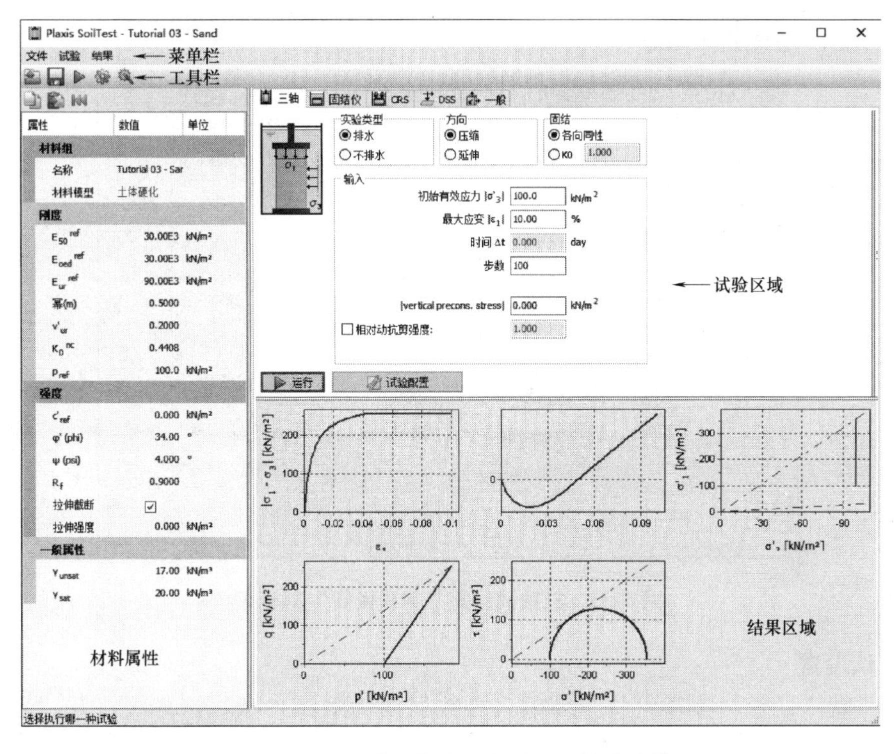

图 6-34 “土工试验”窗口中排水三轴试验输入

3. 材料属性

“材料属性”框显示当前试验材料的名称、材料模型和参数。可以在此调整参数以得到与实际试验一致的结果，可以将修改后的参数组复制到材料数据库中，操作方法如下：

1）在“材料属性”框中单击“复制材料”按钮“”。

2）在程序中打开“材料数据组”对话框，选择相应的材料数据组或“新建”材料组。

3）在“土体”窗口中单击“粘贴材料”按钮“”，将调整好的参数复制到材料数据组中。反过来，也可以用同样的方式将材料数据从材料数据库复制到“土工试验”。

4. 试验区域

在试验区域中定义试验类型和试验条件，试验类型包括：三轴、固结、CRS、DSS和一般试验类型，单击相应选项卡后即可定义相应试验类型的试验条件。详细描述见下节内容。

5. 运行

单击“运行”按钮开始执行当前所选的试验。计算结束后，窗口结果区域中将显示试验结果。

6. 试验配置

“试验配置”按钮可用来添加、管理不同的土工试验配置。“试验配置”包括试验类型和输入参数等信息。单击“试验配置”按钮会弹出相应菜单，可选择“保存”或“管理”，选择“保存”后可保存试验配置；“管理”选项用来管理可用的试验配置，选择“管理”后，将弹出“管理配置”对话框。注意，对话框标题表明了配置所属试验类型（见图6-35）。配置文件的名称和存放位置分别显示在“管理配置”对话框下部的文件名和路径处。

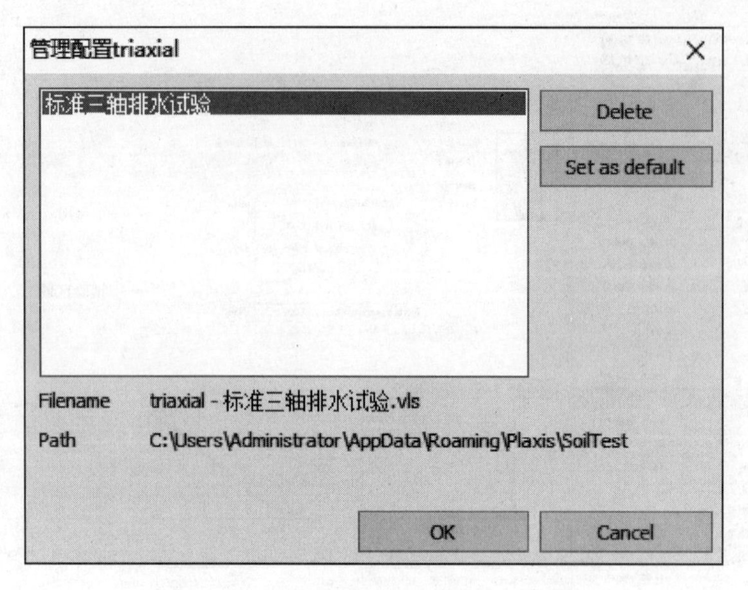

图 6-35　三轴试验的“管理配置”对话框

7. 默认设置

单击“默认设置”按钮可将当前输入参数保存为默认参数。当再次打开“土工实验”窗口时，这些参数将作为初始参数。

8. 载入试验

从“文件”菜单下可打开先前保存过且与当前所选类型相同的试验，在相应试验类型选项卡下的右侧会显示“载入试验”窗口并列出载入的所有试验。所有载入的试验结果将和当前试验结果一起显示出来。“载入试验”窗口中的“删除”按钮可以用来删除载入试验列表中的试验，但不会删除硬盘中的土工试验文件（*. vlt）。

9. 结果

土工试验的执行结果将根据程序预定义的图表显示在窗口下方的结果区域中。

6.3.1　三轴试验

在“三轴”选项卡下可以定义不同条件的三轴试验。在指定试验条件之前需先选择三轴试验类型。

1. 三轴试验选项

1）排水、不排水三轴试验。后者假定不排水土体条件和零排水［类似于“排水类型”设置为“不排水（A）”或“不排水（B）”］，与材料数据组中设置的排水类型无关。

2）三轴压缩、三轴拉伸试验。前者轴向荷载是增加的，后者轴向荷载是减小的。

3）各向同性固结/K_0 固结试验。后者得到的 K_0 值（水平应力与轴向应力的比）可用于设置初始应力状态。

2. 三轴试验条件

三轴试验可以定义下述试验条件：

1）初始有效应力（围压）$|\sigma'_3|$。围压的绝对值以应力单位输入，这是设置的初始应力状态。在 K_0 固结试验中，该值代表初始水平应力 σ^3；初始垂直应力为 σ_1，定义为 σ^3/K_0。

2）最大应变$|\varepsilon_1|$。最后一个计算步完成后轴向应变达到的绝对值。

3）时间Δt。时间增量（只与时间相关模型有关，不考虑固结）。

4）计算步数。计算中将执行的计算步数。

5）竖向前期固结应力。土体受到的竖向前期固结应力。如果土体处于正常固结状态，该值应该设置为等效初始应力状态（围压）或保持为0。程序基于K_0^{nc}加载路径，根据竖向前期固结应力来计算各向同性前期固结应力。该选项仅适用于高级土体模型。

6）相对动抗剪强度。该选项仅适用于HS模型和HSS模型，用以设置初始剪切硬化界限，该值必须介于0（各向等压状态）和1（破坏状态）之间。

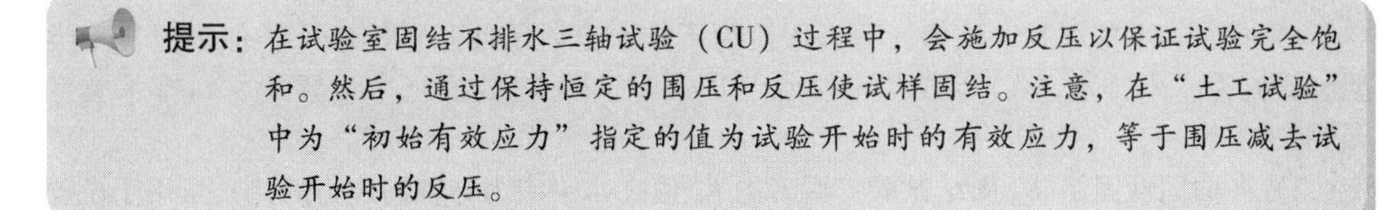
提示：在试验室固结不排水三轴试验（CU）过程中，会施加反压以保证试验完全饱和。然后，通过保持恒定的围压和反压使试样固结。注意，在“土工试验”中为“初始有效应力”指定的值为试验开始时的有效应力，等于围压减去试验开始时的反压。

6.3.2 固结试验

“固结试验”选项卡下可以定义单轴压缩试验（固结试验），可用选项有：

1）竖向前期固结应力。该参数表示土体曾经受到的竖向前期固结压力。如果土是正常固结的，该值应该等于初始应力状态，即为零。程序基于K_0^{nc}加载路径，根据竖向前期固结应力来计算各向同性前期固结应力。该选项仅可用于高级土体模型。

2）相对动抗剪强度。该选项仅适用于HS模型和HSS模型，用以设置初始剪切硬化界限。该值必须介于0（各向等压状态）和1（破坏状态）之间。

3）阶段。此处列出固结试验的不同阶段，可为每一个阶段定义“持续时间”、竖向“应力增量”和“计算步数”。初始应力状态假设为无应力状态，给定的应力增量将在执行完指定的计算步数时达到。负应力增量表示压缩，正应力增量表示卸载或者拉伸。如果需要施加一段时间的恒载，将该阶段应力增量设置为零即可。

4）添加。在所有阶段后面增加一个新的阶段。

5）插入。在当前选中的阶段前面插入一个阶段。

6）删除。删除当前选中的阶段。

6.3.3 等应变率压缩试验（CRS）

“CRS”选项卡下可以定义一个恒定应变率的压缩试验，可用选项有：

1）竖向前期固结应力。该参数表示土体曾经受到的竖向前期固结应力。如果土是正常固结的，该值应该等于初始应力状态，即为零。程序基于K_0^{nc}加载路径，根据竖向前期固结应力来计算各向同性前期固结应力。该选项仅适用于高级土体模型。

2）相对动抗剪强度。该选项仅适用于HS模型和HSS模型，用以设置初始剪切硬化界限。该值必须介于0（各向等压状态）和1（破坏状态）之间。

3）阶段。此处列出CRS试验的各个阶段，可为每一个阶段定义一个“持续时间”（时间单位）、竖向“应变增量”（以%表示）和“计算步数”。初始状态假设为无应力状态。

给定的应变增量将在执行完指定的计算步数时达到。负应变增量表示压缩，正应变增量表示卸载或者拉伸。如果某段时间无应变，可将该阶段应变增量输入零。

4）增加。在所有阶段后面增加一个新的阶段。

5）插入。在当前选中的阶段前面插入一个阶段。

6）删除。删除当前选中的阶段。

6.3.4 直接剪切试验（DSS）

“DSS”选项卡下可以定义直剪试验，先选择试验选项，然后指定试验条件。

1. DSS 选项

1）排水、不排水 DSS 试验：后者假设为不排水土体条件和零排水［类似于“排水类型”设置为“不排水（A）”或“不排水（B）”］，与材料数据组中设置的材料排水类型无关。

2）各向同性固结/K_0 固结试验：后者的 K_0 值（水平应力与轴向应力的比）可用于设置初始应力状态。

2. DSS 条件

可以定义如下试验条件：

1）竖向前期固结应力。该参数表示土体曾经受到的竖向前期固结应力。如果土是正常固结的，该值应该等于初始应力状态，即为零。程序基于 K_0^{nc} 加载路径，根据竖向前期固结应力来计算各向同性前期固结应力。该选项仅适用于高级土体模型。

2）相对动抗剪强度。该选项仅适用于 HS 模型和 HSS 模型，用以设置初始剪切硬化界限。该值必须介于 0（各向等压状态）和 1（破坏状态）之间。

3）初始应力 $|\sigma_{yy}|$。初始竖向应力的绝对值，以应力为单位。在各向同性固结试验中，初始水平应力等于初始竖向应力。在 K_0 固结试验中，初始水平应力等于 $K_0\sigma_{yy}$。

4）时间 Δt。时间增量（仅与时间相关模型有关，不考虑固结）。

5）计算步数。计算中将执行的计算步数。

6）最大剪应变 $|\gamma_{xy}|$。设定的最大剪应变值（以% 输入）将在最后一个计算步中达到。

6.3.5 一般

“一般”选项卡下可以定义任意应力和应变条件，可用选项如下：

1）试验类型。“排水”或“不排水”。

2）竖向前期固结应力。该参数表示土体曾经受到的竖向前期固结应力。如果土是正常固结的，该值应该等于初始应力状态，即为零。程序基于 K_0^{nc} 加载路径，根据竖向前期固结应力来计算各向同性前期固结应力。该选项仅适用于高级土体模型。

3）相对动抗剪强度。该选项仅适用于 HS 模型和 HSS 模型，可以设置初始剪切硬化的界限。该值必须介于 0（各向应力状态）和 1（失效状态）之间。

4）阶段。此处列出初始应力条件和后续阶段的应力、应变条件。初始阶段中必须定义清楚每个方向的应力或者应变的增量（施加到所有阶段中）。每一个阶段定义一个持续时间和一个含有应力增量或者应变增量的计算步数。给定的应变增量或者应力增量将在运算完给

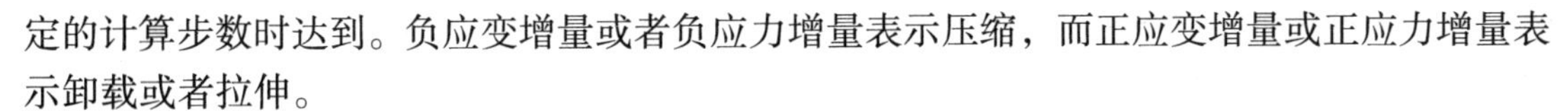

定的计算步数时达到。负应变增量或者负应力增量表示压缩，而正应变增量或正应力增量表示卸载或者拉伸。

5）增加。在所有阶段后面增加一个新的阶段。

6）插入。在当前选中的阶段前面插入一个阶段。

7）删除。删除当前选中的阶段。

6.3.6 结果

土工试验计算完成后，试验区域下方的结果区域会给出若干程序预定义的图表来显示当前试验的典型结果。双击图表会弹出独立窗口放大显示该曲线图（见图6-36）。在这个图表窗口中会放大显示所选曲线以及曲线的数据点表格，在曲线上单击还会自动绘制该点处的切线和割线并给出相应数值。单击“复制”按钮，在下拉菜单选择相应选项，可以将曲线图或曲线点数据复制到剪切板。

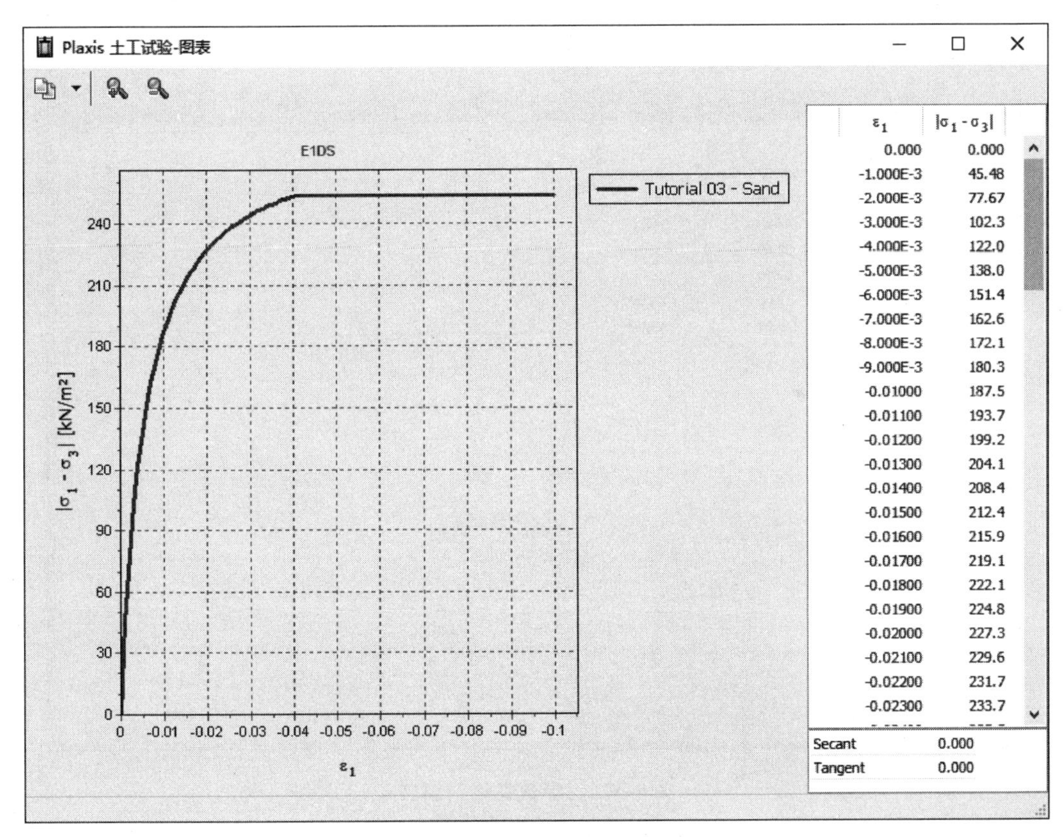

图6-36 结果图表

利用鼠标左键可以局部缩放视图。在曲线图中按住并拖动鼠标左键能够将拖动范围内的曲线进行局部放大或缩小。从左上角向右下角拖动鼠标可以局部放大曲线；反之，如果从右下角拖动到左上角则可以缩小视图。单击工具栏上的缩小按钮“🔍”可以重置视图。滚动鼠标滚轮也可以缩放视图，按住鼠标滚轮并拖动鼠标可以平移视图。

在曲线上某点单击鼠标左键，将会以虚线显示通过该点的切线和割线，对应的切线和割线值列于曲线数据点列表之下。例如可据此从应力-应变曲线反算出刚度参数。

提示： 如图6-30所示曲线图中默认以虚线表示破坏线。在考虑偏应力 q 的曲线中，破坏线通常对应压缩点。

6.3.7 参数优化

PLAXIS 2D 的“土工试验”工具除了可以模拟上述常规土工试验之外，还可用于优化模型参数以使得模型结果与实际土工试验结果最大程度上相符。单击“土工试验”窗口工具栏中的“参数优化”按钮“”，弹出“参数优化”窗口，窗口顶部列出与参数优化过程的各个步骤相对应的各个选项卡（见图6-37）。默认激活第一个选项卡（选择参数）。

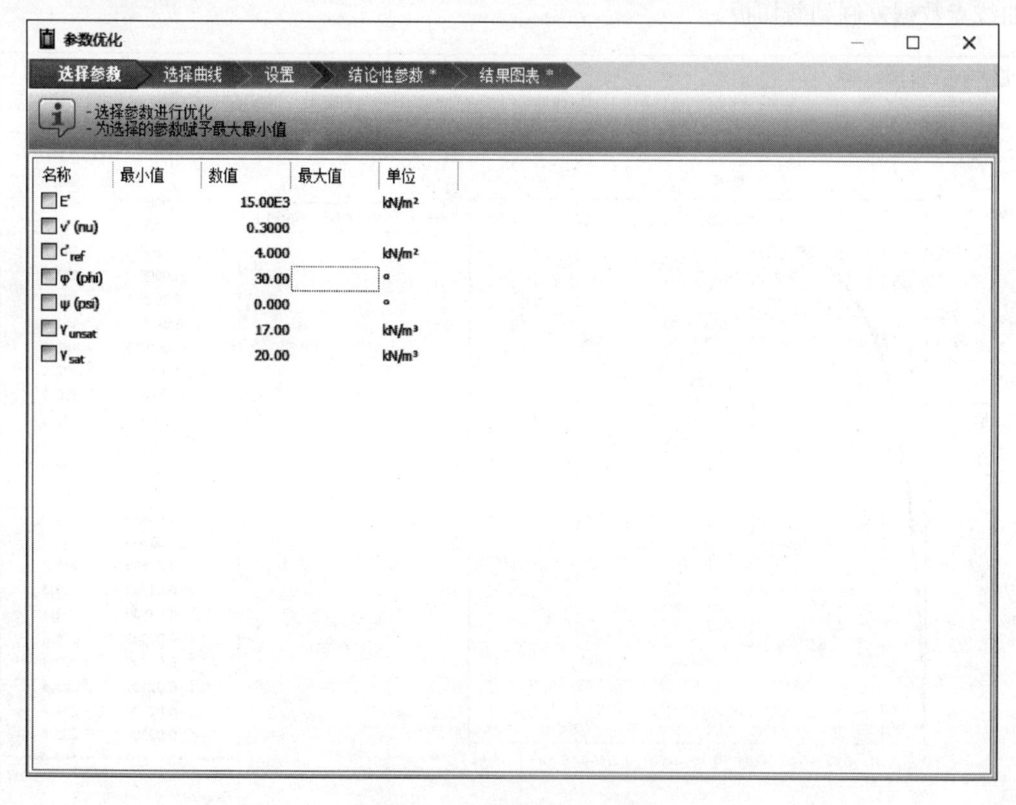

图6-37 “参数优化”窗口

1. 选择参数

“选择参数”选项卡下会列出选择的材料数据组中可参与优化过程的参数，可选中待优化参数前面的复选框（见图6-38）。选中的参数越多，优化过程所需时间就越长。要对选中的参数指定最大值与最小值，优化算法会在该范围内搜索最优值。如果最终得到的最优值恰好等于设定的最大值或最小值，则实际的最优值有可能在指定范围之外。

注意，选择的参数可能只影响试验的某一部分。例如，当考虑三轴试验时，试验曲线的初始部分由刚度参数（如 E_{50}）控制，而曲线的最后部分由强度参数（如 φ'）控制。为得到最佳拟合结果，应分别对两参数单独进行优化，即使用曲线起始段进行刚度参数优化，使用末尾段进行强度参数优化，同时固定之前优化得到的刚度参数值。

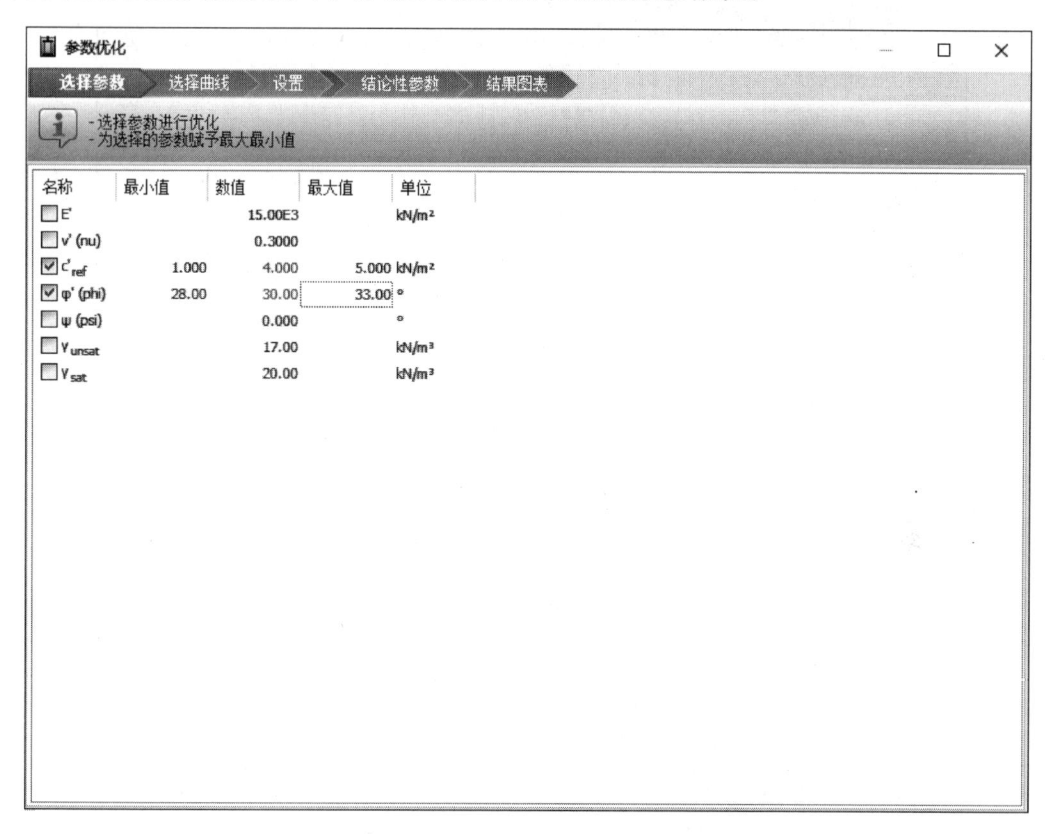

图6-38 “选择参数”选项卡下的参数选择

2. 选择曲线

“选择曲线”选项卡下可以选择和上载实际土工试验数据及其相应试验条件。另外，拟合试验数据也可用于其他 PLAXIS 土工试验结果中。例如，可用该方法根据 HS 模型试验结果来优化 MC 模型参数。

初始情况下，该选项卡下会列出5个标准试验类型（三轴试验、固结试验、CRS 试验、DSS 试验、常规试验），可对每个试验类型定义不同的试验条件以便在优化过程中予以考虑。每个试验类型的试验条件默认为“当前模型试验（Current model test）”，其中包括了之前为该试验定义的试验条件（见图6-39）。

对每类试验除了默认的“Current model test”试验条件之外，还可以自定义新的试验条件。在试验类型列表中单击某个试验类型的名称，然后单击“新建试验配置”选项“”，将在选中试验目录下引入一个名为“自定义#（Custom #）”（“#”表示自定义试验条件的编号，以1，2，3，…表示）的试验条件，在其对应的右侧面板中可定义其试验条件（见图6-40）。

对于“Current model test”和“Custom #”都需要利用“输入曲线”选项“”选择并上载相应的试验数据。如果试验数据存储在 PLAXIS 土工试验格式的文件（<test>. vlt）中，可以连同试验条件一起载入试验数据。

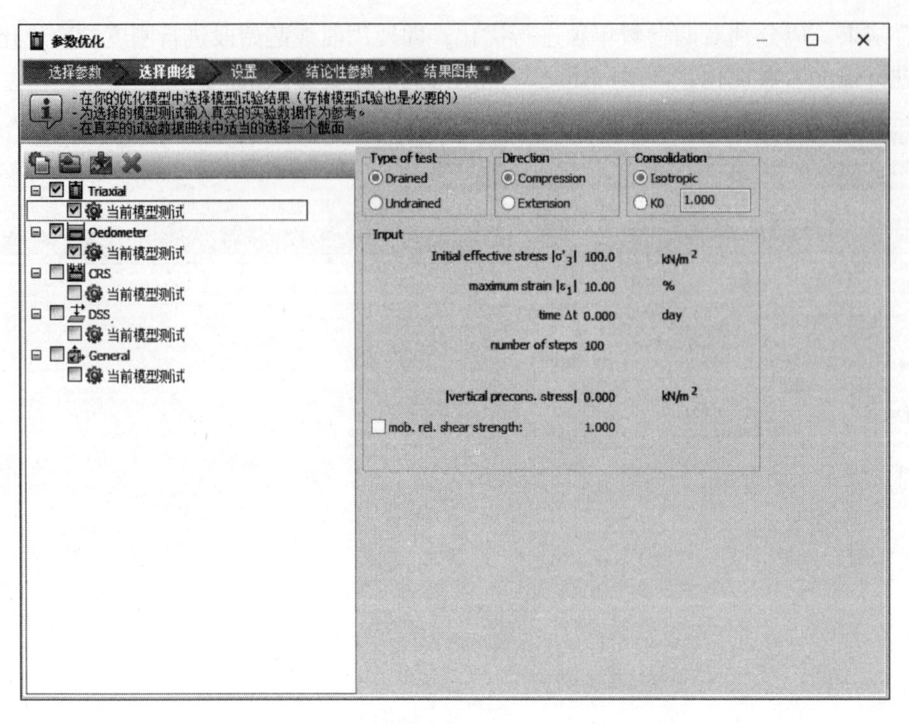

图 6-39 “选择曲线”选项卡下的试验曲线选择

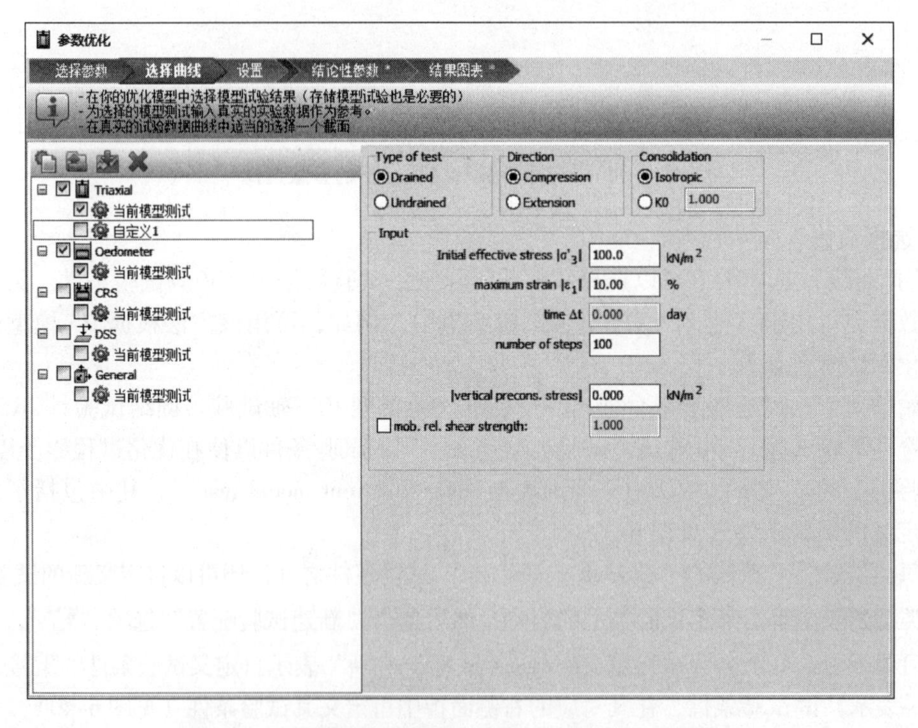

图 6-40 “选择曲线”选项卡下的“自定义”试验定义

有如下几种方法可用于定义试验条件和选择外部试验数据：

1）如果试验数据与某个当前试验条件相符，则应在目录树中单击该试验条件的名称，然后单击“输入曲线”选项载入试验数据（见图6-41）。试验数据应作为两列存储在文本文件（<data. txt>）中，数据分隔符可以是空格、换行、逗点、冒号、分行或任意字符，在“导入试验数据（Import test data）”窗口顶部应声明分隔符的类型。每列数值的意义需要在该列底部的下拉列表中选择，可以表示应力、应变等多种变量。此外，试验数据的基本单位也需要从“单位”选项组的相应下拉列表框中选择。设置好后单击“确认”按钮，程序会读入数据并绘出曲线，曲线列于“Current model test”目录下。

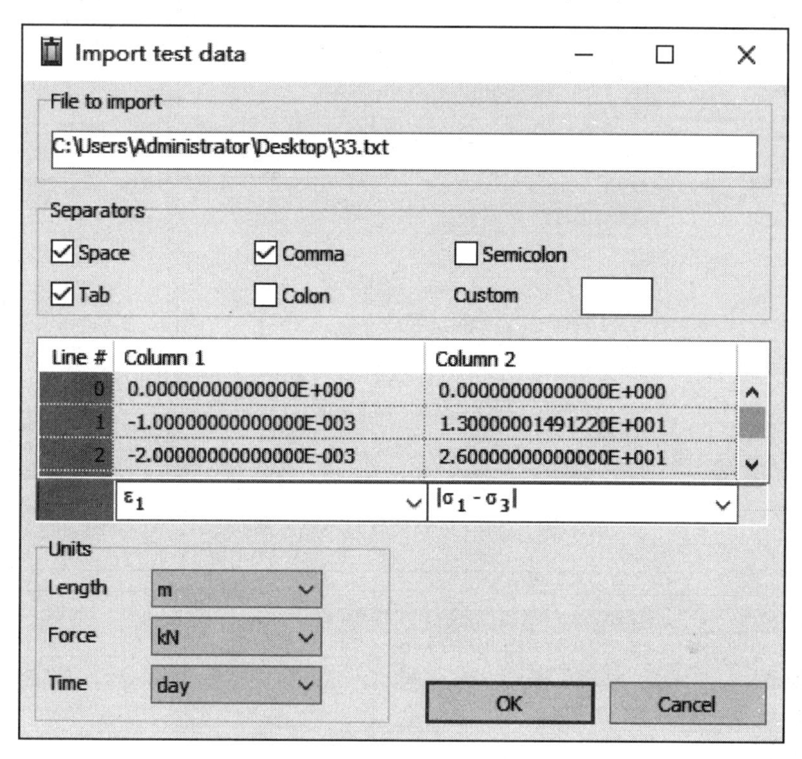

图6-41 “导入试验数据”窗口

2）如果当前模型试验条件中没有与试验数据相符的，则需新建一个自定义试验条件。先选择恰当的试验类型，单击“新建试验配置”按钮“ ”，在右侧面板中为要载入的数据定义试验条件。然后，利用“输入曲线”选项“ ”上载试验数据。试验数据应作为两列存储在文本文件（<data. txt>）中，数据分隔符可以是空格、换行、逗点、冒号、分行或任意字符。每列数值的意义需要在该列底部的下拉列表中选择，试验数据的基本单位也需要从“单位”选项组下拉列表框中选择。设置完成后单击“确认”，程序会读入数据并绘出曲线，曲线列于“Custom #”目录下（见图6-42）。

3）如果试验数据与试验条件都存储在PLAXIS土工试验格式的文件中（<test>. vlt），可单击“打开文件”选项“ ”，选择一个PLAXIS土工试验文件。打开土工试验文件后会在相应试验类型目录下列出文件中的试验条件，试验条件目录下则列出文件中的试验数据曲线（见图6-43）。将当前模型参数与之前用PLAXIS 2D“土工试验”生成并存储于<test>. vlt格式文件中的数据进行拟合之时可使用该选项。

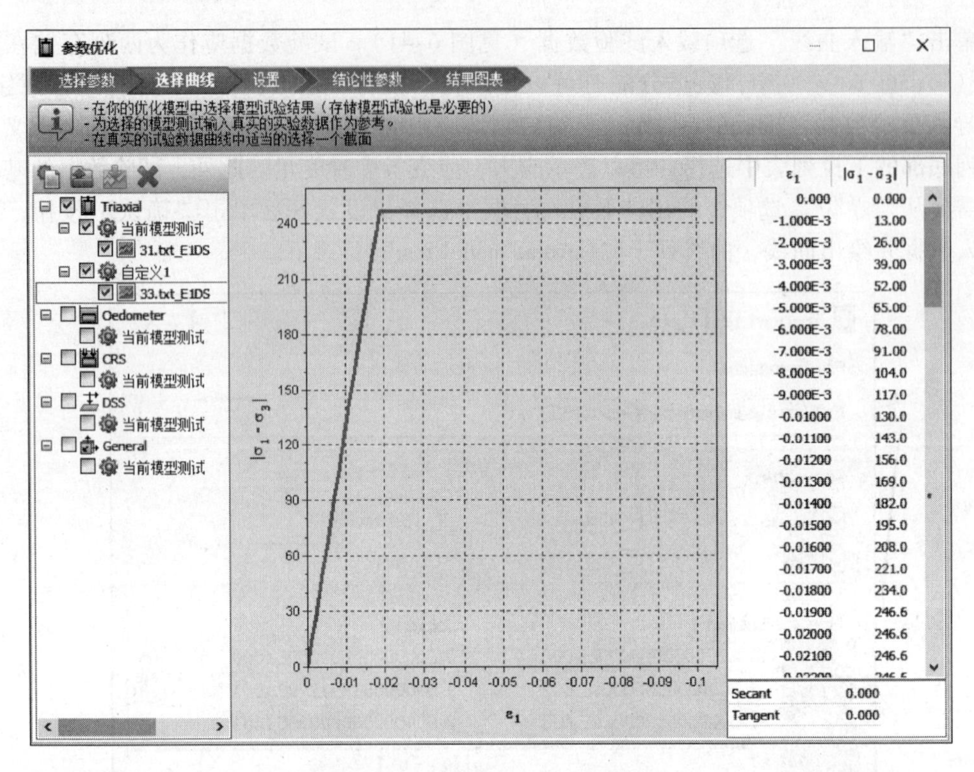

图 6-42 显示导入的试验曲线

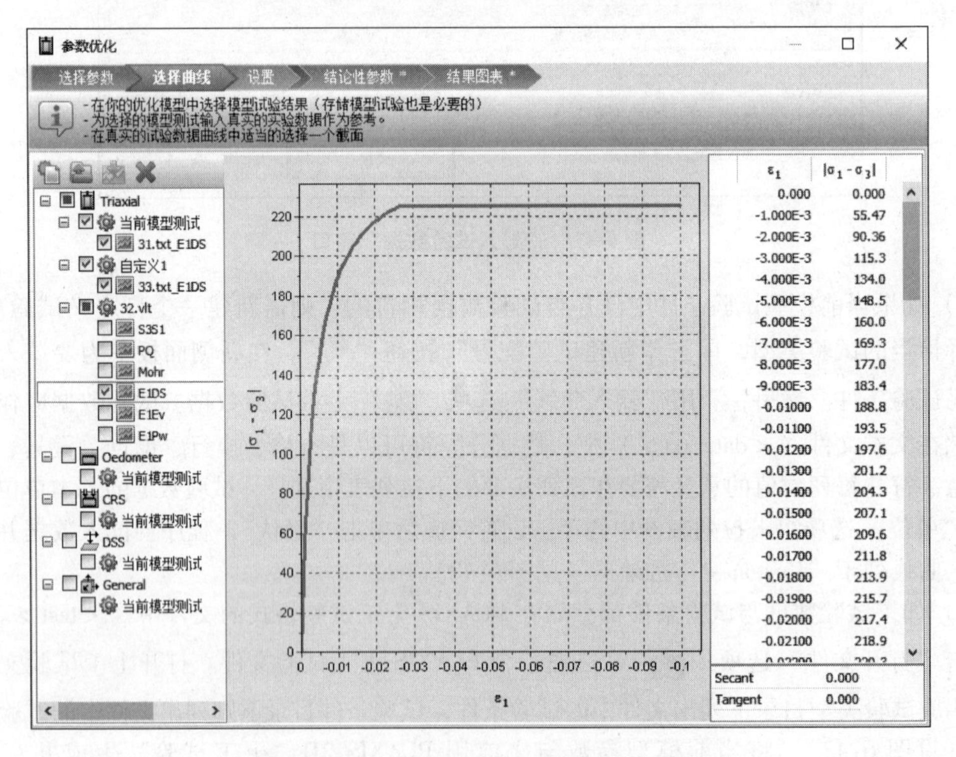

图 6-43 导入 PLAXIS 2D“土工试验”数据

提示： 1）当在土工试验目录树中选择代表试验条件的某一行后，在右侧面板中会显示对应的试验条件。

2）当在土工试验目录树中选择代表试验数据的某一行后，在右侧图框中会显示对应的曲线，图框右侧会显示对应的数据点列表。

3）从曲线图右侧的数据列表中可选择用于优化过程的试验数据，可按住〈Shift〉键选择某个范围的数据，或按住〈Ctrl〉键选择多个单个数据。选中的数据对应的曲线段会显示为“粗”线，而未选中的数据对应的曲线会显示为“细”线。

4）在试验条件或试验数据目录树中选择某一行，然后单击工具栏中的红色叉号“✖”，可以删除该行。

5）所有将在优化过程中使用的试验数据都需在土工试验目录树中选中其相应行前面的复选框来选中，对应的试验条件会自动选中。

3. 多个阶段

当用PLAXIS 2D“土工试验”模拟固结（Oedometer）、CRS或常规（General）土工试验时可以包括多个阶段，但是进行参数优化时一次只能针对一个阶段。因此，导入试验数据后，需要从试验数据曲线上方的下拉菜单列表中选择要优化的计算阶段。这样可对固结试验的第一个阶段（加载）进行主加载刚度优化，对第二个阶段（卸载）可进行卸载刚度优化。

4. 设置

“设置”选项卡下可选择优化过程的精确性（见图6-44）。有三种搜索密度：粗糙但快速（Coarse and quick）、中等（Moderate）、精细（Thorough）。另外还可以设置搜索算法的相对误差，默认值为1.000E－3。注意，优化越严格，结果越精确，同时所需的计算时间也越多。计算时长还取决于在“选择参数”选项卡下选中的优化参数的个数。

5. 结论性参数

“结论性参数（Resulting parameters）”选项卡下显示对选中试验数据达到最佳拟合效果的参数最优值，以及参数的最大、最小值，还有材料数据组的参考值（见图6-45）。如果最优值等于之前设定的最小值或最大值，那么实际的最优值有可能会在指定的范围之外。最后一列给出选中参数的敏感度。如果敏感度为100%，则意味着该参数对模拟试验结果影响很大，如果敏感度很低则表示该参数对模拟试验结果影响很小。注意，较低的敏感度同时意味着该试验可能并不适于优化该参数，因而给出的最优值也可能并不准确。因此，最好是针对不同参数选取相关的试验数据曲线段来分别进行单独优化，而不要基于整条数据曲线对多个参数进行一次性优化。

按钮“⏏”可用于将优化参数复制到材料数据组中，应在适当确认优化参数确实优于有限元模型材料数据组中的原始参数之后再进行复制。

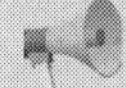

提示： 室内土工试验参数的优化结果对于在有限元模型中的实际应用可能并不是最优的。

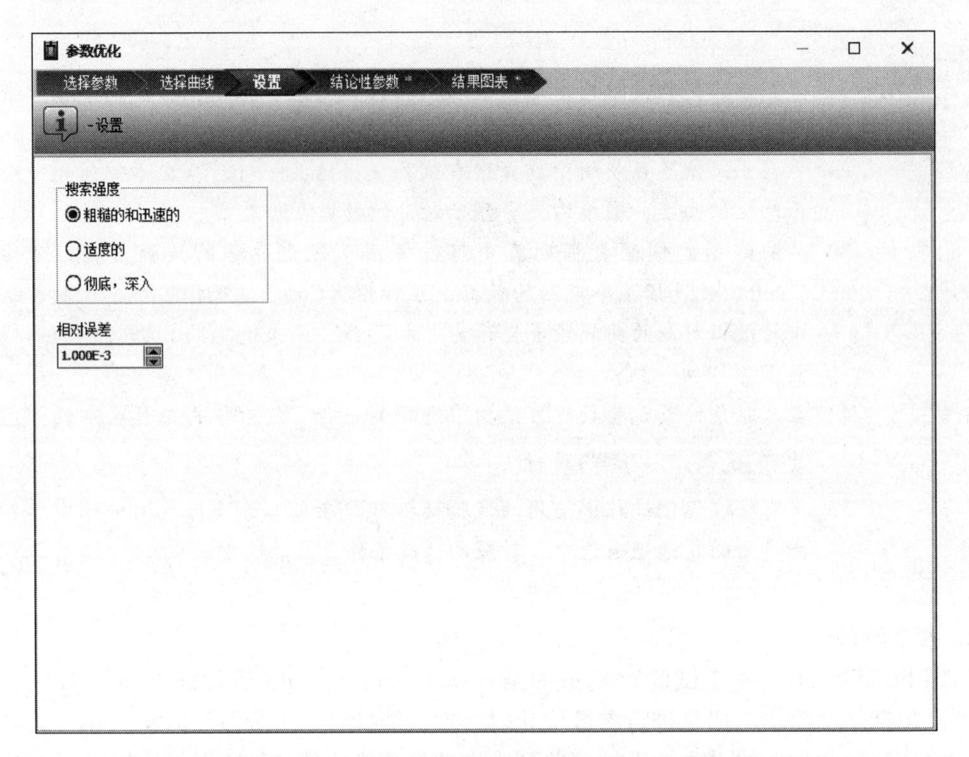

图 6-44 “设置”窗口

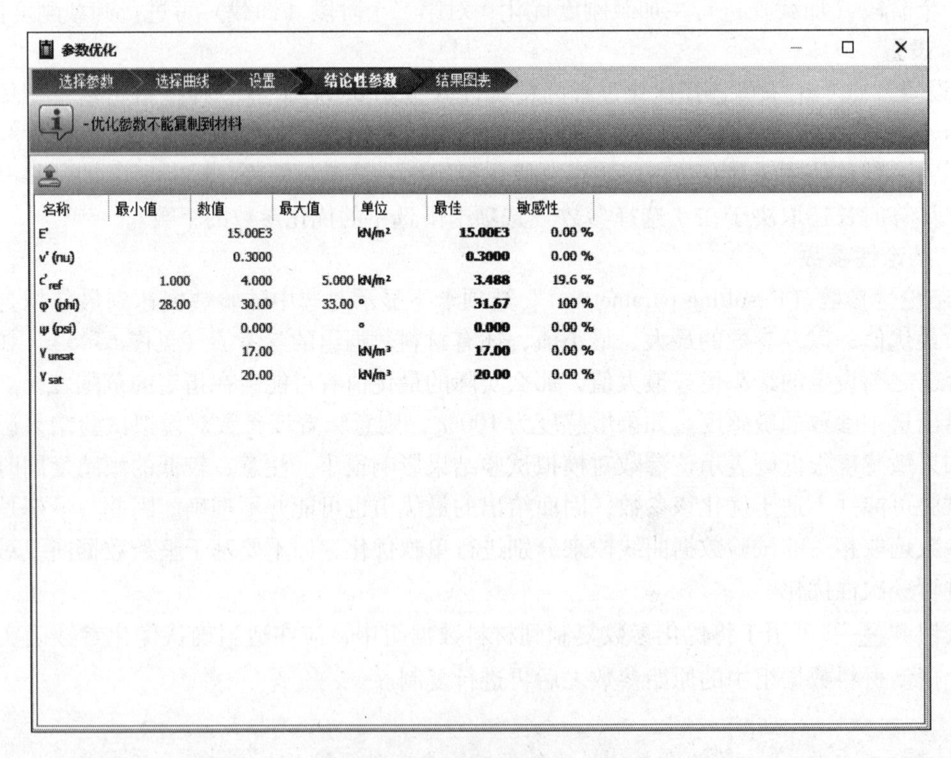

图 6-45 “结论性参数”窗口

6. 结果图表

“结果图表（Resulting charts）”选项卡下会显示出选定试验的结果（见图6-46）。对于每个试验给出三组曲线：

1）优化目标（Optimisation target）。该曲线表示上载的试验数据。

2）优化结果（Optimisation results）。该曲线表示最优参数的模拟结果。

3）参照模拟（Reference simulation）。该曲线表示原始参数的模拟结果。它在优化过程中没有意义，主要是给出已有材料数据组与上载的试验数据在选定试验条件下不进行优化时的相符程度好坏。

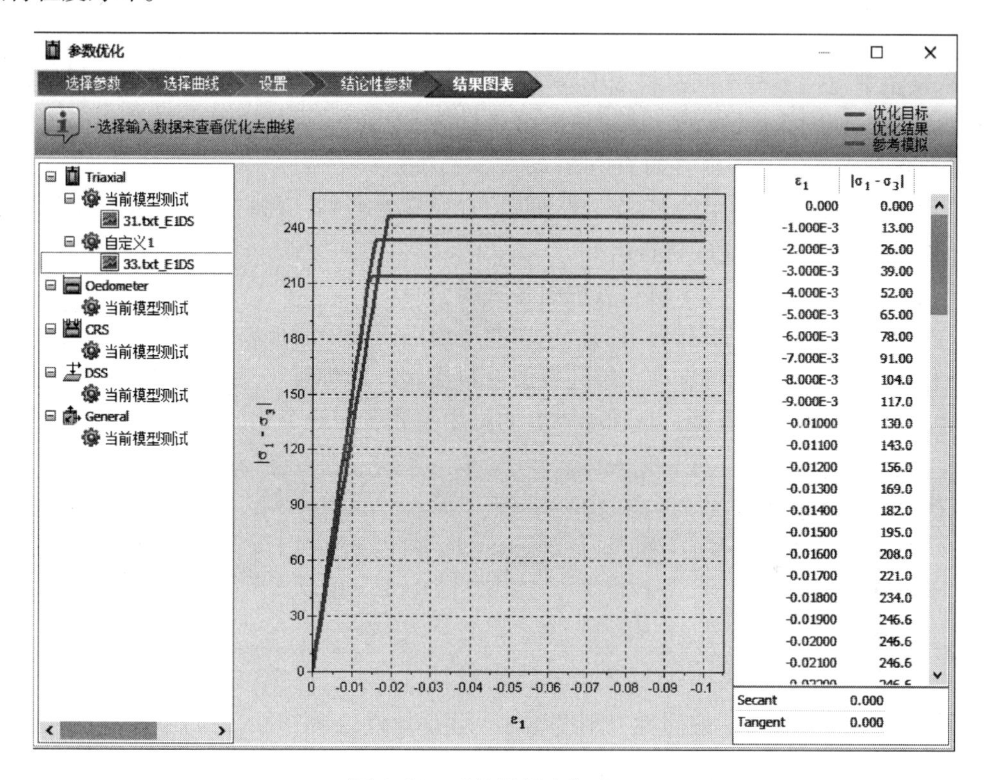

图6-46 “结果图表”窗口

7. 局限

应当注意到，室内土工试验参数的优化结果对于在有限元模型中的实际应用可能并不是最优的。这是因为实际的有限元模型应用中可能涉及的应力水平、应力路径、应变水平等可能与土工试验中的有明显不同。

另外，PLAXIS 2D 的参数优化工具有如下局限：

1）不能自动优化包含多个阶段（如加载、卸载阶段）的试验数据曲线。这样的曲线应分段上载，并分别对各段曲线进行优化。

2）优化过程本身是一个数值计算过程，可能包含数值误差。用户应自行核查优化结果并确保对优化模型参数的合理应用。PLAXIS 2D 的参数优化基于曲线拟合，不能对形如 p-q 平面上的破坏轨迹进行拟合，因此无法从 p-q 图中寻得最优摩擦角或最优黏聚力。

6.4 板材料数据组

除了“土和界面”材料数据组外，板单元的材料属性和模型参数也作为单独的材料数据组输入。板单元用于模拟纤薄墙体、板或薄壳。板单元可以模拟弹性、理想弹塑性和非线性弹塑性 M-κ 行为。板材料数据组一般代表某种材料或某种断面形状的板，可指定给几何模型中的相应板单元。

6.4.1 材料组

如果模型中包括多种不同材料或不同尺寸的板，可相应定义多个板数据组。板单元的材料数据组对话框如图6-47所示，该对话框由“材料组”和“属性”两个选项卡组成，其中“材料组”选项卡下定义的内容如下：

1）名称。可指定数据组的名称，建议使用有意义的名称，在材料数据库目录树中会以材料数据组的名称显示不同的材料组。

2）注释。用户可输入与本材料数据组相关的说明。

3）颜色。用户可指定板材料组的颜色以便于识别模型中的板单元。

4）材料类型。有三个可选项，描述板的材料类型，即弹性、理想弹塑性和非线性弹塑性 M-κ。选择不同的材料类型，选项卡下方的可用参数会相应变化。

提示： PLAXIS 官网的知识库（Knowledge base）一栏下提供了为板桩墙预定义的材料数据组，搜索“Material parameter data sets for sheet piles and beams”即可。

6.4.2 属性

板单元的属性可分为一般属性、刚度属性、强度属性（弹塑性行为）和动力属性。

1. 各向同性

可以考虑平面内和平面外不同刚度，后者适用于在轴对称模型中模拟板桩墙剖面（在平面外方向上刚度较低）。如果两个方向上刚度相等，可以选择“各向同性”选项。

2. 板端承载力

作用在结构（如墙体）上的竖向荷载实际由侧摩阻力和端阻力来承受，其中一部分承载力由结构端部下方土体提供，与结构端部的厚度或者截面面积有关。

板单元常用来模拟薄而长的结构。由于板单元为零厚度单元，所以竖直的板单元（如墙）没有端承载力。在板单元材料数据组中选择相应选项后，就可以在计算中考虑板端承载力，板底端周围一定范围内土体会被视为弹性区，该弹性区大小定义为：$D_{eq}=\sqrt{12EI/EA}$。实际承载力由板底端土体属性决定。

3. 一般属性

板的一般属性包括：

1）d。板的（等效）厚度（单位长度），会根据轴向刚度 EA 和抗弯刚度 EI 之比自动计算。

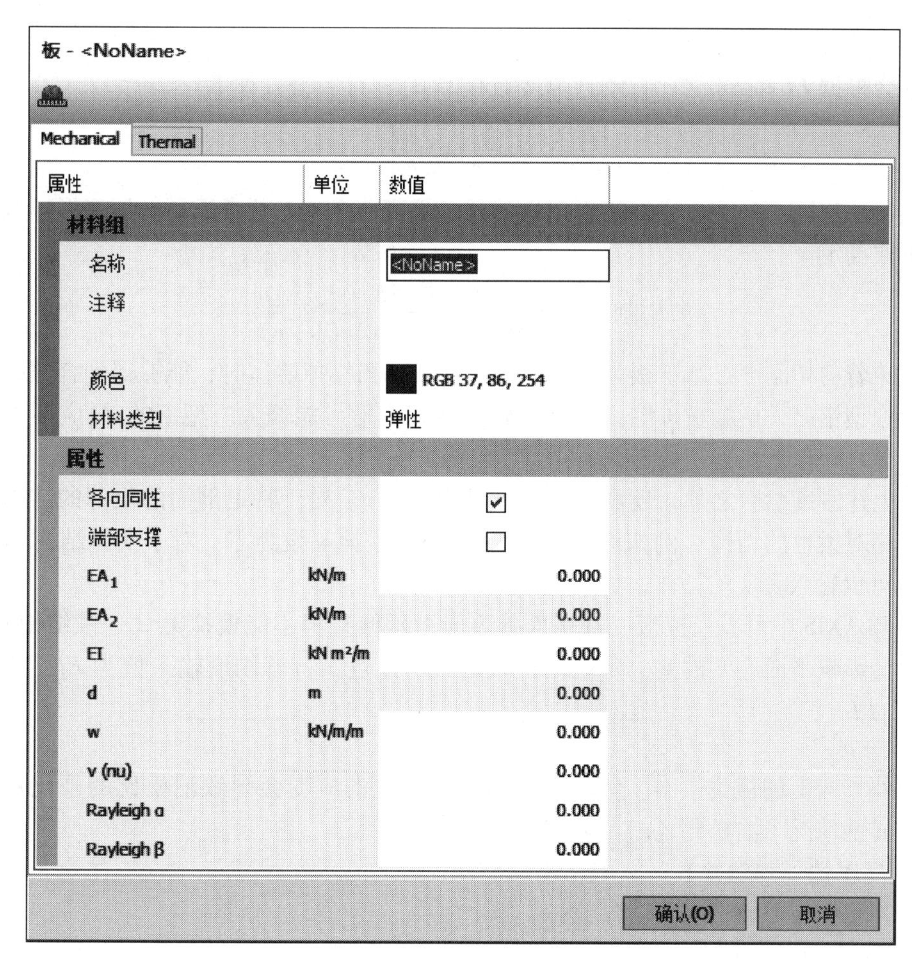

图 6-47 “板”材料数据组对话框

2）w。可以为板指定重度，为单位长度上平面外方向单位宽度的力。

对于相对较大体积结构，板重主要来自板单元的重度与板厚度的乘积。注意到有限元模型中板单元叠覆在连续介质上，即覆盖在土体之上。为准确计算模型中土和结构的总重，土体重度应从板单元材料的重度之中扣除。板桩墙的重度通常由制造商提供，由于其所占体积较小所以可直接使用厂商提供的值。

通过$\sum M_{weight}$参数，板的重度会与土体重度一同激活。

4. 刚度属性

PLAXIS 2D 中可以为板指定正交各向异性材料，包括如下参数：

1）EA。对于弹性板，应指定平面内轴向刚度 EA。不论是轴对称模型还是平面应变模型，指定的 EA 值都为平面外方向上单位宽度的刚度。

2）EA_2。对于正交各向异性弹性板，可以指定轴向刚度 EA_2，下角标 2 表示平面外方向。该参数主要用于轴对称模型中的竖向圆形墙体（环向力）。

3）EI。对于弹性板，应指定抗弯刚度 EI。不论是轴对称模型还是平面应变模型，指定的 EI 值都为平面外方向上单位宽度的刚度。当板单元指定为弹塑性 M-κ 行为，程序会根据 M-κ 曲线图的第一段线段自动确定 EI。

4）ν。泊松比。

程序会根据 EI 和 EA 之比自动计算等效板厚 d_{eq}，计算公式如下

$$d_{eq}=\sqrt{12\frac{EI}{EA}} \tag{6-32}$$

PLAXIS 中基于 Mindlin 梁理论模拟板单元，除弯曲之外，还考虑了剪切变形。板的剪切刚度由下式确定

$$\text{剪切刚度}=\frac{5EA}{12(1+\nu)}=\frac{5E(d_{eq}\cdot 1\text{m})}{12(1+\nu)} \tag{6-33}$$

这意味着剪切刚度是基于板为矩形截面的假设，当模拟墙体时，能够得到合理的剪切变形。当模拟型钢时，例如板桩墙，计算得到的剪切变形可能偏大。型钢的 d_{eq} 应不小于板的长度的十分之一以忽略剪切变形。

除了上述刚度参数之外，还需要为板指定泊松比 ν。对于特定剖面的很薄的结构或平面外方向上相对柔性的结构（例如板桩墙），可以将泊松比 ν 设为零。对于实体结构（例如混凝土墙）可以输入真实泊松比，如 0.15 左右。

由于 PLAXIS 中可以模拟板（在平面外方向上延伸）但不能模拟梁（一维结构），泊松比的取值会影响平面应变模型中各向同性板的抗弯刚度：抗弯刚度输入值为 EI；抗弯刚度使用值为 $\frac{EI}{1-\nu^2}$。

平面外方向上的应力（σ_{zz}）及不考虑该方向上的应变会导致泊松比的硬化效应。注意，各向异性情况下泊松比（ν）假定为零。

5. 强度属性（弹塑性）

对于弹塑性板需要指定强度参数：

1）M_p：最大弯矩。

2）$N_{p,1}$：沿方向 1 的最大轴力。

3）$N_{p,2}$：沿方向 2 的最大轴力（各向异性行为）。

PLAXIS 2D 中可以考虑板的弹塑性行为，可指定最大弯矩 M_p，单位为力×长度/单位宽度。除最大弯矩以外，最大轴力设为 N_p，单位为力/单位宽度。当板内产生弯矩和轴力，发生塑性时真实弯矩或轴力分别低于 M_p 或 N_p。

M_p 和 N_p 之间的关系如图 6-48 所示，菱形线表示将发生塑性的极限内力组合。内力组合位于菱形线内部时则只引起弹性变形。

弯矩和轴力基于板单元的应力点进行计算（见图 5-21）。如果板的内力超过 M_p 或 N_p，会根据塑性理论进行应力重分布，从而保持在内力最大值，这会引起不可恢复变形。计算获得的弯矩和轴力会根据应力点上的值进行插值，然后基于节点输出结果。由于梁单元内应力点的位置关系，在节点上输出的弯矩值可能略大于 M_p。如果勾选了各向同性选项，只需输入 $N_{p,1}$，$N_{p,1}=N_{p,2}$。

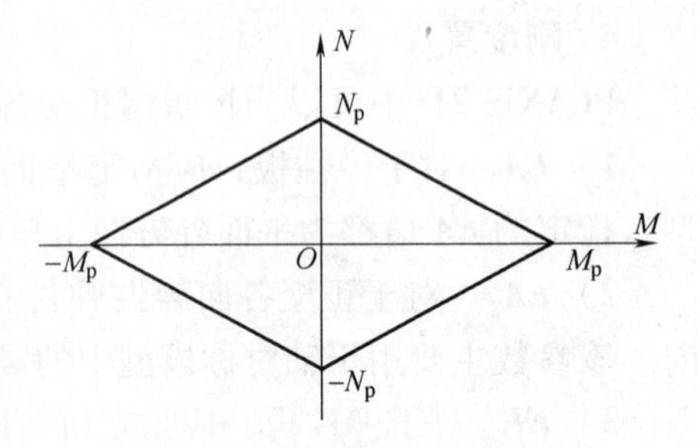

图 6-48　最大弯矩和轴力组合

6. 非线性行为（非线性弹塑性 M-κ）

如果板的材料类型指定为非线性弹塑性 M-κ，板的弯曲行为由用户定义的弯矩-曲率图 M-κ 控制（见图6-49），可在相应的表格内输入曲线点数据并定义 M-κ 图的名称。对曲率 κ（单位为1/长度）和弯矩 M（单位为力×长度/平面外单位宽度）只能输入正值，M-κ 曲线能够控制正向和负向加载下板的行为。M-κ 曲线数据表格下会显示曲线图形。

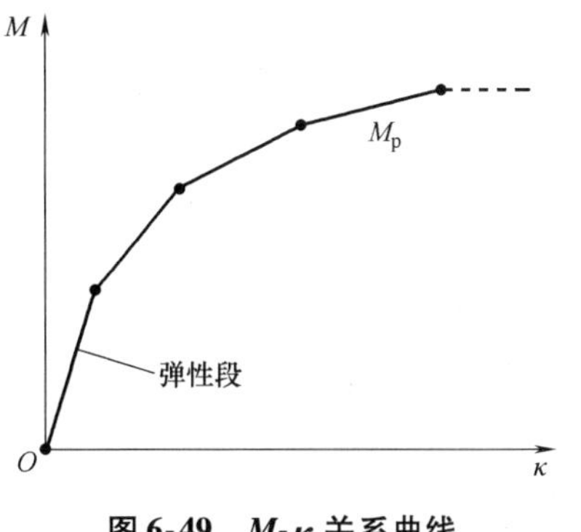

图6-49 M-κ 关系曲线

M-κ 曲线的第一段线段（数据表格的第一行）决定了板的弹性抗弯刚度 EI，即

$$EI = M(1)/\kappa(1) \tag{6-34}$$

板的弹性段 EI 包含在刚度参数的材料数据组中，M-κ 数据表格中的其余数据定义板的非线性弹塑性行为，表格中最后一个 M 值视为板能承受的最大弯矩 M_p。在荷载方向保持不变的情况下，弹性弯曲应变根据弹性 EI 值计算得到，而附加弯曲（M-κ 曲线剩余部分）则为塑性。从弹塑性状态卸载时，初始为弹性，如果卸载过大则可能再次产生塑性应变。

在分步施工模拟过程中可以更改板的材料数据组，应当保证 EI/EA 不变，否则将引起不平衡力。

7. 动力属性

考虑板的动力行为时，可指定两个附加参数：

1）瑞利 α：瑞利阻尼参数 α 决定了系统阻尼中质量的影响。

2）瑞利 β：瑞利阻尼参数 β 决定了系统阻尼中刚度的影响。

6.4.3 热力学属性

需要考虑热力学行为时，应在“热”选项卡下指定相应常量，详见本书6.1.4节。

6.5 土工格栅材料数据组

土工格栅单元的材料属性和模型参数也作为单独的材料数据组输入。土工格栅单元为柔性弹性单元，不能受压，可模拟土工格栅或土工织物。土工格栅数据组一般代表某种类型的格栅材料，可指定给几何模型中的相应土工格栅单元。

6.5.1 材料组

为区别不同类型的土工格栅，可以定义多个土工格栅材料数据组。图6-50所示为“土工格栅”对话框，该对话框由“材料组”和“属性”两个选项卡组成，在“材料组”选项卡下定义如下内容：

1）名称。可指定数据组的名称，建议使用有意义的名称，在材料数据库目录树中会以材料数据组的名称显示不同的材料组。

2）注释。用户可输入与本材料数据组相关的说明。

3）颜色。用户可指定土工格栅材料组的颜色以便于识别模型中的土工格栅单元。

4）材料类型。土工格栅单元有两种材料类型可选，即“弹性”和“弹塑性”，在“属性”框中定义的参数根据选择的材料类型的不同而不同。

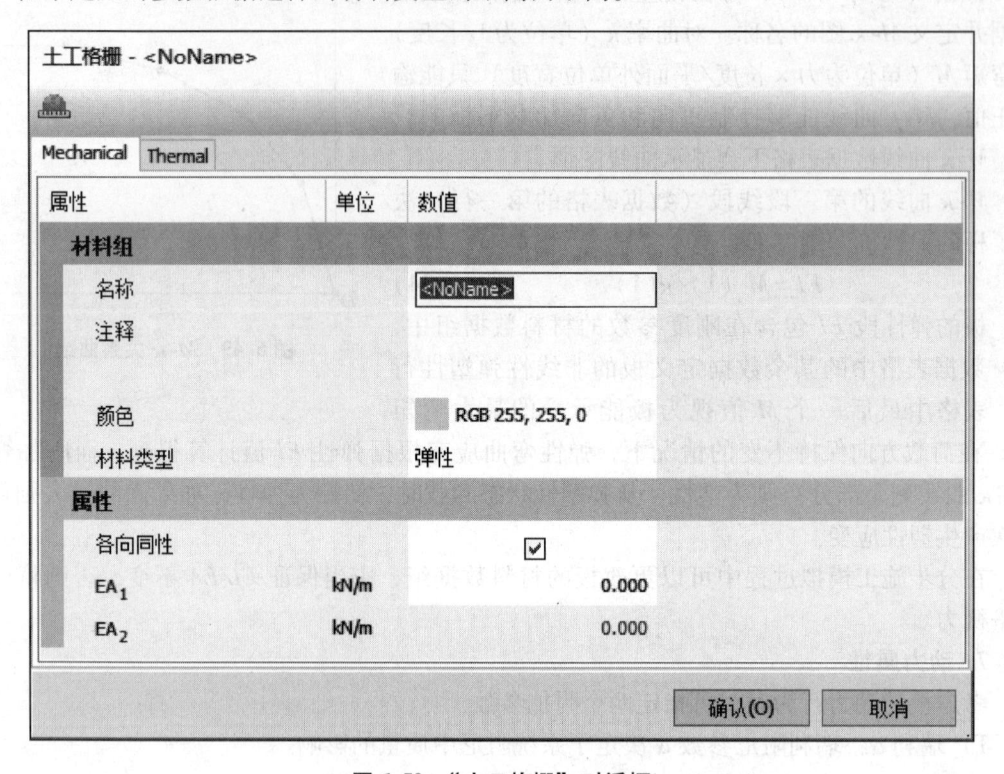

图 6-50 “土工格栅”对话框

6.5.2 属性

土工格栅的属性分为刚度属性和强度属性（弹塑性行为）。

1. 刚度属性

“土工格栅”单元可以考虑平面内和平面外的不同刚度，其中平面外刚度主要用于轴对称模型模拟各向异性土工格栅的情况。如果不考虑刚度的不同，则应勾选“各向同性”选项以保证平面内和平面外刚度相同。

对于弹性土工格栅，需为其指定轴向刚度 EA，可以为土工格栅指定各向同性或各向异性刚度，定义参数如下：

1）EA_1：沿第 1 局部坐标轴方向的弹性刚度（平面内）。

2）EA_2：沿第 2 局部坐标轴方向的弹性刚度（平面外，各向异性行为）。

轴向刚度 EA 通常可由土工格栅制造厂商提供的资料查取，也可以根据沿长度方向施加的拉力与相应延伸率的关系曲线来确定 EA。轴向刚度是每单位宽度上轴向力与轴向应变的比（$\Delta L/L$，其中 ΔL 为延伸长度，L 为原长度），即

$$EA = \frac{F}{\Delta L/L} \tag{6-35}$$

如果勾选了“各向同性”选项，则只需输入 EA_1，此时 $EA_2 = EA_1$，$GA = EA_1/2$。

提示： 当把 PLAXIS 2D 中的材料数据组导入到 PLAXIS 2D 中去时，GA 值定义为 $GA = \min(EA_1, EA_2)/2$。

2. 强度属性（塑性）

对于考虑塑性的土工格栅，需指定如下强度参数：

1）$N_{p,1}$。沿第 1 局部坐标轴方向能承受的最大拉力（平面内）。

2）$N_{p,2}$。沿第 2 局部坐标轴方向能承受的最大拉力（平面外，各向异性行为）。

最大轴向拉力 N_p 的单位为“力/单位宽度”。如果土工格栅受力超过了 N_p，将依据塑性理论进行力的重分布，以服从用户设置的最大拉力值，这将引起不可恢复变形。土工格栅的轴力通过在土工格栅单元的应力点处进行计算得到；而土工格栅单元的轴力输出在节点处给出，在应力点处则需要插值得到。由于土工格栅单元中应力点所在的位置与节点不同，且程序并不检查节点力是否超过用户设置的最大拉力值，所以轴力在节点处的值可能比 N_p 稍大。

如果勾选了“各向同性”选项，则只需输入 $N_{p,1}$，此时 $N_{p,1} = N_{p,2}$。

6.5.3 热力学属性

需要考虑热力学行为时，应在“热”选项卡下指定相应常量，详见本书 6.1.4 节。

6.6 Embedded beam row 材料数据组

Embedded beam row 的属性和模型参数也作为独立的材料数据组输入，该数据组通常代表某一特定类型的桩，包括桩、锚杆的材料和截面的几何属性，以及桩、锚杆与周围土体的相互作用属性（承载力）。

注意，Embedded beam row 材料数据组中并不包括所谓的“p-y 曲线”，也不包括等效弹簧常数。实际上，Embedded beam row 模拟桩时，其受荷载作用后的刚度响应是特定的桩长、等效半径、刚度、承载力以及桩周土刚度等共同作用的结果。

提示： 与常规有限元方法不同，Embedded beam row 的承载力是输入参数而不是有限元计算的结果。读者应认识到输入参数的重要性，参数输入值最好是基于典型的桩载荷试验数据来选取。此外，建议读者对桩的性状进行校核，即把 Embedded beam row 的行为与桩载荷试验测得的数据进行比较。由于 Embedded beam row 表示一排桩，在定义其承载力时需要考虑群桩效应。

6.6.1 材料组

如果模型中包含多种不同类型的 Embedded beam row，可以定义多个数据组。图 6-51 所示为“Embedded beam row”材料数据组对话框，该对话框由“材料组”“属性”“侧摩阻力”和“桩端反力”等几个选项组组成，在“材料组”选项组下定义如下内容：

1）名称。可指定数据组的名称，建议使用有意义的名称，在材料数据库目录树中会以材料数据组的名称显示不同的材料组。

2）注释。用户可输入与本材料数据组相关的说明。

3）颜色。用户可指定 Embedded beam row 材料组的颜色以便于识别模型中的 Embedded beam row 单元。

4）材料类型。有两个选项，“弹性”和“弹塑性”，在“属性”框中定义的参数根据选择的材料类型的不同而不同。

6.6.2 属性

在“Embedded beam row”的材料数据组对话框中定义的材料属性是针对一根梁的，但 PLAXIS 2D 中使用 Embedded beam row 表示平面外方向上的一排桩、锚杆，材料属性指定到平面外方向上单位宽度上。

PLAXIS 2D 中的 Embedded beam row 可视为由梁单元和嵌入式的界面单元组成，Embedded beam row 的属性可分为一般属性、几何属性和动力属性。

1. 一般属性

Embedded beam row 需定义如下两个一般属性：

1）E'。桩体材料的弹性模量。

2）γ'。桩体材料的重度。

提示： 当为 Embedded beam row 指定重度时，应注意到 Embedded beam row 本身不占任何体积而是覆盖在土体单元上。这样，可以从 Embedded beam row 材料重度中减去土体的重度，以考虑这种覆盖的影响。

2. 几何属性

Embedded beam row 需通过定义几个几何参数来计算其他刚度属性：

1）桩型。选择桩的截面形状，可选择“预定义”或“用户自定义”。

2）预定义桩型。大体积圆桩、圆管桩和大体积方桩。

3）直径。直径用于定义“大体积圆桩”和“圆管桩”。桩的直径决定桩周土中弹性区的大小，这样使得 Embedded beam row 单元表现得像体积桩一样。

4）宽度。用于定义“大体积方桩”，程序会自动将其换算为等效直径，$D_{eq}=\sqrt{12EI/EA}$。等效直径决定了桩底土体中弹性区范围的大小，它还影响界面刚度因子的默认值。

5）厚度。用于定义“圆管桩”的壁厚。

除了程序预定义的桩型以外，用户还可以自定义桩型，需定义的参数有桩的截面 A 和相应的惯性矩 I。

6）A。桩的真实截面面积（单位：长度的平方），即与桩轴线垂直的截面面积。对于特殊截面形状的桩（如型钢桩），其截面面积可从制造商提供的材料规格表查得。

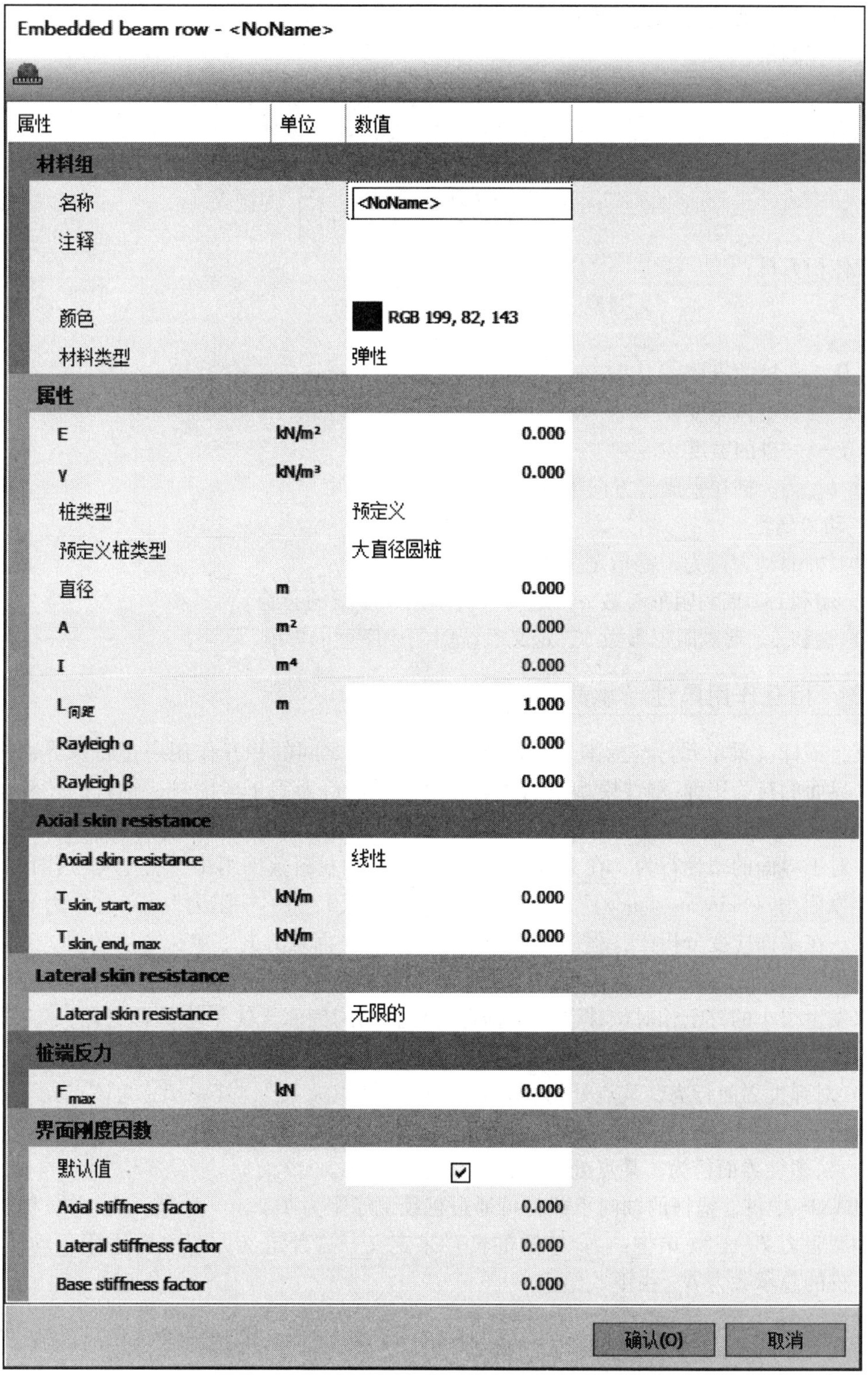

Embedded beam row - <NoName>

属性	单位	数值
材料组		
名称		<NoName>
注释		
颜色		RGB 199, 82, 143
材料类型		弹性
属性		
E	kN/m²	0.000
γ	kN/m³	0.000
桩类型		预定义
预定义桩类型		大直径圆桩
直径	m	0.000
A	m²	0.000
I	m⁴	0.000
$L_{间距}$	m	1.000
Rayleigh α		0.000
Rayleigh β		0.000
Axial skin resistance		
Axial skin resistance		线性
$T_{skin, start, max}$	kN/m	0.000
$T_{skin, end, max}$	kN/m	0.000
Lateral skin resistance		
Lateral skin resistance		无限的
桩端反力		
F_{max}	kN	0.000
界面刚度因数		
默认值		☑
Axial stiffness factor		0.000
Lateral stiffness factor		0.000
Base stiffness factor		0.000

确认(O)　取消

图6-51 “Embedded beam row”材料数据组对话框

7）I。绕桩轴线的惯性抵抗矩。

大体积圆桩：

$$I = \frac{1}{64}\pi D^4 \tag{6-36}$$

圆管桩：

$$I = \frac{1}{4}\pi\left[\left(\frac{D}{2}\right)^4 - \left(\frac{D}{2} - t\right)^4\right] \tag{6-37}$$

大体积方桩：

$$I = \frac{1}{12}h^4 \tag{6-38}$$

式中 D——桩的直径；

t——墙体厚度；

h——桩的宽度。

8）$L_{spacing}$。桩在平面外方向上的间距。

3. 动力属性

模拟桩的动力行为，需指定另外两个材料属性：

1）瑞利 α。瑞利阻尼参数 α，定义系统阻尼中质量的影响。

2）瑞利 β。瑞利阻尼参数 β，定义系统阻尼中刚度的影响。

6.6.3 相互作用属性（承载力）

桩、锚杆（梁单元）与周围岩土体（实体单元）之间的相互作用通过特殊界面单元来模拟，界面的行为用弹-塑性模型来描述。界面的弹性行为用于考虑桩、锚杆的位移与周围岩土体在平面外方向上平均位移之差，这与桩、锚杆的平面外间距与其直径之间的相对大小有关。对于界面的塑性行为，在 Embedded beam row 的材料数据组中，桩土相互作用属性分为“侧摩阻力（Skin resistance）”（单位：力/单位桩长）和“端阻力”（单位：力）两部分来定义。在平面应变分析中，程序会自动将其换算为平面外方向上单位宽度的值。对侧摩阻力和端阻力，用一个破坏准则来区分弹性界面行为和塑性界面行为。对于弹性界面行为，界面内只发生很小的桩土相对位移（桩、锚杆的位移与周围岩土体平均位移之差）；对于塑性界面行为，桩、锚杆与周围岩土体之间可能发生持续的相对滑移。

1）对弹性界面行为，某点处的剪力 t_s 满足：$|t_s| < T_{max}$，其中 T_{max} 为该点处等效局部侧摩阻力。

2）对塑性界面行为，某点处的剪力 t_s 满足：$|t_s| = T_{max}$。

PLAXIS 中桩、锚杆的轴向承载力可通过桩顶侧摩阻力 $T_{top,max}$（单位：力/单位桩长）和桩底侧摩阻力 $T_{bot,max}$（单位：力/单位桩长）来定义，这种定义方法主要适用于均质土层。此时，桩的总承载力 N_{pile} 由下式给出

$$N_{pile} = F_{max} + \frac{1}{2}L_{pile}(T_{top,max} + T_{bot,max}) \tag{6-39}$$

提示： 此时，侧摩阻力单位增量的大小与 Embedded beam row 的长度成反比。

除了侧摩阻力，Embedded beam row 还可设定端承载力，在 Embedded beam row 的材料数据组对话框中可直接输入端阻力 F_{max}（单位：力）。

提示： 端阻力只有当桩沿底部方向移动时（如：桩顶施加了荷载）才会发挥作用。

Embedded beam row 材料数据组中，桩侧摩阻力的定义有如下三种方法。

1. 线性

“线性”是桩侧摩阻力分布的最简单形式，通过桩顶侧摩阻力 $T_{top,max}$（单位：力/单位桩长）和桩底侧摩阻力 $T_{bot,max}$（单位：力/单位桩长）来定义。这种定义侧摩阻力的方法适用于均质各向同性土层中的桩。此时，桩的总承载力 N_{pile} 由下式给出

$$N_{pile} = F_{max} + \frac{1}{2}L_{pile}\ (T_{top,max} + T_{bot,max}) \tag{6-40}$$

式中 L_{pile}——桩长。

提示： 注意 Embedded beam row 的长度与侧摩阻力增量的大小成反比。

2. 多段线性

“多段线性”分布的侧摩阻力适用于桩位于非均质土层或多个土层中的情况，土层性质不同，则侧摩阻力不同。侧摩阻力 T_{max} 通过一个包含沿桩长（L）不同位置的相应侧摩阻力值的数据表格来定义。桩长（L）指从桩顶（$L=0$）到桩底（$L=L_{pile}$）的长度。此时，桩的总承载力 N_{pile} 由下式给出

$$N_{pile} = F_{max} + \sum_{i=1}^{n-1} \frac{1}{2}(L_{i+1} - L_i)(T_i + T_{i+1}) \tag{6-41}$$

式中 i——表格中的序号。

3. 土层相关

“土层相关”选项可用于将局部侧摩阻力与桩身所在土层的强度参数（黏聚力 c 和摩擦角 φ）以及在土层材料数据组中定义的界面强度折减系数 R_{inter} 联系起来。此时，Embedded beam row 的特殊界面单元类似于沿墙体设置的界面单元，只不过它是一个线型界面单元而不是一个有宽度的片状界面单元。此时桩的承载力取决于土中应力状态，因此在计算开始之前桩承载力是未知的。为了避免侧摩阻力增长到超常大值的可能，可在 Embedded beam row 材料数据组中指定总的最大摩阻力（沿桩长为常量，单位：力/单位桩长），作为总的截断值。

提示： Embedded beam row 材料数据组中桩-土相互作用参数只与桩承载力有关（侧摩阻力和端阻力）。注意，材料数据组中并不包括桩在土中引起的刚度响应（或 p-y 曲线）。刚度响应是桩长、等效半径、刚度、承载力以及桩周土刚度的综合作用结果。

为确保能够真正达到所指定的桩承载力，桩周一定范围内土体单元将被视为弹性区，使得 Embedded beam row 表现得如同体积桩一样。该弹性区的大小由 Embedded beam row 的直

径或等效半径 R_{eq} ［$R_{eq}=D_{eq}/2$（$D_{eq}=\sqrt{12EI/EA}$）］决定。但要注意，Embedded beam row 没有考虑打桩效应，且桩-土相互作用发生在桩轴线上而不是在弹性区侧面。

除了沿桩轴线方向的相对位移和剪力之外，Embedded beam row 还能承受由于水平位移引起的横向力 $t_{\perp}$。这些横向力并不受限于连接桩与土的特殊界面单元，而是一般由弹性区外土体自身的破坏条件来限制。但是，Embedded beam row 并不推荐用于模拟水平受荷桩，因此受横向力时将难以给出准确的破坏荷载。

Embedded beam row 受到的剪力和横向力基于 Embedded beam row 与周边土体单元之间的相对位移来计算，具体计算方法可参见程序用户手册相关内容。

6.6.4 界面刚度因子

Embedded beam row 的界面刚度与桩周土体的剪切刚度（G_{soil}）有关，关系式如下

$$\left.\begin{aligned}R_S&=ISF_{RS}\frac{G_{soil}}{L_{spacing}}\\R_N&=ISF_{RN}\frac{G_{soil}}{L_{spacing}}\\K_F&=ISF_{KF}\frac{G_{soil}R_{eq}}{L_{spacing}}\end{aligned}\right\}\tag{6-42}$$

由前述关系式及图 6-52 可见，需要定义的界面刚度因子包括：①轴向界面刚度因子，ISF_{RS}；②横向界面刚度因子，ISF_{RN}；③桩底刚度因子，ISF_{KF}。界面刚度默认根据下式计算：

$$\left.\begin{aligned}ISF_{RS}&=2.5\left(\frac{L_{spacing}}{D_{eq}}\right)^{-0.75}\\ISF_{RN}&=2.5\left(\frac{L_{spacing}}{D_{eq}}\right)^{-0.75}\\ISF_{KF}&=25\left(\frac{L_{spacing}}{D_{eq}}\right)^{-0.75}\end{aligned}\right\}\tag{6-43}$$

式中 D_{eq}——$D_{eq}=\sqrt{\frac{12EI}{EA}}$。

当 Embedded beam row 模拟工程桩并达到指定的承载力时，桩周一定范围的土体单元会被视为弹性体，该弹性区的大小由桩的直径 D_{eq} 或等效半径 R_{eq}（$=D_{eq}/2$）确定（见图 6-53）。

除了沿桩长的轴向差异位移和剪力之外，桩体还能够承受由横向位移引起的横向力 $t\perp$。这些横向力并不局限于桩土接触面的特殊界面单元，而是一般受限于桩周土自身的破坏条件。但是应注意，这并不意味着 Embedded beam row 单元适用于模拟水平受荷桩，当承受横向力时其给出的破坏荷载不够准确。

程序中界面刚度因子的默认值适用于轴向受静载且桩周土采用 HSS 模型模拟的钻孔桩。潜水位假设位于地表。当实际模型状况与该默认假设条件不同时，需相应修改界面刚度因子的取值。

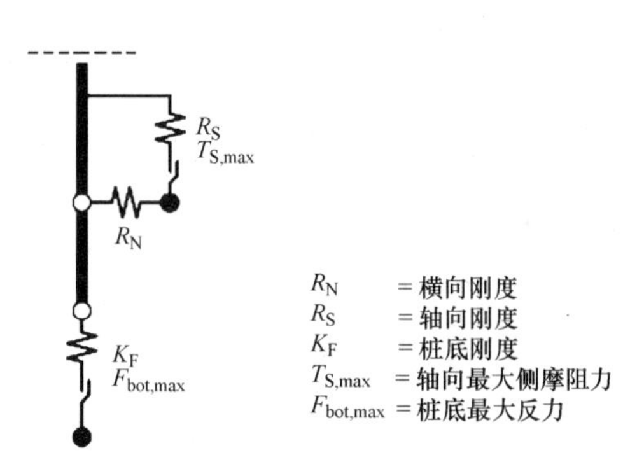

图 6-52 桩-土相互作用模拟

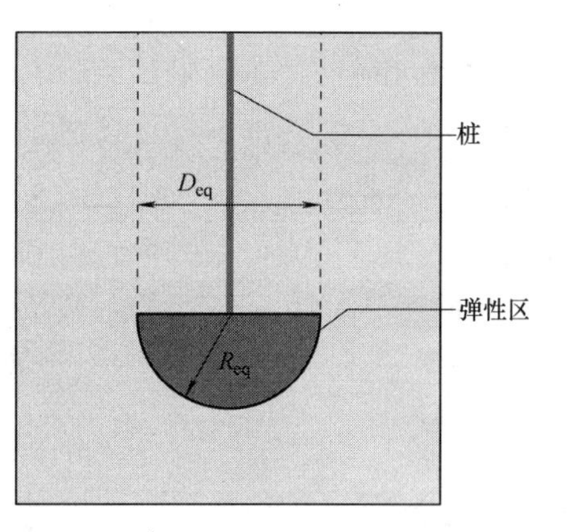

图6-53 桩底周围弹性区（Sluis，2012）

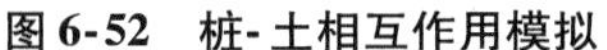

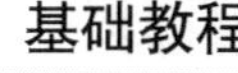

6.7 锚杆材料数据组

锚杆的材料属性和模型参数也通过单独的材料数据组输入。锚杆材料数据组既可以设置点对点锚杆的属性，也可以设置锚定杆的属性。对这两类情况，锚杆均为弹簧单元。锚杆材料数据组一般代表某类锚杆材料，可以将其指定给几何模型中相应的锚杆单元。

6.7.1 材料组

如果模型中包含多种不同类型的锚杆，可以创建多个锚杆数据组。图 6-54 所示为“锚杆”材料数据组对话框，该对话框由“材料组”和“属性”两个选项组组成，在“材料组”选项组下定义以下内容：

1）名称。用户可以为锚杆指定任意名称，该名称将显示在数据库的树状视图中，因此建议用户使用有一定意义的名称。

2）注释。用户可以输入与本数据组相关的说明。

3）颜色。用户可指定锚杆材料组的颜色以便于识别模型中的锚杆单元。

4）材料类型。有三个可选项，分别为“弹性”“弹塑性”和“带残余强度弹塑性”。“属性”选项组中定义的参数根据所选的材料类型的不同而有所差别。

6.7.2 属性

在“锚杆”材料数据组对话框下的“属性”选项组中可定义锚杆单元的属性，分为刚度属性和强度属性（弹塑性行为）。

1. 刚度属性

锚杆单元只需要定义一个刚度参数，即轴向刚度 EA，对每根锚杆以力的单位输入。

由于锚杆单元的刚度参数是针对单根锚杆指定的，在平面应变模型中，要计算平面外单位宽度的等效刚度，还需指定锚杆的平面外间距 L_s。

2. 强度参数（塑性）

如果将锚杆的材料类型指定为“弹塑性”，则需同时指定锚杆能承受的最大拉力 $F_{max,tens}$ 和最大压力 $F_{max,comp}$。图 6-55 所示为锚杆弹塑性行为的力-位移关系曲线。

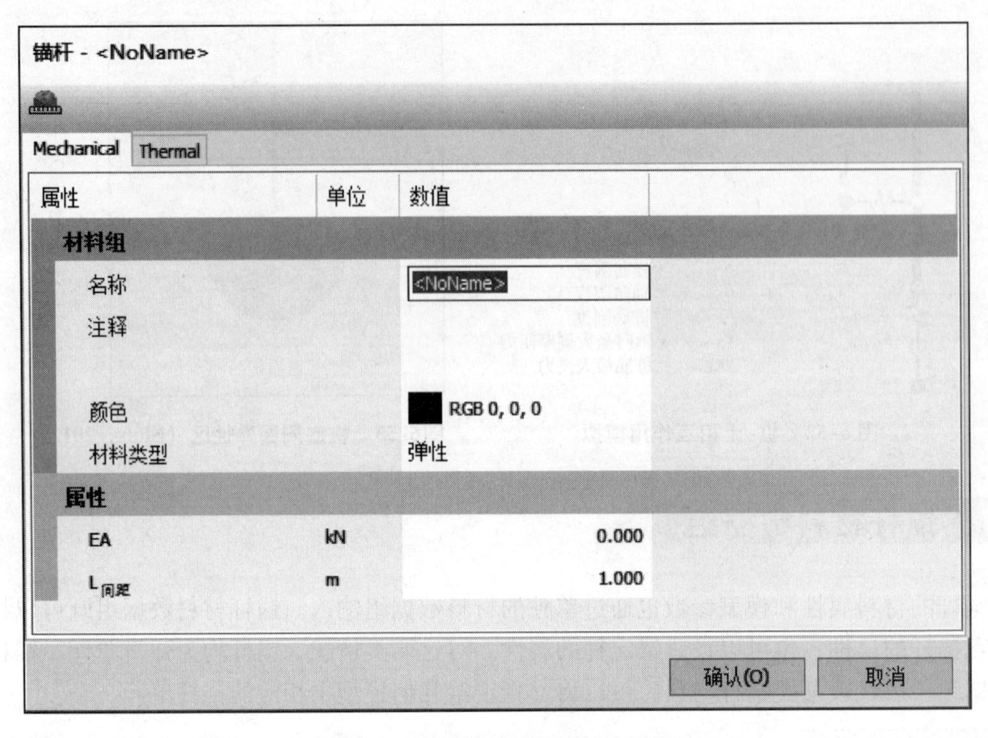

图 6-54 “锚杆”材料数据组对话框

与刚度的处理方式相同，单根锚杆的最大锚杆力也要通过除以锚杆的平面外间距来得到适用于平面应变分析的锚杆最大力（平面外单位宽度上）。

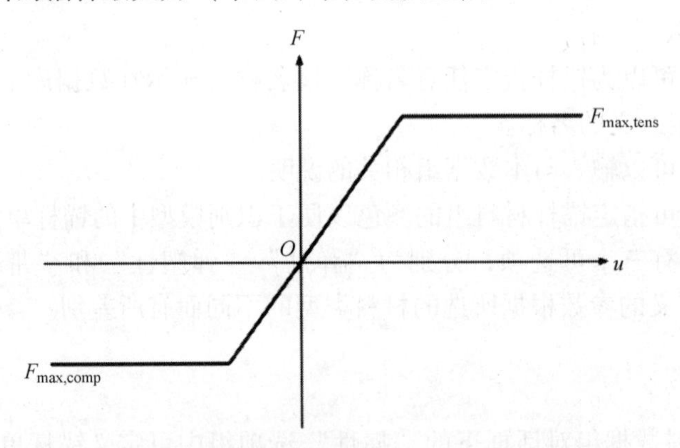

图 6-55 锚杆弹塑性行为的力-位移关系曲线

如果选择“带残余强度弹塑性”选项，则可模拟锚杆失效或软化行为（例如，支撑屈曲），此时可指定锚杆能够承受的残余拉力 $F_{\mathrm{residual,tens}}$ 和残余压力 $F_{\mathrm{residual,comp}}$，如图 6-56 所示。计算中，如果锚杆轴力达到最大值，则最大轴力立即衰减为残余轴力，此后锚杆轴力将不会超过该残余轴力值。即使锚杆力会瞬间衰减为较小值，定义的残余力仍将为其最大限值。

若计算中锚杆失效（受拉、受压或同受拉压），在后续计算阶段中，仍处于激活状态的失效锚杆将保持发挥残余轴力。但是，如果在某计算阶段将锚杆冻结，下一阶段又将其激活，则程序会将此锚杆视为新添加的锚杆，其轴力能达到最大值而非残余值。

提示：在"安全性"分析中，不建议考虑锚杆的残余强度。

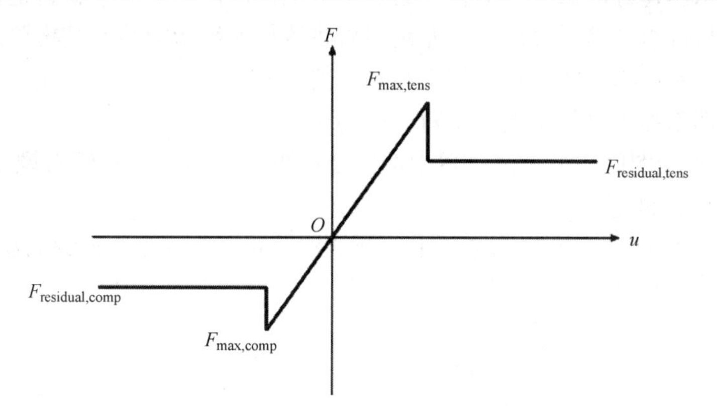

图6-56　带残余强度弹塑性锚杆的力-位移关系曲线

锚杆单元可以施加预应力，但由于预应力并不属于锚杆的材料属性，因此未包括在锚杆材料数据组中，而是在"分步施工"计算中定义。此时，在某个计算阶段中可以选中要施加预应力的锚杆单元，然后在"选择对象浏览器"中锚杆单元下勾选"调整预应力"并输入预应力值。

6.7.3　热力学属性

需要考虑热力学行为时，应在"热"选项卡下指定相应常量，详见本书6.1.4节。

6.8　为几何构件指定材料数据组

当为模型中的土层和结构创建好材料数据组之后，可通过如下方法把材料组指定给相应的几何对象。下述方法主要用于对初始几何模型指定材料属性，如在计算过程中更改材料属性则需在"分步施工"模式下进行。

1. 土层

用户可以将土体材料数据组分别指定给钻孔中的每个土层。双击钻孔，可打开相应的"修改土层"窗口；单击该窗口右下角的"材料"按钮，可打开材料数据库。

要将材料数据组指定给某一土层，可从材料数据库目录视图中选择数据组（单击该组并按住鼠标左键），将其拖放到钻孔窗口土层柱状图中的相应土层处。此时该土层应显示材料数据组的相应颜色。重复拖放操作直至为所有土层指定了材料数据组。注意，不能将全局材料数据库中的材料直接指定给当前模型中的土层，而是必须先将其复制到当前项目数据库中再指定给模型中对应的土层类组。

当使用多个钻孔时应注意，对其中某一个钻孔中的某一土层指定材料后，将影响其他钻孔，因为所有土层都将出现在每个钻孔中，只有零厚度的土层除外。

2. 结构

对于结构（包括锚定杆、点对点锚杆、Embedded beam row、土工格栅、界面等）构件，可通过如下三种方法为其指定材料数据组：

1）方法1。打开“材料组”选项卡并选择结构构件对应的材料组类型，在项目数据库树状视图中会显示已建好的该类型的材料组。按下鼠标左键选中某个材料组，将其拖到绘图区中对应的几何构件上，然后释放鼠标左键即可将该材料组指定给此结构单元。用户可以根据光标的形状来判断所拖移的材料数据组与对应的几何构件是否匹配。注意：不能直接从全局数据库树状视图里拖移材料组指定给对应结构构件。

2）方法2。在绘图区或模型浏览器中选择结构单元，然后从鼠标右键菜单中的“设置材料”里选择对应材料组。

3）方法3。在绘图区或模型浏览器中选择结构单元，然后在选择浏览器中通过“材料”选项组下拉菜单定义材料组。

第7章 网格和计算

建立好几何模型后，需要生成网格并定义施工阶段，然后才可进行计算。

在实际工程中，整个施工过程一般会分为若干施工阶段依序进行。因此，在 PLAXIS 2D 中也应根据实际施工过程划分若干计算阶段进行计算。例如，在某一阶段激活某一荷载、模拟土体开挖和支护结构的添加、引入固结期、计算安全系数等。由于土体的非线性特性，荷载需要被一点点地加上去（荷载步），所以每一个计算阶段一般又分为若干个计算步执行计算。不过大多数情况下，只需指定在计算阶段结束时应达到的状态即可，PLAXIS 2D 程序会自动选取计算步长以模拟加载过程。

施工阶段可在“水力条件”或“分步施工”模式下进行定义。第一个计算阶段（初始阶段）通常为利用“重力加载”或“K_0 过程”对初始几何模型进行初始应力场计算。还有一种情况是进行单地下水渗流计算。初始阶段之后，可定义后续计算阶段，在每个计算阶段中需选择计算类型。

对于变形计算而言，塑性、固结、完全流固耦合、动力和安全性等计算类型各有不同，详见本章第7.3节。

7.1 网格生成——网格模式

要进行有限元计算，需将几何模型划分为多个单元，组成有限元网格。PLAXIS 2D 在“网格”模式下进行网格划分。一方面，网格需足够细以得到足够精确的数值计算结果。另一方面，也应避免网格过细，否则将导致计算耗时过长。PLAXIS 2D 中网格划分是完全自动的，网格生成过程中会自动考虑土层、结构对象、荷载以及边界条件。

PLAXIS 2D 提供了15节点和6节点两种三角形单元（见图3-6）模拟土体或其他实体类组。除此之外，还有专门用于模拟结构行为的特定结构单元，如板单元、Embedded beam row 单元、土工格栅单元和锚杆单元。程序会自动考虑结构单元和界面单元与土体单元（三角形实体单元）之间的相容性。

在“网格”模式下单击侧边工具栏中的“创建网格”按钮“”，或在“网格”菜单中选择相应选项，弹出“网格选项”对话框（见图7-1），定义网格疏密度。设置完成后，单击“确认”按钮，生成网格。可以利用侧边工具栏中的“预览网格”按钮“”查看生成的网格。

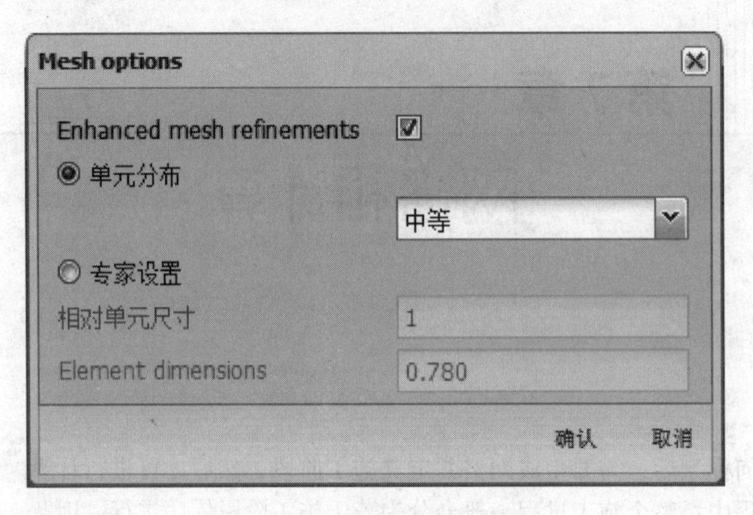

图 7-1 “网格选项”对话框

7.1.1 全局设置

PLAXIS 2D 的网格生成器需要通过一个全局网格参数来代表目标单元尺寸 L_e。在 PLAXIS 2D 中，该参数根据几何模型外边界尺寸（x_{min}、x_{max}、y_{min} 和 y_{max}）和在“网格选项”对话框内“单元分布”下拉列表中选择的单元疏密度来计算。目标单元尺寸据下式计算

$$L_e = r_e \times 0.06 \times \sqrt{(x_{max} - x_{min})^2 + (y_{max} - y_{min})^2} \tag{7-1}$$

目标单元尺寸或平均单元尺寸（L_e），可在“输出”程序中的“项目”菜单下选择“一般项目信息”进行查看。由上式可知该值基于“相对单元尺寸系数（r_e）”计算。单元分布全局疏密度分为 5 个等级，程序默认单元分布为“中等”，用户可选择其他疏密度以使网格全局细化或粗化。

程序预定义的 5 个全局疏密度所对应的相对单元尺寸系数 r_e 的取值见表 7-1。

表 7-1 相对单元尺寸系数 r_e 的取值

全局疏密度	很　粗	粗	中　等	细	很　细
r_e	2.00	1.33	1.00	0.67	0.50
单元数	30 ~ 70	50 ~ 200	90 ~ 350	250 ~ 700	500 ~ 1250

表 7-1 给出的单元数只是一个大致范围，划分单元的具体数量与模型几何形状以及局部加密设置有关。划分单元的数量与选择的单元类型无关。由 15 节点单元组成的网格比 6 节点单元的网格节点分布更密集，计算结果也更精确，相应地，所需的计算时间也更长。

除了“单元分布”下拉列表中的选项，还可以使用“专家设置”来定义网格划分，可定义内容如下（见图 7-1）：

1）相对单元尺寸：即相对单元尺寸系数（r_e），其定义如前所述，默认值为 1.0（中等疏密度）。

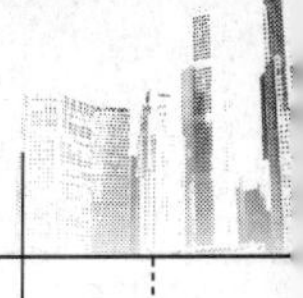

2）单元尺寸：即目标单元尺寸（L_e），其定义如前所述。

提示： 相对单元尺寸系数（r_e）与命令行中显示的参数值并不相同，命令行中显示的值为 $r_e \times 0.6$。

7.1.2 局部加密

对于可能发生较大应力集中或较大变形的部位，应划分较细密精确的有限元网格，而其他部位网格则可适当粗略。当几何模型中包含边、角或结构对象的时候即可依此进行局部加密处理。

网格局部加密的程度与局部加密系数有关，模型中的每个几何对象都可单独定义局部加密系数。该系数表示与“单元分布”参数定义的目标单元尺寸相比而言的相对单元尺寸。默认情况下，大部分几何实体对象“加密系数”为1.0，结构对象和荷载“加密系数”为0.25。若“加密系数”为0.5，将使得局部单元尺寸减小为模型目标单元尺寸的一半。如果要修改加密系数值，可先选中几何对象，然后在“选择浏览器”中单击“加密系数”，输入新数值。加密系数值的可更改范围为0.03125 ~ 8.0，加密系数大于1.0将会使网格尺寸局部放大。

1）局部加密网格。单击“加密网格”按钮“ ”，然后选择要加密的几何对象（体、面、线、点）；或者右击几何对象，在右键菜单中选择“加密网格”。

2）局部粗化网格。单击“粗化网格”按钮“ ”，然后选择要粗化的几何对象（体、面、线、点）；或者右击几何对象，在右键菜单中选择“粗化网格”。每次按$\sqrt{2}$倍放大加密系数。

3）重置局部疏密度。在绘图区或“选择浏览器”中右击几何对象，在右键菜单中选择重置选项“ ”。

提示： 在“网格”模式下，整个模型显示为深灰色，而不会显示材料数据组的颜色。加密和粗化的模型对象分别显示为绿色和黄色。几何对象的网格加密系数越小（小于1.0），其绿色阴影越亮。几何对象的网格加密系数越大（大于1.0），其黄色阴影越亮。

7.1.3 强化网格加密

为获得良好的网格质量，考虑结构单元、荷载和指定位移边界周围的网格局部细化，PLAXIS会自动进行网格加密。以下情况下，PLAXIS将通过一个隐式的局部单元尺寸乘积因子进行网格自动加密：

1）结构单元、荷载和指定位移：默认加密系数为0.25，当指定位移或荷载沿模型某一边界全长分布时，可在选择浏览器中手动设置加密系数的值。

2）如果模型中两点或两条线距离太近，则需要更小的单元尺寸以避免单元长宽比过大。

3）如果模型中两几何线的夹角不是90°的整数倍，为了在几何不连续处得到较精确的应力，将会根据图7-2将局部单元尺寸乘积因子乘上加密系数。

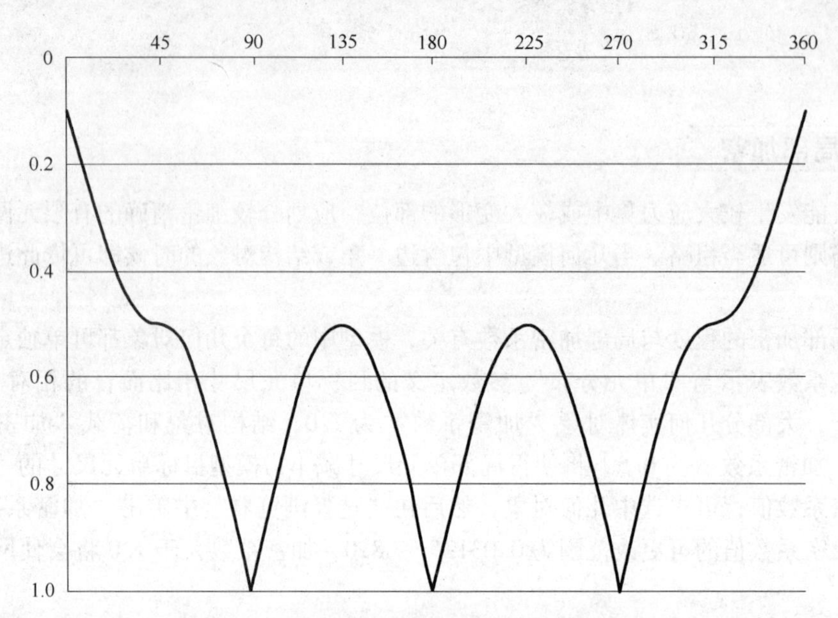

图7-2　隐式加密系数与两线夹角的函数关系曲线

提示： 在“网格选项”对话框（见图7-1）下，可以取消勾选“强化网格加密（Enhanced mesh refinements）”选项，此时将不会考虑上述第2）、3）条对应情况的自动加密。

7.2 定义计算阶段

PLAXIS 2D有限元计算过程一般可分为若干连续的计算阶段，每个计算阶段对应一个加载或施工阶段。施工阶段可在“分步施工”模式下定义，定义好的阶段列于“阶段浏览器”中。

7.2.1 阶段浏览器

PLAXIS 2D项目中定义好的施工阶段显示在“阶段浏览器”中。“阶段浏览器”在“计算”模式（包括“网格”“水位”和“分步施工”三种模式）下可见，但在“网格”模式下不可编辑。“阶段浏览器”的一般视图如图7-3所示（见书后彩色插页）。

提示： PLAXIS会对新建项目自动添加初始阶段（Initial phase），而且初始阶段不能删除。

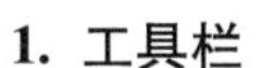

1. 工具栏

阶段浏览器中工具栏上的按钮可用于添加新阶段、删除阶段以及进入“阶段”窗口进行阶段定义，详见表7-2。

表7-2 “阶段浏览器”工具栏中的按钮

按　钮	名　称	说　明
	添加阶段	要添加一个新计算阶段（子阶段），可先选择一个参考阶段（母阶段），然后单击“添加阶段”按钮，则在母阶段之下添加一个新阶段
	插入阶段	单击“插入阶段”按钮，可在选中的阶段前插入一个新阶段。插入的新阶段成为之前选中阶段的母阶段，而原始母阶段成为新插入阶段的母阶段 用户应对插入阶段进行定义，与直接在阶段列表最后添加新阶段的定义方法相同。新阶段默认与母阶段的设置相同，可对其进行不同的定义。插入新阶段后，后续阶段需要完全重新定义，因为初始条件已改变，这会影响后续阶段
	删除阶段	选中某个阶段，然后单击“删除阶段”按钮可删除该阶段。在删掉一个计算阶段之前，应检查还有哪些与其相关联的阶段会删掉。被删阶段的母阶段会自动成为新的母阶段。不过，此时仍然需要对调整过的阶段重新定义，因为初始条件发生了改变
	编辑阶段	选中某阶段然后单击“编辑阶段”按钮，或双击该阶段，会弹出“阶段”窗口，可对该阶段进行定义
	复制阶段	该选项可将阶段的一般信息复制到剪切板。阶段属性视为阶段一般信息，可在“阶段”窗口的“一般”子目录下查看

除了“阶段浏览器”中的按钮之外，还可利用右键菜单来实现上述阶段编辑功能（见图7-4）。

2. 计算状态提示

某个计算阶段的计算状态由其在“阶段浏览器”列表中的相应符号来表示，详见表7-3。

表7-3 阶段计算状态的符号表示

符　号	说　明
	将要计算该阶段
	不计算该阶段
	本阶段已成功计算完成，计算中未出现错误
	在程序某些假定的前提下计算完成本阶段。在“阶段”窗口的“最后计算步记录信息框”中会显示相关信息
	计算失败。在“阶段”窗口的“最后计算步记录信息框”中会显示相关信息
	计算失败，但仍可进行子阶段的计算。在“阶段”窗口的“最后计算步记录信息框”中会显示相关信息

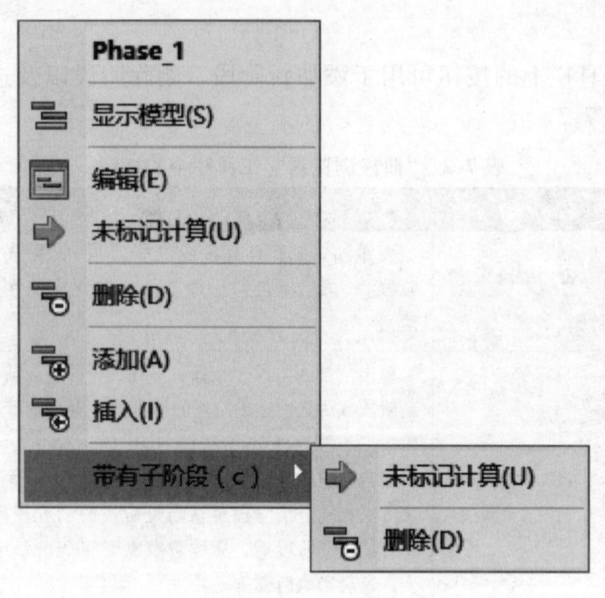

图 7-4 “阶段浏览器”右键菜单展开视图

3. 阶段名称

“阶段浏览器”中会显示阶段的 ID，阶段的 ID 由阶段编号和阶段名称两部分组成（阶段编号部分在方括号内）。阶段编号由程序自动连续编号，用户无法更改。用户可在“阶段”窗口中修改阶段 ID 的阶段名称部分（参见本章 7.8.1 节）。

4. 计算类型标识

“阶段浏览器”中，在每个阶段 ID 右侧会通过相应图标来显示该计算阶段的计算类型、加载类型和孔压计算类型（详见本章 7.3、7.4 和 7.5 节）。

7.2.2 计算阶段顺序

计算阶段的顺序有两种定义方式：一种是先选择参考阶段（母阶段），然后以之为起始阶段添加新阶段；另一种是在“阶段”编辑窗口的“起始阶段”下拉菜单中选择参考阶段。程序默认前一阶段为母阶段。注意，不能选择本阶段之后的阶段作为起始阶段。

在某些特殊情况下，计算阶段顺序会有些复杂，举例如下：

1）有多个阶段都选择“初始阶段”作为起始阶段，例如要在同一项目中分别考虑不同加载大小或不同加载顺序。

2）某一特定情况下，采用逐渐增大荷载直至土体破坏的方法来确定安全储备。此时如果继续进行施工过程模拟，则后续阶段应从加载至土体破坏的前一施工阶段开始，而不是从加载至土体破坏的阶段开始。

3）当对某个施工阶段进行安全性分析，即计算类型为“安全性”，一般情况下这种阶段会达到破坏状态。如果继续进行施工过程模拟，后续阶段应从安全性分析阶段的前一施工阶段开始，而不是从安全性分析阶段开始。对某施工阶段的安全性分析也可以在计算过程的最后进行，此时要选择这个施工阶段作为安全性分析阶段的“起始

阶段”。

7.2.3 阶段窗口

PLAXIS 2D 项目的计算会涉及很多控制计算过程的参数，这些参数可在“阶段”窗口中进行定义。在“阶段浏览器”中双击某个阶段或者单击“编辑阶段”按钮，可以打开“阶段”窗口。“阶段”窗口中可以两种视图形式显示阶段信息，单击“复制”按钮右侧的图标“”或“”可进行切换。

该图标显示为“”时，“阶段”窗口中的信息分三个面板列出（见图7-5）。最左侧面板显示“阶段浏览器”，列出所有计算阶段及其之间的关系。中间面板显示在左侧面板中选中的计算阶段的相应信息。最右侧面板显示选中阶段最新的计算记录信息，并提供空白框用于填写注释。

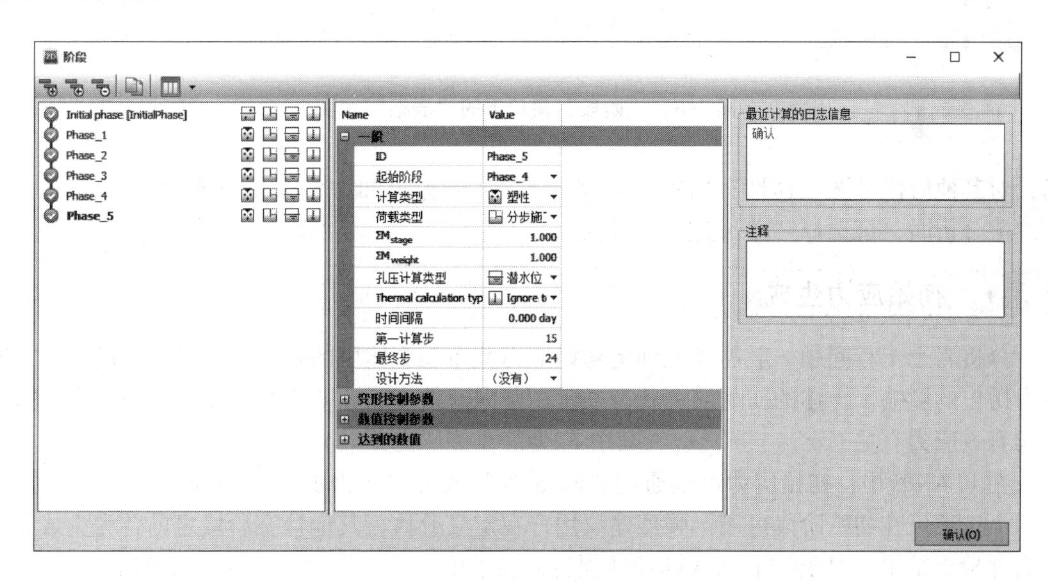

图7-5 “阶段”窗口下的“所有面板”视图

图标显示为“”时，“阶段”窗口中会以“表格”视图显示所有计算信息（见图7-6），便于比较不同阶段的参数差异。在列标题上右击可以将某些参数加入列表或者从列表中剔除。

在“阶段”窗口中，用户应对每个阶段至少指定“计算类型”和“加载类型”。PLAXIS 2D 默认的计算控制参数适用于一般情况，用户可根据需要修改这些参数值。本章接下来的内容将详细介绍 PLAXIS 2D 中的计算类型和计算控制参数。

7.3 分析类型

PLAXIS 计算分析的第一步就是为计算阶段定义计算类型，从“阶段”窗口中的“计算类型”下拉菜单中选择。对初始阶段可选择“K_0 过程”或“重力加载”来生成初始应力

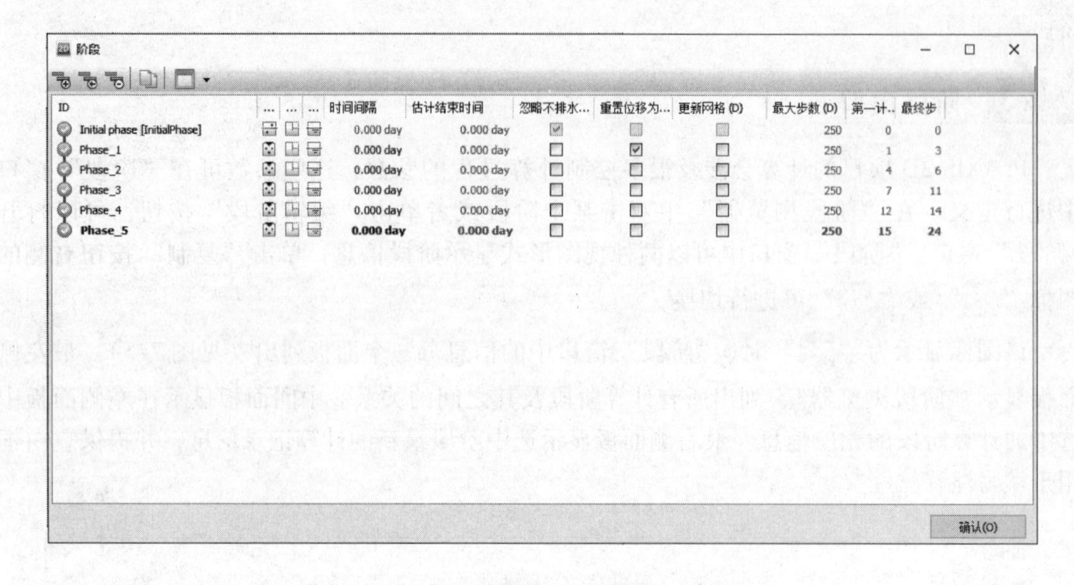

图 7-6 “阶段”窗口下的“表格”视图

场，对其他阶段可选“塑性”“固结”“安全性”“动力”和“完全流固耦合”。只进行地下水渗流分析时，可选择“单纯地下水渗流”。

7.3.1 初始应力生成

分析岩土工程问题一般需要先确定初始应力分布。土体中的初始应力受材料的重度及其应力历史的影响。土体的初始应力状态通常用竖向有效应力$\sigma'_{v,0}$表征，水平有效应力$\sigma'_{h,0}$与竖向有效应力有关（$\sigma'_{h,0}=\sigma'_{v,0}K_0$，其中$K_0$为静止侧压力系数）。

在 PLAXIS 中，初始应力可以通过“K_0 过程”或者“重力加载”两种方式生成。注意，这两个选项仅在初始阶段可用。强烈建议用户在定义或执行其他计算阶段之前首先生成初始应力并检查结果。对于每个 PLAXIS 2D 项目，除了单渗流计算之外，PLAXIS 2D 默认第一个计算阶段为用于生成初始应力的初始阶段。图 7-7 所示为非水平表面、非水平重力分布的几种情况。

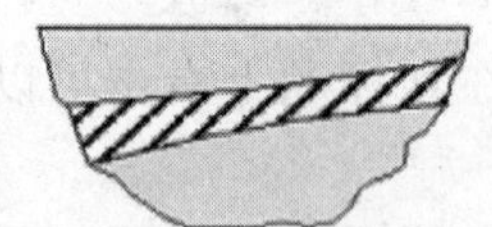
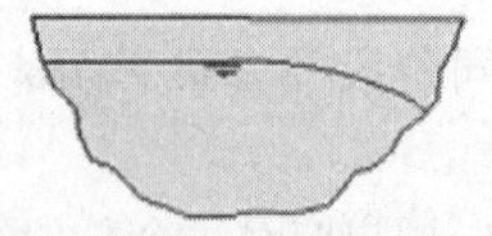
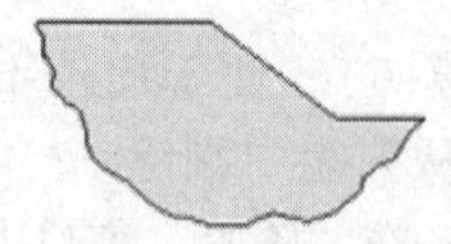

图 7-7 非水平表面、非水平重力分布的几种情况

提示： 一般情况下，当地表水平且土层及水位线均与地表平行时，可使用“K_0 过程”生成初始应力；在其他任何情况下，都应该使用“重力加载”来生成初始应力。

1. K_0 过程

"K_0 过程"（按钮"[按钮图标]"）是 PLAXIS 2D 中用来生成初始应力的一种特殊的计算方法，并且可以考虑土体的加载历史。计算初始应力所需的参数定义在"土和界面"材料数据组中的"初始"选项卡下。

在 PLAXIS 2D 中只需定义一个 K_0 值，即

$$K_{0,x}=\sigma'_{xx}/\sigma'_{yy},\ K_{0,z}=\sigma'_{zz}/\sigma'_{yy}=K_{0,x} \tag{7-2}$$

实际应用中，通常假定正常固结土的 K_0 与摩擦角有关，根据 Jaky 经验公式计算 K_0，即

$$K_0=1-\sin\varphi \tag{7-3}$$

对于超固结土，K_0 可能会比上式所得数值大些。

当采用莫尔-库仑模型模拟土体行为时，PLAXIS 2D 的 K_0 默认值基于上述 Jaky 经验公式计算得到。当采用高级土体模型（土体硬化模型、小应变土体硬化模型、软土模型、软土蠕变模型、修正剑桥模型和关口太田模型）时，程序会在 K_0^{nc} 的基础上考虑超固结比（OCR）或预超载压力（POP）的影响，按下式计算 K_0

$$K_{0,x}=K_0^{\mathrm{nc}}OCR-\frac{\nu_{\mathrm{ur}}}{1-\nu_{\mathrm{ur}}}(OCR-1)+\frac{K_0^{\mathrm{nc}}POP-\dfrac{\nu_{\mathrm{ur}}}{1-\nu_{\mathrm{ur}}}POP}{|\sigma_{zz}^0|} \tag{7-4}$$

如果 K_0 太小或者太大，可能会导致初始应力不服从莫尔-库仑破坏条件。此时 PLAXIS 程序会自动减小土体侧向应力以使其服从破坏条件，因此这些应力点处于塑性状态，被标记为塑性点。校正后的应力状态虽然服从破坏条件，但得到的应力场可能不平衡。一般建议生成的初始应力场不包含莫尔-库仑塑性点。

> **提示：**在"输出"程序中显示初始有效应力后，从"应力"菜单下选择"塑性点"选项，可查看塑性点分布。

对于无黏性土，要避免土体进入塑性状态，有一个简单的判别方法，就是看 K_0 是否满足下式

$$\frac{1-\sin\varphi}{1+\sin\varphi}<K_0<\frac{1+\sin\varphi}{1-\sin\varphi} \tag{7-5}$$

在"K_0 过程"计算阶段，PLAXIS 将根据土体自重生成竖向应力，而水平应力则结合给定的 K_0 值得到。定义的 K_0 值可以保证土体不发生塑性，但并不一定能保证整个应力场处于平衡状态。只有当地表水平、土层水平且潜水位也水平时，通过"K_0 过程"得到的整个应力场才会平衡。所以，对于存在非水平表面的情况（见图 7-7），不推荐使用"K_0 过程"。如果所得应力场需要小幅度平衡校正，可以在"K_0 过程"计算之后引入后文将提到的"塑性零加载步"方法（参见本章第 7.3.7 节）。如果利用"K_0 过程"生成的应力场明显不平衡，则应采用"重力加载"方法来计算初始应力。使用"K_0 过程"计算完成后，土体自重全部被激活，在其他计算阶段中不可更改土的重度。

2. 重力加载

"重力加载"（按钮"[按钮图标]"）是另一种生成初始应力的方法，属于"塑性"计算的一

种，在重力加载过程中，将激活土的重度并生成初始应力。在这种情况下，如果采用理想弹塑性本构模型（比如莫尔-库仑模型），则侧向应力和竖向应力之间的比值 K_0 主要取决于土体的泊松比。为了能得到符合实际的 K_0 值，应定义适当的土体泊松比。必要时，在重力加载过程中可采用特定泊松比的材料数据组，以获得符合实际的 K_0 值，在后续计算中再采用其他材料组。对一维压缩弹性计算按下式得到泊松比：

$$K_0 = \frac{\nu}{1-\nu} \tag{7-6}$$

按照式（7-6），如果要求 K_0 值为0.5，那么泊松比应为0.333。由于泊松比的数值应该低于0.5，所以使用重力加载时 K_0 值是不可能大于1的。如果要求 K_0 值大于1，则需要模拟土体的加载历史，并在加载和卸载中使用不同的泊松比，或使用"K_0 过程"直接给定 K_0 值。

当使用高级土体模型时，重力加载得到的 K_0 值与材料数据组中的 K_0^{nc} 对应。

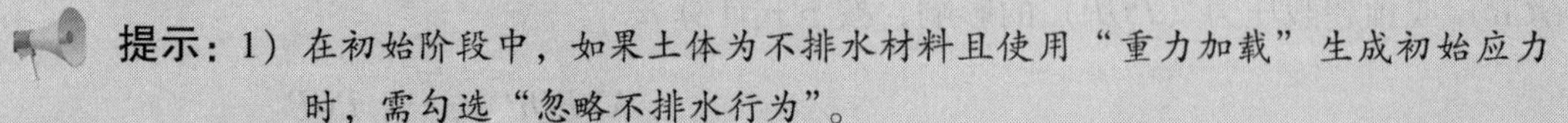

提示： 1）在初始阶段中，如果土体为不排水材料且使用"重力加载"生成初始应力时，需勾选"忽略不排水行为"。

2）使用"重力加载"生成初始应力后，在下一个计算阶段中需勾选"重置位移为零"，清除初始应力生成过程中所产生的位移，重置位移后，应力依然保留。

3）在"重力加载"过程中会忽略 *OCR* 和 *POP*。

某些情况下，在重力加载过程中会产生塑性点。例如无黏性土的一维压缩中，除非满足以下不等式，否则会出现莫尔-库仑塑性点

$$\frac{1-\sin\varphi}{1+\sin\varphi} < \frac{\nu}{1-\nu} < 1 \tag{7-7}$$

3. 初始应力结果

生成初始应力后，可查看初始有效应力和塑性点分布图。

当 K_0 与1.0相差过大时有可能会导致初始应力状态违背莫尔-库仑准则。如果塑性点分布图中显示的红色塑性点（莫尔-库仑点）过多，则需将 K_0 的数值调整到接近1.0重新计算。如果生成初始应力后出现少量塑性点，建议执行塑性零加载步。当使用土体硬化模型并定义了正常固结初始应力状态（$OCR = 1.0$，$POP = 0.0$）时，塑性点分布图中将出现很多硬化点，用户可以不必在意，因为这只表明土体处于正常固结状态。

4. 单地下水渗流

使用该选项可进行饱和与非饱和条件下的单地下水渗流计算，只能在"初始阶段"选择该项。注意，初始阶段的计算类型选择"单地下水渗流"选项后，后续计算阶段的"计算类型"将会自动设为"单地下水渗流"且显示为灰色，表明无法更改。如果初始阶段的"计算类型"没有指定为"单地下水渗流"，则后续阶段将不能选择"单地下水渗流"。

当初始阶段计算类型选为"单地下水渗流"后，其"孔压计算类型"自动设为"稳态地下水渗流"，无其他选项。

5. 塑性零加载步

如果“K_0过程”生成的初始应力场不平衡或出现了塑性点，那么可以引入“塑性零加载步”。“塑性零加载步”是一个不施加任何其他荷载的计算阶段，执行该阶段以后，应力场会达到平衡，并且所有的应力都符合破坏条件。

如果“K_0过程”所生成的初始应力场非常不平衡，执行“塑性零加载步”也可能无法收敛，比如对非常陡的边坡采用“K_0过程”就会生成不平衡的初始应力场，此时应该采用“重力加载”方法生成初始应力。

值得注意的是，在“塑性零加载步”执行过程中产生的位移不能影响后续计算，因此在下一个计算阶段中应该勾选“重置位移为零”。

7.3.2 塑性计算

“塑性”计算（按钮为“”）用来执行弹塑性变形分析，不考虑孔压随时间的变化，适用于大多数岩土工程问题。在不勾选“更新网格”选项的情况下，采用小变形理论进行计算。“塑性”计算中的刚度矩阵基于初始未变形的几何模型建立。

虽然可以指定时间间隔，但“塑性”计算中并不考虑时间效应，仅当使用软土蠕变（SSC）模型时除外。以饱和黏性土快速加载为例，“塑性”计算一般用于完全不排水的情况，使用“不排水（A）”“不排水（B）”或“不排水（C）”等选项。另一方面，执行完全排水分析可得到长期沉降，虽然不能精确描述加载历史，也不能显式考虑固结过程，但仍可对最终状态做出较准确的预测。

在弹塑性变形计算中，可以勾选“忽略不排水行为”，暂时不考虑土体不排水行为［不排水（A）、不排水（B）］和水的刚度。注意，“忽略不排水行为”对排水类型设为“不排水（C）”的材料不起作用。

改变几何模型后，可以重新定义（每一个计算阶段的）水力边界条件，然后重新计算孔压。

在“塑性”计算中，荷载组合、应力状态、重度、单元强度和刚度等的变化都可视为加载，在“分步施工”（按钮为“”）模式下可激活这些荷载、几何形状及孔压分布的变化。此时，计算阶段末将会达到的荷载水平由“分步施工”模式下新指定的几何形状、荷载分布、孔压分布等来决定。

“塑性”计算阶段可用的“孔压计算类型”有：“潜水位”“使用前一阶段的孔压”和“稳态地下水渗流”。

7.3.3 固结计算

当需要分析饱和黏性土中超孔压随时间的发展消散过程时，可执行“固结”计算（按钮为“”）。PLAXIS 2D 能进行真正的弹塑性固结分析。一般在不排水塑性计算后执行固结分析（不再加荷载），在固结分析中可以施加荷载。不过，在接近破坏时需要注意，因为此时可能迭代不收敛。固结分析需要针对超孔压设置附加边界条件。

提示： 在 PLAXIS 2D 中，总孔压分为稳态孔压和超孔压。稳态孔压由各阶段中指定给土层的水力条件生成，超孔压是由不排水土体行为［不排水（A）或不排水（B）］或固结计算生成。在 PLAXIS 2D 中固结分析只会影响超孔压。固结分析不影响“不排水（C）”材料。

在 PLAXIS 2D 中执行“固结”分析，有以下选项可用：

1）分步施工（按钮为“”）。对于土体固结以及同时发生的加载行为，如荷载组合、应力状态、重度、单元强度和刚度等的改变，可通过“分步施工”更改荷载和几何形状、更改孔压分布等来实现。此时需为“时间间隔”参数指定数值，表示当前计算阶段中施加的总固结期。固结计算中使用的第一时间增量基于“数值控制参数”子目录下的“第一时间步”参数。如果进行的固结计算中没有发生附加荷载，同样要选择“分步施工”选项。

2）最小孔压（按钮为“”）。如果要在无附加荷载作用下进行固结计算，直至超孔压消散至某最小值以下，需指定“最小孔压”参数。默认情况下，“最小孔压”设为 1 个应力单位，用户可以修改。注意，“最小孔压”参数为绝对值，即对压力和拉力都适用。此时无须输入“时间间隔”，因为事先无法确定达到最小孔压所需的时间。固结计算中使用的第一时间增量基于“数值控制参数”子目录下的“第一时间步”参数。

3）预期固结度 | *P*-stop |（按钮为“”）。如果要在无附加荷载作用下进行固结计算，直至达到某预期固结度，则需指定预期固结度 | *P*-stop |。默认情况下，| *P*-stop | 设为 90.0%，用户可以修改。此时无须指定“时间间隔”，因为事先无法确定达到预期固结度所需的时间。固结计算使用的第一时间增量基于“数值控制参数”子目录下的“第一时间步”参数。

提示： 在土力学中，某时刻土层的平均固结度一般定义为该时刻地基的固结沉降与最终固结沉降之比。在 PLAXIS 中，采用另一定义方式，某时刻土层的固结度等于该时刻土层中最小超孔压与初始最大超孔压之比。

7.3.4 完全流固耦合分析

如果需要分析水力边界条件随时间变化的情况下，饱和土或部分饱和土中变形与孔压的同步发展情况，可执行“完全流固耦合”分析（按钮为“”）。例如坝体后方库水位骤降、波浪对堤坝的作用、部分排水开挖、建筑场地降水等就属于这种情况。固结分析主要针对超孔压，与之相比，完全流固耦合分析直接针对总孔压，即包括了稳态孔压和超孔压。完全流固耦合分析中为了与其他计算类型保持一致性，稳态孔压基于计算阶段末的水力条件来计算，从而根据总孔压来反算超孔压。

原则上，完全流固耦合分析会考虑潜水位以上非饱和区内的非饱和土行为及其吸力。不过，非饱和区中的正孔压可通过使用“忽略吸力”选项来进行限制。

 **提示：** 在完全流固耦合分析中不能使用“更新网格”选项。

7.3.5 安全性计算（强度折减）

PLAXIS 2D 中的“安全性”（按钮为“”）计算类型用于计算整体安全系数，在“一般”选项卡下的“计算类型”下拉列表中可选择该选项。

在“安全性”计算中，土体的强度参数 $\tan\varphi$ 和 c 以及抗拉强度逐步减小，直到土体发生破坏。原则上，剪胀角 ψ 不受强度折减过程的影响，但剪胀角永远不能大于摩擦角。当摩擦角 φ 折减到等于给定的剪胀角时，对摩擦角的进一步折减就将引起剪胀角同步折减。如果模型中使用了界面单元，其强度也按同样的方式进行折减。板和锚杆等结构单元的强度，也可以在安全性（强度折减）计算中考虑折减。

安全性分析中某个计算阶段的土体强度参数值通过总乘子 $\sum M_{sf}$ 定义，即

$$\sum M_{sf} = \frac{\tan\varphi_{input}}{\tan\varphi_{reduced}} = \frac{c_{input}}{c_{reduced}} = \frac{s_{u,input}}{s_{u,reduced}} \tag{7-8}$$

式（7-8）中，带下标“input”的强度参数是指在材料组中输入的值；带下标“reduced”的强度参数是指在分析中采用的折减值。安全性计算刚开始时，所有的材料强度参数取其输入值，即 $\sum M_{sf}$ 为 1.0。

“安全性”计算通过“加载步数法”（参见本章 7.7.3 节）实现。增量乘子 Msf 用来定义第一个计算步的强度折减的步长，该步长默认值为 0.1，对一般情况是合适的。强度参数自动逐步折减，直到执行完指定的“附加步数”为止。附加步数默认等于 100，最大可设为 10000。计算结束后，一定要输出计算结果，检查模型是否完全达到了破坏状态。如果达到了完全破坏，安全系数由下式计算得出

$$安全系数\ SF = 可用强度/破坏强度 = 破坏时的\sum M_{sf}值 \tag{7-9}$$

某个特定计算步的 $\sum M_{sf}$ 值，可以在“输出”程序的“项目”主菜单下选择“计算信息”选项来查看。建议通过绘制强度折减总乘子与位移的关系曲线查看整个计算中 $\sum M_{sf}$ 的发展，通过这种方式可以检查随着变形的发展 $\sum M_{sf}$ 是否达到了一个常量，即破坏机制是否已完全发展。如果没有完全达到破坏，需要增大附加计算步重新计算。

要精确捕获土体的破坏，需要在迭代过程中采用“弧长控制”技术，并且采用不大于 1% 的“允许误差”，迭代过程的默认设置满足这两个条件（参见本章 7.8.3 节）。

提示： 如果在执行“安全性”分析时不使用“弧长控制”，折减系数 $\sum M_{sf}$ 将无法下降，这样就会高估安全系数。另外，为了获得比较精确的破坏形态，模型网格也要足够精细。

当安全性分析和高级岩土本构模型结合使用时，这些本构模型实际上将退化为标准的莫尔-库仑模型，因为安全性分析中不考虑刚度的应力相关性以及土体硬化效应。这种情况下，刚度在计算阶段开始时基于起始应力进行计算，此后一直保持为常量直至

本计算阶段结束。注意，如果使用修正剑桥模型和关口-太田模型，则土体强度参数不会折减（即安全性计算没有意义），因为这些模型的参数中根本就没有黏聚力和摩擦角。

提示： 1）如果使用节理岩体模型，所有面上的强度都将随乘子$\sum M_{sf}$折减。

2）使用 NGI-ADP 模型时，所有不排水参数都随$\sum M_{sf}$折减。

3）修正剑桥模型和关口-太田模型中的强度不随“安全性”分析进行折减。

4）当“安全性”分析与用户自定义模型一起使用时，模型中的所有参数都不会折减。

从目前的研究对典型算例的计算结果对比来看，强度折减法与传统的圆弧滑移分析法得到的安全系数相近。

提示： 完全流固耦合分析中可以考虑吸力，得到的安全系数一般比忽略吸力时要高。虽然该安全系数考虑了吸力作用可能更接近实际情况，但由于比通常计算的安全系数值高，所以应谨慎采用。

“安全性”计算中可用选项有：

1）增量乘子“Δ”。“安全性”分析通过逐步折减强度参数进行计算，第一计算步的强度折减增量M_{sf}默认为0.1，用户可以根据需要修改该增量。

2）总乘子“Σ”。“安全性”分析是通过逐步折减强度参数直至总乘子$\sum M_{sf}$达到一个目标值。程序会先寻求一个安全值（在目标值之上），然后在越过目标值之前重新计算最后一步，最终达到目标值。

1. 增强安全性分析

在“安全性”计算阶段，土体类组和界面的抗剪强度参数会自动参与折减。“增强安全性分析”则可在折减土体参数的同时，考虑结构单元的强度折减，此外，还可以指定土体类组或结构单元是否参与强度折减计算。

“增强安全性分析”可实现如下功能：

1）在强度折减计算中可以不考虑沿斜坡表层土体类组的折减，从而避免发生不切实际的浅表层破坏模式。

2）在强度折减计算中可以在折减土体强度参数的同时，考虑结构单元的强度折减，前提是这些结构单元被指定了弹塑性材料以及极限强度。

3）可以通过“增强安全性分析”在不同阶段中选择不同的土体类组或结构单元参与强度折减计算（见图7-8和图7-9）。

提示： 当考虑结构单元的强度折减时，只能对指定了弹塑性材料的结构进行折减，应确保与实际力学机制相符。

安全性计算阶段输出结果时，如果在“视图”菜单下选择了“隐藏不参与强度折减的项”，则不参与强度折减计算的土体类组在单元关联图中显示为灰色，且这些类组中不会显示任何计算结果。

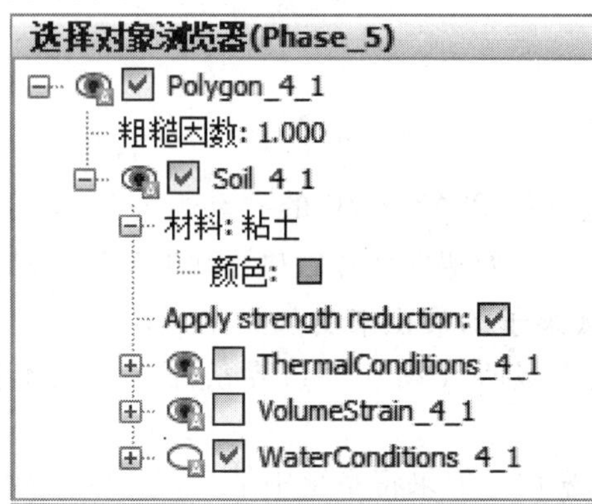

图 7-8 土体类组“增强安全性分析”

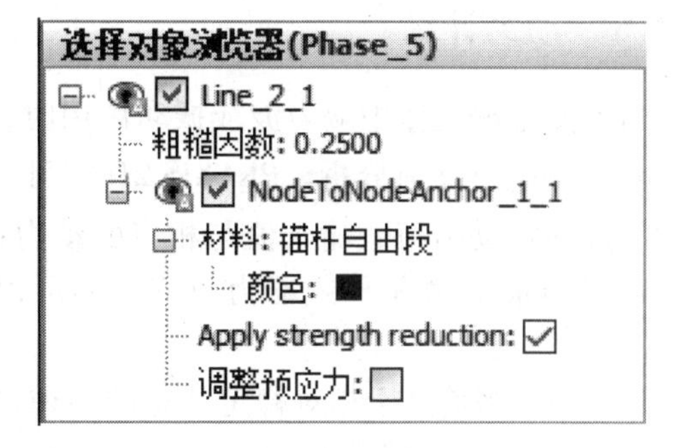

图 7-9 结构单元“增强安全性分析”

提示：若执行标准的安全性计算，可能产生不切实际的浅表层破坏机制；执行“增强安全性分析”则可通过指定浅表层土体类组不参与折减计算而避免这种情况发生。

2. 霍克-布朗模型中的强度因式分解

当采用霍克-布朗模型描述岩石的力学行为时，由于霍克-布朗模型中采用的破坏准则不再是莫尔-库仑准则，故其“安全性”计算过程稍有改变。为了使霍克-布朗模型定义的安全系数与莫尔-库仑模型定义的安全系数等效，可按下式重新构建霍克-布朗屈服函数，使其包含强度折减乘子$\sum M_{sf}$。

$$\left.\begin{aligned}
f_{HB} &= \sigma'_1 - \sigma'_3 + \bar{f}_{red}(\sigma'_3) \\
\bar{f}_{red} &= \frac{\bar{f}}{\eta} = \frac{\sigma_{ci}}{\eta}\left(m_b\frac{-\sigma'_3}{\sigma_{ci}} + s\right)^a \\
\eta &= \frac{1}{2}\left(\sum M_{sf}(2-\bar{f}')\sqrt{1+\frac{\left(\frac{1}{\sum M_{sf}^2}-1\right)\bar{f}'^2}{(2-\bar{f}')^2}}+\bar{f}'\right) \\
\bar{f}' &= \frac{\partial \bar{f}}{\partial \sigma'_3} = -am_b\left(m_b\frac{-\sigma'_3}{\sigma_{ci}} + s\right)^{a-1}
\end{aligned}\right\} \tag{7-10}$$

提示：基于霍克-布朗模型获得的安全系数与具有等效强度属性的莫尔-库仑材料得到的安全系数并不对等。

3. 更新网格

“安全性”计算中的模型几何形态取决于其母阶段中是否勾选了“更新网格”选项，如果母阶段勾选了“更新网格”，那么在安全性分析阶段中就会根据母阶段结束时的模型几何形态进行计算。

在安全性计算过程中，即使勾选了“更新网格”选项，在每个荷载步开始时也不会更新网格。

7.3.6 动力计算

当需要考虑土体中应力波或振动作用时，应选择 PLAXIS 2D 的“动力”选项（按钮为“”）进行动力分析。PLAXIS 2D 中可以在一系列塑性计算后执行动力分析，动力荷载的施加通过动力荷载输入值与相应的动力荷载乘子的乘积来实现。在“动力”计算中除了可以施加动力荷载或动力位移，还可以定义吸收（黏性）边界条件（详见本章第 7.10.9 节）。

对于一个当前处于相对稳定状态的物理系统来说，如果将系统中某个现有的荷载移除掉，系统会产生自由振动，这一过程可以通过自由振动分析来实现。PLAXIS 2D 可执行自由振动分析，此时需将前一计算阶段中处于激活状态的外部静荷载冻结。

PLAXIS 2D“动力”分析中，需先定义外部荷载作为动力荷载输入值，然后在“分步施工”模式下激活该动力荷载对应的动力乘子，从而真正激活动力荷载。

提示：“动力”计算中的稳态孔压通常由母阶段中生成的稳态孔压获得。在动力分析中可以计算不排水土体中的超孔压，但生成孔压的准确性取决于所用土体本构模型的性能。

7.3.7 塑性零加载步

塑性计算除了可以模拟加载、卸载等情况外，也可以用来执行塑性零加载步。塑性零加载步是一个不施加荷载增量的计算阶段。在阶段列表中添加的所有新计算阶段，在修改计算类型、几何模型或荷载情况之前都为塑性零加载步。有些情况下，某个施工阶段计算完成后，模型中仍然会存在较大的不平衡力，例如执行一个激活较大荷载的计算阶段（比如重力加载）之后，或者使用 K_0 过程生成的初始应力场不平衡，或者产生塑性点的情况，这种情况下执行塑性零加载步后，应力场将处于平衡状态，所有应力将遵循破坏条件。此时不需要改变模型的几何构造或水力条件。如果必要在执行塑性零加载步时可以将允许误差减小，以提高平衡精度。

如果使用“K_0 过程”生成的应力场明显不平衡，执行塑性零加载步可能不收敛，此时应采用重力加载法。

如果在生成初始应力后使用塑性零加载步，需确保在该过程中产生的位移不影响到后续计算，所以要在后续计算阶段中勾选“重置位移为零”选项。

提示：塑性零加载步采用“分步施工”作为加载类型来消除模型中的现有不平衡力，该计算中不能更改几何形状、荷载大小、荷载分布、孔压分布等。

7.3.8 更新网格分析

常规的有限元分析中，网格的几何变化对平衡条件的影响是可以忽略不计的，这在变形相对较小的情况下（大多数工程结构发生的变形都相对较小）是一个较好的近似处理方法。但是，也存在一些情况必须考虑网格变化的影响。需要采用更新网格分析的典型应用包括：有关加筋土结构的分析，大型近海工程基础的破坏问题的分析，以及软土和发生大变形问题的分析。

在有限元程序里运用大变形理论，需要考虑一些特殊因素。

1）需要在结构刚度矩阵中引入一些附加项以模拟结构的大变形对有限元方程的影响。

2）需要引入一种算法以正确模拟当材料发生有限转动时的应力变化。常常通过定义应力率（包含转动率项）来实现这一大变形理论的特性。从事该领域研究的一些科研工作者提出了几种应力率的定义，但是尚无一种能够完全满足工程分析的需要。PLAXIS 2D 采用的是 Kirchhoff 共转应力率（也称为 Hill 应力率），在剪应变没有过度发展的情况下，采用该应力率能得出较精确的结果。

3）在计算过程中需要更新有限元网格。在 PLAXIS 2D 中选择“更新网格”选项后，计算中会自动执行有限元网格更新。

综上所述，PLAXIS 2D 计算过程中的更新网格算法远远不止是在计算过程中对节点坐标进行修正。这些算法实际上是基于更新 Lagrangian 算法（Updated Lagrangian formulation，Bathe，1982）。PLAXIS 采用了各种先进的技术来实现该算法，有关内容超出了本书的范围，感兴趣的读者可参阅相关文献（例如，Van Langen，1991）。

在三种基本计算类型（塑性分析、固结分析和安全性分析）中都可以使用更新网格分析以考虑大变形效应，此时可勾选“更新网格”选项。此外，同时还可以选择是否根据更新的应力点坐标重新计算水压力（“更新水压力”选项），勾选该项后可以考虑恒定潜水位下土体沉陷效应。但要注意，“更新网格”选项不能用于完全流固耦合分析和动力计算中。

需要注意，更新网格计算阶段的后续阶段（即以更新网格计算阶段为起始阶段的计算阶段）不能是“常规”计算阶段。反过来，在常规计算阶段后可以跟一个“更新网格”计算阶段，但此时需要勾选“重置位移为零”选项。还有一点要注意，更新网格分析耗时较多，也没有常规计算那么稳定，因此建议只有在特殊情况下才选用该方法。

提示： 网格边界处水力条件和应力点处孔压并不随网格更新而更新。

1. 分布荷载

更新网格计算中对变形边界上的分布荷载将按与边界未变形一样去考虑，以保证当边界拉长或收缩时合力不变。对于半径随着变形发展而变化的轴对称问题也是同样的处理方法。

2. 计算步骤

要执行更新网格分析，应在“阶段”窗口中的“变形控制参数”子目录下勾选“更新网格”选项。执行更新网格计算采用的迭代算法与前述 PLAXIS 2D 中常规的塑性计算、固结计算等相类似，所以更新网格分析采用与塑性、固结计算相同的参数。但是为了考虑大变形效应，在每个荷载步开始的时候都要更新刚度矩阵。正是由于这一计算步骤、附加项以及更为复杂的计算公式，使得更新网格分析的迭代算法比常规计算要慢得多。

3. 安全性计算

“安全性”计算中的模型几何形态取决于母阶段是否勾选了“更新网格”选项。如果安全性计算的母阶段中考虑了网格更新，则安全性计算中将会考虑母阶段结束时的模型几何形态。即使对“安全性”计算阶段勾选了“更新网格”选项，在安全性计算中也不会在每个荷载步开始时更新网格。

4. 实际应用过程中应注意的问题

对于一个 PLAXIS 计算项目而言，更新网格分析要比等效的、常规的计算耗费更多机时。当考虑对一个新建项目进行更新网格分析时，建议先进行效率较高的常规计算，对模型进行检查、修正之后，再根据需要尝试采用更新网格分析得到更精确的结果。

至于什么情况下需要进行更新网格分析，以及什么情况下只需进行常规分析即可，目前尚无统一实用的判别标准。这里介绍一种粗略的判断方法以供参考：首先进行常规计算（不考虑网格更新），然后在“输出”程序中使用“变形网格”选项显示常规计算结束时网格的变形情况（注意，要采用实际的缩放比例显示）。如果模型几何形态变化很大，那么就可以推测几何效应可能较显著，此时应当使用“更新网格”选项重新进行计算。要知道，单纯根据常规塑性计算出的变形大小，并不能完全确定几何效应重要与否。如果读者认为某一计算阶段可能需要进行更新网格分析但又无法确定，那么建议读者将计算项目更名另存后执行更新网格分析，然后与常规分析的结果进行对比。

一般情况下，对重力加载过程不宜采用更新网格算法来计算初始应力场。重力加载产生的位移没有物理意义，因此必须重置为零。而更新网格分析之后不可能再对位移重新归零，那样更新网格分析就失去了意义。所以，重力加载应该用一般塑性计算来完成。

只有在位移重新归零的情况下，才能从常规的塑性计算或固结分析切换到更新网格分析。这是因为一系列的更新网格分析必须从没有发生变形的几何模型开始执行。反过来，不能从更新网格分析切换到常规的塑性计算或固结分析，因为这会忽略所有的大变形效应，从而引起很大的不平衡力。

5. 更新水压力

在“阶段”窗口中的“变形控制参数”子目录中勾选了“更新水压力”选项后，应力点中的孔压和模型边界上的外部水压力会在计算中随变形的模型边界和应力点位移而更新。水压力的更新基于一般潜水位和类组潜水位，这样就可考虑潜水位以下土体的浮力。

注意，如果土体类组采用用户自定义孔压，则该孔压不会在计算中更新。此外，根据地下水渗流计算得到的孔压也不会在计算中更新。

7.4 加载类型

在“阶段”窗口的“加载输入”下拉列表中可指定当前阶段的加载类型。在一个计算阶段中只能选择一种加载类型，可选的加载类型取决于本计算阶段的计算类型。

默认情况下，大多数计算类型的加载类型设为“分步施工”，此时可更改几何模型和荷载分布，例如可以激活或冻结荷载、结构和土体等。

提示： 对“单地下水渗流”计算类型，“加载类型”下拉列表不可用。

7.4.1 分步施工

“分步施工”加载类型（按钮为“ ”），可指定本计算阶段结束时要达到的新的状态。可以修改“水力条件”和“分步施工”模式下的水压分布、几何形状、荷载输入值和荷载分布等。“分步施工”选项还可用于执行塑性零加载步计算来消除不平衡力。此时，几何形状、荷载水平、荷载分布、水压分布等都不改变。

在指定施工阶段之前，应考虑计算阶段的“时间间隔”，以时间单位表示。非零时间间隔只在“固结”分析、“完全流固耦合”分析或使用时间相关模型（如软土蠕变模型）时才起作用。

由于执行分步施工计算采用“加载终极水平法”，计算过程受总乘子$\sum M_{stage}$控制。该乘子起始值为0，在计算阶段结束时达到极限值1.0。注意，如果$\sum M_{stage}$达到1.0时计算步未执行到“最大步数”定义的最大附加步数，则剩余的计算步不会执行。

在某些特殊情况下，可能需要将分步施工过程分解为多个计算阶段，并为$\sum M_{stage}$指定中间值，如指定$\sum M_{stage}<1.0$，这仅用于“塑性”计算中。对于$\sum M_{stage}<1.0$的情况需多加注意，因为这意味着该阶段结束时存在不平衡力，这样的计算之后通常必须跟随另一个分步施工计算。

如果用户不给$\sum M_{stage}$指定数值，程序通常假定$\sum M_{stage}=1.0$。在执行其他类型的计算之前，$\sum M_{stage}$必须先达到1.0，这可在“阶段”窗口下的“达到值”子目录中查看。

提示： 在塑性、固结、动力计算中可选“分步施工”作为加载类型。

1. $\sum M_{stage}<1$ 的分步施工

一般情况下，某计算阶段的加载类型指定为分步施工时，与分步施工过程相关的总乘子$\sum M_{stage}$会在每个计算阶段里从零增加到单位1。特殊情况下，可能只需要执行施工阶段的一部分，此时可以给$\sum M_{stage}$指定一个小于1.0的值。

2. $\sum M_{stage}<1$ 的隧道施工

PLAXIS可以模拟喷射混凝土衬砌隧道（NATM）的施工过程。此类分析的重点是考虑土体中发生的三维拱效应，以及无支撑隧道开挖面附近的变形。在PLAXIS 2D中对该类问题的处理方法详述如下：

对采用新奥法施工的隧道，有很多文献提出了不同的分析方法，其中之一就是“收敛约束法”，或称“β法”（Schikora & Fink，1982），也有人提出过其他类似的方法，只是叫法不同而已。这一方法的思路是，将待开挖隧道处周边土体上原本作用的初始应力p_k分为两部分，其中一部分为$(1-\beta)p_k$，作用在无支护隧道上，另一部分为βp_k，作用在支护隧道上（见图7-10）。β为经验值，影响因素很多，主要取决于无支护隧道开挖长度与等效隧道直径之比，无经验时可参考相关文献（Schikora & Fink，1982）。

在 PLAXIS 中模拟新奥法隧道施工时，并不直接定义β值，而是采用分步施工选项，并为$\sum M_{stage}$指定小于1.0的值。实际上，当冻结隧道土体类组时（开挖隧道），会产生一个相当于p_k的初始不平衡力。分步施工计算开始时，$\sum M_{stage}$等于零，不平衡力完全作用在其余处于激活状态的网格上，随后不平衡力逐步减小至0，同时$\sum M_{stage}$逐步向着1.0增大。这样，可将$\sum M_{stage}$值视为$1-\beta$。为了能按"β法"的思路求解问题，在冻结隧道土体类组时，该计算阶段对应的$\sum M_{stage}$值应设为$1-\beta(<1.0)$。应注意到，对于$\sum M_{stage}<1.0$的计算阶段，其计算结束时模型中仍存在不平衡力。在随后的分步施工阶段中可以激活隧道衬砌，由于新建计算阶段的$\sum M_{stage}$默认为1.0，这样前一阶段末尚存的不平衡力就会作用到包括隧道衬砌的整个模型上。

上述分析过程可概括如下：

1）生成初始应力场，并施加隧道施工前所受的外荷载。

2）冻结隧道类组，但不激活隧道衬砌，同时将$\sum M_{stage}$指定为$1-\beta$。

3）激活隧道衬砌。

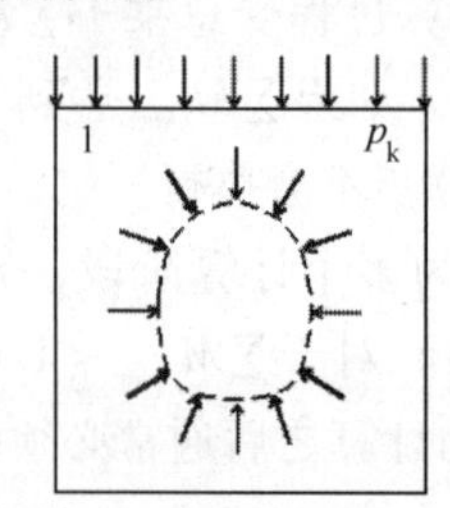

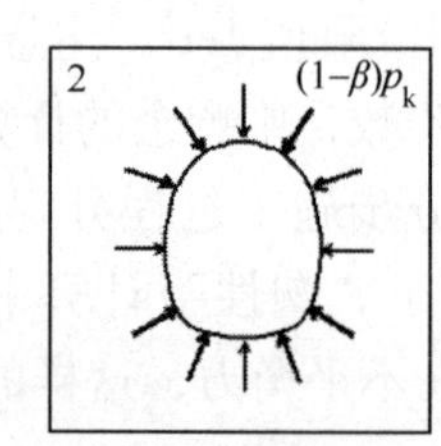

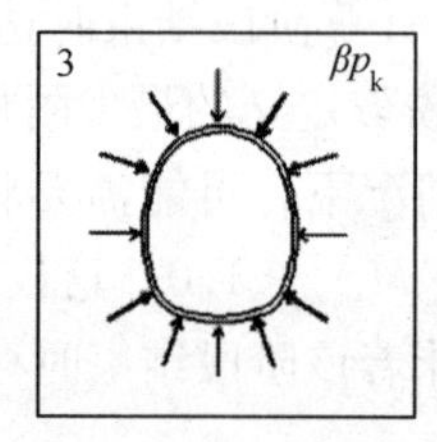

图7-10　新奥法隧道"β法"分析示意图

3. 未完成的分步施工计算

分步施工计算开始时，控制分步施工过程的乘子$\sum M_{stage}$等于零。计算过程中，该乘子由零逐步增加到最终水平（通常为1.0）。当$\sum M_{stage}$达到最终水平时，当前计算阶段结束。但是，如果分步施工计算$\sum M_{stage}$没有达到设定的最终水平就结束了（计算目标未完成），记录信息框就会给出警告信息。在"阶段"窗口的"到达值"子目录下，可以查看本阶段结束时乘子$\sum M_{stage}$达到的值。

分步施工计算未完成就终止的原因有如下三种可能：

1）用户指定$\sum M_{stage}$小于1.0。由于分步施工阶段$\sum M_{stage}$默认为1.0，这样才能保证计算结束时模型中的不平衡力完全消除（要达到不平衡力等于零是不现实的，这里指的是满足程序设定的计算收敛条件）。若用户指定$\sum M_{stage}$小于1.0，则本阶段计算结束时模型中仍存在明显的不平衡力，程序就会提示警告信息，这部分不平衡力需在下一阶段中消除。

2）计算中土体发生破坏。土体中形成了破坏机制，则计算终止，无法继续。此时模型中尚存在不平衡力，后续计算没有意义，因此程序也设定了未完成的计算阶段的子阶段不能执行计算。

3）最大加载步数不足。此时可增大"最大加载步"的步数重新计算。注意：只要是乘子$\sum M_{stage}$没有达到1.0，建议不要施加任何其他类型的荷载。

当计算结束时若$\sum M_{stage}$未达到1.0，则我们在开始执行计算前所定义到模型上的荷载实

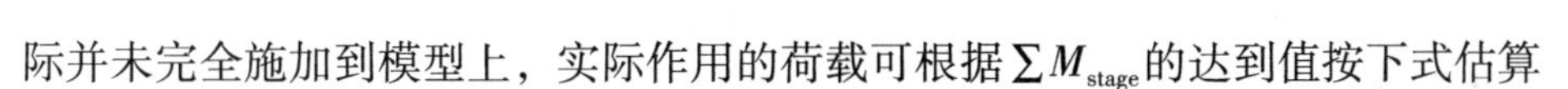

际并未完全施加到模型上，实际作用的荷载可根据$\sum M_{stage}$的达到值按下式估算

$$f_{applied}=f_0+\sum M_{stage}\ (f_{defined}-f_0) \tag{7-11}$$

式中 $f_{applied}$——实际施加的荷载；

f_0——计算阶段开始时的荷载（即上一计算阶段末作用的荷载）；

$f_{defined}$——定义的荷载。

可以定义连续多个阶段的$\sum M_{stage}$小于1.0，此时，每个阶段的$\sum M_{stage}$都从零开始。举例说明：如果定义三个阶段，阶段1和阶段2均指定$\sum M_{stage}=0.5$，阶段3指定$\sum M_{stage}=1.0$，各阶段中模型无其他改变，则不平衡力的求解过程如下：

1）阶段1结束时，初始不平衡力（F_{u0}）消除50%，剩余50%未消除。

2）阶段2结束时，剩余不平衡力消除50%，本阶段消除了初始不平衡力的50%×50%=25%，至此消除了初始不平衡力的50%+25%=75%，还剩25%初始不平衡力未消除。

3）阶段3结束时，上一阶段未消除的不平衡力100%消除，至此初始不平衡力也100%消除了。

7.4.2 最小超孔压

“加载输入”下拉列表中的“最小超孔压”选项（按钮为“”）是一个终止固结分析的准则。当最大超孔压绝对值低于指定值|*P*-stop|时，计算终止。注意，如果计算中|*P*-stop|准则先行满足，则不会执行到在“最大步数”一栏中定义的最大计算步数。例如，当在荷载作用下最大超孔压达到某一数值，可以执行固结计算直至所有节点超孔压值都低于|*P*-stop|，前提是“最大步数”足够大。

> **提示：**“最小超孔压”选项仅对“固结”计算可用。

7.4.3 固结度

“固结度”选项（按钮为“”）是终止固结分析的另一种准则，当固结度低于设定值时计算终止。固结度是固结状态的重要表征，严格地说，固结度U一般定义为当前计算时刻达到的沉降量与最终沉降量的比值，实际经常用于描述超孔压的消散程度。“固结度”选项可用于指定最终固结度。

“加载类型”设为“固结度”时，最小超孔压（如前所述）由前一阶段中的最大超孔压和指定的“固结度（U）”定义：最小超孔压=（100－U）% P_{max}。其中，P_{max}为前一阶段达到的最大超孔压，可在“阶段”窗口中的“达到值”子目录下查看。当计算阶段中最大超孔压绝对值低于上式计算得到的“最小超孔压”时，该阶段计算终止。注意，如果“最小超孔压”准则先行满足，则不会执行到由“最大步数”定义的最大附加步数。

> **提示：**“固结度”加载类型仅对“固结”计算可用。

7.4.4 目标总乘子

加载类型为“目标总乘子”（按钮为“Σ”）时，土和界面强度参数逐渐折减直至总乘子$\sum M_{sf}$达到目标值。程序先执行一次完全的安全性分析直至破坏状态，然后对达到目标总乘子$\sum M_{sf}$之前的最后一步重新计算以获得更准确的目标乘子值。

提示：“目标总乘子”加载类型仅对“安全性”计算可用。

7.4.5 增量乘子

加载类型为“增量乘子”（按钮为“Δ”）时，可以使用“加载步数法”进行“安全性”分析。增量乘子M_{sf}用于指定第一计算步的强度折减增量，默认为0.1，这在一般情况下是合适的。在安全性计算中，强度参数自动逐步折减直至计算步数达到“最大步数”的设定值。程序默认最大步数为100，最大可设为1000。计算结束后，必须检查最终计算步执行完毕后土体是否达到完全的破坏机制。如果达到了完全破坏，整体安全系数按下式定义

$$安全系数\ SF = 破坏时的\sum M_{sf}值 \tag{7-12}$$

某个特定计算步的$\sum M_{sf}$值可在输出程序的“计算信息”窗口中查看。建议利用“曲线”工具（见本书第10章）查看$\sum M_{sf}$在整个计算过程中的发展。通过绘制$\sum M_{sf}$随某点位移的变化曲线可以检查变形持续发展时$\sum M_{sf}$是否达到恒定值，即是否达到完全的破坏机制。如果破坏机制没有完全发展，则必须设置更大的附加步重新计算。

提示：“增量乘子”加载类型仅对“安全性”计算可用。

7.5 水压力计算

水压力可以是“外部”水压（即模型边界处的“水荷载”）或“内部”水压（即通常所说的孔隙水压力）。在PLAXIS中，孔隙水压力包含在激活孔压（Active pore pressure）内。激活孔压由稳态孔压（Steady-state pore pressure）和超孔压（Excess pore pressure）组成，还可能包含吸力（正孔压）。一般情况下，可将稳态水压力（包括“外部”和“内部”水压）视为已知量，作为变形分析的输入值；而超孔压则是不排水加载或固结过程的结果，在计算开始时属于未知量。本节介绍作为变形分析输入量的稳态孔压计算，孔压生成方式可在“阶段”窗口下指定。

7.5.1 计算类型

1. 潜水位

若孔压计算类型选择“潜水位”，PLAXIS程序将基于用户设置的“全局水位”和类组水力条件计算稳态水压力，这种生成水压力的方式快速而直接。计算结果包含如下变量并作

为变形分析的输入量：

1）基于“全局水位”计算作用在模型外部边界上的“外部”水压（即“水荷载”）。

2）基于为类组指定的水力条件计算激活类组中的稳态孔压。如果不想在某类组中生成孔压，可以将该类组的水力条件设为“干（Dry）”，或者将该类组指定为“非多孔”材料。

3）基于为类组指定的水力条件计算未激活（处于冻结状态）类组中的稳态孔压，这样构成激活与冻结类组之间边界上的外部水压力计算的基础。

在潜水位以上的非饱和区内稳态孔压可能包含吸力。如果在变形分析中不需要考虑吸力的作用，可以勾选“忽略吸力”选项。

2. 稳态地下水渗流

若孔压计算类型选择“稳态地下水渗流”，PLAXIS 将基于用户输入的水力边界条件和在“土和界面”材料数据组中输入的非零渗透系数来计算稳态水压力。这一计算过程比“潜水位”计算方法耗时更长，有时结果也不甚直观。计算结果包含如下变量并作为变形分析的输入量：

1）全局水位。全局水位的“内部”部分，即为稳态孔压为零的水位；“外部”部分（如果有的话）根据高出模型外边界的地下水头来计算。

2）作用在模型外边界上的“外部”水压力（即“水荷载”）根据“全局水位”进行计算。

3）激活类组中的稳态孔压基于地下水渗流计算得到。如果不想在某类组中生成孔压，可以将该类组的水力条件设为“干（Dry）”，或者将该类组指定为“非多孔”材料。

4）未激活（处于冻结状态）类组中的稳态孔压，根据激活与冻结类组之间的边界上的水压力进行内插（或外插）。这些水压力还构成了计算这些边界上“外部”水压力的基础。

5）如果使用“全局水位”定义水力边界条件（地下水头），则地下水渗流计算的结果将会取代全局水位。一般情况下，全局水位的“外部”部分保持不变，但“内部（潜水位）”部分通常会发生变化。

提示： 如果没有定义渗流面边界条件，则稳态地下水渗流计算用到的水力边界条件将根据“全局水位”来定，这意味着指定水头低于水位和上部渗流。“稳态地下水渗流”选项可用于 K_0 过程、重力加载、单地下水渗流、塑性、固结等计算类型中。

稳态孔压中可能包括潜水位以上非饱和区中的吸力。如果不想在作为变形分析输入量的稳态孔压中包含吸力，可勾选“忽略吸力”选项。

3. 地下水渗流（瞬态）

当只需进行地下水渗流计算时（不考虑变形），可在“计算类型”下拉列表中选择“单地下水渗流”。PLAXIS 基于用户输入的（时间相关）水力边界条件和水位进行瞬态地下水渗流计算，要求“时间间隔”设为非零值，“土和界面”材料组中的渗透系数也需指定非零值，且要选择适当的渗流模型来描述非饱和区的行为。

提示：只有在初始阶段可以选择“单地下水渗流”计算类型，后续阶段会自动设为该计算类型并显示为灰色，表示无法更改。

4. 使用前一阶段水压力

如果当前计算阶段与其母阶段相比稳态水压力没有变化，可选择“使用前一阶段水压力”作为当前变形分析的输入值。如果对类组有激活或冻结操作，则不应使用该项，此时应使用其他选项来生成水压力。

7.5.2 全局水位

“全局水位”可用于为整个几何模型生成简单的静孔压分布(“潜水位”计算类型)。全局水位默认指定给几何模型中的所有类组。

“全局水位”还可用于生成地下水头边界条件，通过“地下水渗流”计算或“完全流固耦合分析”得到孔压分布。

在“模型浏览器”中的“模型条件（Model conditions）”目录下有一个“水（Water）”子目录，展开后单击其中“全局水位（Global Water Level）”右侧的下拉菜单，会显示当前可用的水位(“钻孔水位”或“用户水位”)，可从中选择一个水位作为当前选中阶段的“全局水位”。关于 PLAXIS 2D 中水位设置的更多介绍详见本章第 7.9.1 节。

7.6 温度计算

PLAXIS 2D 2015 中可以考虑热效应，即温度或温度变化对土体或结构行为的影响，例如热膨胀或土体冻结问题。通过热计算可得到地层中的温度分布。在“阶段”窗口的“一般”目录下选择“热”计算类型，就可以定义是否考虑热效应以及采取何种方法计算温度分布。

7.6.1 计算类型

1. 忽略温度

选择“忽略温度”选项（按钮为“ ”），则不计算温度分布，忽略温度效应。

2. 地温梯度

选择“地温梯度”选项（按钮为“ ”），基于“模型浏览器”下“模型条件”中定义的“热函数”计算（初始）温度。值得一提的是，这一计算过程并不属于有限元计算。

3. 使用上一阶段的温度

选择“使用上一阶段的温度”选项（按钮为“ ”），假定当前阶段的（初始）温度分布等于上一阶段末的温度分布，这样计算内核就会将上一阶段末的温度分布作为当前阶段变形分析的输入量。对于发生类组激活或冻结的稳态计算（$\Delta t = 0$）阶段，不应采用该选项，而要采用其他方法计算温度分布。

提示：“计算类型”设为“完全流固耦合”分析时，必须选择该选项以考虑温度效应。此时，上一阶段的温度仅用于给定当前阶段的初始温度分布，但在热流边界条件随时间变化过程中，温度分布会发生变化。

4. 稳态热流

选择“稳态热流”选项（按钮为“”），基于定义的“热流边界条件”（见本书第5.10节），通过稳态热流有限元计算得到温度分布。另外，还需要在“材料”窗口下的“热”选项卡中给定适当的热力学参数（见本书第6.1.4节）。

5. 瞬态热流

选择“瞬态热流”选项（按钮为“”），基于定义的“热流边界条件”（见本书第5.10节），通过瞬态热流有限元计算得到温度分布。另外，还需要在“材料”窗口下的“热”选项卡中给定适当的热力学参数（见本书第6.1.4节）并为当前阶段定义非零时间间隔。

7.6.2 耦合分析

由于地下水渗流在地层内部热传递过程中具有重要作用，热计算可与地下水渗流计算耦合［热-水（TH）耦合］。这需要在“项目属性”窗口中定义适当的热常量值。此外，稳态TH耦合计算结果可用于分析温度（或温度变化）对应力和变形的影响（TH-M半耦合分析）。更一般地，PLAXIS 2D 2015还可以进行完全耦合的瞬态热-水-力（THM）计算，同时考虑温度变化对应力、变形和地下水渗流的时间相关效应。表7-4所列为可与热计算耦合的各种耦合计算类型。

表7-4 热计算耦合计算类型概览

计算类型	孔压计算类型	热计算类型
仅渗流	稳态地下水渗流	地温梯度、稳态热流
仅渗流	瞬态地下水渗流	地温梯度、瞬态热流
塑性	潜水位	地温梯度、使用前一阶段末的温度、稳态热流
塑性	使用前一阶段末的孔压	地温梯度、使用前一阶段末的温度、稳态热流
塑性	稳态地下水渗流	地温梯度、使用前一阶段末的温度、稳态热流
固结	多种	—
完全流固耦合	瞬态地下水渗流（自动）	使用前一阶段末的温度
安全性	使用前一阶段末的孔压	使用前一阶段末的温度
动力	使用前一阶段末的孔压	使用前一阶段末的温度

7.7 加载步骤

当有限元计算中涉及土的塑性时，有限元方程就成为非线性方程，这就意味着每个计算阶段都需要通过一系列计算步进行求解。非线性求解过程很重要的一个方面就是选择步长和算法。

在每个计算步中，求解的平衡误差会通过一系列迭代不断减小。迭代过程采用加速的初应力法。如果计算步长取得合适，那么达到平衡需要的迭代次数就相对较少，一般在 10 次左右。若计算步长过小，那么达到预期的荷载水平所需的计算步数就会很多，导致计算机时过长。反过来，如果计算步长过大，每一步荷载增量较大，那么达到平衡需要的迭代次数可能非常多，或者求解过程甚至可能无法收敛。

PLAXIS 为求解非线性塑性问题提供了自动荷载步算法，包括加载终极水平法、加载步数法和自适应时间步长法。用户无须担心如何选择合适的荷载步和数值算法，PLAXIS 程序会自动选择最适当的算法。这些方法都基于对荷载自动加载步长的选择。荷载步进程参数可在“阶段”窗口下的“数值控制参数”子目录中查看及定义（见图 7-11）。

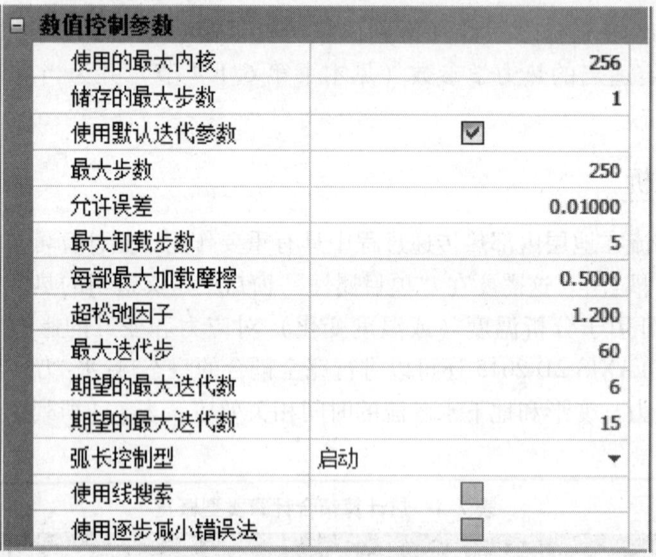

⊟ 数值控制参数	
使用的最大内核	256
储存的最大步数	1
使用默认迭代参数	☑
最大步数	250
允许误差	0.01000
最大卸载步数	5
每部最大加载摩擦	0.5000
超松弛因子	1.200
最大迭代步	60
期望的最大迭代数	6
期望的最大迭代数	15
弧长控制型	启动
使用线搜索	☐
使用逐步减小错误法	☐

图 7-11 “阶段”窗口下“数值控制参数”子目录

自动荷载步进程受一系列计算控制参数的控制，PLAXIS 提供的控制参数默认值能在大多数情况下兼顾计算的稳定性、准确性和高效性。对于每个计算阶段，用户可以手动修改这些控制参数的取值以调整自动求解算法，从而可以更严格地控制计算步长大小和计算的准确性。在介绍计算控制参数之前，首先详细介绍一下求解算法本身。

7.7.1 自动荷载步进程

对每一个计算阶段，用户都会指定其阶段末要达到的最终状态或施加的总荷载。计算程序会比较本阶段的最终状态（用户设定的本阶段末将要达到的最终状态）与初始状态（本阶段的起始阶段的最终状态），并在当前计算阶段中通过多个荷载步来求解这种差异。实际上，程序会力求在当前阶段的最终荷载步达到新状态下的平衡。

自动荷载步进程：在一个计算阶段中，第一荷载步的大小会在考虑“允许误差”的情况下自动执行试算来确定。每施加一个新荷载步（第一荷载步或后续荷载步），程序都会执行一系列迭代直至达到平衡。这一过程可能有三种结果：

1）收敛过快：在“期望最小迭代次数”以内即达到平衡。默认的“期望最小迭代次数”是6，用户可手动修改。如果达到平衡需要的迭代次数小于期望最小值，就说明假设的计算步长过小。此时，荷载步长会放大到2倍，重新进行迭代直至平衡。

2）无法收敛：在“期望最大迭代次数”以内，计算无法收敛。默认的“期望最大迭代次数”是15，用户可手动修改。如果达到期望最大迭代次数仍无法收敛，就说明假设的计算步长过大。此时，荷载步长会缩小到一半，再继续进行迭代。

3）正常收敛：达到平衡需要的迭代次数介于“期望最小迭代次数”和“期望最大迭代次数”之间，说明假设的荷载步长大小正合适。迭代结束后开始执行下一个计算步，新计算步的初始荷载步长的大小默认等于前一个成功计算步的荷载步长。

如果试算中收敛过快或无法收敛，相应地会自动增大或减小步长，直到正常收敛为止。

7.7.2 加载进程——终极水平法

当某个计算阶段应达到某种“状态”或荷载水平（“终极状态”或“终极水平”）时，例如定义施工阶段进行“塑性”计算。当达到指定状态或荷载水平，或土体发生破坏时，计算终止。“最大荷载步数”（Max steps）默认为250，但是大多数情况下在达到该最大步数之前计算就结束了。

该计算方法的一个重要特点是：由用户指定要达到的状态或拟施加的总荷载。第一荷载步长通过以下两种方法之一自动得出：

1）PLAXIS 执行一次分步试算，在此基础上确定合适的步长。

2）PLAXIS 设置初始荷载步长等于任一之前计算的最终荷载步长。

一般采用第一种方法。在当前荷载步加载与前一荷载步加载相似的情况下，例如前一计算阶段的荷载步数不够时才使用第二种方法。

以上所述为第一荷载步长的确定方法，在后续荷载步中，采用自动荷载步进程（见第7.7.1节）。如果在计算结束时达到了所定义的状态或荷载水平，则表明该阶段计算成功。在“阶段”窗口和“阶段浏览器”中，计算成功的阶段用绿色的对钩标示。

如果计算结束时未达到预定义的状态或荷载水平，则认为计算失败。在“阶段”窗口和“阶段浏览器”中，失败的计算阶段用红色的叉号标示。同时，在“阶段”窗口的“记录信息框”中会给出错误提示信息：

1）未达到指定的最终状态；土体破坏：在预定荷载未完全施加时就已达到破坏荷载。当施加的荷载大小在 X 个连续计算步中都是趋于减小（X 为最大卸载步数，见本书7.8.3）且当前刚度参数 CSP 小于0.015（CSP 的定义见本书7.12.8）时即认为发生破坏。还有可能是由于关闭了弧长控制（Arc-length control），程序不允许执行负的荷载步长导致发生破坏。用户应该检查最后一步的输出结果，判断模型中是否发生破坏。如果已发生破坏，那么增大附加步数重新计算对结果没有影响。

2）未达到指定的最终状态；加载进程失败；尝试手动控制：在预定荷载尚未完全施加时，尽管当前刚度参数 CSP 大于0.015，但加载进程却不能继续增大施加荷载。此时用户可以调整一下“阶段”窗口的“数值控制参数”子目录中的迭代参数，尤其可以尝试将“弧长控制”关闭，然后重新计算。

3）未达到指定的最终状态；荷载步不足：虽然执行了指定的最大附加步数，但总荷载仍未完全施加，即设定的最大荷载步数不足。建议增大“最大步数”后重新计算。

4）用户取消计算：单击“激活任务”窗口中的“停止”按钮后，计算停止且记录信息框中提示该信息。

5）未达到指定的最终状态；数值错误：计算中发生了数值错误，总荷载尚未完全施加就因数值错误而终止计算。有多种原因可能导致数值错误，很可能与输入错误有关。建议用户仔细检查输入数据、有限元网格以及定义的计算阶段。

6）严重发散：当程序监测到全局误差不断增大并达到很大数值时，将终止计算并提示该信息。例如，当固结计算阶段中时间步长过小时可能导致该错误。当计算中不能满足允许误差，比如达到破坏状态时，程序将减小荷载步长，从而导致过小的时间步长。由于固结分析中不使用弧长控制，程序不能真实监测到破坏。

7）找不到×××文件：当应该存在的文件不存在时，将会出现该提示信息。

程序可能给出一些与迭代方法或矩阵条件相关的错误信息。如果存在“流动”单元（边界条件不足），可能会提示矩阵几乎奇异，此时检查并修改计算阶段定义即可解决该问题。

7.7.3 加载进程——加载步数法

采用加载步数法时将总是执行所指定的最大荷载步数。该方法一般用于要在分析过程中达到完整破坏机制的计算阶段中，例如安全性分析即采用该算法。采用强度折减的安全性分析或塑性计算中荷载方式设为增量乘子时，采用加载步数法。

在采用加载步数法的计算阶段中，第一荷载步长由本计算阶段定义的增量乘子决定。对于“安全性”分析计算阶段，其“加载类型”自动设为“增量乘子”，增量乘子默认 $M_{sf}=0.1$，该数值可以在“阶段”窗口下的“一般”子目录中更改。在后续计算步中将采用自动荷载步长。

如果计算结束时达到指定的“最大计算步数”，即认为计算成功，以带对钩的绿色圆形来标示。

如果尚未达到指定的“最大计算步数”时计算就终止，则认为计算失败。计算失败时“阶段”窗口或“阶段浏览器”中将标示出带叉号的红色圆形。阶段窗口的“记录信息框”中将给出错误信息提示。

如果用户在计算过程中单击“激活任务”窗口中的“停止”按钮，则停止当前计算，记录信息框中会提示“用户取消”。

除了用户取消之外，荷载进程计算会持续进行直至达到指定的最大计算步数。与“终极水平法”不同，采用“加载步数法”计算时在未执行完最大计算步数之前即便达到了破坏状态也不会停止计算。

7.7.4 固结或完全耦合分析自动时间步

当“计算类型”设为“固结”时，程序会使用“自动时间步”算法，该算法会为固结分析自动选择适宜的时间步长。当计算进展顺利时，如果每一步荷载的迭代次数较少，程序将选择一个较大的时间步长；如果由于塑性的增加而在计算中用到较多迭代次数时，程序会采用较小的时间步长。

固结分析或完全流固耦合分析的第一时间步长通常根据“第一时间步长”参数确定。默认情况下，该参数取决于第7.8.3节所阐述的建议最小时间步长（总体临界时间步长）。当取消勾选“使用默认迭代参数”之后，可以在“阶段”窗口中的“数值控制参数”子目录下修改“第一时间步长”参数。但是，当指定的时间步长小于建议最小时间步长时要多注意。

在“固结”计算或“完全流固耦合”分析中，通常不能使用弧长控制。

7.7.5 动力分析自动时间步

当“计算类型”设为“动力”时，程序使用Newmark时间积分，在整个分析过程中时间步长为常数，等于临界时间步长。程序会估算一个适当的临界时间步以准确模拟波的传播并减小由于时程函数积分引起的误差。首先考虑材料属性和单元尺寸来估算时间步长，然后基于计算中使用的时程函数对时间步长进行调整。如果勾选了“使用默认迭代参数”选项，程序会基于上述估算的时间步计算出“最大步数”和“子步数”的最佳组合。要修改临界时间步，需修改子步数，在“阶段”窗口中单击“恢复（Retrieve）”按钮，可修改最大步数和子步数。动力计算中，不能使用弧长控制。

7.8 计算控制参数

某个计算阶段及其相应求解过程的控制参数可在“阶段”窗口中定义。

7.8.1 一般阶段参数

计算阶段的一般属性在“阶段”窗口的“一般”子目录下定义（见图7-12）。

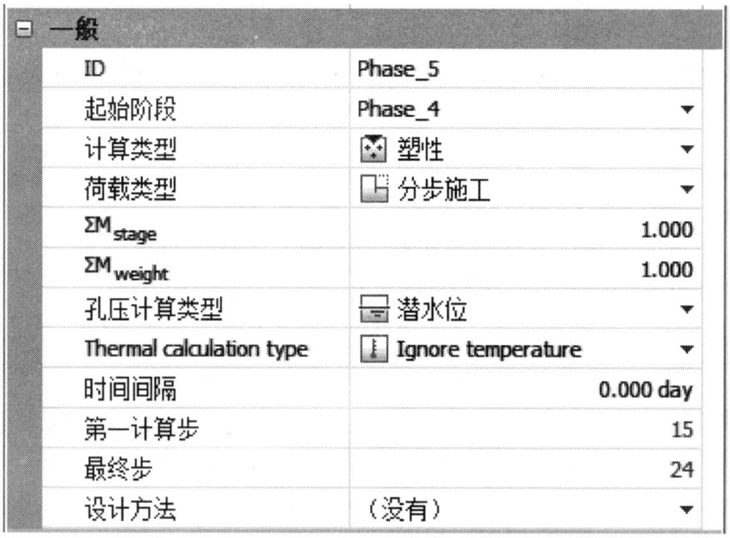

⊟ 一般	
ID	Phase_5
起始阶段	Phase_4
计算类型	塑性
荷载类型	分步施工
ΣM_{stage}	1.000
ΣM_{weight}	1.000
孔压计算类型	潜水位
Thermal calculation type	Ignore temperature
时间间隔	0.000 day
第一计算步	15
最终步	24
设计方法	（没有）

图7-12 “阶段”窗口下的“一般”子目录

1. 阶段名称

阶段ID由标题和编号组成。阶段编号由程序自动连续编号，用户不可修改。用户可在“阶段”窗口中修改阶段ID的标题部分。

2. 计算类型

在“阶段”窗口的“计算类型”下拉列表框中可为选中的阶段设置计算类型，可选的计算类型见表7-5。

表7-5 可用的计算类型选项

图标								
计算类型	K_0 过程	重力加载	仅地下水渗流	塑性	固结	完全耦合分析	安全性	动力

3. 加载类型

“加载类型”可选项见表7-6。

表7-6 可用的加载类型选项

图标					
加载类型	分步施工	增量乘子	目标乘子	最小超孔压	固结度

4. $\sum M_{stage}$

每个计算阶段中，$\sum M_{stage}$的允许最小输入值为0.001，$\sum M_{stage}$值如果小于0.001，就会被忽略，不执行任何计算。另外，$\sum M_{stage}$值也不能大于1.0，采用其默认值为1.0，会执行常规计算。

一般来说，如果一个阶段的$\sum M_{stage}$小于1.0（同时大于0.001），则意味着该阶段末仍存在不平衡力，此时必须有后续阶段，即最终计算结果中不应有不平衡力。新建阶段的$\sum M_{stage}$默认值为1.0，即便前一阶段已指定小于1.0的$\sum M_{stage}$值，在新建的阶段中$\sum M_{stage}$仍默认为1.0。

5. $\sum M_{weight}$

$\sum M_{weight}$是材料自重的总乘子。当$\sum M_{weight}=1.0$，程序会将材料数据组中定义的材料重度全部施加到模型材料中。一般情况下$\sum M_{weight}$保持默认值1.0即可，在以下情况中可考虑更改$\sum M_{weight}$的值：

1）通过有限元模型简化模拟室内土工试验时，由于试样中应力主要受外荷载而不是材料自重的控制，故可以忽略材料自重，在材料数据组中指定重度为0，或者在计算中指定$\sum M_{weight}=0$。注意，前一种方法中材料重度为0，对动力计算有影响。

2）对于超固结土，在初始阶段中如果不能使用“K_0过程”（如斜坡地形），可使用$\sum M_{weight}$等于超固结比（>1.0）的“重力加载”来生成初始应力，此时结合高级土体模型一般可得到合理的初始预固结应力状态。在后续阶段中，$\sum M_{weight}$应重设为1.0以得到真实的初始应力，同时预固结应力（在高级模型中）则会保持超固结应力水平。

3）模拟离心模型试验时，$\sum M_{weight}$可用于模拟重力的增长。因此，如果要模拟重力加速度达到100g的离心试验，$\sum M_{weight}$应设为100。

6. 时间间隔

时间相关参数只有在下列情况时取非零值才有意义：瞬态渗流计算、固结分析、完全流固耦合分析、动力分析、使用时间相关材料模型（如软土蠕变模型）。

1）时间间隔。定义当前计算阶段中考虑的总时间长度，单位与“项目属性”窗口中定义的时间单位相同。

2）动力时间间隔。定义当前动力计算阶段中考虑的总时间长度，单位为秒［s］。

动力分析使用的时间参数与其他计算类型不同。动力分析中的时间参数为“动力时间”，总是以秒［s］为单位，不论“项目属性”窗口中定义的时间单位为何，都是如此。在一系列计算阶段中，如果只有一部分是动力计算阶段，则仅在动力阶段使用“动力时间”，即“动力时间”只在动力阶段才增加（即便是不连续的），“动力时间”在其他计算中保持不变（不论这些计算阶段是在动力阶段之前、之间，还是之后）。“动力时间”不受常规时间参数的影响，但常规时间参数包含了“动力时间”。

7.8.2 变形控制参数

某个计算阶段的变形控制参数在其“阶段”窗口的“变形控制参数”子目录下定义（见图7-13）。

⊟ 变形控制参数	
忽略不排水行为(A,B)	☐
重置位移为零	☐
重置局部应变	☐
重置状态变量	☐
更新网格	☐
更新水压力	☐
忽略吸力	☑
空化截断	☐
空化应力	100.0 kN/m²

图7-13 “阶段”窗口下的“变形控制参数”子目录

1. 忽略不排水行为

当模型中使用了不排水材料［“不排水（A）”或“不排水（B）”］，但是希望暂时排除不排水性状的影响时，可勾选“忽略不排水行为”。计算类型为“塑性”时，可选择该项，计算中将不考虑水的刚度，所有的不排水材料类组（除了“不排水（C）”材料）都将暂时变为排水的，先前所产生的超孔压将继续存在，但在本计算阶段中将不再产生新的超孔压。

例如，土自重产生的应力实际经历了一个长期过程，因此与超孔压的发展无关，对不排水材料进行“重力加载”将产生不切实际的超孔压，此时选择“忽略不排水行为”选项可以在重力加载中忽略不排水行为，而在其他加载阶段仍按不排水材料类型计算，这对于“不排水（A）”或“不排水（B）”材料均适用。

提示：“忽略不排水行为”选项对“固结”分析或“完全流固耦合”分析不可用，因为这两种分析中不考虑在材料数据组中设置的“排水类型”，而是使用材料的“渗流参数”。

2. 重置位移为零

如果要在本计算阶段中忽略掉之前计算得到的不合理位移的影响，可以在本计算阶段中勾选“重置位移为零”，则本阶段从零位移场开始计算。例如由土体自重产生的初始变形不具有实际的物理含义，故此可以在重力加载后选择该选项以消除那些由重力引起的位移。如果重力加载的后一计算阶段中不选择“重置位移为零”，那么该计算阶段中产生的位移增量将会叠加到重力加载的计算结果上。在计算中勾选“重置位移为零”选项后不会影响应力场。但是当使用 HSS 模型时，选择“重置位移为零”选项会重置应变历史张量，任何进一步的应变最初将包含小应变刚度。

在使用了“更新网格”选项的一系列计算阶段中不能再使用“重置位移为零”选项。但是，如果“更新网格”计算是从一个没有使用“更新网格”选项的计算开始的，那么必须在这个“更新网格”计算阶段里选择“重置位移为零”选项。

3. 重置状态变量

勾选“重置状态变量（Reset state variables）”选项后，可在本阶段计算中忽略前一计算阶段结束时高级土体模型中状态参数的值，土体将表现为“初始”土体，重置的参数见表 7-7。

表 7-7　材料模型及相应的可重置参数

材料模型	参数
软土模型，软土蠕变模型，修正剑桥模型，土体硬化模型，小应变土体硬化模型	p_p 重置为当前有效应力状态
小应变土体硬化模型	应变历史张量重置为零
土体硬化模型，小应变土体硬化模型	动剪应力重置为当前有效应力状态

4. 更新网格

如果需要采用“更新拉格朗日方法（Updated Lagrange formulation，UL 法）”进行大变形分析，应勾选“更新网格”选项。

5. 更新水压力

只有当勾选“更新网格”后，才可以勾选“更新水压力”，用于重新计算应力点更新位置处的稳态孔压。

6. 忽略吸力

当通过潜水位或地下水渗流计算生成稳态孔压时，在潜水位以上会产生受拉的正孔压（吸力）。尽管实际中确实会产生吸力，但是当土体使用有效强度参数时，如果在变形分析中考虑吸力可能会导致抗剪强度增长（从而使得计算结果偏于不安全）。为了避免这种理论上的强度增长，可勾选“忽略吸力”选项来截断吸力。注意，除完全流固耦合分析外，“忽略吸力”选项不会影响不排水土层中产生的超孔压。程序默认勾选“忽略吸力”选项。

当选择“忽略吸力”后，潜水位以下土体视为完全饱和，潜水位以上视为完全干燥，但此处仍可以产生超孔压。忽略吸力后正值稳态孔压将被设为零，但是对于潜水位以上产生的超孔压，则不论正负都会予以考虑。这就要求有效饱和度 S_{eff} 设为 1，从而最大程度上考虑正值超孔压直至达到空穴截断（完全流固耦合分析除外）。

如果没有选择“忽略吸力”，计算中将会允许产生吸力并包含在稳态孔压或超孔压中。此时是由有效饱和度 S_{eff} 决定吸力在激活孔压中所占的比例，这取决于土层对应的材料数据组中定义的土水保持曲线。

7. 空穴截断

对不排水材料［“不排水（A）”或“不排水（B）”］卸载时可能产生拉力超孔压。如果激活了“空穴截断”选项，超孔压会受到限制以保证受拉孔隙水压力不会超过空穴压力。程序默认不激活“空穴截断”选项，激活后默认空穴压力为100kN/m^2。“空穴截断”选项在完全流固耦合分析中不可用。

7.8.3 数值控制参数

某个计算阶段的数值控制参数在“阶段”窗口的“数值控制参数”子目录下定义（见图7-14）。

数值控制参数	
使用的最大内核	256
储存的最大步数	1
使用默认迭代参数	☑
最大步数	250
允许误差	0.01000
最大卸载步数	5
每部最大加载摩擦	0.5000
超松弛因子	1.200
最大迭代步	60
期望的最大迭代数	6
期望的最大迭代数	15
弧长控制型	启动
使用线搜索	☐
使用逐步减小错误法	☐

图7-14 “阶段”窗口下的“数值控制参数”子目录

1. 最大使用内核数

在“阶段”窗口的“数值控制参数”子目录下可以指定计算过程中求解器将使用的内核数量。注意，只有PLAXIS VIP用户才能使用两个以上内核进行计算。

2. 储存的最大步数

该参数用于定义在一个计算阶段中保存的计算步数。一般情况下，只需查看计算阶段的最后一个输出步的结果，而中间步的结果则不那么重要，所以程序默认保存计算阶段的最终计算步（储存最大步数默认为1）。当“储存的最大步数”设为大于1时，还会保存第一计算步，大于2时还可以选择中间步，以保证步数间隔大致均分。如果某个计算阶段没有成功计算完，则不管定义的“储存的最大步数”是多少都会保存所有的计算步，以便逐步判断计算失败的原因。

提示： 如果要生成结果动画（例如输出瞬态渗流或动力分析结果），需要将储存最大步数设置一个较大值。

3. 迭代过程控制参数

迭代过程尤其是加载进程受到一些控制参数的影响，这些参数可在“阶段”窗口的“数值控制参数”子目录中设置。PLAXIS默认的迭代参数适用于大多数情况。如果用户还不熟悉这些控制参数对迭代过程的影响，建议选用“使用默认迭代参数”选项。但是在某些情况下，建议甚至有必要修改标准设置，应当取消勾选“使用默认迭代参数”，并修改相应参数的值。接下来简要介绍各个控制参数。

1）最大步数。该参数指定在某个计算阶段中可执行的最大计算步数（即荷载步）。如果计算类型选为“塑性”“固结”或“完全流固耦合”，则“最大步数”应设为整数来表示本计算阶段可执行的最大步数，该参数值是本阶段实际计算步数的上限值。一般而言，应在设定的计算步数之内完成计算，当达到预设的极限状态或者土体发生破坏时停止计算。如果计算达到了最大计算步数，通常意味着尚未达到预设的极限状态。“最大步数”默认为250，可调整范围为1～10000。如果计算类型为“安全性”或“动力”，则总是严格按设置的最大步数执行计算。“安全性”计算默认“最大步数”为100，“动力”计算默认“最大步数”为250，这在一般情况下可满足计算要求，当然也可以根据情况在1～10000之间调整。

2）时间步定义。在“固结”“完全流固耦合”或“动力分析”中，该参数用于定义时间步参数的计算方式。用户可以选择自动时间步进程，也可以手动指定时间步参数。

3）第一时间步。“第一时间步”是指固结分析的第一计算步采用的时间增量。默认情况下，第一时间步长等于总体临界时间步长（Overall critical time step），程序会基于材料属性和几何模型计算得出。要查看程序建议值可单击“第一时间步”右边的单元格，然后在“阶段”窗口的最右侧面板中单击“恢复（Retrieve）”按钮显示程序建议值（见图7-15）。手动修改建议值后单击“应用（Apply）”按钮即可在计算中使用手动修改后的值，“时间步定义（Time step determination）”一栏自动改为“手动”。

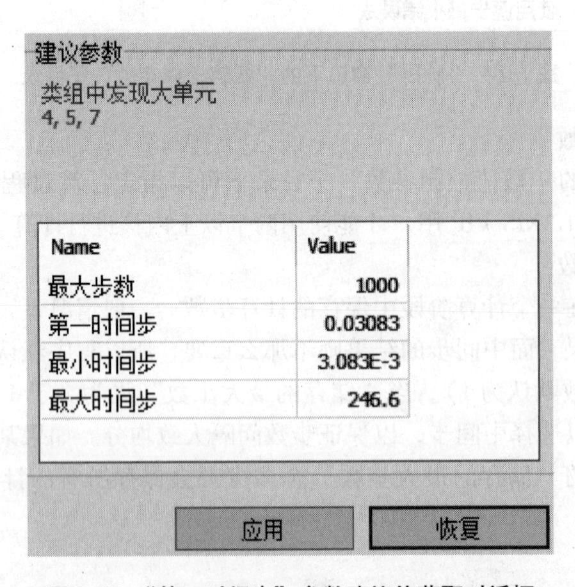

Name	Value
最大步数	1000
第一时间步	0.03083
最小时间步	3.083E-3
最大时间步	246.6

图7-15 “第一时间步”参数建议值获取对话框

4）动力子步。“动力”计算中使用的时间步是一个常数，$\delta t=\Delta t/(m\cdot n)$，其中 Δt 为动力荷载持续时间（动力时间间隔，Dynamic time interval），m 为“最大步数（Max steps）”的值，n 为“子步数（Number of sub steps）”的值。时间离散中将使用的总步数就是由“最大步数”（m）与“子步数”（n）的乘积得出。定义合适的步数是很重要的，这样才能比较全面地反映动力加载中采用的动力时程函数。

“最大步数”指定了能够保存的计算步数，可用于在“输出”程序中绘制图表。“最大步数”取值越大，得出的曲线和动画越细致，但结果输出处理时间也会增加。

一般而言，由“最大步数”与“子步数”相乘得到的总步数，应该与动力计算中采用的数据点总数相同。如果“时间步定义”设为默认，PLAXIS会根据材料属性、网格和整个激活时程函数（动力乘子）中的数据点数量自动计算合适的最大步数和子步数。如果没有选择默认设置，程序内核不会自动计算步数。此时，如果“子步数”选为自动，程序会自动计算该参数。

要查看和修改最大步数和子步数这两个参数，可单击“恢复（Retrieve）”按钮。单击“应用（Apply）”按钮，计算中将使用此处的输入值。应该注意，PLAXIS总会尝试找到与用户设定的“最大步数”最接近的步数（当采用默认设置时，计算步数将为最接近 250 的值，如图 7-16 所示）。

5）允许误差。任何一个采用有限计算步的非线性分析，都会出现相对于精确解的某种偏离，如图 7-17 所示。求解算法的目的是确保局部和总体的平衡误差不超出某个允许界限。PLAXIS中采用的误差界限与“允许误差”规定的值密切相关。

计算程序在每个计算步中会连续执行多步迭代直到计算误差小于某个规定的值。如果规定的允许误差较大，那么计算相对较快，但是计算结果可能不够准确。如果采用的允许误差较小，那么计算会很耗时。一般情况下，允许误差为 0.01 的标准设置适合于大多数计算。

图 7-16　动力计算“子步数”参数建议值对话框

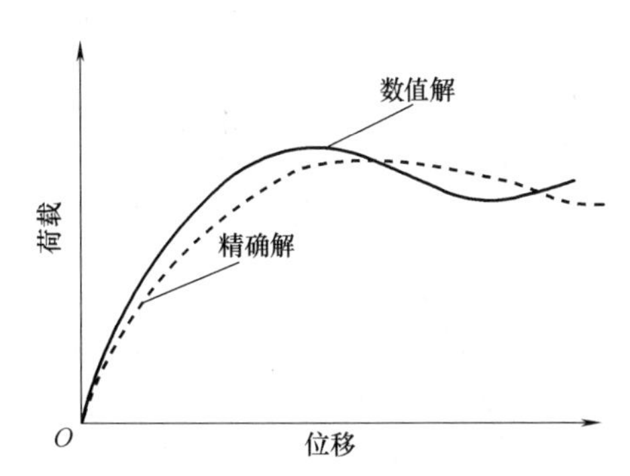

图 7-17　计算解与真实解的比较

提示： 当计算中采用的允许误差大于默认的0.01时，要注意到计算结果可能不够准确，也未必达到平衡状态。

如果计算得出的破坏荷载随位移发展意外减小，那么这可能意味着有限元计算结果过度偏离了精确解，此时应该采用更小的允许误差重新计算。关于PLAXIS 2D误差检验方法参见本书7.12.8。

6）最大卸载步。最大卸载步（Maximum unloading steps）表示PLAXIS在确定土体发生破坏之前允许执行的步数，默认值为5。但是在力学机制有变化的情况下，荷载水平可能会暂时减小以获得另一机制，而后荷载继续增大。例如在地表隆起问题中，当表层土体结构表现出屈曲行为（持续超过5步）后会引起少量卸载。这个卸载并不表示整个模型的破坏，最终加载量最后增长到之前的荷载水平之上。这样，用户可以将本参数值调大，然后根据荷载曲线判断何时出现破坏。

7）单个计算步最大加载比例。单个计算步最大加载比例（Max load fraction in one step）控制着分步施工中荷载步的大小，对某一施工阶段而言，该参数决定了一个计算步求解的部分占该阶段的最大比例，换言之，该参数决定了一个计算阶段至少需要通过几个计算步完成。例如，该值取0.5（默认值，即一步能求解计算阶段的50%）时意味着施加的荷载或不平衡力将通过至少1/0.5个=2个计算步求解，如果收敛很慢可以使用更多计算步，但计算步数不能低于2（即：默认一个计算阶段最少也要通过2个计算步来完成）。必要的话可以为本参数设置较小值（如0.02，则至少需要1/0.02步=50步）以观察变形过程的动态变化，并在高度非线性或伴随渐进误差减小时防止发散。

8）超松弛因子。为了减少达到收敛所需的迭代次数，PLAXIS采用如图7-18所示的超松弛算法（Over-relaxation procedure）。超松弛算法是假设在求解精确不平衡力时下一次迭代仍然远离平衡而故意高估平衡误差，目的是减少迭代次数以加快计算速度。控制超松弛程度大小的参数是超松弛因子，其理论上限值为2.0，但是任何情况下都不得采用该值。对于土的摩擦角较低的情况，比如$\varphi<20°$，超松弛因子取值大约为1.5时通常能优化迭代过程。如果模型中土的摩擦角较高，超松弛因子取值应小一些。对大多数计算，采用超松弛因子等于1.2的标准设置通常可以得到令人满意的结果。

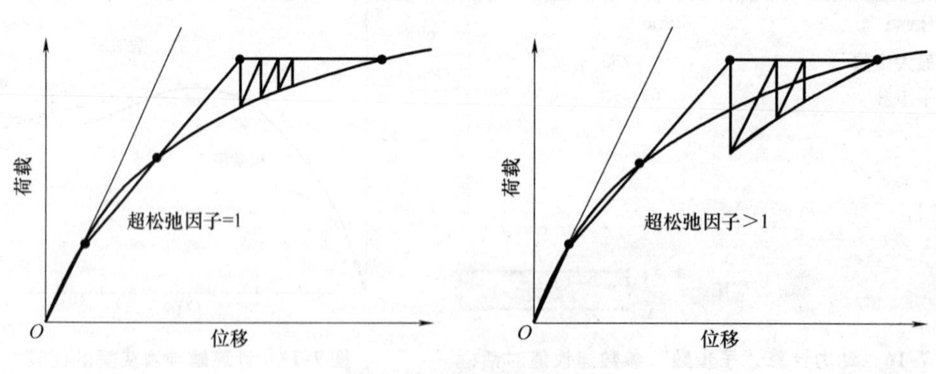

图7-18　超松弛的影响

9）最大迭代次数。最大迭代次数表示任一计算步的最大允许迭代次数。求解算法一般都会对允许执行的最大迭代次数有所限制。设定该参数只是为了保证在计算设置出现错误时不至于耗费过多计算时间。最大迭代次数的默认值为60，可调整范围为1到100。

如果某个计算阶段的最后一个计算步的迭代次数达到了最大允许迭代次数，那么最终计算结果可能不够准确。此时“阶段”窗口下的“最后计算步记录信息框”会显示如下信息：最后一步达到最大迭代次数。当求解过程不收敛时可能会出现这种情况。造成这种情况的原因可能有很多种，其中最常见的是输入错误。

10）期望最小和期望最大迭代次数。PLAXIS使用自动步长算法（Automatic step size algorithm），该算法受到“期望最小迭代次数”和“期望最大迭代次数”这两个参数的控制，它们分别规定了每个计算步期望的最小和最大迭代次数。这两个参数的默认值分别为6和15，但是可以在1到100的范围内调整。

有些情况下用户需要调整期望最小迭代次数和期望最大迭代次数的标准值。比如，自动步长法有时生成的步长太大，不能得到平滑的荷载-位移曲线，当模型中土的摩擦角很低时，常会出现这种情况。此时，要想得到更为平滑的荷载-位移曲线，应当给这两个参数取更小的值重新进行迭代计算，比如：期望最小=3，期望最大=7。

如果土的摩擦角相对较高或者选用的是高阶岩土模型，用户可以调高这两个参数的标准值以免延长求解时间。此时建议取值如下：期望最小=8，期望最大=20。同时建议最大迭代次数增加到80。

11）弧长控制。PLAXIS默认使用“弧长控制（Arc-length control）”算法，可在荷载控制型计算中得到可靠的破坏荷载。当即将达到破坏荷载时，如果迭代过程中不采用弧长控制则迭代算法不收敛（见图7-19a）。如果采用了弧长控制算法，程序会自动估计出达到破坏需施加的外部荷载的比例，如图7-19b所示。

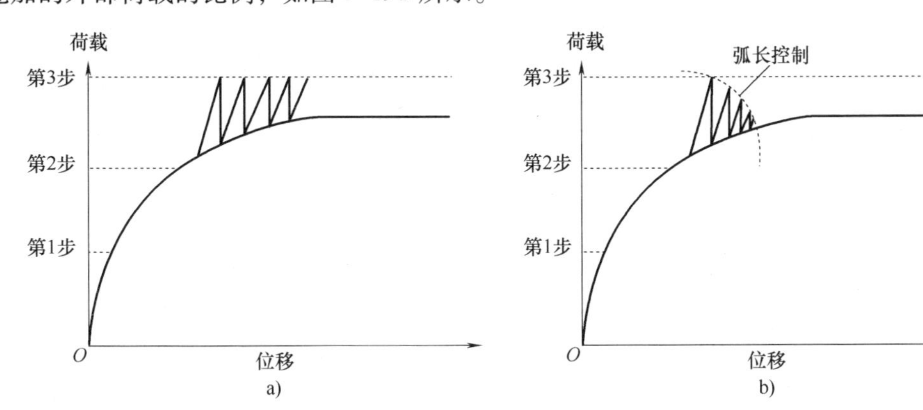

图7-19　弧长控制的影响

a）荷载控制　b）弧长控制

在“数值控制参数”子目录中勾选相应的复选框即可激活弧长控制。对于荷载控制型计算，应当采用弧长控制算法；但是对于位移控制型计算，必要时也可以停用弧长控制算法。

当“弧长控制类型”设为“自动”时，将会仅对CSP（Current Stiffness Parameter，当前刚度参数）小于0.5的情况才使用弧长控制，此时弧长控制仅当材料表现出显著的塑性行为时才发挥作用。

12）线搜索。使用线搜索（Line search）方法的目的是以一种相对简便的方式来改善非线性问题的收敛性，该方法还可视为是对PLAXIS中超松弛方法的一种改进。实质上，线搜索会对每次迭代中计算的求解增量的修正进行缩放，但其缩放参数不像超松弛方法那样是固定的，而是采用一种特殊方法计算以使整个系统趋于平衡。一般情况下建议线搜索用于不包含高度非线性的问题中。另一方面，对于临界状态计算，如基础破坏或路基失稳等问题采用线搜索并不能缩短计算时间。

13）逐步降低误差。逐步降低误差（Gradual error reduction）算法是一种简单的数值技术，当发生非关联塑性流动时收敛非常缓慢，此时采用逐步降低误差方法可加快收敛速度。实现过程如下：在计算阶段刚开始时将允许误差（控制非线性计算收敛性）提高 10 倍(10-fold)；然后这个提高的误差值会线性降低，到阶段结束时，降至“允许误差”参数定义的误差值。采用逐步降低误差算法后，当允许误差使用默认值 0.01 时，计算开始时实际允许误差为 0.1，结束时为 0.01。该方法的理论基础是：当发生非关联塑性流动时，在同一较小允许误差下，使用不同步长可得到无限多个可用解。这样，实无必要在整个计算过程中都使用严格的允许误差，因为可行解（Feasible solution）位于所有可能路径所定义的某特定范围内。当使用逐步降低误差方法时，求解过程不遵循其中某一种路径，而是可能从一种路径转至另一路径。但是当计算结束时，实际允许误差要降至本计算阶段定义的允许误差值。

尽管采用逐步降低误差算法能够加速收敛，但使用该方法时仍需注意。假如初始允许误差过大，那么求得的解有可能会与当前初始条件相背离（这样的解当然属于不可行解）。避免这种情况的方法之一就是使用比PLAXIS默认值更小的单个计算步最大加载比例（Max load fraction in one step）。默认最大步长为整个阶段荷载的 50%，用户可考虑将最大步长缩减至阶段荷载的 2% 或更小，这样将需要至少 50 步（100% / 2% =50）来得到该计算阶段的解。

14）外推法。当前一计算步施加的某个荷载在其下一计算步中继续作用时PLAXIS 2D 会自动采用外推法进行计算。此时，前一步荷载增量的位移解可以作为下一步荷载增量位移解的初始估计。尽管这种初始估计一般并不准确（因为土体是非线性的），但外推法求解通常却优于基于弹性刚度矩阵的初应力法，如图 7-20 所示。

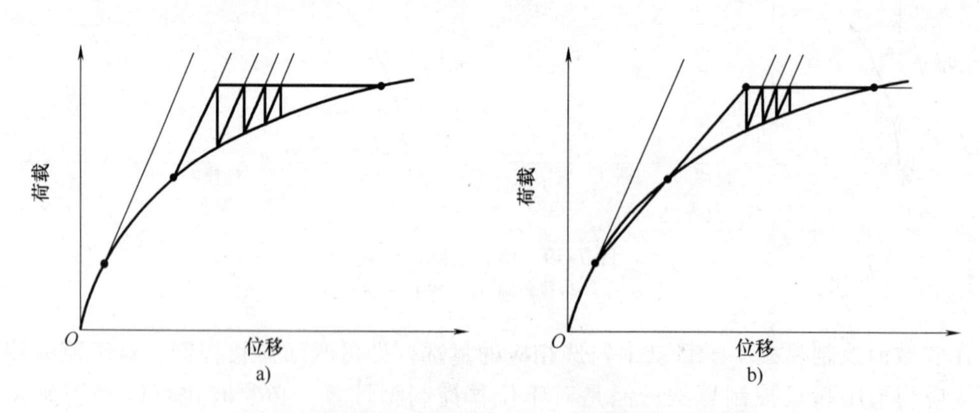

图 7-20　弹性预估值与根据前一步外推值之间的差异

a）不用外推法　b）采用外推法

在第一次迭代之后，随后的迭代便同初应力法一样基于弹性刚度矩阵进行（Zienkiewicz，1977）。采用“外推法”达到平衡所需的迭代总次数小于不采用外推法时的次数。外推法特别适用于高塑性的土体。

7.8.4 水力控制参数

地下水渗流（可与热流耦合）计算涉及一些额外的迭代控制参数以求解相应的方程组（见图7-21）。对于“稳态地下水渗流”有两个迭代控制参数，即“允许误差”和“超松弛因子”，对于“瞬态地下水渗流”需要为迭代过程定义较高的参数值。

Flow control parameters	
使用默认迭代参数	☑
最大步数	1000
允许误差	5.000E-3
超松弛因子	1.500

图7-21 “阶段”窗口下的“水力控制参数”子目录

1. 最大步数

“最大步数”（Max steps）用于指定一个计算阶段中最多可执行多少个计算步，前提是该阶段中的“孔压计算类型”为“稳态渗流”或“瞬态渗流”，“热计算类型”为“稳态热流”或“瞬态热流”。此处的最大步数默认为1000。

2. 允许误差

与第7.8.3节介绍的变形分析中的“允许误差”选项相似，渗流计算中的“允许误差”选项也是用于检查计算结果是否足够精确。对于非饱和地下水渗流，还需检查局部误差（仅在局部某些单元处误差过大）。此时，由于渗透性的显著变化，在非饱和区的某些单元中可能出现隔离水。用户指定的允许误差用于检查全局渗流误差和局部误差，但PLAXIS会使用更高的“允许误差”检查局部渗流误差（一般为全局误差的10倍）。如果全局误差和局部误差都低于“允许误差”，则渗流计算终止。

3. 超松弛因子

因为非饱和渗流属于高度非线性问题，PLAXIS使用超松弛因子来加速稳态渗流计算并减少需要的计算步数，默认超松弛因子为1.5。对于线性的封闭渗流分析，超松弛因子取1.0即可。对于高度非线性分析，达到收敛需要的计算步较多，超松弛因子取至大于1.5可能会加速收敛，最大可取为2.0。

7.8.5 动力控制参数

“动力”分析的控制参数可在“阶段”窗口的“动力控制参数”子目录下进行定义（见图7-22）。

1. Newmark α 和 β

Newmark α 和 β 参数是根据Newmark隐式积分方法（Implicit Newmark scheme）确定数值时间积分。为了得到无条件稳定解，这两个参数必须满足以下条件：

$$\text{Newmark } \beta \geq 0.5 \text{ 且 Newmark } \alpha \geq 0.25\ (0.5+\beta)^2$$

对于平均加速度方法（Average acceleration scheme）可以使用PLAXIS的标准设置（$\alpha=0.25$、$\beta=0.5$）。若采用更大的β值及相应的α值则称为阻尼Newmark方法（例如$\alpha=0.3025$、$\beta=0.6$）。

动力控制参数	
Alpha - Newmark时间积分	0.2500
Beta - Newmark时间积分	0.5000
Mass matrix	0.000

图7-22 “阶段”窗口下的“动力控制参数”子目录

2. 质量矩阵

在动力计算中，PLAXIS默认采用集中质量矩阵（Lumped mass matrix），形式上只包含对角线项（Diagonal terms），但其中已考虑了非对角线项的贡献。

“质量矩阵”参数可用于区分集中质量矩阵（“质量矩阵”=0）和相容质量矩阵（“质量矩阵”=1）。实际上，任何介于集中质量矩阵和完全相容质量矩阵之间的值都可用于动力计算（0 ≤ 质量矩阵 ≤ 1），即采用混合矩阵（Mixed matrix）。

7.8.6 达到的数值

“阶段”窗口下的“达到的数值”子目录（见图7-23）中包含如下选项：

达到的数值	
达到的总时间	0.02639E-3 day
CSP - 相对刚对	0.9990
ForceX - 达到总力X	0.000 kN
ForceY - 达到总力 Y	0.000 kN
Pmax - 达到的最大孔压力	0.000 kN/m²
ΣM_{stage} - Reached phase pr	0.000
ΣM_{weight} - Reached weight p	1.000
ΣM_{sf} - Reached safety facto	1.000

图7-23 “阶段”窗口下的“达到的数值”子目录

1）达到的总时间（Reached total time）：该值表示某一计算阶段结束后的实际累积时间。

2）当前刚度参数-相对刚度（CSP-Relative stiffness）：阶段计算结束时的相对刚度参数是对计算过程中发生的塑性多少的度量（参见本章7.12.8节）。若CSP值为1.0，表示整个模型处于弹性状态；若其值接近0，则表示达到了破坏状态。

3）达到的总反力（Reached total force）：该值表示在施加了非零指定位移的节点上最终达到的总反力沿某个坐标方向的分量。

4）P_{max}-达到的最大孔压力（P_{max}-Reached max pp）：该值表示在某一计算阶段结束时

达到的实际最大孔压。对“固结”分析而言，该值对应的是最大超孔压；对“地下水渗流”分析而言，该值对应稳态孔压；对“完全流固耦合”分析而言，该值对应最大激活孔压。

5）$\sum M_{stage}$-达到的阶段比例（Reached phase proportion）：该值表示当加载类型采用“分步施工”时某一计算阶段中已经求解的不平衡力占总不平衡力的比例。

6）$\sum M_{weight}$-达到的材料自重比例（Reached material weight proportion）：表示某一计算阶段中施加的材料自重的总比例。达到值为1.00表示材料组中定义的土体和结构材料的自重已完全施加到模型中。

7）$\sum M_{sf}$-达到的安全系数（Reached safety factor）：该值表示某个“安全性”分析计算阶段结束时$\sum M_{sf}$达到的值。

7.9 水力条件

PLAXIS一般用于有效应力分析，其中总应力 σ 分为激活孔压（Active pore pressure）p_{active}与有效应力 σ'，即

$$\sigma = \sigma' + p_{active} \tag{7-13}$$

激活孔压 p_{active}定义为有效饱和度 S_{eff}乘上孔隙水压力（Pore water pressure）p_{water}，即

$$p_{active} = S_{eff} \cdot p_{water} \tag{7-14}$$

由上式可见，当饱和度小于1时，孔隙水压力 p_{water}与激活孔压 p_{active}不相等。PLAXIS既可以模拟潜水位以下的饱和土行为，也可以考虑潜水位以上的非饱和土特性。

孔隙水压力 p_{water}可进一步分为稳态孔压（Steady state pore pressure）p_{steady}和超孔压（Excess pore pressure）p_{excess}，即

$$p_{water} = p_{excess} + p_{steady} \tag{7-15}$$

超孔压 p_{excess}是不排水材料中由于应力变化引起的那部分孔压。这里所说的应力变化可以是由于加载、卸载引起，也可以是由水力条件的改变或发生固结所引起，超孔压是变形分析的结果。在“塑性”计算、“安全性”分析或“动力”分析中，在排水类型为“不排水（A）”或“不排水（B）”的土体类组中可能产生超孔压。在“固结分析”和“完全流固耦合分析”中，除“非多孔材料”之外的任何土体材料中都可能产生超孔压，这取决于对应材料数据组中定义的渗透性参数。对于“完全流固耦合分析”，超孔压是通过从孔隙水压力 p_{water}中减去稳态孔压 p_{steady}而得到的。

稳态孔压 p_{steady}是表示处于稳定状态的孔压。由于稳态孔压在变形分析过程中假定为不变，故其可视为输入数据。有多种方法可以定义和生成稳态孔压。某一特定计算阶段的孔压如何生成是通过“阶段”窗口下的“孔压计算类型”参数来表征。但“完全流固耦合分析”与其他变形计算类型不同，其总孔压 p_{water}与位移同时计算所以不允许选择“孔压计算类型”。为区分稳态孔压和超孔压，程序采用本计算阶段末的水力边界条件基于初步稳态地下水渗流计算来自动计算稳态孔压 p_{steady}。这样就可以计算并输出所有计算步中的超孔压 p_{excess}，即

$$p_{excess} = p_{water} - p_{steady} \tag{7-16}$$

要生成土体内部孔压和外部水压力（如果需要的话）需要定义水力条件。水力条件的定义可分为创建水位和指定类组水力条件，下面对此作详细介绍。

7.9.1 水位

PLAXIS中的水位既可根据钻孔中指定的水头信息来生成，也可以在“水力条件”模式下定义。水位既可用于生成外部水压力（水位在模型边界之外），也可在土层内部生成孔压。对于后者，水位既可在部分饱和土层中作为潜水位，也可在含水层中作为压力水头。

在PLAXIS模型中创建的水位会在“模型浏览器”中“属性库”目录下的“水位”子目录下分组列出。由于水位的全局特性，对已有水位的任何更改都将对所有计算阶段产生影响。如果某一时间相关计算阶段中的水位与之前定义的几何形状相同但随时间变化，则需对其指定流函数。另外，还需创建一个相同几何形状的水位的副本。要创建水位副本，在“模型浏览器”中右击已有水位，从弹出的右键菜单中选择“复制”（见图7-24），这样便为该水位创建了一个副本，然后可以创建流函数并将其指定给这个新生成的水位。注意，“钻孔水位”（Borehole water levels）的副本列于“用户水位”（User water levels）之下，而不是像原本直接创建的钻孔水位那样列于“钻孔水位”目录下。对于“钻孔水位”，不能作定义“时间相关性”之类的修改。对于由多个不同部分组成的水位，时间相关条件只能用于其中的水平部分。

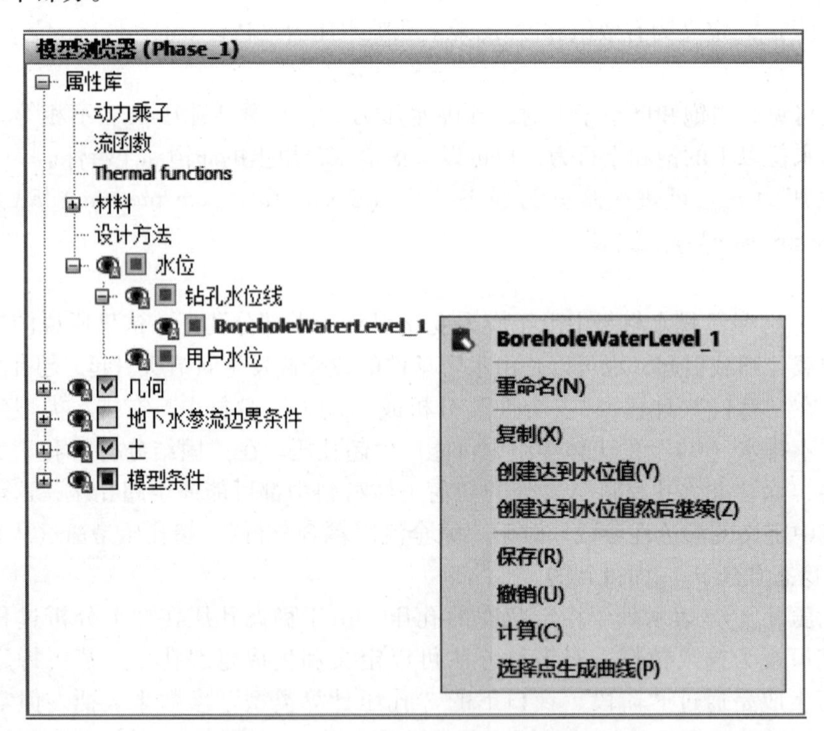

图7-24 在“模型浏览器”中复制水位

在水位上右击，从弹出的右键菜单中选择相应选项，可以使得为该水位指定的流函数在连续计算阶段中保持连续性。这些选项包括：

1）创建达到的水位（Create the reached water level）：选择该项后，将在前一阶段结束后水位达到的位置创建水位，该水位在本计算阶段中保持不变。

2）创建达到的水位并继续（Create the reached water level and continue）：选择该项后，

将在前一阶段结束后水位达到的位置创建水位，在本计算阶段中该水位会根据前一阶段中为初始水位指定的流函数进行变化。PLAXIS会保持流函数的连续性，前面计算阶段的累积时间将作为本计算阶段流函数的输入值的初始补偿量。

1. 钻孔水位

为PLAXIS模型定义水位的最简便方法就是在“土”模式下给钻孔指定“水头”。单个钻孔可用于创建延伸至整个模型边界的水平水位面；当使用多个钻孔时，通过联合各个钻孔中的不同水头可创建非水平的水位面。这样定义的水位称为“钻孔水位（Borehole water level）”，默认是作为“全局水位（Global water level）”。原则上，在此创建的水位之下的孔压分布为静水压力。但是也可以在“修改土层”窗口下的“水位”选项卡内定义非静水压力分布，这可能会生成附加的水位表示在某特定土层中推算孔压为零的（虚拟）水位。

2. 用户水位-水位模式

除了通过钻孔水头生成的水位（Generated water levels），用户还可在“水力条件”模式下使用“创建水位（Create water level）”选项来定义“用户水位（User water levels）”。

单击“创建水位”按钮“”，然后在模型中水压力为零的某位置处单击鼠标左键，即可创建一个水位点，如果不再指定其他的点，将通过该点创建一个水平水位，延伸至模型边界。

在“创建水位”选项处于激活状态的情况下，通过定义多个点可创建非水平水位。此外，还可以对已有水位进行复制，创建副本后再进行修改。要复制一个已有水位，在其上右击并从右键弹出菜单中选择“复制”。要删除一个已有水位，可在已有水位上右击并从右键弹出菜单中选择“删除”。对“用户水位”的水平段可指定“时间相关性”，时间相关特性可通过选择相应流函数来指定。

提示：用户无法删除“钻孔水位”，时间相关流函数不能指定给非水平水位。

7.9.2 指定土体水力条件

土体中的孔压是根据对其指定的水力条件来生成的。默认情况下，模型中所有土体类组会按“修改土层”窗口中定义的水力条件生成孔压。这些水力条件可以是“全局水位”，也可以是（例如当钻孔水位定义的是非静水压力时）其他的自定义水位或在“土”模式下对土层定义的水力条件。

要在当前计算阶段中修改水力条件，需先选中几何对象，然后在“选择浏览器”中的“水力条件（Water Conditions）”下拉列表中选择相应的水力条件选项，也可以在“模型浏览器”或右键菜单中选择类似的选项。可选的水力条件选项包括：全局水位（Global level）、定制水位（Custom level）、水头（Head）、用户自定义（User-defined）、内插值（Interpolate）和干（Dry）。

1. 全局水位

通过全局水位（默认）指定水力条件。全局水位在“阶段”窗口中的“一般”子目录下定义。

选择“全局水位”选项后，程序将根据当前计算阶段中的全局水位在土层中生成孔压分布，这个全局水位就是在“模型浏览器”中“模型条件”目录下的“水”子目录中为

“全局水位（Global Water Level）”指定的水位。这样在土层中生成的孔压分布是静水压力，但这并不意味着土中孔压分布整体均为静水压力，因为其他土层可能有不同的水力条件。

2. 定制水位[⊖]

从“水力条件（Water conditions）”下拉列表中选择“定制水位”选项后，会在该选项的下方出现一个用于选择水位的下拉列表，可从中选择一个钻孔水位或用户水位，这样在土层中生成的孔压分布为静水压力。

3. 水头

选择“水头”选项后，程序可基于指定水头所定义的水平水位快速生成按静水压力分布的孔压。在“水力条件”下拉列表中选择“水头”选项后，需定义参考水位（y_{ref}）以指明何处孔压为零。

提示： 1）采用“选择多个对象（Select multiple objects）”选项“ ”可同时对多个土层快速设置水力条件。

2）当利用非水平的水位生成静水孔压分布时，该孔压分布可能并不完全符合实际，因为实际上非水平水位应是地下水渗流过程的结果，而渗流过程中孔压分布可能并不是按静水压力分布。

4. 用户自定义

如果孔压分布是线性的但并非按静水压力分布，可从“水力条件”下拉列表中选择“用户自定义”选项，然后需输入参考水位（y_{ref}）、参考压力（p_{ref}）和压力增量（p_{inc}）。注意，PLAXIS中压力为负值。

5. 内插值

通过“水力条件”下拉列表中的“内插值”选项，可以根据某土层的相邻土层（上、下）中的孔压进行插值生成中间土层的孔压分布。例如，当某不透水层位于水头不同的两透水层之间时，可用该选项生成不透水层的孔压分布。因为相对不透水层中的孔压不是按静水压力分布的，所以不能通过潜水位来生成孔压，需要用到“内插值”选项。

对某土体类组采用“内插值”选项后，将根据该类组上方相邻类组的孔压和其下方相邻类组的孔压沿竖向进行线性插值，从上方类组的底部孔压值开始，至下方类组的顶部孔压值结束。“内插值”选项可在两个或更多连续土体类组中重复使用。如果进行孔压竖向内插时找不到起始值，则使用“全局水位”作为插值的起始点。

6. 干

除了全局水压力分布以外，还可以将某一土体类组中的水压力移除掉，将其设为“干”则该类组中水压力为零。冻结水力条件可独立进行，与土体激活或冻结无关。如果土体被冻结且水位在开挖线之上，则在开挖区域内仍有水压力作用。如果用户要模拟降水开挖，那么必须显式操作将开挖区域内的水压力冻结掉。需要注意，将某个类组的水力条件设为“干”

⊖ 此处程序汉化有误（PLAXIS 2D 2015 中文界面中该选项为“自定义标准”），该选项的英文名称为“custom level”，表示用户可根据需要选择用于生成孔压的水位并设定相应的时间相关特性，本书中称之为“定制水位”。

不会直接影响相邻土体类组中的水压力分布，可能需要手动调整。

> **提示：**“干”类组的水力特性类似于非多孔材料，不论是初始孔压还是超孔压都不考虑，也不会有渗流通过该类组。

7. 非饱和的

通过“水力条件”下拉列表中的“非饱和的”选项，可基于土体初始饱和度的显式值生成孔压（吸力）。“饱和度”取值范围为0.1 ~ 0.99。土体类组中饱和度为均匀分布。程序将根据材料数据组中定义的水力模型计算孔压（吸力）。为了在计算中考虑吸力，需要取消勾选“忽略吸力”选项。

7.9.3 水压力生成与预览

水压力（即有限元应力点中的孔压和外部水压力荷载）根据计算阶段中定义的水力条件来计算，当预览阶段或开始计算过程时会计算水压力。

1）预览阶段时生成水压力。建议读者在定义计算阶段时预览水压力，以检查生成的水压力是否满足要求。在侧边工具条中单击“预览阶段”按钮“”，当水压力生成完毕并写入数据文件后会自动启动“输出”程序，显示当前阶段中处于激活状态的网格。用户可以从“应力”下拉列表中选择相应选项查看各类孔压。如果从“几何”下拉列表中激活“潜水位”选项可以在模型中显示潜水位或外部水位。如果水位在激活网格的外部且“水荷载”处于可见状态，则模型中还会显示外部水压力。建议用户在开始计算整个模型之前先预览一下水压力分布以检查生成的水压力是否符合预期。

2）执行有限元计算之前生成水压力。对于某个将要进行计算的阶段，其水压力分布会在计算刚开始，但尚未执行有限元计算之前生成。生成的水压力会与计算结果一起包含在输出步中，可在计算结束后查看。

7.9.4 渗流边界条件

某一计算阶段的渗流边界条件可在“模型浏览器”中“模型条件（Model conditions）”目录下的“地下水渗流（GroundwaterFlow）”子目录中指定，最简单的一种情况就是指定哪些边界“关闭（Closed）”，哪些边界“打开（Open）”。地下水渗流计算、固结分析或完全流固耦合分析都需要定义这些边界条件。PLAXIS 2D默认模型底部边界是关闭的。模型的外部几何边界上的预定义地下水头默认根据一般潜水位的位置获得，至少当一般潜水位在激活的几何模型范围以外时是如此。另外，当内部几何线由于土体类组冻结而成为外部边界时，也会被视为外部几何边界并按同上方法处理。

PLAXIS 2D默认模型中除“Y_{max}边界”之外的所有几何边界都是封闭的。模型内部边界，如开挖（冻结类组）后出现的边界通常为“打开”（排水）的。当“Y_{max}边界”为“打开”状态时，对于模型上部倾角小于等于45°的倾斜边界也为“打开”状态。

在固结分析中，渗流边界条件用于定义何处的超孔压可透过模型边界进行消散，这些边界条件只影响超孔压。在地下水渗流或完全流固耦合分析中，渗流边界条件用于定义孔隙水可以从何处流入或渗出土体，这些边界条件会影响总孔压。对于后者，可能还需要附加条件在“打开”边界上定义静力水头。静力水头默认由“全局水位”隐式定义，用户可通过“结构”模式下的“创建地下水渗流面边界条件”来重新定义。处于“打开”状态的边界上位于静力水头定义的水位以上的部分视为“渗漏（Seepage）”边界，水位以下的部分则赋予给定的静力水头作为边界条件。

对于渗流面边界条件，除了5.9.3中介绍的几个选项之外，在“计算”模式下还有另外两个选项：

1）保持前一阶段的水位（Constant value from previous phase）。前一计算阶段结束时达到的水位在当前计算阶段中保持不变。

2）保持前一阶段的流函数（Maintain function from previous phase）。当前计算阶段中的水位将继续按照前一计算阶段中为边界指定的流函数进行变化。此前各计算阶段的累积时间将作为当前阶段流函数输入值的初始补偿量。

7.9.5 降水量

“降水量”选项位于“模型浏览器”中“模型条件（Model conditions）”目录下（见图7-25），可用于指定由天气条件变化引起的沿竖向发生的回灌（Recharge）或入渗（Infiltration）（q），该边界条件会施加于代表地表面的所有边界上。

提示： 注意，当在模型顶部边界同时创建了“降水量”和渗流面边界条件时，计算中将忽略“降水量”。

“降水量”的定义参数如下：

1）q。回灌（入渗），单位：长度/时间。指定为负值时可用于模拟蒸发（Evaporation）。

2）ψ_{max}。相对于边界标高的最大孔压水头，单位：长度单位（默认值为0.1个长度单位）。当地下水头增长到该水头之上时，入渗流量将变为相应的水头以模拟流失。

3）ψ_{min}。相对于边界标高的最小孔压水头，单位：长度单位（默认值为-1.0个长度单位）。当地下水头降到该水头之下时，蒸发流量将变为相应的水头。

在水平的地表面边界上，由q值指定的降水量会作为“回灌”施加到边界上。在倾角为α的倾斜地表面边界（例如边坡坡面）上，“回灌”垂直于倾斜边界施加，大小为$q\cos(\alpha)$。

在某一施加了正的降水量的边界上如果某点处的孔压水头增大到了$y+\psi_{max}$（即水位升至地表以上ψ_{max}处），则假定此后水开始流失。于是此处成为恒定不变的水头边界条件，水头值为$y+\psi_{max}$。

在某一施加了负的降水量（即蒸发蒸腾，Evapotranspiration）的边界上如果某点处的孔压水头降低到了低于$y+\psi_{min}$（即上部地层变为不饱和），则假定此后停止蒸发蒸腾。于是此处成为恒定不变的水头边界条件，水头值为$y+\psi_{min}$。

对于瞬态地下水渗流计算和完全流固耦合分析，可以指定降水量随时间的变化，成为“时间相关”边界条件。用户可以在“降水量”子目录下的“Time dependency”下拉菜单中选择“时间相关”选项，进而可从下方的“Discharge function”下拉菜单中选择用于描述流量随时间变化的流函数。

7.9.6 气候

“气候”选项可用于在热计算中指定因天气条件（气温）引起的一般对流条件。关于“对流”边界的详细介绍可参见本书第5.10.1节。“气候”条件会施加于所有代表地表面的边界上，可在“模型浏览器”中的“模型条件”子目录下选择该选项（见图7-26）。

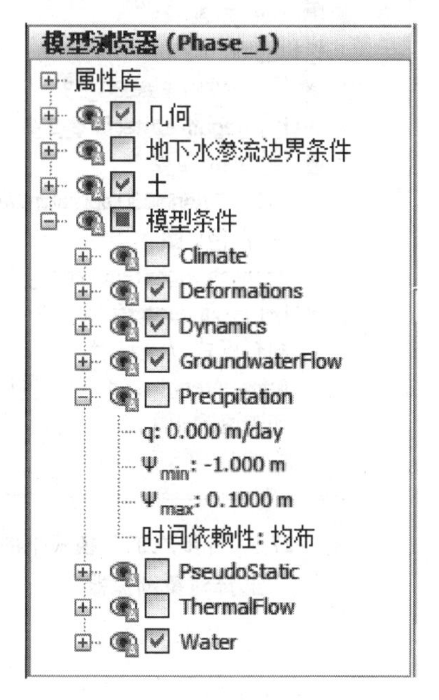

图7-25 “模型浏览器”中的“降水量”子目录

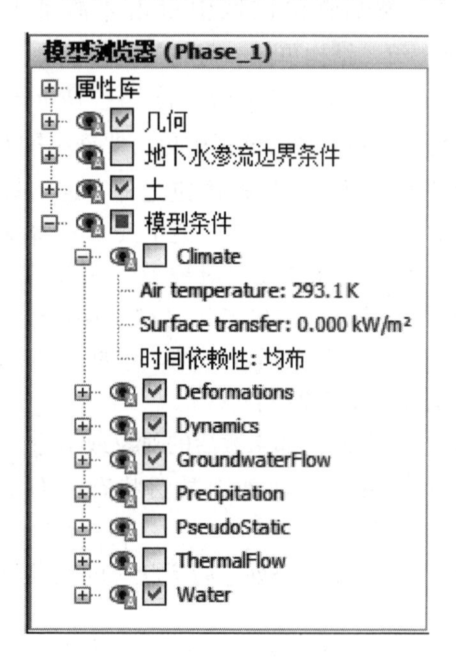

图7-26 “模型浏览器”中的“气候”子目录

用于定义气候条件的参数如下：

1）气温（Air temperature）。定义大气的温度，单位为温度的单位。

2）表面传递（Surface transfer）。热传递系数（与热阻相反），单位为功率/长度/平面外宽度/温度。

3）时间相关（Time dependency）。指定气温是常量还是随时间变化。气温随时间变化时，需指定其对应的“温度”函数，该函数在“模型浏览器”中的“属性库”目录下的“热函数”子目录中定义。

7.10 几何配置——分步施工模式

在PLAXIS 2D的“分步施工”模式下，可以将“土”和“结构”模式中创建的荷载、土体类组、结构对象等激活或冻结，从而为每个计算阶段更改几何模型和荷载，还可以重新指定材料数据组以及水压力分布。几何模型的变化通常会引起较大不平衡力，这些不平衡力会通过自动荷载步方法逐步施加到有限元网格上。

7.10.1 更改几何模型

在“分步施工”模式下可以激活或冻结荷载、土体类组及结构对象以模拟开挖、支护等施工过程。例如可以先开挖土体并施工挡墙，然后施工底板，最后施工上部结构，这样可以较真实地分析开挖施工过程对周边的影响。

1）激活对象。先单击“激活（Activate）”按钮“ ”，然后在绘图区中单击要激活的对象（如土体类组、结构单元、荷载等）。

2）冻结对象。先单击“冻结（Deactivate）”按钮“ ”，然后在绘图区中单击要冻结的对象。

除了以上两个工具栏按钮之外，还可以在选中几何对象之后，通过右键菜单或“选择对象浏览器”来激活或冻结几何对象及其相关特性。在“选择对象浏览器”中单击几何对象及其相关特性左侧的方框可将其激活或冻结。这些方框有以下几种状态（见图7-27）：

1）□：表示全部未激活的对象或对象组。

2）☑：表示全部处于激活状态的对象或对象组。

3）▣：表示部分处于激活状态的对象组。

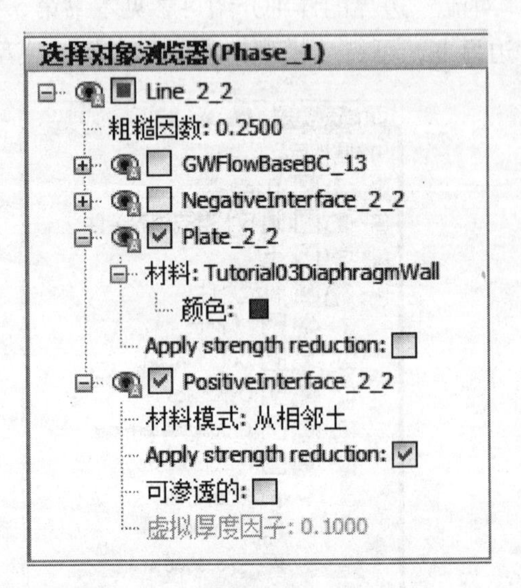

图7-27 “分步施工”模式下的“选择对象浏览器”

提示： 注意不要将“激活或冻结”对象选项与“显示或隐藏”对象选项混淆。处于激活状态的对象可以被隐藏掉（不可见）。处于冻结状态的对象的可见性可在“选项”菜单下的“可视化设置”窗口中的“可视化”选项卡内定义。

7.10.2 计算中的分步施工算法

在某一计算阶段开始时，几何模型中激活和非激活对象的信息转换为单元信息。因此，冻结一个土体类组会导致计算过程中相应土体单元被“关闭（Switching off）”。

1）对于被“关闭”的土体单元，遵循如下规则：

① 单元的属性，例如自重、刚度、强度等不予考虑。

② 单元内所有应力设为零。

③ 所有非激活节点位移为零。

④ 移除单元后出现的边界自动视为自由且透水边界。

⑤ 一个土体类组冻结后，其水力条件保持不变。如果要模拟无水开挖（Dry excavation）需要手动更改被冻结土体类组的水力条件。

⑥ 作用在未激活几何对象某一部分上的外部荷载不予考虑。

2）对于之前未激活（冻结）但在某个计算阶段中（重新）激活的单元，遵循如下规则：

① 在该计算阶段开始时（即第一计算步）就会考虑这部分单元全部的刚度和强度。

② 原则上在该计算阶段开始时就完全考虑这部分单元的自重。一般在一个分步施工计算阶段开始时会产生很大的不平衡力并在后续计算步中逐步求解。

③ 这部分单元的应力从零开始发展。

④ 当某一节点被激活，通过对新激活单元施加无应力预变形来估算初始位移以使其与前一步得到的变形网格相吻合，然后在此初始位移值的基础上进一步施加位移增量。例如，以一个路堤分层填筑施工为例，只考虑其竖向位移（一维压缩）。最开始只有一层，然后在第一层上方填筑第二层，这会在顶面引起沉降。如果再在第二层上方填筑第三层，则第三层网格会被施加上与第二层顶面沉降对应的初始变形。

3）界面遵循如下规则：

① 冻结界面。如果不考虑土与结构相互作用，可冻结界面，在生成网格时为界面建立的节点仍然存在。这些界面为硬弹性（Stiff elastic）；完全透水（固结分析）。

② 激活界面。遵循弹塑性行为；完全不透水（固结分析）。

7.10.3 更改荷载

在“结构”模式下创建荷载时，程序会为其指定一个默认值以表示单位荷载，可以在每个计算阶段中更改这些荷载值以模拟不同施工阶段中荷载的变化。荷载变化会引起不平衡力，这些不平衡力在分步施工计算过程中逐步求解。

7.10.4 分步施工中的连接

可为每个计算阶段定义“连接”（Connections）。一个“连接”处于激活状态并不影响与其相连的板单元的激活与否。如果一个“连接”处于激活状态但与其相连的板单元却处于冻结状态时，计算前会弹出警告提示。

7.10.5 更改指定位移

在“结构”模式下创建指定位移时，程序会为其指定一个默认值以表示单位指定位移，可以在每个计算阶段中更改这些荷载值以模拟不同施工阶段中的指定位移的变化。指定位移变化会引起不平衡力，这些不平衡力在分步施工计算过程中逐步求解。

7.10.6 重新指定材料数据组

在一个计算阶段中可以为土体类组或结构对象指定新的材料数据组。该选项可用于模拟材料属性在不同施工阶段中随时间的变化，还可用于模拟土性改良过程，例如移除不良土体，替换为优质土体。

某些属性的改变，例如将淤泥（Peat）替换为密砂（Dense sand），可能由于材料重度的改变引起不平衡力产生，这些不平衡力会在施工阶段计算过程中逐步求解。

7.10.7 施加类组体积应变

除了可以更改类组的材料属性，PLAXIS中还可以对单个类组施加体积应变。首先选中相应的土体类组，然后在“选择对象浏览器”中勾选该类组下的“VolumeStrain”选项及其“应用（Apply）”选项的复选框（见图 7-28）。

可以为选中类组定义沿 x 和 y 两个方向的应变分量和体积应变量。应变分量为正值表示膨胀，负值表示收缩。

与其他形式的荷载不同，体积应变并非通过单独乘子激活。注意，指定的体积应变不一定完全施加到模型中，具体施加程度取决于周围类组和对象的刚度。

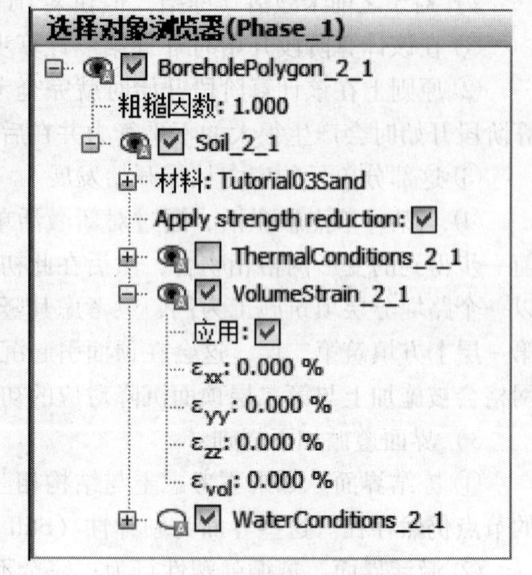

图 7-28 在“选择对象浏览器”中设置体积应变

7.10.8 施加锚杆预应力

在计算阶段中可以为锚杆施加预应力，选中锚杆单元后会在对象浏览器中显示其“材料组”选项和“调整预应力（Adjust prestress）”选项。锚杆的“调整预应力”选项默认处于未激活状态（显示为“False”），单击“调整预应力”选项右侧的“False”会显示出一个空的复选框，勾选该复选框后“调整预应力”选项右侧显示为“True”并在下方显示预应力选项“$F_{prestress}$”，可以在其右侧的相应文本框中输入预应力的值。注意，拉力为正，压力为负。

默认情况下，如果前一阶段为锚杆施加了预应力，则在本计算阶段中该锚杆单元的“调整预应力”选项将处于“False”状态，但此时预应力已转化为锚杆内力并以此为本阶段的计算起始条件随模型中应力和力的变化而“自然”发展，所以一般情况下只需施加一次预应力即可。如果确实需要模拟多次施加预应力的情况，可按照前述操作重新激活“调整预应力”选项并输入相应的预应力值。

如果需要“重置（Reset）”前面已施加的预应力从而消除锚杆的预应力但保留现有的锚杆内力，可在“对象浏览器”中将该锚杆的“调整预应力”选项设为“False”。一般情况下将预应力设为零是不正确的，因为这相当于强制将锚杆轴力设为零。

7.10.9 模型条件

某个处于被选中状态的计算阶段的全局边界条件可在“模型浏览器”中的“模型条件（Model conditions）”目录下定义。注意，用户自定义边界条件通常优先于“模型条件”目录下的边界条件。

1. 变形（Deformations）

默认情况下，PLAXIS 2D 会在几何模型边界上自动施加一组普通约束（General fixities，见图 7-29），这些约束条件按如下规则创建：

（1）土体

1）法向沿 x 方向的竖向模型边界，x 方向固定（$U_x=0$），y 方向自由。

2）模型底部边界各个方向均固定（$U_x = U_y = 0$）。

3）"地表面（模型上表面）"在各个方向均自由。

模型边界可用选项如下（方括号中为默认条件）：

1）BoundaryXMin：Free，[Normally fixed]，Horizontally fixed，Vertically fixed，Fully fixed。

2）BoundaryXMax：Free，[Normally fixed]，Horizontally fixed，Vertically fixed，Fully fixed。

3）BoundaryYMin：Free，Normally fixed，Horizontally fixed，Vertically fixed，[Fully fixed]。

4）BoundaryYMax：[Free]，Normally fixed，Horizontally fixed，Vertically fixed，Fully fixed。

如果模型不包含竖向边界和（或）水平底边界，则需为其定义"指定位移"以设置位移边界条件。

(2) 结构　对于延伸至模型边界的结构单元，由于边界上至少有一个方向的位移受到约束，于是在边界上的这些点受到旋转约束。

1）在竖向模型边界和底部边界上的结构单元端点，$\varphi = 0$。

2）在"地表面（模型上表面）"上的结构单元端点，φ = 自由。

提示： 1）注意，标准位移约束会施加于土体和结构。
2）用户自定义指定位移通常优先于"模型条件"下的默认变形约束。

2. 动力（Dynamics）-动力边界条件

对于动力计算，需要指定与标准位移约束不同的边界条件来考虑介质的远场行为。真实域是无限大的，在建立几何模型时通过选取有限域来代表真实域的特性。适当的边界条件可以吸收由动力荷载引起的应力增量，避免土体内部反射，从而模拟远场行为。PLAXIS默认采用"黏性"边界，也可以使用其他边界。

当定义一个"动力"计算阶段时，可展开"模型浏览器"中"模型条件"目录下的"动力（Dynamics）"子目录，从中选择适当选项来为该计算阶段定义动力边界条件（见图7-30）。

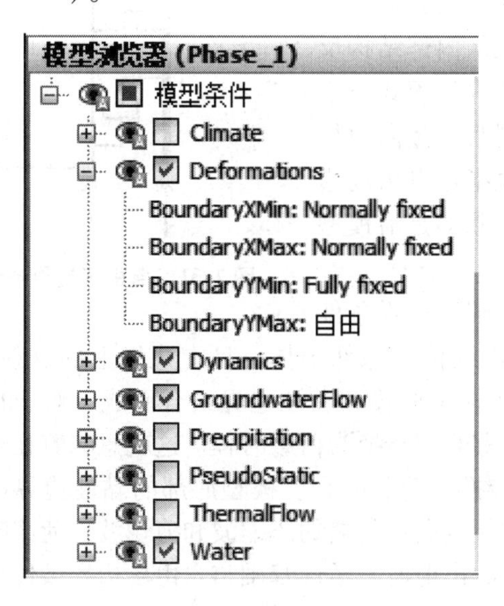

图7-29　模型边界条件

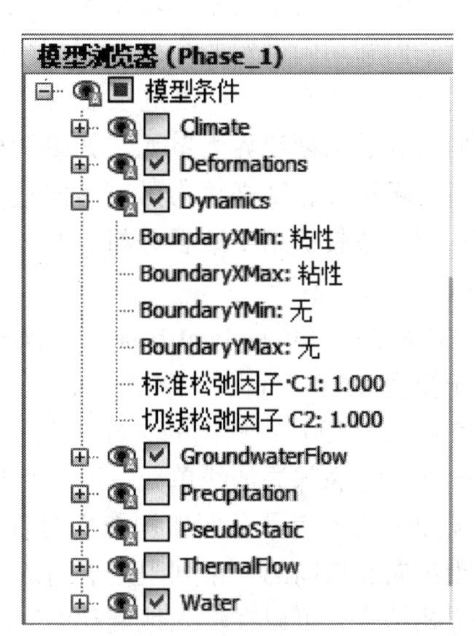

图7-30　"动力计算"边界条件

模型动力边界可用选项如下（方括号中为默认边界）：

1）BoundaryXMin：None，[Viscous]*，Free-field**，Tied degrees of freedom**。

2）BoundaryXMax：None，[Viscous]，Free-field*，Tied degrees of freedom**。

3）BoundaryYMin：None，[Viscous]，Compliant base。

4）BoundaryYMax：[None]，Viscous。

注：标“*”者对于轴对称模型的XMin边界默认为None；标“**”者对于轴对称模型将被忽略掉。

上述各种动力边界条件的含义如下：

1）空（None）。只对该边界施加标准约束条件。在地震分析中，模型底部可联合采用该边界与指定线位移，模拟阻抗差很大的两土层的边界，例如硬岩层上覆软土层。这将导致下行波完全反射。

2）黏性（Viscous）。黏性边界会吸收出射波的能量。该边界条件对应的情况是，沿边界 x 和 y 方向布置黏性阻尼器，在边界法向和切向提供阻力，且与边界附近材料中的波速成比例。PLAXIS中采用的是由 Lysmer 和 Kuhlmeyer（1969）提出的黏性边界。该选项一般用于振源位于网格内部的情况。如果在模型底部选用黏性边界进行动力分析，则需要输入荷载时程，并且需要考虑松弛因子 C_1 和 C_2。

提示： 黏性边界不考虑结构单元的附加力。所以在黏性边界上，不要使用结构单元。

3）自由场（Free-field）。自由场边界条件仅可用于侧边界（即Xmin和Xmax），模拟波在边界上引起最小反射的条件下传入远场。自由场单元在主域的两侧都要模拟，并采用与网格内土层相同的属性。通过施加等效法向力和等效切向力将自由场运动从自由场单元转换至主域。在侧边界的每个节点上沿法向和切向设置两个减震器，来吸收从内部结构反射回来的波（见图7-31）。该选项需要在“结构”模式下沿模型竖向边界手动创建界面单元。如果为模型某一竖向边界指定了自由场边界，则必须为另一竖向边界也指定自由场边界。该选项一般较适用于地震分析，其动力荷载多是沿模型边界输入。

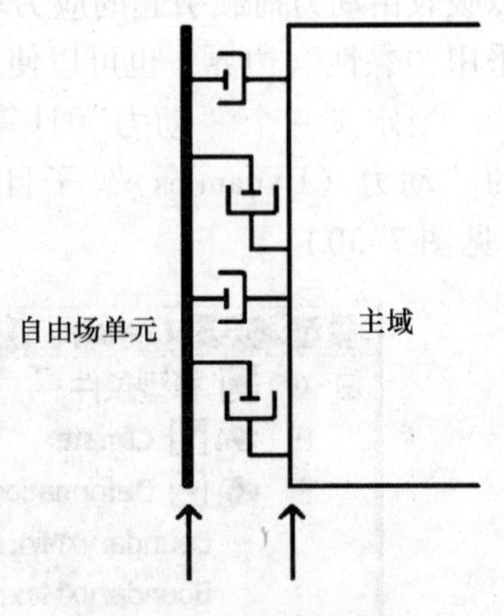

图7-31 自由场边界条件

4）柔性基础（Compliant base）。“柔性基础”边界条件仅可用于模型底部（Ymin）模拟波通过边界连续传入深部土体，且在边界上的反射最小。Joyner 和 Chen（1969）提出的柔性基础是由线指定位移和黏性边界组合而成。对于自由场条件，会在模型底部添加线单元，可将指定位移时程转换为荷载时程。这就意味着在地震分析中，无须将输入信号（例如加速度时程）转换为荷载时程。模型底部的黏性边界由每个节点上沿法向和切向的一系列阻尼器组成，可吸收向下传播的压缩波和剪切波。荷载时程与黏性边界相结合，可以在输入地震动的同时吸收出射波。柔性基础与自由场边界条件也是基于同样的原理。柔性基础仅用于模型底部是因为输入信号的一半被黏性阻尼器吸收掉了，而阻尼器的响应则被乘上了系数2。在地震分析中，当模型底部并未取至基岩深度时应采用该选项，波可以自由传播至有限元网格未包含的下伏岩土层中去。使用该选项需要在“结构”模式下沿模型底部边界手动创建界面单元。

> **提示：** 默认情况下，自由场或柔性基础单元并不在输出程序中显示。为了能够输出自由场或柔性基础的移动，可在这些边界上添加土工格栅或板单元（不激活）。注意，在计算过程中这些附加的板单元或土工格栅单元必须处于冻结状态。

5）约束自由度（Tied degrees of freedom）。“约束自由度”仅可用于模型侧边界（即Xmin和Xmax）。这一方法由Zienkiewicz等（1988）提出，将模型左右两侧边界上同一高度处的节点联系起来，进而通过相同的竖向和水平位移进行表征（见图7-32）。该选项可用于模拟一维土柱进行场地响应分析。如果为模型某一侧边界指定了该选项，则必须同时为另一侧边界也指定该选项。“约束自由度”仅当边界可自由运动时才发挥作用，即模型侧边界上不应施加固定约束。在大多数情况下这就意味着，动力分析中应关闭默认的变形约束条件，并在模型底部施加期望的边界条件。只有当模型两侧边界上节点分布一致时方可使用“约束自由度”选项。换句话说，模型左右两侧边界上的对应节点的y坐标应一致。

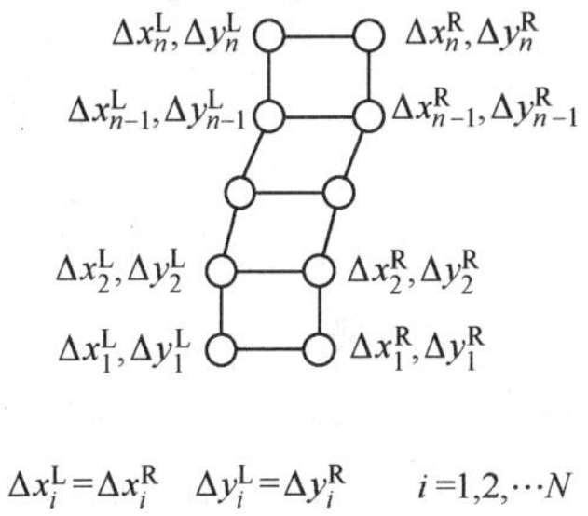

$\Delta x_n^L, \Delta y_n^L$ $\Delta x_n^R, \Delta y_n^R$
$\Delta x_{n-1}^L, \Delta y_{n-1}^L$ $\Delta x_{n-1}^R, \Delta y_{n-1}^R$
$\Delta x_2^L, \Delta y_2^L$ $\Delta x_2^R, \Delta y_2^R$
$\Delta x_1^L, \Delta y_1^L$ $\Delta x_1^R, \Delta y_1^R$

$\Delta x_i^L = \Delta x_i^R \quad \Delta y_i^L = \Delta y_i^R \qquad i=1,2,\cdots N$

图7-32 约束自由度

松弛因子（Relaxation coefficients）C_1和C_2用于改善黏性边界对波的吸收能力。C_1用于修正边界法线方向上波的消散；C_2用于修正边界切线方向上波的消散。如果边界仅受到沿法线方向的入射波（垂直于边界），则不需要进行修正（$C_1 = C_2 = 1$）。当入射波为任意方向时（这是一般情况），必须调整C_2以改善吸收能力。这两个参数的标准值为$C_1 = 1$、$C_2 = 1$。

注意，柔性基础和自由场条件都需要沿模型边界手动创建界面单元，从而在相应位置生成节点对。在一个节点对的两个节点之间会创建一个阻尼器可以转换输入的波动并吸收入射波。在输出程序中，只有与节点对一侧相关的参数可见，即这些节点的运动不等于输入的运动。为了能够观察并显式检查输入波动，可以创建所谓的“虚拟板单元”，即沿模型底部创建板单元，赋予其非常小的刚度参数以免影响计算结果。选择该板单元上的一个节点以便比较该节点运动与输入信号的差别。在计算中无特殊需要时不应激活这个虚拟板单元。

3. 渗流边界条件（Groundwater Flow）

某一计算阶段的渗流边界条件（例如指定哪部分边界为“打开”，哪部分为“关闭”）可在“模型浏览器”中“模型条件”目录下的“地下水渗流（GroundwaterFlow）”子目录中指定（见图7-33）。对地下水渗流计算、固结分析或完全流固耦合分析需设置这些边界条件。

4. 降水量

通过“模型浏览器”中“模型条件”目录下的“降水量”子目录（见图7-34）可指定由于天气条件引起的沿竖向的回灌或入渗（q），该边界条件会施加在模型中表示地表面的所有边界上。

模型浏览器 (Phase_1)
模型条件
Climate
Deformations
Dynamics
GroundwaterFlow
BoundaryXMin: 打开
BoundaryXMax: 打开
BoundaryYMin: 关闭
BoundaryYMax: 打开
Precipitation
PseudoStatic
ThermalFlow
Water

图 7-33　地下水渗流边界条件

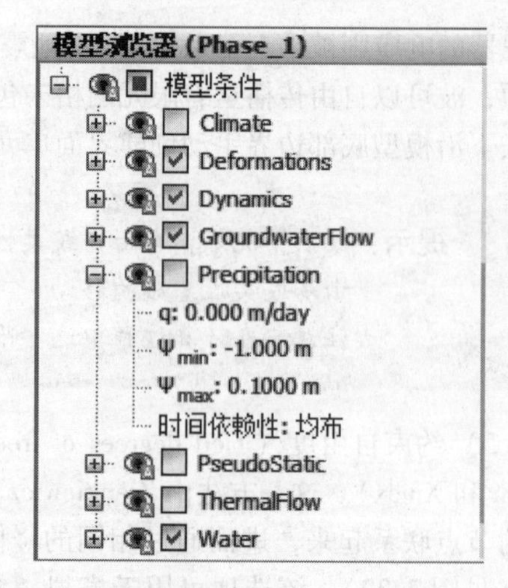

图7-34　“模型浏览器”中的“降水量”子目录

5. 拟静态（Pseudo Static）

动态作用力可通过拟静力方法指定一个全局加速度来考虑（见图 7-35）。在重力加载、塑性、固结和安全性等计算类型中可以考虑指定的全局加速度。注意，在安全性分析中会考虑其父阶段（Parent phase）的设置。可以对拟静态父阶段执行安全性分析，但是并不能对安全性分析阶段本身指定全局加速度的变化。

6. 水（Water）

某一计算阶段中的全局水位可在“模型浏览器”中“模型条件”目录下的“水（Water）”子目录下定义（见图 7-36）。

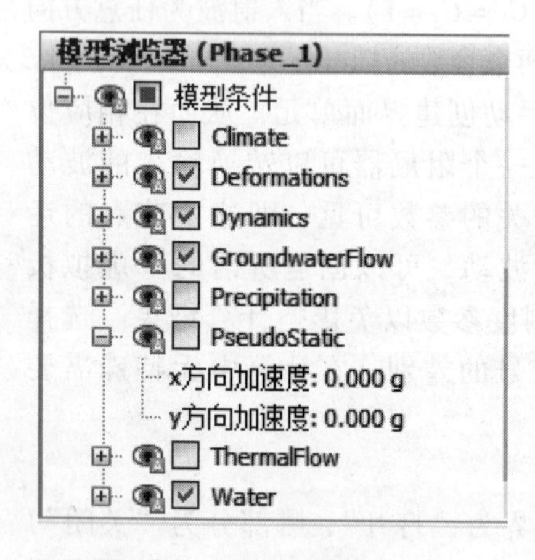

图 7-35　“模型浏览器”中的“拟静态”子目录

图 7-36　“模型浏览器”中的“水”子目录

7.11　计算中使用设计方法

对某一计算阶段可使用设计方法（Design approach），只需在“阶段”窗口中“一般”目录下选择适当的设计方法（见图 7-37）。

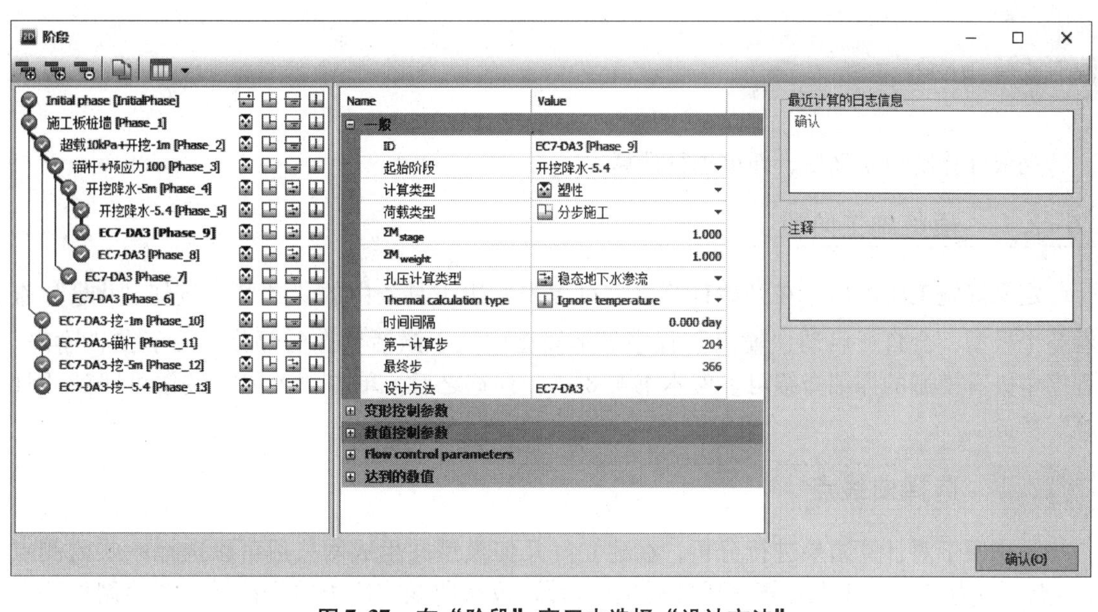

图7-37　在“阶段”窗口中选择“设计方法”

对某一计算阶段使用设计方法需先在输入程序中定义材料分项系数和荷载分项系数。在“分步施工”模式下除了要激活荷载之外，还需在“选择对象浏览器”中为其指定荷载分项系数（见图7-38）。

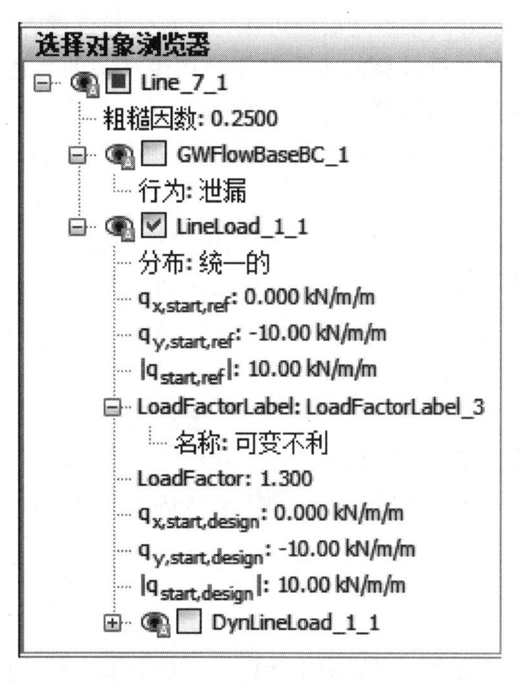

图7-38　在“选择对象浏览器”
中指定荷载分项系数

7.12 开始计算

完成计算阶段定义后，即可进行计算。

7.12.1 预览施工阶段

定义好施工阶段后，在开始计算之前可单击侧边工具条中的“预览”按钮“”查看整个模型，会自行启动“输出”程序显示模型中处于激活状态的部分。关于在“输出”程序中查看模型的详细介绍可参阅本书第8章。预览之后，单击“关闭”按钮可回到“计算”模式。

7.12.2 选择曲线点

为了便于对计算结果进行分析，在建立好几何模型并生成网格后可以选择一些监测点（节点或应力点）用于在计算完成之后生成荷载-位移曲线或应力路径曲线。要绘制位移曲线需选择节点（Node），要绘制应力和应变曲线需选择应力点（Stress point）。在PLAXIS 2D中选取监测点需借助“选择曲线点”按钮“”，具体介绍详见本书第10.1节。

7.12.3 执行计算过程

在定义好计算阶段且选好曲线点之后即可执行计算。建议读者在开始执行计算之前先检查一下计算阶段列表，将要执行计算的阶段左侧会用带箭头的蓝色图标（）标记。对于新添加的计算阶段，程序会自动将其标记为计算状态（在计算过程中会执行该计算阶段）。对于已计算成功的计算阶段会用带对钩的绿色图标（）标识，对计算失败的阶段用带叉号的红色图标（）标识。

在“阶段浏览器”中单击阶段名前面的图标可以切换该阶段的计算状态，从而可以确定在计算过程中是否要执行该计算阶段。除了单击图标之外，还可以利用右键菜单来切换阶段的计算状态，在某阶段名上右击，从右键菜单中可以选择“标记计算”或“不标记计算”选项。

在“分步施工”模式下单击“计算”按钮“”即可启动计算过程。开始执行计算时，程序首先会检查计算阶段的顺序和一致性，并确定要执行的第一个计算阶段。在计算过程中如果未发生大量土体破坏，程序就会按顺序依次执行阶段列表中所有被标记为计算状态（）的计算阶段。

7.12.4 中止计算

如果在计算过程中由于某些原因要中止计算，可在显示当前计算阶段迭代过程相关信息的“激活任务”窗口中单击“停止”按钮，会强制终止当前阶段的计算，在本阶段中指定的荷载不会完全施加到模型上。该阶段在“阶段浏览器”中以红色图标（）标识，在对应的“阶段”窗口的“记录信息框”中会给出提示“被用户取消”。

除了彻底终止当前计算阶段之外，还可以通过点击“暂停”按钮暂时中止计算过程，单击“恢复”按钮将继续执行计算。

7.12.5 计算过程中输出

PLAXIS 2D 在执行有限元计算时会将与计算过程相关的信息分几个组框显示在一个独立的“激活任务”对话框中（见图 7-39），“阶段”选项卡会显示正在计算的阶段名。

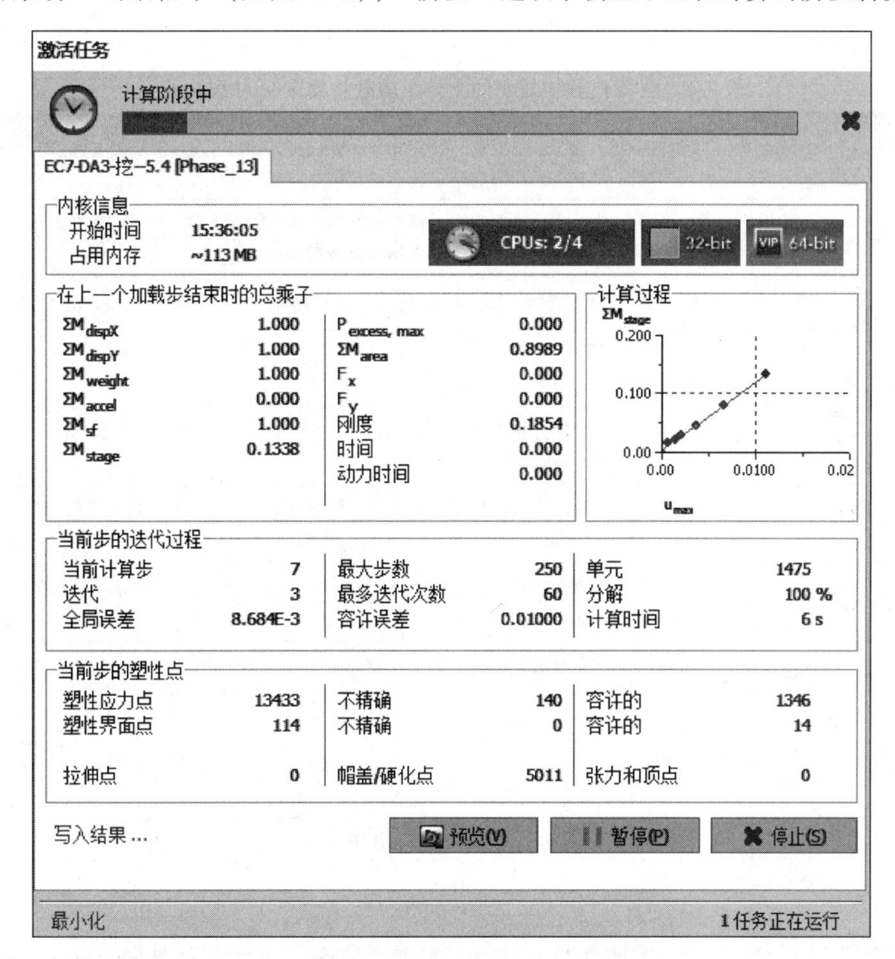

图 7-39 “激活任务”对话框

提示： 当多个计算阶段拥有相同的“母阶段”时，在多核计算机上可以对这些阶段执行并行计算。

1. 内核信息

计算过程中“激活任务”对话框的“内核信息”组框下显示的信息为：

1）开始时间：表示开始计算的时间。

2）占用内存：显示计算过程中占用的内存。

提示： 独立计算内核（Separate calculation kernel）在64位操作系统上可用。

2. 前一荷载步结束时的总乘子

计算过程中“激活任务”对话框的“在上一个加载步结束时的总乘子”组框下显示的信息见表7-8。

表7-8　计算过程中显示的上一个加载步结束时的总乘子

显示的乘子	说　明
$\sum M_{dispx}$，$\sum M_{dispy}$	表示当前阶段中已经施加的指定位移的比例
$\sum M_{loadA}$	表示当前阶段中已经施加的指定荷载的比例。在PLAXIS 2D中该值始终为1，因为荷载是作为分步施工过程施加，所以是直接更改荷载的输入值而不是更改乘子
$\sum M_{weight}$	表示计算中施加的材料重度的总体比例。计算开始时为0，变为1.0时表明材料重度已完全施加
$\sum M_{accel}$	该值始终为0
$\sum M_{sf}$	该参数与“安全性分析”相关，定义为某一分析阶段中原始强度参数与折减后强度参数的比值，在分析开始时其值为1.0
$\sum M_{stage}$	该参数表示塑性计算完成的比例，计算开始时其值为0，计算成功完成时该值为1.0。在其他计算分析类型中(“固结”和“安全性分析”)，该值保持为0
$P_{excess,max}$	该参数表示网格中的最大超孔压，以应力单位表示。在塑性、固结、安全性和动力等计算类型中可查看该乘子
$P_{active,max}$	该参数表示“完全流固耦合分析”中网格内的最大激活孔压，以应力单位表示
$P_{steady,max}$	该参数表示网格中的最大稳态孔压，以应力单位表示。仅对纯地下水渗流计算类型可用
$\sum M_{area}$	该参数表示几何模型中当前处于激活状态的类组在所有土体类组总面积中所占的比例，如果所有土体类组都被激活，则该值显示为1.000
$\sum F_x$，$\sum F_y$	该参数表示与非零指定位移对应的反作用力
刚度（Stiffness）	刚度参数表示计算中发生的塑性量。刚度定义为：刚度 $=\int \frac{\Delta\varepsilon\Delta\sigma}{\Delta\varepsilon D^e\Delta\varepsilon}$。当计算解为完全弹性时，刚度为1；达到破坏状态时刚度接近0。刚度可用于确定“全局误差(Global error)”，详见本书7.12.8
时间（Time）	表示当前计算阶段设置的时间间隔内目前运行的时间，在“阶段”窗口的“一般”目录下定义该时间间隔
动力时间（Dyn. time）	表示当前计算阶段设置的时间间隔内目前运行的动力时间，在“阶段”窗口的“一般”目录下定义该时间间隔

3. 计算过程

在某个计算阶段的执行过程中，“激活任务”对话框下的计算过程组框中会显示一个缩小的荷载-位移曲线。默认情况下，显示计算之前所选第一个节点的曲线。在节点下拉列表中可选择其他节点显示对应的曲线。该曲线可用来粗略评估计算过程。不同计算类型时显示不同的曲线，见表7-9。

表 7-9　计算过程中显示的曲线

计算类型	显示的曲线
塑性分析	对于塑性分析，此处将显示总乘子 $\sum M_{stage}$ 和位移的关系曲线
固结分析	对于“固结分析”，基于超孔压或最大激活孔压的固结分析，此处将显示最大超孔压 $P_{escess,max}$ 与时间对数的关系曲线；基于总孔压的固结分析将显示激活孔压 $P_{active,max}$ 与时间对数的曲线
完全流固耦合分析	对于“完全流固耦合分析”，此处将显示最大激活孔压 $P_{active,max}$ 与时间对数的关系曲线
安全性分析	对于“安全性分析”，此处将显示 $\sum M_{sf}$ 与位移的关系曲线
动力分析	对于“动力分析”，显示位移与动力时间的关系曲线
稳态地下水渗流	对于“稳态地下水渗流”，显示最大稳态孔压 $P_{steady,max}$
瞬态地下水渗流	对于“瞬态地下水渗流”，显示最大稳态孔压 $P_{steady,max}$ 与时间对数的关系曲线

4. 当前步的迭代过程

计算过程中“激活任务”对话框的“当前步的迭代过程”组框下显示的信息见表7-10，不同计算类型时显示的相关信息会稍有不同。

表 7-10　当前步的迭代过程相关信息

迭代相关信息	说　明
当前计算步	表示当前计算步的步数
迭代	表示当前计算步的迭代次数
全局误差	全局误差是对当前计算步的全局平衡误差的量度。随着迭代次数的增加，这一误差趋于减小
渗流中最大局部误差	该误差表示当前计算步中饱和区域内出现封闭水（Entrapment of water）的可能性，允许值为0.05
饱和度相对变化	表示连续计算步中饱和度的变化，允许值为0.1。当饱和度相对变化超过允许值，时间步自动减小。当饱和度相对变化小于允许值，时间步自动增加。注意，时间步的大小通常在“期望最小”和“期望最大”参数定义的范围内
相关渗透性的相对变化	表示连续计算步中相关渗透性的变化，允许值为0.1。当渗透性变化超过允许值，时间步自动减小；当渗透性变化低于允许值，时间步自动增加。注意，时间步的大小通常在“期望最小”和“期望最大”参数定义的范围内
最大步数	表示当前计算阶段最终计算步数。该步数根据“阶段”窗口中“数值控制参数”目录下定义的“最大步数”来定
最大迭代步	当前计算阶段的最大迭代次数，在“阶段”窗口中“数值控制参数”目录下的“迭代算法”中定义
允许误差	该数值表示允许的最大全局平衡误差，该允许值与“阶段”窗口中“数值控制参数”目录下为迭代算法定义的“允许误差”相对应。只要全局误差大于允许误差，迭代过程将一直继续
单元	显示计算阶段中的土体单元数量
分解	显示计算阶段的分解过程
计算时间	表示当前计算步的计算时间

5. 当前步的塑性点

计算过程中“激活任务”对话框的“当前步的塑性点”组框下显示的信息见表7-11。

表 7-11　当前步的塑性点相关信息

塑性点信息	说　明
塑性应力点	表示土体单元中处于塑性状态的应力点总数
塑性界面点	表示界面单元中处于塑性状态的应力点总数
不精确应力点数	表示局部误差超过允许误差的土体单元和界面单元上的塑性应力点数
不精确点允许数	表示土体单元和界面单元上的不精确应力点的最大允许数量。当不精确应力点数大于允许数时，会持续进行迭代
拉伸点	拉伸点是由于受拉破坏的应力点。当材料组设置里采用了“拉伸截断”时，会出现拉伸点。该参数显示了拉伸破坏点数量
帽盖、硬化点	如果采用的是 HS 模型、HSS 模型、SS 模型或 SSC（软土蠕变）模型，并且某个点的应力状态达到预固结应力，即此前曾达到的最大应力水平（OCR ≤ 1.0），则会出现帽盖点（Cap point）。对于 HS 模型或 HSS 模型，当某点的应力状态对应于此前曾达到的最大动摩擦角时就会出现硬化点（Hardening point）
顶点	顶点（Apex point）是一种特殊的塑性点，其上的允许剪应力等于零。如果塑性顶点数量较多，迭代算法会趋于变慢。在土和界面的材料数据组里选择“拉伸截断”选项可以避免出现塑性顶点

6. 计算状态

计算过程中“激活任务”对话框的“当前步的塑性点”组框左下方会显示当前执行的计算过程的计算状态信息，以表明当前进行到计算过程的哪一步了，详见表 7-12。

表 7-12　计算状态相关信息

计算状态信息	说　明
分解…	分解总体刚度矩阵
应力…	计算应变增量和本构应力
写入结果…	将输出数据写到硬盘

7. 计算中预览中间结果

通过“激活任务”对话框中的“预览”按钮可以预览当前计算阶段的中间计算步的结果，当新的中间步计算完成后，可以在下拉列表中查看中间步列表及其更新。

中间步计算结果也可用于曲线绘制。当绘制曲线时，可利用“设置”窗口中的“重生成”按钮将新的计算步包括进来。

注意，当计算阶段完成后，会弹出警告信息，提示不能再查看中间步结果。

7.12.6　选择输出计算阶段

计算过程结束之后，“阶段浏览器”和“阶段”窗口下的内容会自动更新。“阶段浏览器”中计算成功的阶段标记为带对钩的绿色图标“”，而没有成功执行完的阶段则标记为带叉号的红色图标“”。在“阶段”窗口右侧面板的“记录信息框”里还会显示当前阶段的计算相关信息。

在“阶段浏览器”中可选中一个计算阶段，然后单击“查看结果”按钮“”，会启动“输出”程序显示所选阶段的计算结果。

7.12.7 不同计算阶段间调整输入数据

在计算阶段之间修改输入数据（在输入程序里）时应引起注意，因为这会造成输入数据与计算数据不一致，所以一般不应该这么操作。在多数情况下，可以通过其他的方式修改介于计算阶段之间的数据，而不是修改输入数据本身。

1. 修改几何模型

在“几何”模式下稍微改变几何图形时（微小变动对象的几何位置、修改几何形状或删除对象），模型会在重新生成网格后尽量重生成与施工阶段相关的所有数据。但是，用户还是应在“计算”程序中仔细检查计算阶段设置，以免某些设置没能自动正确更新。计算必须从初始阶段重新开始。

如果对几何模型进行大幅度修改，则需要重新定义所有设置，因为这种情况下 PLAXIS 不能保证完全正确地自动重生成所有设置。

2. 修改材料参数和属性

如果不更改几何模型，仅改变已有数据组中的材料参数，则会保留所有计算信息。此时，各土体类组还是与原来指定的数据组相对应，只不过原来的这个数据组的参数已经改变了。但是，这一过程并不是十分有效，因为 PLAXIS 运行在“施工阶段”模式下更改数据组参数。于是，更好的做法是，预先定义好后续计算阶段中将用到的数据组，然后在“施工阶段”定义中更换数据组即可。对于不同计算阶段中水压力和荷载输入值的更改也可以采用同样的方法实现。

7.12.8 自动误差检查

在每个计算步中，PLAXIS 计算内核会执行一系列迭代来减小解的非平衡误差。程序会在迭代过程中自动确立非平衡误差以便在误差达到可接受的范围时终止迭代计算。

PLAXIS 程序采用两个独立的误差指标来衡量误差的大小，分别基于全局平衡误差和局部误差的量度。这两个指标的值都必须小于预先为迭代过程指定的误差限值才能终止迭代。下面介绍这两个误差指标以及相关的误差检验方法。

1. 全局误差检验

PLAXIS 计算内核采用的全局误差检验参数与不平衡节点力大小的总和有关。“不平衡节点力”是指外荷载与当前应力的等效节点力之间的差值。要计算全局误差，需要按下式对不平衡荷载进行无量纲化，即

$$\text{全局误差} = \frac{\sum \|\text{不平衡节点力}\|}{\sum \|\text{激活荷载}\| + CSP\|\text{非激活荷载}\|} \tag{7-17}$$

在渗流计算中，会用不平衡节点流量代替不平衡节点力。式（7-17）中，*CSP* 为“刚度”参数的当前值，定义为

$$\text{刚度} = \int \frac{\Delta\varepsilon\Delta\sigma}{\Delta\varepsilon D^e \Delta\varepsilon} \tag{7-18}$$

CSP 表示计算过程中产生的塑性的多少。如果解是完全弹性的，则刚度等于 1；当达到破坏状态时刚度接近 0。相同不平衡力条件下，如果达到破坏状态，全局误差会更大，因此需要更多次迭代以满足容差要求。这意味着模型的解随塑性的发展而愈加精确。

由于板单元或旋转弹簧的塑性，由于材料行为产生的弯矩与力矩可能会有差异。弯矩全局误差按不平衡弯矩进行计算。不平衡弯矩可以是由板和/或塑性旋转弹簧中的塑性引起的。计算式如下

$$全局误差=\frac{\sum\|不平衡节点矩\|}{\sum\|节点矩\|} \tag{7-19}$$

式中　$\sum\|节点矩\|$——全部单元所有节点的矩的总和。

2. 局部误差检验

局部误差是指单个应力点上的误差。为了说明PLAXIS采用的局部误差检验方法，考虑一个典型应力点上的应力在迭代过程中的变化，图7-40所示为该应力点的某一应力分量在迭代计算过程中的变化情况。

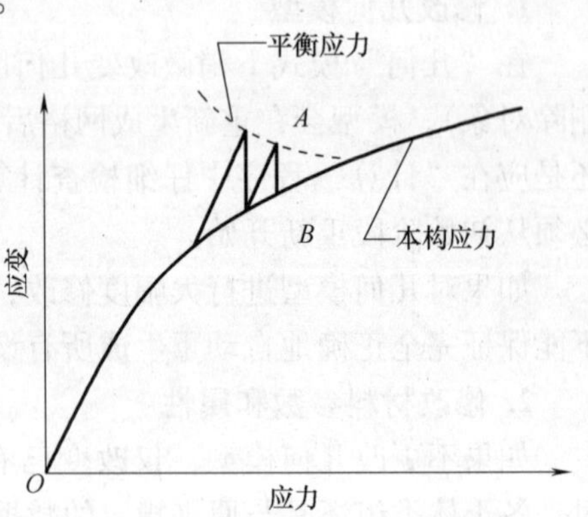

图7-40　平衡应力与本构应力

在每一步迭代结束时，PLAXIS都会计算两个重要的应力值，即平衡应力和本构应力。“平衡应力”直接由刚度矩阵计算得出，如图7-40所示的点A。“本构应力”是指平衡应力的应变在材料应力-应变曲线上对应的应力值，如图7-40所示的点B。

图7-40中的虚线表示平衡应力路径。平衡应力路径一般取决于应力场的性质和所施加的荷载。对于遵循莫尔-库仑准则的土体单元，在迭代结束时某个应力点的局部误差定义为

$$局部误差=\frac{\|\boldsymbol{\sigma}^{e}-\boldsymbol{\sigma}^{c}\|}{T_{max}} \tag{7-20}$$

式（7-17）中T_{max}是平衡应力张量$\boldsymbol{\sigma}^{e}$和本构应力张量$\boldsymbol{\sigma}^{c}$差值的范数，该范数定义为

$$\|\boldsymbol{\sigma}^{e}-\boldsymbol{\sigma}^{c}\|=\sqrt{(\sigma_{xx}^{e}-\sigma_{xx}^{c})^2+(\sigma_{yy}^{e}-\sigma_{yy}^{c})^2+(\sigma_{zz}^{e}-\sigma_{zz}^{c})^2+(\sigma_{xy}^{e}-\sigma_{xy}^{c})^2+(\sigma_{yz}^{e}-\sigma_{yz}^{c})^2+(\sigma_{zx}^{e}-\sigma_{zx}^{c})^2} \tag{7-21}$$

局部误差计算式的分母是按库仑破坏准则确定的剪应力的最大值，对于莫尔-库仑模型，T_{max}定义为

$$T_{max}=\max\left(\frac{\sigma_3'-\sigma_1'}{2},\ c\cos\varphi\right)$$

当应力点位于界面单元上时，局部误差采用下式计算

$$局部误差=\frac{\sqrt{(\sigma_n^{e}-\sigma_n^{c})^2+(\tau^{e}-\tau^{c})^2}}{c_i-\sigma_n^{c}\tan\varphi_i} \tag{7-22}$$

式中　σ_n、τ——界面上的正应力和剪应力。

为了对局部计算精度进行量化，PLAXIS使用了“非精确塑性点”的概念。如果一个塑性点的局部误差超过了用户指定的“允许误差”，该点就被定义为非精确点。

3. 终止迭代

当以下三个误差检验条件都得到满足时，PLAXIS终止当前荷载步的迭代。

1）全局误差≤允许误差。

2）土体非精确点数≤［3+(土体塑性点数)/10］。

3）界面非精确点数≤［3+(界面塑性点数)/10］。

第8章 输出程序概述

图标“”表示 PLAXIS 2D“输出”程序（Output program）。有限元计算的主要输出量为位移和应力，当有限元模型中包含结构单元时，还会计算结构内力。PLAXIS 2D 输出程序提供了多种输出工具，用以显示和输出有限元分析的各种结果。本章主要介绍如何使用和设置这些工具。

如果是通过双击可执行文件（Plaxis2DOutput. exe）或者通过单击“输入”程序里的“输出”程序按钮来激活“输出”程序，用户需要选择模型和相应的计算阶段或者计算步编号来查看其结果（见图 8-1）。启动“输出”程序的其他方法见本章第 8. 4. 1 节。

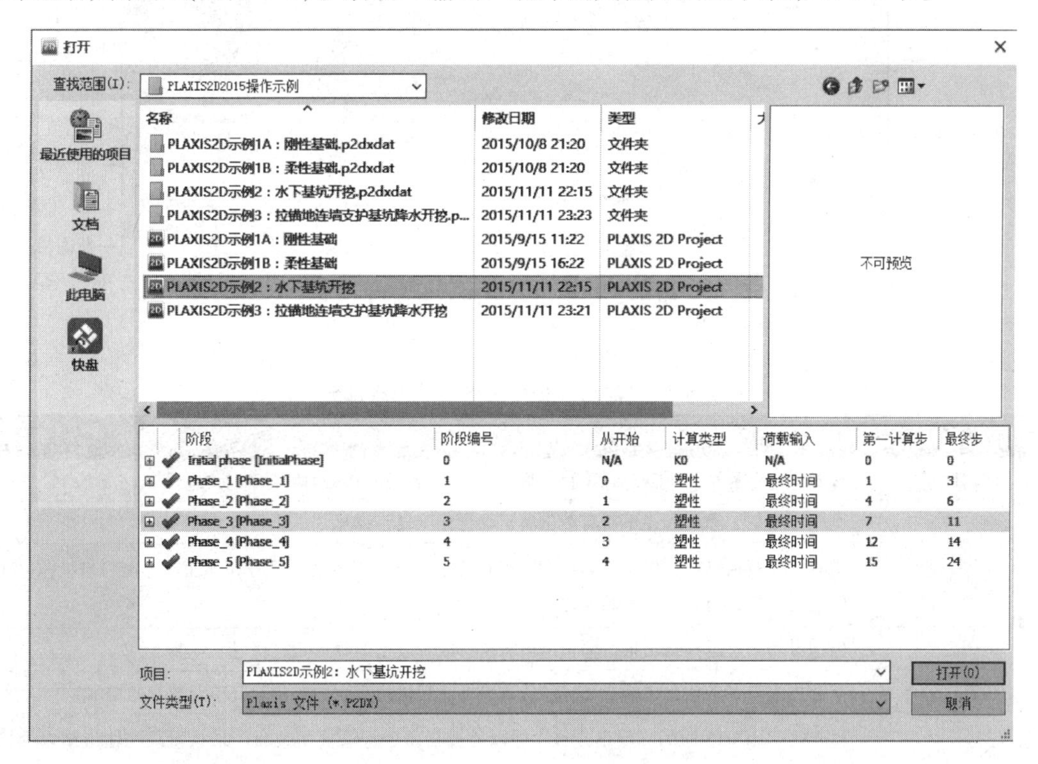

图 8-1 “输出”程序的打开文件对话框

当选中某个 PLAXIS 2D 项目时，对话框下方将展开相应的计算阶段列表，以便进一步选择。如果想要选择中间计算步，单击阶段名前面的按钮“⊞”展开该阶段保存的所有计算步，可选择其中某个计算步编号，查看相应结果。打开某项目的输出步后，工具栏中的组框将会列出可输出的计算步，以计算步编号和相应的阶段编号表示。

提示： 可以输出的独立计算步的数量取决于在“阶段”窗口下的“参数”选项卡内指定的“储存的最大步数”的值。

8.1 输出程序的界面布局

PLAXIS 2D“输出”程序的主界面如图 8-2 所示，该界面的各组成部分见表 8-1。

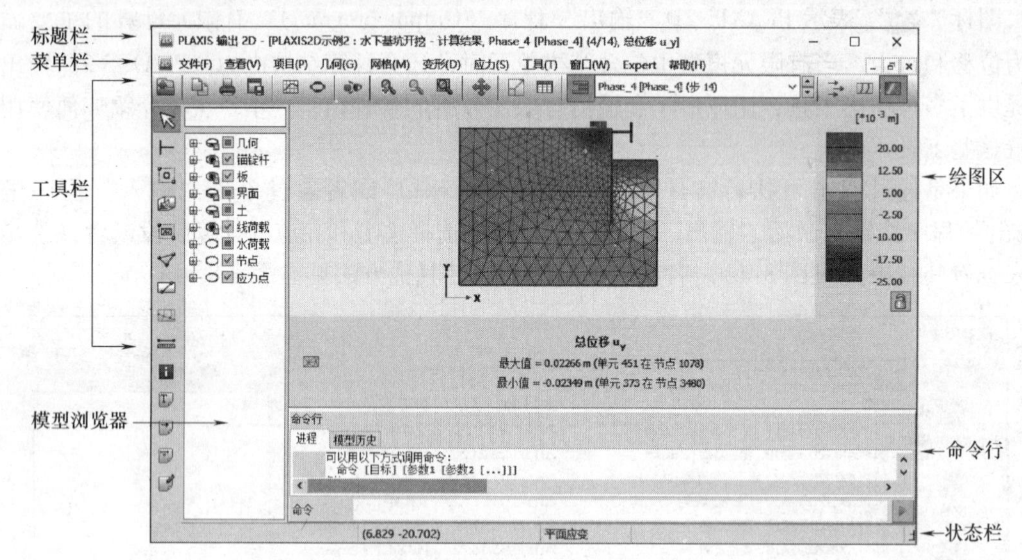

图 8-2 “输出”程序的主窗口

表 8-1 “输出”程序主界面的组成部分

组成部分	说明
标题栏	标题栏中会显示如下信息：项目名称、计算步编号和所显示信息/结果的类型
菜单栏	菜单栏包括了输出程序里所有输出项目和操作工具，详见 8.2 节
工具栏	工具栏中包括输出程序中不同特性的查看按钮，分布在主菜单下方和界面最左侧。当鼠标停在按钮上时，将弹出其功能介绍的提示
绘图区	绘图区用来显示计算结果，输出结果有图形或者表格两种形式，详见 8.4 节
状态栏	状态栏上显示的信息包括：光标的位置坐标、视角、模型中对象及其单元数量的提示
命令行	PLAXIS 2D 2015 版的“输出”程序可以通过在命令行输入相关命令来执行某些输出结果的操作。可通过“帮助”主菜单下的“命令参考”选项来查看输出程序中可用的有效命令的相关介绍
浏览器	浏览器中会给出当前模型和项目的相关信息。“模型浏览器”中会列出当前模型中所有几何对象的属性及赋予其的特性，并可对这些对象进行显示/隐藏，以及激活、冻结等操作

8.2 菜单栏中的菜单

菜单栏中主菜单的下拉菜单包含了输出程序中可用的选项。有限元计算结果的主要输出形式为变形和应力，这两个方面构成了输出菜单的主要部分。当显示一个基本的2D几何模型时，可用的主菜单包括：文件（File）、查看（View）、项目（Project）、几何（Geometry）、网格（Mesh）、变形（Deformations）、应力（Stresses）、工具（Tools）、窗口（Window）和帮助（Help）。注意，根据输出的数据类型的不同，菜单栏中的可用菜单会有所变化。

8.2.1 文件菜单

PLAXIS 2D“输出”程序的“文件（File）”菜单中包含的选项见表8-2。

表8-2 “输出”程序“文件”菜单中的选项

选　项	说　明
打开项目	打开一个工程项目查看输出结果，会弹出文件管理器来选择要打开的项目
关闭激活项目	关闭当前激活项目的所有输出
关闭所有项目	关闭所有打开项目的所有输出
工作目录	设置保存PLAXIS 2D项目文件的默认路径
输出到文件	输出当前显示的信息，根据信息类型的不同可保存为文本格式（数据表格）或者图像格式（图形）
生成报告	生成包含输入数据和计算结果的项目报告
生成动画	根据选中的输出步生成动画，会弹出生成动画窗口
打印	用指定的打印机打印当前激活的输出数据，会弹出打印窗口
最近项目列表	列出最近执行过的五个工程项目
退出	退出输出程序

8.2.2 查看菜单

PLAXIS 2D“输出”程序的“查看（View）”菜单中包含的选项见表8-3。

表8-3 “输出”程序“查看”菜单中的选项

选　项	说　明
缩小	将视图恢复到上一步缩放状态
重置视图	将视图恢复到初始状态
保存视图	保存当前视图（图形或者表格），利用“输出”程序生成报告（见表8-2）时可以包含这些保存的视图
显示保存视图	打开或者删除保存的视图

（续）

选　项	说　明
比例	修改显示内容的缩放因子
图例设置	修改等值线图和云图显示数据的取值范围
扫描线	调整用于显示等值线标签的扫描线。选择“扫描线”选项后，需用鼠标在等值线图中划出扫描线。在想绘制扫描线的一端按下鼠标左键，按住左键不放，将鼠标拖动到想绘制扫描线的另一端后释放鼠标左键，在扫描线和等值线的交点上会显示等值线标签（图例中会显示这些标签及其对应的数值）
使结果平滑	减小从应力点结果（如应力、内力）向节点外插引起的数值噪声。该选项对图形和表格均可用，程序在显示结果时默认选用该选项
隐藏无强度折减的项	切换显示强化安全性分析中的土体类组或结构单元
标尺	切换显示沿激活视图周边的标尺
标题	切换显示当前结果图形的标题
图例	切换显示云图或者等值线图的图例
坐标轴	切换显示当前视图内的 x 和 y 轴（位于绘图区右下角）
局部坐标轴	切换显示结构对象的局部坐标轴 1 和 2 轴，该选项只有在显示结构单元的时候可用。注意，两个局部坐标轴之间通过不同颜色区分，其中 1 轴为红色，2 轴为绿色
设置	设置各种图形属性，如对象和背景颜色、符号、字体和弥散性阴影的大小等
向前移动剖面	向前移动剖面在模型中的位置，通过剖面查看模型中的结果，在“剖面”视图下可用
向后移动剖面	向后移动剖面在模型中的位置，通过剖面查看模型中的结果，在“剖面”视图下可用
矢量图	显示结果的矢量图
等值线图	显示结果的等值线图
云图	显示结果的云图
节点标签	显示节点结果
应力点标签	显示应力点结果
变形	显示梁、Embedded beam row 和锚杆的变形形状
分布（线）	将梁、Embedded beam row 和锚杆的结果垂直投影到对应的结构单元上，以分布线来表示
框线分布	将梁、Embedded beam row 和锚杆的计算结果垂直投影到对应的结构单元上，以线框分布线来表示
分布包络线	将梁、Embedded beam row 和锚杆的计算结果垂直投影到对应的结构单元上，以线框分布线来表示
主方向	显示土体单元每个应力点的主方向
中心主方向	显示每个土体单元中心的主应力和主应变的方向
彩色主方向	显示土体单元每个应力点的主方向，采用不同颜色来区分不同的主方向
彩色中心主方向	显示每个土体单元中心的主应力和主应变的方向，用不同颜色区分不同的主方向

8.2.3 项目菜单

PLAXIS 2D“输出”程序的“项目（Project）”菜单中包含的选项见表8-4。

表8-4 “输出”程序“项目”菜单中的选项

选　项	说　明
输入节点	查看几何输入点列表
节点约束	查看节点约束列表
荷载信息	查看当前步激活的荷载和弯矩列表
水荷载信息	查看当前步几何模型边界上的外部水荷载列表
指定位移信息	查看当前步的指定位移及反力列表
虚拟界面厚度	查看虚拟界面厚度列表
施加的体积应变	查看计算阶段末产生的体积应变列表
体积信息	查看项目中土体的边界，土的总体积和每个类组的体积
材料信息（所有荷载工况）	查看所有荷载工况下的材料数据
材料信息（当前荷载工况）	查看当前荷载工况下的材料数据
一般信息	查看项目的一般信息
计算信息	查看当前步的计算信息
每一阶段的计算信息	查看每一阶段的计算信息
每一步的计算信息	查看每一计算步的计算信息
步信息	查看当前计算步的步信息
每一阶段的结构	查看每个计算阶段处于激活状态的结构
安全性信息	查看强化安全性分析中处于激活状态的土体类组/结构

8.2.4 几何菜单

PLAXIS 2D“输出”程序的“几何（Geometry）”菜单中包含的选项见表8-5。

表8-5 “输出”程序“几何”菜单中的选项

选　项	说　明
潜水位	切换显示模型中的潜水位
冰冻线	切换显示冰冻线，即冻土区与未冻区之间的边界（$T=273.15\text{K}=0.0℃=32.0°\text{F}$）
约束	切换显示模型中的约束
关联轴	切换显示模型中的关联轴
过滤器	根据定义的准则过滤显示模型中的节点

8.2.5 网格菜单

PLAXIS 2D“输出”程序的“网格（Mesh）”菜单中包含的选项见表8-6。

表 8-6 “输出”程序“网格”菜单中的选项

选 项	说 明
性能	查看网格中单元的性能，定义为土体单元的内圆除以外圆，且定义等边三角形的性能值为 1.0
性能表	查看不同标准下的土体单元的性能
面积	查看土体单元面积的分布
单元面积表	查看土体单元面积分布的表格
单元关联图	查看单元的关联图
类组边界	切换显示模型中的类组边界
单元轮廓	切换显示模型中单元的轮廓线
变形单元轮廓线	切换显示模型中变形单元的轮廓线
材料	切换显示模型中的材料
单元号	切换显示土体单元编号
材料数据组号	切换显示土体单元材料数据组编号
结构材料组号	切换显示结构单元的材料组编号
分组号	切换显示组编号。组（Group）根据材料组和指定的设计方法创建
类组号	切换显示土体单元的类组编号
输入点	显示模型中的几何输入点
节点号	切换显示节点号，仅当显示节点后可用
应力点号	切换显示应力点号，仅当显示应力点后可用
选择标签	切换显示选择的节点或应力点的标签

8.2.6 变形菜单

“变形”菜单包含多个选项用于查看有限元模型中的变形（位移和应变）、速度和加速度（动力分析）。可以查看整体分析（总数值）、最后一个阶段（阶段值）或者最后一个计算步（增量值）的量值（详见第 9.2 节）。原则上，位移包含在有限元网格的节点中，所以位移相关的输出都是基于节点的，而应变通常基于积分点（应力点）。

8.2.7 应力菜单

“应力”菜单包含多个选项用于查看有限元模型中的应力状态和其他状态参数（详见第 9.3 节）。应力包含在有限单元网格的积分点中，所以应力相关的输出是基于积分点（应力点）的。

8.2.8 内力菜单

“内力”菜单包含多个选项，用来查看结构单元的内力（详见第 9.4 节）。

8.2.9 工具菜单

PLAXIS 2D“输出”程序的“工具（Tools）”菜单中包含的选项见表 8-7。

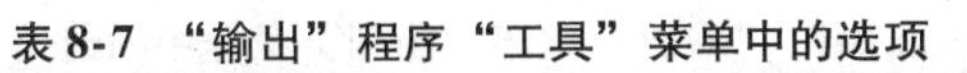

表8-7 “输出”程序“工具”菜单中的选项

选项	说明
复制	将当前激活的输出内容复制到 Windows 剪切板上
选择生成曲线所需的点	选择生成曲线的时候所需要的应力点和节点。显示模型中所有的节点和应力点以供单击选择。“选择点”窗口激活后，可以输入想监测的关键部位的坐标进行搜索，然后从列表中选择附近的节点或者应力点
网格点选择	激活“网格点选择”窗口。当激活了“选择生成曲线所需的点”选项但关闭了“选择点”窗口后，可以单击该选项来重新激活“选择点”窗口
曲线管理器	激活“曲线管理器”（参见本书第10章）
表格	打开当前结果的数据列表
剖面	选择用户定义的剖面来查看当前输出变量的分布情况。该剖面需通过鼠标或在相应窗口中指定2个点来定义。在想绘制剖面的一端按下鼠标左键，按住左键不放，将鼠标拖动到想绘制扫描线的另一端后释放鼠标左键，然后会自动打开新窗口显示该剖面
力	打开新窗口显示任意组合单元的接触应力和合力
实体中结构内力	对于采用土体单元（赋予了结构体属性，例如混凝土）模拟的结构，在计算完成后可采用该选项直接得到结构内力，详见第9.4.8节
剖面曲线	显示沿剖面分布的结果曲线。曲线中 x 轴的值为该点距剖线起始点的距离
提示对话框	显示提示对话框，包含单个节点或应力点信息（前提是显示了节点或应力点）
剖面点	显示定义剖面的点。这些点在“剖面点”窗口中显示为灰色，其位置坐标不能更改。该选项仅在“剖面”视图中可用
距离测量	测量模型中两节点间的距离，对原始网格和变形网格都可用。该选项仅在“模型”视图下显示了节点和/或应力点时可用
移除注释	移除当前视图中的注释或“输出”程序下已打开的所有视图中的注释

8.2.10 专家菜单

PLAXIS 2D“输出”程序的“专家（Expert）”菜单中包含的选项见表8-8。

表8-8 “输出”程序“专家”菜单中的选项

选项	说明
运行命令	打开“命令运行器”窗口
宏命令库	修改或运行“宏”。可在“宏命令库”窗口下定义或索引“宏”，在子菜单中选择相应选项后可以显示“宏”或者运行“宏”
配置远程脚本服务器	指定可用端口并打开该端口以便本地或远程用户连接

8.2.11 窗口菜单

PLAXIS 2D“输出”程序的“窗口（Window）”菜单中包含的选项见表8-9。

表 8-9 “输出”程序“窗口”菜单中的选项

选　项	说　明
项目管理器	查看当前在“输出”程序中显示的项目及视图窗口
复制模型视图	复制当前激活的视图
关闭窗口	关闭当前激活的输出窗口
叠铺	叠铺已经打开的输出窗口
左右平铺	将打开的输出窗口左右平铺
上下平铺	将打开的输出窗口上下平铺
打开的视图列表	显示输出窗口列表

8.2.12 帮助菜单

PLAXIS 2D“输出”程序的“帮助（Help）”菜单中包含的选项见表 8-10。

表 8-10 “输出”程序“帮助”菜单中的选项

选　项	说　明
手册	显示 PLAXIS 程序的用户手册
命令参考	显示程序中使用的命令的相关信息
教学视频	链接到 PLAXIS TV 网站，查看教学视频
http：//www. plaxis. nl	链接到 PLAXIS 官方网站
免责声明	显示完整的免责声明文本
关于	显示当前使用的 PLAXIS 程序的版本和许可信息

8.3 命令行中的一般信息

在 PLAXIS 2D 2015“输出”程序的底部是命令行面板。通过命令行可以输入命令文本执行特定操作。

命令行面板上方为响应面板，在这里显示执行的命令及其响应信息。命令执行成功会返回绿色的响应信息，包括新生成的几何对象或单元的信息。命令执行出错则会返回红色的响应信息，给出错误报告。

在 PLAXIS 2D 2015 的“输出”程序中，包含一个全局命令（cms），可以显示可执行命令的信息。该命令会列出 PLAXIS 2D“输出”程序中所有的有效命令的用法。在“输出”程序的“帮助”菜单下单击“命令参考”选项，可以查看输出程序中所有有效命令的具体介绍。

在命令行中可以使用数组索引语法，数组索引通过对象名（Object name）后的一对方括号来实现，方括号中输入整数。整数索引从零开始，适用于任意可列表对象，即能够应用过滤或表格化命令的任意对象。索引既可以是正数，也可以是负数。正数索引自列表顶部开始引用，索引 0 对应列表中的第一项；而负数索引自列表底部开始向上引用（参见第 3.6 节）。

8.4 输出程序中的工具

除了显示计算结果之外，“输出”程序还提供了一些工具来操作视图和进一步检查结果。工具按钮集合列于菜单栏下的工具栏和侧边工具栏中。下面将详述这些工具及其功能。

8.4.1 进入输出程序

PLAXIS 的所有计算结果都可在其输出程序中显示。要进入 PLAXIS 输出程序有几种方式，除了本章开头介绍的激活输出程序的方法外，还可以在计算阶段完成之前或者之后显示计算结果。

在开始计算之前可显示的结果有：

1）生成的网格。在“输入”程序中的“网格”模式下生成网格后会自动打开“输出”程序显示生成的网格。

2）孔隙水压力。根据潜水位生成孔压后可显示生成的孔压。

3）单元关联图。“单元关联图”显示网格中的有限单元分布以及节点和应力点。在“输入”程序的“分步施工”模式下单击“选择生成曲线所需的点”按钮后会自动显示“单元关联图”。

提示： 地下水渗流计算在阶段执行计算时进行，只有在阶段计算完成后才能查看其结果。

计算完成后，在“输入”程序的“分步施工”模式下，从“阶段浏览器”中选择一个计算阶段，单击“查看计算结果”按钮，会启动“输出”程序，显示计算结果。

激活“输出”程序后，可以通过单击“打开项目”按钮“ ”或者从“文件”菜单中单击相应选项来查看其他项目的计算结果。

8.4.2 导出数据

PLAXIS 2D 输出程序可以将显示的结果图形或数值导出，单击工具栏中的相应按钮即可执行操作。

1. 复制到剪切板

输出程序中显示的图表数据可通过 Window 剪切板功能输出到其他程序中。在输出程序中显示图形或表格后，单击“复制到剪切板”按钮“ ”，会弹出“复制”对话框，可以选择复制中将要包括的各种绘图选项（见图 8-3）。

2. 打印

图形和表格还可以发送到外部打印机，生成硬拷贝。单击“打印”按钮“ ”或者文件菜单下的相应选项，会弹出“打印”对话框，可选择硬拷贝中将要包括的各种绘图选项（见图 8-4）。

如果单击“安装”按钮，会弹出标准打印设置窗口，可进行具体打印设置。单击“打印”按钮，图表就会发送至打印机，该过程完全通过 Window®操作系统实现。

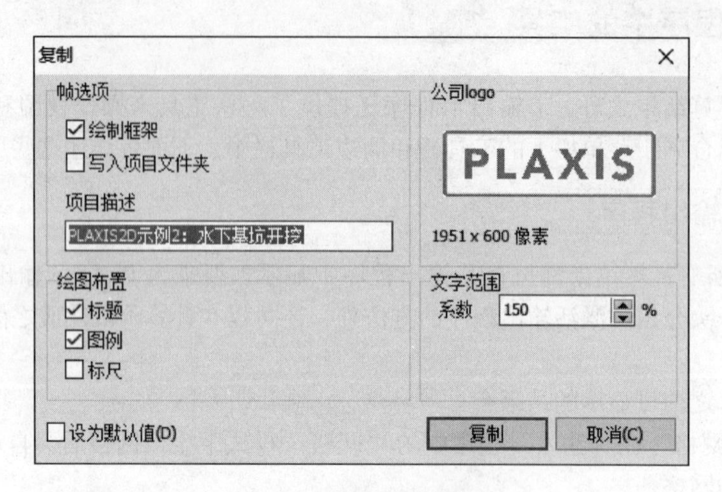

图 8-3 “复制”对话框

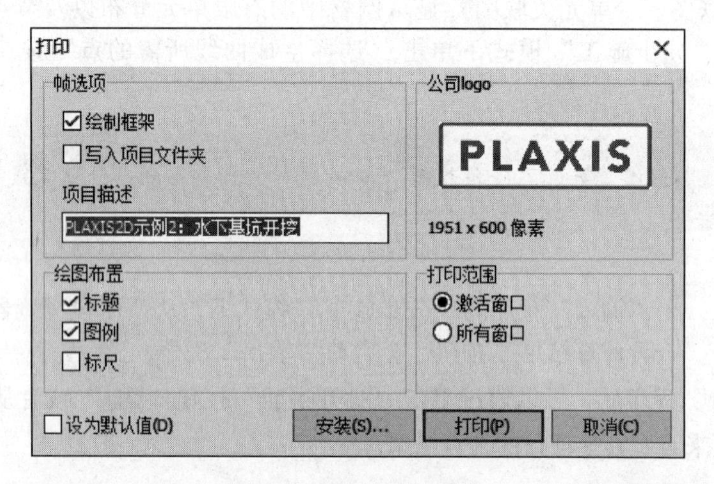

图 8-4 “打印”对话框

提示： 使用“复制到剪切板”选项或者“打印”选项时，当前视图如果是放大的模型局部，那么将只会把模型当前可见的部分输出至剪切板或打印机。

3. 输出

输出程序中显示的图表数据还可以导出到某个文件中（如 PNG 或 TXT），单击“输出到文件”按钮“”，弹出“输出”对话框，如图 8-5 所示。注意，用户可以自定义文本缩放比例。

输出图形框架中的 PLAXIS 图标可以替换为用户所属公司的 logo。在该 logo 图形上单击会弹出“打开”窗口，用户可选择自己公司的 logo 图形，注意嵌入的 logo 图形应为位图形式（如 PNG、JPG、JPEG 和 BMP）。

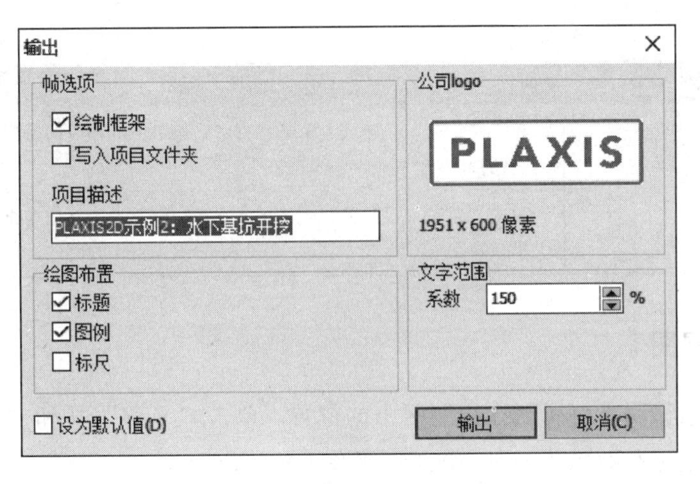

图 8-5　“输出”对话框

8.4.3　曲线管理器

单击“曲线管理器”按钮“ ”会弹出“曲线管理器”窗口，可以生成结果曲线以评估模型中某特定部位的计算结果，详见本书第 10 章。

8.4.4　存储报告视图

“存储报告视图”选项可保存“输出”程序中的当前视图，以备生成计算报告时使用。点击“存储报告视图”按钮“ ”，弹出“保存视图”对话框，可以输入对该视图的描述（见图 8-6），该视图可供生成报告时使用。报告生成的具体过程，详见第 8.7 节。

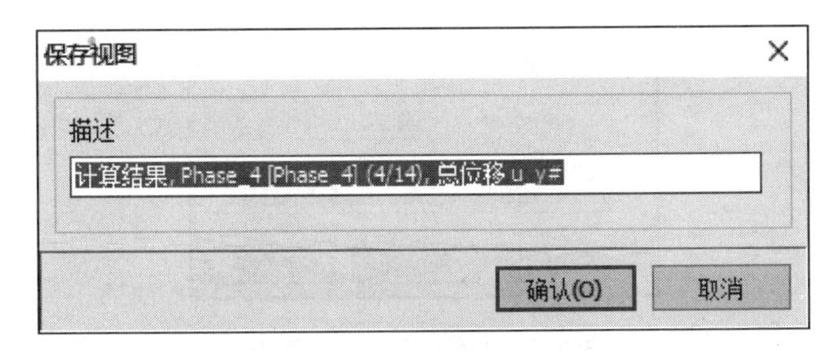

图 8-6　“保存视图”对话框

8.4.5　缩放视图

在“输出”程序的绘图区中滚动鼠标滚轮，可以放大和缩小当前视图。另外，还可以通过单击工具栏中的相应按钮对视图进行缩放，详见表 8-11。

表 8-11　视图缩放工具

工具按钮	名　称	说　明
	放大视图	单击该按钮后拖动鼠标可以定义一个放大区域，从而只显示该区域的放大视图

（续）

工具按钮	名　称	说　明
	缩小视图	单击“缩小”按钮或者单击“查看”菜单下的相应选项，可恢复至上一步缩放之前的视图
	重置视图	单击“重置视图”按钮或者在“查看”菜单下选择相应的选项，可恢复至最初的默认视图

8.4.6 重置视图

通过鼠标可以移动当前视图在绘图区中的位置。单击“平移”按钮“”，然后在视图中单击并按住鼠标左键拖动，即可将视图平移至新的位置。

8.4.7 调整结果显示比例

当计算结果由长度对象表示，如箭头、分布、轴等，通过“缩放因子（Scale factor）”按钮“”可以修改这些长度的显示比例以获得更好的视图。单击该按钮或者单击“查看”菜单下的相应选项，会弹出“缩放因子”对话框（见图8-7），可进行相关定义。此外还可以通过右键菜单打开该选项。

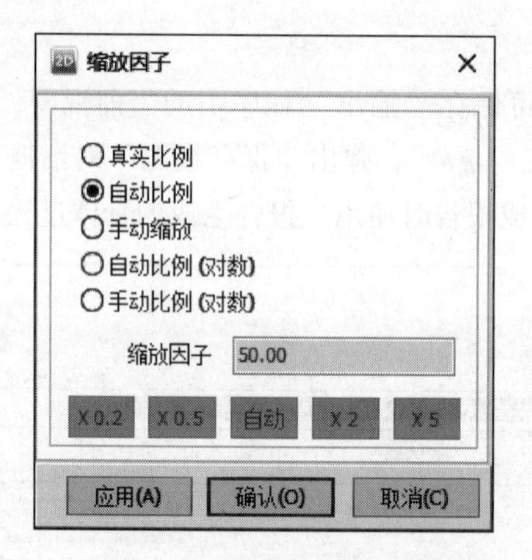

图 8-7 “缩放因子”对话框

> **提示：**“缩放因子”的默认值取决于模型的大小。“缩放因子”可用来增加或者减小“单元关联图”中界面的显示厚度。

8.4.8 表格

单击“表格”按钮“”或单击菜单中相应选项，可以将视图中显示的结果以数据表格形式输出。此外，同样可以通过右键菜单使用该功能。

提示： 输出的位移表格除了查看节点位移之外，还可用于查看单元的全局节点号和相应的节点坐标。

默认情况下，表格中数据根据全局单元编号和局部节点或应力点按从小到大顺序排列，还可以单击各结果输出表头项旁边的三角形图标“▲”来控制排列顺序。单击该小三角形，数据排列顺序从“由小到大”变为“由大到小”。

在表格上右击，弹出的右键菜单中可用选项见表8-12。

表8-12 表格上右键菜单选项

选　项	说　明
选择曲线	右击选中表格中某点，在绘制曲线时使用
排列	指定表格中某列数据的对齐方式（左、中、右）
十进制	表格中数据以十进制形式表示
科学的	表格中数据以科学计数法表示
十进制数据	表格中数据以十进制形式表示时，设定有效小数位数
查看因子	设置数据的单位数量级，为某列数据定义统一的系数
复制	复制表格中的被选中的数据
找到值	查找表格中某个数值
搜索土体单元	当输出土体单元的数据表格时，在表中找到指定ID的土体单元
搜索结构单元	当输出结构单元的数据表格时，在表中找到指定ID的结构单元
过滤器	过滤表中数据

提示： 表8-12中数值包含了最精确的信息，而视图中的结果精度或多或少受到从应力点向节点外推或平滑过渡的影响。

8.4.9 结果选择

显示的结果类型从“变形”“应力”或“结构”菜单中选择，可显示结果图形或数据表格。

当运行“输出”程序时，项目的其他阶段计算结果可以通过阶段下拉列表框选择查看。阶段下拉列表框前面的按钮可用于在阶段末结果或单独输出步结果之间进行切换。

1）“ ”。列出所有计算阶段及其最后一个计算步。可查看每个计算阶段的最后计算步完成时的结果。

2）“ ”。列出保存的所有计算步及其所属的计算阶段。可查看每个计算步的结果。

除了阶段下拉列表框之外，使用下拉列表框右侧的上下滚动按钮或使用〈Ctrl + Up〉键和〈Ctrl + Down〉键，可选择前一个或后一个计算步或计算阶段。

8.4.10 结果显示类型

结果显示类型的相关选项列于阶段下拉列表框右侧，详见表8-13。还可以在“查看”菜单中单击相应选项来切换结果显示类型。

表8-13 结果显示类型

按钮	说明
	计算结果以等值线显示
	计算结果以彩色云图显示
	计算结果以等值面显示
	“位移”结果可以矢量箭头表示，可调整缩放比例
	显示土体单元每个应力点的结果。每条线的长度表示主变量（应力或应变）的量值，线的方向表示主方向。正方向以箭头表示。可调整缩放比例
	在每个土体单元中心显示平均结果。每条线的长度表示主变量（应力或应变）的量值，线的方向表示主方向，正方向以箭头表示。可调整缩放比例
	以不同颜色显示土体单元每个应力点的结果。每条线的长度表示主变量（应力或应变）的量值，线的方向表示主方向，正方向以箭头表示。可调整缩放比例
	在每个土体单元中心以不同颜色显示平均结果。每条线的长度表示主变量（应力或应变）的量值，线的方向表示主方向，正方向以箭头表示。可调整缩放比例
	显示剖面、板、土工格栅或界面的变形形状，相对变形通过箭头表示，可调整缩放比例
	显示剖面、板、土工格栅或界面结果的分布。可调整缩放比例
	显示剖面、板、土工格栅或界面结果的线框分布。可调整缩放比例
	显示板、土工格栅和点对点锚杆中截至当前计算步产生的合力最大值和最小值的分布图，图形比例可以缩放
	显示板、土工格栅和点对点锚杆中截至当前计算步产生的合力最大值和最小值的线框分布图，图形比例可以缩放
	“塑性点”选项用于显示处于塑性状态的应力点，在无变形的几何模型中显示。可调整缩放比例，当缩放时，可将界面与板分离开来，然而应力点仍将保持在其物理位置

提示： 对于（强化）安全性计算，如果在“查看”菜单下选择了“隐藏无强度折减的项”选项，则在未考虑强度折减的土体类组中不会显示安全性计算结果。

8.4.11 选择结构

默认情况下，选中的阶段中所有激活的结构和界面都会在视图中显示。未显示的结构可以选择“几何”菜单下的相应选项来显示。

提示：从“几何”菜单中取消选择“材料”选项，可以快速查看2D模型中的结构。

1）单击“选择结构”按钮“├─”，然后双击2D模型中要查看结果的结构或界面，会打开一个新窗口显示所选结构或界面的结果；同时，输出程序的菜单也会随之改变以便于为选中对象提供某些特定输出类型。

2）另一种在输出程序中选择结构的方式是，单击“拖曳窗口选择结构”按钮“[◉]”，然后在模型中拖动鼠标绘制矩形框，将会选中位于矩形框中的结构。

按〈Esc〉键可清除选择。一次只能同时选中同一类型的多个结构单元。例如，如果已选中了一个土工格栅，则只能继续选择其他土工单元，而不能同时选中 Embedded beam row 或板。

8.4.12 部分几何模型

要查看几何模型内部的某部分（例如某一土层或某一个实体类组），可在“模型浏览器”中将其他不想显示的几何对象左边的“眼睛”单击为关闭状态（见图8-8），从而只显示用户想查看的部分。

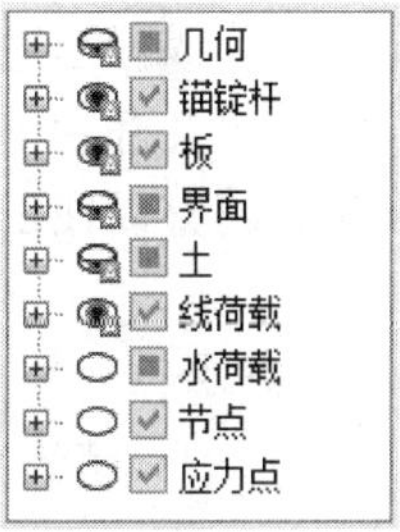

在“模型浏览器”中模型的可见部分左边的“眼睛”为张开，而不可见部分左边的“眼睛”为关闭。在“模型浏览器”中单击某模型对象（单个对象或组）左边的“眼睛”按钮，可将其切换为可见或不可见。单击“组（Group）”左边的符号“[+]”可展开该组。在“分步施工”模式下已被冻结的类组将保持为不可见，无法将其切换为可见。

几何
锚锭杆
板
界面
土
线荷载
水荷载
节点
应力点

图8-8 “输出”程序中的“模型浏览器”

提示：单击“网格”菜单中的“类组号”选项，可显示土体单元所属的类组编号。

“模型浏览器”中显示的信息可根据在相应单元格内指定的过滤规则进行精简。在“模型浏览器”中右击，从右键菜单中选择“全部展开”（Expand all）选项，可以将“模型浏览器”中的目录全部展开；反过来，通过“全部折叠”（Collapse all）选项则可将“模型浏览器”中的目录全部折叠起来。

“显示全部”（Show all）选项会令当前阶段中所有激活对象都可见，“隐藏所有”（Hide all）选项则是令对象都不可见。“反向选择”（Invert selection）选项可用于切换模型对象的显隐状态。单击“全部不选”（Deselect all）按钮，会将所有模型对象都设为不可见状态。要关闭模型窗口只需单击右上角的“关闭”按钮即可。

要隐藏单个土体单元或整个土体类组，除了“模型浏览器”之外，还可以按下〈Ctrl〉键或〈Shift〉键或同时按下这两个键，然后在2D模型中的某个单元上单击，则该单元或该单元所属类组就会被设为不可见状态。如需将这些单元或类组重新设为可见状态，则需到

“模型浏览器”中将其对应的“眼睛”设为“张开”状态。

单击侧边工具栏中的“隐藏土体”按钮“”，之后若按住〈Ctrl〉键同时在某个土体单元上单击，将使该土体单元转为不可见状态；若按住〈Shift〉键同时在某个土体单元上单击，则该土体单元所属的整个类组都将被隐藏。对结构单元亦可同样操作。

单击“拖曳窗口隐藏土体”按钮“”，则位于所绘矩形框中的土体单元被隐藏掉。绘制该窗口时鼠标的拖曳方向不同，则可隐藏的单元范围也会有所差别。单击“拖曳窗口隐藏土体”按钮，然后在模型中从左上到右下拖动鼠标绘制矩形框，则只有完全位于所绘矩形框中的土体单元被隐藏。若在模型中从右下到左上拖动鼠标绘制矩形框，则除了完全位于矩形框中的单元外，与所绘矩形框相交的土体单元也将被隐藏掉。

8.4.13 查看剖面结果

土体内部某变量的分布情况，可以通过设置剖面来查看，可输出土体单元的各类应力和位移。

单击侧边工具栏中的“剖面”（Cross section）按钮“”或在“查看”菜单下选择相应选项，或者是通过右键菜单，都可以激活“剖面点”窗口，在此定义剖面点坐标。

剖面定义好后，会打开新的窗口来显示对应变量的剖面视图。同时，输出窗口的菜单也会作相应调整以便于输出剖面相关信息。

提示： 剖面变量分布是根据节点数据插值得来，精度可能会比 2D 模型中所示数据稍低。

对同一几何模型可以定义多个剖面，每定义一个剖面就会相应打开一个新的输出窗口。为便于区分不同剖面，每个剖面的两端点的编号按字母顺序排列。定义剖面的点的信息可通过“工具”菜单下的“剖面点”选项进行查看。

通过剖面不仅可以显示 2D 模型中的变量，还可以显示剖面应力，即有效法向应力 σ'_N、总法向应力 σ_N、竖向剪应力 τ_s、水平剪应力 τ_t。

提示： 剖面可以沿其法向移动，剖面上的输出结果会随剖面位置的变化而更新。

1）使用〈Ctrl〉+〈－〉和〈Ctrl〉+〈＋〉键可以令剖面每次移动几何模型对角线长度的 1/100。

2）使用〈Ctrl〉+〈Shift〉+〈－〉和〈Ctrl〉+〈Shift〉+〈＋〉键可以令剖面每次移动几何模型对角线长度的 1/1000。

8.4.14 注释

PLAXIS 2D 中允许用户在输出图形中添加自定义信息。侧边工具栏中提供了几种注释工具。

1. 标签注释

PLAXIS 2D 中可以在输出图形中添加标签作为注释，操作方法如下：

1）单击侧边工具栏中的“添加标签注释”按钮“T”。

2）在图形中要添加注释的地方双击，会弹出“注释”对话框（见图8-9）。

3）从“说明”下拉菜单中选择相应的类型，“说明类型”包括：

① 用户定义。输入用户定义的标签。

② 节点ID。显示被双击节点的ID。

③ 结果值。显示双击节点上的结果（即位移、地下水头或其他结果，与输出图形有关）。

提示： 注释可用的信息取决于是否在某节点上双击。双击某节点后，除了“用户定义”文本之外，还会提供诸如节点ID、节点结果值、节点对应的单元类型和单元编号等信息。如果在输出图形中随意位置单击，在此处“说明”菜单下可用的选项只有“用户定义”。

4）如果选择“用户定义”选项，则在“说明”栏内指定标签名称。

5）如果从“说明”下拉菜单中选择“节点ID”或“结果值”，那么，在下面的“背景”（Context）框中从“单元类型”下拉菜单中选择节点所属的单元类型。根据模型情况，可选项会是“土体单元”或“结构单元”。

6）一个节点可能由多个单元所共有。为明确该节点所属的单元，可在“背景”框中从“单元ID”菜单下选择相应选项（注意，“背景”框仅当为被双击节点作注释时可用）。

7）从“范围”（Scope）框中选择一个可用选项以免注释在不合适的视图中输出。定义的注释可以关联到整个项目（“项目”选项）或仅关联到当前阶段（“阶段”选项）或仅关联到当前计算步（“步”选项）。

8）如果想仅对当前视图显示注释，可在“注释”对话框右下方勾选相应选项，此时最好将带注释的当前视图保存下来以便后用。

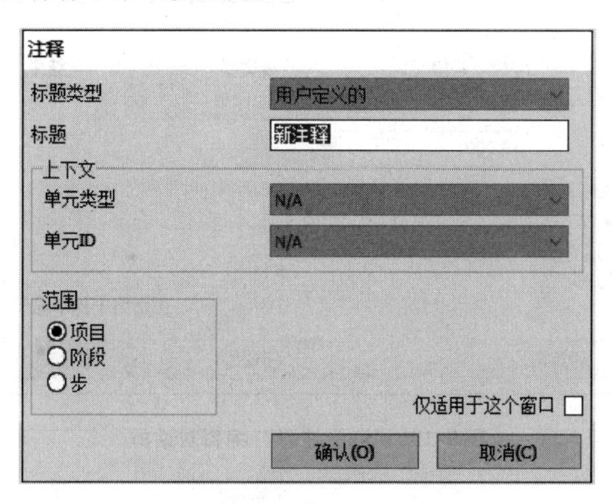

图8-9 “注释”对话框

2. 线注释

PLAXIS 2D中可以在输出图形中添加线或箭头作为注释，操作方法如下：

1）单击侧边工具栏中的“添加线注释”按钮“ ”。

2）在输出图上单击，定义注释线的开始和结束点，定义好结束点后会弹出“注释”对话框。

3）通过“格式”选项下拉菜单可以设置开始点和结束点以及注释线本身的线型等格式。

4）在“厚度”栏内指定线和箭头的厚度。

5）在“范围”框中选择一个可用选项以免注释在不合适的视图中输出。定义的注释可以关联到整个项目（“项目”选项）或仅关联到当前阶段（“阶段”选项）或仅关联到当前计算步（“步”选项）。

6）如果想仅对当前视图显示注释，可在“注释”对话框右下方勾选相应选项，此时最好将带注释的当前视图保存下来以便后用。

7）“删除”按钮仅当编辑注释时可用。

3. 测量注释

PLAXIS 2D 中可以在输出图形中添加测量注释，显示模型中两个位置之间的距离，操作方法如下：

1）从侧边工具栏中单击“添加测量注释”按钮“ ”。

2）在图形中单击，定义线的开始和结束点，然后就会在模型中显示该两点间的距离。

4. 编辑注释

可以对已定义的注释进行编辑或删除，操作如下：

1）从侧边工具栏中单击“编辑注释”按钮“ ”。

2）在要修改的注释上单击，弹出“注释”对话框，会显示与该注释对应的修改选项。注意，此时“注释”对话框中会显示一个新按钮（“删除”按钮），可用于删除注释（见图8-10）。

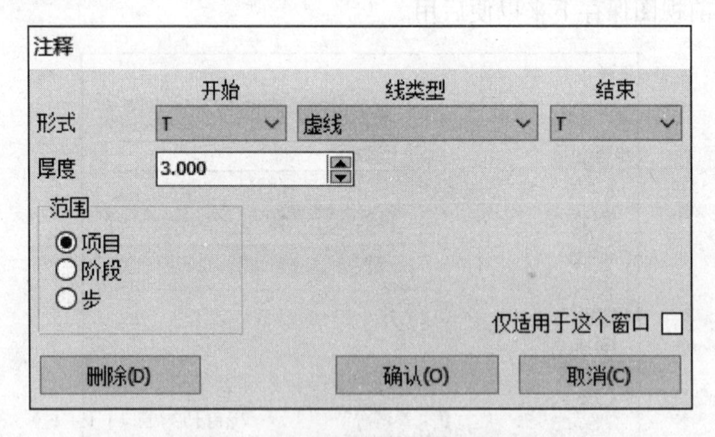

图 8-10 “测量注释”编辑对话框

8.4.15 其他工具

1. 距离测量

可以测量模型中两点间的距离，单击“距离测量”按钮“ ”或从“工具”菜单中选择“距离测量”选项，然后在模型中选择两个节点，会弹出“距离量测信息”窗口显示相关信息（见图8-11）。可以根据节点的原始位置或变形后位置（即根据节点位移得到变形后的节点坐标）计算距离（见图8-12）。

“距离量测信息”窗口中显示的内容如下：

1）坐标（Coordinates）：两个节点/应力点的“原始坐标”和“变形后坐标”。

2）Δx：两点距离的 x 向分量，包括“原始位置的”和“变形后的”。

3）Δy：两点距离的 y 向分量，包括“原始位置的”和“变形后的”。

4）距离（Distance）：“起始（v）”和“变形（v'）”后的两点距离。

5）方向（Orientation）：原始和变形后两点间连线与 x 轴的夹角。

6）拉长（Elongation）：变形前后两点距离的增量，不考虑两点连线的旋转。

7）$|\Delta u|$：变形前后两点距离的改变。

8）$|\Delta u|_{perpendicular}$：与两点原始连线相垂直方向上的变形。

9）旋转（Rotation）：两点连线变形前位置与变形后位置的夹角。转角的正负遵循右手法则（顺时针方向为正，逆时针方向为负）。

10）倾斜（Tilt）：垂直于两点连线方向的变形与原始两点间距的比值，以比值和百分数给出。

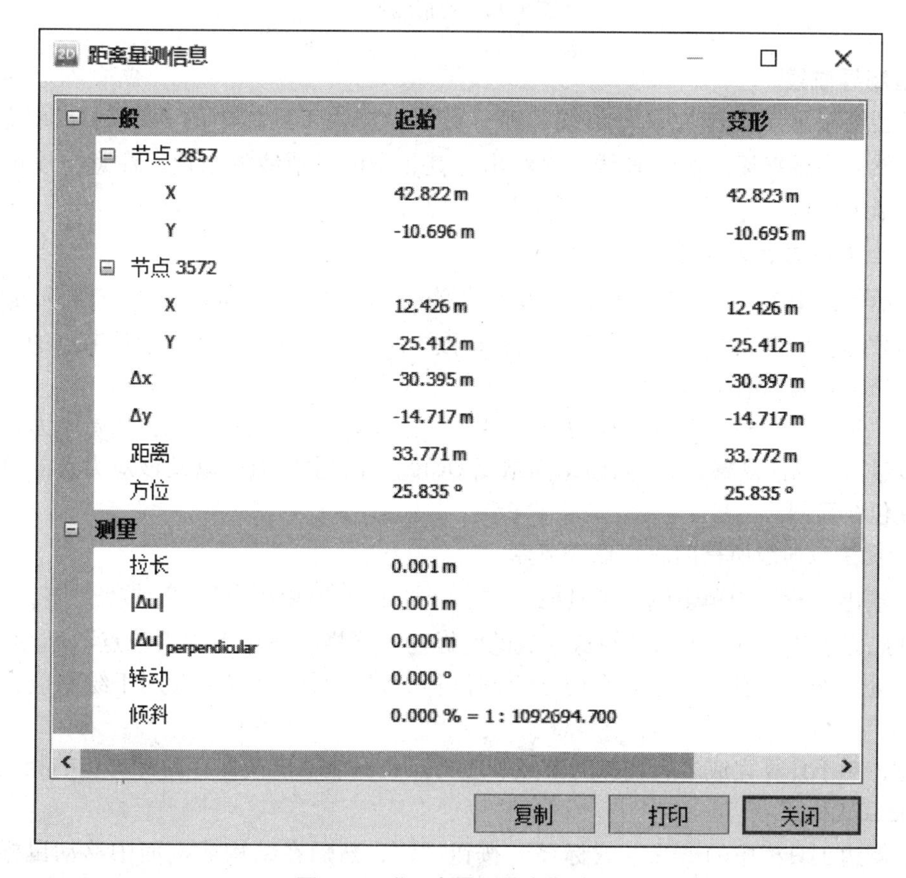

图8-11 “距离量测信息”窗口

提示：拉长量的大小与计算类型有关。如果执行了“更新网格”分析，“拉长”仅是原始向量和新向量的长度的改变量。否则，“拉长”为变形后向量向原始向量的投影。

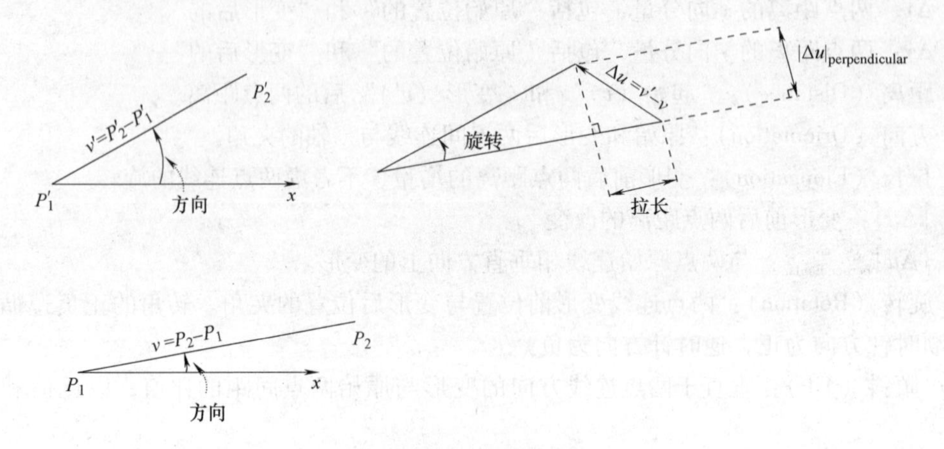

图 8-12　变形测量

2. 绘制导航线

当模型结果显示类型为“等值线”时，可单击侧边工具栏中的“绘制导航线”按钮“”，然后在感兴趣的区域画线，将给出与其相交的等值线的数值。注意，该选项还可从右键菜单中选择。

3. 节点或应力点数据提示框

当显示模型中的节点或应力点时，可借助侧边工具栏中的“提示框”按钮“”查看这些点的数据。单击该按钮后，在节点上移动鼠标时，会在提示框中显示该节点的全局节点号、节点坐标及其当前位移分量。

激活“提示框”选项后，在应力点上移动鼠标，会在提示框中显示全局应力点号、当前弹性模量 E、当前黏聚力 c、当前超固结比 OCR、当前主应力，以及该应力点的莫尔圆与库仑强度包线简图。

4. 选择生成曲线所需的应力点或节点

在“输出”程序中单击侧边工具栏中的“选择生成曲线所需的点”按钮“”，可选择节点和应力点。注意，可以选择这些点的前提是“网格”菜单下的“节点”和/或“应力点”选项处于选中状态。节点通常用于绘制位移曲线，而应力点一般用于绘制应力或应变曲线。

注意，对于计算完成之后选择的节点和应力点，只能输出被保存的计算步的相应信息。

5. 交互式标尺

单击侧边工具栏中的“交互式标尺”按钮“”，然后在结构或剖面中移动鼠标，则会沿标尺显示当前值（与剖面线上的点相对应）、最小值（基于分布中的最小值）和最大值（基于分布中的最大值）。在“结构”和“剖面”视图下可使用“交互式标尺”。

8.5 显示区

模型的计算结果在显示区中显示（见图8-13）。利用“查看”菜单下的选项，可设置显示区中的图例、标题栏、坐标轴等。

提示：标题栏中左侧的图标表示当前结果以何种视图显示。

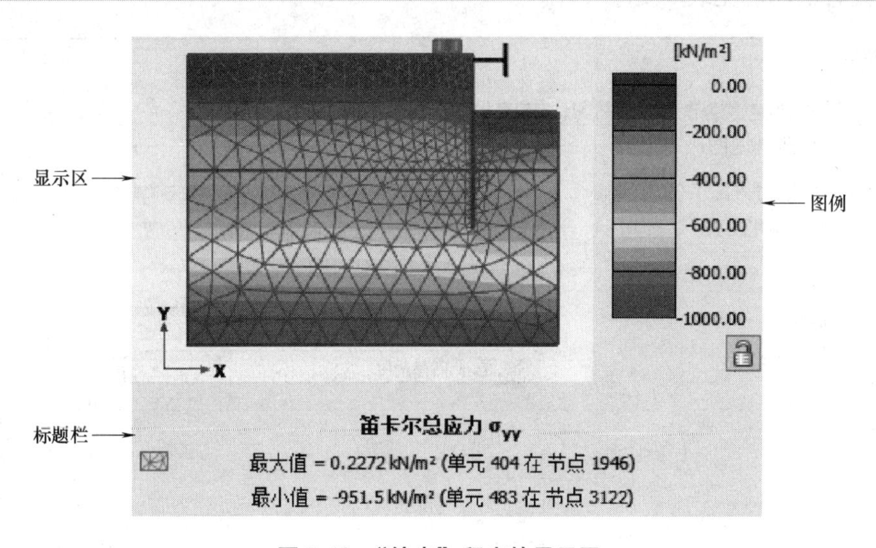

图8-13 “输出”程序的显示区

8.5.1 图例

当使用颜色变化来描述结果数值的变化时，激活“查看”菜单中的相应选项，即可显示图例。在“图例”上双击，弹出“图例设置”对话框，可在此定义图例的数值范围和颜色（见图8-14）。注意，该选项还可通过右键菜单启用。

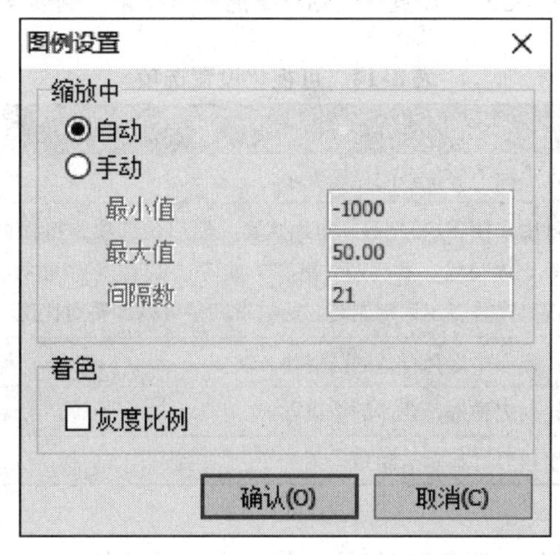

图8-14 “图例设置”对话框

图例中的数值分布可以通过“锁定图例”按钮“🔒”来锁定。当图例被锁定时，按住〈Ctrl〉+〈+〉或〈Ctrl〉+〈-〉移动剖面过程中，图例的数值将不会改变。

8.5.2 修改显示设置

在“查看”菜单中单击“设置”选项，弹出“设置”对话框，可在此定义视图的相关设置。注意，该选项还可通过右键菜单启用。

在“设置”对话框下的“可视化”选项卡中定义可视化的相关设置（见图 8-15），各项可视化设置的功能见表 8-14。

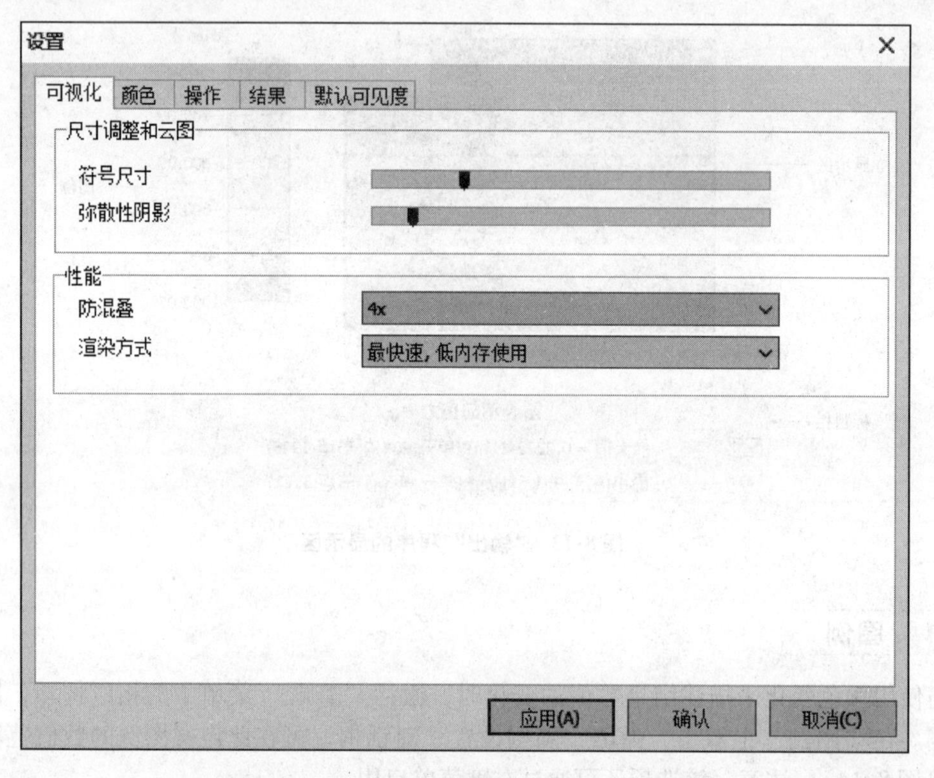

图 8-15 “设置”对话框下的“可视化”选项卡

表 8-14 可视化设置选项

可视化设置选项	说明
符号尺寸	修改节点、内力等符号的显示大小
弥散性阴影	该选项可用来使 2D 模型显示更加真实。使用该选项，将根据视角方向使相同颜色的对象表面（如同一土体类组）看起来“更亮”或者“更暗”。当面的法向指向观看者则加亮显示，当面的法向偏离观看者越远则越暗。通过滑动条可以调整对比度
防混叠	可从下拉列表中选择合适的防混叠方法
渲染方式	可从下拉列表中选择合适的渲染方式
显示	切换类组边界的显示与隐藏

在“设置”对话框下的“颜色”选项卡中可管理显示的颜色（见图 8-16）。

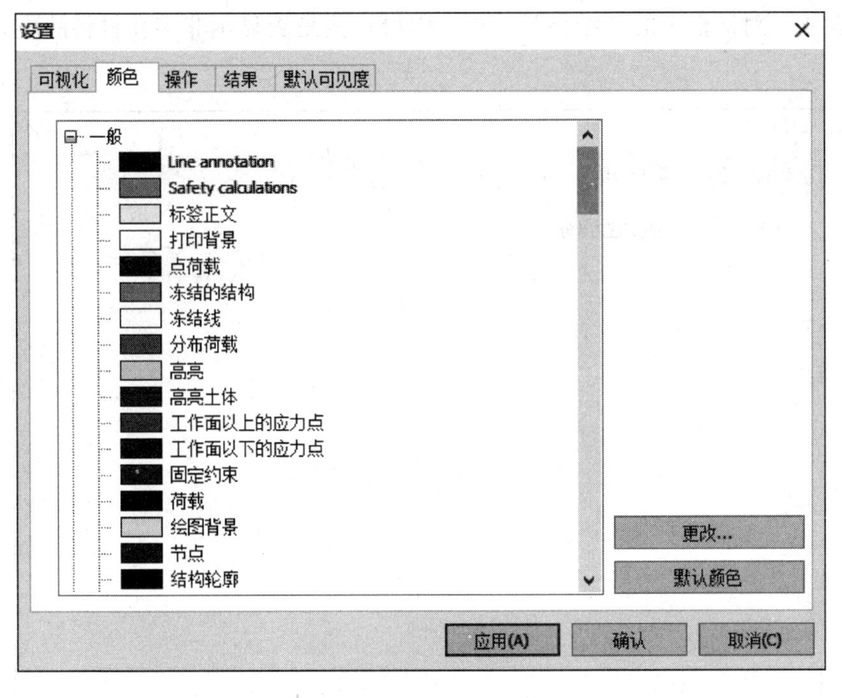

图 8-16 “设置”对话框下的“颜色”选项卡

在“设置”对话框下的“操作”选项卡下可以定义鼠标左键和中键的功能（见图 8-17）。

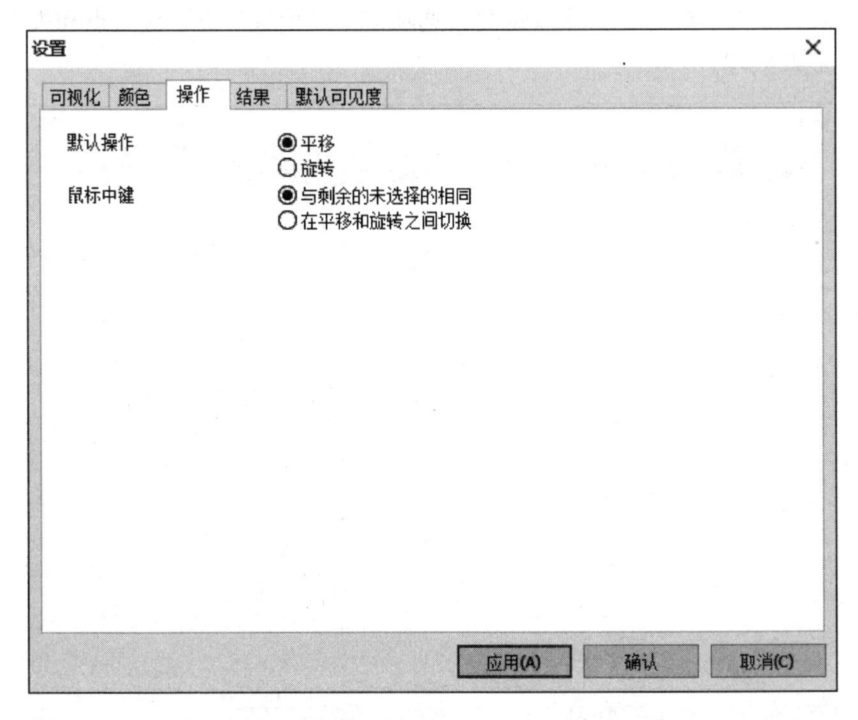

图 8-17 “设置”对话框下的“操作”选项卡

在“设置”对话框下的“结果”选项卡中可切换是否显示非多孔材料的应力结果（见图 8-18）。

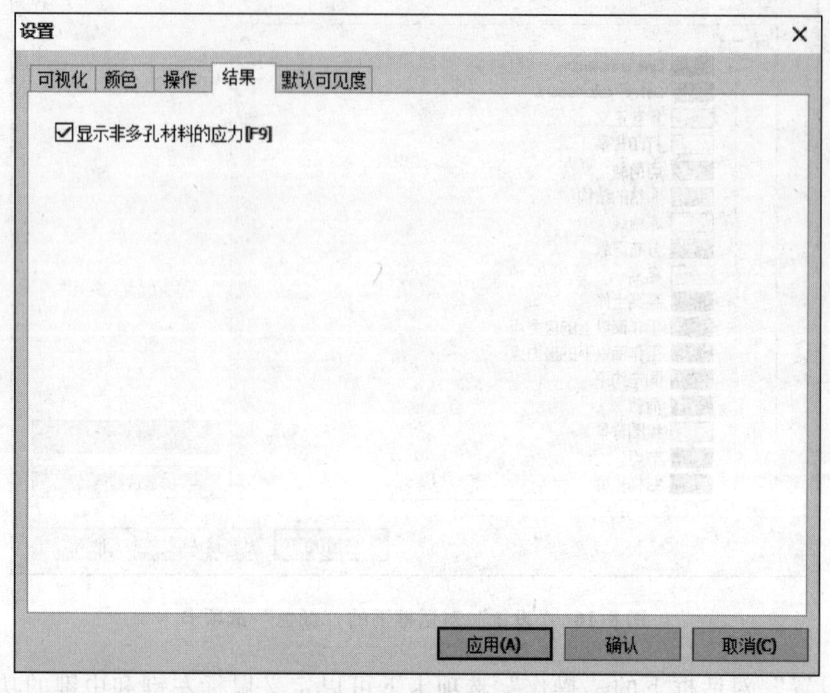

图 8-18 “设置”对话框下的“结果”选项卡

通过“设置”对话框的“默认可见度”选项卡，可设置节点、应力点和失效结构的默认可见性（见图 8-19）。

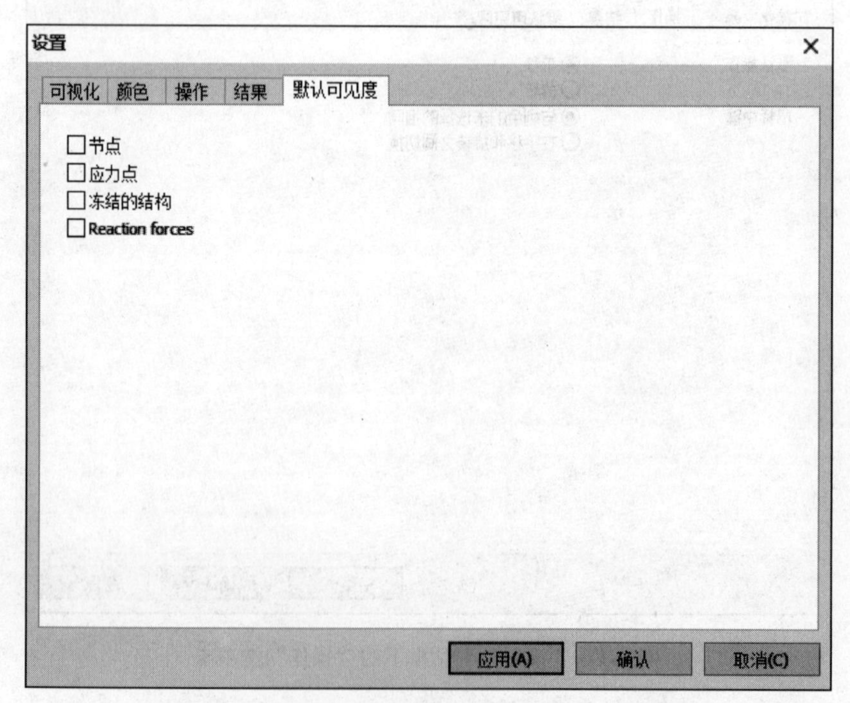

图 8-19 “设置”对话框下的“默认可见度”选项卡

8.6 输出程序中的视图

在“输出”程序中可以不同视图显示计算结果。显示区下方标题栏中左侧的图标即表示当前的视图类型。“输出”程序可显示的视图见表8-15。

表8-15 “输出”程序可显示的视图

图标	视图类型	说明
	模型视图	在“模型”视图中会显示整个模型的结果，这是默认的结果视图
	结构视图	选中一个或多个结构并双击，则在“结构”视图中显示结构的相关结果
	剖面视图	在“剖面”视图中显示定义的剖面上的结果。通过〈Ctrl〉+〈[〉和〈Ctrl〉+〈]〉组合键可以将剖面视图沿垂直于剖面的方向移动，如果同时按住〈Shift〉键则每次移动的距离会更小
	力视图	激活网格及其边界上的接触应力和力，可从“工具”菜单下选择该选项 对于应力： 水荷载：只显示外部水荷载和孔压 法向应力：只显示有效法向应力 剪应力：只显示剪应力 总应力：显示有效法向应力（红色）以及外部水压力和孔压（蓝色）

在力视图中，可以选择是否考虑水荷载引起的合力、有效应力、结构作用力、重力、外荷载和指定位移引起的合力。

通过“部分几何”选项可以将部分网格设为不可见状态，从而可查看其余子结构的应力和力。

通过“表格”选项可查看应力和力的具体数值。在力表格底部会给出合力，包括实际合力值及其对总作用力所占的百分比。后者可用于评估整个体系（或子结构）中是否存在明显不平衡力。如果有必要，可以设置更严格的允许误差或采用更精细的网格重新进行计算。

8.7 报告生成

PLAXIS 2D“输出”程序中“文件”菜单下的“报告生成器”选项（按钮为“”）可用于将输入数据和计算结果汇总到文档中，即生成计算结果报告。生成报告的过程遵循以下8个步骤：

1）步骤1：设置输出类型及存储目录。可以将计算结果图表数据输出到多个独立数据文件中，也可以将所有数据汇总到一个文件（RTF，PDF或者HTML文件）中。此外要定义好文件存储路径（见图8-20）。

2）步骤2：选择报告中将要包含哪些计算阶段的结果（见图8-21）。

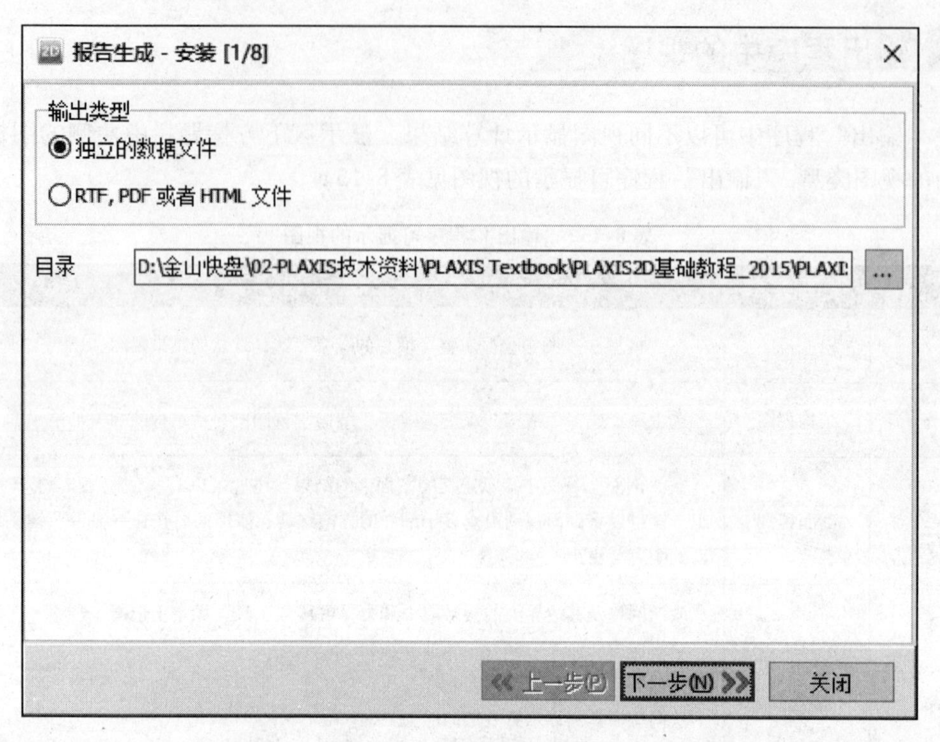

图 8-20　报告生成-安装

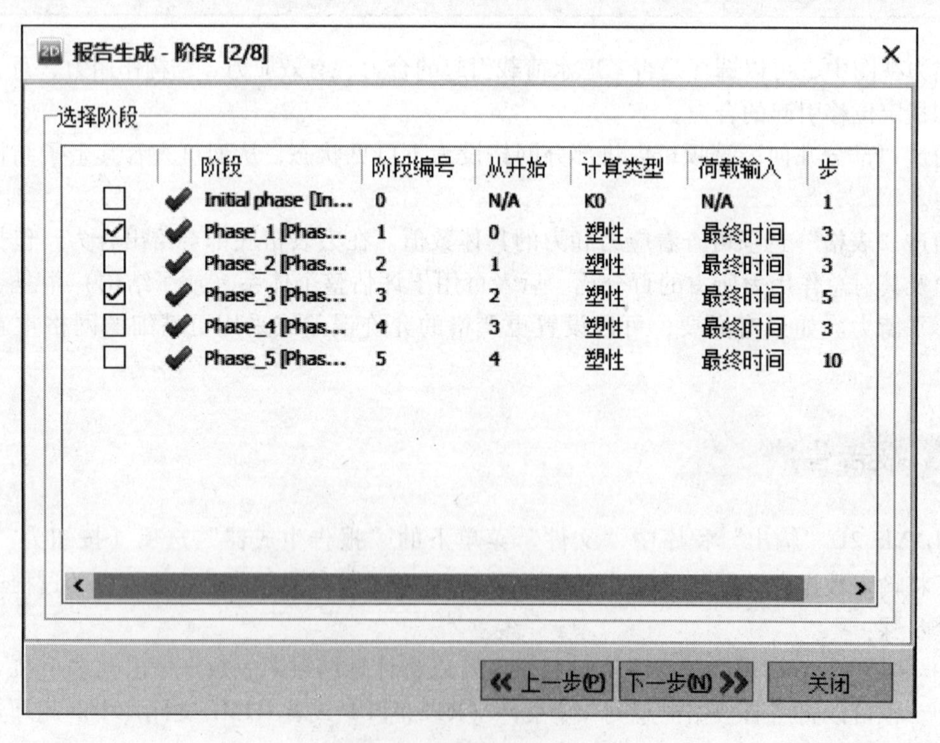

图 8-21　报告生成-阶段

3）步骤3：选择报告中将包含的一般信息。用户可保存自定义的信息设置组（见图8-22）。

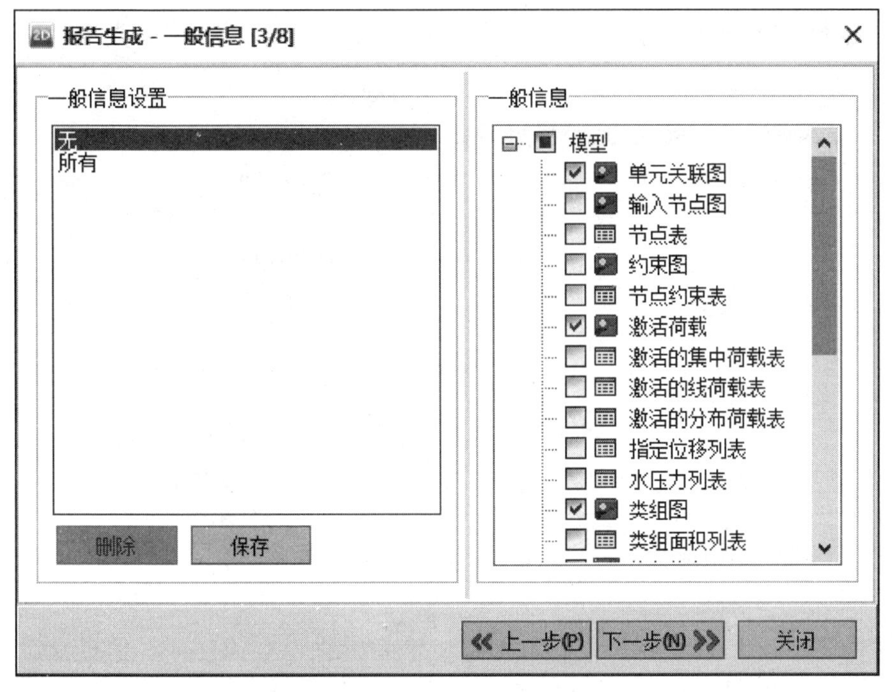

图8-22　报告生成-一般信息

4）步骤4：选择报告中将包含的模型视图。与步骤3一样，用户可保存自定义设置组（见图8-23）。

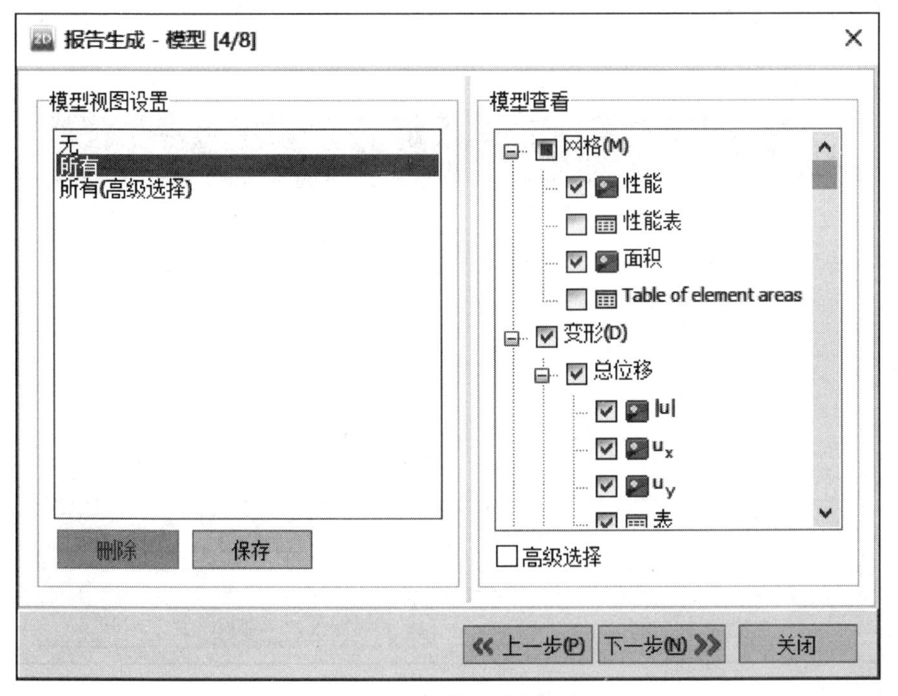

图8-23　报告生成-模型

5）步骤5：选择报告中将包含的结构视图。同上，用户可保存自定义设置组（见图8-24）。

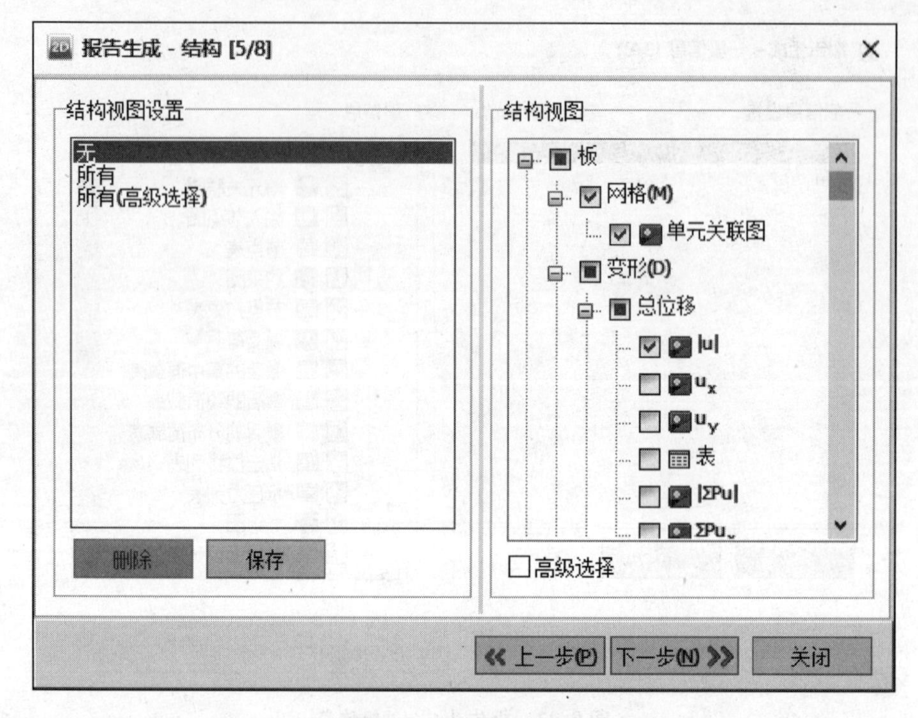

图8-24 报告生成-结构

6）步骤6：选择报告中将要包含的保存视图（见图8-25）。

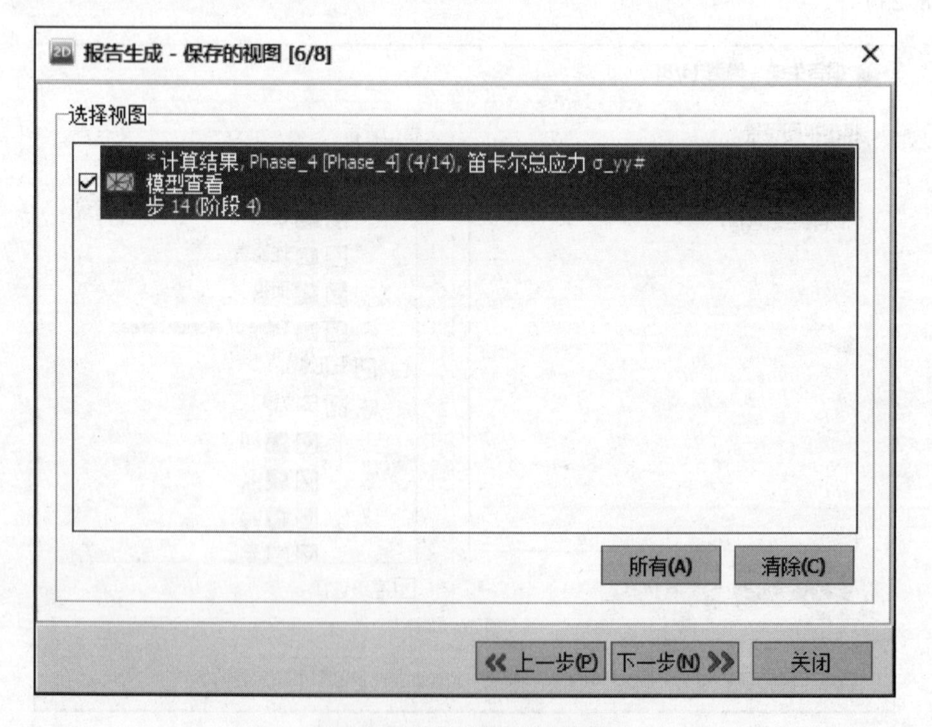

图8-25 报告生成-保存视图

7）步骤7：选择报告中将要包含的图表（见图8-26）。

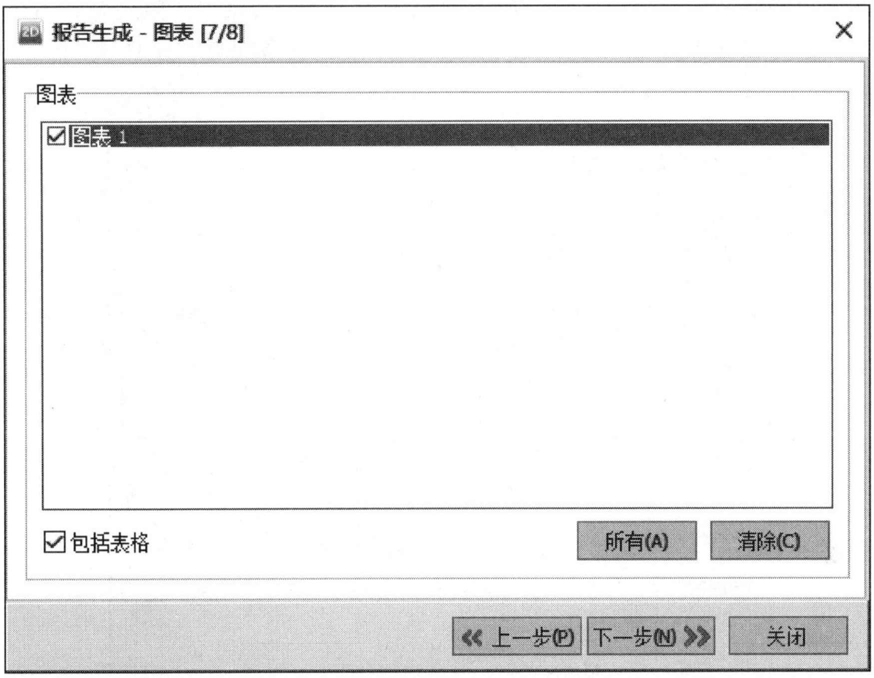

报告生成 - 图表 [7/8]

图表

☑图表 1

☑包括表格

所有(A) 清除(C)

« 上一步(P) 下一步(N) » 关闭

图8-26　报告生成-图表

8）步骤8：在“报告生成-结果”对话框中对报告的行数与图形数量作了汇总（见图8-27）。单击“导出”按钮开始生成报告，会显示进度条说明余下需要处理的行数和图片数量。

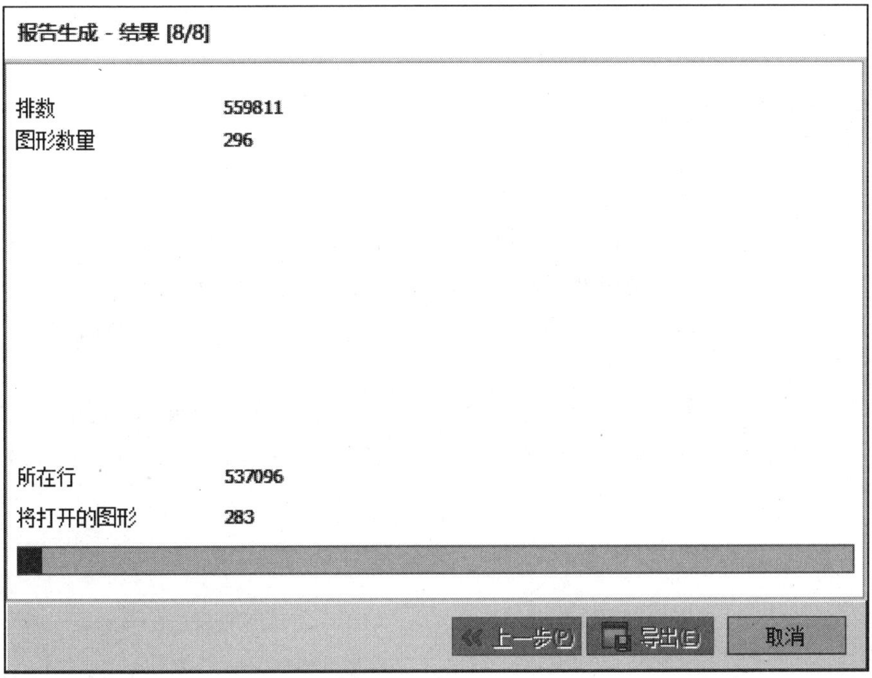

报告生成 - 结果 [8/8]

排数 559811

图形数里 296

所在行 537096

将打开的图形 283

« 上一步(P) 导出(E) 取消

图8-27　报告生成-结果

当“步骤1”中的“输出类型”选择为“RTF、PDF或HMTL文件”选项时，完成生成报告所需的所有步骤之后，将弹出一个窗口（见图8-28），会显示文档类型、名称、存储位置和显示属性，如页面设置（对于RTF和PDF文档）、表格配置和字体类型、大小等都可以定义。

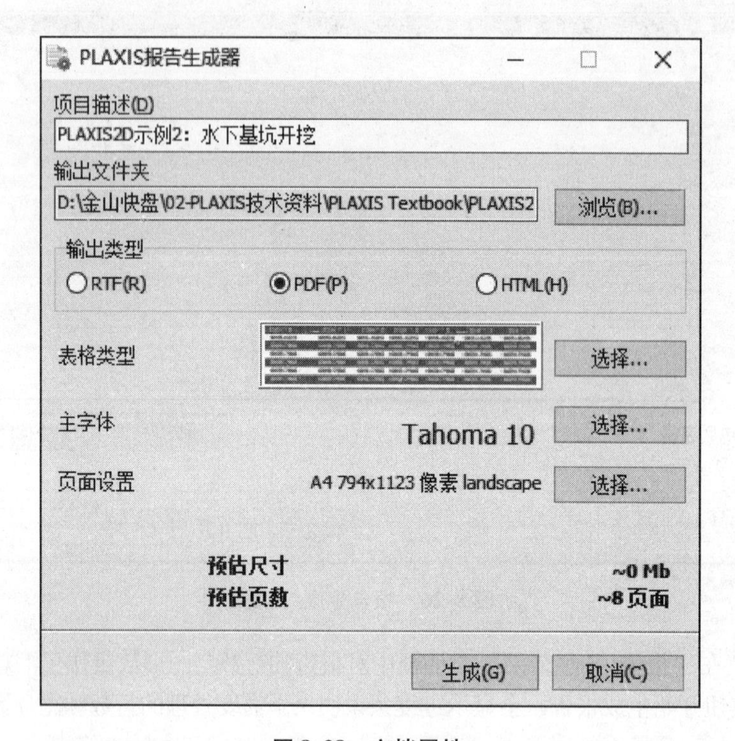

图8-28　文档属性

8.8 生成动画

“文件”菜单下的“生成动画”选项“”可用于生成计算结果展示动画。选择该选项，会弹出“生成动画”对话框（见图8-29），可选择输出动画中包含的阶段和计算步。注意，动画中将仅包含有效输出步。这取决于在“阶段”窗口中为每个计算阶段定义的“储存的最大步数”。完成各项设置后，单击“确认”按钮，开始生成动画，会在一个独立窗口中显示生成过程。

如果动画中包含大量的计算步，生成动画可能需要几分钟或更长时间，动画生成完毕后将自动播放。生成的动画以视频文件（*.AVI）格式保存在当前项目的存储目录下。

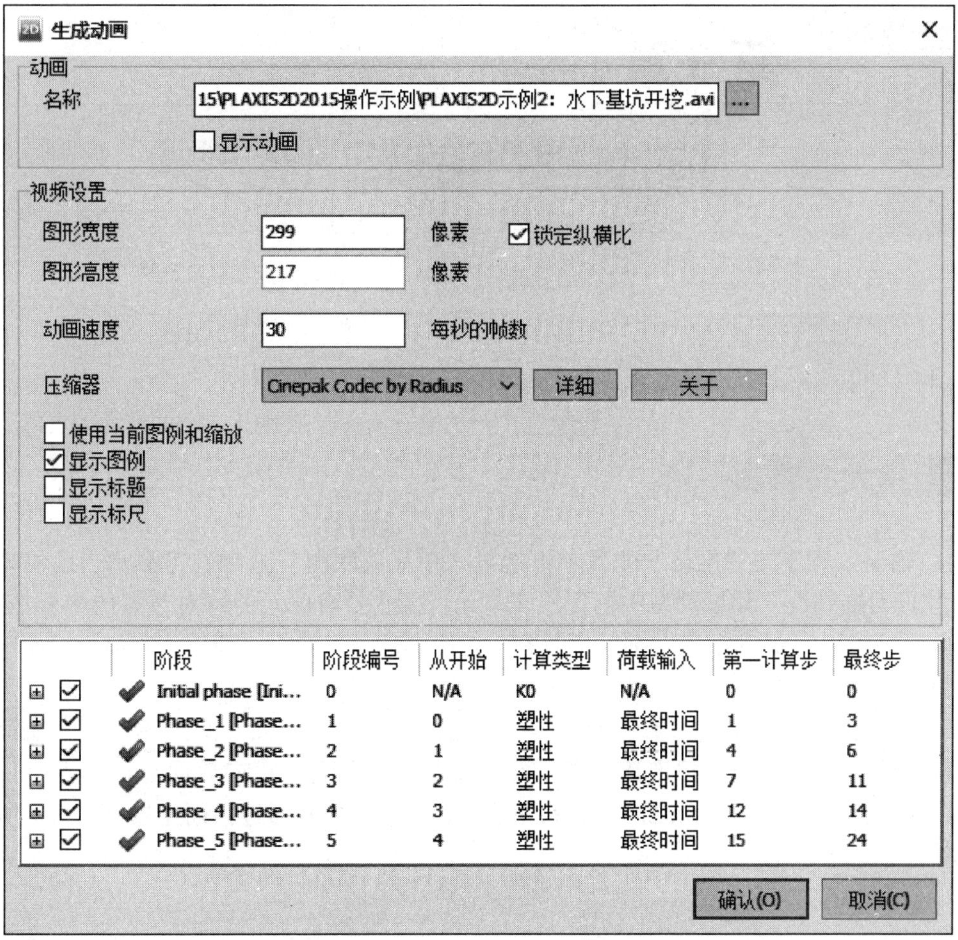

生成动画

动画

名称 15\PLAXIS2D2015操作示例\PLAXIS2D示例2：水下基坑开挖.avi ...

☐显示动画

视频设置

图形宽度 299 像素 ☑锁定纵横比

图形高度 217 像素

动画速度 30 每秒的帧数

压缩器 Cinepak Codec by Radius 详细 关于

☐使用当前图例和缩放
☑显示图例
☐显示标题
☐显示标尺

阶段	阶段编号	从开始	计算类型	荷载输入	第一计算步	最终步
Initial phase [Ini…	0	N/A	K0	N/A	0	0
Phase_1 [Phase…	1	0	塑性	最终时间	1	3
Phase_2 [Phase…	2	1	塑性	最终时间	4	6
Phase_3 [Phase…	3	2	塑性	最终时间	7	11
Phase_4 [Phase…	4	3	塑性	最终时间	12	14
Phase_5 [Phase…	5	4	塑性	最终时间	15	24

确认(O) 取消(C)

图 8-29 “生成动画”对话框

第9章 输出程序的输出结果

9.1 单元关联图

在“输出”程序的“网格”主菜单下选择“单元关联图”选项，可显示当前模型网格的单元空间分布情况。如果模型中包含界面单元，虽然界面单元的每对节点的坐标都相同，但在单元关联图中，这对节点会显示为具有一定距离的节点对，以便于清晰显示界面单元节点与相邻实体网格之间的连接。

在“单元关联图”中，如果两个土体单元之间存在界面单元，则土体单元之间没有共用节点，而是通过界面单元相连接。当界面沿板单元的两侧（正向界面与负向界面）都有分布时，则板和相邻土体单元之间没有共用节点，板和土之间通过界面连接。图9-1所示为某模型的单元关联图。

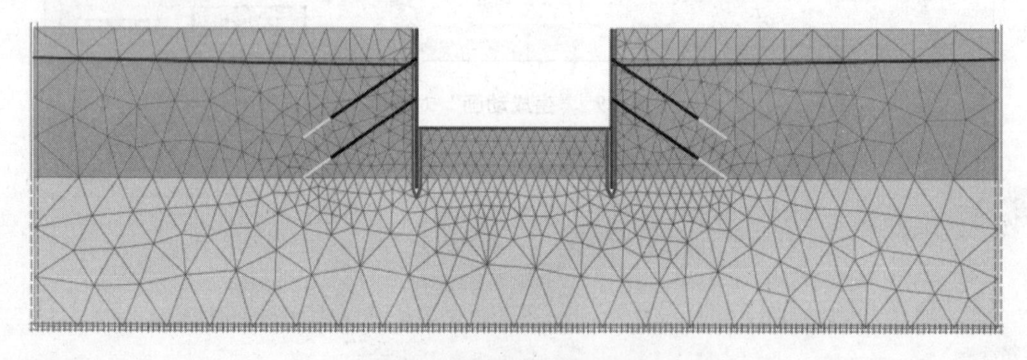

图9-1 “单元关联图”示例

提示：对于（强化）安全性计算，如果在“查看”菜单下选择了“隐藏无强度折减项”选项，则安全性计算中未考虑强度折减的土体类组中将不显示结果。

9.2 变形

“输出”程序的“变形”菜单包括多种选项，可以查看有限元模型的位移和应变。默认情况下，显示的变形量会自动按照 1×10^n、2×10^n或 5×10^n的比例进行缩放，以方便用户读取。

单击工具栏上的“缩放因子”按钮“”或从“查看”菜单中选择“比例”选项，可以调整图示缩放因子。应变的缩放因子是指一个应变参考值，这个参考值是按几何尺寸的一定百分比确定的。要比较不同计算阶段或不同项目的图形结果，必须给这些图形选取相等的缩放因子。

9.2.1 变形网格

在“变形”菜单下选择“变形网格”选项，可显示变形后的有限单元网格。程序会自动对变形网格按适当比例进行缩放以达到良好的显示效果。如果想查看按真实比例（即几何图形的比例）显示的变形，可以使用“查看”菜单下的“比例”选项来设置真实比例。

9.2.2 总位移

“变形”菜单下的“总位移”选项包含当前计算步结束后累积位移的各个分量，在几何图上显示。可以进一步选择“总位移矢量 $|u|$”及其各方向分量 u_x 和 u_y。在工具栏中单击相应按钮，总位移以矢量箭头、等值线或云图等形式显示。

9.2.3 阶段位移

“变形”菜单下的“阶段位移”选项包含当前计算步结束时计算得到的整个计算阶段中累积位移增量的各个分量，在几何模型上显示。换句话说，阶段位移就是当前计算阶段与前一计算阶段之间的位移差值。

可以进一步选择“阶段位移矢量 $|Pu|$”及其各方向分量 Pu_x、和 Pu_y。在工具栏中单击相应按钮，阶段位移以矢量箭头、等值线或云图等形式显示。

9.2.4 阶段位移求和

在“分步施工”计算中，那些由冻结状态转为激活状态的单元，默认随周边网格已经产生了变形（预变形，pre-deformation），从而保证新激活单元与原有单元之间的位移场是连续的。但是对于某些情况，比如坝体和路堤（Dams and embankments）的分层填筑施工过程，上述处理方式会导致不合理的结果，即路堤顶部沉降最大（见图 9-2a）且由于各填筑层的累积沉降而低于设计标高。如果选择“阶段位移求和”选项，则新激活单元随原有网格产生的预变形会被忽略掉。这样就可以限制最后一层填筑层的沉降，最大沉降大多发生在路堤中部，与常识相符。当穿过路基切取竖向剖面显示沉降量时，显示结果可能会有些不连续，但总的沉降形状比不选择该选项要更趋真实（见图 9-2b）。填筑分层越多，沉降量变化就越趋平滑（见图 9-2c）。注意，如果中间计算阶段中曾经重置位移为零，则有些时候“阶段位移求和”的结果（在某些部位）可能会比总位移大。

对于结构单元，“阶段位移求和”实际显示的是处于激活状态的相应节点的位移。这就意味着，当一个结构单元（例如板单元）在阶段 i 中激活，而其相应的节点已在之前阶段中激活，则在阶段 $i+j$ 中的“阶段位移求和”将包含相应节点在结构单元激活之前的位移。

a) b) c)

图 9-2 硬地基土层上路堤沉降曲线

a) “阶段位移”结果 b) “阶段位移求和”结果（分 5 层填筑）
c) “阶段位移求和”结果（分 10 层填筑）

9.2.5 增量位移

“变形”菜单下的“增量位移”选项包含当前计算步计算得到的位移增量的各个分量，在几何模型上显示。可以进一步选择“位移增量矢量$|\Delta u|$”及其各方向分量Δu_x和Δu_y。在工具栏中单击相应按钮，位移增量可以矢量箭头、等值线或云图等形式显示。位移增量等值线可用于土体发生塑性破坏时查看其中的局部变形。

9.2.6 总位移极值

“变形”菜单下的“总位移极值”（Extreme total displacements）选项可将模型总位移极值的各个分量显示在几何模型上。可以进一步选择最大或最小总位移分量（$u_{x,\min}$，$u_{x,\max}$，$u_{y,\min}$，$u_{y,\max}$）以及最大总位移（$|u|_{\max}$）。在工具栏中单击相应按钮，总位移极值可以等值线或云图等形式显示。

9.2.7 速度

“变形”菜单下的“速度”选项包括当前计算步结束时的速度的各个分量，在几何模型中显示。可进一步选择“速度矢量$|v|$”及其各个分量v_x和v_y。在工具栏中单击相应按钮，速度可以矢量箭头、等值线或云图等形式显示。

9.2.8 加速度

“变形”菜单下的“加速度”选项包括当前计算步结束时的加速度的各个分量，在几何模型中显示。可进一步选择“加速度矢量$|a|$”及其各个分量a_x和a_y。在工具栏中单击相应按钮，加速度可以矢量箭头、等值线或云图等形式显示。

9.2.9 以“*G*”表示的加速度

“变形”菜单下的“以‘*G*’表示的加速度”选项包括当前计算步结束时加速度的各方向分量，在几何模型中以重力加速度的系数表示。可进一步选择“加速度矢量$|a$（‘g’）$|$”和各方向的分量a_x（‘g’）和a_y（‘g’），以及总加速度的极值。在工具栏中单击相应按钮，加速度可以矢量箭头、等值线或云图等形式显示。

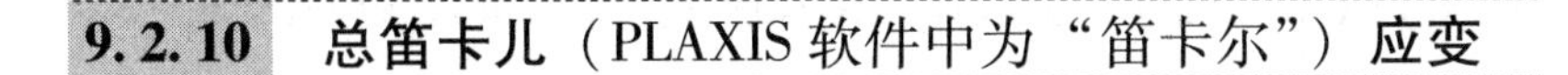

9.2.10 总笛卡儿（PLAXIS 软件中为“笛卡尔”）应变

“变形”菜单下的“总笛卡儿应变”（Total Cartesian strains）选项包含当前计算步结束时累积应变的各方向分量，在几何模型上显示。可进一步选择 3 或 4 个笛卡儿应变分量，ε_{xx}、ε_{yy}、ε_{zz}（仅在轴对称模型中可选）和 γ_{xy}。对于平面应变模型，ε_{zz}为零。对于轴对称模型，该方向的应变按下式计算：$\varepsilon_{zz} = \partial u_z/\partial z = u_x/R = u_x/x$。单击工具栏上相应按钮，各应变分量可以等值线或云图等形式显示。

9.2.11 阶段笛卡儿应变

“变形”菜单下的“阶段笛卡儿应变”（Phase cartesian strains）选项包含当前计算步结束时整个计算阶段中的累积应变增量的各方向分量，在几何模型上显示。可进一步选择 3 或 4 个笛卡儿应变分量，$P\varepsilon_{xx}$、$P\varepsilon_{yy}$、$P\varepsilon_{zz}$（仅在轴对称模型中可选）和 $P\gamma_{xy}$。对于平面应变模型，$P\varepsilon_{zz}$为零。对于轴对称模型，该方向的应变按下式计算：$P\varepsilon_{zz} = \partial Pu_z/\partial z = Pu_x/R = Pu_x/x$。单击工具栏上相应按钮，各应变分量可以等值线或云图等形式显示。

9.2.12 增量笛卡儿应变

“变形”菜单下的“增量笛卡儿应变”选项包含当前计算步计算得到的应变增量的各方向分量，在几何模型上显示。可进一步选择 3 或 4 个笛卡儿应变分量，$\Delta\varepsilon_{xx}$、$\Delta\varepsilon_{yy}$、$\Delta\varepsilon_{zz}$（仅在轴对称模型中可选）和 $\Delta\gamma_{xy}$。对于平面应变模型，$\Delta\varepsilon_{zz}$为零。对于轴对称模型，该方向的应变按下式计算：$\Delta\varepsilon_{zz} = \partial \Delta u_z/\partial z = \Delta u_x/R = \Delta u_x/x$。单击工具栏上相应按钮，各应变分量可以等值线或云图等形式显示。

9.2.13 总应变

“变形”菜单下的“总应变”（Total strains）选项包含当前计算步结束时模型中累积应变的各应变量，在几何模型上显示。可进一步选择“主应变方向”以及各主应变分量 ε_1、ε_2、ε_3（仅在轴对称模型中可选）、$(\varepsilon_1+\varepsilon_3)/2$、$(\varepsilon_1-\varepsilon_3)/2$、角度、体积应变 ε_v、偏应变 ε_q 和孔隙比 e。

1）主应变分量按代数大小排序：$\varepsilon_1 > \varepsilon_2 > \varepsilon_3$，即 ε_1 为最大主压缩应变，ε_3 为最小主压缩应变。

2）对于体积应变，在常规计算中：$\varepsilon_v = \varepsilon_{xx} + \varepsilon_{yy} + \varepsilon_{zz}$。

在“更新网格”计算中：$\varepsilon_v = \varepsilon_{xx} + \varepsilon_{yy} + \varepsilon_{zz} + \varepsilon_{xx}\varepsilon_{yy} + \varepsilon_{xx}\varepsilon_{zz} + \varepsilon_{yy}\varepsilon_{zz} + \varepsilon_{xx}\varepsilon_{yy}\varepsilon_{zz}$。

3）偏应变按下式计算

$$\varepsilon_q = \sqrt{\frac{2}{3}\left[\left(\varepsilon_{xx} - \frac{\varepsilon_v}{3}\right)^2 + \left(\varepsilon_{yy} - \frac{\varepsilon_v}{3}\right)^2 + \left(\varepsilon_{zz} - \frac{\varepsilon_v}{3}\right)^2 + \frac{1}{2}(\gamma_{xy}^2 + \gamma_{yz}^2 + \gamma_{zx}^2)\right]} \tag{9-1}$$

4）孔隙比按下式计算

$$e = e_0 + (1 + e_0)\varepsilon_v \tag{9-2}$$

9.2.14 阶段应变

“变形”菜单下的“阶段应变”选项包含当前计算步结束时整个计算阶段中的累积应变

增量的各应变量，在几何模型上显示。可进一步选择“体积应变 $P\varepsilon_v$”和“偏应变 $P\varepsilon_q$”。

9.2.15 增量应变

“变形”菜单下的“增量应变”（Incremental strains）选项包含当前计算步计算得到的应变增量的各应变量，在几何模型中显示。可进一步选择“体积应变 $\Delta\varepsilon_v$”和“偏应变 $\Delta\varepsilon_q$”。

9.3 应力

PLAXIS 2D“输出”程序提供了多种选项用于查看有限元模型中的各个应力状态。在“应力”菜单中还包括了显示地下水渗流和热流计算结果的选项。

提示： 默认情况下，不显示非多孔材料中的应力。如果要显示的话，可从“查看”菜单下“设置”选项的“结果”选项卡中勾选“显示非多孔材料的应力”选项。

9.3.1 笛卡儿有效应力

“应力”菜单下的“笛卡儿有效应力”（Cartesian effective stresses）选项包含有效应力张量（即土体骨架中的应力）的各方向分量，可进一步选择 3 个笛卡儿应力分量，σ'_{xx}、σ'_{yy}、σ'_{zz}（仅在轴对称模型中可选）和 σ_{xy}。

图 9-3 所示为笛卡儿应力采用的符号规定，图中所示为应力正方向。注意，以受压为正。

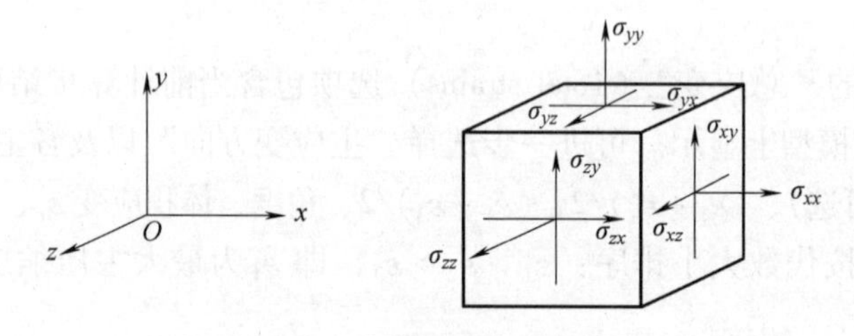

图 9-3 应力符号规定

9.3.2 笛卡儿总应力

“应力”菜单下的“笛卡儿总应力”选项包含总应力张量（即有效应力 + 激活孔压）的各方向分量，可进一步选择 3 个笛卡儿应力分量，σ_{xx}、σ_{yy}、σ_{zz}（仅在轴对称模型中可选）和 σ_{xy}。最后一个分量与“笛卡儿有效应力”选项中的相应分量是相等的，只是为了方便也在此列出。单击工具栏上的相应选项，各应力分量可以等值线或云图等形式显示。

9.3.3 有效主应力

“应力”菜单下的“有效主应力”（Principal effective stresses）选项包含基于有效应力

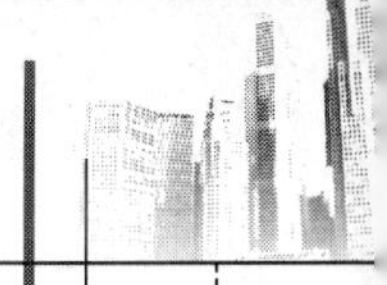

σ'（即土体骨架中的应力）的各种应力量。可进一步选择有效主应力及其各个分量σ'_1、σ'_2、σ'_3、$(\sigma'_1+\sigma'_3)/2$，主应力方向、平均有效应力p'、偏应力q，相对剪应力τ_{rel}和动剪切强度τ_{mob}。

1）有效应力分量按代数大小排序：$\sigma'_1 \leqslant \sigma'_2 \leqslant \sigma'_3$，$\sigma'_1$为最大压缩（或最小拉伸）主应力，$\sigma'_3$为最小压缩（或最大拉伸）主应力。

2）"动剪切强度τ_{mob}"为剪应力最大值（即莫尔应力圆的半径，或最大主应力差的一半）。

3）"相对剪应力τ_{rel}"给出了应力点向破坏包线接近的程度，定义如下

$$\tau_{rel}=\frac{\tau_{mob}}{\tau_{max}} \tag{9-3}$$

式中 τ_{max}——当保持莫尔圆圆心不动，增大半径直至莫尔圆与库仑破坏包线相切时的剪应力最大值，表达式为

$$\tau_{max}=-\frac{\sigma'_1+\sigma'_3}{2}\sin\varphi+c\cos\varphi \tag{9-4}$$

提示： 尤其当土体强度由有效强度参数［不排水（A）］确定时，在竖向剖面中显示动剪切强度τ_{mob}可用于与已知剪切强度分布进行比较。

当使用Hoek-Brown模型描述岩石的行为时，最大剪应力τ_{max}的定义稍有不同。根据Hoek-Brown破坏准则，即

$$f_{HB}=\sigma'_1-\sigma'_3+\bar{f}(\sigma'_3)=0 \tag{9-5}$$

最大剪应力定义为

$$\tau_{max}=\frac{1}{2}\bar{f}(\sigma'_3),\ \bar{f}(\sigma'_3)=\sigma_{ci}\left(m_b\frac{-\sigma'_3}{\sigma_{ci}}+s\right)^a \tag{9-6}$$

相对剪应力定义为

$$\tau_{rel}=\frac{\tau_{mob}}{\tau_{max}}=\frac{|\sigma'_1-\sigma'_3|}{\bar{f}(\sigma'_3)} \tag{9-7}$$

主应力方向定义为

$$\alpha=\frac{1}{2}\arctan\frac{2\sigma_{xy}}{\sigma_{yy}-\sigma_{xx}},\quad -90° \leqslant \alpha \leqslant 90° \tag{9-8}$$

当$\alpha=0$时，大主应力为竖直方向，小主应力为水平方向。此时，笛卡儿剪应力为零（例如，利用"K_0过程"生成初始应力就是这种情况）。这对应着主动应力状态。

被动应力状态对应的是$\alpha=+90°$或$\alpha=-90°$。正应力区可能显示从$\alpha=+90°$到$\alpha=-90°$的跳跃，云图颜色不连续。

正的笛卡儿剪应力将导致主应力方向顺时针旋转（$\alpha<0$），负的笛卡儿剪应力则导致主应力方向逆时针旋转（$\alpha<0$）。主应力方向仅在PLAXIS 2D中可以显示，主应力方向的图形描述如图9-4所示。

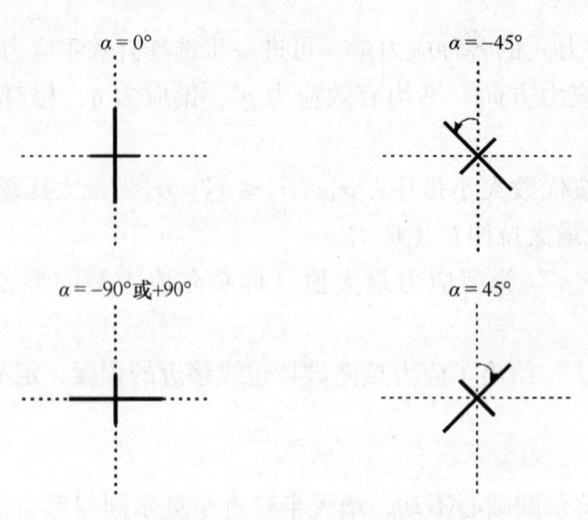

图 9-4 主应力方向示例

9.3.4 总主应力

“应力”菜单下的“总主应力”选项包含基于总应力 σ（即有效应力 + 激活孔压）得到的各应力量。可进一步选择总主应力方向及其各个分量 σ_1、σ_2、σ_3、$(\sigma_1+\sigma_3)/2$、$(\sigma_1-\sigma_3)/2$，主应力方向，平均总应力 p，偏应力 q，相对剪应力 τ_{rel} 和动剪切强度 τ_{mob}。后三个变量与“有效主应力”选项中的相应变量是相等的，此处为了方便仍然列出。

注意，总应力分量按代数大小排序：$\sigma_1 \leqslant \sigma_2 \leqslant \sigma_3$，$\sigma_1$ 为最大压缩（或最小拉伸）主应力，σ_3 为最小压缩（最大拉伸）主应力。

9.3.5 状态参数

“应力”菜单下的“状态参数”选项包含在考虑应力历史的情况下，当前计算步中与材料状态相关的各种附加变量。根据采用的土体模型，可进一步选择用户自定义参数（对于用户自定义模型；见 PLAXIS 2D 的材料模型手册，Material Models Manual），当前渗透系数，应变历史 $\varepsilon_{xx}-\varepsilon_v$、$\varepsilon_{yy}-\varepsilon_v$、$\varepsilon_{xy}$，割线剪切模量 G_s，当前剪切模量与卸载/重加载模量之比 G/G_{ur}，等效各向同性应力 p_{eq}，各向同性前期固结应力 p_p，各向同性超固结比 OCR，硬化参数 γ^p，当前的卸载/重加载刚度 E_{ur}，当前弹性模量 E 和当前黏聚力 c。

1）实际渗透系数。实际渗透系数（渗透系数$_{实际,x}$，渗透系数$_{实际,y}$）为相对渗透系数乘上饱和渗透系数。该值取决于根据材料组中渗流参数定义的 Van Genuchten（或其他）关系曲线确定的饱和度。

2）应变历史。应变历史 $\varepsilon_{xx}-\varepsilon_v$、$\varepsilon_{yy}-\varepsilon_v$、$\varepsilon_{zz}-\varepsilon_v$（仅在轴对称模型可选）和 ε_{xy} 仅在 HSS 模型中可用。

3）割线剪切模量 G_s。割线剪切模量 G_s 仅在 HSS 模型中可用。该选项可用来查看当前计算步中使用的参考围压下的实际割线模量。

4）实际剪切模量与卸载/重加载模量之比 G/G_{ur}。实际剪切模量 G 与卸载/重加载模量 G_{ur} 之比仅在 HSS 模型中可用。

5）等效各向同性应力 p_{eq}。等效各向同性应力 p_{eq} 可在 HS、HSS、软土、软土蠕变和修正剑桥模型中使用。等效各向同性应力定义为通过当前应力点的应力等值线（与屈服线形状相似）与各向同性应力轴的交点处的应力。根据采用的不同本构模型，可定义如下：

① 对于 HS 模型和 HSS 模型，p_{eq}为

$$p_{eq} = \sqrt{p^2 + \frac{\tilde{q}^2}{\alpha^2}} \tag{9-9}$$

② 对于软土模型、软土蠕变模型和修正剑桥模型，p_{eq}为

$$p_{eq} = p' - \frac{q^2}{M^2(p' - c\cot\varphi)} \tag{9-10}$$

其中，对于修正剑桥模型，黏聚力 c 定义为 0kN/m^2。

③ 对于关口-太田模型，p_{eq}为

$$p_{eq} = \frac{q}{\exp\left(-\frac{\tilde{q}}{Mp}\right)} \tag{9-11}$$

6）各向同性前期固结应力 p_p。各向同性前期固结应力 p_p可在 HS、HSS、软土、软土蠕变、修正剑桥和关口-太田模型中使用。各向同性前期固结应力代表一个应力点达到当前荷载步之前历经的最大等效各向同性应力水平。

7）各向同性超固结比 OCR。各向同性超固结比 OCR 可在 HS、HSS、软土、软土蠕变、修正剑桥和关口-太田模型中使用。各向同性超固结比是各向同性前期固结应力 p_p和等效各向同性应力 p_{eq}之比。

8）硬化参数 γ^p。硬化参数 γ^p仅在 HS、HSS 模型中可用。该选项用来检查当前计算步的实际硬化情况。

9）实际卸载/重加载刚度 E_{ur}。实际卸载/重加载刚度 E_{ur}是当前计算步中使用的不受限的弹性刚度模量。该选项可在 HS、HSS、软土、软土蠕变、修正剑桥和关口-太田模型中使用。

刚度 E_{ur}取决于应力水平。在刚度具有应力相关性的模型中，当前刚度 E_{ur}根据当前步开始时的应力进行计算。该选项可用来检查当前计算步下的实际应力相关刚度。

10）实际弹性模量 E。实际的弹性模量 E 是当前计算步中使用的不受限的弹性刚度模量。该选项在线弹性和莫尔-库仑模型中可用。

当使用线弹性模型或者莫尔-库仑模型，并设置刚度随着深度增加（$E_{increment} > 0$）时，该选项可以用来检查计算中使用的实际刚度。注意，在线弹性模型和莫尔-库仑模型中，刚度与应力无关。

11）实际黏聚力 c。实际黏聚力 c 是当前计算步使用的黏聚强度。该选项可在莫尔-库仑、HS、HSS、软土和软土蠕变模型中使用。

当使用莫尔-库仑、HS 和 HSS 本构模型，且定义黏聚力随深度增加（$c_{increment} > 0$）时，该选项可用来检查计算中实际使用的黏聚力。

9.3.6 孔压

孔压是材料孔隙中的应力量值，土中孔隙通常充填水和空气。大多数情况下，土中的应力和孔压为负值（压力）。不过，由于毛细作用或不排水卸载，有可能引起正值孔压（拉

力)，称为吸力。

PLAXIS 区分各种孔压类型及其相关变量。理解这些变量之间的差异很重要，可以更合理地对 PLAXIS 计算结果做出解释。

总应力分为有效应力 σ'和激活孔压 p_{active}，即 $\sigma = \sigma' + p_{active}$，其中激活孔压定义为有效饱和度 S_{eff}与孔隙水压力 p_{water}的乘积：$p_{active} = S_{eff} \cdot p_{water}$。当饱和度低于 1 时，孔隙水压力与激活孔压不同，在潜水位以上常常如此。在潜水位以下 p_{active}与 p_{water}相同。

除了孔隙水压力之外，还可以查看地下水头 h，$h = y - \dfrac{p_{water}}{\gamma_w}$，其中 y 为竖向坐标，γ_w是水的重度。孔隙水压力又可进一步分为稳态孔压 p_{steady}和超孔压 p_{excess}，即 $p_{water} = p_{steady} + p_{excess}$，其中，稳态孔压为稳定渗流状态或长期稳定部分的孔压，在变形分析中视为输入数据。超孔压是由于不排水行为［不排水（A）、不排水（B）或低渗透性材料］导致的结果，并受到由加卸载引起的应力变化的影响，以及水力条件（突然）变化和固结过程的影响。

下面简略介绍与孔压相关的各种变量，在 PLAXIS 输出程序的“应力”菜单下可查看这些量，大多数变量可以等值线、云图或等值面等形式查看。虽然孔压没有主方向，但“主应力”选项仍可用于查看模型内部的孔压。此时，线的颜色表示孔压的量值，方向与 x、y、z 坐标轴方向一致。

1）地下水头：地下水头是孔隙水压力的一种指定方式，等于自由水面的顶标高。

2）激活孔压：是总应力中的孔隙压力那部分。在饱和土中，激活孔压等于孔隙水压力。在非饱和土中，激活孔压为有效饱和度与孔隙水压力的乘积。

3）孔隙水压力：土体孔隙中的水压力由稳态孔压和超孔压组成。大多数情况下，孔隙水压力为负值（压力）。不过，由于毛细作用或不排水卸载，有可能引起正值孔压（吸力）。

4）稳态孔压：长期稳定的那部分孔隙水压力视为变形分析的输入数据。得到稳态孔压有两种方法，基于潜水位和类组的相关孔压定义直接生成孔压，或者进行地下水稳态渗流计算生成孔压。在完全流固耦合分析中，稳态孔压是根据计算阶段末的水力边界条件进行稳态渗流计算得到的。如果勾选了“忽略吸力”选项，则稳态孔压将只包含负值孔压。

5）超孔压：不固定的那部分水压力是不排水行为［不排水（A）、不排水（B）或低渗透性材料］引起的结果，受到加卸载引起的应力变化以及水力条件（突然）变化和固结过程的影响。在完全流固耦合分析中，超孔压为计算的孔隙水压力和稳态孔压之间的差值。后者是根据计算阶段末的水力边界条件进行稳态渗流计算得到的。即便是在勾选了“忽略吸力”选项的前提下，仍然可能由于不排水卸载，出现正值（吸力）超孔压。

6）超孔压极值：截至选定计算步之前的整个计算阶段中的最大和最小超孔压。

7）每个阶段的孔压变化：从某阶段初始至选定计算步中激活孔压的变化。

8）吸力：所有正的孔隙水压力（拉力）。吸力可以是由于毛细作用（如果未勾选“忽略吸力”选项，则包含在稳态孔压中）或不排水卸载（包含在超孔压中）引起的。

9）有效吸力：所有正的激活孔压（拉力）。当乘上摩擦角的正切时，有效吸力表示土中的某种“假黏聚力”。

9.3.7 地下水渗流

当采用地下水渗流计算生成孔压分布时，在“输出”程序中除了可以显示孔压分布外，

还可以通过“应力”菜单下的“地下水渗流”选项查看单元应力点上的特定流量，以及地下水渗流的各个分量（$|q|$，q_x，q_y）。

在工具栏中选择相应选项可以通过矢量箭头、等值线或云图等形式查看渗流场。当以箭头显示特定流量时，箭头的长度表示特定流量的大小，箭头的方向表示流动方向。

1）饱和度。PLAXIS 的渗流模块可以计算承压渗流和无压渗流问题的孔压分布。无压渗流计算的主要目标是确定自由潜水面位置及渗流面相关长度。此时，孔压与饱和度之间满足一定关系。在地下水渗流计算中会计算这两个量并可在“输出”程序中显示。

饱和度在潜水位以下通常为100%，在潜水位以上一定区域内衰减为残余饱和度。注意，当计算中忽略吸力时，残余饱和度为零。饱和度仅可按等值线或云图输出。

2）有效饱和度。有效饱和度可作为 Bishop 系数用于定义 Bishop 应力以及计算土体重量。有效饱和度即可按等值线或云图输出。

3）相对渗透性。相对渗透性可通过“$Permeability_{rel}$”选项查看，仅可按等值线或云图输出。

9.3.8 热流

当采用热流计算生成温度分布时，在“输出”程序中除了可以显示温度分布外，还可以通过“应力”菜单下的“热流”选项查看单元应力点上的热流量，以及地下水渗流的各个分量（$|qt|$，qt_x，qt_y）。此外，对于部分孔隙水为气相（蒸汽）的部分饱和土，可以选择蒸汽通量以及其各分量（$|qv|$，qv_x，qv_y）。

热流量和蒸汽通量可以通过矢量箭头、等值线或云图等形式查看。当以箭头显示流量时，箭头的长度表示特定流量的大小，箭头的方向表示流动方向。

9.3.9 塑性点

“应力”菜单下的“塑性点”选项（按钮为“”）可给出处于塑性状态的应力点，在未变形的几何图形中显示。塑性点既可在2D网格中显示，也可以在剖面上的单元中显示。根据所发生的塑性类型，塑性点用不同形状和颜色的符号表示：

1）红色立方体（屈服点，Failure point）：表示落在屈服面上的应力点。

2）白色立方体（拉伸截断点，Tension cut-off point）：表示满足拉伸截断准则的点。

3）蓝色倒棱锥体（帽盖点，Cap point）：表示处于正常固结应力状态的应力点（主要为压缩），即当前实际应力状态与先期固结应力状态相同的应力点。只有当采用土体硬化模型（HS）、小应变土体硬化模型（HSS）、软土模型（SS）、软土蠕变模型（SSC）或修正剑桥模型（MCC）时才可能出现这一种塑性点。

4）棕色菱形体（帽盖+硬化点，Cap + Hardening point）：表示处于剪切硬化和帽盖硬化面上的点。这些塑性点只在使用 HS 或 HSS 模型时才可能出现。

5）绿色棱体（硬化点，Hardening point）：表示处于剪切硬化面上的点。这些塑性点只在使用 HS 或 HSS 模型时才可能出现。

塑性点对于检查网格模型的大小是否满足要求特别有用。如果塑性区发展到了网格的边界（在对称模型中超出对称面），那意味着当前的网格模型范围偏小，应加大模型边界范围重新计算。

在“应力”菜单下选择“塑性点”选项，会弹出“塑性点”对话框（见图9-5），用户可选择显示哪类塑性点。如果勾选了“弹性点”选项，所有其他类型的应力点将显示为紫色菱形体“◆”。

默认情况下模型中的精确和不精确的塑性点都显示。在“塑性点”对话框中勾选相应选项，则可仅显示不精确的塑性点。不精确的塑性点是指那些局部误差超过容许误差的点。

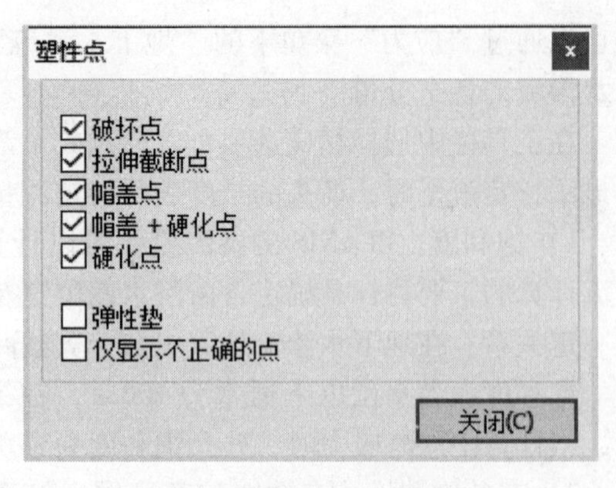

图 9-5 “塑性点”对话框

提示：“应力”菜单下的“塑性点历史”选项可以显示从计算一开始到当前计算阶段的整个计算过程（取决于特定的准则如屈服、拉伸截断等）中曾经达到过塑性状态的那些点。

9.3.10 锚定杆

在“应力”菜单下选择“锚定杆”选项，会弹出表格窗口显示模型中锚定杆的位置坐标、轴力、旋转角和等效长度。

9.3.11 点对点锚杆

在“应力”菜单下选择“点对点锚杆”选项，会弹出表格窗口显示模型中点对点锚杆的节点位置坐标和轴力。

9.3.12 井

在“应力”菜单下选择“井”选项，会弹出表格窗口显示模型中的井的位置坐标、井的流量和定义的最小水头。

9.3.13 排水线

在“应力”菜单下选择“排水线”选项，会弹出表格窗口显示模型中的排水线的位置坐标、总流量和定义的水头。

9.4 结构和界面

在“输出”程序中显示几何模型时，默认会同时显示结构（即锚杆、Embedded beam row、土工格栅和板）和界面，如果没有显示，可从绘图区左侧的“模型浏览器”中勾选“结构”或“界面”前面的“眼睛”来使其显示（见图9-6）。

单击“选择结构”按钮“⊢”，然后在2D模型中双击某个结构对象，会自动打开一个新窗口显示选中的结构对象的计算结果，同时该窗口中的菜单也会根据显示的对象而有所变化。

所有属于同一局部坐标系的同一类型的对象会自动选中。如果需要选择同一类型的多个对象或多组对象，在选择时应按住〈Shift〉键，并在选择最后一个对象时双击。如果要一次将模型中同一类型的所有结构对象都选中，可同时按住〈Ctrl〉+〈A〉选择对象。如果要选中一个组里的一个或多个单元，可按住〈Ctrl〉键同时逐一选择结构。

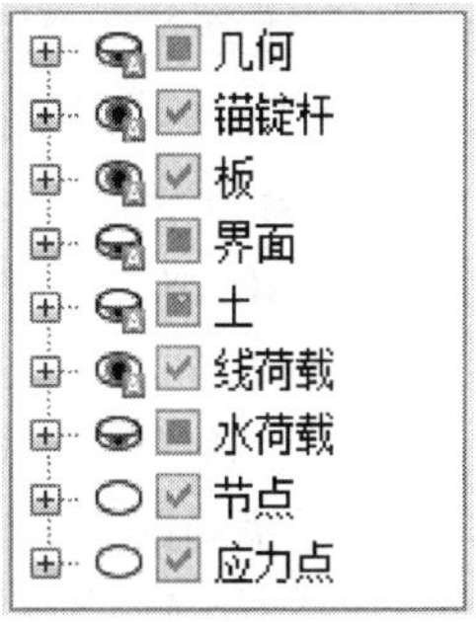

还有一种方法可一次选中同一类型的多个结构对象，单击“拖曳窗口选择结构”按钮“ ”，然后在模型中拖划矩形区域，则可将位于所划矩形区域中的结构选中。

几何
锚锭杆
板
界面
土
线荷载
水荷载
节点
应力点

图9-6 “输出”程序中的“模型浏览器”

9.4.1 结构和界面的变形

在单独显示结构单元结果的新窗口中，可从“变形”菜单下选择查看结构单元的变形。用户可选择“总位移”“阶段位移”或“增量位移”选项，在每一选项下还可进一步选择位移矢量$|u|$、各总位移分量u_x和u_y。另外还可以查看结构单元沿局部坐标轴方向的变形，用户可选择“总局部位移”“阶段局部位移”或“增量局部位移”选项，在每一项下可进一步选择各位移分量u_1和u_2。

对“板”可用“旋转”选项显示选中的板在全局坐标系下的“总转角（旋转）”和“阶段转角（Δ旋转）”。

对于界面的变形可用“相对总位移”“相对阶段位移”和“相对增量位移”等选项来显示。相对位移是指节点对之间的位移差值，这些选项可用于查看界面上是否发生了塑性剪切。

9.4.2 板的内力

在“输出”程序中单独显示模型中的板单元之后，可在“力”菜单下选择“轴力N”“剪力Q”和“弯矩M”等选项查看板的内力。对于轴对称模型，“力”菜单下还包括平面外方向上的力（环向力N_z，单位为力/长度）。沿板的平面内长度进行环向力积分得到总环向力。所有这些力都表示计算步结束时的实际受力。

除了实际受力之外，PLAXIS还保存了所有连续计算阶段中的最大和最小力，可通过顶部工具栏中的“分布包线”按钮“ ”来查看这些力。

板的轴向力或环向力以受拉为正，受压为负，如图9-7所示。

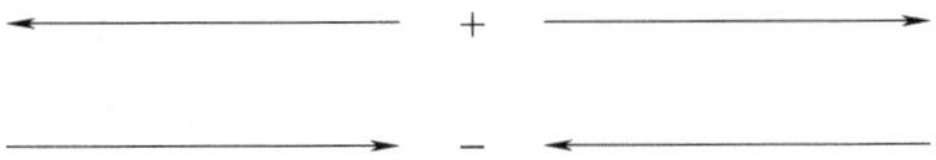

+

−

图9-7 板单元轴向力和环向力符号规定

如果模拟圆形隧道（钻孔隧道），且对隧道衬砌施加了“收缩”，则在输出图的标题中会显示“总实现收缩”和“实现收缩增量”。

从“查看”菜单下选择“局部坐标系”选项，可显示板的局部坐标系（局部坐标轴1，2）。局部第1和第2坐标轴方向位于板平面内，局部第3坐标轴方向垂直于板平面。

1）“轴力 N_1” 表示沿板的局部第1坐标轴方向的轴力（见图9-8b），“轴力 N_2” 表示沿局部第2坐标轴方向的轴力（见图9-8c）。

2）“剪力 Q_{12}” 表示板的平面内剪力（见图9-9a），“剪力 Q_{13}” 表示过局部第1坐标轴垂直板平面的剪力（见图9-9b），“剪力 Q_{23}” 表示过局部第2坐标轴垂直板平面的剪力（见图9-9c）。

3）“弯矩 M_{11}” 表示绕局部第2坐标轴方向弯曲引起的弯矩（见图9-10b），“弯矩 M_{22}” 表示绕局部第1坐标轴方向弯曲引起的弯矩（见图9-10c）。

4）“扭矩 M_{12}” 表示与横向剪力对应的弯矩（见图9-10a）。

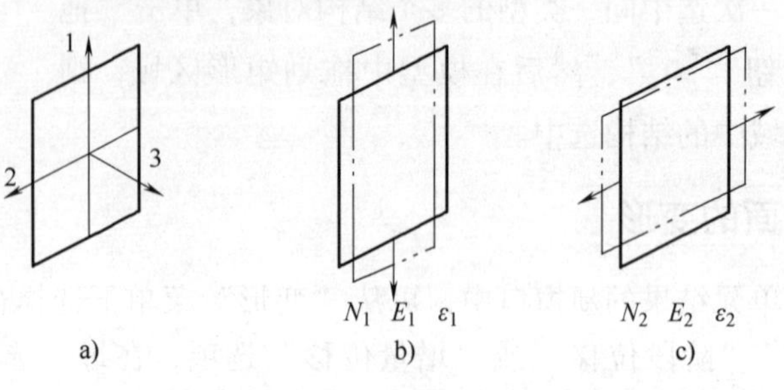

图9-8　板和土工格栅的正轴力

a）板局部坐标系　b）轴力 N_1　c）轴力 N_2

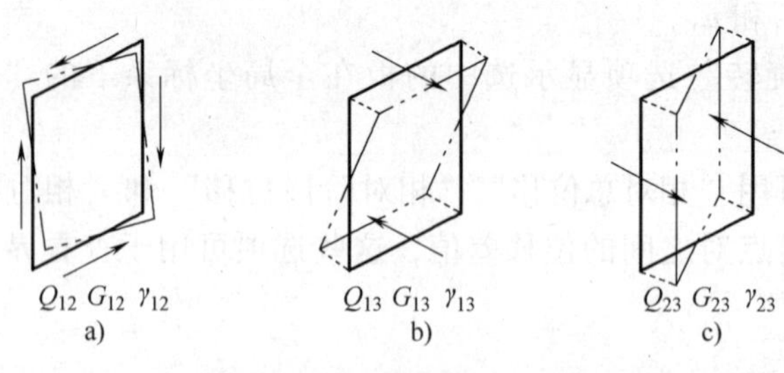

图9-9　板的正剪力

a）剪力 Q_{12}　b）剪力 Q_{13}　c）剪力 Q_{23}

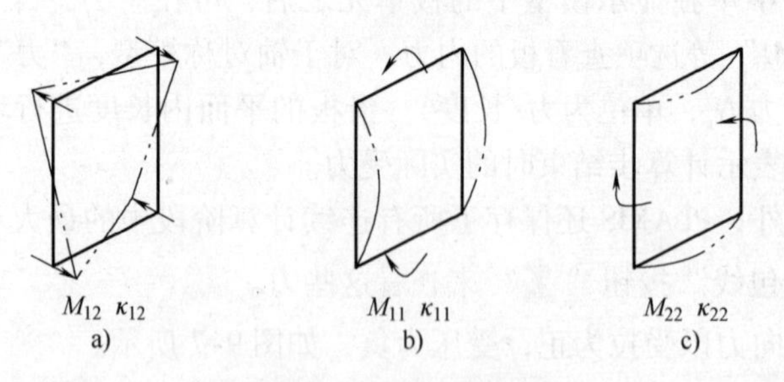

图9-10　板的正弯矩

a）扭矩 M_{12}　b）弯矩 M_{11}　c）弯矩 M_{22}

9.4.3　土工格栅的内力

在“输出”程序中单独显示模型中的土工格栅后，在“力”菜单下可选择“轴力”选项查看土工格栅的内力。土工格栅的内力总是为正（受拉），土工格栅单元不允许受压。

除了实际受力之外，PLAXIS 还保存了所有连续计算阶段中的最大和最小力，可通过顶部工具栏中的“分布包线”按钮“ ”来查看这些力。

9.4.4 Embedded beam row 的内力

在“输出”程序中单独显示模型中的 Embedded beam row 后，在“力”菜单下可选择“轴力 N”“剪力 Q”“弯矩 M”“侧摩阻力 T_{skin}”（沿桩身轴线方向）、“横向力 T_2”最大剪应力“T_{max}”和相对剪应力“T_{rel}”。后四项与桩土相互作用有关。

> **提示：**“查看”菜单下的“局部坐标轴”选项可用于显示桩体的局部坐标系。

桩土相互作用力根据特殊的界面单元获得，该特殊界面单元是在 Embedded beam row 单元与周围土体单元之间自动建立的。“侧阻力 T_{skin}”与沿桩轴向的桩土相对位移有关，单位为“力/单位桩长/平面外单位宽度”。该力受限于在 Embedded beam row 材料数据组中定义的侧摩阻力。

“相互作用力 T_2”与垂直桩轴线沿局部第 2 坐标轴方向的相对位移有关，单位为“力/单位桩长/平面外单位宽度”。

“最大剪应力 T_{max}”是在材料数据组中定义的极限值。“相对剪应力 T_{rel}”表明应力点向屈服面的趋近程度。

“桩底反力 F_{foot}”通过桩底（桩尖）与周围土体沿桩轴向的相对位移来获得，单位为“力/平面外单位宽度”。该桩底反力在“轴力 N”视图中显示，受限于在 Embedded beam row 材料数据组中定义的桩端反力值。

除了实际受力之外，PLAXIS 还保存了所有连续计算阶段中的最大和最小力，自开始至当前计算步的最大和最小值可通过顶部工具栏中的“分布包线”按钮“ ”来查看。

9.4.5 锚定杆的内力

锚杆（锚定杆和点对点锚杆）结果的输出仅包括锚杆的内力（在点对点锚杆的节点上），单位为“力”。在模型中双击锚杆单元，会弹出表格窗口显示锚杆轴力。程序显示的是在所有连续计算阶段中点对点锚杆曾经受到的轴力的最大值和最小值。

9.4.6 界面的应力

界面单元由节点对构成，即在一个位置坐标上有两个节点：一个在“土体”侧，一个在“结构”侧或其他“土体”侧。在“模型浏览器”中将界面目录左侧的“眼睛”设为张开即可显示模型中的界面单元。在输出程序的显示区中双击界面单元，会自动打开新窗口输出界面的结果。界面的输出结果包含变形和应力。

在“输出”程序中单独显示模型中的界面后，可在“界面应力”菜单下查看有效应力 σ'_N、总应力 σ_N、剪应力 τ、相对剪应力 τ_{rel}、稳态孔压 p_{steady}、超孔压 p_{excess}、激活孔压 p_{active}、孔隙水压力 p_{water}、有效饱和度 S_{eff}、吸力、有效吸力和地下水头。有效法向应力表示垂直于界面的有效应力。注意，压力为负。“相对剪应力 τ_{rel}”表示应力点向屈服面的趋近程度，可定义为

$$\tau_{\text{rel}} = \frac{\tau}{\tau_{\max}} \tag{9-12}$$

式中　$\tau_{\max}$——当前有效法向应力条件下根据库仑破坏准则计算得到的剪应力最大值。

9.4.7　接触的输出结果

在“项目”菜单下选择“连接信息”选项，就会显示模型中的“连接”的结果，显示的信息窗口示例如图 9-11 所示。

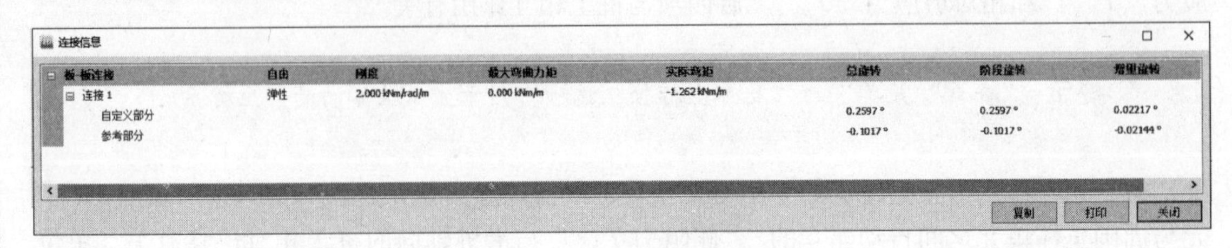

图 9-11　旋转弹簧中的弯矩

9.4.8　实体中的结构内力

对于采用实体单元模拟的结构，虽然实体单元中只计算了应力，但可以通过“输出”程序的“工具”菜单下或工具栏中的“实体中的结构内力”选项，查看规则形状（矩形或锥形）中的结构内力（弯矩 M、剪力 Q 和轴力 N）。例如，当采用实体单元（赋予其混凝土材料参数）模拟一根桩时，就可以通过该选项来直接输出这根桩的内力。

> **提示：** 结构内力是通过沿剖面线两侧一定区域内的应力点进行积分的结果。类似涵洞的结构可视为一些规则结构的组合。当考察子部分之间的连接中的结构力时应特别注意。

1. 创建剖面线

当使用“实体中的结构内力”选项时，应通过实体结构面积中心沿纵向画一条剖面线。选择该选项后，会自动激活工具栏中的“绘制中心线”选项（按钮为“ ”）并弹出“中心线上的点”对话框（见图 9-12）。

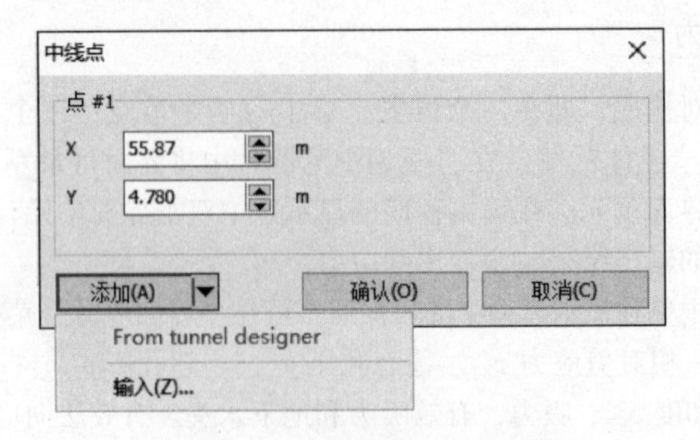

图 9-12　“中心线上的点”对话框

剖面线可由几条线段组成，这些线段的端点可以通过在模型中单击来定义，也可以在“中心线上的点”对话框中输入坐标来定义。此外，还可以通过“导入”来定义中心线上的点，或者通过“从隧道设计器”选项来添加。要结束中心线的定义，可以单击“中心线上的点”对话框中的“确认”按钮，或者从右键菜单中选择“结束”选项。程序会自动计算结构内力并沿中心线显示。

剖面线上的结构内力，基于垂直于剖面线的应力积分进行计算。应力积分范围受到一个半径的限制。剖面上各点的默认积分范围，是通过与剖面线所经单元具有相同材料数据组的单元来定义。当然，用户可以重新定义这个范围（见下文）。

2. 修改应力积分范围

通过指定从中心线向外扩展的距离，可以修改应力积分范围。积分计算的初始范围是由剖面线（中心线）到最近的一个不同材料类组的距离定义。

在侧边工具栏中单击“编辑半径”按钮“”，在模型中会以透明绿色区域显示应力积分范围，如图9-13所示（见书后彩色插页）。

在高亮区域上单击并拖动鼠标，可以修改应力积分范围，如图9-14所示（见书后彩色插页）。

注意，拖动位置会影响积分范围。如果在中心线起点或终点的附近拖动鼠标，将只有拖动位置处的半径（起点半径或终点半径）发生改变，这适用于锥形结构。如果在中心线中点附近拖动鼠标，则两端点处的积分范围、半径都会改变。

另外，如果在中心线上双击，会弹出“编辑半径”对话框，可以精确指定半径的大小（见图9-15）。如果要删除剖面线，可在模型上右击，从弹出菜单中单击“线”选项，继而选择“全部清除”。

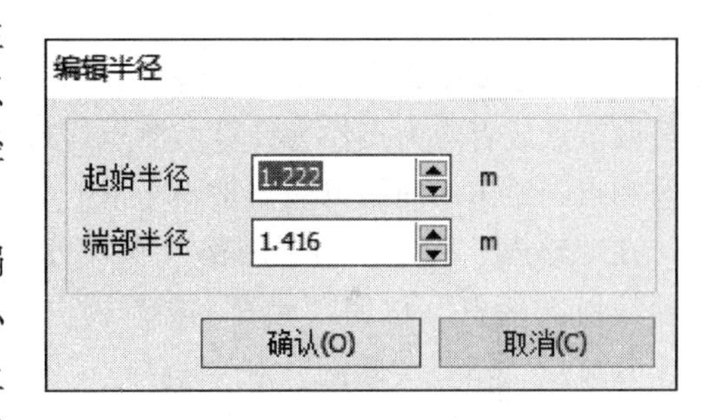

图9-15 “编辑半径”对话框

提示： 可以通过“生成动画”功能来查看实体中的结构力在不同计算阶段中的变化。

第10章 曲　线

PLAXIS 2D“输出”程序中的“曲线管理器”可用于生成模型中某个点的计算结果随计算步的变化曲线。通过该工具可以生成荷载-位移曲线、力-位移曲线、应力路径曲线、应变路径曲线、应力-应变曲线和时间相关曲线。本章主要介绍如何生成这些曲线以及对曲线格式的设置。

10.1 选择曲线点

要分析模型中某个部位的某种计算结果在计算过程中的发展变化情况，需在模型中该部位选取节点或者应力点作为计算监测点。最好是在计算之前选取监测点，若在计算完成后选取监测点则绘出的曲线可能非常不平滑。

在“输入”程序中的“网格”和“分步施工”模式下，从侧边工具栏中单击“选择生成曲线所需的点”按钮“”或者从“工具”菜单中选择该选项，会自动启动“输出”程序并显示“单元关联图”和“选择点”窗口。具体选择过程见第10.1.1节。

提示：在计算开始之前选择生成曲线所需的点与在计算完成后再选择点是有所不同的，具体差别详见第10.1.2和10.1.3节。

10.1.1 网格点选择

单击“选择生成曲线所需的点”按钮“”后，在2D模型中可直接单击选择节点和应力点，前提是当前模型视图中“节点”和/或“应力点”可见。

利用“几何”菜单下的“部分几何模型（过滤器）”选项或者侧边工具栏中的“隐藏土体”按钮“”，可以减少可见的节点和应力点的数量。

在“选择点”对话框中（见图10-1），可以输入监测点的具体坐标，然后单击“搜索最近点”按钮，程序会在对话框下方列出离所输入坐标最近的节点和应力点的编号。节点和应力点还可以通过其ID号选择。在列出的节点或应力点中勾选其前面的复选框，则选中该点，并列于对话框上方。

要取消已选中的点，在窗口上方选中该点并单击“删除”或者在模型中再次单击该点，

则取消选择该点。

提示： 当选择了“选择生成曲线所需的点”选项但“选择点”对话框已关闭时，可在“工具”菜单下单击“网格点选择”选项，重新显示“选择点”对话框。

如果重新生成了有限元网格（加密或者调整之后），节点和应力点的位置会发生改变。于是，已选中的节点和应力点可能已在完全不同的位置上了，因此重新生成网格后需重新选择节点和应力点。

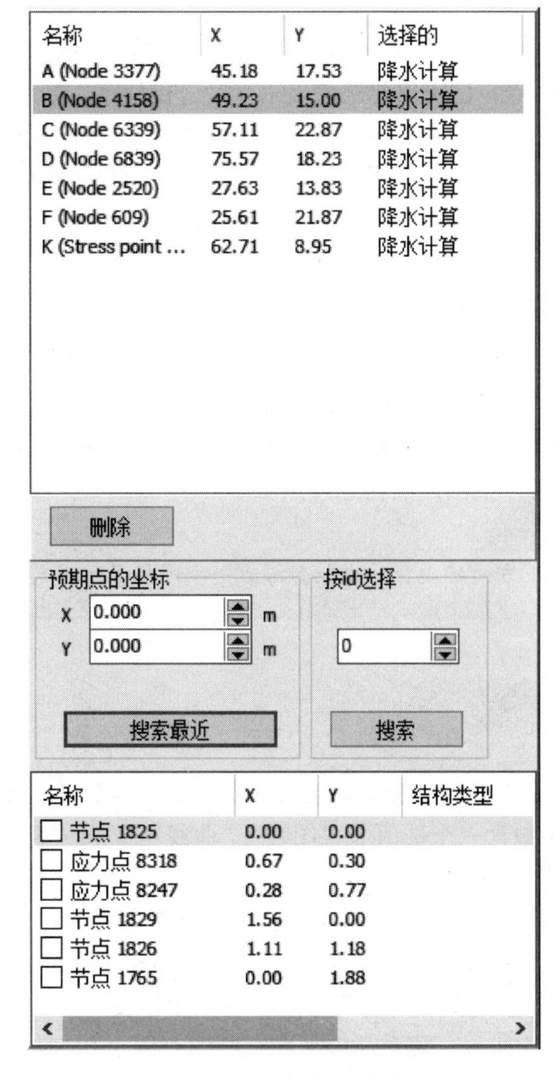

图 10-1 “选择点”对话框

10.1.2 计算前选择点

在计算阶段定义完成后，开始执行计算前，可选择一些点用来生成荷载-位移曲线或者应力路径曲线。在计算过程中，程序会单独保存这些点的所有计算步的信息，这样能够绘制出比较平滑细致的曲线。

提示： 计算前选择的监测点，能够保存其应力和应变在计算过程中的详细数据，但对于结构内力和状态参数，则即便在计算开始之前选择监测点也不能保存计算过程中的数据。

10.1.3 计算后选择点

如果没有为生成曲线选择节点和应力点就开始执行计算，程序会提示用户选择监测点。此时用户可以去选择监测点，也可以忽略该提示直接进行计算。如果没有选择监测点就开始计算，用户仍然可以在计算完成之后再选择点来生成荷载-位移曲线或者应力-应变曲线，只是此时生成的曲线中只会包含已经保存的计算步的信息，而程序默认只保存每个计算阶段的最后一个计算步的结果，所以该曲线精确性会比较差，非常不平滑，跳跃性很大。要生成更加精确细致的曲线，需在计算前增大“储存的最大步数”的值。

选中的监测点（节点或应力点）的可用信息取决于在“输出”程序中选择的视图。在“模型”视图（“ ”）中选择的点可用于生成与土体单元中的位移、应力、应变和状态参数等相关的曲线。“模型”视图是“输出”程序中的默认视图。在“结构”视图（“ ”）中选择的点，可用于生成与结构内力相关的曲线。需先选择结构再选择结构上的点，应选中结构并双击，显示“结构”视图之后再选择点。

提示： 在显示区下方的标题栏的左侧会给出一个图标显示当前激活视图的类型。

10.2 生成曲线

从“工具”菜单选择“曲线管理器”选项或者单击工具栏中的相应按钮“ ”，弹出“曲线管理器”对话框，包含三个选项卡“图表”“曲线点”和“选择点”（见图 10-2）。

“图表”选项卡会列出当前项目中已经生成并保存的图表。“曲线点”选项卡则列出生成曲线选择的点及其坐标。此处所列既包含计算之前选择的点，也包含计算之后选择的点。如果选择了结构上的点，还会列出结构的类型和相应的结构单元编号。

打开“曲线管理器”后，在“图表”选项卡左下角单击“新建”按钮，会弹出“曲线生成”对话框，如图 10-3 所示。该对话框下左右两侧有两个相似的组框，里面包含用于生成曲线的各种数据，左侧一组作为曲线的 x 轴数据，右侧一组作为 y 轴数据。用户需为 x 轴和 y 轴分别指定表示哪个变量。首先，需确定每个轴显示的数据是否与一般项目或某个已选节点或应力点相关。曲线生成窗口中的目录树会进一步显示在所选数据类型下的所有可用变量。单击目录名称前面的“ ”符号，即可展开该目录树。如果勾选了“反向符号”选项，会将 x 轴数据或 y 轴数据分别乘上 -1。定义好两组变量并单击“确认”按钮，会在一个新的图表窗口中显示生成的曲线。

与计算步相关的 x 轴变量和 y 轴变量的数值构成了曲线上的点。曲线点的数量为有效计算步数再加上 1，与计算步 0 对应的第一个曲线点作为 1 号点。

图 10-2 “曲线管理器”对话框

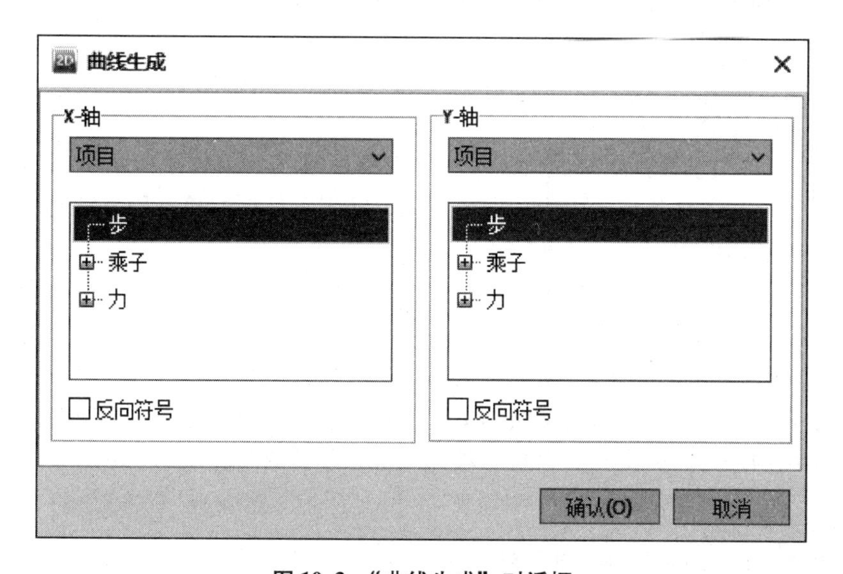

图 10-3 “曲线生成”对话框

提示： 当在计算完成后选择点生成曲线，则曲线中仅包含保存的计算步的信息。每个计算阶段保存的计算步数由“阶段”窗口中“数值控制参数”目录下的“储存的最大步数”选项确定。对于计算之前选择的点，则会保存所有计算步数据，均可用于生成曲线。

10.2.1 荷载-位移曲线

荷载-位移曲线可用于观察模型中施加的荷载与其在某点引起的位移之间的关系。一般用 x 轴表示某点的位移（变形），用 y 轴表示荷载水平。荷载水平与 $\sum M_{stage}$ 有如下关系：施加的荷载 = 前一阶段施加的总荷载 + $\sum M_{stage}$ ·（当前阶段施加的总荷载 - 前一阶段施加的总荷载）。当然，还可以生成其他类型的曲线。

要选择某个“位移”变量，需先在下拉列表中选择一个节点并从相应的“变形”子目录树中选择一个位移变量，可以选择总位移矢量（$|u|$），也可以选择某一个位移分量（u_x、u_y 或 u_z）。位移以长度单位表示，即在“输入”程序的“项目属性”窗口中指定的长度单位。

如果 y 轴变量定义为乘子，那么需在下拉列表中选择“项目”选项，因为荷载系统的激活与模型中的点无关。首先选择一个荷载系统，由“乘子”子目录树下的相应乘子表示。注意，该“荷载”不是以应力或力的单位表示，而是以乘子的值表示，所以没有单位。要得到实际荷载，需将该乘子的值乘上在分步施工中指定的输入荷载。

“孔压”也可以在曲线中表示，通过节点或应力点都可以得到该变量。在“应力”目录树下的“孔压”子目录树中可选择 p_{active}、p_{steady} 或 p_{excess}。孔压以应力单位表示。

如果在计算中激活了非零指定位移，程序会计算由该指定位移引起的 x、y 方向的反作用力并作为输出参数保存。这些力的分量也可用于生成荷载-位移曲线，在“项目”选项下的“力”子目录树中选择相应的力的分量即可。在平面应变模型中，“力”的单位为“力/单位弧度”。因此，要计算圆形基础在指定位移下的总反力，需将程序输出的 F_y 乘上 2π。

10.2.2 力-位移曲线

力-位移曲线可用于查看结构内力的发展与模型中某点的位移之间的关系。只有计算后选择的点才可进一步选择其结构内力项。一般用 x 轴表示某点位移，用 y 轴表示相应的结构单元某节点处的结构内力。

要用 x 轴表示位移，需先选择节点，然后选择位移类型，该位移既可以是位移向量的长度（$|u|$），也可以是单个位移分量（u_x、u_y 或 u_z）。位移以长度单位表示，即在“输入”程序的“项目属性”窗口下指定的长度单位。

要用 y 轴表示结构内力，需先在结构单元上选择节点，然后选择“结构内力”的类型。可选的内力与结构单元的类型相关，包括轴力 N、剪力 Q 或者弯矩 M。对于界面，可以选择各种界面应力。

10.2.3 位移-时间或力-时间曲线

时间相关曲线对于土体的时间相关特性对计算结果有重要影响的情况下（如：固结和蠕变）非常有用。此时，一般用 x 轴表示时间，y 轴表示某点的位移分量、应力分量、结构内力或温度。需先选择“项目”选项，继而选择“时间”项。“时间”以“输入”程序的“项目属性”窗口中指定的时间单位表示。

除了以时间为 x 轴外，还可以计算步数（Step）作为 x 轴，对于时间相关的计算也比较有用。在对这样的曲线进行解释时需要注意，在计算过程中由于使用自动荷载步算法，计算步长可能发生变化。

10.2.4 应力-应变曲线

应力-应变曲线可用于查看土体中某应力点的应力（应力路径）、应变（应变路径）或应力-应变特性的发展变化情况，这类曲线可用于分析土体中的局部特性。应力-应变曲线表示在所选土体本构模型下土的理想化特性。由于土的行为是应力相关的，土体本构模型中并没有将所有的应力相关特性考虑进去，所以应力路径可用于检验已选模型参数的有效性。

首先选择一个应力点，然后在“应力”或“应变”目录树中选择一个变量。“应力”菜单下的所有标量都可选择。但是，“状态参数”选项仅对计算结束后选择的应力点可用。在“变形”菜单下的所有应变标量都可选择。对主方向分量的描述一般指的是“绝对值”，因为一般法向应力和应变分量为负值（受压为负）。应力分量用应力的单位表示，应变则没有单位。

10.2.5 动力计算中的曲线

如果项目中执行了动力计算，则“曲线生成”窗口会有所不同。常规的选项卡与没有动力计算时的选项卡相似，但此时在坐标轴下拉列表中选择“项目”后，“时间”目录下会多出一个“动力时间”选项。选择一个点后，可在“变形”目录下选择“速度”“加速度”和“加速度（以'*g*'为单位）”，如图10-4所示。

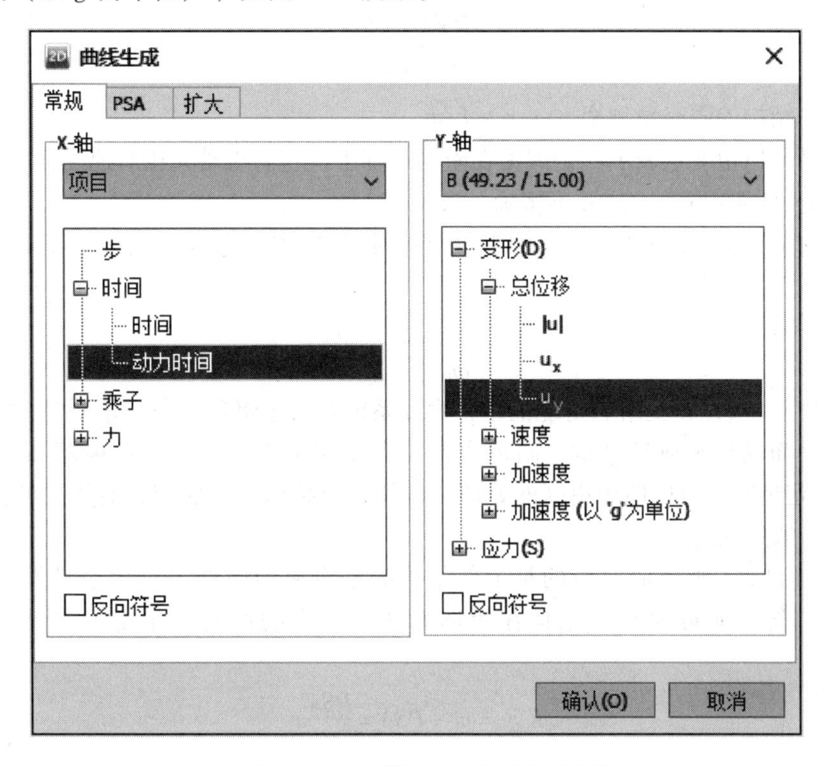

图10-4 动力计算“曲线生成”对话框

1. *PSA* 频谱

在地震过程中，土体振动会导致上部结构产生强迫振动。结构物可以简化为单自由度（SDOF，Single Degree Of Freedom）系统，即由集中质量 m，刚度 k 和阻尼比 ξ 组成的简化模型。由结构单元引起的耗散通过与速度相关的黏性部件来模拟（见图 10-5）。

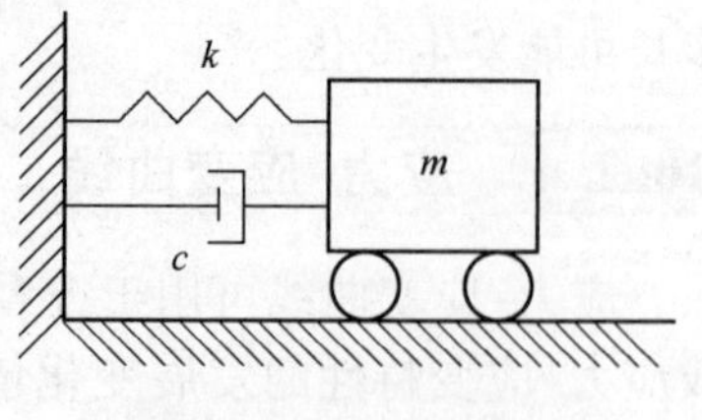

图 10-5　单自由度系统

地震动的动力方程如下

$$m\ddot{u}+c\dot{u}+ku=-m\ddot{u}_g \tag{10-1}$$

式中，u、$\dot{u}$ 和 $\ddot{u}$ 分别表示质量相对地基的位移、速度和加速度；c 为阻尼系数；$\ddot{u}_g$ 为输入地震动。

阻尼系数 c 与 ξ 之间的关系式为

$$\xi=\frac{c}{2\sqrt{km}} \tag{10-2}$$

地震作用下单自由度系统的解 $u(t)$ 通过 Duhamel 积分得到，最大值用于显示相对位移响应谱。一般来说，响应谱为给定阻尼比条件下，同一地震作用对 k 值不同的单自由度系统的最大响应中心。最大响应可通过位移、速度或加速度的形式计算。相对位移响应谱 S_D 由下式给出

$$S_D=|u|_{max} \tag{10-3}$$

相对拟谱速度 *PSV* 和绝对拟谱加速度 *PSA* 与相对位移响应谱之间的关系如下

$$PSV=\omega_0 S_D \tag{10-4}$$

$$PSA=\omega_0^2 S_D \tag{10-5}$$

式中　ω_0——结构的固有角频率，$\omega_0=\sqrt{k/m}$。

PSV 和 *PSA* 以拟变量表示，是因为在阻尼系统中，它们与最大相对速度（$|\dot{u}|_{max}$）和最大绝对加速度（$|\ddot{u}+\ddot{u}_g|_{max}$）并不精确一致。

响应谱的 y 轴表示最大响应，x 轴表示固有周期 T，其中包含了结构刚度 k 和质量 m 的信息，即

$$T=\frac{2\pi}{\omega_0}=2\pi\sqrt{\frac{m}{k}} \tag{10-6}$$

通过改变 k，可以得到所有可能的单自由度系统在给定阻尼比条件下对特定振动信号的响应。对于钢筋混凝土典型结构，阻尼主要源自于无结构单元（如隔断墙），ξ 一般设为 5%。其他特定情况下可以使用更高的 ξ 值，例如，当结构基础底部设有阻尼器隔开时，导致响应谱中 y 值降低。

对于 *PSA* 谱，y 轴数值对应的是上部结构的基本振动周期，可用于计算结构底部的最大剪应力，等于质量为 m 的结构在所选 *PSA* 值给出的加速度作用下的最大内力（见图 10-7）

$$F_{max}=m\cdot PSA=\frac{PSA}{g}w \tag{10-7}$$

式中　g——重力加速度；

　　w——结构自重。

要生成响应谱，在“曲线管理器”下单击“新建”，然后在“曲线生成”对话框下选择 *PSA* 选项卡（见图 10-6）。在 *PSA* 选项卡下，可选择水平加速度（a_x）、竖向加速度（a_y）或加速度绝对值（矢量长度），然后需指定结构阻尼比 ξ 和结构最大固有周期 T。

某场地响应分析结束时地基水平上的拟加速度响应谱如图 10-7 所示。

曲线生成

常规 PSA 扩大

Y-轴

A (45.18 / 17.53)

数值

a_x

a_y

|a|

阻尼率 5.00 %

最大. 期 10.0 s

反向符号

确认(O) 取消

图 10-6 *PSA* 响应频谱生成

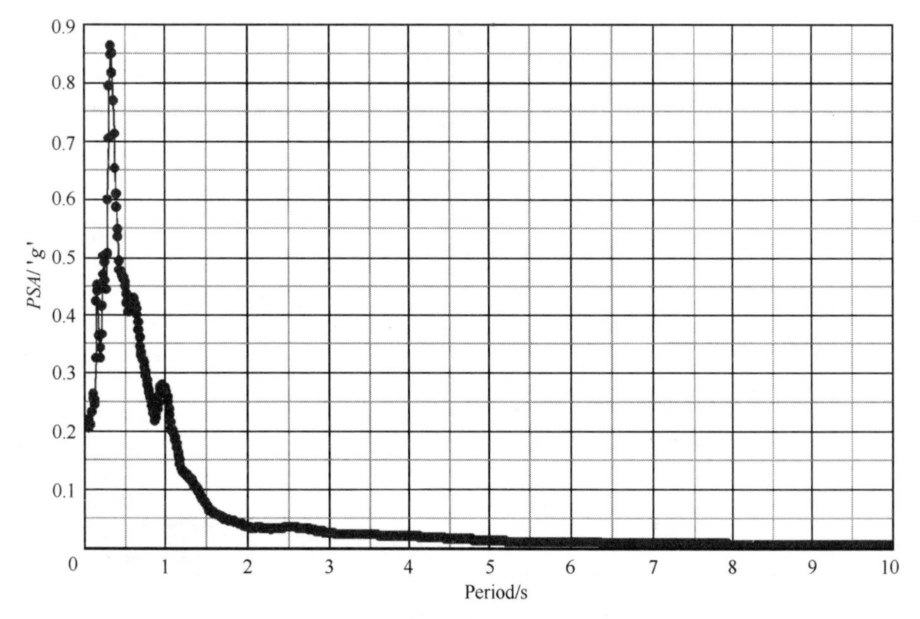

图 10-7 *PSA* 曲线

在 *PSA* 图基础上，可以确定卓越周期，即与 *PSA* 峰值相关的周期。在图 10-7 所示的 *PSA* 图中，卓越周期为 0.4s。如果结构的固有周期与卓越周期一致，则在指定土体条件和地震动作用下的结构产生共振，即系统振动的振幅非常大，将对建筑物造成严重损坏。

生成 *PSA* 谱之后，可以在"格式"菜单下选择"设置"，显示相对位移响应谱。打开"设置"对话框后，可以选择"图表"选项卡以及"相对位移响应谱"选项（见图 10-8）。相对位移响应谱图（见图 10-9）显示在给定阻尼比 ξ 条件下，基本自振周期为 T 的结构受地震作用能够产生的最大相对位移。

最大相对位移与刚度 k 的乘积表示最大等效静力，即产生与地震作用下的最大变形相同的变形所需的静力

$$F_{\max} = k \cdot S_{D} \tag{10-8}$$

将 *PSA* 谱与相对位移响应谱进行比较可以发现，对于低周期情况（刚性结构），位移接近为零。理想条件下，底部受加速度 $\ddot{u}_{g}(t)$ 作用的无阻尼完全刚性结构（$T=0$），质量随土体移动，即在结构底部质量没有相对位移（$|u|_{\max}=0$），拟谱加速度与最大绝对加速度一致，也与土体最大加速度一致（$|\ddot{u}+\ddot{u}_{g}|_{\max}=|\ddot{u}_{g}|_{\max}$）。

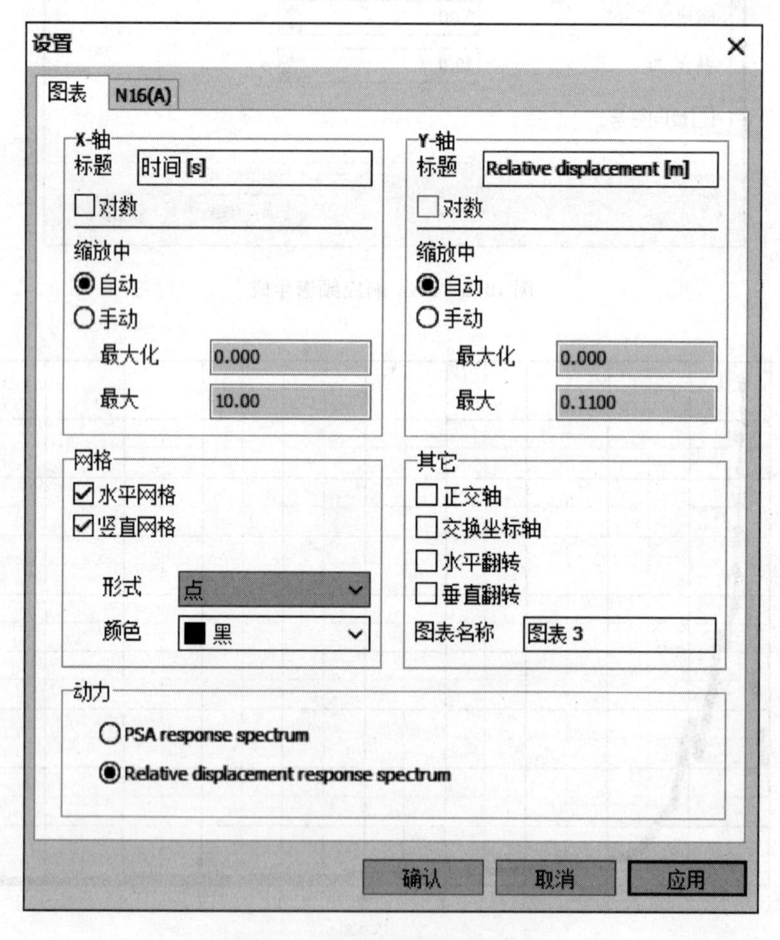

图 10-8　生成相对位移响应谱

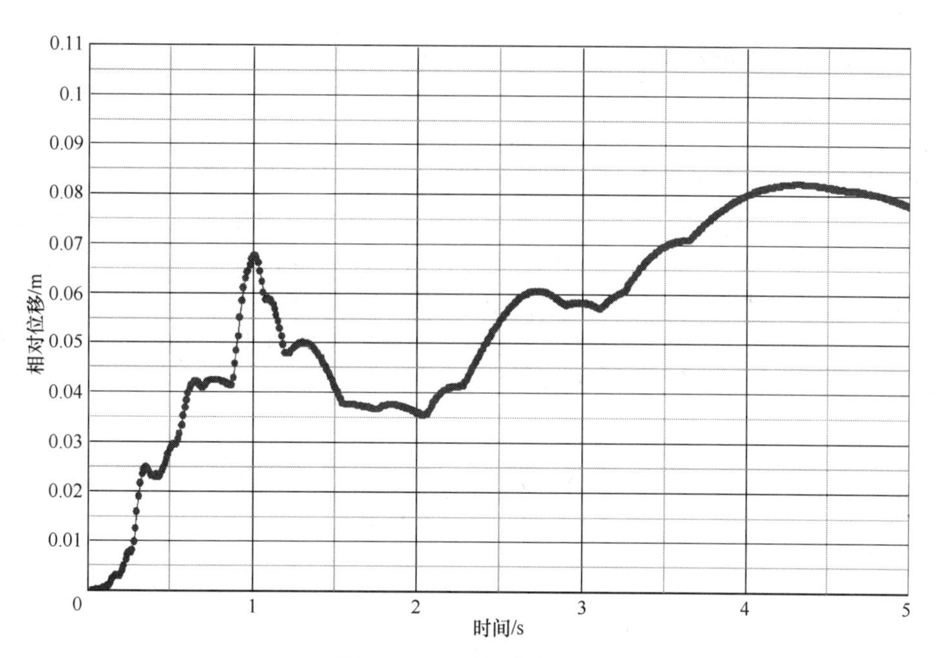

图 10-9　相对位移响应谱

增大周期，则 *PSA* 和相对位移都增大。当周期非常大时，最大加速度响应有减小趋势，甚至比所选水平上最大加速度还要低。相对位移则趋向于土体绝对位移。理想条件下，底部受地震动作用的无阻尼高度柔性结构（$T=\infty$），质量的相对位移与土体绝对位移一致。

2. 扩大

通过“扩大”选项卡，可显示模型中任一点（顶部）的加速度响应与施加输入荷载的那一点的加速度响应之比（见图 10-10）。该比例反映了在给定激励下某点处响应的放大率。

曲线生成
常规　PSA　扩大
Y-轴
顶部　A (45.18 / 17.53)
底部　B (49.23 / 15.00)
数值
a_x
a_y
|a|
确认(O)　取消

图 10-10　扩大频谱生成

3. 曲线从时域转换到频域

生成时间相关曲线后，可在“设置”对话框下的“图表”选项卡内（见图 10-11），采用快速傅里叶变换（Fast Fourier Transform，FFT）将其转换为频谱图。

对于“曲线生成”对话框下“常规”和“扩大”选项卡中生成的曲线，可选择“使用频率表示（谱）”选项，并从三种频谱［标准频率（Hz）、角频率（rad/s）或波动周期（s）］中选择一个，单击“确认”按钮，则已有的时间曲线转换为频谱曲线。在“图表”选项卡下取消选择“使用频率表示”，可重新生成原来的时间曲线。

对于“曲线生成”对话框下的“PSA”选项卡中生成的曲线，可选择“位移特性因子（Displacement response factor）”（见图 10-12）来显示位移随频率的变化。

提示： 要打开曲线“设置”对话框，可在图表上右击，从右键菜单中选择相应选项，或者从“格式”菜单中选择“设置”选项。

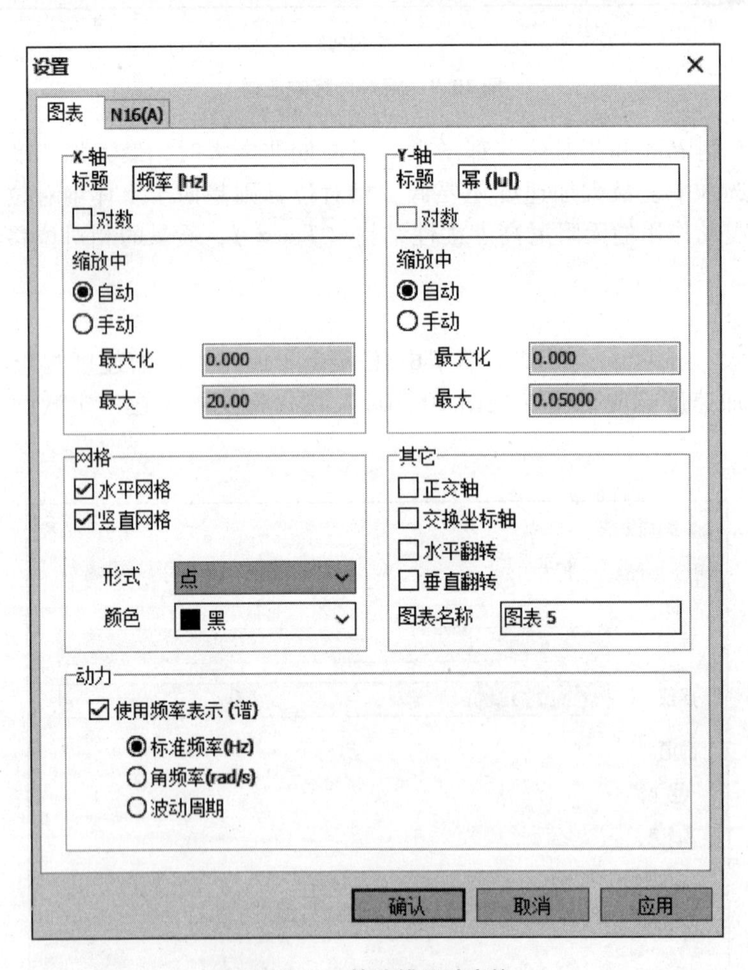

图 10-11 快速傅里叶变换

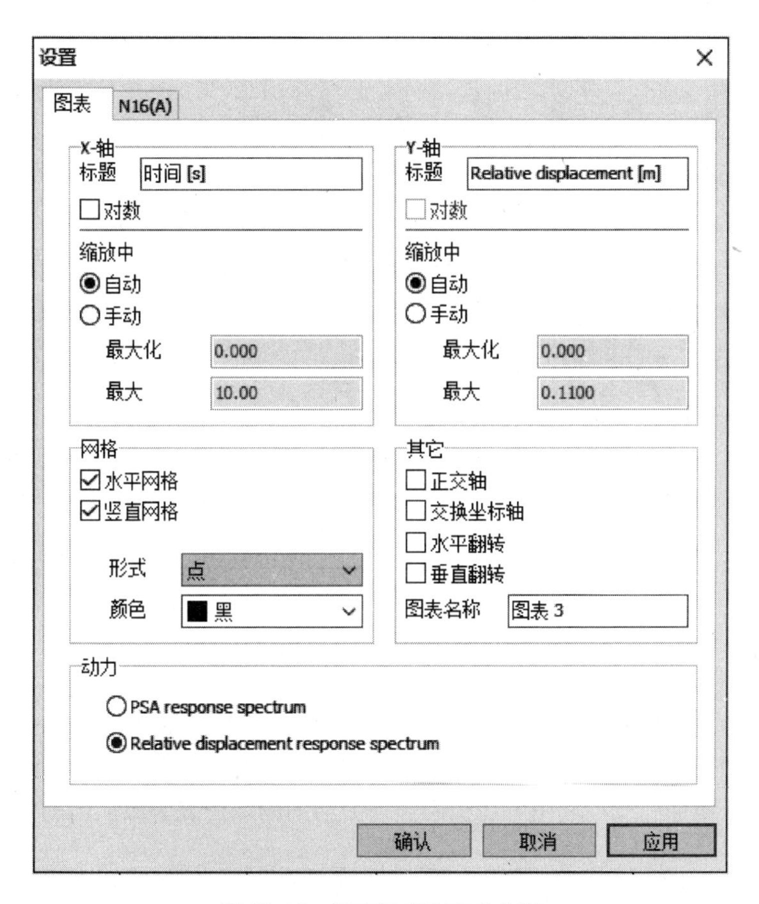

图 10-12　指定输出位移响应谱

10.3　曲线格式设置

生成一条曲线后，程序会自动打开一个新的图表窗口显示新生成的曲线。沿 x 轴和 y 轴显示生成曲线时所用的变量。默认在图表右侧显示图例，图例中会包含曲线名称，这个名称是随曲线一起自动生成的。在“输出”程序中通过“曲线管理器”创建的某曲线图如图 10-13 所示。

10.3.1　曲线菜单

当显示曲线时菜单栏中的菜单与普通“输出”程序的菜单稍有不同，下面详细介绍这些菜单和选项。

1. 文件菜单

“文件”菜单与“输出”程序中的基本相同，详见本书第 8.2.1 节。

2. 编辑菜单

注意，“编辑”菜单只有在显示曲线后才可用。编辑菜单下的选项可用于在当前图表中加入新的曲线。这些选项有：

1）复制：利用 Windows 剪切板将图表输出到其他程序中。

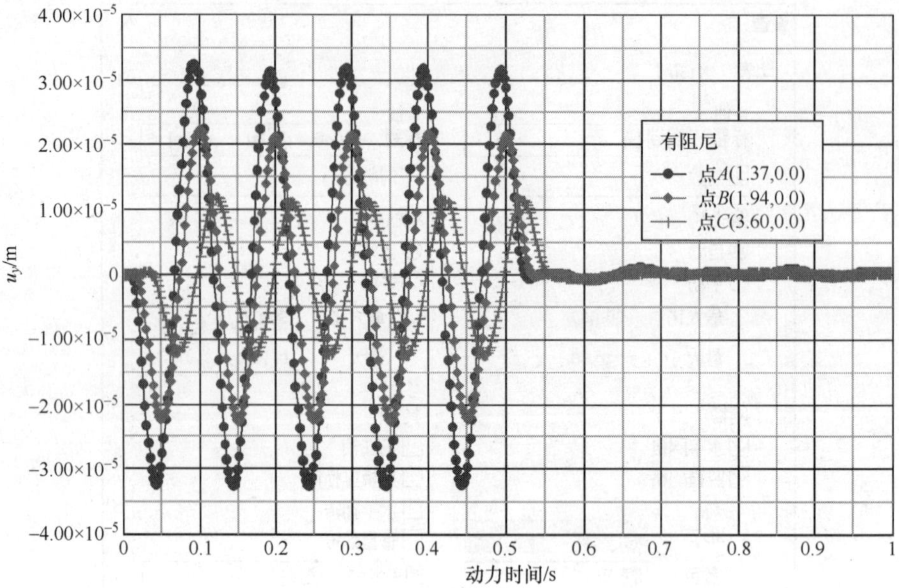

图 10-13 “输出”程序中的曲线

2）从当前项目添加曲线：从当前项目中添加新的曲线到当前激活的曲线图表中来。

3）从其他项目添加曲线：从其他项目中添加新的曲线到当前激活的曲线图表中来。

4）从剪切板添加曲线：利用剪切板向当前激活的曲线图表中添加新的曲线。

提示：添加的曲线会利用当前项目、其他项目或剪切板的数据重新定义。但是不能将一条已生成的曲线直接放到当前图表上，需要使用右键菜单中的“添加曲线”选项向当前激活的图表中添加曲线。

3. 查看菜单

窗口中结果的显示通过“查看”菜单下的选项来控制，这些选项有：

1）重置视图。重置缩放视图。

提示：如果要更详细地查看曲线的某一部分，可按住鼠标左键从该区域左上角拖动到右下角然后放开鼠标，可将该区域放大，可多次重复该操作。单击工具栏上的按钮“”，可重置视图。

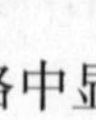

2）表格。在表格中显示曲线数据。

3）图例。切换显示图表右侧的图例。

4）表格图例。可调整图表中图例的位置。

5）数值提示。当鼠标指针放在曲线点上时，会显示曲线点的信息；如果取消勾选该项，则不会显示曲线点信息。

4. 格式菜单

“格式”菜单下包括“设置”选项，可在该选项下调整图表和曲线的布局。

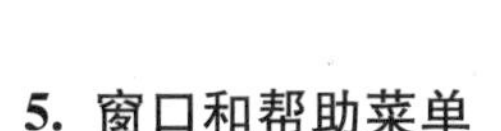

5. 窗口和帮助菜单

该菜单下包含第 8.2.10 和 8.2.11 节中介绍的选项。

10.3.2 编辑表格中曲线数据

显示曲线后，在当前界面的工具栏中单击“表格”按钮“▦”，弹出当前显示曲线的数据表格，在表格上单击鼠标右键，从弹出的菜单中选择相应选项，可以对该数据表格进行编辑。表格上右键菜单选项见表 10-1。

表 10-1 曲线数据表格右键菜单选项

选项	说明
删除行	删除表格中被选中的一行
更新图表	根据对表格所做的调整更新曲线
排列	调整表格中被选中单元格所在列的文本的对齐方式（左、中、右）
十进制	以十进制格式表示数据
科学记数	以科学计数法表示数据
小数位数	指定表格数据显示的小数位数（Decimal digits）
查看因子	将表中数据乘上一个因子后显示（数据对应的单位会相应调整）
复制	复制选中的表格数据
查找值	在表中查找某个数值
过滤器	过滤表中的数据

当使用重力荷载生成初始应力时，常常需要编辑荷载-位移曲线，下面以图 10-14 所示的堤坝填筑工程为例进行说明。

在本例中，对既有堤坝进行加高填筑，目的是计算点 A 位移随提高增大的变化情况。该问题的分析方法之一是，生成最终堤坝网格，然后在输入程序中通过“初始几何配置”选项冻结新填筑土层对应的类组。

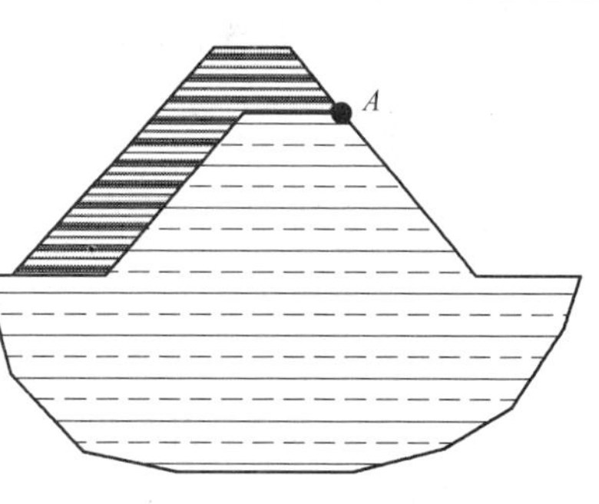

图 10-14 路堤填筑

另一种方法是，生成初始应力，即初始堤坝已经建立但新填筑体尚未添加时的应力。应采用“重力加载”方法，通过将 $\sum W_{weight}$ 从 0 增大到 1.0 来施加土体自重。

当施加自重荷载时，点 A 的沉降行为通过图 10-15a 中的初始水平线表示。这条线通常由几个塑性计算步组成，$\sum W_{area}$ 值保持不变。

为整体模拟激活新填筑体后土体结构的行为，附加填筑体类组应通过阶段施工计算来激活。在阶段施工计算开始时，应勾选“重置位移为零”选项，这样能够将重力加载过程中产生的无物理意义的位移消除掉。

在计算结束时得到的点 A 的荷载-位移曲线如图 10-15a 所示。为显示不考虑初始重力加

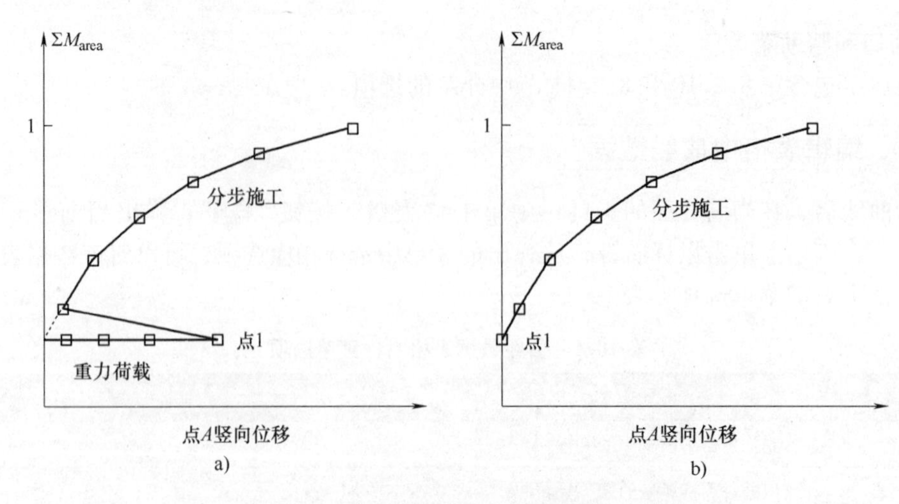

图 10-15　路堤填筑工程典型荷载-位移曲线

a）修正之前　b）修正之后

载响应的沉降行为，需要对荷载-位移数据进行编辑，将不需要的初始部分（即点 1）删掉，则将点 1 的位移值设为零，修改后的曲线如图 10-15b 所示。

除了上述编辑方法以外，也可以在生成曲线时不包含初始阶段的结果（见本书第 10.4 节）。

10.3.3　数值提示

如果勾选了“查看”菜单中的“数值提示”选项，当鼠标指针移动到曲线的某个数据点上时，会弹出提示框，显示该点在曲线图中的 x、y 坐标值，另外还显示其曲线点号和步数、阶段号。

10.4　格式设置选项

在工具栏中单击“设置”按钮“ ”或者在“格式”菜单中选择相应选项，会弹出“设置”对话框，可以调整图表的布局和显示。另外还可以从右键菜单中的“格式”菜单下选择“设置”选项。注意，“设置”对话框下的第一个“图表”设置选项卡与其他的每条曲线对应的“曲线”设置选项卡是不同的。“图表”选项卡中的选项可用于定义整个曲线图的框架和坐标轴。而每条曲线对应的选项卡中的选项可用于定义单个曲线。

定义好适当的设置后，单击“确认”按钮使设置生效并关闭对话框。另外还可以在定义好设置后单击“应用”按钮使设置生效但保持“设置”对话框仍然激活。单击“取消”按钮会忽略掉当前对设置所做的修改。

10.4.1　图表设置

“设置”对话框下的“图表”选项卡中的选项可用于定义整个曲线图的布局和显示（见图 10-16），各选项的详细说明见表 10-2。

图 10-16 “图表”设置选项卡

表 10-2 “设置”对话框中“图表”选项卡下的选项

选　　项	说　　明
标题	默认基于生成曲线所用的变量自动给 x 轴和 y 轴生成标题，用户可在坐标轴的“标题”文本框中修改标题名称。另外，还可以在“图表名称”文本框中给整个曲线图定义一个名称。注意不要将这个“图表名称”与前面所说的“曲线名称”混淆
x 轴和 y 轴的范围	默认情况下，程序会自动给 x 轴和 y 轴设取值范围，用户可以选择“手动”选项然后在“最大”和“最小”值文本框中输入自定义值。设定取值范围后，曲线图中将不包含此范围之外的数据。另外，如果勾选了“对数”复选框，还可以对数形式表示 x 轴和/或 y 轴，只有当某坐标轴上的全部数据都严格为正值时才可使用对数形式
网格	如果勾选了“水平网格”或“竖向网格”，在曲线图中会显示横（纵）坐标网格线。网格线可通过“样式”和“颜色”选项进行自定义
正交轴	“正交轴”选项可用于确保 x 轴和 y 轴的取值范围相同。当 x 轴和 y 轴表示相似变量的值时可使用该选项，例如当绘制不同位移分量的曲线时
交换坐标轴	“交换坐标轴”选项可用于交换 x、y 坐标轴及其对应的变量。交换后，x 轴变为竖轴，y 轴变为横轴
水平翻转或竖向翻转	勾选后会分别将水平轴或竖直轴翻转

10.4.2 曲线设置

“设置”对话框下包括当前曲线图中每条曲线对应的一个“曲线设置”选项卡，每个选项卡下的选项相同（见图 10-17），各选项的详细说明见表 10-3。

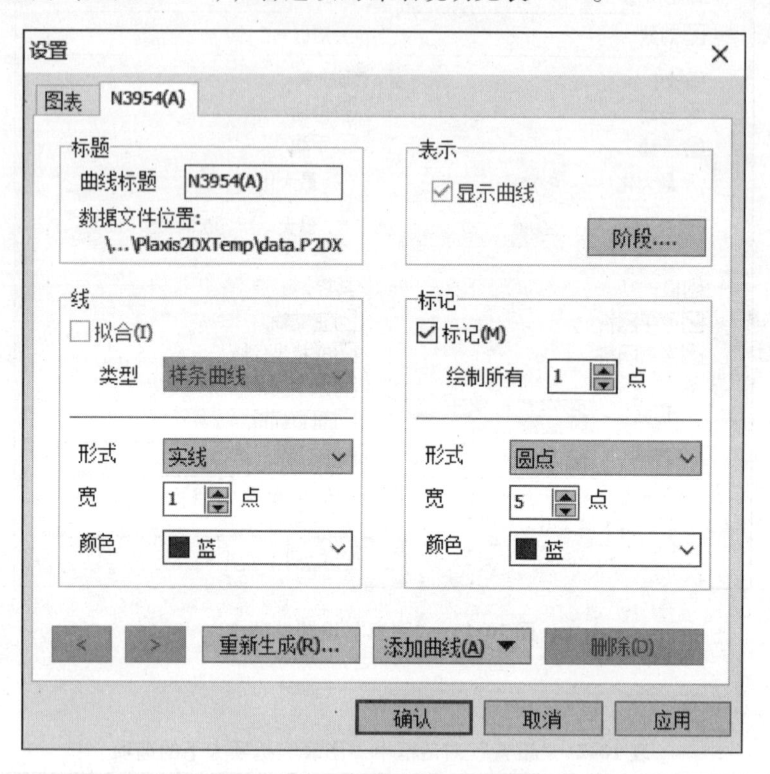

图 10-17 “曲线设置”选项卡

表 10-3 “设置”对话框中“曲线设置”选项卡下的选项

选　项	说　明
标题	生成曲线时程序会自动为其生成标题，用户可在“曲线标题”文本框中修改。当主对话框中的激活图表显示图例时，在图例中就会显示“曲线标题”
显示曲线	当在一张曲线图中显示多条曲线时，可以暂时隐藏其中一条或多条曲线从而专注于剩下的曲线，此时可取消勾选“显示曲线”选项
阶段	通过“阶段”按钮可选择生成曲线的计算阶段。当不想在曲线中包含所有计算阶段时可使用该选项
拟合	如果想绘制光滑的曲线，用户可选择“拟合”选项，然后从“类型”下拉列表框中选择拟合类型。“样条曲线”拟合通常能给出比较满意的结果，还可以利用最小二乘法拟合多项式
线和标记的样式	可以采用各种选项自定义曲线线型和标记的样式
箭头按钮	箭头按钮可用于更改图例中线的顺序
重新生成	结果数据有变化时，可以使用“重新生成”按钮根据新数据重新生成曲线（见第 10.5 节）
添加曲线	可以使用“添加曲线”按钮在当前的曲线图中添加新的曲线（见第 10.6 节）
删除	如果一张曲线图中包含多条曲线，可以使用删除按钮删除某些曲线

10.5 重新生成曲线

如果由于某种原因，重新执行了某个计算过程，或者在计算过程里添加了若干新的计算阶段，则由于计算结果的数据发生了变化，之前绘制的曲线也需要基于新的数据进行更新。此时，可以使用“设置”选项卡下的“重新生成”工具来更新某条曲线（见图10-17）。单击“重新生成”按钮，会弹出“曲线生成”窗口显示 x 轴和 y 轴的当前设置，单击“确认”按钮，就可以基于新数据重新生成曲线。再次单击“确认”按钮，关闭“设置”对话框，显示新生成的曲线。

如果一张曲线图中包含多条曲线，那么应该对每一条曲线分别使用“重新生成”工具重新生成。重新生成工具也可以用来更改 x 轴和 y 轴上的分量。

10.6 一张曲线图中生成多条曲线

实际应用中常常需要比较一个模型或几个不同几何模型或项目中不同点的类似的曲线，在 PLAXIS 中也可以在同一张图表中生成多条曲线。生成一条曲线后，可通过“编辑”菜单或者右键菜单下的“添加曲线”选项向当前图表中添加一条新的曲线。当前项目的新曲线、其他项目的新曲线或者剪切板输入的新曲线是有区别的。

“添加曲线”过程与生成一条新曲线的过程相同。但是，实际添加曲线的生成过程中，程序会对 x 轴和 y 轴的数据做一些限制。这是为了使添加的新曲线数据与原曲线的数据相协调。

当使用“添加曲线”选项向当前图表中添加曲线后，程序会自动更新当前图表。为了保存当前图表，可以在“曲线管理器”窗口中的“图表”选项卡下从曲线列表中选择某个图表，然后单击“复制”按钮，会为选中的图表复制到曲线列表中。

第2部分

应用示例

作为一款通用的岩土工程有限元软件，PLAXIS 2D 可以应用于绝大多数岩土工程问题，例如：地基基础、桩基、路基、边坡、大坝、隧道、基坑以及地下空间工程等。岩土工程问题复杂多变，因地质条件、周边环境、荷载形式、工程类型等方面的不同，其分析方法和分析目标也有所不同。为了适应各类岩土工程问题的应用需求，PLAXIS 2D 提供了多种分析方式，如：塑性分析、固结分析、安全性分析、动力分析、渗流分析和热分析。通过操作简单的输入过程可以利用 PLAXIS 2D 生成复杂的有限元模型，用户设置好计算条件后程序可以自动完成计算过程，其强大的输出功能可以提供详尽的计算结果。

本书第二部分，主要讲述如何使用 PLAXIS 2D 程序对实际岩土工程问题进行分析。该部分共包括 16 个计算示例，涵盖了典型的岩土工程问题，如：砂土地基上圆形基础的沉降分析、水下基坑开挖分析、拉锚地连墙支护基坑降水开挖分析、软土地基上路堤填筑稳定性分析、盾构隧道地表沉降及其对桩基的影响分析、新奥法隧道施工过程模拟分析、库水骤降坝体稳定性分析、坝体渗流分析、板桩墙基坑渗流分析、降水条件下土体饱和度变化分析、简谐动力荷载下弹性地基动力分析、打桩效应动力分析、建筑物自由振动及地震分析、通航船闸热膨胀分析以及冻结法隧道热-流耦合分析等，涉及了程序的大部分功能特性。对每个算例都会详述从建立几何模型、创建材料组、生成网格、设置计算条件、到执行计算和输出结果的全部具体过程。这部分内容旨在帮助用户更深入地了解、掌握 PLAXIS 2D 程序的功能特性及应用技巧。需要特别说明的是，这些算例主要取自 PLAXIS 官方提供的典型算例，虽然大部分是以实际工程问题为背景，但是均已经过不同程度的简化调整，并且应注意到其工程地质条件及施工方法等与国内岩土工程实践的差异性，其计算参数不宜作为用户的实际工程项目参数取值的推荐值。

在使用 PLAXIS 2D 进行岩土工程分析时，用户应具有土力学的基本知识，以便于理解计算条件设置的依据及计算结果的合理性。这些算例的模型文件包含在本书所附光盘当中，读者可以用来检查自己的计算结果。

第11章 砂土地基上圆形基础的沉降分析

本章对砂土地基上圆形基础的沉降问题进行分析。作为一个 PLAXIS 2D 入门例题，本章将详细介绍从建立几何模型、生成有限元网格到执行有限元计算和评估输出结果的基本过程。

学习要点：

1）PLAXIS 2D 岩土工程分析基本流程。

2）新建一个项目，建立轴对称模型。

3）使用“钻孔”工具创建土层，创建板单元模拟圆形基础，创建指定位移和荷载。

4）创建材料数据组，并指定给对应的土层或结构。

5）生成网格并查看网格。

6）利用“K_0 过程”生成初始应力。

7）定义“塑性”计算。

8）在计算阶段中激活荷载，并修改荷载值。

9）计算完成后查看计算结果。

10）选择监测点，绘制“荷载-位移”曲线。

11.1 工程概况

某砂土地基上一个圆形浅基础，基础半径 1.0m，砂土层厚 4.0m，砂土层以下是深厚的坚硬岩层，如图 11-1 所示。下面考察圆形基础受上部竖直荷载作用下，在地基中引起的位移和应力。考虑刚性基础和柔性基础两种情况，其几何模型相同。忽略荷载作用下硬岩层的变形，建模深度（竖直方向）取至岩层顶面，并在此施加适当的边界条件。为充分反映砂土层受力变形机制，消除人工边界的不利影响，建模宽度（水平方向）取至 5 倍基础半径。

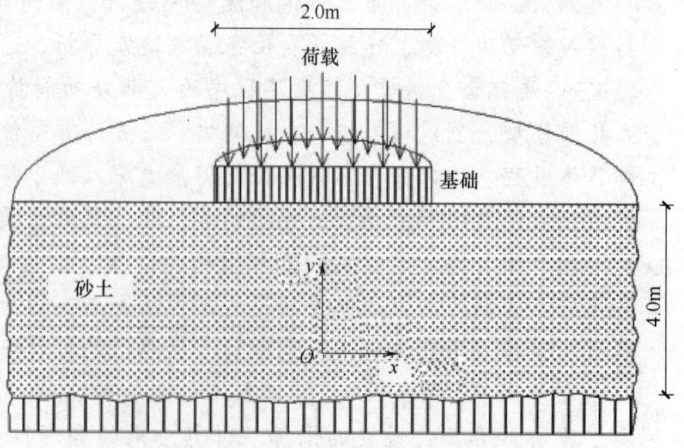

图 11-1　砂土地基上圆形基础几何示意图

11.2 工况 A：刚性基础

假定圆形基础是完全刚性、粗糙的，则计算中可以忽略基础的变形，于是仅通过在地基顶面施加均布位移来模拟地基的沉降，并不模拟基础本身。这种模拟方法固然简单，但由于不模拟基础本身，显然无法得到基础的内力。改进的模拟方法见下一节。

11.2.1 几何模型

通过 Windows 系统的开始菜单或者桌面快捷方式启动 PLAXIS 2D，弹出“快速选择”对话框（见图 11-2），可以选择打开一个已有项目或新建一个项目。单击“启动新项目”，弹出“项目属性”窗口，包括“项目”“模型”和“常量”三个选项卡。

图 11-2 “快速选择”对话框

1. 项目属性

对于一个新建的 PLAXIS 2D 项目，第一步要做的是通过“项目属性”对话框进行基本设置，包括对项目的描述、模型类型、基本单元类型、基本单位以及绘图区的尺寸。

对于本例，可设置如下：

1）在“项目”选项卡的“标题”文本框中输入项目名称，例如“PLAXIS2D 示例 1A：刚性基础”；在注释框中可输入对本项目的一些具体描述，例如“圆形基础的沉降”（见图 11-3）。

2）单击“下一步”按钮或单击“模型”选项卡，进入“模型”选项卡（见图 11-4）。考虑到本例中基础为圆形，在“类型”选项组中指定模型类型为“轴对称”，单元类型为“15-节点”。在“模型边界”选项组内，定义模型边界为 $x_{min}=0.000\text{m}$，$x_{max}=5.000\text{m}$，$y_{min}=0.000\text{m}$ 和 $y_{max}=4.000\text{m}$。“单位”选项组中的单位设置一般保持默认即可（长度单位“m”，力单位“kN”，时间单位“day”）。

3）“常量”选项卡下内容保持默认即可。

4）单击“确认”接受以上设置，自动关闭“项目属性”对话框，显示用于建立几何模型的绘图区。

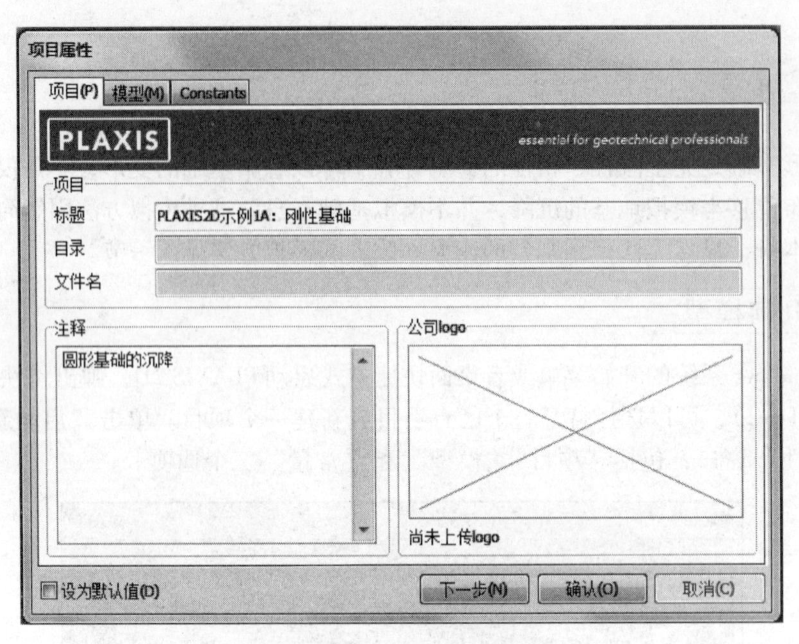

图 11-3 “项目属性”对话框的“项目”选项卡

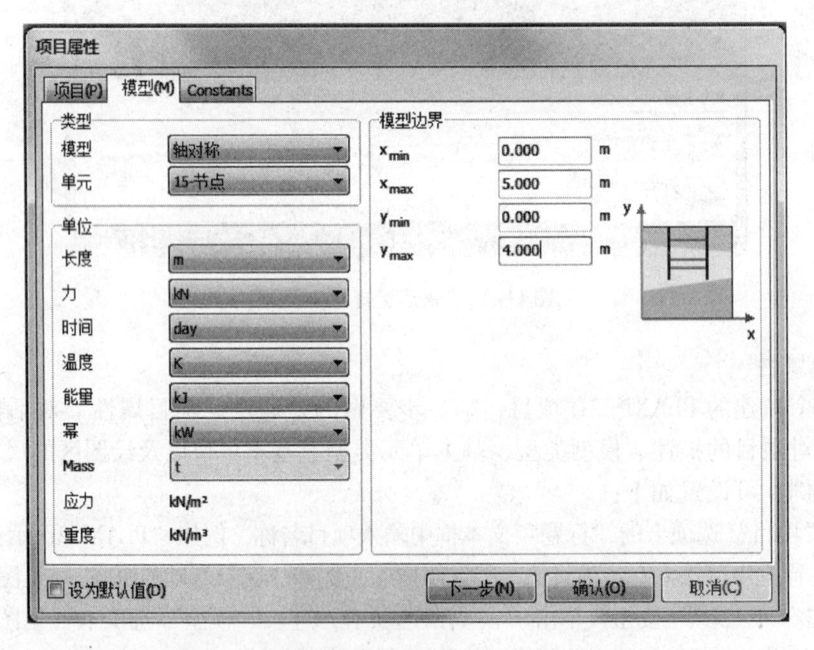

图 11-4 “项目属性”对话框的“模型”选项卡

提示： 当需要修改项目属性的设置时，可以在“文件”菜单中选择“项目属性”选项，打开“项目属性”对话框进行修改。

2. 定义土层

关闭“项目属性”对话框后，程序会默认进入“土”模式（整个分析过程通过五个模式完成，参见本书第3.4节)。在“土”模式下可通过“钻孔”定义土层信息，包括土层分布及地下水位等信息。如果定义了多个钻孔，PLAXIS 2D将自动在钻孔之间进行插值，并从钻孔信息中得到土层信息。钻孔以外的土层按水平分布。

本例中只考虑一个水平土层，只需用一个钻孔来定义土层，步骤如下：

1）在“土”模式下的侧边工具栏中单击“创建钻孔”按钮“ ”，然后在绘图区中$x=0$处单击，就在$x=0$处创建了一个钻孔，并自动弹出“修改土层”窗口。

2）在“修改土层”窗口中，单击“添加”按钮添加一个土层。将该土层顶面标高设为$y=4.000$m，底面标高设为$y=0.000$。窗口左侧钻孔柱状图中“水头”标高默认为0.000，这里将其设为2.000m（见图11-5）。注意，这里设置的标高值都是相对于模型全局坐标$y=0.000$的相对标高。

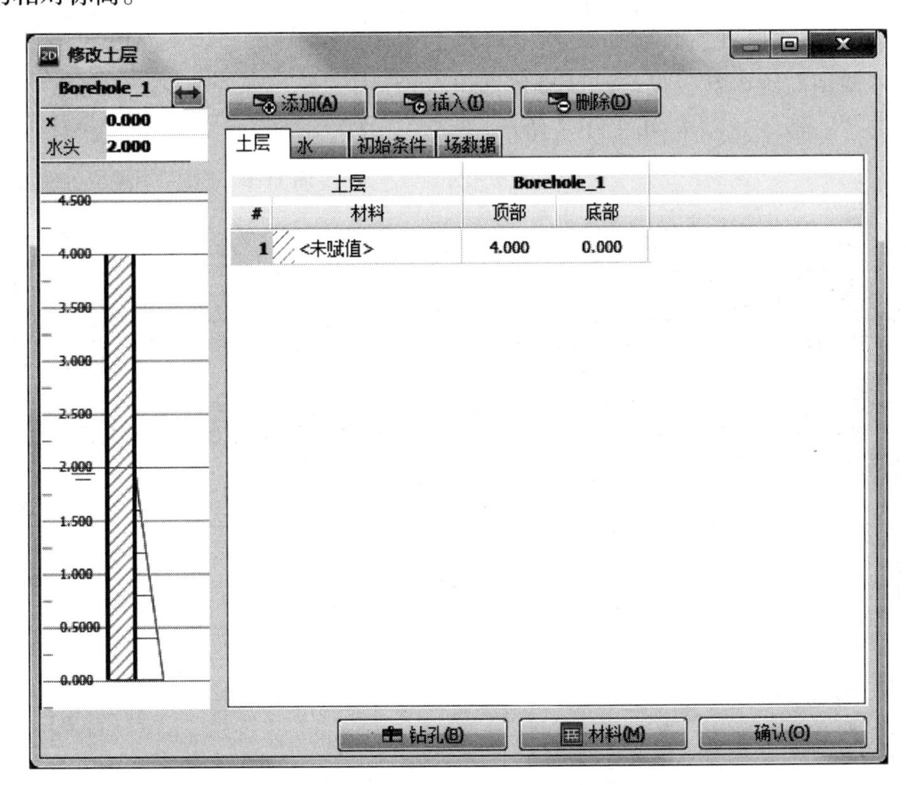

图11-5 “修改土层”对话框

11.2.2 材料数据组

为模拟土体材料的力学行为，必须给几何体指定适当的材料模型及恰当的材料参数。在PLAXIS 2D中，土体材料的属性集中在材料数据组中，各种数据组保存在材料数据库中。通过材料数据库，可将一个材料数据组指定给一个或多个土层（土体类组）。对于结构单元（如板、锚杆、土工格栅等）也是如此，只是不同结构单元的参数不同，因而材料数据组类型也不同，即每一种结构单元都有其独立的材料数据组。PLAXIS 2D中的材料数据组分为土和界面、板、土工格栅、Embedded beam row和锚杆等五类。下面创建“砂土”材料数据组。

1）在“修改土层”窗口中单击“材料”按钮“”，打开“材料数据组”对话框（见图 11-6），“材料组类型”设为“土和界面”（默认）。

2）单击“材料数据组”对话框左下角的“新建”按钮，弹出“土和界面”材料设置对话框，包括六个选项卡：一般、参数、地下水、Thermal、界面和初始条件。

3）在“一般”选项卡下，设置材料组的“名称”为“砂土”，从“材料模型”下拉列表中选择“莫尔-库仑”，从“排水类型”下拉列表中选择“排水”，在“一般属性”选项组中输入材料的重度。此处不使用高级参数，保持默认设置即可。设置完毕后的“一般”选项卡如图 11-7 所示。

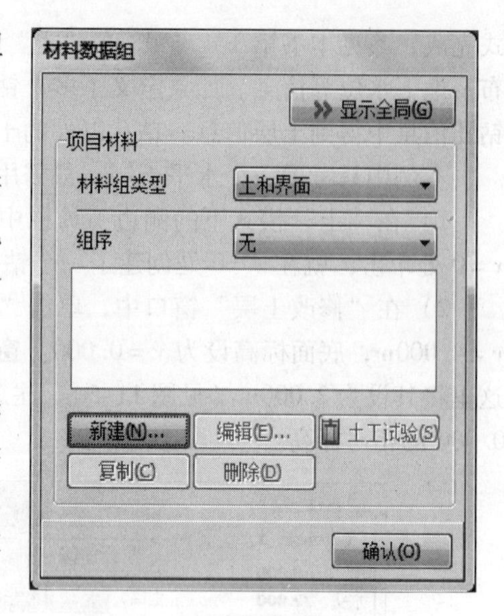

图 11-6 “材料组类型”的选择

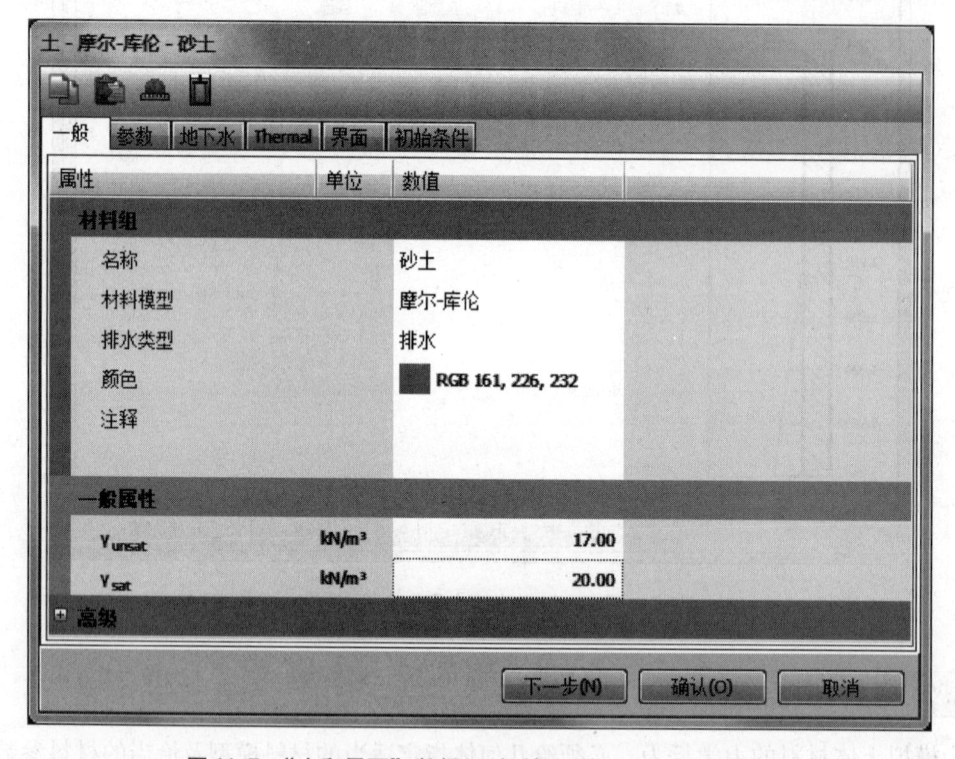

图 11-7 “土和界面”数据组对话框下的“一般”选项卡

4）单击“下一步”按钮或单击“参数”选项卡，继续输入模型参数。“参数”选项卡中出现哪些参数取决于前面所选的材料模型（此处为莫尔-库仑模型）。莫尔-库仑模型主要使用五个基本参数（E'、ν'、c'、φ'、ψ'），此处根据表 11-1 设置“砂土”的模型参数（见图 11-8）。

表 11-1 材料参数

选项卡	参数	符号	砂土	单位
一般	材料模型	—	莫尔-库仑	—
	排水类型	—	排水	—
	天然重度	γ_{unsat}	17.0	kN/m^3
	饱和重度	γ_{sat}	20.0	kN/m^3
参数	弹性模量	E'	1.300E4	kN/m^2
	泊松比	ν'	0.3000	—
	黏聚力	c'_{ref}	1.000	kN/m^2
	摩擦角	φ'	30.00	(°)
	剪胀角	ψ	0.000	(°)
初始条件	K_0 的确定	—	自动	—
	水平地应力系数	K_0	0.5	—

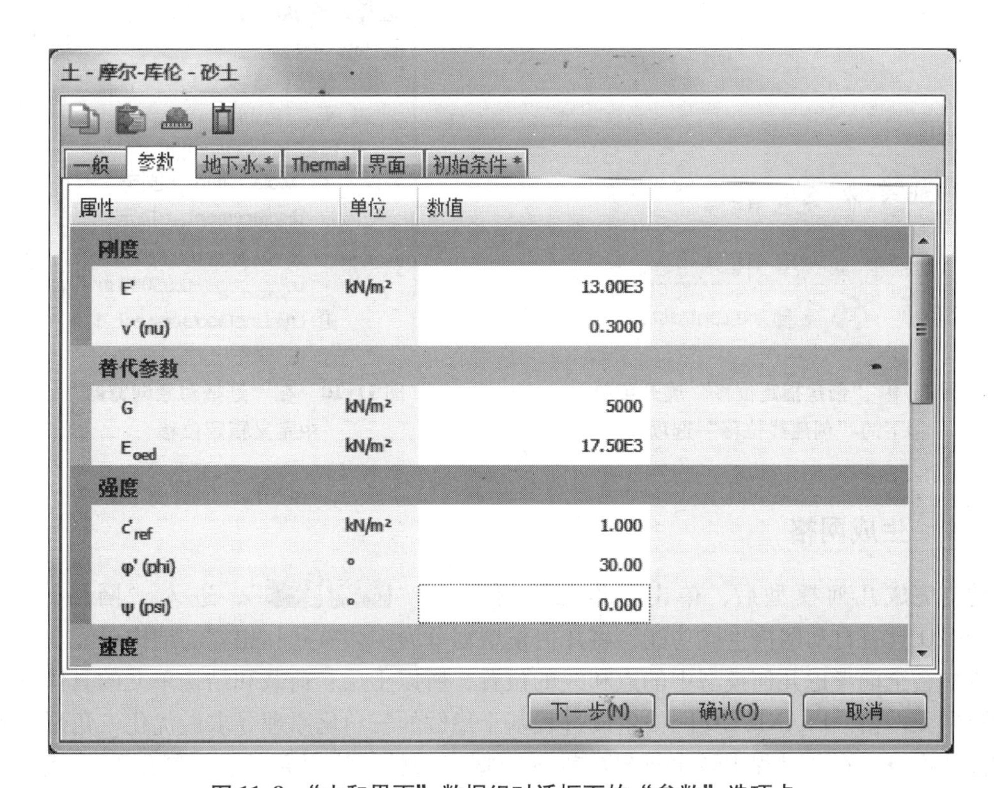

图 11-8 “土和界面”数据组对话框下的“参数”选项卡

5）本例中土体为排水的，几何模型中不包含界面，可采用默认的热流参数和初始条件，所以其他选项卡可以略过。单击“确认”，接受当前材料数据组的参数输入并自动关闭该窗口。该新创建的材料数据组显示在“材料数据组”窗口的树状视图中。从材料组窗口中将“砂土”数据组拖动（选中并按住鼠标左键后移动）到“修改土层”窗口左侧的钻孔柱状图中，释放鼠标左键，这样就将“砂土”材料指定给了这个钻孔土层。

11.2.3 创建指定位移

在“土”模式下建立土层后，可在“结构”模式下创建指定位移、荷载、结构单元、隧道、水力边界条件、热边界条件等。单击“结构”选项卡“结构”，进入“结构”模式，创建“指定位移”，步骤如下：

1）单击“创建指定位移”按钮“”，从展开菜单中选择“创建线位移”选项（见图 11-9）。

2）将鼠标置于绘图区中坐标（0，4）处（在绘图区底部的鼠标位置提示框处可查看鼠标当前所在位置），单击鼠标左键，定义线的第一个点，沿土层顶面移动鼠标至坐标（1，4）处，再单击鼠标左键，定义线的另一个点。单击鼠标右键或按〈Esc〉键完成线的定义。

3）在“选择对象浏览器”中将指定位移的 x 方向分量（$Displacement_x$）设为“固定”，指定竖直方向均布位移 $u_{y,start,ref}$ 为 -0.05000m，即产生 0.05000m 的沉降（见图 11-10）。

图 11-9 “创建指定位移”展开菜单下的“创建线位移”选项

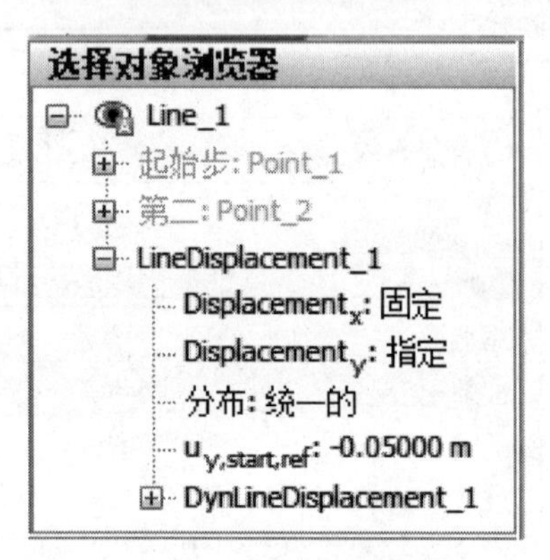

图 11-10 在“选择对象浏览器”中定义指定位移

11.2.4 生成网格

建立完成几何模型后，单击“网格”选项卡“网格”，进入“网格”模式。PLAXIS 2D 具有自动网格生成功能，将几何模型划分为实体单元和相容的结构单元。网格生成过程中会全面考虑几何模型中的点和线的位置，所以土层、荷载和结构单元的具体位置会影响有限元网格。PLAXIS 2D 网格生成过程基于稳健的三角化原理寻求最优化三角形。除了生成网格本身，在此过程中还会把模型输入数据（属性、边界条件、材料组等）从集合模型（点、线和类组）转换为有限元网格（单元、节点和应力点）。

生成网格的具体步骤为：在“网格”模式下的侧边工具栏中单击“生成网格”按钮“”，弹出“网格选项”对话框（见图 11-11），保持默认设置，单击“确认”，开始生成网格。

生成网格后，可以单击“查看网格”按钮“”，会自动打开一个“输出”窗口显示生成的网格（见图 11-12），可以看到在基础（指定位移）附近的网格已被自动加密。单击左上角的“关闭”按钮“关闭”，会关闭“输出”程序，返回到“输入”程序的“网格”模式。

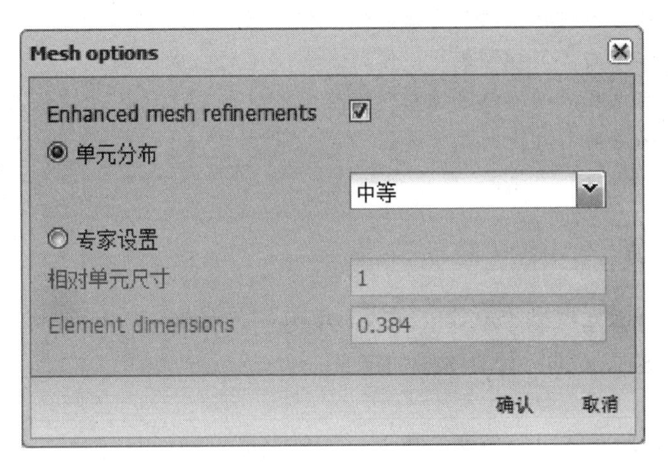

图 11-11 “网格选项”对话框

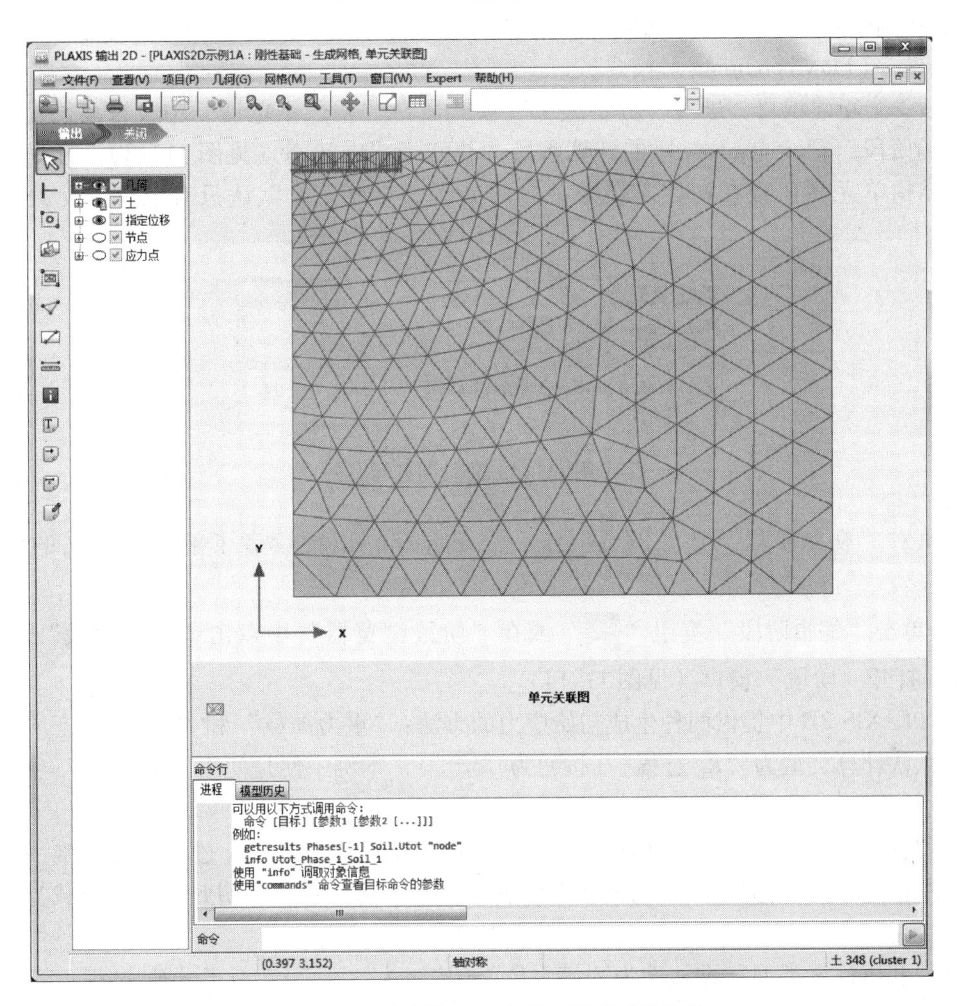

图 11-12 “输出”窗口中显示的生成的网格

提示： 1）“单元分布”设置默认为“中等”，可在“网格选项”窗口中更改。另外，还可以对模型的局部或整体进行网格加密。

2）如果对几何模型进行了修改，则需重新生成网格。

3）自动生成的网格可能难以完全满足计算需求，因此建议及时检查网格并在必要时对其进行优化加密。

11.2.5 执行计算

网格生成后，有限元模型也就建立完成。单击“分步施工”选项卡“分步施工”，进入“分步施工”模式，进行计算阶段的定义。

1. 初始条件

“初始阶段”通常涉及初始条件的建立。一般来说，初始条件包括初始几何形态和初始应力状态，即有效应力、孔压和状态参数。本例中初始水位已在“修改土层”窗口中定义钻孔土层时输入，程序在计算初始有效应力状态时会考虑水位的影响，因此这里无须进入“水力条件”（Flow conditions）模式。

对于一个新建项目，进入“分步施工”模式后在“阶段浏览器”中会自动创建一个名为“初始阶段”（Initial phase）的计算阶段，并处于选中状态（见图 11-13）。几何模型中包含的结构单元和荷载在初始阶段中会自动处于冻结状态，默认只有土体单元处于激活状态。

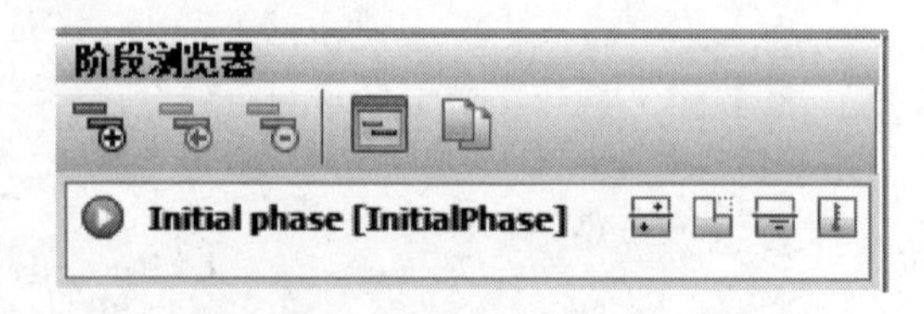

图 11-13　阶段浏览器

这里对“初始阶段”涉及的选项作一简单介绍，以便读者了解阶段定义的内容和方法。

1）单击“编辑阶段”按钮“”或在“阶段浏览器”中双击“初始阶段”（Initial phase），打开“阶段”窗口（见图 11-14）。

2）PLAXIS 2D 中提供两种生成初始应力的方法：“重力加载”和“K_0 过程”。“初始阶段”的默认计算类型为“K_0 过程”（按钮为“”），本例中便是使用“K_0 过程”生成初始应力。

3）“荷载类型”选为“分步施工”（按钮为“”），对于“K_0 过程”这是唯一可用的选项。注意：“阶段浏览器”中的荷载类型按钮“”为灰色，表明此时默认荷载类型不可更改。

4）“孔压计算类型”默认选为“潜水位”（按钮为“”），对于“K_0 过程”这是唯一可用的选项。

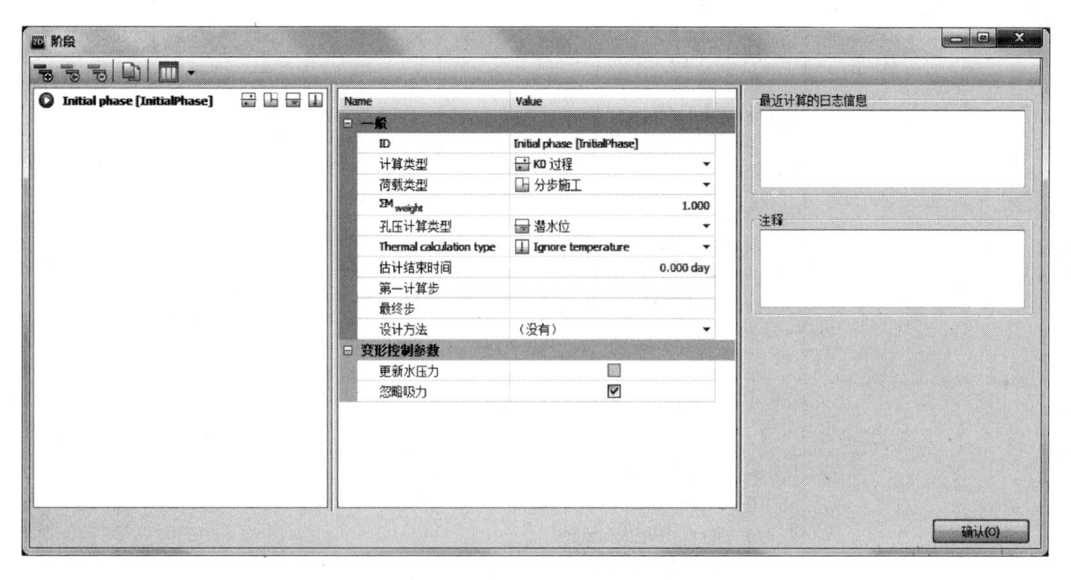

图 11-14　“阶段”窗口下“初始阶段”定义

5）“热计算类型”默认选为“忽略温度”（Ignore temperature，按钮为“![icon]”）。

6）“阶段”窗口中的其他选项在这里也是采用默认设置，单击“确认”，关闭“阶段”窗口。

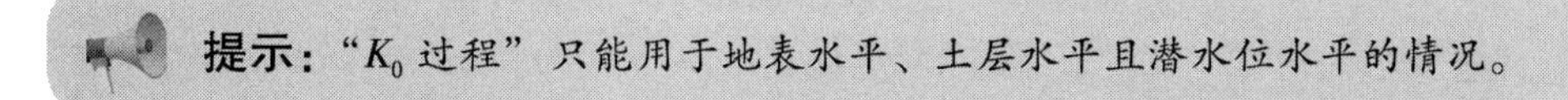

提示：“K_0 过程”只能用于地表水平、土层水平且潜水位水平的情况。

对于变形问题，有两类边界条件：位移边界和力边界（荷载边界）。原则上，所有模型边界都应在其各个方向上给定相应的边界条件，也就是说，如果用户没有显式地为某一模型边界指定边界条件（自由边界），则程序会为其指定自然条件（Natural condition），即指定力为零，位移自由。

在“模型浏览器”中展开“模型条件”（Model conditions）目录下的“变形”（Deformations）子目录，可以看到该项已默认勾选（见图 11-15）。默认的变形边界条件为，模型底部完全固定，模型两侧竖直边界指定滚动支座，即 BoundaryXMin 和 BoundaryXMax 为法向固定（Normally fixed），BoundaryYMin 为完全固定（Fully fixed），BoundaryYMax 为自由（Free）。

展开“水”（Water）子目录，可以看到根据前面在“修改土层”窗口中为钻孔指定的水头生成的水位（BoreholeWaterLevel_1）已自动指定给了“全局水位（GlobalWaterLevel）”。在“分步施工”模式下的绘图区中可以看到模型中显示了根据钻孔水头生成的水位（见图 11-16）。注意，只有全局水位才会既在“分步施工”模式下显示，又在“水力条件”（Flow conditions）模式下显示，其余水位仅在“水力条件”（Flow conditions）模式下显示。

2. 施工阶段

定义好初始条件后，即可添加新计算阶段进行施工过程模拟，方法如下：

1）在“阶段浏览器”中单击“添加”按钮“![icon]”，添加一个名为“Phase_1”的新阶段。

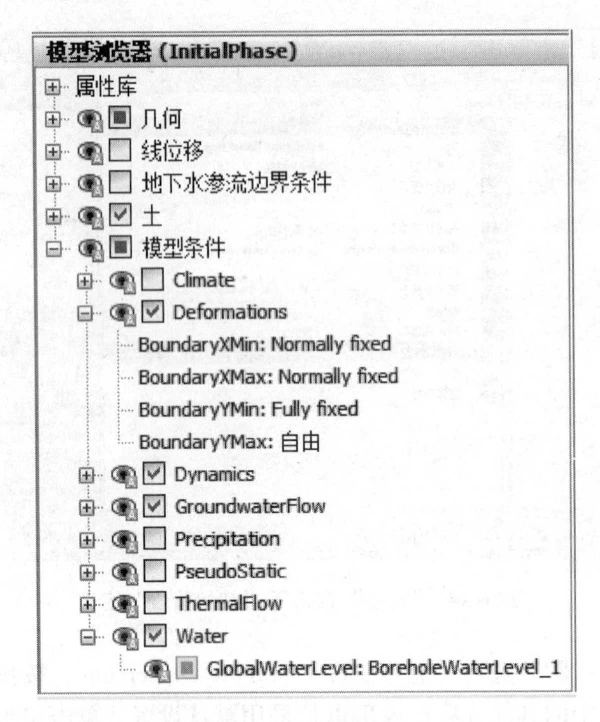

图 11-15 “模型浏览器”中的“变形”和“水”子目录

图 11-16 “分步施工”模式下的“初始阶段”

2）双击“Phase_1”，打开“阶段”窗口。在“一般”目录下的“ID”文本框中输入自定义阶段名称（本例中输入“下沉”）。“起始阶段”选择“初始阶段”（表示本阶段计算开始时继承上一阶段计算得到的初始应力状态）。本例采用程序默认设置即可（见图 11-17），单击

"确认"，关闭"阶段"窗口。

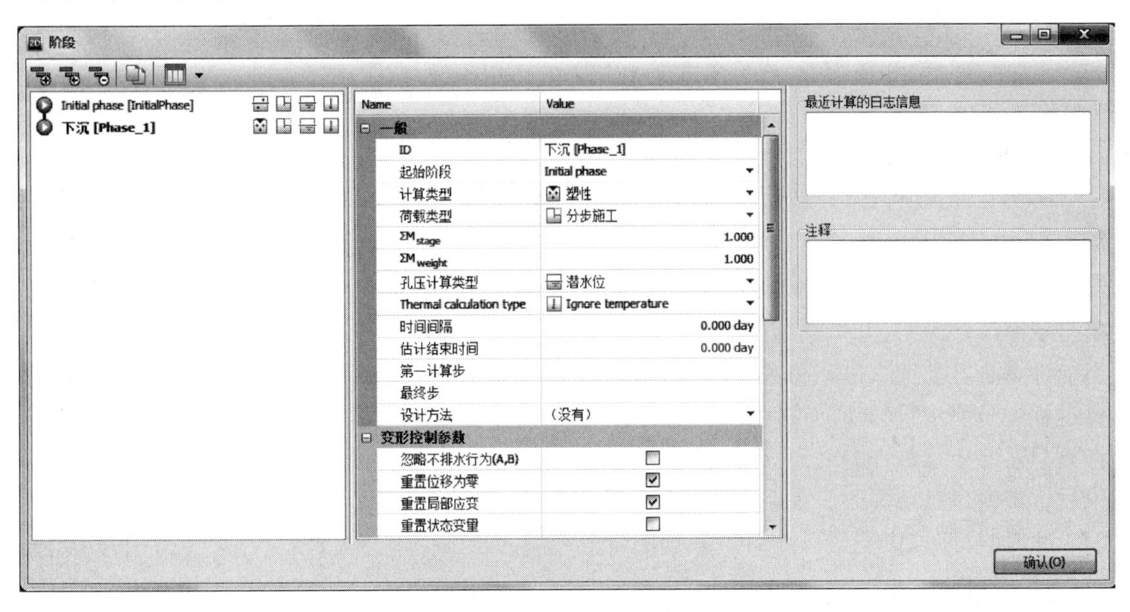

图 11-17 "阶段"窗口下定义"下沉"阶段（阶段 1）

3）在绘图区中右击模型左上角的指定位移，从弹出菜单中选择"线位移"→"激活"（见图 11-18）。

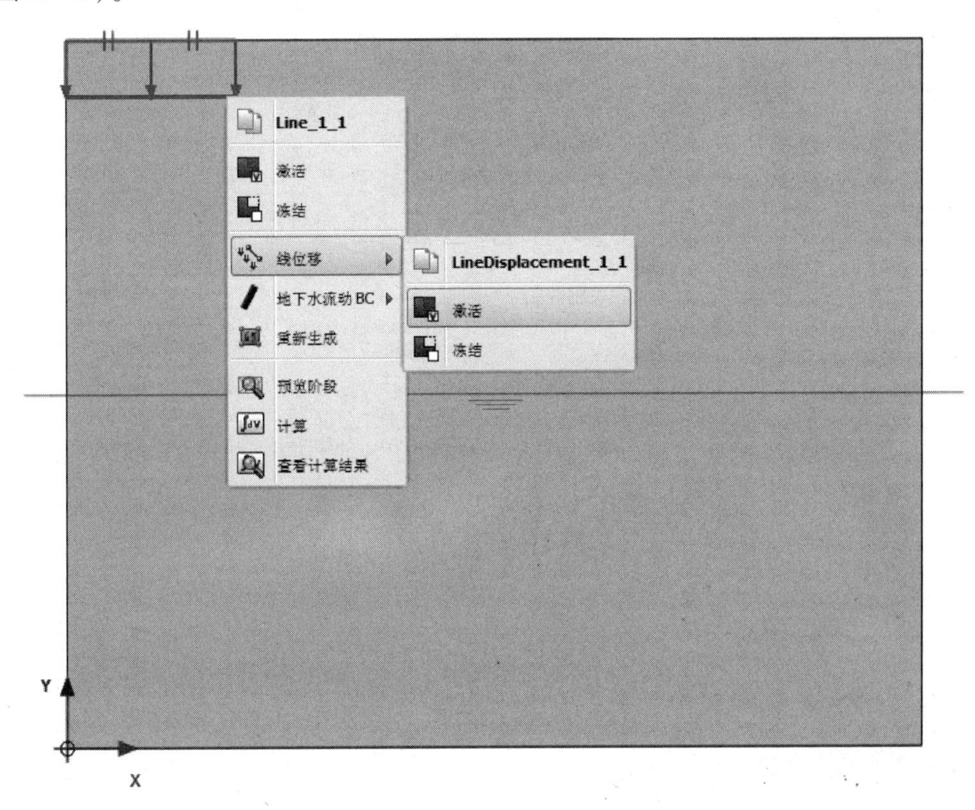

图 11-18 "分步施工"模式下激活指定位移

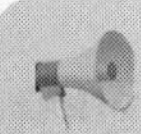

提示： 对于某一个计算阶段，可以使用“阶段浏览器”或“阶段”窗口中的相应按钮进行添加、插入、删除等操作。

3. 执行计算

将所有计算阶段（本工况只有两个阶段）都标记为计算（“阶段浏览器”中阶段名称左侧标识为“”）。计算阶段的执行顺序由“起始阶段”参数来控制。单击“计算”按钮“∫dv”，弹出提示“未选择节点和应力点”用于生成曲线，本例中不生成曲线，可单击“忽略提示继续计算”，开始进行计算。在计算过程中，会弹出一个“激活任务”对话框，显示当前计算阶段的计算过程相关信息（见图 11-19）。这些信息在计算过程中不断更新显示计算过程、当前步数、当前迭代步的全局误差、当前计算步中的塑性点数等内容。本工况执行计算只需要十几秒钟的时间（计算时间依用户计算机硬件配置的不同会有所差异）。计算结束后，该窗口自动关闭，重新回到程序主窗口。

此时，“阶段浏览器”中计算成功的阶段左侧的状态标识会由计算状态“”自动更新

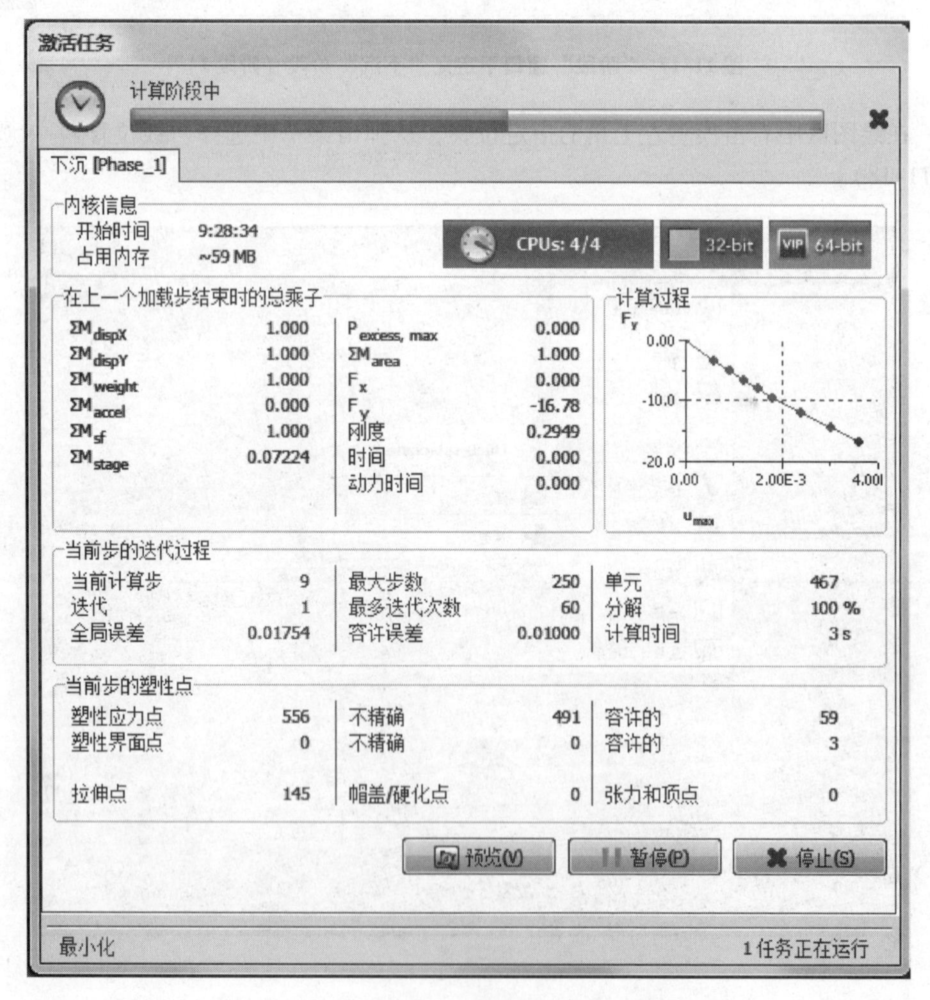

图 11-19 “激活任务”对话框显示计算过程信息

为计算成功状态“”。单击按钮“”，在查看结果前保存项目。

4. 查看计算结果

计算结束后，可在“输出”程序中查看计算结果。在“输出”程序中，可以查看整个二维模型以及剖面或结构单元的位移、应力等结果。计算结果还可以表格形式输出。

本例中，为得到基础下沉 0.05m 在模型中引起的反力，可操作如下：打开“阶段”窗口，选中“下沉”阶段，查看其对应的“达到的数值”目录下“ForceY-达到总力 Y”一栏的数值（−93.56kN）。该数值表示与指定竖向位移对应的总反力，在本例的轴对称模型中，对应的就是圆形基础的单位弧度相应的总反力。为得到整个圆形基础的总反力，应该将这一数值再乘上 2π，则整个圆形基础总反力为 $93.56\text{kN}\times2\pi=588\text{kN}$。

在“输出”程序中，可以全面检查计算结果，举例如下：

1）在“阶段浏览器”目录树下选中最后一个计算阶段（左键单击“下沉”阶段）。

2）在侧边工具条中单击“查看结果”按钮“”，自动打开“输出”程序。默认情况下，“输出”程序将显示所选计算阶段最终的变形网格（见图 11-20）。程序会自动调整缩放比例以突出变形特征。

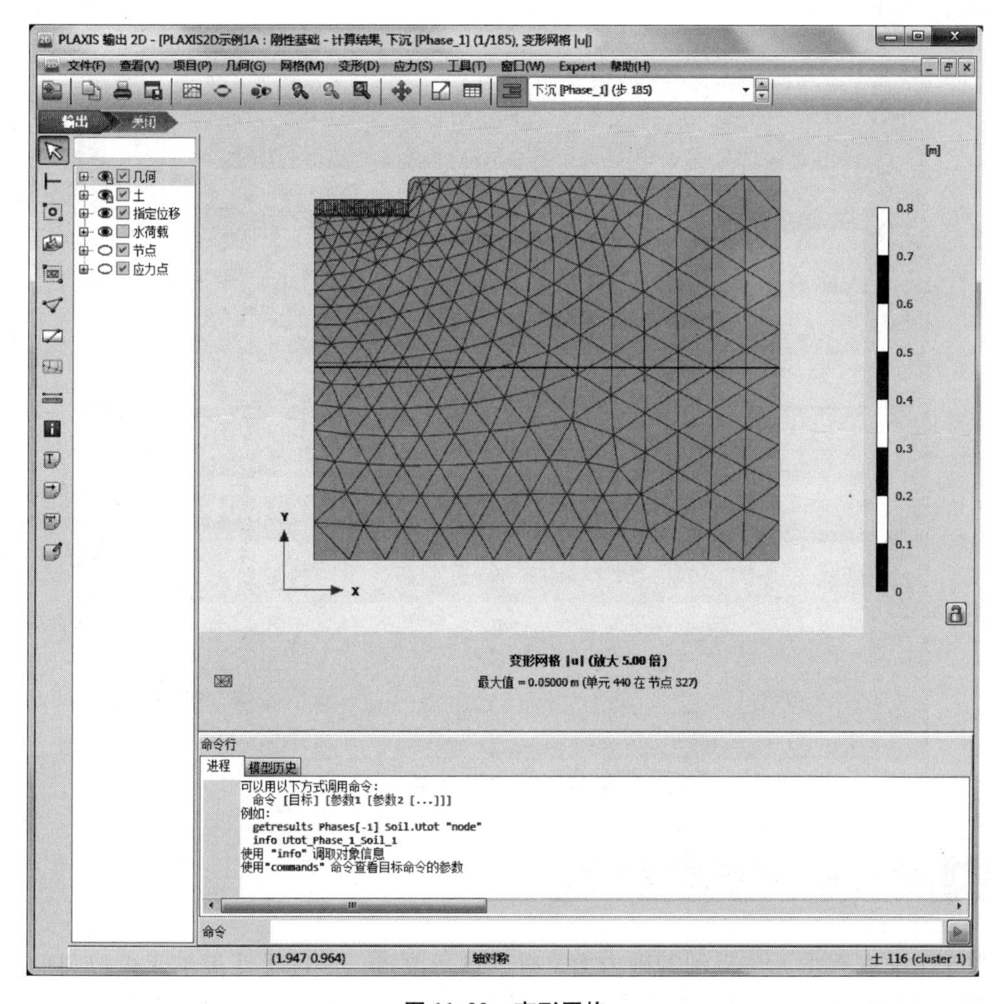

图 11-20 变形网格

3）从“输出”程序主菜单中选择“变形”→“总位移”→“$|u|$”，显示总位移彩色云图，云图右侧着色条为图例，可查看云图中不同彩色区域对应的位移值。如果没有显示图例，可在“查看”主菜单下选择“图例”选项来显示。

除了云图之外，还可以通过等值线、矢量等形式输出变形结果。在工具栏中单击相应按钮即可切换至相应的结果输出形式。

> **提示：** 1）除了“总位移”之外，“变形”菜单还可输出“增量位移”和“阶段位移”。
> 2）“增量位移”是指在一个计算步中发生的位移（本例中指最后一步），增量位移有助于观察最终破坏机制。
> 3）应力和位移结果可与几何模型一同输出。

在“应力”菜单中单击“有效主应力”，然后从展开菜单中选择“有效主应力”，在土体单元应力点处显示有效主应力（类似“+”号）的方向及其相对大小（见图11-21）。单击工具栏上的“表”按钮“▦”，会自动打开新窗口以表格形式显示单元应力点上主应力及其他应力量的值。

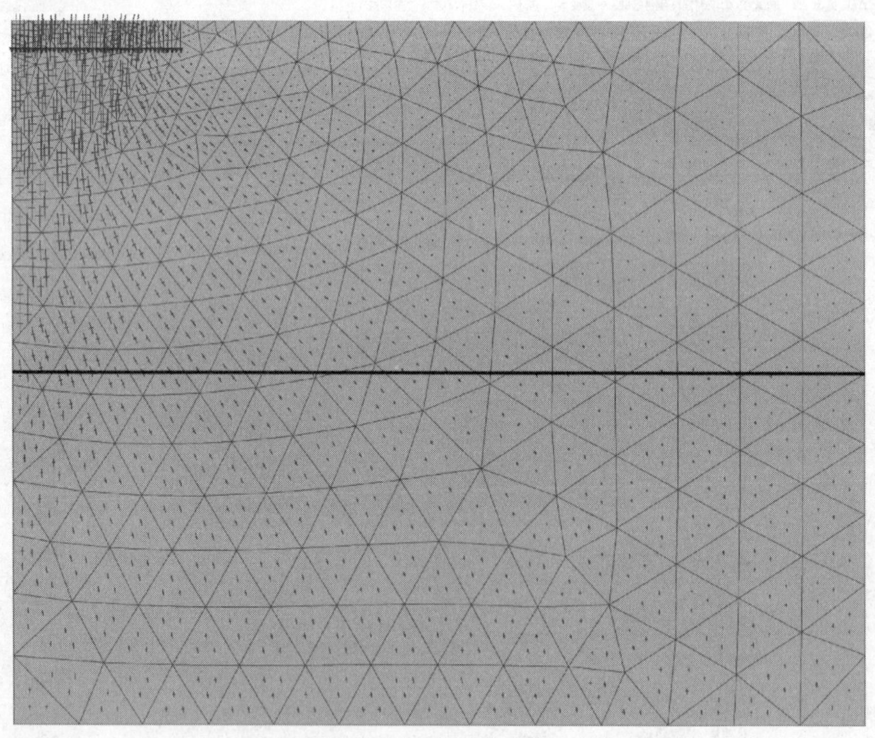

图11-21　有效主应力

11.3　工况B：柔性基础

鉴于工况A模型无法得到基础内力，对其进行改进，通过柔性板单元模拟圆形基础，这样就能够考虑基础的变形及其内力。由于几何模型不变，仅在基础相应部位创建板单元，并以荷载取代指定位移，所以只需在工况 A 模型基础上更名另存，进行相应修改即可。

11.3.1 几何模型

在工况 A 模型基础上，从“输入”程序的“文件”菜单下选择“项目另存为”，输入新名称（例如“PLAXIS2D 示例 1B：柔性基础”），单击“保存”。

返回到“结构”模式，在指定位移上右击，从展开菜单中选择“线位移”→“删除”（见图 11-22）。注意，此时仅删除了线位移，与圆形基础对应的线还保留。

在圆形基础对应的线上右击，从展开菜单中选择“创建”→“板”（见图 11-23），通过创建的板单元来模拟柔性基础。再次在该线上右击，从展开菜单中选择“创建”→“线荷载”（见图 11-24），用以模拟上部结构传来的荷载。在“选择浏览器”中可以看到线荷载的默认值为 -1.0kN/m^2（y 方向），本例中等到施工阶段定义中激活线荷载时再赋予其实际荷载值，此处保持默认即可。

11.3.2 材料数据组

由于新创建了板单元，需要为其创建相应的材料组。单击侧边工具栏中的“材料”按钮“ ”，弹出的“材料数据组”窗口，从“材料组类型”下拉菜单中选择“板”，然后单击左下角的“新建”按钮，弹出板材料参数定义窗口，在“名称”栏内输入“基础”，“材料类型”保持默认（弹性）。按表 11-2 输入基础的刚度、重度等信息，其他参数保持默认。定义完毕后单击“确认”，就会看到“材料数据组”窗口的树状视图中出现了“基础”材料组。将该材料组拖放到模型中的板单元上。然后可以单击“确认”按钮，关闭“材料数据组”窗口。

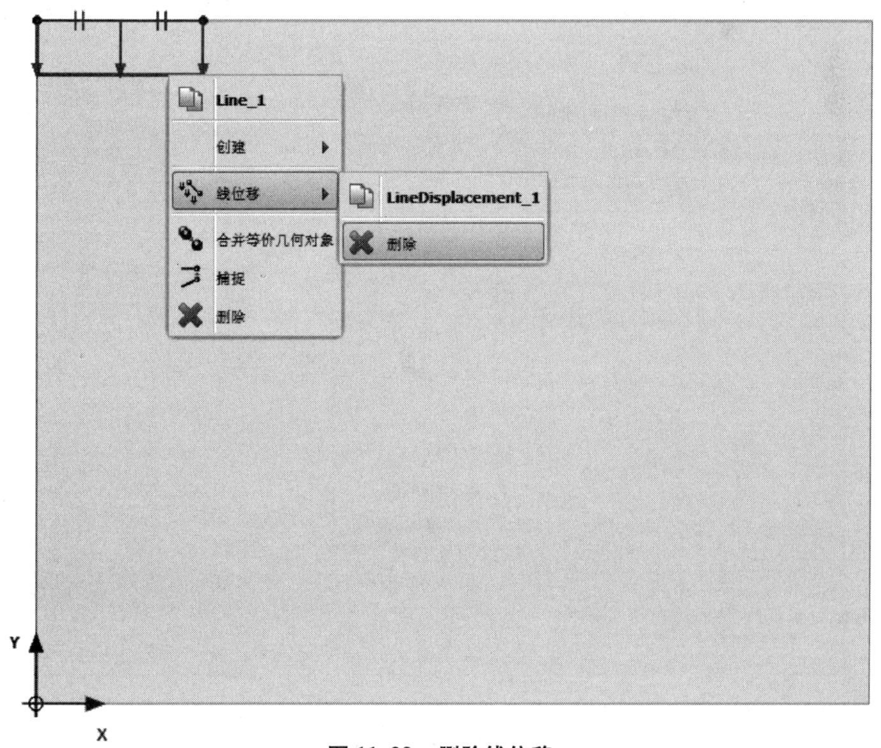

图 11-22　删除线位移

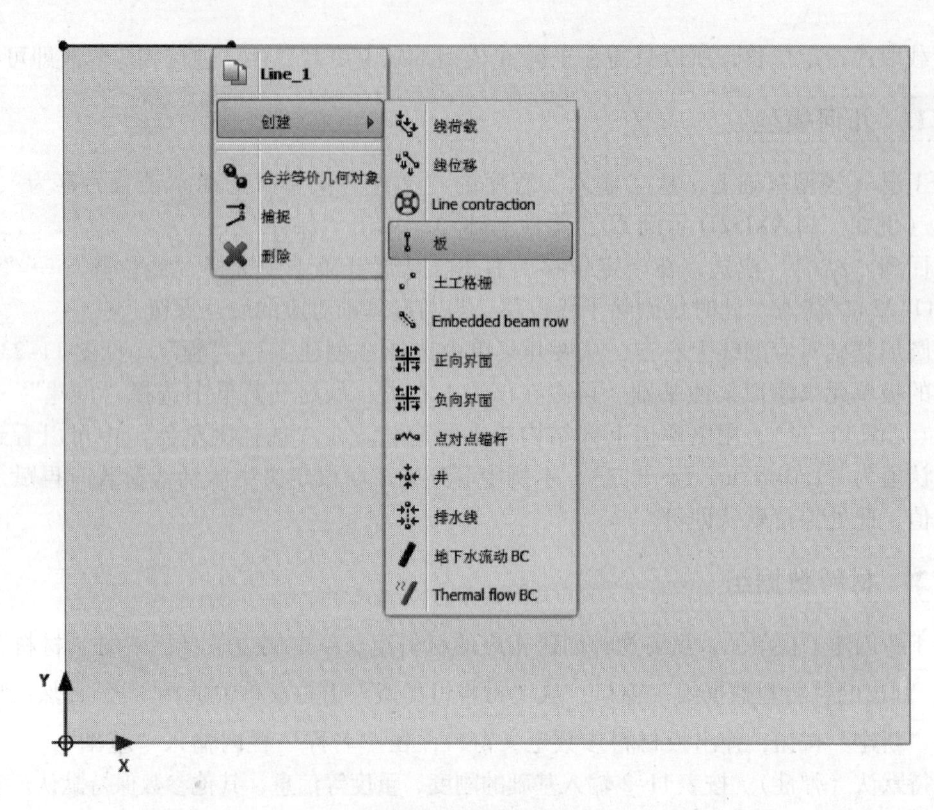

图 11-23 创建板

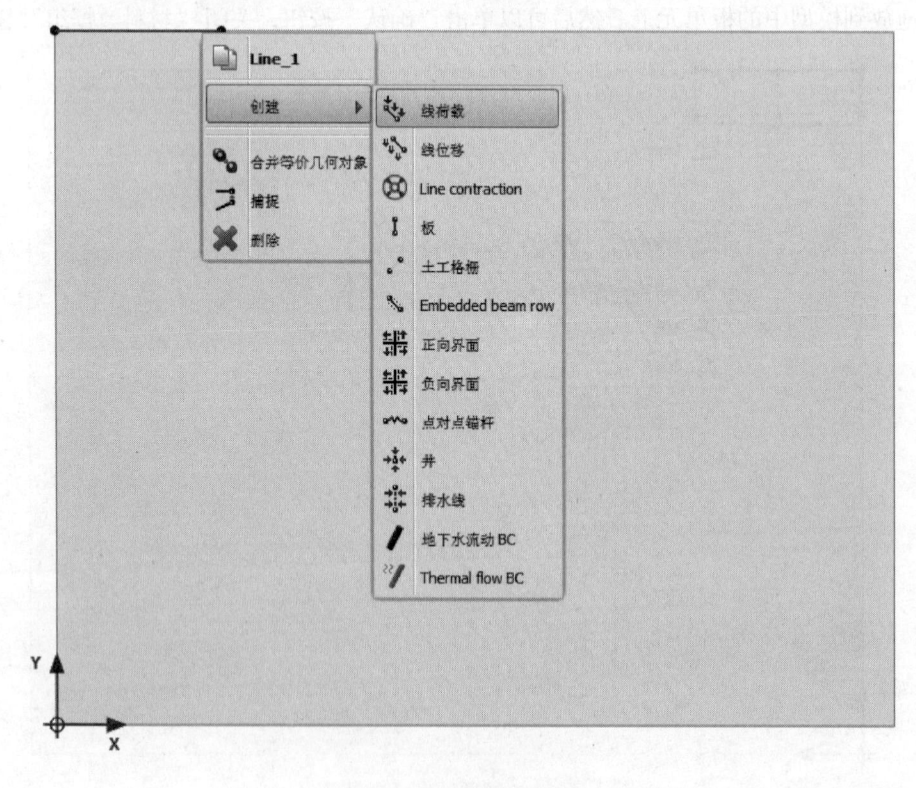

图 11-24 创建线荷载

表 11-2　板材料参数

参　数	符　号	基　础	单　位
材料类型	—	弹性，各向同性	—
轴向刚度	EA	5.0×10^6	kN/m
弯曲刚度	EI	8.5×10^3	$kN\cdot m^2/m$
重度	w	0.0	kN/m/m
泊松比	ν	0.0	—

提示： 1）在 PLAXIS 2D 中，板单元的等效厚度是程序根据用户输入的 EA 和 EI 值自动计算的，不能手动指定。

2）如果“材料数据组”窗口正好挡住了板单元，可以在该窗口标题栏单击并按住鼠标左键，将其拖动到其他位置。

11.3.3　生成网格

进入“网格”模式，按前述同样方法生成网格，仍采用默认“单元分布”参数即可。查看网格后，关闭“输出”程序，回到“输入”程序。

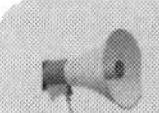

提示： 重新生成网格会对单元节点和应力点进行重新分配。

11.3.4　执行计算

进入“分步施工”模式。打开阶段窗口，“初始阶段”保持不变。双击“下沉”阶段，在“ID”栏内将阶段名称改为“柔性板加载”，其他项保持不变，关闭阶段窗口。

在“分步施工”模式下激活板单元及线荷载（见图 11-25），在“选择对象浏览器”中将线荷载 y 方向输入值改为 $-188kN/m^2$（见图 11-26）。注意，该线荷载值对应的总荷载与工况 A 中得到的总反力基本一致，即 $188kN/m^2\cdot\pi\cdot(1.0m)^2\approx590kN$。

以上完成了计算阶段定义，在执行计算之前，还可选择节点或应力点用于计算完成后绘制荷载-位移曲线或应力-应变曲线，操作如下：

在“分步施工”模式下的侧边工具栏中单击“选择生成曲线所需的点”按钮“”，自动启动“输出”程序显示网格模型及所有节点和应力点，且在输出窗口右侧显示“选择点”子窗口。可在模型中直接单击节点或应力点，或者在“选择点”窗口中输入坐标。

在“选择点”窗口下定义（0.0，4.0）为“预期点的坐标”，然后单击“搜索最近点”按钮，下方将列出距离所设坐标最近的节点和应力点。选择（0.0，4.0）对应的节点，勾选其前面的复选框“☑”。选中的点将显示在窗口上部的点列表中，并在模型中相应位置以字母“A”标识。如果模型中未显示所选点的字母序号，在“网格”主菜单下勾选“选择标签”即可。最后单击“更新”按钮，关闭“输出”程序，返回到“输入”程序。

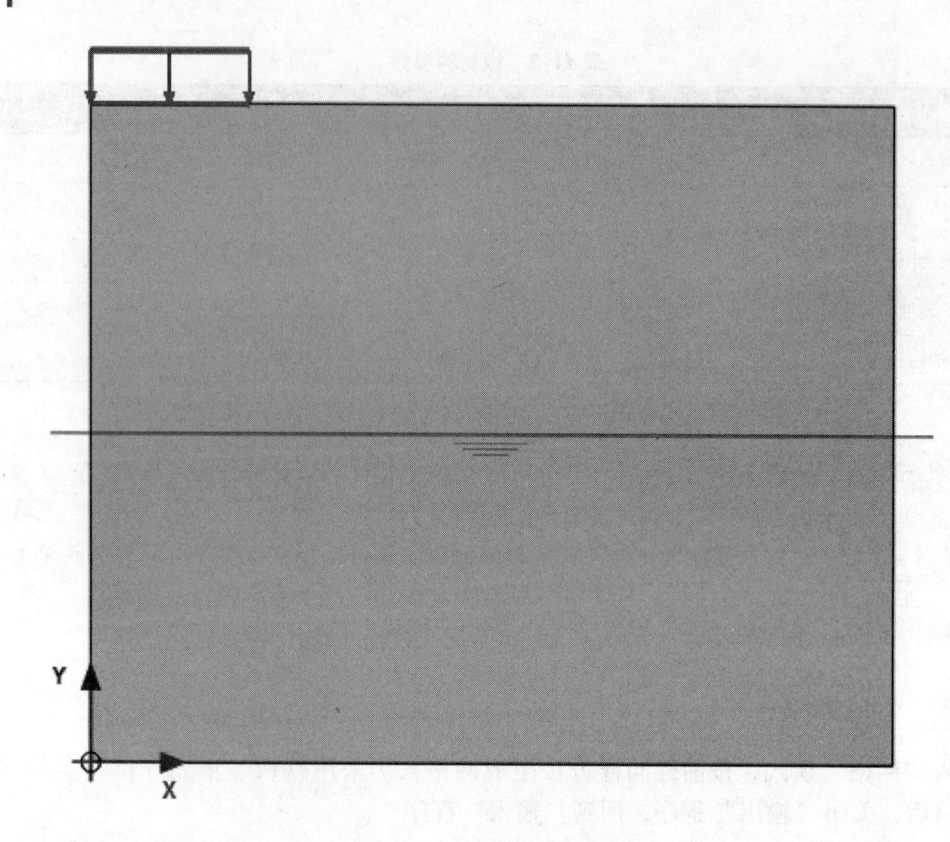

图 11-25　激活板和线荷载

在“阶段浏览器”中检查计算阶段是否都处于标记计算状态（标记计算按钮为“ ”），如果没有，可在相应计算阶段上右击，从展开菜单中选择“标记计算”即可。

完成上述定义后，单击“ ”开始计算。计算结束后，单击“ ”保存项目。

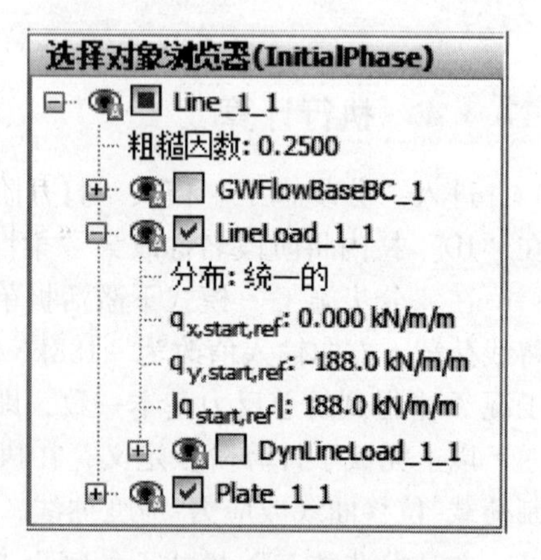

图 11-26　在“选择对象浏览器”中定义线荷载分量

11.3.5　查看结果

1. 查看结构内力和变形

计算完成后，在“阶段浏览器”中单击“柔性板加载”阶段，然后单击“查看计算结果”按钮“ ”，输出该阶段的结果，土体位移和应力分布与工况 A 相近。

单击“输出”程序侧边工具栏中的“选择结构”按钮“ ”，然后在圆形基础（板单元）上双击，自动打开新窗口显示板单元结果。注意，此时“输出”程序的菜单有了相应变化，可以从“力”菜单下选择相应选项输出基础内力。

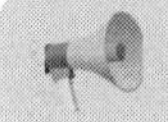

提示： PLAXIS 2D“输出”程序中可以同时打开多个窗口，在“窗口”主菜单下会列出当前打开的所有输出窗口。另外，这些窗口可以通过平铺、叠铺、最小化、最大化等方式显示。

2. 生成荷载-位移曲线

上一步查看的是计算阶段最后一个计算步的结果，如果要查看某一结果变量在整个计算过程中的变化情况，可以生成相应曲线。下面为本例生成荷载-位移曲线。

从“工具”菜单选择“曲线管理器”，或在工具栏中单击相应按钮“”，弹出“曲线管理器”窗口。在“图表”选项卡左下角单击“新建(N)”按钮，弹出“曲线生成”对话框（见图11-27）。从左侧“*X*-轴”下拉列表框中选择点“*A*（0.00/4.00）”，在下方选项组中选择“变形”→“总位移”→“$|u|$”。从右侧“*Y*-轴”下拉列表框中选择“项目”，在下方选项组中选择“乘子”→“$\sum M_{stage}$”。$\sum M_{stage}$表示外荷载（或指定位移等条件变化）的加载比例，变化范围为0到1，达到1时表示指定荷载已完全施加，且达到预设最终状态。单击“确认”，生成荷载-位移曲线，结果如图11-28所示。

图11-27 “曲线生成”对话框

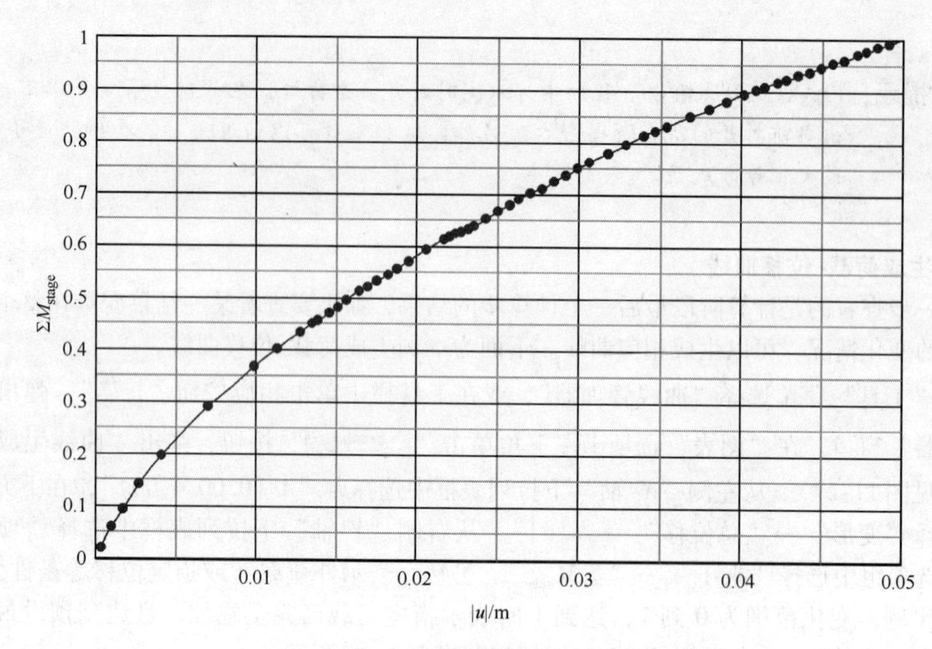

图 11-28 圆形基础的荷载-位移曲线

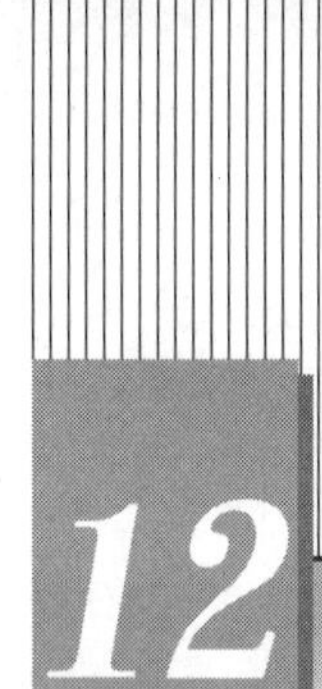

第 12 章 水下基坑开挖分析

本章介绍一个不降水开挖的例子。除了上一章中涉及的程序功能之外，本例中还会用到界面单元和锚杆单元，计算阶段也会更多。对于这些新涉及的功能会进行重点介绍。

为了在某河岸附近建造隧道，在水下开挖基坑，之后可将隧道衬砌预制构件沉入坑底进行拼装。本例即模拟该基坑施工过程，基坑宽 30m，深 20m，平面上为长条形，故可建立平面应变模型。基坑两侧采用深 30m 的地连墙支护，坑内每隔 5m 设一道水平支撑。另外，在距坑边 2 ~7m 范围内考虑均布超载 $5kN/m^2/m$。基坑施工影响范围内包括两类土，上部为 20m 厚的均质软黏土，下部为深厚的相对硬砂层（模型中取 30m 厚）。基坑典型剖面如图 12-1 所示。

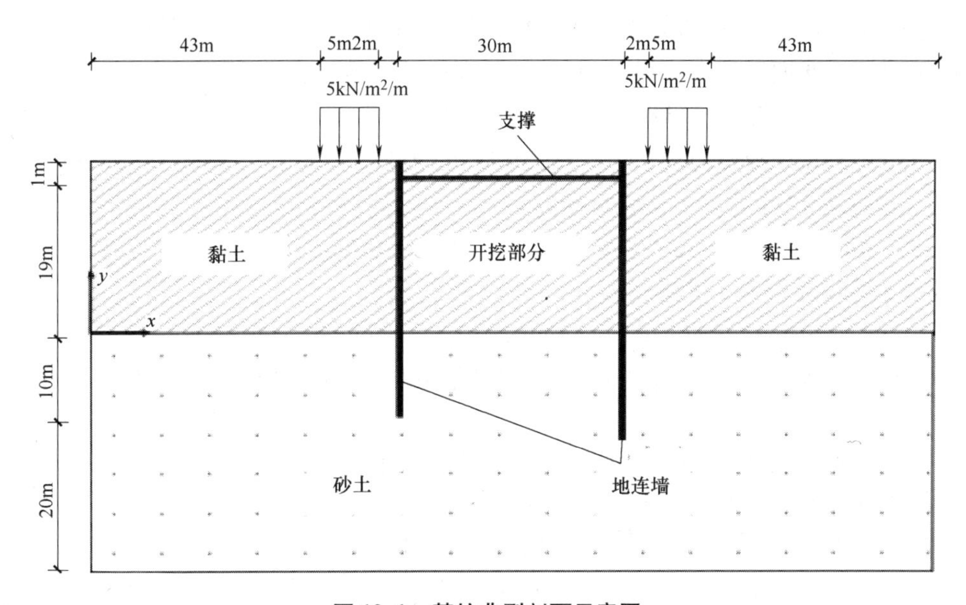

图 12-1　基坑典型剖面示意图

由图 12-1 可见，基坑典型剖面左右对称，故此本例中仅取其左半部分进行建模分析。模拟中基坑分三步开挖，地连墙采用板单元模拟，墙体两侧与土体之间的相互作用通过界面单元考虑对土体摩擦角的折减来实现，内支撑则采用弹簧单元模拟。

学习要点：

1）采用界面单元模拟土-结构相互作用。

2）使用高级土体模型（软土模型和土体硬化模型）。

3）指定土体排水类型为“不排水（A）”。

4）创建锚杆单元及其材料数据组。

5）模拟开挖过程（冻结土体类组，激活结构）。

12.1 几何模型

12.1.1 项目属性

启动新项目，输入项目名称。在“项目属性”窗口的“模型”选项卡下，定义模型边界为 $x_{min}=0.0\text{m}$，$x_{max}=65.0\text{m}$，$y_{min}=-30.0\text{m}$，$y_{max}=20.0\text{m}$。其他内容均保持默认。

12.1.2 定义土层

通过添加钻孔并为其指定材料属性来定义土层。本例中所有土层都是水平的，所以只需定义一个钻孔。定义步骤如下：

1）在“土”模式下单击“创建钻孔”按钮“”，然后在绘图区中 $x=0$ 处创建钻孔，弹出“修改土层”窗口。添加2个土层，上部土层顶面标高为20m，底面标高为0；下部土层顶面标高为0，底面标高为-30m。钻孔柱状图中“水头”设为18.0m。

2）单击“”，打开“材料组”窗口。在“土和界面”材料组类型下创建新数据组，命名为“黏土”。在“材料模型”下拉列表中选择“软土”模型，“排水类型”设为“不排水（A）”。根据表12-1定义土体材料参数。

3）在“界面”选项卡中，“强度”选为“手动”，“R_{inter}”设为“0.5”。该参数将界面强度与土体强度联系起来，关系式如下：

$$\tan\varphi_{inter}=R_{inter}\tan\varphi_{soil}\leqslant\tan\varphi_{soil},\quad c_{inter}=R_{inter}c_{soil},\quad c_{soil}=c_{ref}$$

因此，界面黏聚力和界面摩擦角是通过 R_{inter} 值对相邻土体的黏聚力和摩擦角进行了折减。

4）在“初始”选项卡中将“POP”设为5.0，其余选项保持默认。

5）同样方法定义名为“砂土”的材料组，按表12-1设置相关参数。

6）将上述2个定义好的材料组分别指定给相应土层。

提示： 1）在“强度”下拉列表中选择“刚性”时，界面强度参数与相邻土体相同（$R_{inter}=1.0$）。

2）注意，$R_{inter}<1.0$ 时，不仅折减强度，也折减刚度。

表 12-1 砂土和黏土层及界面的材料属性

参 数	名 称	黏 土	砂 土	单 位
一般				
材料模型	模型	软土	土体硬化	—
材料排水类型	类型	不排水（A）	排水	—
天然重度	γ_{unsat}	16	17	kN/m^3
饱和重度	γ_{sat}	18	20	kN/m^3
初始孔隙比	e_{init}	1.0	—	—
参数				
修正压缩指标	λ^*	3.0E-2	—	—
修正膨胀指标	κ^*	8.5E-3	—	—
标准三轴排水试验割线刚度	E_{50}^{ref}	—	4.0E4	kN/m^2
侧限压缩试验切线刚度	E_{oed}^{ref}	—	4.0E4	kN/m^2
卸载/重加载刚度	E_{ur}^{ref}	—	1.2E5	kN/m^2
刚度应力水平相关幂指数	m	—	0.5	—
初始孔隙比	e'_{init}	1.0	—	—
黏聚力（常数）	c'_{ref}	1.0	0.0	kN/m^2
摩擦角	φ'	25	32	(°)
剪胀角	ψ	0.0	2.0	(°)
泊松比	ν'_{ur}	0.15	0.2	—
渗流参数				
水平渗透系数	k_x	0.001	1.0	m/day
竖向渗透系数	k_y	0.001	1.0	m/day
界面				
界面强度	—	手动	手动	—
强度折减系数	R_{inter}	0.5	0.67	—
初始				
K_0 的确定	—	自动	自动	—
超固结比	OCR	1.0	1.0	—
预加载比	POP	5.0	0.0	—

12.1.3 定义结构

下面介绍地连墙、内支撑、地表荷载和分层开挖的建模过程。

1. 定义地连墙

1）进入“结构”模式，单击“创建结构”按钮“▮”，从展开菜单中选择“创建板”

（见图 12-2）。

2）在已激活了“创建板”按钮的状态下，在绘图区中两点（50.0，20.0）和（50.0，－10.0）处依次单击绘制一条 30m 长的竖线，然后右击完成板单元的创建。

3）按表 12-2 所列创建地连墙材料组，并指定给上一步建立的板单元。

4）在建立的板单元上右击，从展开菜单中依次选择“创建”→“正向界面”“负向界面”（见图 12-3），会沿板单元的两侧创建界面单元。

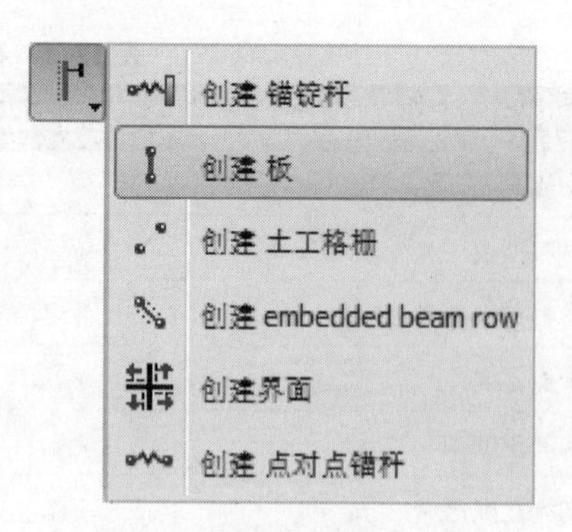

图 12-2 “创建结构”菜单下的“创建板”选项

表 12-2 地下连续墙（板）材料属性

参数	名称	数值	单位
材料类型	材料类型	弹性	kN/m
轴向刚度	EA	7.5E6	kN/m
抗弯刚度	EI	1.0E6	kN·m^2/m
重度	w	10.0	kN/m/m
泊松比	ν	0.0	—

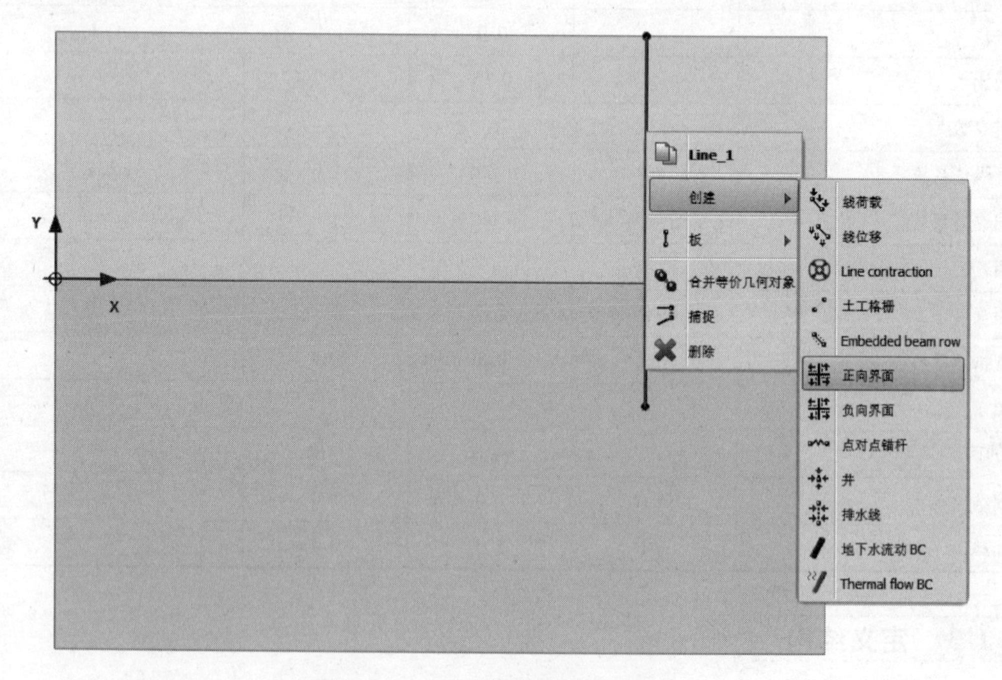

图 12-3 沿已有结构创建界面单元

提示： 1）一般来说，某一坐标只对应一个点，而两点之间只对应一条线。程序会自动将重合的点或线合并为单一的点或线。

2）为了便于区分，程序将几何线两侧的界面分别加以正号（⊕）和负号（⊖）显示。界面的正负没有物理意义，对计算结果也没有影响。

3）界面可以定义“虚拟厚度因子”，其数值用于优化界面的数值性能。在绘图区选中界面单元，然后就可以在选择浏览器中为其定义虚拟厚度因子的数值。对于初级用户来说，不建议更改程序的默认值。

2. 定义分步开挖

1）单击侧边工具栏中的“创建线”按钮“ ”，依次在坐标（50.0，18.0）和（65.0，18.0）处单击，在两墙之间创建一条水平线，右击完成绘制，生成第一步开挖线。

2）同样方法定义第二步开挖线，端点坐标为（50.0，10.0）和（65.0，10.0）。

3）第三步开挖深度与土层分界面重合（$y=0.0$），所以不必另外创建开挖线。

3. 定义内支撑

1）单击侧边工具栏中的“创建结构”按钮，并在展开菜单中选择“创建锚定杆”按钮“ ”。

2）在坐标（50.0，19.0）处单击，创建一个锚定杆单元，显示为横放的“T”字形。

3）单击侧边工具栏中的“显示材料”按钮“ ”，将材料组类型设为“锚杆”，然后按表12-3所列创建锚杆材料组。

表12-3 内支撑（锚杆）材料属性

参数	名称	数值	单位
材料类型	材料类型	弹性	—
轴向刚度	EA	2.0E6	kN
平面外间距	$L_{spacing}$	5.0	m

4）在绘图区中选中锚定杆单元，然后在“选择对象浏览器”中从锚定杆单元的“材料”子目录中选择上一步创建的锚杆材料组。

5）在“选择对象浏览器”中将锚定杆单元的等效长度设为15m（见图12-4），这是基坑开挖宽度的一半。

提示： 等效长度是从连接点到沿锚杆方向位移为零的点之间的距离。

4. 定义分布荷载

1）单击侧边工具栏中的“创建荷载”按钮“ ”，从展开菜单中选择“创建线荷载”按钮“ ”（见图12-5）。

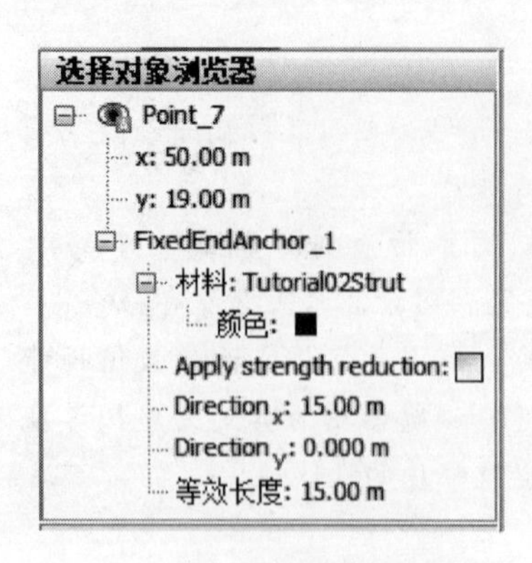

图 12-4　在“选择对象浏览器”中设置锚定杆的参数

图 12-5　在“创建荷载”展开菜单中选择“创建线荷载”

2）在坐标（43.0，20.0）和（48.0，20.0）处依次单击，创建一段线荷载，右击完成绘制。

3）在“选择对象浏览器”中，为线荷载指定 y 方向分量（$q_{y,\mathrm{start,ref}}$）为 –5kN/m/m（见图 12-6）。

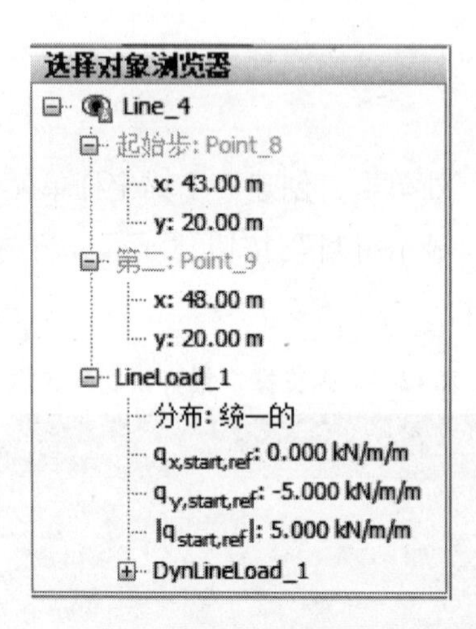

图 12-6　在“选择对象浏览器”中为线荷载指定 y 方向分量

12.2 生成网格

进入“网格”模式，单击“![]”生成网格，采用默认的单元分布即可，即网格疏密度为“中等”。网格生成后，单击“![]”查看网格，如图 12-7 所示。然后可以单击“关闭”标签关闭输出程序。

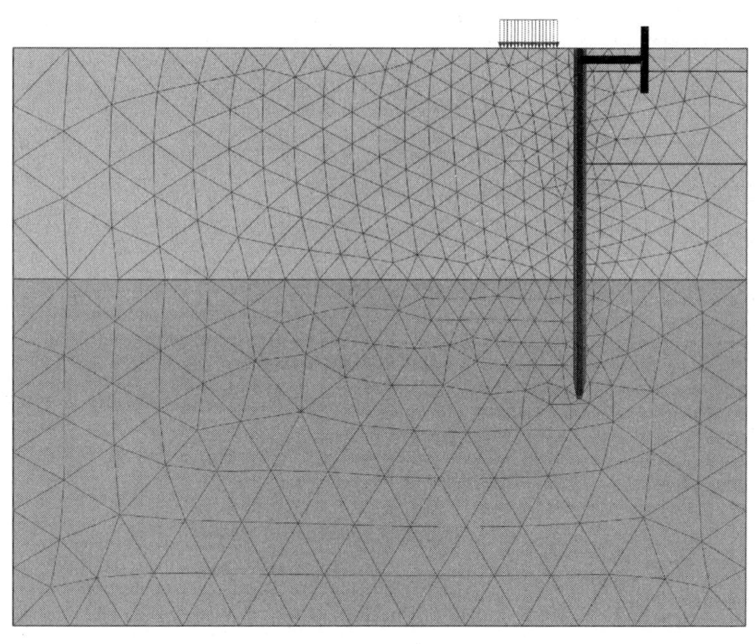

图 12-7　生成的网格

12.3 执行计算

开挖施工实际上是一个多阶段过程。首先，建造地下连续墙到要求的深度。然后，为了产生安装锚杆或横向支撑所需的空间，实行部分开挖。之后逐步开挖土体至最终深度。通常我们必须采取一些特别的隔水措施。另外，也可能对地下连续墙施加支撑。

PLAXIS 能够用分步施工计算选项对这些过程进行模拟。分步施工使得有限元模型中被选组成部分的重度、刚度和强度可以被激活或冻结。注意，只有当加载类型为“分步施工”时才能在“分步施工”模式下进行这些更改。下面介绍如何通过分步施工对开挖进行模拟。

单击“分步施工”标签“分步施工”，进入“分步施工”模式，阶段浏览器中已经默认添加了初始阶段，保持默认设置即可（计算类型为“K_0 过程”），同时检查是否所有土体处于激活状态，所有荷载和结构处于冻结状态。

1. 阶段 1：外荷载

添加一个新阶段（阶段 1），“阶段”窗口下参数保持默认。在侧边工具栏中单击“选择更多对象”→“选择线”→“选择板”（见图 12-8），然后在绘图区中框选所有板单元（见图 12-9），之后在板单元上右击，从展开菜单中选择“激活”，激活的板单元显示其材料组中指定的颜色（默认为深蓝色）。除此之外，在分布荷载上右击，从右键菜单中选择“激活”，在选择浏览器中可见荷载值为 -5kN/m/m，已在“结构”模式下定义。同时确保板单元两侧的界面单元也都已激活。

提示： 要选中界面，可以在几何线上右击，从展开菜单中选择相应的正向/负向界面即可。

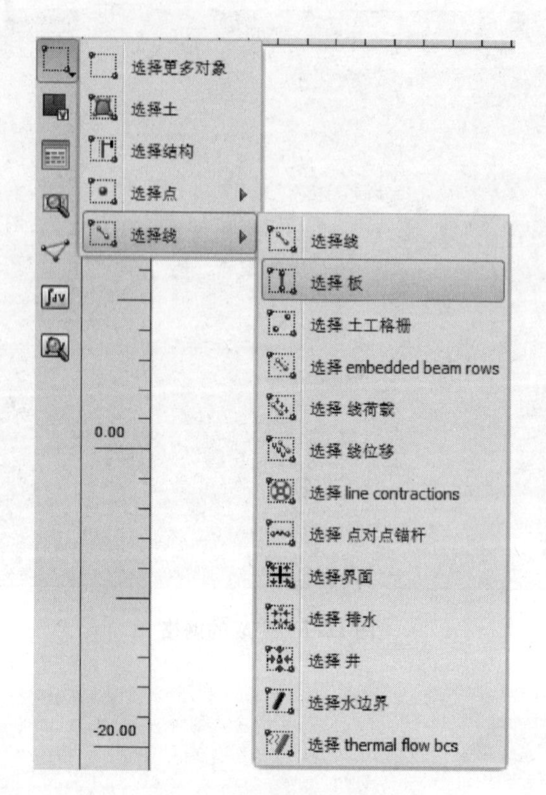

图 12-8 “选择板”选项

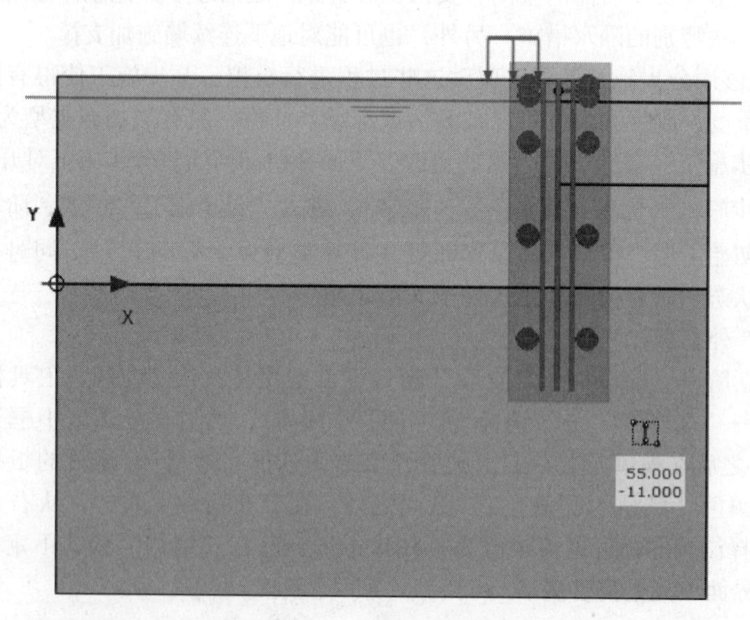

图 12-9 框选板单元

2. 阶段2：第一步开挖

添加一个新阶段（阶段2），“阶段”窗口下参数保持默认。此时除锚定杆外，其他结构单元都处于激活状态。在模型右上角第一个类组上右击，从右键菜单中选择“冻结”（模拟开挖 $y=18$ 至 $y=20$），冻结后如图12-10所示。

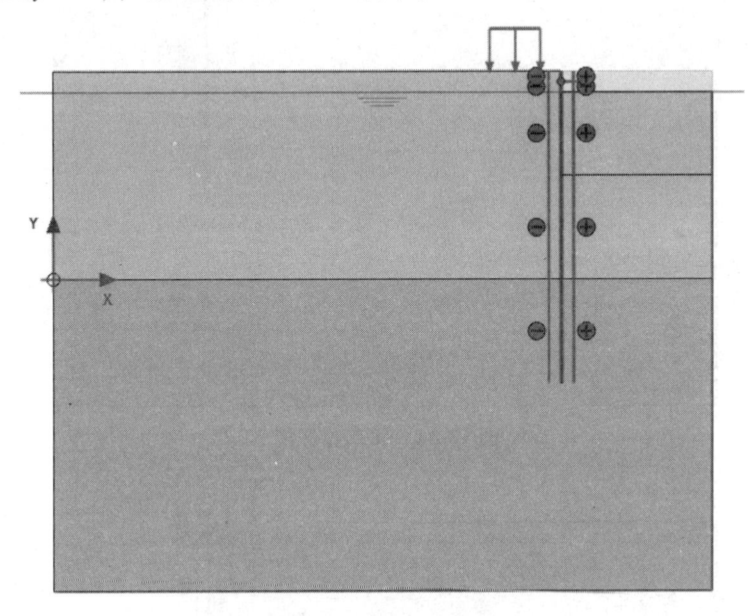

图12-10　第一步开挖

提示： 新添加的阶段的起始阶段默认为上一个阶段，且模型对象激活状态与上一个阶段相同。可以在“阶段”窗口中的“起始阶段”下拉菜单中手动选择以哪个阶段作为起始阶段。

3. 阶段3：安装内支撑

添加一个新阶段（阶段3），激活锚定杆单元。

4. 阶段4：第二步开挖（水位以下）

添加一个新阶段（阶段4），冻结模型右上角从上往下第二个土体类组（这是基坑内处于激活状态的最上部的类组，如图12-11所示）。

提示： 在PLAXIS中，冻结土体类组时，并不会同时冻结该类组的孔压。本例是模拟水下开挖，没有降排水措施，故此只需冻结土体类组，而保留该类组的孔压。

5. 阶段5：第三步开挖

添加一个新阶段（阶段5），冻结模型右上角从上往下第三个土体类组，即开挖坑内剩余黏土层，如图12-12所示。

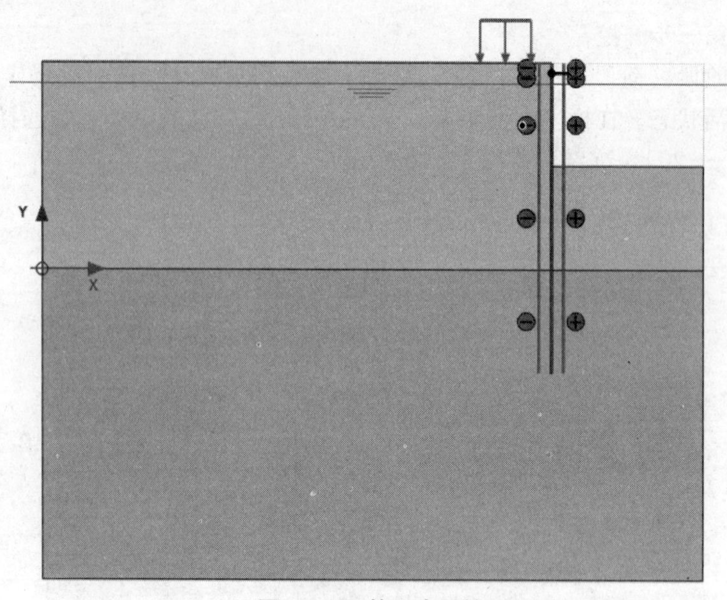

图 12-11　第二步开挖

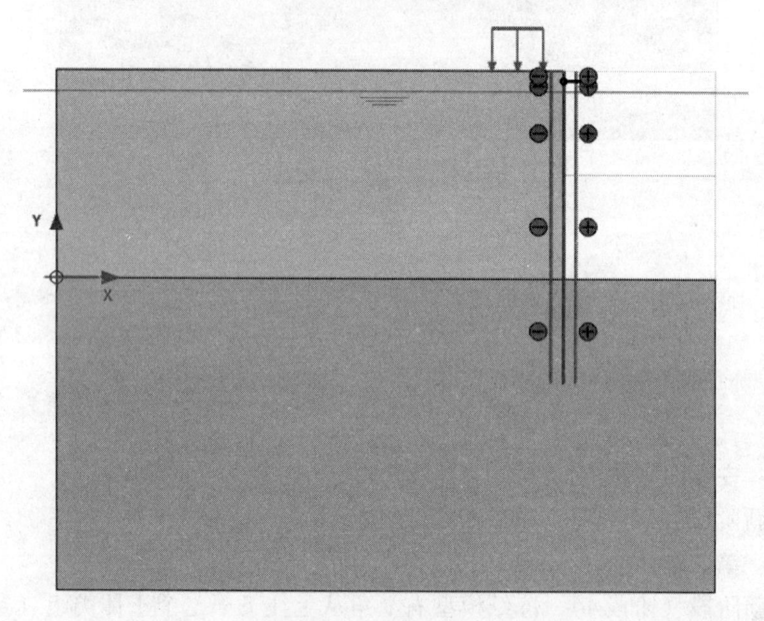

图 12-12　第三步开挖

至此，所有计算阶段已定义完成。为了能够在计算完成后绘制开挖过程中的荷载-位移曲线或应力-应变曲线，在执行计算之前先选择一些节点或应力点，操作如下：

在“分步施工”模式下的侧边工具栏中单击“选择生成曲线所需的点”按钮“”，自动启动“输出”程序显示网格模型及所有节点和应力点，且在输出窗口右侧显示“选择点”子窗口。要选择围护墙（板单元）上可能发生较大变形的点，例如点（50.0，10.0），在“选择点”子窗口的“预期点的坐标”下输入（$x=50.0$m，$y=10.0$m），单击“搜索最近”，下方会列出距离该坐标最近的点的信息，勾选一个点，则“选择点”子窗口的上部会列出该点，并自动编号为A，关闭“选择点”子窗口。单击输出程序左上角的“更新”选项卡（更新），自动关闭“输出”程序并返回“输入”程序。

单击“$\int dv$”开始计算。

在分步施工计算阶段执行过程中，阶段总乘子$\sum M_{stage}$从0.0逐渐增长到1.0，在计算信息窗口中会显示该参数的变化。当$\sum M_{stage}$达到1.0，则本阶段计算完成。如果分步施工计算中某个阶段的$\sum M_{stage}$尚未达到1.0计算却结束了，则程序会提示错误信息。出现这一错误的常见原因是模型中发生了破坏机制，当然也可能是其他原因。

12.4 查看结果

通过PLAXIS输出程序可以查看土体位移和应力，以及结构内力和变形等。查看本例计算结果，操作举例如下：

1）查看位移。在计算窗口中单击最后一个计算阶段（这一操作会将该计算阶段置为当前阶段），然后单击工具栏中的“查看计算结果”按钮“”，弹出“输出”程序窗口，默认自动缩放显示该计算阶段的最终变形网格，并给出最大位移（见图12-13）。从主菜单中单击“变形”→“增量位移”→“$|\Delta u|$”，会显示位移增量云图，可以借此查看墙后土体变形机制特征。单击工具栏中的“矢量图”按钮“”，将会以箭头的形式显示所有节点的位移增量。箭头的长度表示位移增量的相对大小。

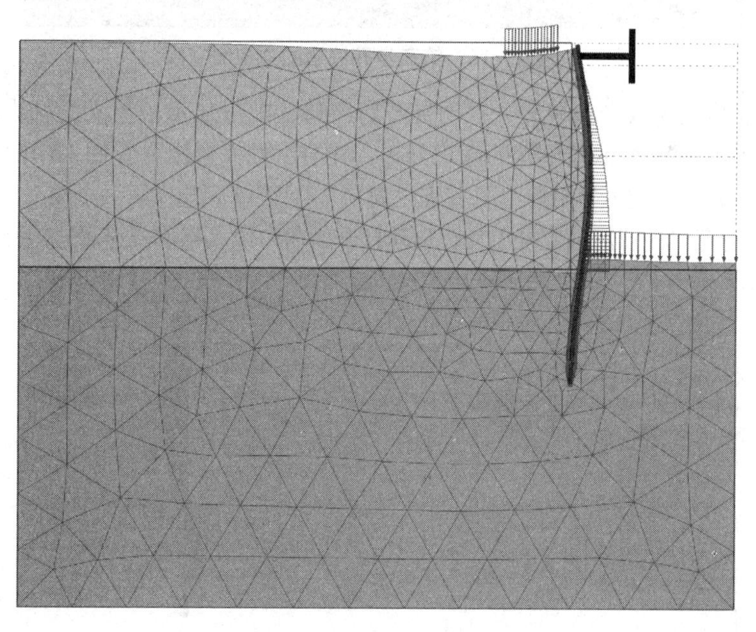

图12-13 第三步开挖后的变形网格

提示：在输出程序中，可以通过“查看”菜单下选项来指定输出图形中是否显示模型边界约束和潜水位线，施加于模型上的荷载、指定位移等内容则可通过输出程序左侧的模型浏览器来指定是否显示。

2）查看应力。从主菜单中单击“应力”→“有效主应力”→“有效主应力”（展开菜单中的第一项），在每个土体单元的三个内部应力点处以红色十字线显示土体有效主应力的方向及相对大小。注意，此时工具栏中默认勾选了“中心主应力”选项。主应力方向显示出坑底存在较大被动区，内撑附近也存在一较小的被动区（见图12-14）。

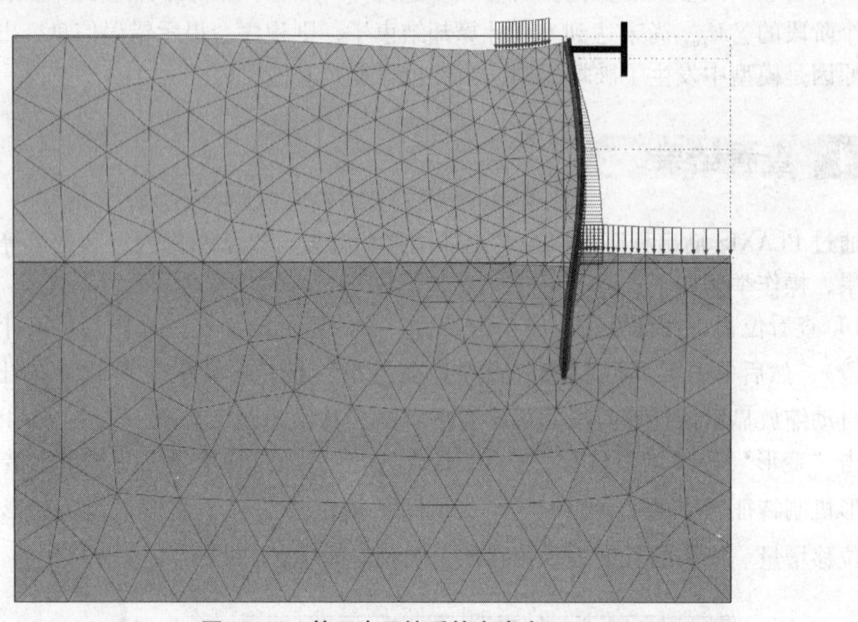

图12-14　第三步开挖后的主应力

3）查看结构内力。双击板单元，自动打开新窗口，默认显示板单元的轴力。从“Forces”菜单下选择“弯矩M”，显示板单元的弯矩分布，并给出最大弯矩（见图12-15）。从“Forces”菜单下选择“剪力Q”，则可显示剪力图。从“窗口”主菜单下选择第一个窗口，切换到显示整个模型土体应力的窗口，双击锚定杆单元，自动打开新窗口以表格形式显示锚定杆的内力。

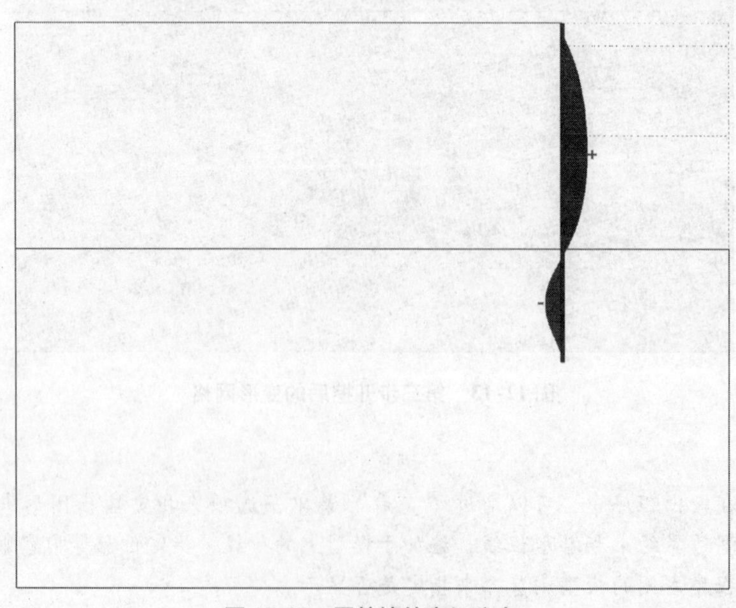

图12-15　围护墙的弯矩分布

提示： 在输出程序的“窗口”主菜单下，会列出当前打开的所有窗口，可以借此在结构内力图窗口与土体应力变形图窗口之间切换。另外，通过“窗口”菜单也可以对已打开的窗口进行层叠、平铺等操作。

4）绘制曲线。单击工具栏中的“曲线管理器”按钮“”，弹出“曲线管理器”窗口。单击左下角的“新建”按钮，弹出“曲线生成”对话框，从左侧“*X*-轴”下拉菜单中选择“*A*（50.00/10.00）”，在下方目录树中选择“变形”→“总位移”→“$|u|$”，从右侧“*Y*-轴”下拉菜单中选择“项目”（此为默认选项），在下方目录树中选择“乘子”→“ΣM_{stage}”，然后单击“确认”，生成荷载-位移曲线，如图12-16所示。

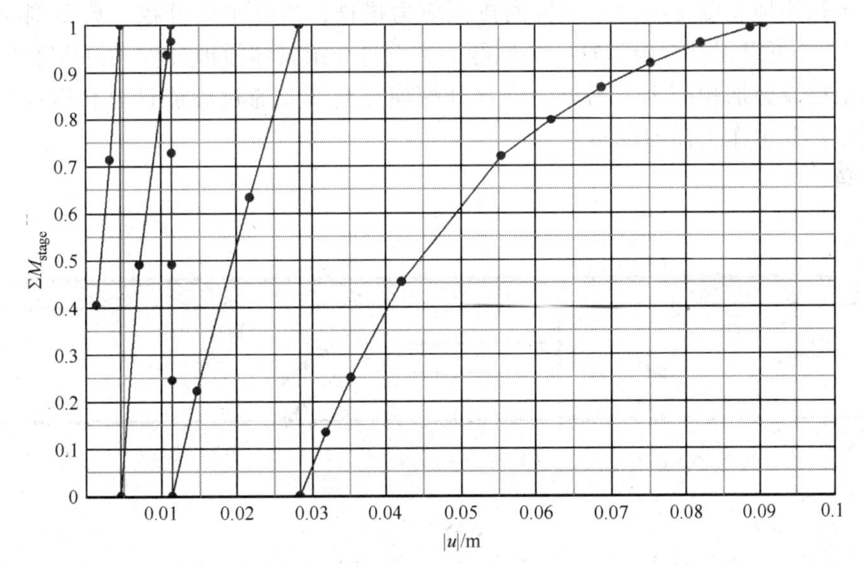

图12-16　围护墙挠度荷载-位移曲线

从荷载-位移曲线可以看出各个施工阶段的变化，对每个阶段而言，ΣM_{stage}都从0.0逐步增长到1.0。最后一个阶段的荷载-位移曲线增速渐缓，斜率逐渐降低，表明该阶段中产生的塑性变形量正在逐渐增大。计算结果表明开挖完成后该基坑仍处于稳定状态。

第13章 拉锚地连墙支护基坑降水开挖分析

某基坑采用地连墙支护，并设置两排预应力锚杆，边降水边开挖，典型剖面如图13-1所示。PLAXIS可以很好地模拟这一类问题。本例将介绍具体模拟过程，包括降水开挖过程，如何模拟锚杆及施加预应力。另外，降水开挖模拟会涉及通过渗流计算获得孔压分布的问题，本例中对此也作了详细说明。

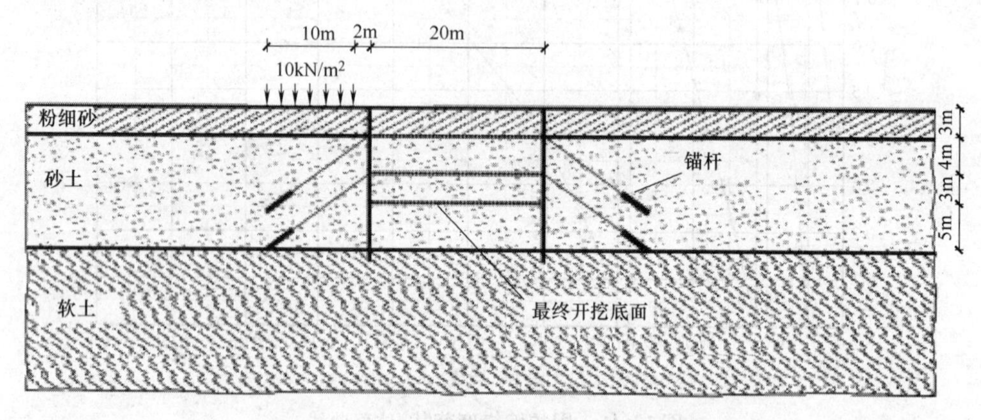

图13-1　拉锚地连墙支护基坑开挖典型剖面

学习要点：

1）模拟地层锚杆，施加锚杆预应力。

2）模拟基坑降水。

3）通过地下水渗流计算生成孔压场。

4）查看结构内力。

5）缩放显示输出结果。

13.1 几何模型

基坑宽20m，深10m，地连墙深16m，厚0.35m，墙后设两排预应力锚杆，锚杆全长14.5m，倾角33.7°。另外，在基坑左侧地表考虑10kN/m^{2}的超载。土层分布如图13-1所示，主要包括三个土层。表层填土为松散细砂质土，厚3m。第二层为级配良好的密砂层，厚12m，适于设置锚杆。第三层为深厚软土层，模型中取15m厚。初始潜水位埋深3m，与填土层底部齐平。

13.1.1 项目属性

启动新项目，在“项目属性”对话框中输入项目名称，定义模型边界为 $x_{min}=0.0\text{m}$，$x_{max}=100.0\text{m}$，$y_{min}=0.0\text{m}$，$y_{max}=30.0\text{m}$，其他选项保持默认。

13.1.2 定义土层

通过添加钻孔并为其指定材料属性来定义土层。本例中所有土层都是水平的，所以只需定义一个钻孔。定义步骤如下：

1）在“土”模式下单击“创建钻孔”按钮“”，然后在绘图区中 $x=0$ 处单击，弹出“修改土层”窗口。

2）在“修改土层”窗口中，添加3个土层。最上层土顶面标高为 $y=30\text{m}$，三个土层的底面标高从上至下依次为 $y=27\text{m}$，15m 和 0。水头标高设为23m。钻孔土层及水头设置如图13-2所示。按表13-1所列定义3个土层对应的材料数据组，并指定给相应土层。

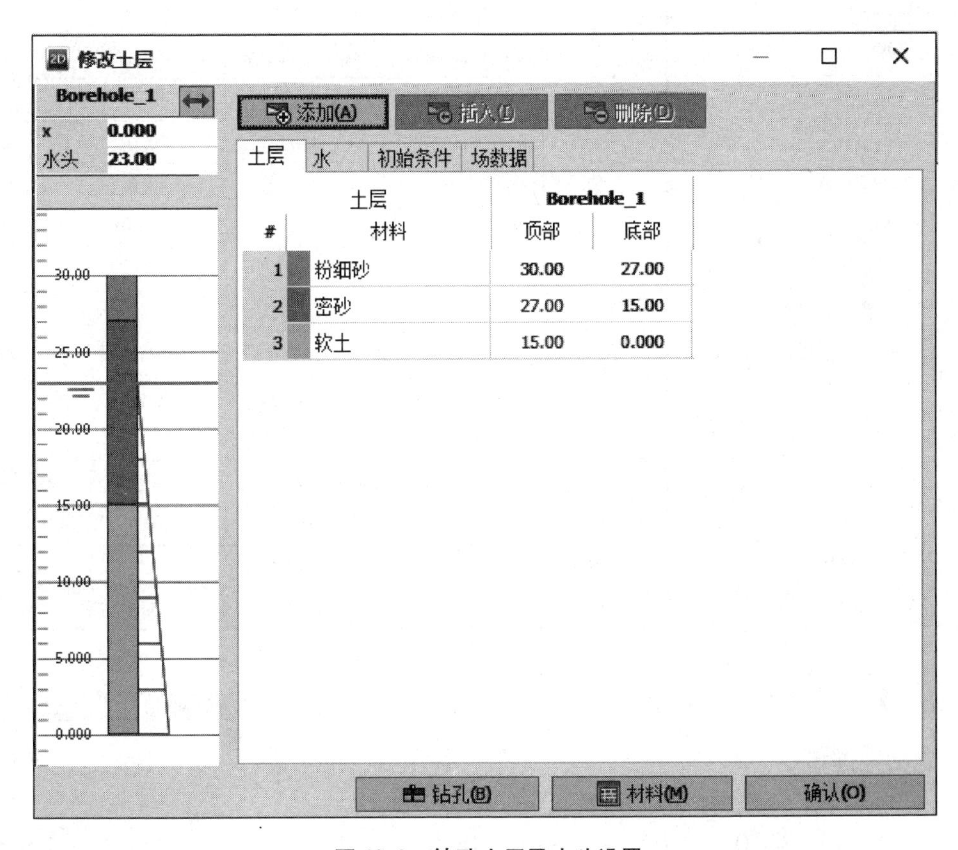

图13-2 钻孔土层及水头设置

表 13-1 土层及界面的材料属性

标签	参数	符号	粉细砂	密砂	软土	单位
一般	材料模型	—	土体硬化	土体硬化	土体硬化	—
	排水类型	—	排水	排水	排水	—
	天然重度	γ_{unsat}	16	17	17	kN/m³
	饱和重度	γ_{sat}	20	20	19	kN/m³
参数	三轴排水试验割线模量	E_{50}^{ref}	2.0E4	3.0E4	1.2E4	kN/m²
	固结仪切线模量	E_{oed}^{ref}	2.0E4	3.0E4	8.0E3	kN/m²
	卸载/重加载模量	E_{ur}^{ref}	6.0E4	9.0E4	3.6E4	kN/m²
	应力相关幂值	m	0.5	0.5	0.8	—
	黏聚力	c'	1.0	0	5.0	kN/m²
	摩擦角	φ'	30	34	29	(°)
	剪胀角	ψ	0.0	4.0	0.0	(°)
	卸载泊松比	ν'	0.2	0.2	0.2	—
	正常固结 K_0 值	K_0^{nc}	0.5	0.4408	0.5152	—
地下水	数据组	—	USDA	USDA	USDA	—
	模型	—	Van Genuchten	Van Genuchten	Van Genuchten	—
	土类型	—	淤泥	砂	沃土	—
	<2μm	—	6.0	4.0	20.0	%
	2~50μm	—	87.0	4.0	40.0	%
	50μm~2mm	—	7.0	92.0	40.0	%
	设为默认参数	—	是	是	是	—
	水平方向渗透系数	k_x	0.5996	7.128	0.2497	m/day
	竖直方向渗透系数	k_y	0.5996	7.128	0.2497	m/day
界面	界面强度	—	手动	手动	刚性	—
	界面折减系数	R_{inter}	0.65	0.70	1.0	—
	考虑裂隙闭合	—	是	是	是	—
初始条件	K_0 确定	—	自动	自动	自动	—
	超固结比	OCR	1.0	1.0	1.0	—
	前期固结应力	POP	0.0	0.0	25.0	kN/m²

13.1.3 定义结构

1. 定义地连墙

进入“结构”模式，分别过点（40.0，30.0）—（40.0，14.0）和（60.0，30.0）—（60.0，14.0）创建板单元模拟地连墙。选中该板单元，在“选择对象浏览器”中单击板单元下的“材料”，然后单击右侧的加号“+”（见图 13-3），弹出建立板单元材料组的窗口，按表 13-2 输入材

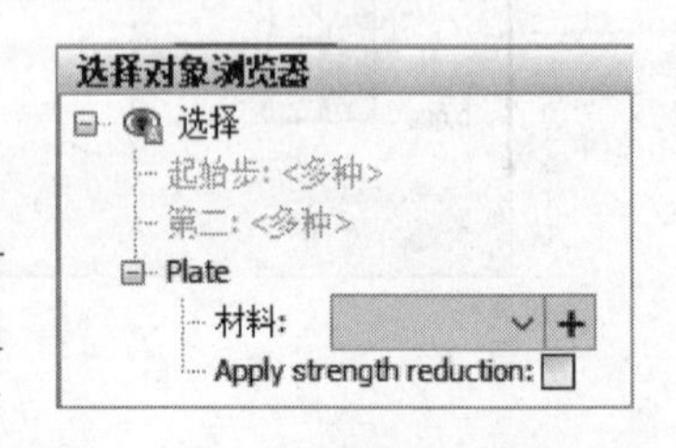

图 13-3 在“选择对象浏览器”中指定材料

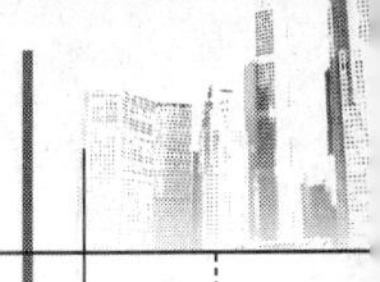

料参数，其中混凝土弹性模量取35GPa，厚度为0.35m。此外，在绘图区中右击板单元，然后通过右键菜单分别创建正向界面和负向界面。

表13-2 地下连续墙（板）特性

参数	名称	数值	单位
行为类型	材料种类	弹性	—
轴向刚度	EA	12×10^6	kN/m
抗弯刚度	EI	0.12×10^6	$kN\cdot m^2/m$
重度	w	8.3	kN/m/m
泊松比	ν	0.15	—

2. 定义开挖步

基坑开挖分为三步，第一步开挖至粉细砂层底标高处，取其土层界限作为开挖底面即可。其余两步开挖定义如下：通过点（40.0，23.0）和（60.0，23.0）创建一条线作为第二步开挖底面，过点（40.0，20.0）和（60.0，20.0）创建线作为第三步开挖底面，此即为坑底。

3. 定义地层锚杆

地层锚杆采用点对点锚杆单元与Embedded beam row单元组合来模拟，前者用于模拟自由段，后者模拟锚固段。注意，锚固段周围土体处于复杂的三维应力状态，这在2D模型中难以完全体现。

按表13-3所列坐标创建点对点锚杆，根据表13-4创建自由段材料组，然后选中全部锚杆单元，从“选择对象浏览器”中锚杆单元下的“材料”下拉菜单中选择该材料组。根据表13-5在绘图区中创建Embedded beam row，根据表13-6创建锚固段材料组并指定给Embedded beam row。

表13-3 点对点锚杆端点坐标

自由段位置		第一点	第二点
上部	左	(40，27)	(31，21)
	右	(60，27)	(69，21)
底部	左	(40，23)	(31，17)
	右	(60，23)	(69，17)

表13-4 点对点锚杆材料属性（自由段）

参数	名称	数值	单位
行为类型	材料种类	弹性	—
轴向刚度	EA	5×10^5	kN
水平间距	L_s	2.5	m

表 13-5 Embedded beam row 端点坐标

注浆段位置		第一点	第二点
上部	左	(31, 21)	(28, 19)
	右	(69, 21)	(72, 19)
底部	左	(21, 17)	(28, 15)
	右	(69, 17)	(72, 15)

表 13-6 Embedded beam row 材料属性（锚固段）

参数	名称	Embedded beam row	单位
弹性模量	E	2.5E6	kN/m²
重度	γ	0	kN/m³
桩类型	—	预定义	—
预定义桩类型	—	大直径圆桩	—
直径	D	0.3	m
桩间距	$L_{spacing}$	2.5	m
侧摩阻力	—	线弹性	—
	$T_{top,max}$	400	kN/m
	$T_{bot,max}$	400	kN/m
桩底极限反力	F_{max}	0	kN
界面刚度因子	—	默认	—

将 Embedded beam row 的“连接”属性设为“自由”（见图 13-4）。这样设置之后，Embedded beam row 的顶点将与重合的土体单元分离，并自动建立与锚杆单元之间的连接。

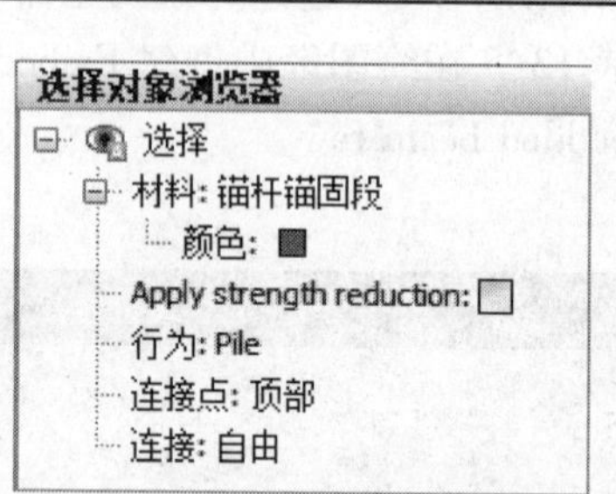

图 13-4 设置 Embedded beam row 的“连接”属性

按住〈Ctrl〉键，选中上方第一排点对点锚杆和 Embedded beam row 单元，从右键菜单中选择“组”（Group）。在“模型浏览器”中将创建的组“Group_1”重命名为“上排锚杆”。同理，为下方的第二排锚杆创建一个组并重命名为“下排锚杆”。

需要说明的是，在 2D 模型中虽然不能精确模拟锚杆周围土体的应力状态及其与土体之间的相互作用，但采用上述方法可以对土体应力分布、结构变形和稳定进行大致估计。以上模型中假定锚固段与土体之间不发生相对滑移，因此不能用来估算锚杆的抗拔力。

4. 定义地表超载

通过点（28.0，30.0）和（38.0，30.0）创建线荷载，荷载值在分步施工阶段进行定义。

13.2 生成网格

进入“网格”模式，单击“ ”生成网格，采用默认的单元分布即可，即网格疏密度为“中等”。网格生成后，单击“ ”查看网格，如图 13-5 所示。然后可以单击“关闭”标签关闭输出程序。

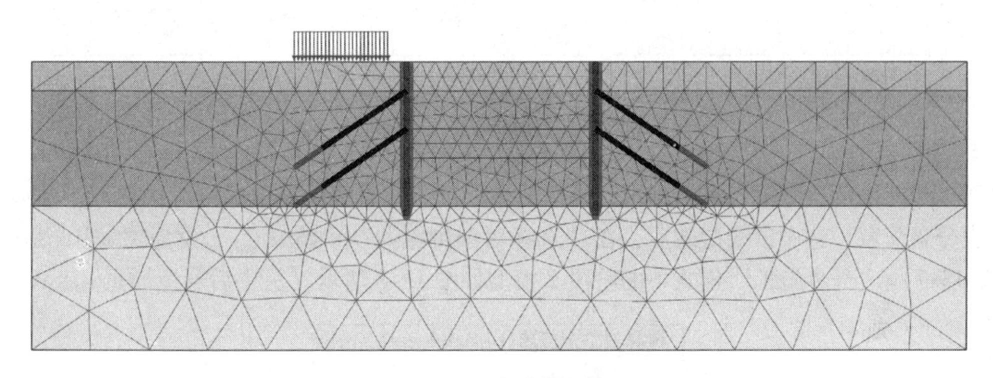

图 13-5 生成的网格

13.3 执行计算

计算过程分为 6 个阶段来模拟。初始阶段，利用“K_0 过程”生成初始应力。阶段 1，激活地连墙和地表超载。阶段 2，开挖 3m，无拉锚，无降水。阶段 3，激活第一排锚杆并施加预应力。阶段 4，开挖到 7m 深，仍未涉及降水问题。阶段 5，激活第二排锚杆并施加预应力。阶段 6，降水至坑底标高，开挖至坑底（10m 深）。

在定义计算阶段之前，可先在“水力模式”下定义相应的地下水条件。在最终开挖阶段降水至坑底。模型两侧边界为固定水头 23.0m，模型底边界设为封闭。基坑开挖到底时，坑底水压力应为零，则此处水头应设为等于其全局标高（水头 =20.0m）。这一水力条件可通过设置一般潜水位并执行地下水渗流计算来获得，同时应激活地连墙两侧的界面单元以达到隔水效果。

1. 初始阶段

通过“K_0 过程”生成初始应力场，使用土体类组中默认的 K_0 值。具体操作如下：

进入“分步施工”模式，确保板单元、点对点锚杆单元和 Embedded beam row 单元等结构构件以及地表超载均处于冻结状态。在“阶段浏览器”中双击初始阶段，可打开“阶段”窗口，采用默认设置即可，其中，“孔压计算类型”为“潜水位”，此时会使用整个潜水位线来生成孔压。单击“确定”关闭“阶段”窗口。在“模型浏览器”中展开“模型条件”下的“水”子目录，可以看到根据钻孔水头生成的水位已自动指定给了“GlobalWaterLevel”（见图 13-6）。

2. 阶段 1

添加一个新阶段（阶段 1），激活所有地连墙及其两侧界面，将“模型浏览器”中板单元

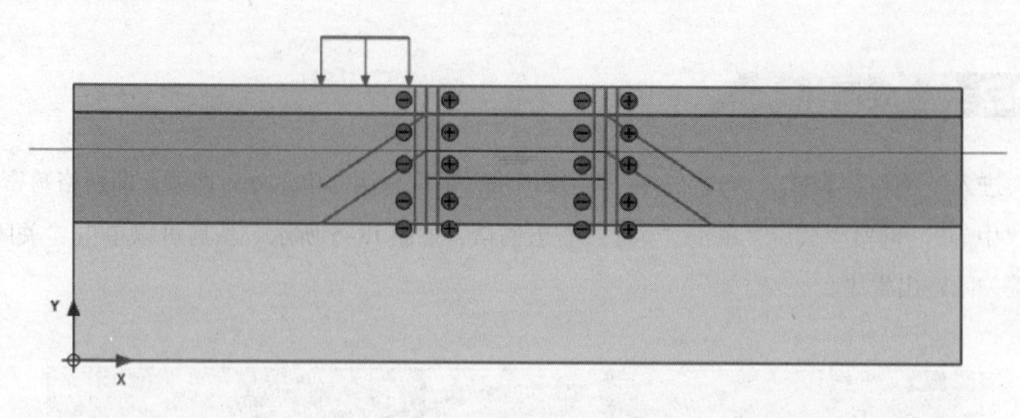

图 13-6　初始阶段几何模型

和界面单元前面的检查框勾选上即可，激活的单元前方检查框中显示绿色对钩标记。然后，激活地表分布荷载，选中该线荷载后，在“选择对象浏览器”中将 $q_{y,\mathrm{start,ref}}$ 设为“-10kN/m/m”(见图 13-7)。“分步施工”模式下的阶段 1 模型如图 13-8 所示（见书后彩色插页）。

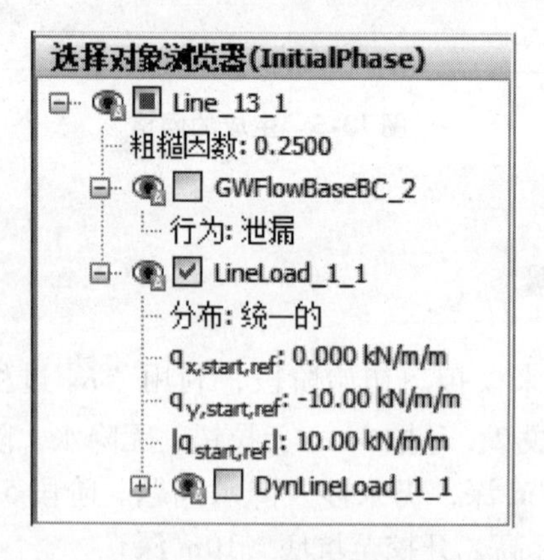

图 13-7　定义线荷载

3. 阶段 2

添加一个新阶段（阶段 2），如图 13-9 所示（见书后彩色插页），将坑内第一层土冻结。

4. 阶段 3

添加一个新阶段（阶段 3），在“模型浏览器”中的“组”目录下勾选“上排锚杆”前面的检查框，激活第一排锚杆。选中第一排中的点对点锚杆单元，在“选择浏览器”中将“调整预应力”设为“True”，并指定预应力值为 500kN。“分步施工”模式下的阶段 3 模型，如图 13-10 所示（见书后彩色插页）。

提示： 为锚杆指定的预应力会在该施工阶段计算完成时全部转化为锚杆内力。在后续计算阶段中，这个力即为锚杆内力，可以随施工过程中周围地层应力变形发展而进一步增加或减小。

5. 阶段4

添加一个新阶段（阶段4），冻结基坑内第二层土，设置好的模型如图13-11所示（见书后彩色插页）。注意，本阶段中不再手动设置锚杆预应力。

6. 阶段5

添加一个新阶段（阶段5），激活第二排锚杆，并按前述方法为第二排点对点锚杆单元设置预应力1000kN。“分步施工”模式下的阶段5模型如图13-12所示（见书后彩色插页）。

7. 阶段6

添加一个新阶段（阶段6），在“阶段”窗口下的“一般”子目录下将“孔压计算类型”设为“稳态地下水渗流”，其他参数保持默认设置。在“分步施工”模式下冻结基坑内第三层土，然后单击“水力条件”选项卡进入“水力条件”模式。单击侧边工具栏中的“创建水位”按钮“”，然后在绘图区中依次通过点（0.0，23.0）、（40.0，20.0）、（60.0，20.0）和（100.0，23.0）绘制水位线。在“模型浏览器”中“属性库”（Attributes library）下面的“水位”目录下展开“用户水位”子目录，可以看到刚绘制的水位已自动命名为“UserWaterLevel_1”，将其重命名为“降低水位”（见图13-13）。

展开“模型浏览器”中“模型条件”下的“地下水渗流”子目录，可在此设置模型的渗流边界条件，本例中采用默认设置即可（见图13-14）。

在“水”子目录下将“GlobalWaterLevel”指定为“降低水位”。“水力模式”下的阶段6模型及设置的水位如图13-15所示。

> **提示：** 水位线与处于激活状态的模型边界的交点对于地下水渗流（稳态或瞬态）非常重要。程序是根据水位对应的地下水头来计算渗流边界条件。位于模型内部的水位线并不会起作用，这部分水位会由地下水渗流计算得到的潜水位来替代。因此可以说，设置水位其实就是用于创建渗流边界条件的一个工具。

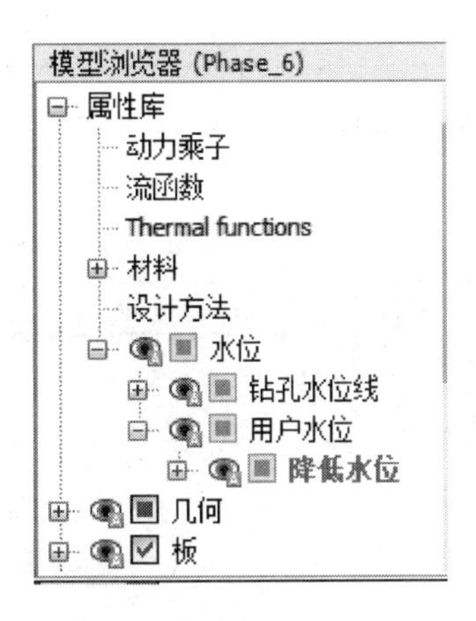

图13-13 重命名用户自定义水位

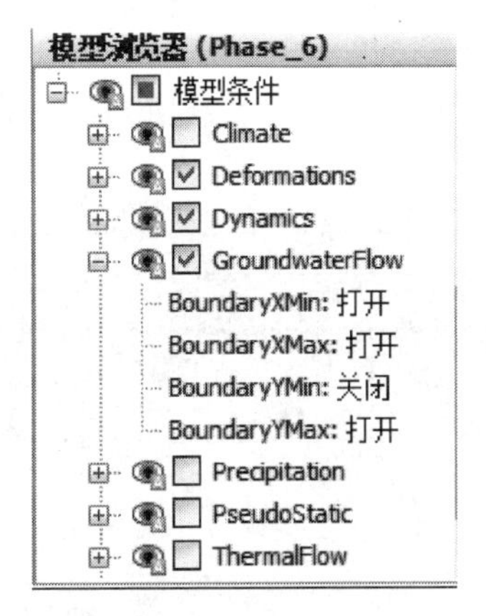

图13-14 使用默认的渗流边界条件

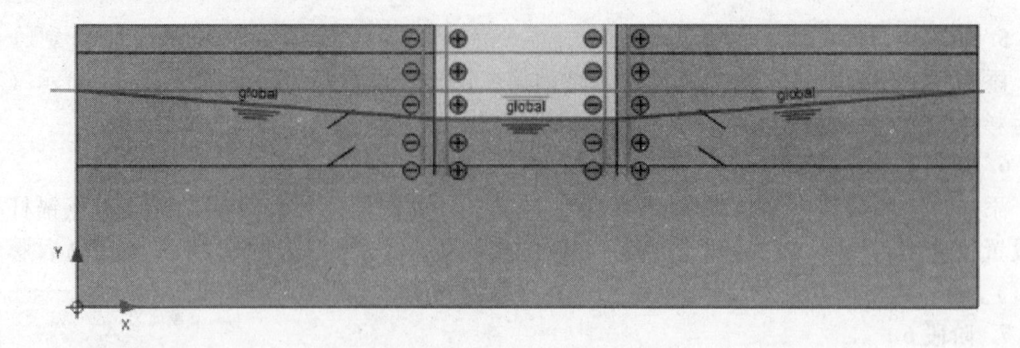

图 13-15 阶段 6 水力条件设置

8. 选择监测点

在执行计算之前选择典型部位监测点用于后期绘制曲线，这里可选择锚杆与地连墙相交处的点，坐标为（40.0，27.0）和（40.0，23.0）。

按上述步骤定义好施工阶段后，单击“[∫dV]”开始计算，计算完成后单击“[保存]”保存项目。

13.4 查看结果

图 13-16 至图 13-20 所示为阶段 2 至阶段 6 对应的基坑网格变形情况。

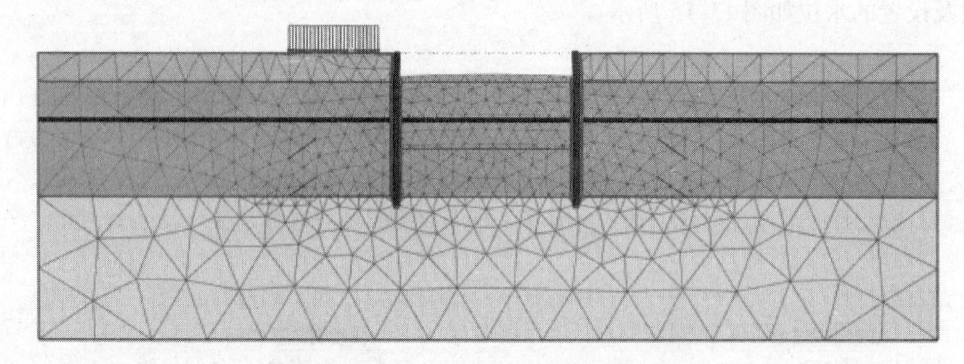

图 13-16 阶段 2 变形网格（放大 50 倍）

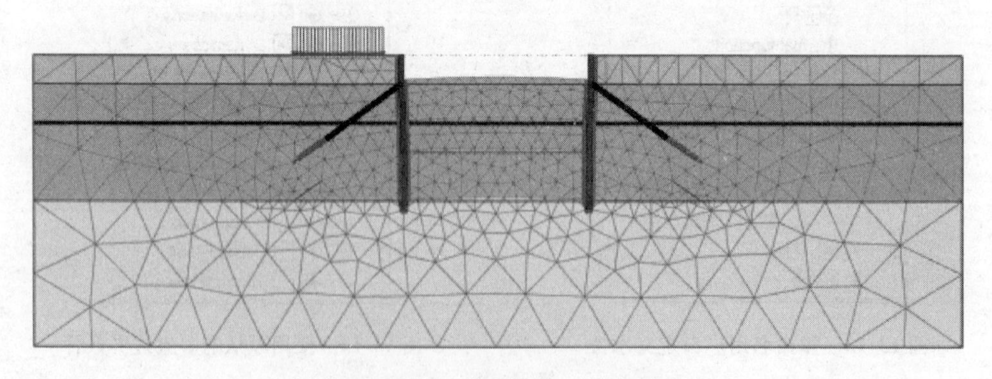

图 13-17 阶段 3 变形网格（放大 50 倍）

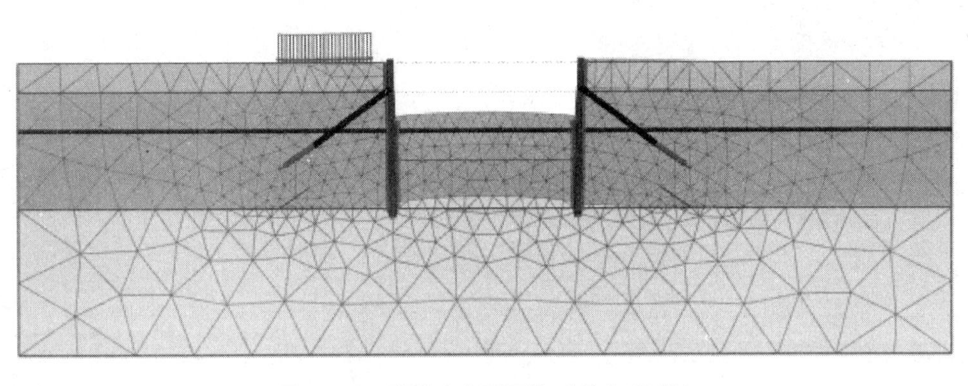

图 13-18 阶段 4 变形网格（放大 50 倍）

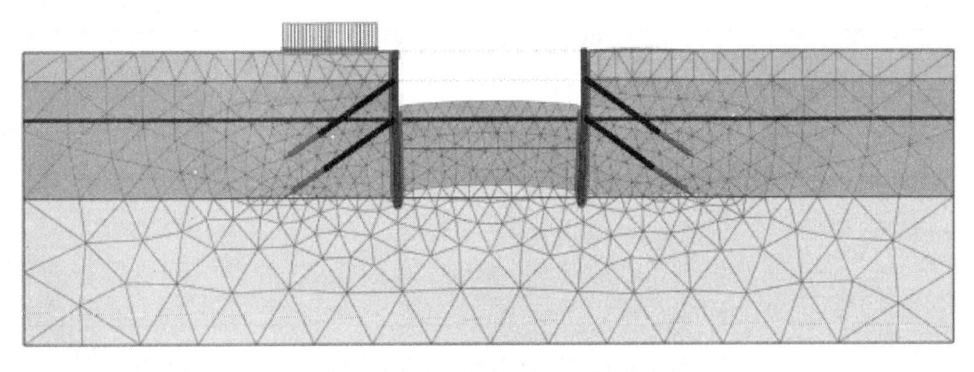

图 13-19 阶段 5 变形网格（放大 50 倍）

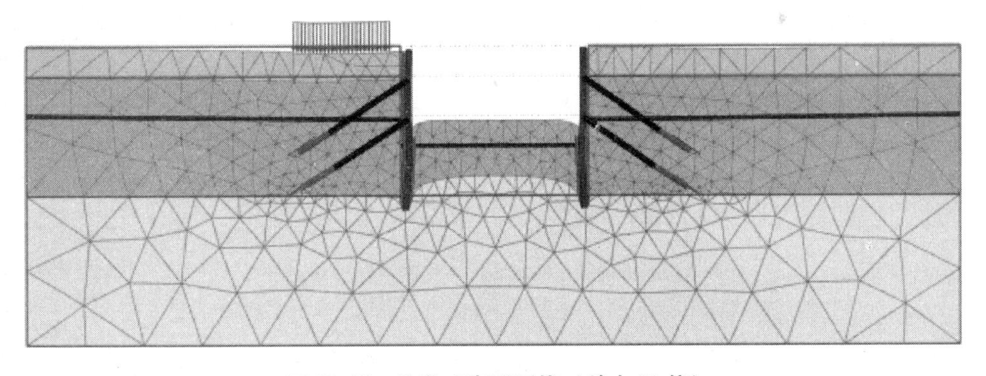

图 13-20 阶段 6 变形网格（放大 50 倍）

图 13-21 所示为基坑开挖到底后地层中的有效主应力分布情况，可以明显看出坑底下方土体处于被动应力状态，同时还可看到锚杆锚固段周围出现了应力集中。

图 13-22 显示了基坑开挖完毕后地连墙的弯矩分布情况，可见在设置预应力锚杆的部位减小了地连墙的弯矩。要查看锚杆轴力，可双击锚杆单元，会自动弹出结果表格。查看阶段 3 和阶段 5 的锚杆轴力可以发现，锚杆力恰好等于指定的预应力值。在后续阶段中锚杆内力会随模型条件的变化而变化。

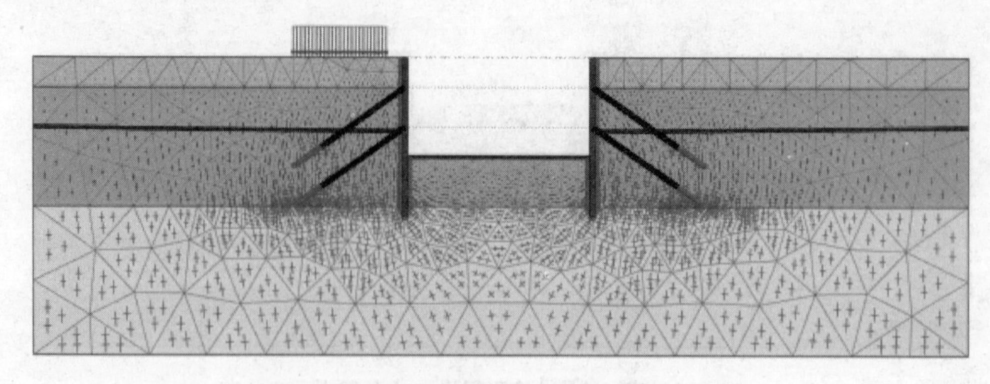

图 13-21 基坑开挖到底后地层有效主应力分布

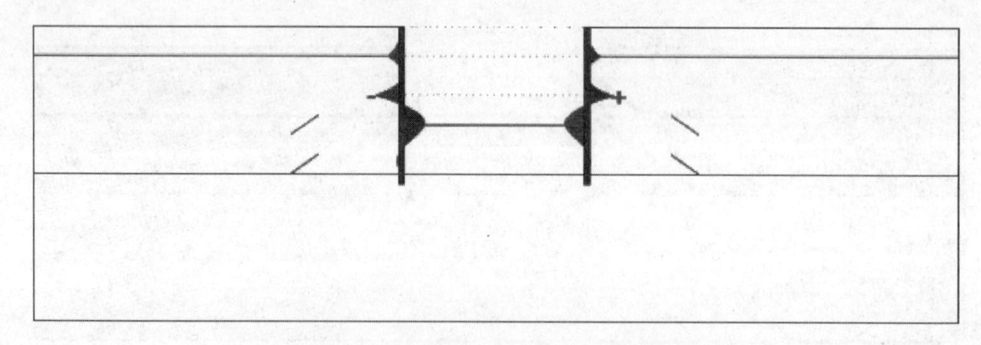

图 13-22 基坑开挖到底后地连墙弯矩

第 14 章 软土地基上路堤填筑稳定性分析

在地下水位很高的软土地基上进行路基填筑，将会由于孔隙水来不及排出而产生很大的超孔压，使得有效应力维持在低水平。为保证路堤的安全稳定，必须设置一定的固结期以使超孔压消散，提高土体抗剪强度，然后才可继续填筑施工。本章以图 14-1 所示的软土路堤为例，对路堤填筑及固结排水过程进行模拟，同时引入三种新的计算选项，即固结分析、更新网格分析和安全性分析。

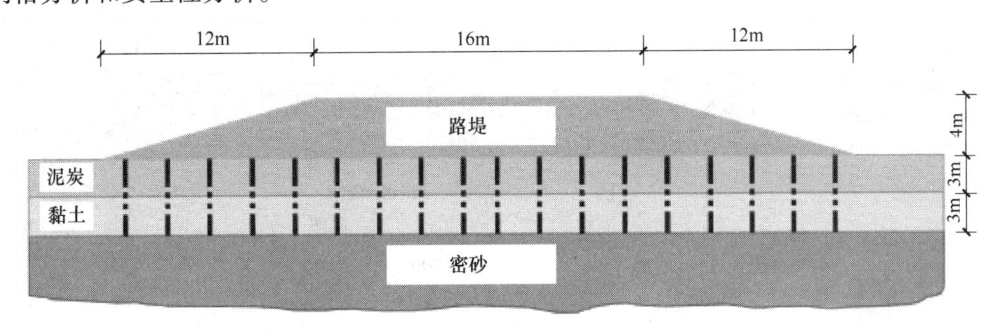

图 14-1　软土地基上路堤填筑典型剖面

学习要点：

1）固结分析。

2）模拟排水。

3）考虑固结过程中的渗透性变化。

4）安全性分析（强度折减法）。

5）更新网格分析（大变形）。

14.1 几何模型

该路基典型断面宽 16m，填筑高度 4m，路堤坡度为 1∶3。路堤填料为砂土，软土地基上部为 6m 厚的软土，最上层为 3m 厚的泥炭，第二层为 3m 厚的黏土，下部为深厚密砂层。考虑对称性，本例中取路基的右半部分进行建模分析，模型宽度取 60m，模型底部取至密砂层 4m 深度处。地下水埋深为 1m。

14.1.1　项目属性

启动新项目，在“项目属性”对话框中输入项目名称，定义模型边界为 $x_{min}=0.0\text{m}$，$x_{max}=60.0\text{m}$，$y_{min}=-10.0\text{m}$，$y_{max}=4.0\text{m}$，其他选项保持默认。

14.1.2　定义土层

通过添加钻孔并为其指定材料属性来定义土层。本例中所有土层都是水平的，所以只需定义一个钻孔。定义步骤如下：

1）在“土”模式下单击“创建钻孔”按钮“ ”，然后在绘图区中 $x=0$ 处单击，弹出“修改土层”窗口。

2）在“修改土层”窗口中，添加 3 个土层。最上层土顶面标高为 $y=0\text{m}$，三个土层的底面标高从上至下依次为 $y=-3\text{m}$，-6m 和 -10m。水头标高设为 -1m。钻孔土层及水头设置如图 14-2 所示。按表 14-1 所列定义 3 个土层对应的材料数据组，并指定给相应土层。

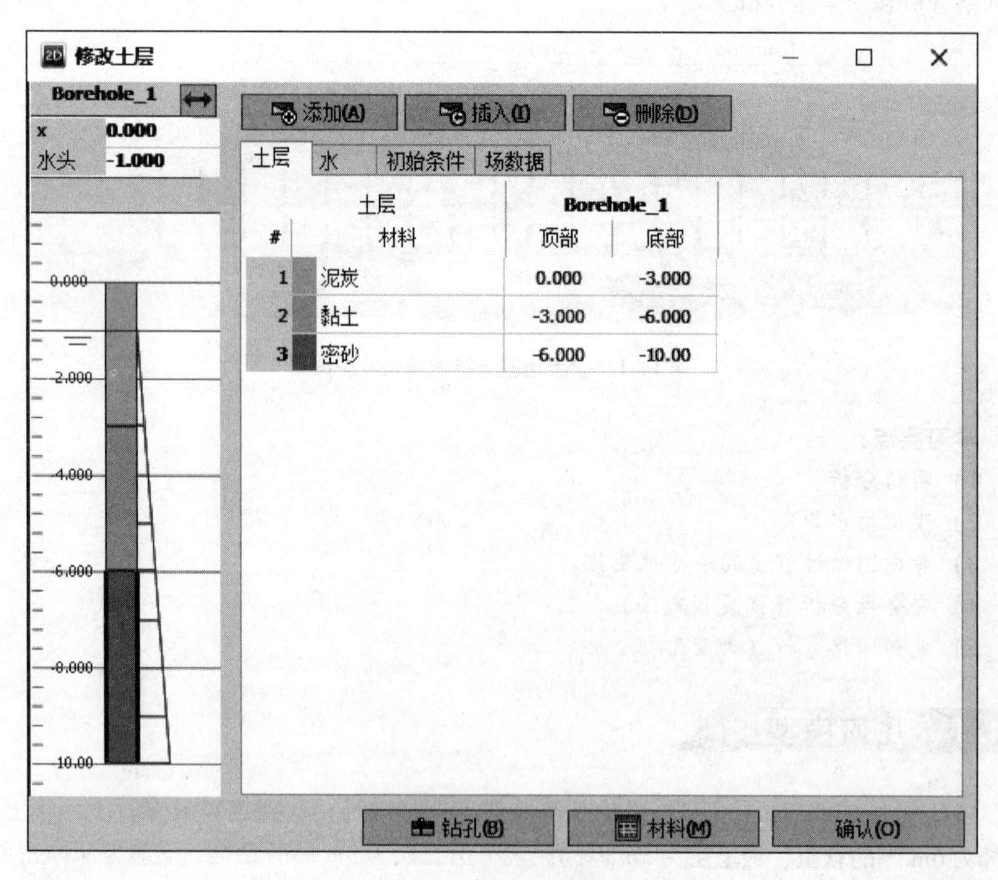

图 14-2　土层分布

表 14-1 路堤填筑材料和地基土材料属性

标签	参数	符号	路堤	密砂	泥炭	黏土	单位
一般	材料模型	—	土体硬化	土体硬化	软土	软土	—
	排水类型	—	排水	排水	不排水（A）	不排水（A）	—
	天然重度	γ_{unsat}	16	17	8	15	kN/m^3
	饱和重度	γ_{sat}	19	20	12	18	kN/m^3
	初始孔隙比	e_{int}	0.5	0.5	2.0	1.0	—
参数	三轴 CD 割线模量	E_{50}^{ref}	2.5E4	3.5E4	—	—	kN/m^2
	固结仪切线模量	E_{oed}^{ref}	2.5E4	3.5E4	—	—	kN/m^2
	卸载/重加载模量	E_{ur}^{ref}	7.5E4	1.05E5	—	—	kN/m^2
	应力相关幂值	m	0.5	0.5	—	—	—
	修正压缩指标	λ^*	—	—	0.15	0.05	—
	修正膨胀指标	κ^*	—	—	0.03	0.01	—
	黏聚力	c'_{ref}	1.0	0.0	2.0	1.0	kN/m^2
	摩擦角	φ'	30	33	23	25	(°)
	剪胀角	ψ	0	0	0	—	(°)
	其他高级参数默认	—	是	是	是	是	—
渗流参数	数据组	—	USDA	USDA	USDA	USDA	—
	模型	—	Van Genuchten	Van Genuchten	Van Genuchten	Van Genuchten	—
	土体类型	—	壤质砂土	砂	黏土	黏土	—
	<2μm	—	6	4	70	70	%
	2~50μm	—	11	4	13	13	%
	50μm~2mm	—	83	92	17	17	%
	设置为默认	—	是	是	否	是	—
	渗透系数（x 向）	k_x	3.499	7.128	0.1	0.04752	m/day
	渗透系数（y 向）	k_y	3.499	7.128	0.1	0.04752	m/day
	改变渗透系数	c_k	1E15	1E15	1.0	0.2	—
界面	界面强度	—	刚性	刚性	刚性	刚性	—
	界面折减系数	R_{inter}	1.0	1.0	1.0	1.0	—
初始条件	K_0 确定	—	自动	自动	自动	—	—
	超固结比	OCR	1.0	1.0	1.0	1.0	—
	前期固结应力	POP	0.0	0.0	5.0	0.0	kN/m^2

提示： 本例中需定义初始孔隙比（e_{init}）和渗透系数（c_k）的变化规律以模拟随土体压缩引起的渗透性的变化。建议在使用高级模型时考虑这些选项。

14.1.3 定义路堤和排水

路堤和排水线在“结构”模式下定义。

1. 定义路堤土层

1）单击侧边工具栏中的“创建土层”按钮“”，从展开菜单中选择“创建土多边形”选项。然后在绘图区中依次单击点（0.0，0.0）、（0.0，4.0）、（8.0，4.0）和（20.0，0.0），定义路堤剖面形状，右击结束。按图14-3所示，为路堤指定相应的材料属性。

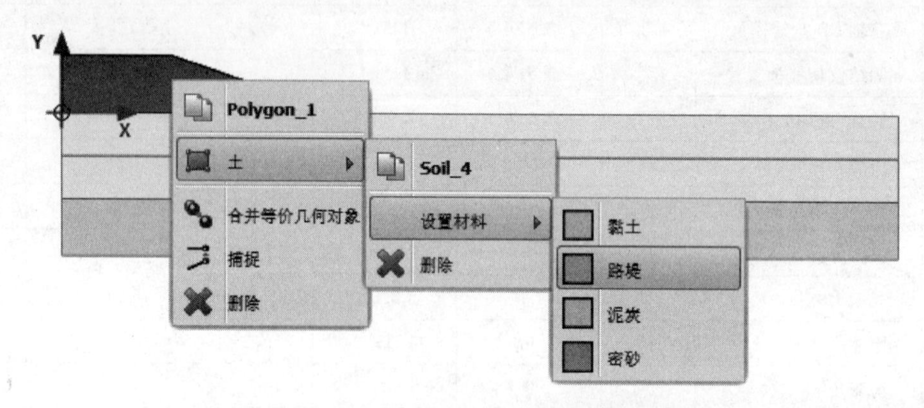

图14-3 在绘图区中为土体类组指定材料组

2）为模拟分层填筑，将上面的路堤多边形分割成两层。单击侧边工具栏中的“切割多边形”按钮“”，依次通过点（0.0，2.0）和（14.0，2.0）定义一条分割线，则路堤被分成上下两部分。

2. 定义排水线

本例中将通过对比有无排水体两种情况来考察排水对固结时间的影响，在考虑排水的情况中激活排水线单元。在软土层中（黏土和泥炭层，$y=0.0$ 到 $y=-6.0$）设置排水线。排水线间距2m，考虑对称性，第一条排水线距模型左边界（路堤中心线）为1m，共创建10条排水线。

创建排水线步骤为：

1）单击侧边工具栏中的“创建水力条件”按钮“”，从展开菜单中单击“创建排水线”按钮“”，如图14-4所示。然后，依次在（1，0）和（1，-6）处单击，创建第一条排水线单元。

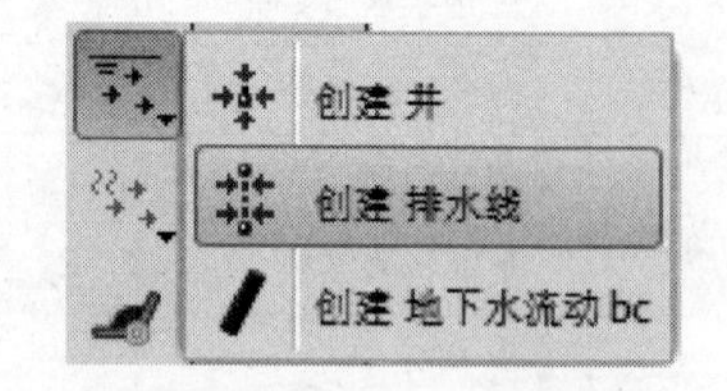

图14-4 在“创建水力条件”展开菜单中选择“创建排水线”

2）选中上一步创建的排水线单元，单击“创建阵列”按钮“”，弹出“创建阵列”窗口，从“形状”下拉列表框中选择“1D，在 x 方向”，列数设为9，列距 $x=2$，单击“确认”，完成排水线布置。排水线的水头为0.0m。

建立完成的几何模型如图14-5所示。

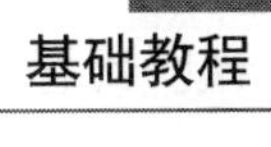

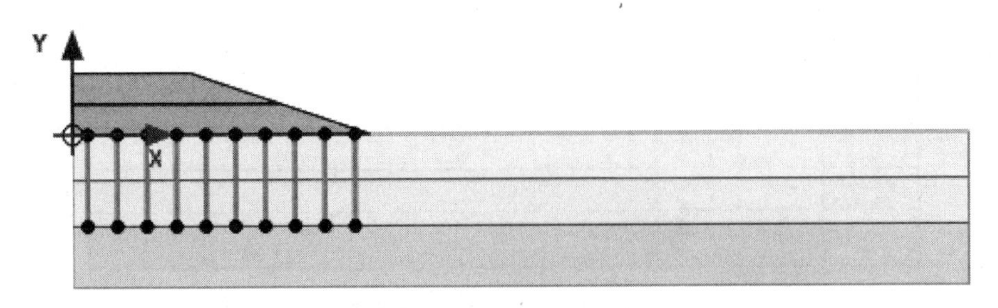

图 14-5　最终几何模型

提示： 在平面应变模型中模拟排水线，需要根据排水体的类型，换算其周边土体的等效水平渗透系数。本例主要是为了说明排水线单元的建模方法和排水效果，为了简化，对等效渗透系数未予考虑。

14.2　生成网格

进入“网格”模式，单击“ ”生成网格，采用默认的单元分布即可，即网格疏密度为“中等”。网格生成后，单击“ ”查看网格，如图 14-6 所示。然后可以单击“关闭”标签关闭输出程序。

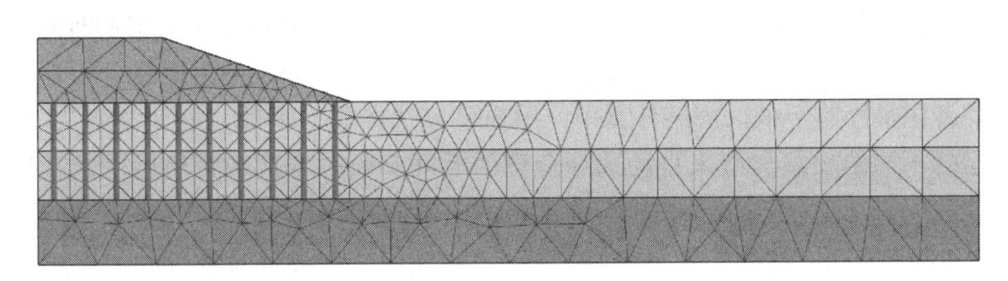

图 14-6　生成的网格

14.3　执行计算

对于路堤施工过程将分两种情况进行计算，其中一种情况不考虑排水单元。

14.3.1　初始阶段

初始阶段，要先模拟路堤尚未填筑之前地层初始应力状态。在“分步施工”模式下，冻结路堤对应的两个类组，其余处于激活状态的类组形成水平分布的地层（见图 14-7），利用“K_0 过程”计算初始应力。

初始阶段中，水压力为静水压力，是根据钻孔中指定的“水头”值确定潜水位从而计算水压力分布。

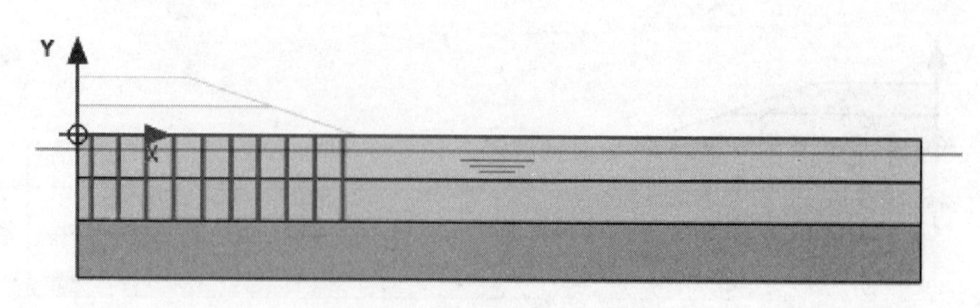

图 14-7　初始阶段几何模型

由于后续计算中将进行固结分析，需要对模型水力边界条件进行定义。默认水力边界条件为除模型底边界“关闭”之外，其余边界全部为“打开”，即水可以通过模型左右边界和上表面自由流动，超孔压也可以通过这些边界消散掉。本例中，模型左边界为对称线，所以要将其水力边界条件设为“关闭”。此外，本例中模型底部土层为砂层，具有很强的透水性，所以，模型底边界要设为“打开”，即，本例中，模型左边界为“关闭”，其余边界为“打开”。

上述水力边界条件在“模型浏览器”中“模型条件”目录下的“GroundwaterFlow”子目录下定义，如图 14-8 所示。

图 14-8　水力边界条件设置

14.3.2　固结分析

固结计算与时间参数有关。为了正确进行固结分析，必须选择一个恰当的时间步长，若采用的时间步长小于最小临界值，会引起应力振荡。PLAXIS 程序会为固结分析自动选择时间步长，并考虑最小临界值。固结计算中，用户可以选择如下三种“加载类型”，程序会根据用户指定的不同的加载类型来自动选择合理的时间步长。本例中将使用前两种固结计算选项。

1）指定固结时间（按钮为“ ”），在给定时间内执行固结计算，同时考虑激活几何对象的变化（分步施工）。

2）指定最小超孔压值（按钮为“ ”），执行固结计算直至模型内超孔压消散至指定的最小值为止（最小孔压）。

3）指定固结度（按钮为“ ”），执行固结计算直至模型达到指定的固结度。

本例在第一次计算中不考虑排水体（即不激活排水线单元）。路堤分两层填筑，填筑第一层后，固结 30 天，以使超孔压消散。填筑第二层后，再固结一段时间，以确定最终沉降。所以除了初始阶段，还要定义四个计算阶段，步骤如下：

1. 阶段 1：填筑第一层

在“阶段浏览器”中单击“添加阶段”按钮“ ”，在初始阶段后引入第一个计算阶段。在“阶段”窗口“一般”子目录下的“计算类型”下拉列表中选择“固结”选项“ ”。“加载类型”保持默认的“分步施工”，孔压计算类型自动选为“潜水位”。注意，某一计算阶段中的全局水位可在“模型浏览器”中“模型条件”下的“水位”子目录中定义。“时间间隔”设为“2”天，单击“确认”关闭“阶段”窗口。在“分步施工”模式下激活第一部分路堤（填筑第一层），如图14-9所示。

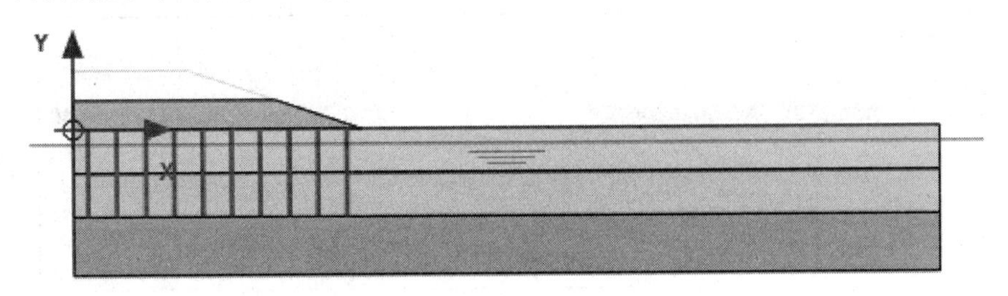

图14-9　阶段1几何模型

2. 阶段2：填筑第一层后固结

在“阶段浏览器”中单击“添加阶段”按钮“”，引入下一个计算阶段。第二个计算阶段仍为“固结”分析。本计算阶段中不改变几何模型，只是需要输入一个固结分析的终止时间。计算类型定义为“固结”，“时间间隔”设为“30”天，其他参数保持默认。

3. 阶段3：填筑第二层

在“阶段浏览器”中单击“添加阶段”按钮“”，引入下一个计算阶段。计算类型定义为“固结”，“时间间隔”设为“1”天，其他参数保持默认。在“分步施工”模式下激活第二部分路堤（填筑第二层），如图14-10所示。

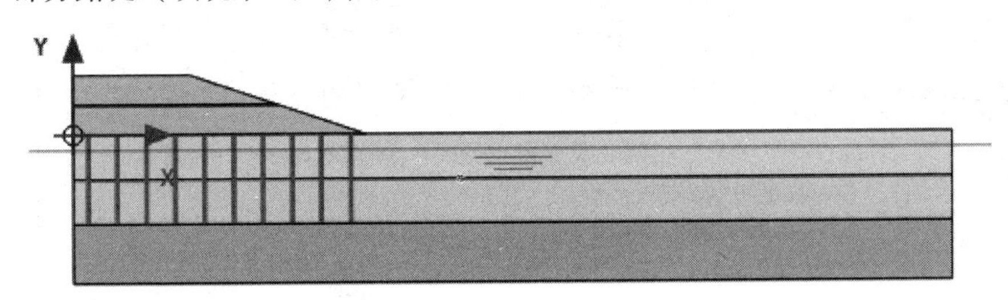

图14-10　阶段3几何模型

4. 阶段4：填筑第二层后固结

在“阶段浏览器”中单击“添加阶段”按钮“”，引入下一个计算阶段。第四阶段仍为“固结”分析，要求超孔压消散至最小孔压。计算类型定义为“固结”。在“加载类型”下拉菜单中选择“最小孔压”选项，最小孔压（$|P\text{-stop}| = 1.0\text{kN/m}^2$）及其他参数均保持默认值。

至此计算阶段定义完毕。

开始计算之前，单击“选择生成曲线所需的点”按钮“”，选取两个监测点：①选择路堤坡脚点，作为点*A*。②在软土层中部靠近模型左侧边界（但不要在边界上）选择第二个点，作为点*B*，此点可用于观察超孔压的累积与消散过程（此点选择不同，下文孔压曲线会略有不同）。之后单击“”开始计算。

在固结分析过程中，计算信息视窗的上部会显示孔压随时间的变化（见图14-11）。除了乘子之外，计算信息窗口中还给出一个参数 $P_{\text{excess,max}}$，表示当前的最大超孔压。这个参数在“最小孔压”固结分析中非常重要，因为此时计算要求所有孔压都降低至低于预先定义的最小孔压值。

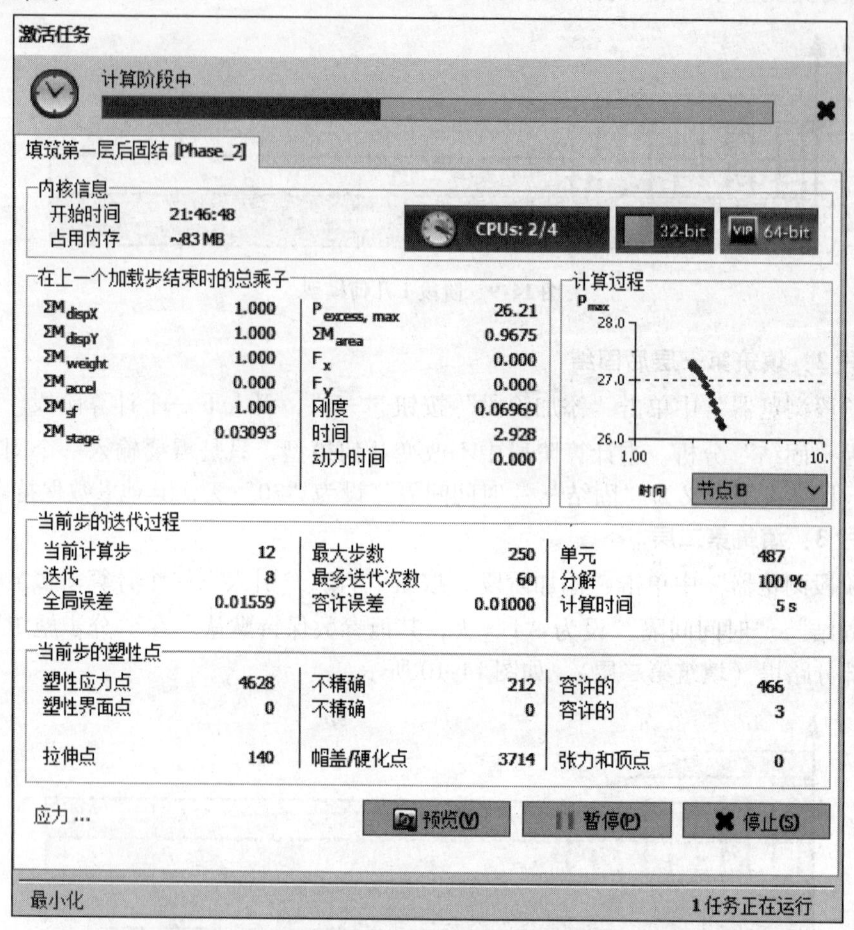

图 14-11 “激活任务”对话框中显示的计算过程信息

14.4 查看结果

计算结束后，选择阶段 3，单击“查看计算结果”按钮“”，弹出“输出”窗口，显示不排水填筑第二层路堤后的变形网格（见图 14-12）。变形网格显示，由于不排水施工引起路堤坡脚及附近地表发生隆起。

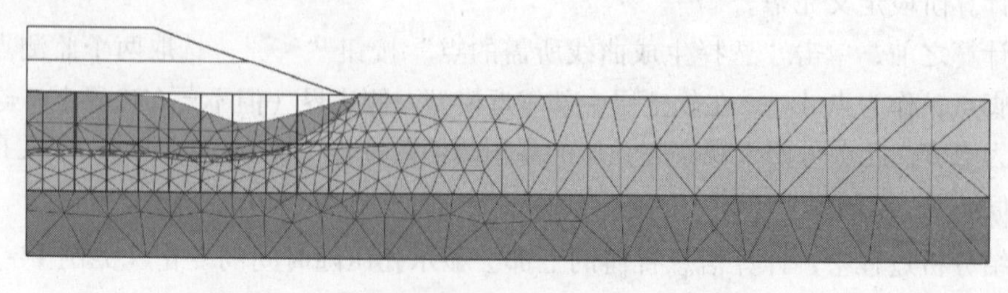

图 14-12 路堤不排水施工后的变形网格（阶段 3）

从主菜单中依次选择“变形”→“增量位移”→“$|\Delta u|$”。在“查看”菜单中选择“矢量”选项，或者单击工具栏中的相应按钮“”，显示结果矢量图。观察总位移增量，可看出破坏机制正在发展之中，如图 14-13 所示（见书后彩色插页）。

按下〈Ctrl〉+〈7〉键，显示累积的超孔压，也可以在“应力”菜单下选择“孔压”选项，从对应的展开菜单中选择该项。然后，单击上方工具栏中的“中主应力方向”按钮“”，显示每个土体单元中心处的超孔压主方向，如图 14-14 所示（见书后彩色插页）。显然，最大超孔压出现在路堤中心正下方。

在下拉列表中选择“阶段 4”。单击工具栏中的“等值线”按钮“”，显示结果等值线。单击工具栏中的“画扫描线”按钮“”或“查看”菜单下的相应选项，定义等值线标签的位置。可以看出，在阶段 4 中，原始地表面和路堤的沉降显著增大。这是由于超孔压的消散（即固结）导致了土体进一步沉降。图 14-15（见书后彩色插页）给出了固结后残余的超孔压分布，查看其最大值是否小于 1.0kN/m^2。

通过“曲线管理器”绘制曲线，可以观察路堤下超孔压随时间的变化过程。绘制超孔压-时间变化曲线步骤如下：

单击工具栏中的“曲线管理器”按钮“”，弹出相应窗口。在“图表”选项卡下单击“新建”，弹出“曲线生成”窗口。对 x 轴，在下拉菜单中选择“项目”选项，然后在目录树中选择“时间”。对 y 轴，在下拉菜单中选择软土层中间的点（点 B），然后在目录树中选择“应力”→“孔压”→“P_{excess}”。对 y 轴勾选“反转符号”选项。单击“确认”，生成曲线，如图 14-16 所示。在关闭输出程序之前，保存图表。

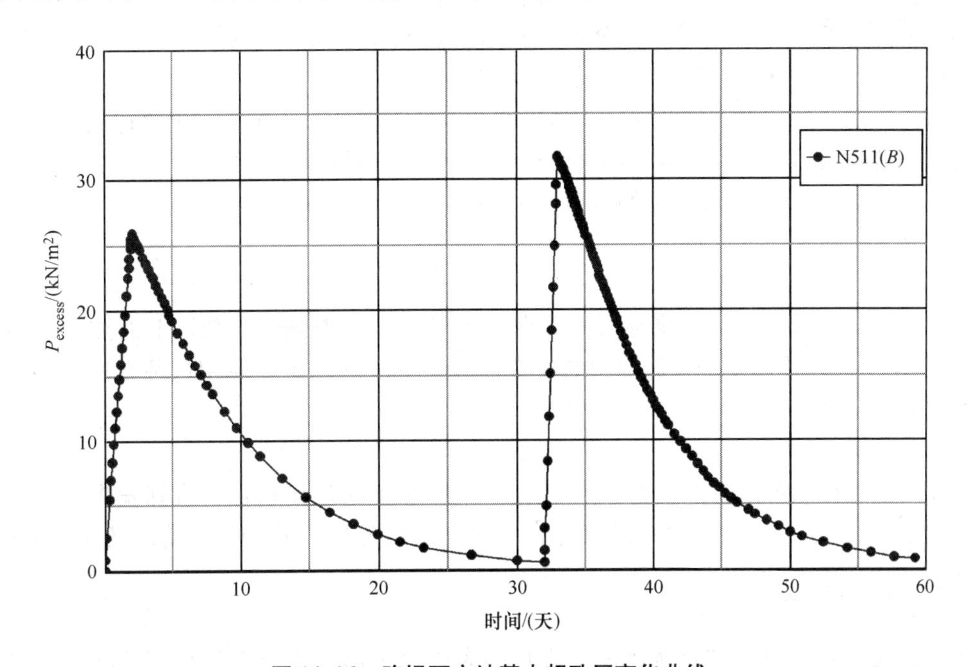

图 14-16　路堤下方地基中超孔压变化曲线

提示： 如需在图表内显示图例，可在图表名上右击，从弹出菜单中选择“查看”选项，然后选择“表格图例”选项（注意，此处汉化有误，应为“图内图例”，而非“表格图例”）。

图14-16清楚地显示了四个计算阶段中超孔压的变化情况。在路堤填筑施工过程中，超孔压短时间内急剧增大，而在固结过程中，超孔压随时间逐渐消散。实际上，在路堤填筑施工过程中已经开始固结，只是时间很短。从上述曲线可以看出，固结基本完成至少需要50天的时间。

14.5 安全性分析

14.5.1 安全系数的定义

在路堤设计中，不仅要考虑最终稳定性，而且也要考虑施工期间的稳定性。从计算输出结果可以清楚地看到在第二施工阶段之后破坏机制开始发展。因此需要在这一阶段和其他施工阶段评估整体安全系数。

在结构工程中，安全系数通常定义为破坏荷载与工作荷载之比。不过，对于土工结构来说，这样的定义不一定有效。例如，对于路堤来说，大部分加载是由于土自重产生的，土重的增加不一定导致破坏。事实上，一个纯摩擦土坡在土自重增加的实验（离心机实验）中不会发生破坏。因此，对安全系数更恰当的定义是

$$安全系数 = S_{最大可用}/S_{平衡所需} \tag{14-1}$$

式中　S——抗剪强度。

实际抗剪强度和计算得到的保证土体平衡状态所需要的最小抗剪强度之比是土力学中传统上使用的安全系数。通过引入标准库仑条件，安全系数可以表达为

$$安全系数 = (c - \sigma_n \tan\varphi)/(c_r - \sigma_n \tan\varphi_r) \tag{14-2}$$

式中　c、φ——输入强度参数；

　　σ_n——实际正应力分量。

c_r和φ_r是不断减小到恰好足够大而能保持土平衡的抗剪强度参数。上面描述的原理是PLAXIS程序中计算整体安全系数使用的安全性分析方法的基础。应用这种方法，黏聚力和内摩擦角的正切将同比例折减：

$$c/c_r = \tan\varphi/\tan\varphi_r = \sum M_{sf} \tag{14-3}$$

强度参数的折减将由总乘子$\sum M_{sf}$来控制。这个乘子将逐步增加，直到发生破坏。如果在破坏发生后连续几步的计算中能大体给出一个恒定的$\sum M_{sf}$，这个乘子就定义为安全系数。

14.5.2 路堤安全性计算

在“阶段”窗口下的“计算类型”下拉列表中可选择“安全性”计算选项，此时“加载类型”会自动选为“增量乘子”。

要计算不同施工阶段路堤的整体安全系数，操作步骤如下：

首先计算第一层填筑后的路堤安全系数。单击“”，添加一个新的计算阶段（阶段5）。

双击阶段5，打开“阶段”窗口。对阶段5，在“起始阶段”下拉列表中选择“阶段1”。在“一般”子目录下选择计算类型为“安全性”，“加载类型”自动更改为“增量乘子”，对“安全性”计算类型只能使用该选项。乘子的第一步增量控制强度折减过程，M_{sf}自动设为0.1，本例中使用该值即可。注意，安全性计算中，“孔压计算类型”会自动选择为“使用前一阶段孔压”，并且显示为灰色，表示不能更改。为了将计算起始阶段中已发生的破坏机制引起的变形清除掉，在“变形控制参数”子目录中勾选“重置位移为零”选项。在“数值控制参数”子目录中，取消勾选“使用默认迭代参数”，将“最大步数”设为50。其余参数使用默认值。至此第一个安全性计算阶段定义完成。

按同样方法建立其他安全性计算阶段，分析其他计算阶段末的安全性。注意，除了计算类型要选择为“安全性”之外，“起始阶段”也要选择其相应的计算阶段。

图14-17中列出了固结计算阶段和“安全性”计算阶段。单击“∫dv”开始计算。

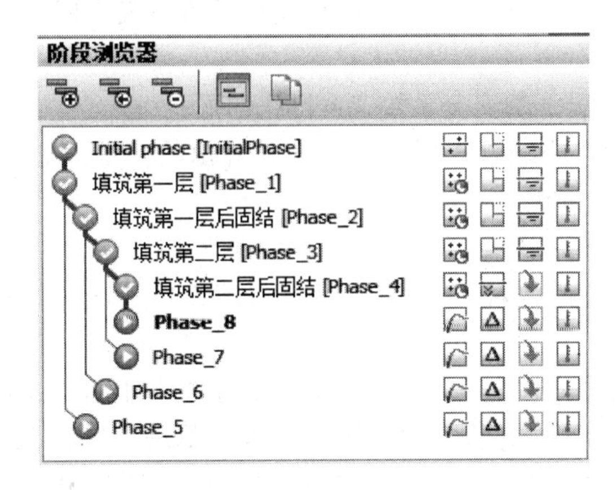

图14-17 “阶段浏览器”中显示的“安全性”计算阶段

提示： 1）“安全性”计算的“最大步数”默认值为100。与“分步施工”计算不同，这里的附加计算步数不是一个限值，而是实际执行的步数。对于大多数“安全性”计算而言，100步足够达到破坏状态。如果没有达到破坏，可增大附加计算步数重新计算，最大可以增加至1000。

2）对于大多数“安全性”分析而言，$M_{sf}=0.1$作为第一步折减系数是合适的。在计算过程中，控制强度折减的总乘子$\sum M_{sf}$的发展由荷载增量进程自动控制。

14.5.3 安全性结果评估

在“安全性”计算中会引起附加位移。土体的总位移没有物理意义，但最终步（破坏状态）的增量位移可揭示潜在的破坏机制。

以最后一个“安全性”计算阶段为例，查看路堤的潜在破坏机制，操作如下：

选择最后一个“安全性”分析阶段，单击“查看计算结果”按钮。从“变形”下拉列表中选择“增量位移”→“$|\Delta u|$”。将结果“矢量图”改为“云图”显示，可很好地表现

出破坏机制（见图 14-18）。位移增量的大小没有意义。

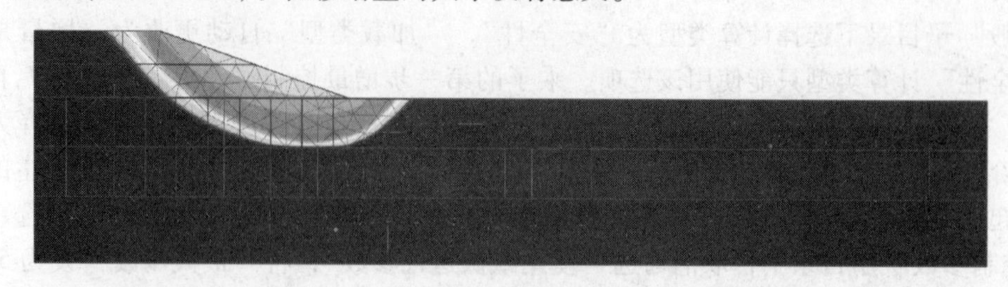

图 14-18　最后施工阶段中路堤总位移增量云图（揭示可能的破坏机制）

“安全系数”可从“项目”菜单下的“计算信息”选项中查看。$\sum M_{sf}$的值表示安全系数，前提是该值在最后几个计算步中基本保持为常量。评估安全系数最好的方式是绘制总乘子$\sum M_{sf}$与某点位移之间的关系曲线。虽然位移大小没有意义，但可以据此观察破坏机制是否得到充分发展。

按此方法评估不同工况下的安全系数，可操作如下：

1）单击工具栏中的“曲线管理器”按钮，从弹出的“曲线管理器”窗口中单击“图表”选项卡下的“新建”按钮。

2）在“曲线生成”窗口中，为 x 轴选择路堤坡脚处的点（点 A），继续选择“变形”→“总位移”→“$|u|$”；对 y 轴，选择“项目”，然后选择“乘子”→“$\sum M_{sf}$”，单击“确认”。

3）此处曲线中只考虑“安全性”分析阶段。在曲线图上右击，从右键菜单中单击“设置”选项，在弹出的“设置”对话框的曲线选项卡下单击“阶段”按钮，从“选择阶段”对话框中选择“阶段 5”（见图 14-19），然后单击“确认”关闭“选择阶段”对话框。回到“设置”对话框，对该曲线进行重命名。

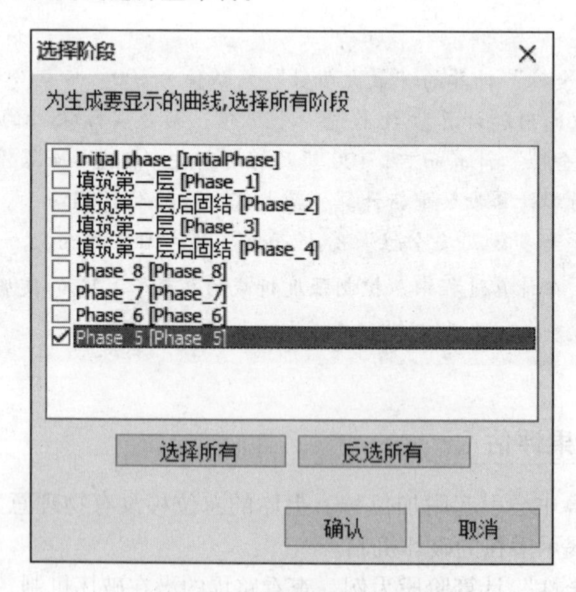

图 14-19　“选择阶段”对话框

4）单击“设置”对话框下部的“添加曲线”按钮，从展开菜单中选择“从当前项目添加曲线”选项，按照上述步骤分别定义阶段6、7、8对应的曲线。

5）定义好4条曲线后，在“设置”对话框中单击“图表”选项卡，打开“图表”选项卡，在其右下角指定图表的名称（例如“安全系数”）。同时，将 x 轴的缩放设为“手动”控制，最大值设为1，如图14-20所示。

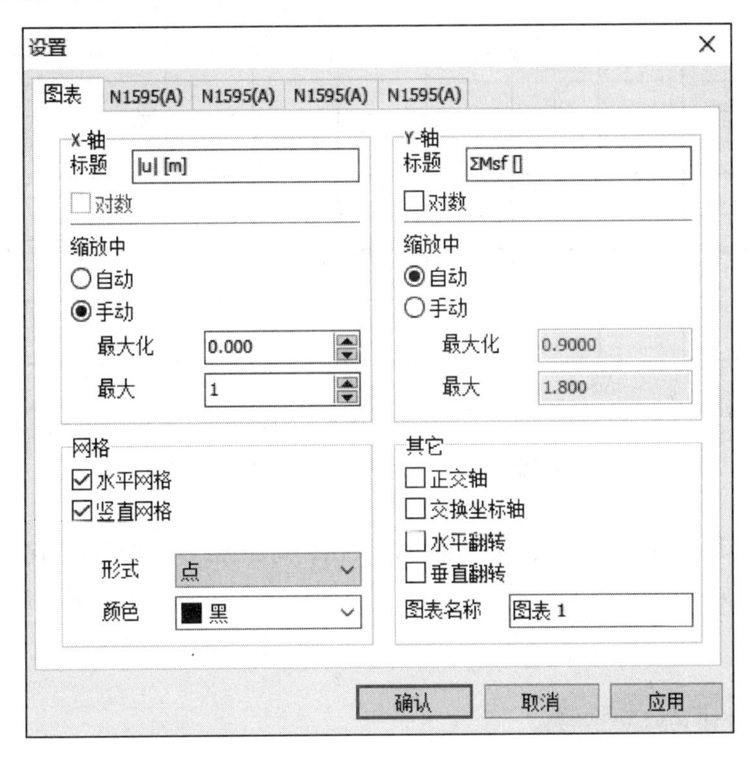

图14-20　“设置”对话框下的“图表”选项卡

6）单击“应用”，更新上述设置，然后单击“确认”，关闭“设置”对话框。

7）程序默认图表的图例位于整个图表的右侧，此处将图例放在图表的内部。在图例上右击，从右键菜单中选择“查看（View）”→“图内图例（Legend in Chart）”（见图14-21）。图表内的图例，可以通过拖动改变其位置。设置好的曲线结果如图14-22所示。

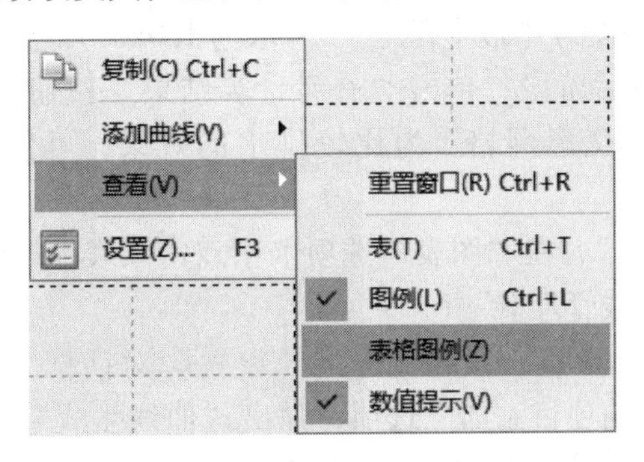

图14-21　设置图例位于图表绘图区内

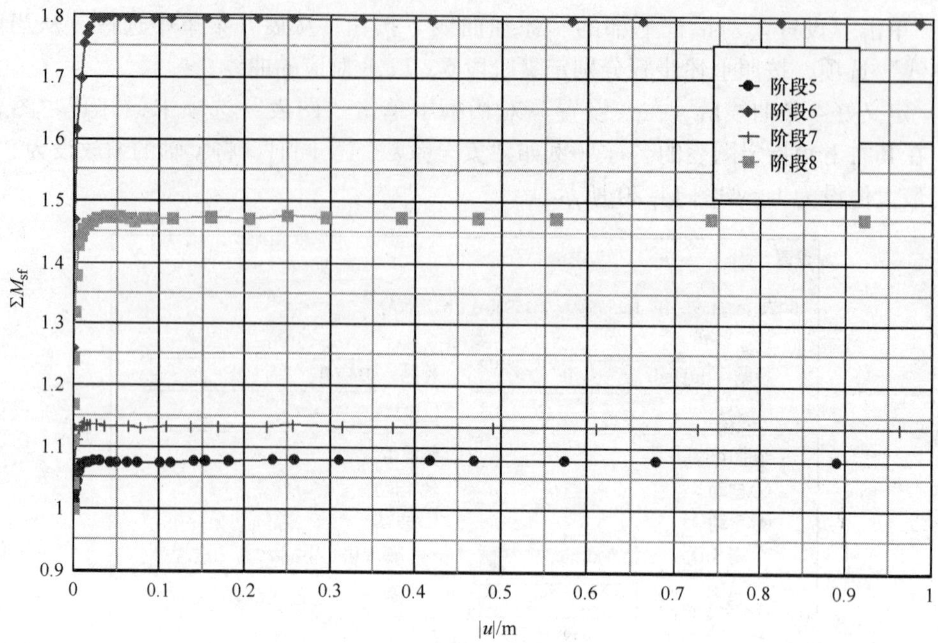

图 14-22　位移-安全系数曲线

曲线所示的最大位移值没有意义，但可以看出，每条曲线后期都基本保持稳定，得到了基本恒定的$\sum M_{sf}$值。当鼠标光标滑过曲线上某点时，会弹出提示框，显示该点处$\sum M_{sf}$的精确值。

14.6　使用排水线

本节中考察使用排水单元后加快固结的效果。重新定义路堤施工过程，引入四个新的固结计算阶段（阶段 9 ~ 阶段 12），阶段设置与之前的四个固结阶段相同。第一个新的固结计算阶段（阶段 9）的“起始阶段”为初始阶段。

新阶段的不同之处在于：对每个新阶段，都要在“分步施工”模式下激活“排水单元”；前三个固结阶段（阶段 9 ~ 阶段 11）的“时间间隔”设为“1”天；最后一个固结阶段（阶段 12）的加载类型设为“最小孔压”，并取为 1.0kN/m^2（$|P\text{-stop}|$）。

计算完成后，选择最后阶段，单击“查看计算结果”按钮。弹出“输出”窗口，显示路堤排水施工完成后的变形网格。为比较排水的效果，可使用点 B 的超孔压消散来表现。

1）打开“曲线管理器”，在“图表”选项卡中双击图表 1（点 B 的 P_{excess}-时间曲线），显示该曲线图，关闭“曲线管理器”。

2）单击工具栏中的“设置”按钮，弹出“设置”对话框。单击“添加曲线”按钮，从弹出菜单中选择“从当前项目添加”选项，弹出“曲线生成”窗口。对 y 轴勾选“反转符号”，单击“确认”，在图表中添加一条新曲线。

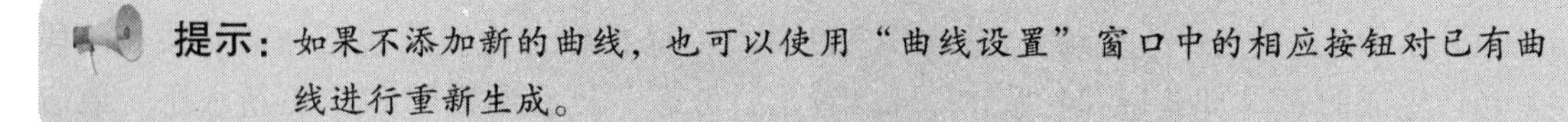

提示： 如果不添加新的曲线，也可以使用“曲线设置”窗口中的相应按钮对已有曲线进行重新生成。

3）在新增曲线对应的新选项卡下，单击“阶段”按钮，从弹出窗口中选择“初始阶段”和最后四个阶段（考虑排水），单击“确认”。对该曲线进行重命名。

4）在“图表”选项卡下指定整个图表的名称，单击“应用”，预览生成的曲线，然后单击“确认”，关闭“设置”对话框。

图14-23所示的曲线清楚地显示出考虑排水体加速超孔压消散的效果。

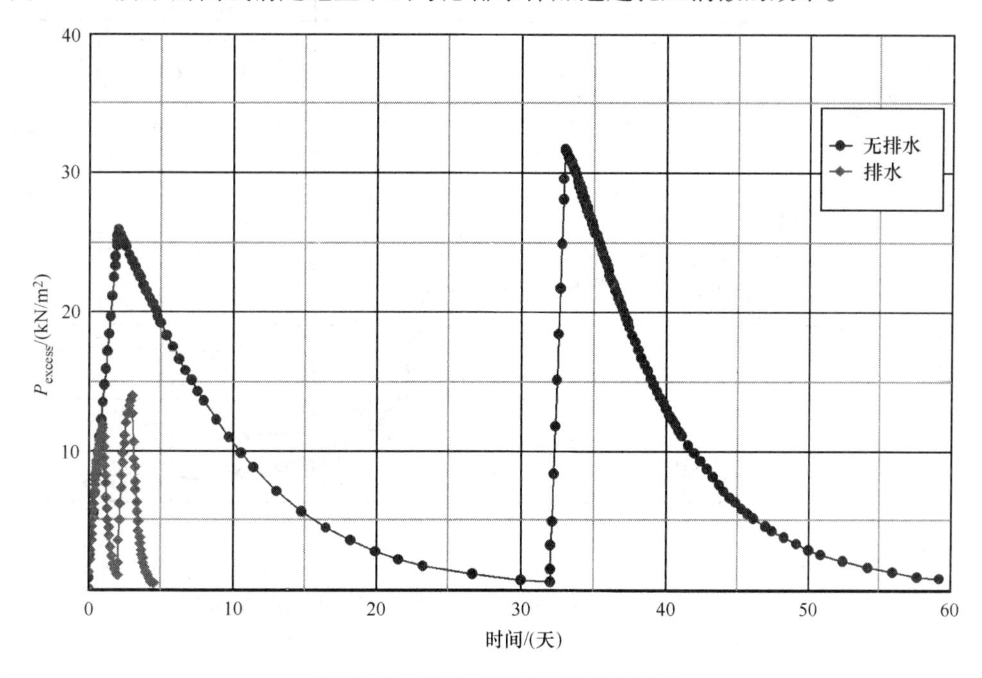

图14-23　排水对超孔压消散的影响

14.7　更新网格+更新水压分析

从前述固结分析的最终变形网格（阶段4）可以看出，路堤总沉降达1m左右。原来处于潜水位之上的一部分砂土填料，会随着沉降过程沉到潜水位之下。由于浮力的作用，沉到水位之下的砂土有效重度将有所变化，导致路堤对地基的有效超载随时间减小。这一效应可以通过PLAXIS程序的“更新网格”及“更新水压”选项来进行模拟。下面对该两个选项在路堤填筑过程中的应用进行介绍。

在“阶段”浏览器下选中“初始阶段”，单击“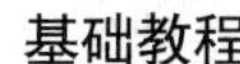”添加一个新阶段（阶段13），其阶段设置与“阶段1”相同，不同之处是，在“变形控制参数”子目录下勾选“更新网格”和“更新水压”选项。按同样方法，添加另外3个考虑网格和水压更新的固结计算阶段。

当计算完成后，比较两种不同的计算方法的沉降差异。打开“曲线管理器”窗口，新建一条曲线，对 x 轴选择“时间”，对 y 轴选择“点 B”的竖向位移 u_y。设置该曲线包括初始阶段和阶段 1 ~4。按上一节的方法在图表中添加一条曲线，设置其包括初始阶段和阶段 13 ~16。生成的曲线如图 14-24 所示，可以看出，考虑“更新网格”和“更新水压”效应后，路基沉降有所减小。这一方面是由于“更新网格”算法包含了二阶变形效应，考虑了模型网格的变化。另一方面，由于沉到水位之下的土体受浮力作用，“更新水压”算法考虑了这一因素引起的路基有效重度的减小。使用这两个选项可以更真实地模拟实际工况，能够考虑大变形效应的一些有利因素。

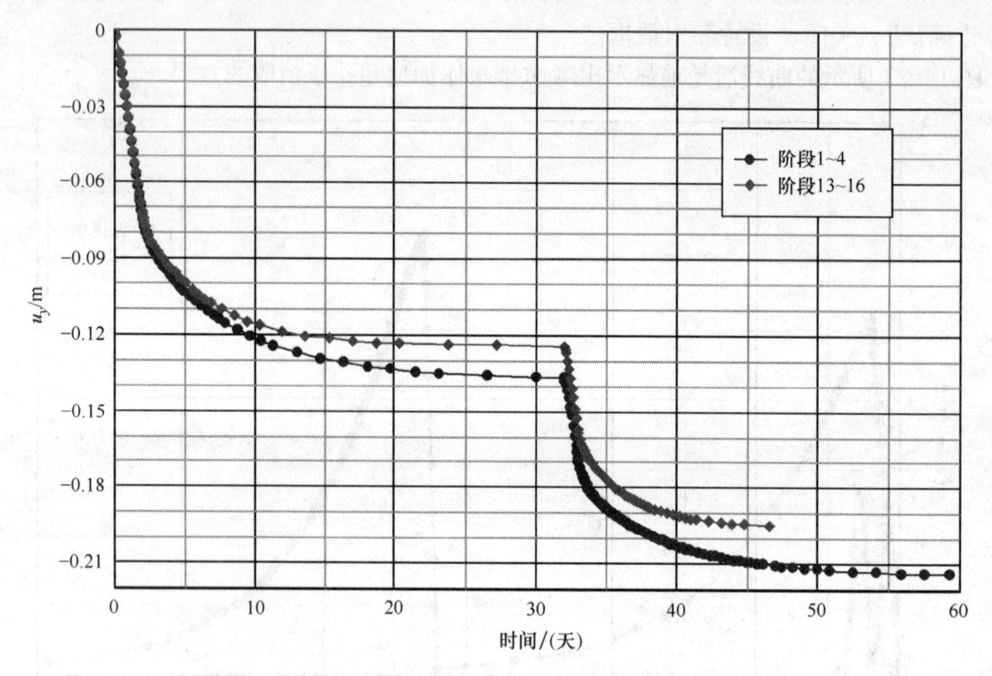

图 14-24　计算中更新网格 + 更新水压力对软土沉降的影响

第 15 章 盾构隧道地表沉降及其对桩基的影响分析

本例对中软土地层中隧道施工进行模拟，并分析隧道施工对临近桩基础的影响。该工程采用隧道掘进机（TBM）进行开挖，紧跟安装衬砌管片。盾构法施工通常会引起超挖，也就是说，隧道衬砌最终形成的封闭断面面积要比原本的开挖面积小一些。通过壁后注浆等措施虽然可以填充缝隙，但隧道施工过程中仍然会产生应力重分布和土体变形。为避免隧道施工过程对隧道上方既有建筑物及其基础造成破坏，有必要对隧道开挖效应进行分析，并根据情况采用有效预防措施。本例采用PLAXIS 2D 程序对这一过程进行分析。

隧道直径为 5m，平均埋深 20m。典型地层剖面如图 15-1 所示，共涉及四个土层：第一

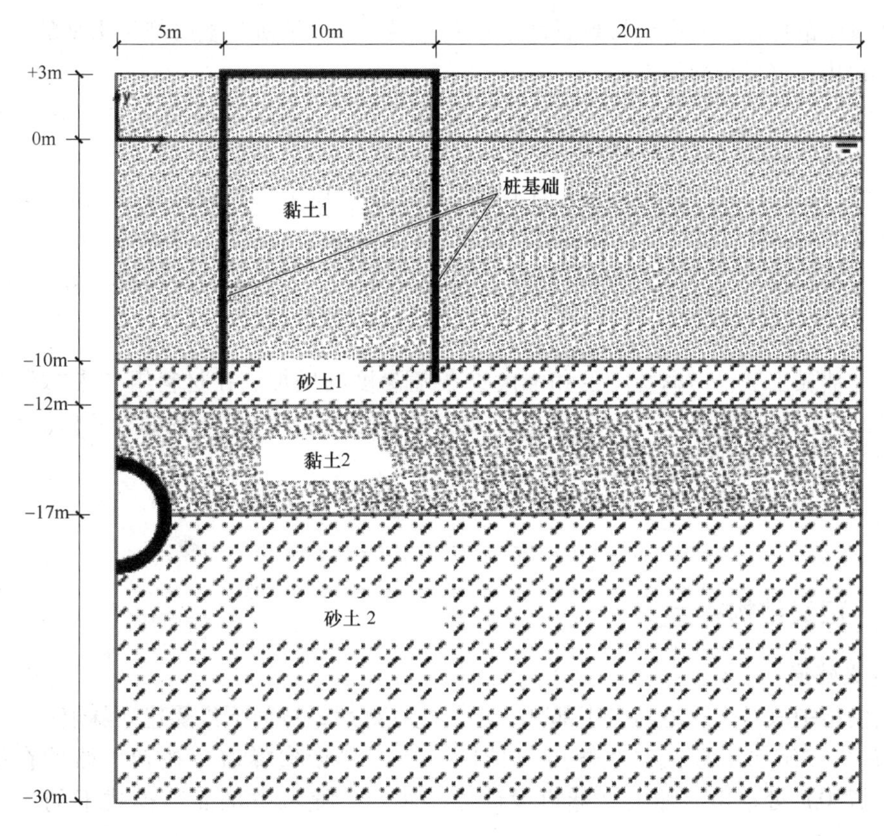

图 15-1　隧道项目几何模型及土层分布

层为软黏土，厚13m，其刚度随深度近似线性增加。第二层为细砂层，厚2m。该层为场地内既有砖砌房屋的木桩基础持力层。木桩到隧道中心线最小水平距离为5m。隧道施工应严格控制引起的木桩位移，避免造成房屋开裂、破坏。第三层为黏土，厚5m。第四层为深厚砂土层，该层位于模型底部，自隧道中心线以下，取13m厚。地下水位埋深3m。考虑对称性，取隧道右半部分进行模拟，模型水平方向取30m宽度。模型坐标原点取在模型左边界上地表以下3m的位置，相应的各土层标高及隧道位置如图15-1所示。

学习要点：

1）*盾构法隧道施工过程2D模拟。*

2）*采用"不排水（B）"选项模拟不排水行为。*

15.1 几何模型

15.1.1 项目属性

启动新项目，在"项目属性"对话框中输入项目名称，定义模型边界为 $x_{min}=0.0$m，$x_{max}=35.0$m，$y_{min}=-30.0$m，$y_{max}=3.0$m，其他选项保持默认。

15.1.2 定义土层

通过添加钻孔并为其指定材料属性来定义土层。本例中所有土层都是水平的，所以只需定义一个钻孔。定义步骤如下：

1）在"土"模式下单击"创建钻孔"按钮"▬"，然后在绘图区中 $x=0$ 处单击，弹出"修改土层"窗口。

2）在"修改土层"窗口中，添加4个土层。最上层土顶面标高为 $y=3$m，4个土层的底面标高从上至下依次为 $y=-10$m，-12m，-17m 和 -30m。水头标高设为0m。钻孔土层及水头设置如图15-2所示。按表15-1所列定义4个土层对应的材料数据组，并指定给相应土层。

对于上部黏土层，考虑其刚度和强度参数随深度的增加。在材料组"参数"选项卡的"高级"子目录下，指定 E'_{inc} 和 $s_{u,inc}$ 的值。E'_{ref} 和 $s_{u,ref}$ 为参考标高 y_{ref} 处的参考值。在 y_{ref} 之下，土体的实际 E' 和 s_u 值按下式线性增加：

$$E'(y)=E'_{ref}+E'_{inc}(y_{ref}-y)$$
$$s_u(y)=s_{u,ref}+s_{u,inc}(y_{ref}-y)$$

15.1.3 定义结构单元

1. 定义隧道

本例模型中只考虑隧道的右半部分。土层建立好后，按如下步骤建立隧道：

1）进入"结构"模式，在侧边工具栏中单击"创建隧道"按钮，然后在绘图区的（0.0，-17.0）处单击，弹出"隧道设计器"窗口，显示"剖面"模式下的"一般"选项卡。

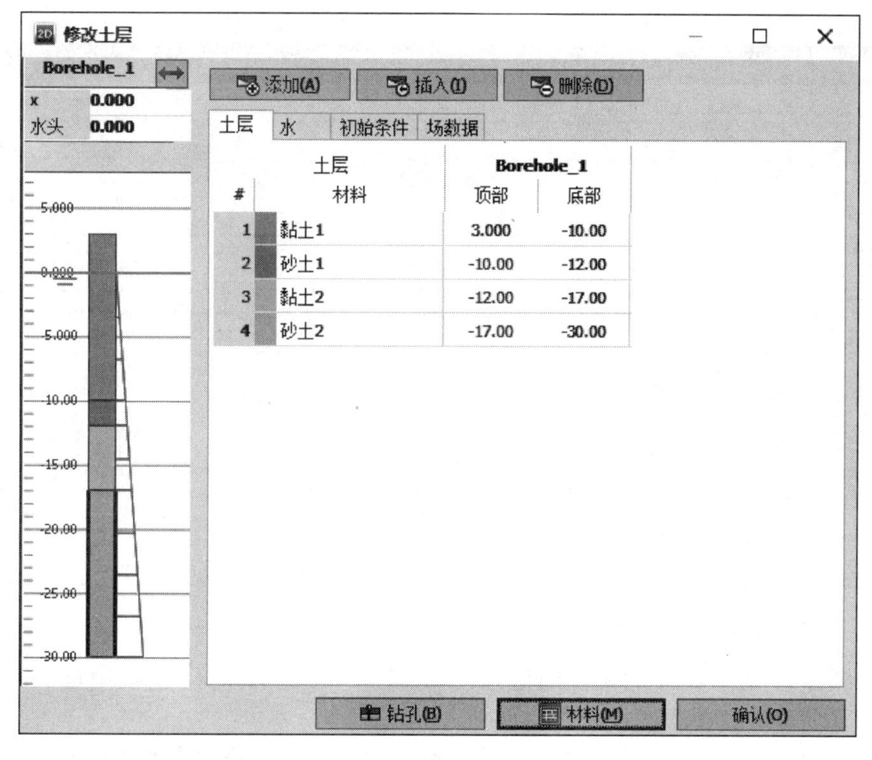

图 15-2　土层分布

表 15-1　土体材料特性

参　数	名称	黏土1	砂土1	黏土2	砂土2	单　位
一般						
材料模型	模型	莫尔-库仑	HS	莫尔-库仑	HSSmall	—
材料行为	类型	不排水（B）	排水的	不排水（B）	排水的	—
水位以上土体重度	γ_{unsat}	15	16.5	16	17	kN/m^3
水位以下土体重度	γ_{sat}	18	20	18.5	21	kN/m^3
参数						
弹性模量	E'	3.4E3	—	9E3	—	kN/m
三轴排水割线模量	E_{50}^{ref}	—	2.5E4	—	4.2E4	kN/m^2
固结仪切线模量	E_{oed}^{ref}	—	2.5E4	—	4.2E4	kN/m^2
卸载/重加载模量	E_{ur}^{ref}	—	7.5E4	—	1.26E5	kN/m^2
刚度应力相关的幂	m	—	0.5	—	0.5	—
黏聚力	c'_{ref}	—	0	—	0	kN/m^2
不排水剪切强度	$s'_{u,ref}$	5	—	40	—	—
内摩擦角	φ	—	31	—	35	(°)
剪胀角	ψ	—	1	—	5	(°)
0.722G_0 的剪应变	$\gamma_{0.7}$	—	—	—	1.3E-4	—
非常小应变的剪切模量	G_0^{ref}	—	—	—	1.1E5	kN/m^2
泊松比	ν'	0.33	0.3	0.33	0.3	—
弹性模量增量	E'_{inc}	400	—	600	—	kN/m^2

（续）

参　数	名称	黏土1	砂土1	黏土2	砂土2	单　位
参考高程	y_{ref}	3.0	—	-12	—	m
不排水强度增量	$s_{u,inc}$	2	—	3	—	kN/m^2
渗流参数						
水平渗透系数	k_x	1E-4	1.0	1E-2	0.5	m/day
竖向渗透系数	k_y	1E-4	1.0	1E-2	0.5	m/day
界面						
界面强度类型	类型	刚性	刚性	手动	手动	—
界面强度	R_{inter}	1	1	0.7	0.7	—
初始						
K_0 确定	—	手动	自动	手动	自动	—
水平应力系数	$K_{0,x}$	0.6	0.485	0.60	0.4264	—
超固结比	OCR	—	1.0	—	1.0	—
预加载比	POP	—	0.0	—	0.0	—

2）在“形态类型”下拉菜单中选择“圆”，在“整个或一半隧道”下拉菜单中选择“定义右半部分”，在“对于起始点的位移（Offset to begin point）”组框中将“2 轴”设为“-2.5”。其他保持默认。

3）单击“线段（Segments）”选项卡，进入该选项卡，程序会自动创建第一条线段，在线段列表下方的属性框内可以定义线段的具体属性，此处将线段的半径设为2.5m，结果如图15-3所示。

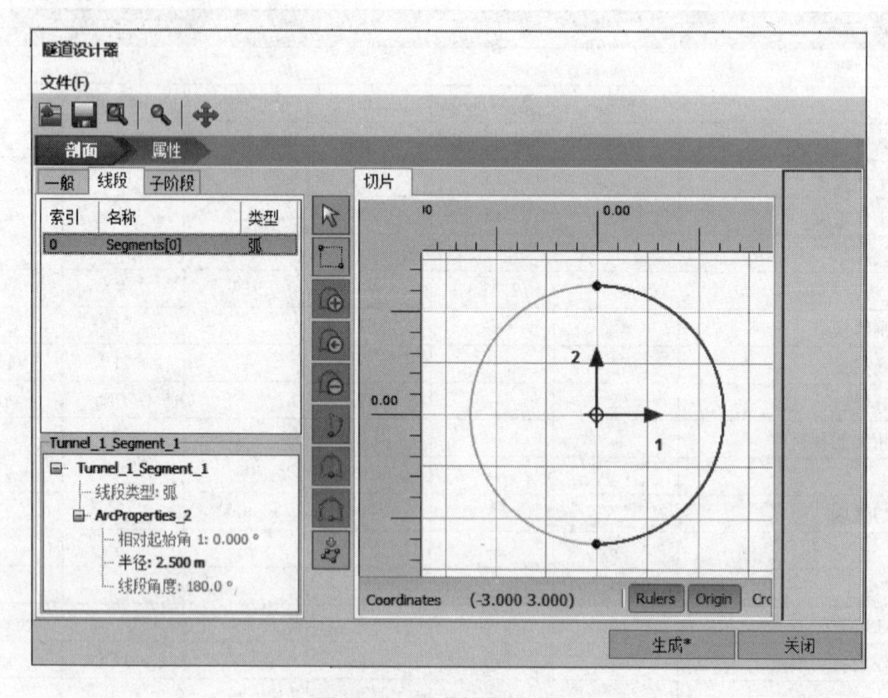

图15-3　隧道轮廓线定义

提示： 对于本例隧道而言，隧道衬砌考虑为各向同性，且隧道一步施工完成，隧道设计器中的“线段”（Segments）没有特定含义。一般情况下，线段对计算影响会比较明显，例如：

1）隧道分步开挖完成。

2）不同隧道分段的衬砌具有不同的属性。

3）考虑衬砌中的铰接作用（在“一般”模式下定义好隧道后可以添加铰接（Hinges））。

4）隧道轮廓线由不同半径的圆弧组成（例如 NATM 隧道）。

4）单击“属性”选项卡，进入相应选项卡。在显示区内的线段上右击，从右键菜单中选择“创建板”。在属性框中单击板单元右侧的按钮“+”，根据表 15-2 创建衬砌材料组，并指定给板单元。

表 15-2　板的材料特性

参　数	名　称	衬　砌	建筑物	单　位
材料类型	类型	弹性，各向同性	弹性，各向同性	—
轴向刚度	EA	1.4×10^{7}	1×10^{10}	kN/m
抗弯刚度	EI	1.43×10^{5}	1×10^{10}	kN · m²/m
重度	w	8.4	25	kN/m/m
泊松比	ν	0.15	0.0	—

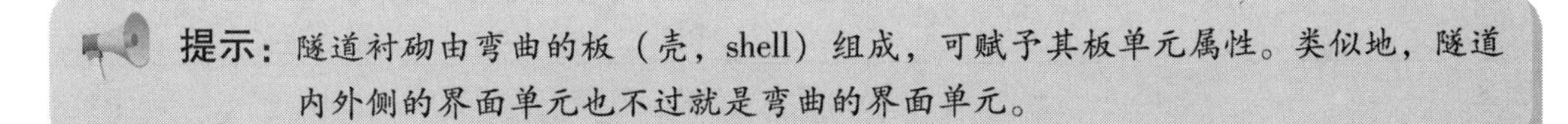

提示： 隧道衬砌由弯曲的板（壳，shell）组成，可赋予其板单元属性。类似地，隧道内外侧的界面单元也不过就是弯曲的界面单元。

5）在显示区右击半圆形的线段，从右键菜单中选择“创建负向界面”，再次右击，选择“创建线收缩（）”，收缩值指定为 0.5%。隧道模型如图 15-4 所示，单击“生成”，更新上述定义，关闭“隧道设计器”对话框。

提示： 隧道边线的线收缩为 0.5%，对应的隧道土体损失约为 1%。

2. 定义建筑物和桩基

建筑物采用支承在桩基上的一块刚性板来模拟。

1）在“结构”模式下，单击按钮“”，通过点（5.0，3.0）和（15.0，3.0）创建板单元，以此模拟建筑物。根据表 15-2 创建该板单元对应的材料组，并指定给板单元。

2）单击按钮“”，分别通过点（5.0，3.0）到（5.0，－11.0），以及点（15.0，3.0）到（15.0，－11.0）创建两根桩。根据表 15-3 创建桩基础对应的材料组，并指定给桩基础。

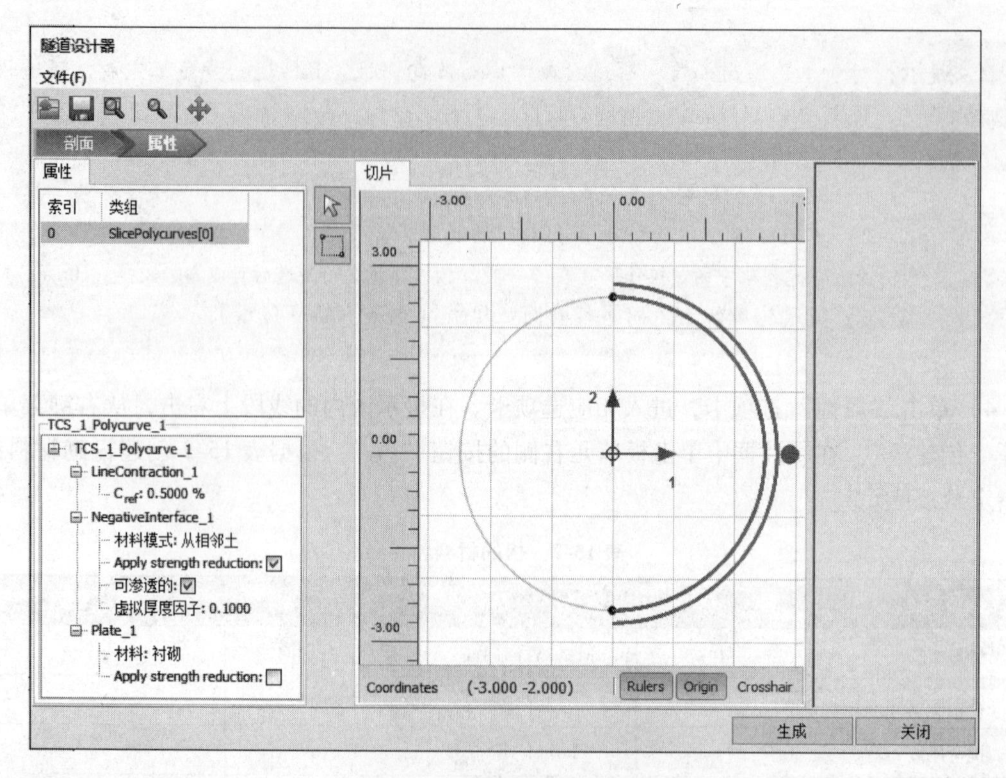

图 15-4　定义隧道结构的属性

表 15-3　桩的材料属性

参　数	名　称	桩	单　位
刚度	E	1E7	kN/m^2
重度	γ	24	kN/m^3
直径	D	0.25	m
桩间距	$L_{spacing}$	3.0	m
侧摩阻力极限值	$T_{skin,start,max}$	1.0	kN/m
	$T_{skin,end,max}$	100.0	kN/m
端阻力极限值	F_{max}	100.0	kN
界面刚度因子	—	默认	kN

提示： 在“标准约束”条件之下，板单元的一端如果延伸到了某个模型边界，若该模型边界至少在某一个方向上受到约束，则相交处的板端将受到转动约束；若该模型边界为自由边界，则相交处的板端可以自由转动。

15.2 生成网格

进入“网格”模式，单击“”生成网格，采用默认的单元分布即可，即网格疏密度为“中等”。可以看到，模型中的结构单元（板单元和 Embedded beam row 单元）已经自动被赋予了加密系数 0.25。网格生成后，单击“”查看网格，在“输出”程序中“几何”菜单下勾选“约束”选项，显示模型中的约束条件，如图 15-5 所示。然后可以单击“关闭”标签关闭输出程序。

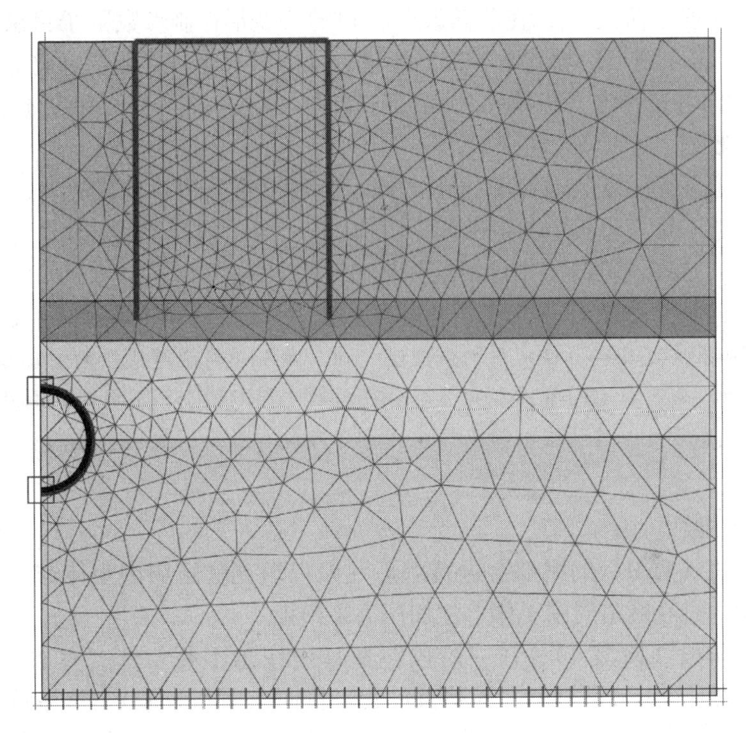

图 15-5　模型网格

15.3 执行计算

15.3.1 初始阶段

通过分步施工计算模拟隧道施工过程。首先生成初始应力场。

进入“分步施工”模式，确保板单元、Embedded beam row 单元和界面单元等均处于冻结状态。初始阶段计算类型为“K_0 过程”，阶段控制参数采用默认设置即可。程序会根据在钻孔定义中设置的水头（$y=0.0\text{m}$）按潜水位生成初始孔压场。

15.3.2 阶段1：建筑物

在阶段1中激活既有建筑物。添加一个新阶段（阶段1），重命名为“建筑物”。在“阶段”窗口的“变形控制参数”子目录下勾选“忽略不排水行为（A，B）”，其他参数保持默认。在绘图区中激活建筑物和桩基础（板单元和 Embedded beam row 单元）。

15.3.3 模拟隧道施工过程

1. 阶段2：隧道施工

添加一个新阶段（阶段2），在“阶段”窗口的“变形控制参数”子目录下勾选“重置位移为零”。在“分步施工”模式下，冻结隧道内部的所有土体类组，并将其水力条件设为“干”。最后，激活隧道衬砌（板单元）和负向界面。注意，这一阶段中并不设置收缩。

2. 阶段3：收缩

除了模拟隧道开挖、安装衬砌和排水之外，还通过对隧道衬砌设置收缩来模拟土体损失。收缩在分步施工计算阶段中的定义如下：添加一个新阶段（阶段3），选中模拟隧道衬砌的板单元，在“选择浏览器”中激活这些板单元的收缩。

提示： 如果要更真实地模拟盾构法隧道，应对本阶段与最后阶段的衬砌赋予不同的属性。隧道衬砌的收缩本身并不会在衬砌中引起附加力。收缩后衬砌内力的变化是由于这一过程中周围土体应力重分布或者外力的改变引起的。

3. 阶段4：注浆

在隧道掘进机（TBM）的尾部会进行壁后注浆以填充隧道周围土体与隧道衬砌之间的空隙。注浆过程通过在隧道周围土体上施加压力来模拟。

添加一个新阶段（阶段4），在“阶段”窗口中注意不要勾选“重置位移为零”。在“分步施工”模式下冻结隧道衬砌（冻结板单元、负向界面和收缩）。然后选中隧道内部的所有土体类组，在“选择浏览器”中激活其水力条件，从“条件”下拉菜单中选择“用户自定义”，设置 p_{ref} 为 $-230kN/m^2$。隧道内压力分布为常量。

4. 阶段5：安装衬砌

添加一个新阶段（阶段5），在“阶段”窗口中注意不要勾选“重置位移为零”。在“分步施工”模式下选中隧道内部的所有土体类组，将其水力条件设为“干”。激活隧道衬砌（板单元）和负向界面。

在计算之前，可以选择几个代表性的监测点用于绘制荷载-位移曲线。本例中可以选择隧道正上方地表上的点和建筑物的角点。

单击“∫dv”开始计算，计算完成后单击“💾”保存项目。

15.4 查看结果

在计算完成之后，选择最后一个计算施工阶段，单击“查看计算结果”按钮，自动启动输出程序，显示计算阶段末的变形网格，如图 15-6 所示。

隧道排水开挖后（阶段 2），地表发生了一定的沉降，隧道衬砌也产生了一定变形。这一阶段中衬砌轴力达到最大值。双击模拟衬砌的板单元，可以从“力”菜单下的相关选项查看衬砌内力。图 15-7 所示的衬砌轴力和弯矩图的缩放因子分别为 5000 和 0. 02。

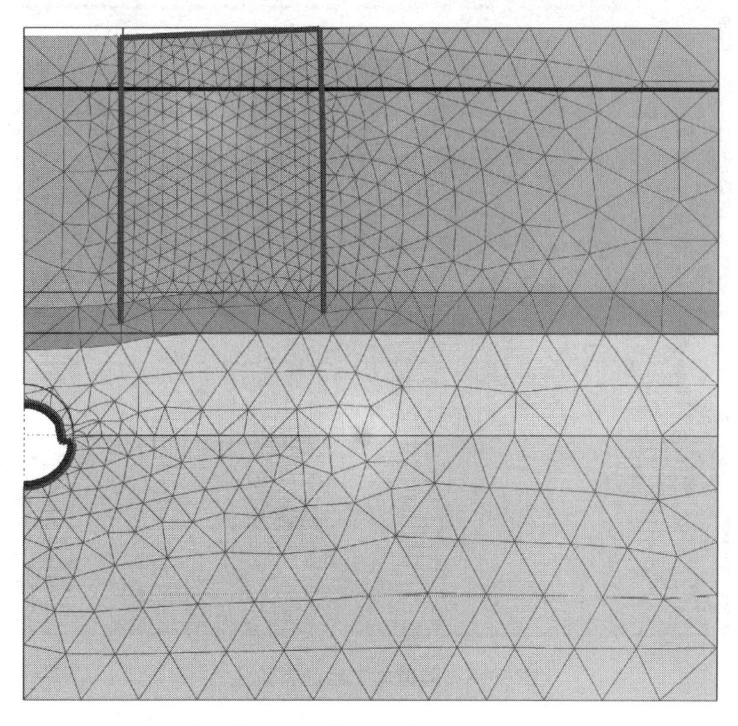

图 15-6　隧道施工后的变形网格（阶段 5，缩放 20 倍）

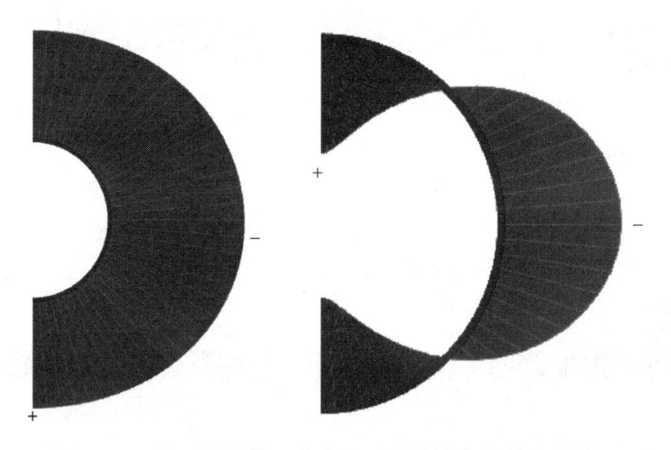

图 15-7　第二计算施工阶段之后隧道衬砌的轴力和弯矩

图 15-8 所示为土体有效应力，可以看出隧道周围产生了拱效应，这对作用到隧道衬砌的力有削减作用。结果表明，最终阶段的衬砌轴力比阶段 2 后的衬砌轴力要小。

为了查看建筑物的倾斜程度，可按如下操作：

单击侧边工具栏中的“距离测量”按钮“”，先单击建筑物的左角点（5.0，3.0），再单击其右角点（15.0，3.0），弹出“距离量测信息”窗口，给出结构的倾斜程度（见图15-9）。

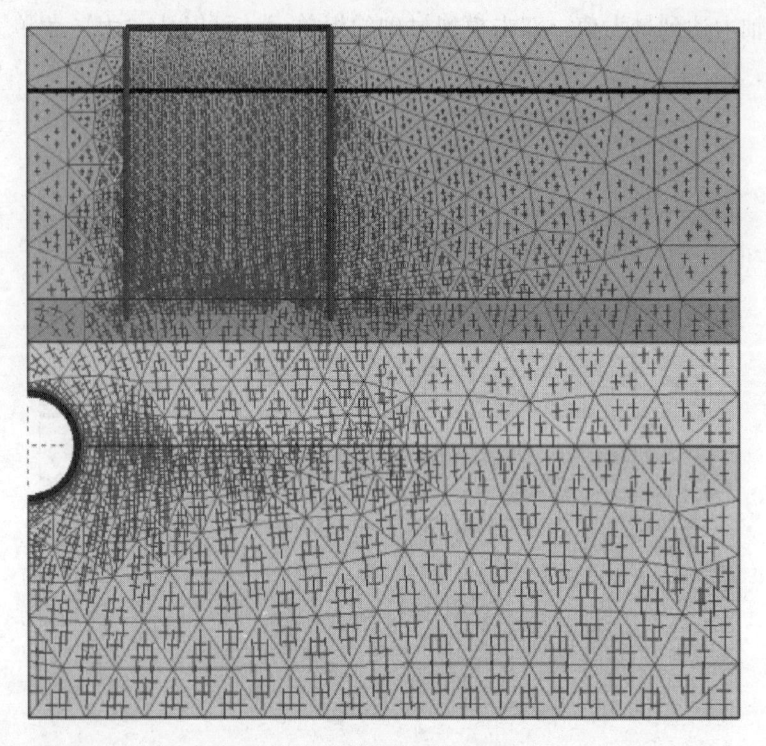

图 15-8　隧道施工后的有效应力

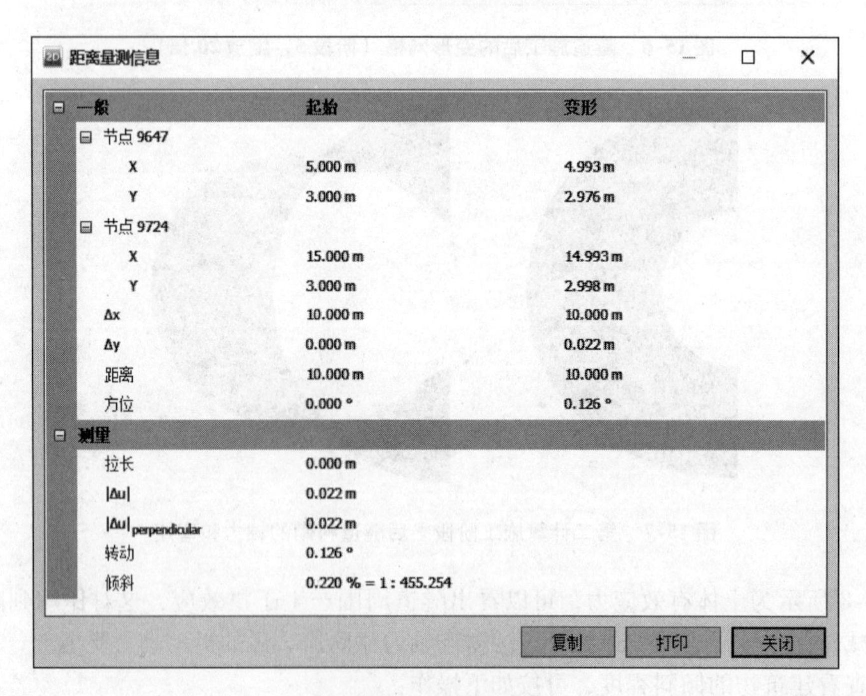

图 15-9　距离量测信息

第16章 新奥法隧道施工过程模拟分析

上一章介绍了盾构法隧道施工二维模拟方法，本章给出一个用PLAXIS 2D 模拟新奥法隧道施工过程的例子，地层条件如图16-1 所示。众所周知，新奥法的特点之一是局部开挖后及时喷射混凝土作为临时支护。

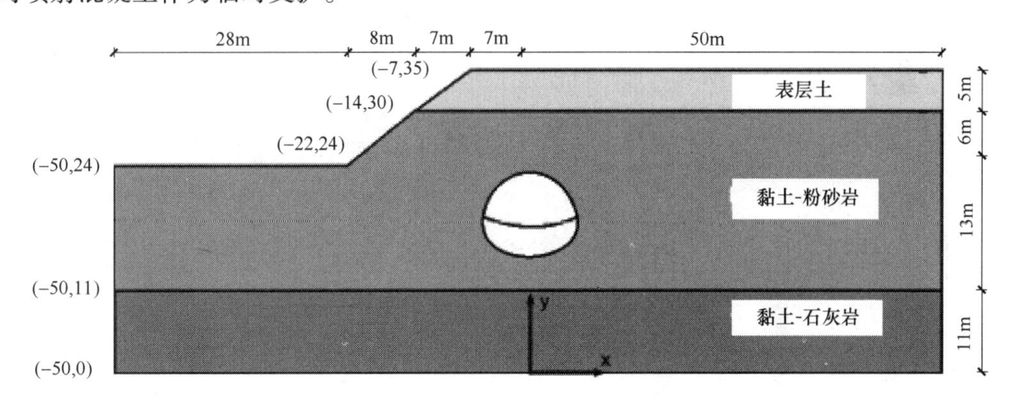

图16-1　项目几何模型

学习要点：

1）新奥法隧道施工过程2D 模拟（β 法）。

2）采用“重力加载”方法生成初始应力。

16.1 几何模型

16.1.1 项目属性

启动新项目，在“项目属性”对话框中输入项目名称，定义模型边界为 $x_{min}=-50.0$m，$x_{max}=50.0$m，$y_{min}=0.0$m，$y_{max}=35.0$m，其他选项保持默认。

16.1.2 定义土层

通过添加钻孔并为其指定材料属性来定义土层。由图16-1 所示的地质剖面图可知，地表面不是水平的，需要创建多个钻孔来生成土层。操作如下：

1）在“土”模式下单击“创建钻孔”按钮“▦”，然后在绘图区中 $x=-22.0$m 处单击创建第一个钻孔（Borehole_1），弹出“修改土层”窗口。

2）在“修改土层”窗口中，添加3个土层。在Borehole_1中不包含第一层土，即第一层土的厚度为零。具体来说，Borehole_1中第一层土的顶面标高和底面标高均为$y=24\text{m}$，第二、三层的底面标高依次为$y=11\text{m}$和$y=0\text{m}$。

3）在“修改土层”窗口的底部单击“钻孔”按钮，从展开菜单中选择“添加”选项，弹出“添加钻孔”窗口，将第二个钻孔（Borehole_2）定位到$x=-14\text{m}$。可以看到，前面定义的三个土层同样存在于Borehole_2中。结合图16-1可知$x=-14\text{m}$处仍然不包括第一层土，但第二层的厚度比$x=-22\text{m}$处要大，将Borehole_2的第一层土顶面和底面标高设为$y=30\text{m}$，第二、三层土的底面标高仍为$y=11\text{m}$和$y=0\text{m}$。

4）按同样方法在$x=-7\text{m}$处再添加一个钻孔（Borehole_3），此时第一层土厚度不再是零，其顶面和底面标高分别为$y=35\text{m}$和$y=30\text{m}$，第二、三层土的底面标高仍为$y=11\text{m}$和$y=0\text{m}$。

5）在三个钻孔中，水头（Head）均设在$y=0.0\text{m}$。创建完成的钻孔土层分布如图16-2所示。

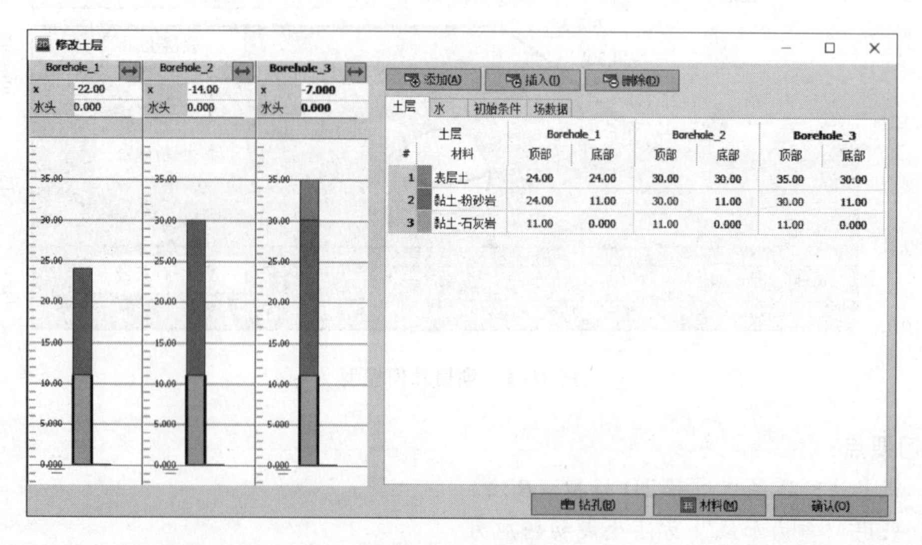

图16-2 土层分布

6）按表16-1建立土体材料数据组，并将其指定给相应土层，然后关闭“修改土层”窗口。

表16-1 土层材料数据组

参数	名称	表层土	黏土-粉砂岩	黏土-石灰岩	单位
一般					
材料模型	模型	土体硬化	霍克-布朗	霍克-布朗	—
排水类型	类型	排水	排水	排水	—
天然重度	γ_{unsat}	20	25	24	kN/m³
饱和重度	γ_{sat}	22	25	24	kN/m³

（续）

参　数	名称	表层土	黏土-粉砂岩	黏土-石灰岩	单　位
初始孔隙比	e_{init}	0.5	0.5	0.5	—
参数					
变形模量	E_{50}^{ref}	4E4	—	—	kN/m²
压缩模量	E_{oed}^{ref}	4E4	—	—	kN/m²
卸载模量	E_{ur}^{ref}	1.2E5	—	—	kN/m²
幂指数	m	0.5	—	—	—
弹性模量	E'	—	1.0E6	2.5E6	kN/m²
卸载泊松比	ν'_{ur}	0.2	0.25	0.25	—
单轴压缩强度	σ_{ci}	—	2.5E4	5E4	kN/m²
完整岩石材料常数	m_i	—	4.0	10.0	—
地质强度参数	GSI	—	40.0	55.0	—
扰动因子	D	—	0.2	0.0	—
黏聚力	c'_{ref}	10.0	—	—	kN/m²
摩擦角	φ'	30	—	—	(°)
剪胀参数	ψ_{max}	—	30	35	(°)
剪胀参数	σ_{ψ}	—	400	1000	kN/m²
界面					
界面强度	—	刚性	手动	刚性	—
强度折减系数	R_{inter}	1.0	0.5	1.0	—

16.1.3 定义隧道

进入“结构”模式，定义隧道，具体操作如下：

1）在“结构”模式下，单击侧边工具栏中的“创建隧道”按钮“”，然后在绘图区中（0.0，16.0）处单击，指定隧道的位置，此时自动弹出“隧道设计器”对话框。隧道形状默认为“自由”，隧道定位也采用默认参数。

2）单击“线段”（Segments）选项卡，在该选项卡下单击侧边工具栏中的“添加”按钮“”，在线段信息框中将“线段类型”设为“弧”（Arc），弧的“半径”设为“10.4m”，“线段角度”（Segment angle）设为“22°”，其他参数默认。按同样方法，再通过“”添加两条弧形线段，一条半径2.4m，线段角47°，另一条半径5.8m，线段角50°，其他参数默认。

3）单击“延伸至对称轴”按钮“”，程序会自动添加一条线段，完成右半隧道的形状；再单击“封闭对称轴”按钮“”，程序自动将上述右半隧道轮廓线按对称轴进行镜像复制，完成整个隧道的形状，如图 16-3 所示。

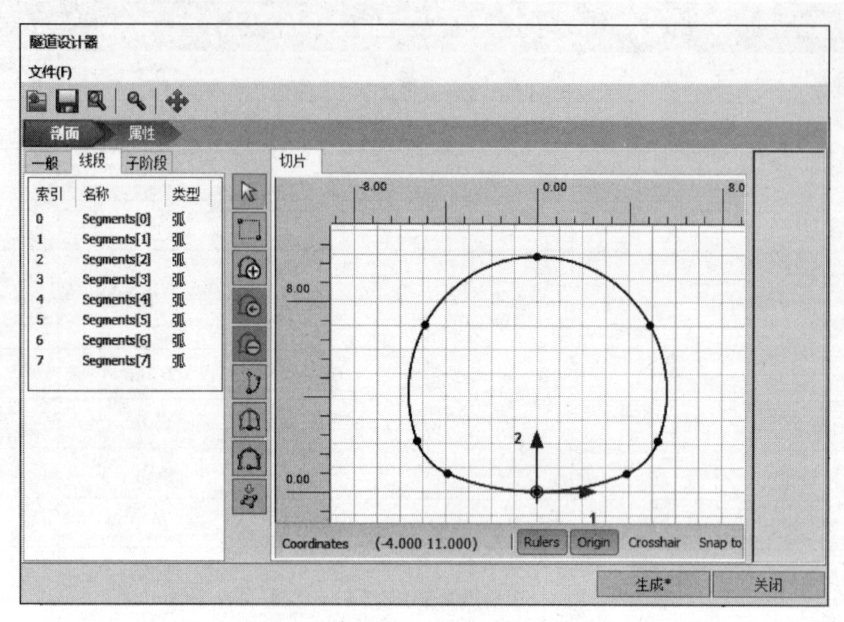

图 16-3　隧道轮廓线组成

4）单击“子阶段”(Subsections）选项卡，在该选项卡下单击“ ”添加一条分割线，将整个隧道分成上导坑和下台阶（仰拱区）两部分。将该线的“位移 2”（Offset 2）设为 3m，从“线段类型”下拉菜单中选择“弧”，半径设为 11m，线段角为 360°。

5）单击“ ”，框选所有线段；再单击“ ”，对线段进行交叉分割；然后，将隧道轮廓线之外的线段选中，并单击“ ”删除。

6）单击进入“属性”模式，将显示区内的多段线全部选中，从右键菜单中选择“创建板”；然后按下〈Ctrl〉+〈M〉键，打开“材料组”窗口，根据表 16-2 创建板材料组并赋予刚创建的板单元。

7）选中隧道轮廓线（不包括内部开挖分界线），通过右键菜单创建负向界面，完成后的隧道模型如图 16-4 所示。

单击“生成”按钮，更新上述设置，然后单击“关闭”。

表 16-2　板单元材料属性

参　数	名　称	衬　砌	单　　位
材料类型	类型	弹性，各向同性	—
轴向刚度	EA	6.0E6	kN/m
抗弯刚度	EI	2.0E4	kN · m^2/m
重度	w	5.0	kN/m/m
泊松比	ν	0.15	—

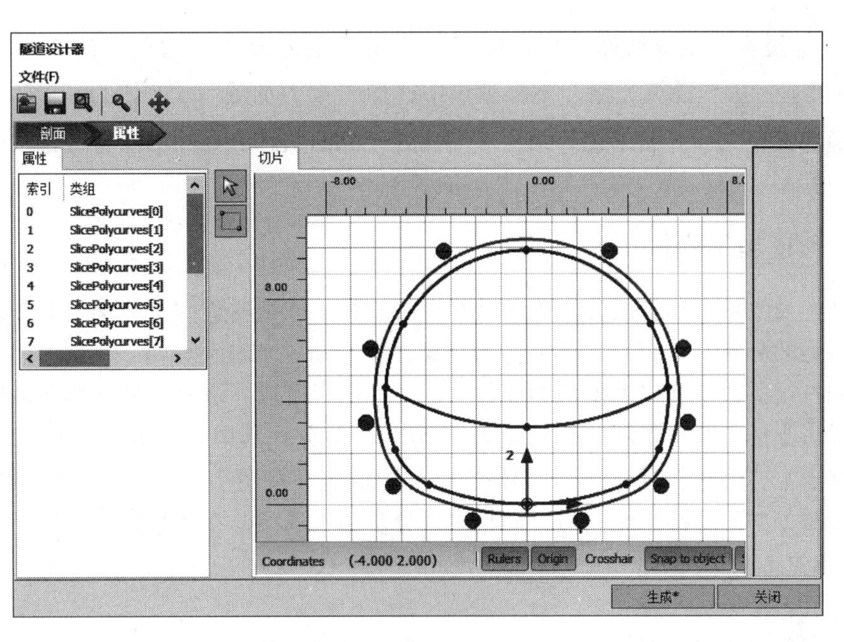

图 16-4 隧道剖面定义完成

16.2 生成网格

进入“网格”模式，单击“ ”生成网格，采用默认的单元分布即可，即网格疏密度为“中等”。网格生成后，单击“ ”查看网格，如图 16-5 所示。然后可以单击“关闭”标签关闭输出程序。

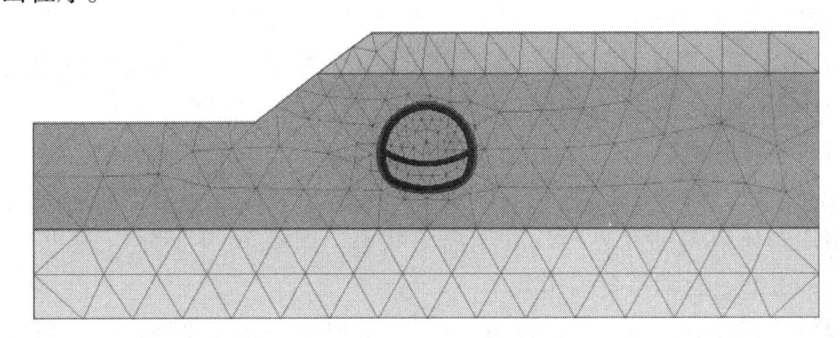

图 16-5 生成的网格

16.3 执行计算

16.3.1 初始阶段

通过分步施工计算模拟隧道施工过程。首先生成初始应力场。

进入“分步施工”模式，程序自动引入初始阶段。注意到本例中土层界限不是水平的，不能使用“K_0 过程”生成初始应力，而应该使用“重力加载”选项。在“阶段”窗口的“一般”目录下，从“计算类型”下拉菜单中选择“重力加载”（按钮为“ ”），其他选项默认。确保板单元和界面单元等结构单元均处于冻结状态。本例中没有考虑水的作用，水位线保持在模型底部边界。

16.3.2 隧道施工模拟

隧道开挖及支护过程采用分步施工计算进行模拟。冻结隧道内土体类组会影响土体刚度以及有效应力的分布，对应的计算类型为“塑性”分析，加载类型为“分步施工”。隧道掌子面附近的三维拱效应在二维模型中通过“β 法”进行模拟。该方法的基本思路是，将待开挖隧道处周边土体上原本作用的初始应力 p_k 分为两部分，其中一部分为（$1-\beta$）p_k，作用在无支护隧道上，另一部分为 βp_k，作用在支护隧道上（见图 7-10）。在PLAXIS中模拟新奥法隧道施工时，并不直接定义 β 值，而是采用分步施工选项，并为 $\sum M_{stage}$ 指定小于 1.0 的值（详细介绍参见本书 7.4.1 节）。

1. 阶段 1：上导坑开挖

添加一个新阶段（阶段 1），在“阶段”窗口的“一般”子目录下将 $\sum M_{stage}$ 的值设为 0.6，则意味着对应的 β 值为 $1-\sum M_{stage}=0.4$。在“分步施工”模式下，冻结隧道内部的上导坑类组，但是，并不激活隧道衬砌。设置好的本阶段几何模型如图 16-6 所示（见书后彩色插页）。

2. 阶段 2：上导坑支护

添加一个新阶段（阶段 2），在“分步施工”模式下，将隧道上导坑部分的衬砌及界面激活，如图 16-7 所示（见书后彩色插页）。注意，本阶段的 $\sum M_{stage}$ 自动重置为 1.0。

3. 阶段 3：下台阶开挖

添加一个新阶段（阶段 3），在“阶段”窗口的“一般”子目录下将 $\sum M_{stage}$ 的值设为 0.6，对应的 β 值为 $1-\sum M_{stage}=0.4$。在“分步施工”模式下，冻结隧道内部的下台阶土体类组以及隧道中部的临时横向衬砌，如图 16-8 所示（见书后彩色插页）。

4. 阶段 4：下台阶支护

添加一个新阶段（阶段 4），在“分步施工”模式下，激活隧道下台阶周边的衬砌和界面，此时隧道周边所有衬砌和界面均处于激活状态，如图 16-9 所示（见书后彩色插页）。注意，本阶段的 $\sum M_{stage}$ 自动重置为 1.0。

施工阶段设置完成后，可以通过按钮“ ”选取坡顶和隧道顶点作为监测点，用于观察隧道施工过程中的变形情况。

单击“ ”开始计算，计算完成后单击“ ”保存项目。

16.4 查看结果

在计算完成之后，选择最后一个施工阶段，单击“查看计算结果”按钮，自动启动输出程序，显示该计算阶段末的变形网格，如图 16-10 所示。

要显示隧道衬砌的弯矩，操作步骤如下：

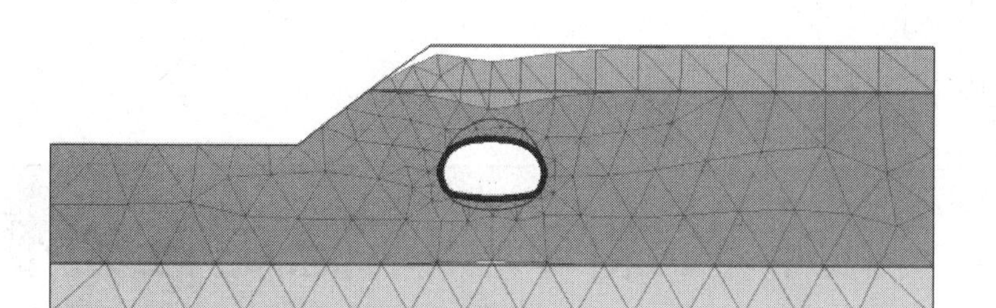

图 16-10 最后一个阶段的变形网格

单击侧边工具栏中的按钮“ ”，拖动鼠标，框选整个隧道，从弹出的“选择结构”窗口中选择“板”选项，然后单击下方的“视图”按钮（见图 16-11），程序自动打开一个新的结构视窗显示衬砌结果。

选择结构

选择结构

板

界面

视图 选择 取消

图 16-11 “选择结构”窗口

从“Forces”菜单中选择“弯矩 M”选项，显示衬砌的弯矩分布，此处结果默认缩放系数为 0.5，如图 16-12 所示。

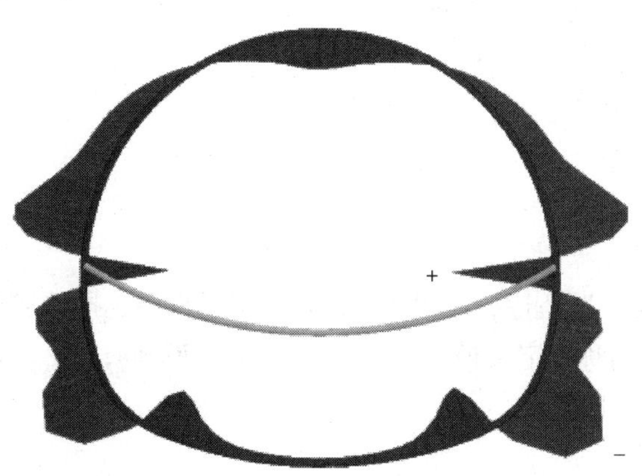

图 16-12 新奥法隧道衬砌弯矩图

第17章 库水骤降坝体稳定性分析

本例研究水库坝体在水位下降情况下的稳定性。库内水位骤降后可能由于坝体中仍然存在较高的孔压而导致坝体失稳。采用有限元法分析这类问题，需要进行瞬态渗流计算。通过渗流计算得到孔压，引入变形分析和稳定性分析中。

大坝高30m，底部宽172.5m，顶部宽5m。大坝包括黏土夹心墙和两侧级配较好的填土，典型几何剖面如图17-1所示。库内常水位标高25m，计算中考虑库内水位降低20m的情况。库外一般潜水位在地面以下10m。

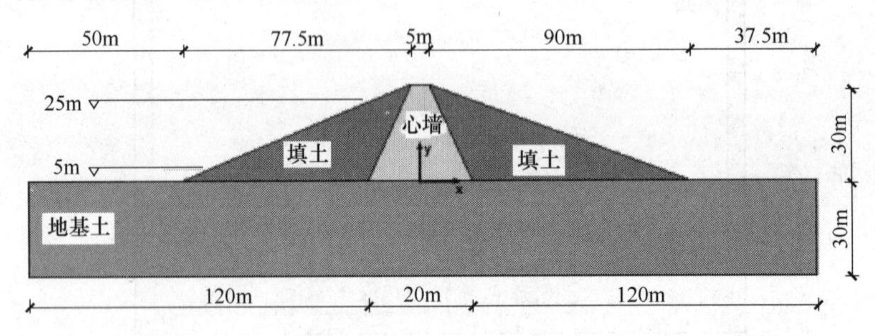

图17-1 坝体几何剖面

学习要点：

1）定义时间相关水力边界条件（流函数）。

2）通过水位定义瞬态渗流边界条件。

17.1 几何模型

17.1.1 项目属性

启动PLAXIS 2D“输入”程序，在“快速选择”对话框中选择“启动新项目”。在“项目属性”对话框中输入项目名称，定义模型边界为 x_{min} = -130.0m，x_{max} =130.0m，y_{min} = -30.0m，y_{max} =30.0m，其他选项保持默认。

17.1.2 定义土层

本例中，通过“钻孔”创建地基土层，而上部的坝体则通过创建“土多边形”来创建。

如图 17-1 所示，模型中考虑 30m 厚的超固结粉砂层作为坝体地基。

在“土”模式下单击“创建钻孔”按钮“”，在绘图区中 $x=0$ 处单击，弹出“修改土层”窗口，添加 1 个土层，土层顶底面标高为 $y=0.0\mathrm{m}$ 和 $y=-30\mathrm{m}$。根据表 17-1 创建材料数据组，并将地基土材料组指定给相应土层。表 17-1 中未涉及的参数保持程序默认值即可。

表 17-1　坝体与粉砂的材料参数组

选项卡	参　数	符号	心墙	填土	地基土	单　位
一般	材料模型	—	莫尔-库仑	莫尔-库仑	莫尔-库仑	—
	排水类型	—	不排水（B）	排水	排水	—
	天然重度	γ_{unsat}	16.0	16.0	17.0	kN/m^3
	饱和重度	γ_{sat}	18.0	20.0	21.0	kN/m^3
参数	弹性模量	E'	1.5E3	2.0E4	5.0E4	kN/m^2
	泊松比	ν'	0.35	0.33	0.3	—
	黏聚力	c'_{ref}	—	5.0	1.0	kN/m^2
	不排水抗剪强度	$s_{u,ref}$	5.0	—	—	kN/m^2
	摩擦角	φ'	—	31	35.0	(°)
	剪胀角	ψ	—	1.0	5.0	(°)
	弹性模量增量	E'_{inc}	300	—	—	kN/m^2
	参考标高	y_{ref}	30	—	—	m
	不排水抗剪强度增量	$s_{u,inc}$	3.0	—	—	kN/m^2
渗流参数	渗流数据组	—	Hypres	Hypres	Hypres	—
	模型	—	Van Genuchten	Van Genuchten	Van Genuchten	—
	土	—	下层土	下层土	下层土	—
	土体粗细	—	非常细	粗	粗	—
	水平渗透系数	k_x	1.0E-4	1.00	0.01	m/day
	垂直渗透系数	k_y	1.0E-4	1.00	0.01	m/day

17.1.3　定义坝体

进入“结构”模式，定义坝体几何模型。单击侧边工具栏中的创建土多边形按钮“”，创建一个梯形土体类组，梯形角点坐标依次为（-80.0，0.0），（92.5，0.0），（2.5，30.0）和（-2.5，30.0）。然后，再通过切割土多边形按钮“”创建两条分割线，其端点坐标分别为（-10.0，0.0）—（-2.5，30.0）和（10.0，0.0）—（2.5，30.0）。根据图 17-1 和表 17-1，为新建的类组指定相应的材料组。

17.2 生成网格

进入“网格”模式，单击“生成网格”按钮“ ”，在“网格选项”对话框中将“单元分布”设为“细”。网格生成后，单击“ ”查看网格，如图17-2所示。然后单击“关闭”标签退出。

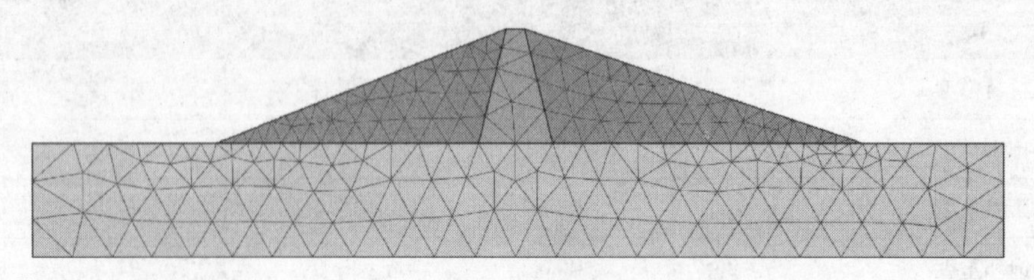

图17-2 模型网格

17.3 执行计算

考虑如下四种工况：

工况一：库内水位标高长期保持在25m。

工况二：库内水位标高从25m骤降至5m。

工况三：库内水位标高从25m缓慢降至5m。

工况四：库内水位标高长期保持在5m。

除了初始阶段外，需要创建8个计算阶段。在初始阶段，通过“重力加载”得到大坝正常水位运行条件下的初始应力场和初始孔压场。本例采用稳态地下水渗流计算得到初始孔压场。随后的阶段1和阶段2均以初始阶段为起始状态，即库内水位标高初始值均为25m，然后降低至5m，但这两个阶段中模拟库水降低时设置的时间间隔不同，一个时间短，表示水位降低速度快，另一个时间长，表示水位降速慢。库水降低后的孔压分布均通过瞬态渗流计算得到。阶段3也是以初始阶段为起始状态，不过此时考虑库内低水位运行的工况，库内水位标高设为5m，通过稳态地下水渗流得到孔压分布。最后，对上述4个阶段分别添加“安全性”分析阶段，采用强度折减法计算不同孔压分布下的坝体安全系数。

提示： 对上述4种工况的模拟只需更改水力边界条件，几何模型无须改动。库内水位的变化在“水力条件”模式下定义。

17.3.1 初始阶段：高水位

进入“分步施工”模式，程序自动创建初始阶段，确保所有土体类组均处于激活状态。双击“阶段浏览器”中的初始阶段，在“阶段”窗口下的“一般”子目录中将该阶段重命名为“初始阶段：高水位”，计算类型设为“重力加载”，孔压计算类型设为“稳态地下水渗流”，如图 17-3 所示。单击“确认”，关闭“阶段”窗口。

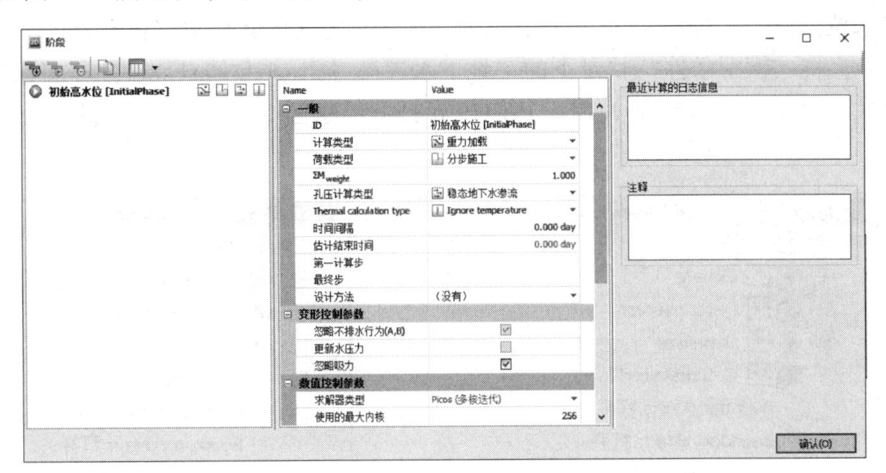

图 17-3　初始阶段参数设置

提示：“重力加载”计算时，程序会默认勾选“忽略不排水行为（A，B）”和“忽略吸力”，即生成初始应力时一般不考虑不排水行为。相应选项位于“阶段”窗口的“变形控制参数”子目录下。

进入“水力条件”模式，定义库内水位降低之前的高水位线。该水位线通过 4 个点来定义，单击侧边工具栏中的创建水位按钮“”，依次通过点（-132.0，25.0）、（-10.0，25.0）、（93.0，-10.0）和（132.0，-10.0）创建一条水位线，如图 17-4 所示。右击该水位线，从右键菜单中选择“设为全局”。

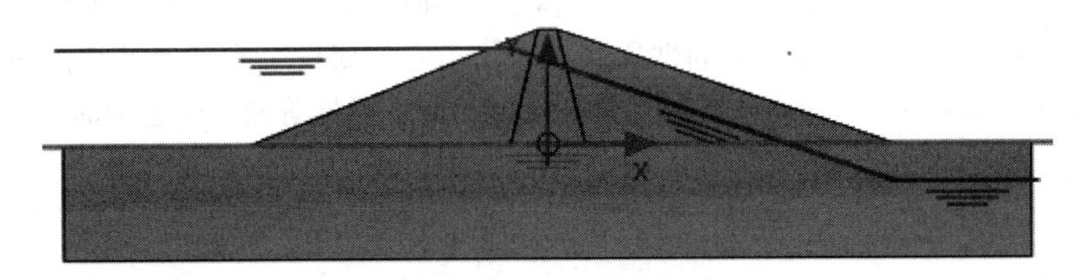

图 17-4　库内高水位

提示：1）另一种将用户手动建立的水位线设为全局水位的方法是，在“模型浏览器”中展开“模型条件”目录下的“水（Water）”子目录，从其“全局水位（GlobalwaterLevel）”选项的下拉列表中选择对应的用户水位为全局水位。

2）在定义线的同时按下〈Shift〉键，可以定义水平或竖直的线。

在“模型浏览器”中展开“属性库（Attributes library）”目录下的“水（Water）”子目录，可以看到刚才在“水力条件”模式下创建的水位列于“用户水位（User water levels）”

分组之下，并且被自动命名为“UserWaterLevel_1”。在该用户水位的名称上双击，将其重命名为“高水位_稳态”，如图 17-5 所示，以便与后续将定义的其他水位相区分。

接下来，将“模型条件”目录下的“地下水渗流（GroundwaterFlow）”子目录展开，确保模型的渗流边界条件为底部关闭，其他边界打开，这也是程序的默认设置，如图 17-6 所示。

图 17-5　模型浏览器下的“水位”子目录

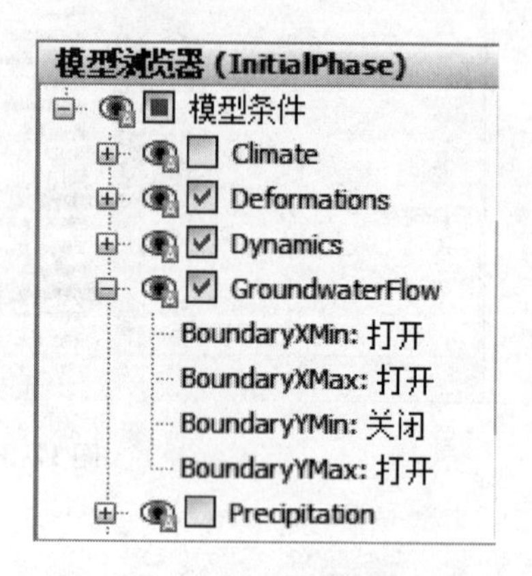

图 17-6　地下水渗流边界条件

17.3.2　阶段 1：水位骤降

考虑库内水位骤降的情况，库内水位 5 天内从 $y = 25\text{m}$ 降至 $y = 5\text{m}$。添加一个新阶段（阶段 1），在“阶段浏览器”中双击新添加的阶段 1，弹出“阶段”窗口，将该阶段重命名为“阶段 1：水位骤降”。可以看到，其起始阶段已被自动设为“初始阶段：高水位”。将计算类型设为“完全流固耦合”，时间间隔设为 5d。另外，在“变形控制参数”子目录下勾选“重置位移为零”和“重置局部应变”。单击“确认”，关闭“阶段”窗口。

由于模型中定义的水位具有全局性质，为水位指定的属性会在所有计算阶段中发挥作用。本阶段中，水位的形状与上一阶段定义的水位相同，但本阶段水位会随时间降低，需要为其指定一个时间相关的函数来描述这种变化。也就是说，本阶段需要定义一个与上一阶段水位形状相同但属性不同（本阶段水位包含时间相关属性，上一阶段水位则无此属性）的水位。

在“模型浏览器”中右击上一阶段定义的水位“高水位_稳态”，从右键菜单中选择“复制”（见图 17-7），从而创建一个相同形状的新水位，并将其重命名为“高水位_快速”。

水位随时间相关的变化可通过为其定义“流函数（Flow functions）”来描述。注意，“流函数（Flow functions）”属于全局属性，会列于“模型浏览器”的“属性库（Attributes library）”目录下。定义流函数的具体操作如下：在“模型浏览器”中展开“属性库（Attributes library）”目录；右击“流函数（Flow functions）”，从右键菜单中选择“编辑”，弹出“流函数（Flow functions）”对话框。在“水头函数（Head functions）”选项卡中单击“➕”按钮，添加一个新函数。新建函数在列表中高亮显示，并显示各定义选项。

为描述水位骤降的水头函数定义合适的名称（如“快速降低”）。从“信号（Signal）”

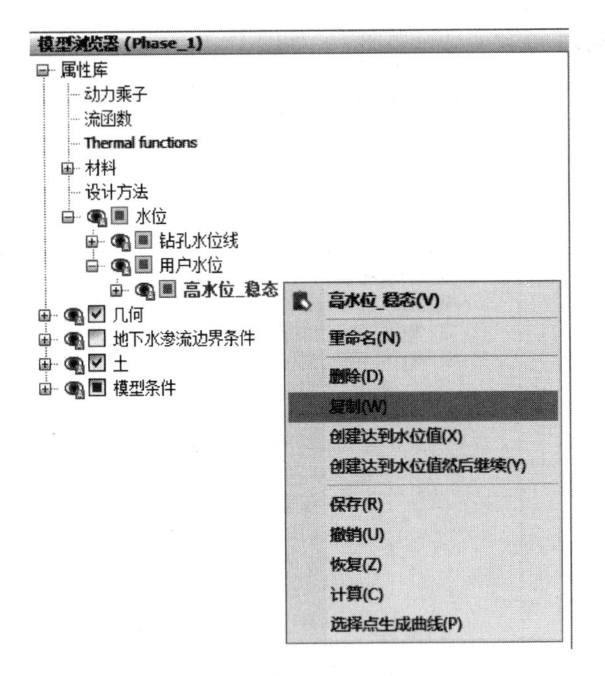

图 17-7　在“模型浏览器”中复制水位

下拉列表中选择“线性”选项，“ΔHead”指定为“-20.00”，表示水头下降量，时间间隔指定为5天，下方显示定义函数的图形（见图 17-8）。单击“确认”，关闭“流函数（Flow functions）”对话框。

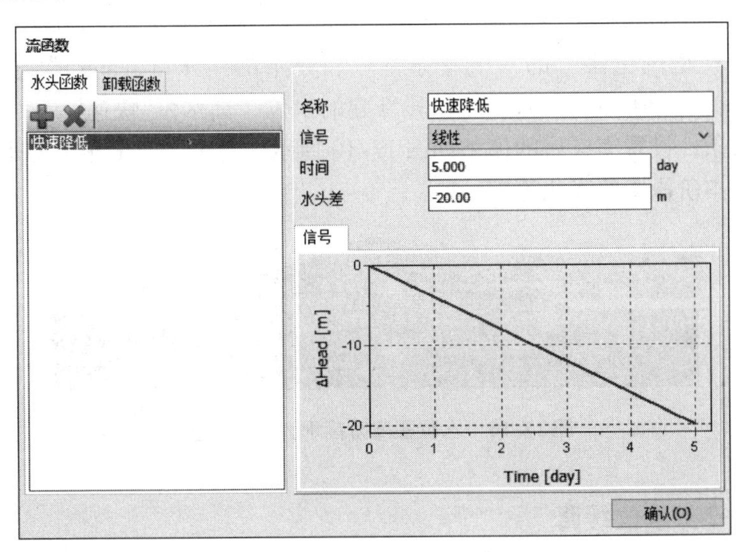

图 17-8　库水骤降工况的流函数

在“模型浏览器”中，右击前面复制得到的水位“高水位_快速”，从右键菜单中选择“用作全局潜水位”。然后，展开“高水位_快速”子目录，可以看到组成整条水位线的三段线段均列于该目录下，将左上角的那段水位线的子目录展开，从“时间相关“Time dependency”右侧的下拉菜单中选择“时间相关（Time dependent)”，水头函数右侧下拉菜单中选择前面定义的水头函数“快速降低”，如图 17-9 所示。

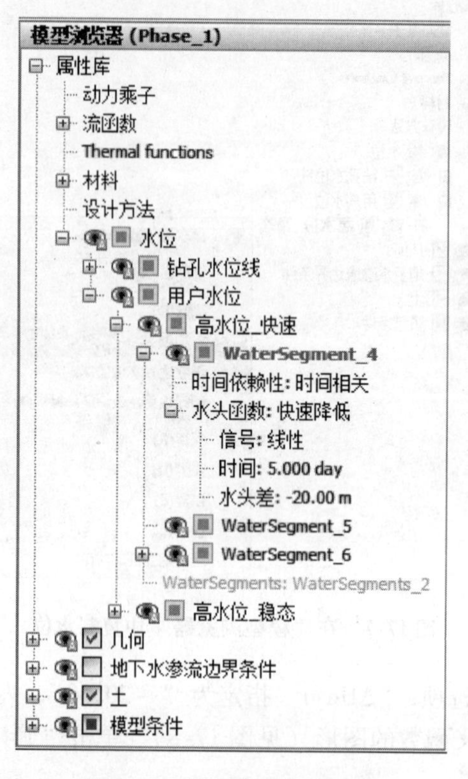

图 17-9　指定水位降低函数

另外，在“模型浏览器”的“模型条件”目录下的“水（Water）”子目录下，确认“全局水位（GlobalwaterLevel）”设为本阶段新建的水位“高水位_快速”。

本阶段水力条件设置完成后的模型如图 17-10 所示。其中，左上角上游水位线下方的阴影，表示水位在本阶段中的变化范围。

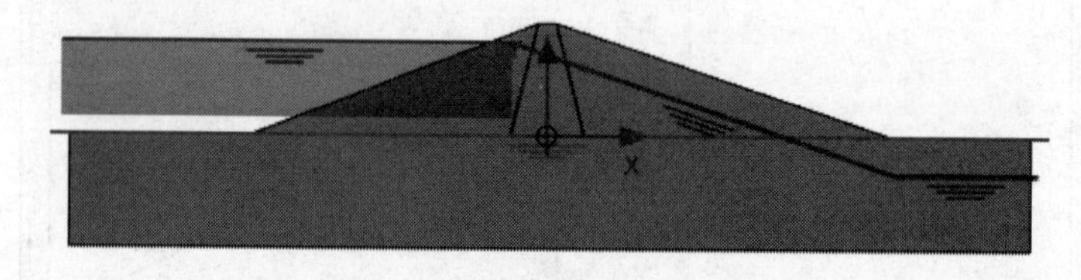

图 17-10　水位骤降阶段水力条件设置

17.3.3 阶段 2：水位缓降

考虑水位缓降的情况，库内水位在 50 天内从 $y=25\text{m}$ 降至 $y=5\text{m}$。在“阶段浏览器”中右击“初始阶段：高水位”，从右键菜单中选择“插入阶段”，添加一个新阶段（阶段 2），双击新添加的阶段 2，弹出“阶段”窗口，将该阶段重命名为“阶段 2：水位缓降”。可以看到，其起始阶段已被自动设为“初始阶段：高水位”。将计算类型设为“完全流固耦合”，时间间隔设为 50 天。另外，在“变形控制参数”子目录下勾选“重置位移为零”和

"重置局部应变"。单击"确认"，关闭"阶段"窗口。

按上一节的方法通过复制创建一个新的水位条件。在"模型浏览器"中右击上一阶段定义的水位"高水位_快速"，从右键菜单中选择"复制"，从而创建一个形状相同但水位下降速率不同的新水位条件，将其重命名为"高水位_缓慢"。

同样按上一节的方法为新水位条件创建一个描述水位下降速率的流函数（例如命名为"缓慢降低"），水位标高在50天内线性下降20m，具体设置如图17-11所示。单击"确认"关闭"流函数"对话框。

在"模型浏览器"中，右击水位条件"高水位_缓慢"，从右键菜单中选择"用作全局潜水位"。然后，展开"高水位_ 缓慢"子目录，可以看到组成整条水位线的三段线段均列于该目录下，将左上角的那段水位线的子目录展开，从"时间相关"右侧的下拉菜单中选择"时间相关（Time dependent）"，水头函数右侧下拉菜单中选择前面定义的水头函数"缓慢降低"，与图17-11所示类似。

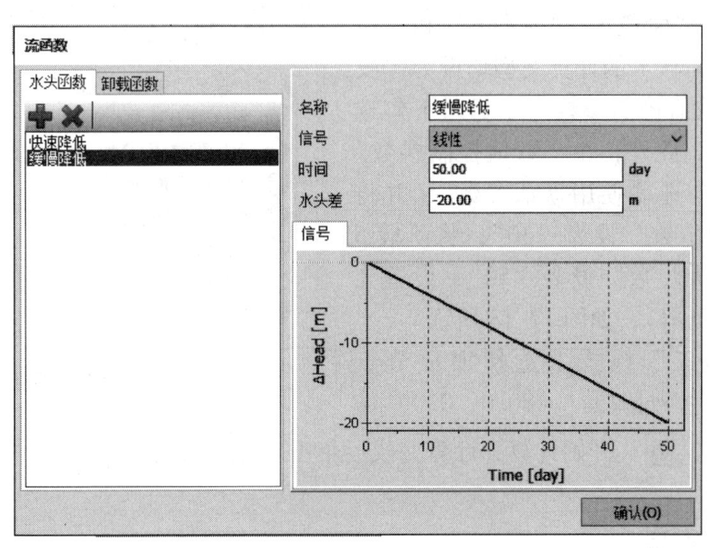

图17-11 库水缓降工况的流函数

17.3.4 阶段3：低水位

本阶段考察库内低水位运行的稳态情况。

添加一个新阶段（阶段3），在"阶段浏览器"中双击阶段3，弹出"阶段"窗口；在"一般"子目录中指定阶段名称为"阶段3：低水位"；"起始阶段"设为"初始阶段：高水位"，计算类型选为"塑性"，"孔压计算类型"选择"稳态地下水渗流"；在"变形控制"子目录中，勾选"忽略不排水行为（A，B）""重置位移为零"和"重置局部应变"；单击"确认"，关闭"阶段"窗口。

在"水力条件"模式下定义库内水位下降后的低水位线。该水位线通过4个点来定义，单击侧边工具栏中的创建水位按钮""，依次通过点（-132.0，5.0）、（-60.0，5.0）、（93.0，-10.0）和（132.0，-10.0）创建一条水位线，将其重命名为"低水位_稳态"并指定为"全局水位"，如图17-12所示。

图 17-12 “水力条件”模式下的低水位工况设置

17.3.5 阶段 4 ~ 7

接下来，计算各工况条件下的整体安全系数。分别右击“初始阶段”至“阶段 3”，并从右键菜单中选择“插入阶段”，新阶段依次命名为“阶段 4”“阶段 5”“阶段 6”和“阶段 7”。阶段 4 至阶段 7 的计算类型均设为“安全性”，并在“数值控制参数”子目录下勾选“重置位移为零”。此外，在“数值控制参数”子目录下，取消勾选“使用默认参数”，并将阶段 4 的“最大步数”设为“30”；将阶段 5 至阶段 7 的“最大步数”设为“50”；设置完毕后的“阶段浏览器”，如图 17-13 所示。

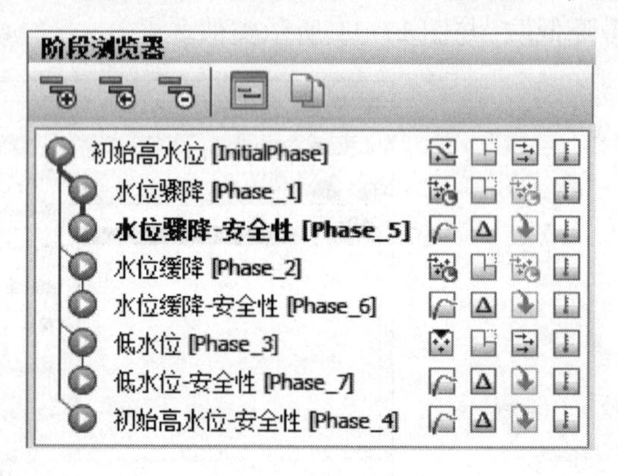

图 17-13 计算阶段

在“分步施工”模式下选择坝顶节点（−2.5,30.0）和坝趾阶段（−80.0，0.0）作为监测点。单击“[icon]”开始计算，计算完成后单击“[icon]”保存项目。

17.4 查看结果

计算完成后，单击“查看计算结果”按钮。弹出“输出”窗口，显示已选阶段的变形网格。在“应力”菜单中单击“孔隙水压”选项，从出现的菜单中选择激活孔压“P_{active}”。图 17-14 ~ 图 17-17 所示（见书后彩色插页）为 4 个渗流计算阶段得到的孔压分布图。

当在变形分析中考虑孔压变化的影响，坝体变形会比假定孔压不变时更大。通过前 4 个阶段的计算结果可以查看坝体变形和有效应力分布。本例重点关注不同工况下坝体安全系数的变化。因此，绘出了阶段 4 至阶段 7 中总乘子“$\sum M_{sf}$”与坝体顶点位移之间的变化关系曲线（见图 17-18），曲线绘制方法可参见第 4 章相应内容。

通过图 17-18 所示的坝体安全系数-位移变化曲线可知，库内水位骤降会导致坝体稳定性显著降低。PLAXIS 2D 可快速有效地对这类工况进行完全流固耦合分析和稳定性分析。

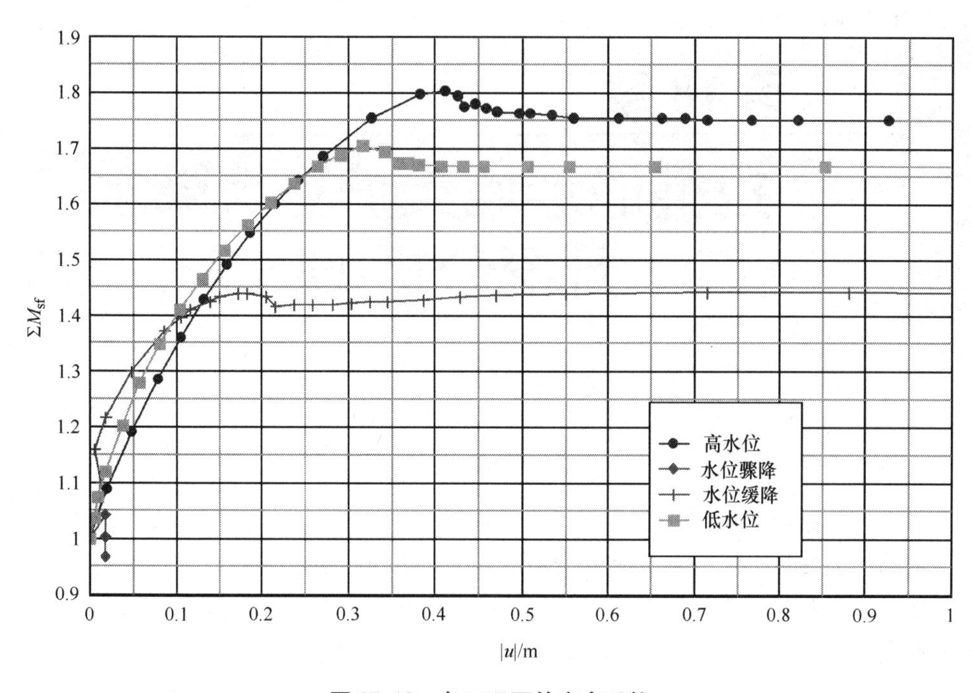

图 17-18　各工况下的安全系数

18

第 18 章 拉锚地连墙支护基坑降水开挖分析-ULS

本章将在第 3 章模型的基础上，引入PLAXIS的“设计方法”这一功能，在进行基坑降水开挖支护的应力变形分析（正常使用分析，serviceability calculation）后，通过设置材料和荷载的分项系数进行承载力极限状态（Ultimate Limit State，ULS）计算。

学习要点：

使用“设计方法”。

18.1 几何模型

在PLAXIS中定义“设计方法”，操作如下：

1）打开第 13 章的模型文件，更名另存。

2）在新模型的“土”或者“结构”菜单下选择“设计方法”选项，弹出相应窗口；单击右上角的“添加”按钮，在左侧列表中添加一个设计方法，默认名字为“Design Approach_1”。

3）本例中将使用欧 7 规范（Eurocode 7）中的“设计方法 3（Design Approach 3）”，需要定义荷载分项系数和材料分项系数。单击设计方法列表中的“Design Approach_1”，将其重新命名为“欧 7-DA 3”。

4）在“设计方法”窗口的下半部分中，可以定义荷载和材料的分项系数。在“荷载”选项卡下定义“可变不利（Variable unfavourable）”分项系数为 1.300（见图 18-1）；在“材料”选项卡下分别定义“有效内摩擦角”和“有效黏聚力”的分项系数为 1.250（见图 18-2），其他系数默认。

5）单击右下角的“材料”按钮，弹出“材料组”窗口，双击打开“软土”材料数据组，此时的材料组与通常情况下的材料组设置窗口有所不同，单击“参数”选项卡，分别为 c'_{ref} 和 φ' 选择相应的分项系数，如图 18-3 所示。为其他土体材料组进行同样的设置，单击“确认”，然后关闭“设计方法”窗口。

设计方法
名称
欧7-DA3 [DesignApproach_1]
添加
删除
复制
输入/输出
荷载
材料
Description Factor
1 永久不利 未设置
2 永久有利 未设置
3 可变不利 1.300
4 可变有利 未设置
添加
删除
确认

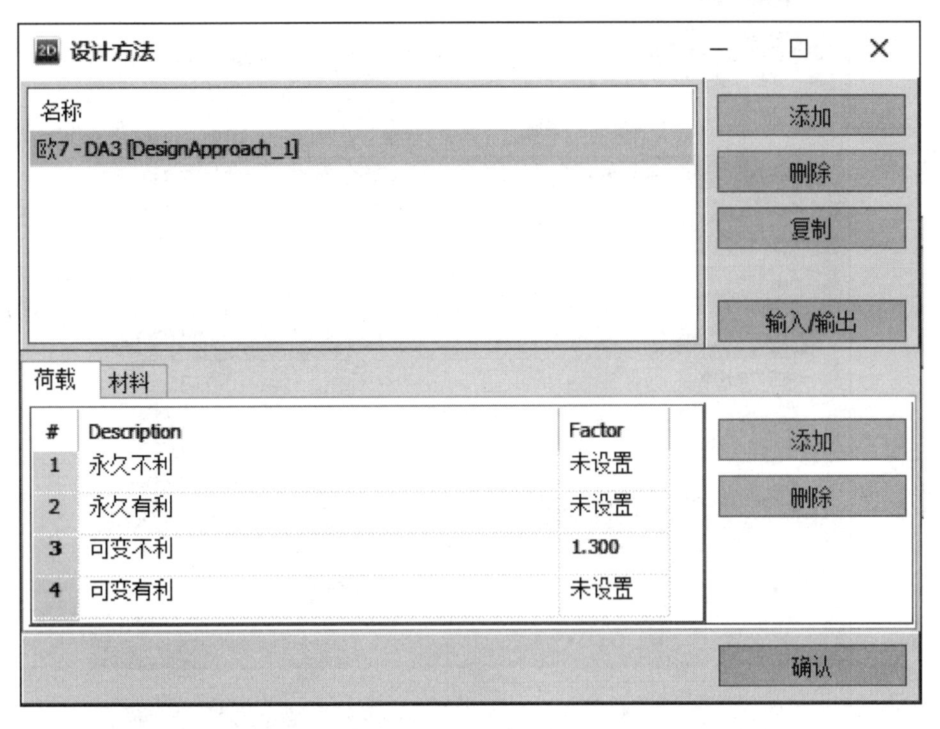

图 18-1 荷载分项系数

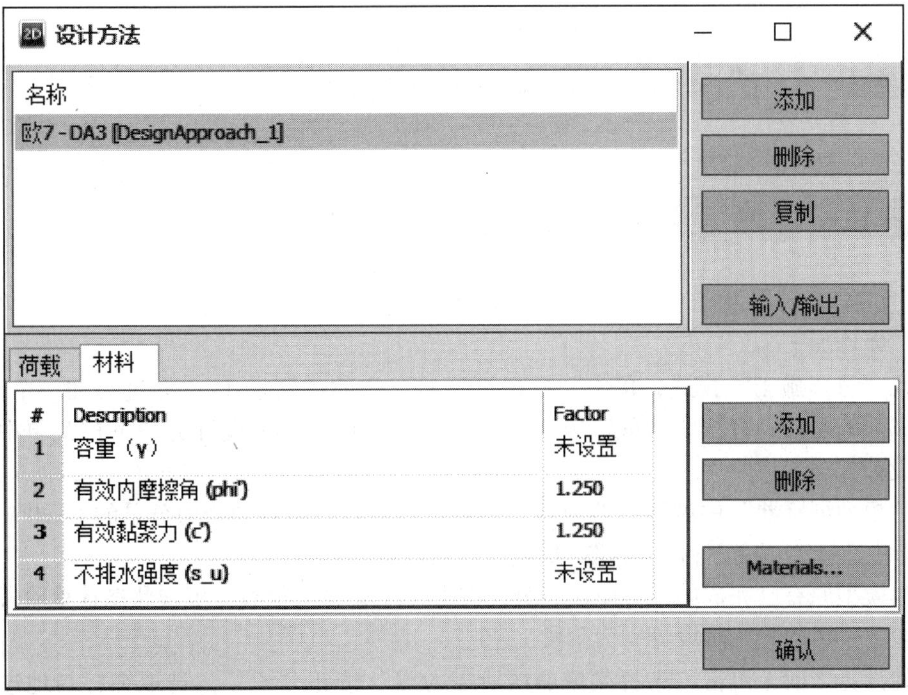
设计方法
名称
欧7-DA3 [DesignApproach_1]
添加
删除
复制
输入/输出
荷载
材料
Description Factor
1 容重（γ） 未设置
2 有效内摩擦角 (phi') 1.250
3 有效黏聚力 (c') 1.250
4 不排水强度 (s_u) 未设置
添加
删除
Materials...
确认

图 18-2 材料分项系数

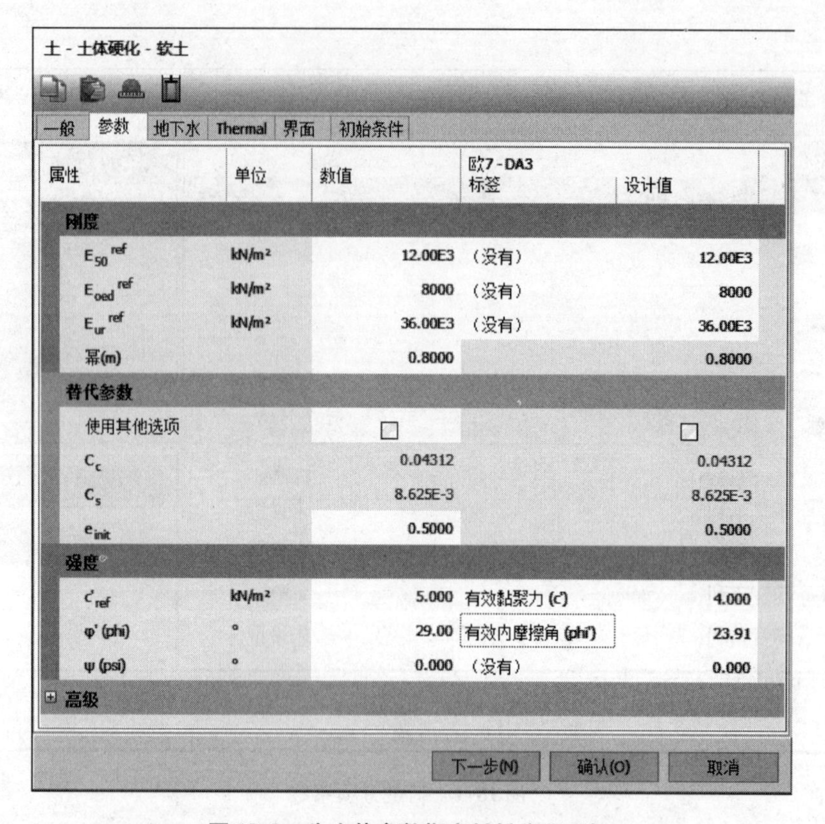

图 18-3 为土体参数指定材料分项系数

提示： 为 φ 和 ψ 指定的分项系数是分别用于 tanφ 和 tanψ。

18.2 执行计算

通过PLAXIS程序进行设计计算主要有两种计算方案（见本书第 5.8 节），这里采用第一种方案，操作如下。

进入“分步施工”模式，单击“阶段浏览器”中的“阶段 1”，右键添加一个新阶段。双击新添加的阶段，打开“阶段”窗口，在“一般”目录下的设计方法下拉菜单中选择定义好的设计方法。

在“模型浏览器”中展开“线荷载”下各子目录。在荷载的静力分量的 LoadFactorLabel 下拉菜单中选择“可变不利”（见图 18-4）。

对本模型原有已完成的计算阶段，分别按上述步骤定义承载力极限状态计算阶段，新添加的阶段 7 ~ 12 的起始阶段分别为阶段 1 ~ 6。

开始计算之前，单击“选择生成曲线所需的点”按钮“”，选取锚杆与地连墙的连接点（40.0，27.0）和（40.0，23.0）作为监测点。单击“”开始计算，计算完成后单击“”保存项目。

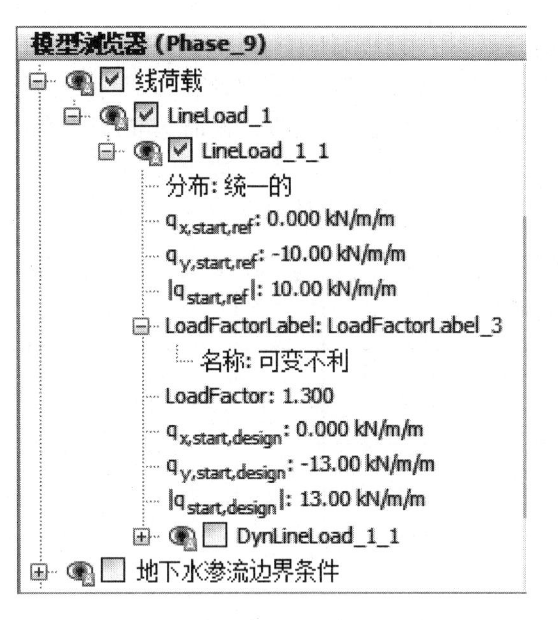

图 18-4　在“模型浏览器”下指定荷载分项系数

18.3　查看结果

在输出程序中查看采用设计方法后的阶段计算结果。图 18-5 所示为基于监测点（40.0，27.0）绘制的$\sum M_{stage}$-$|u|$关系曲线。

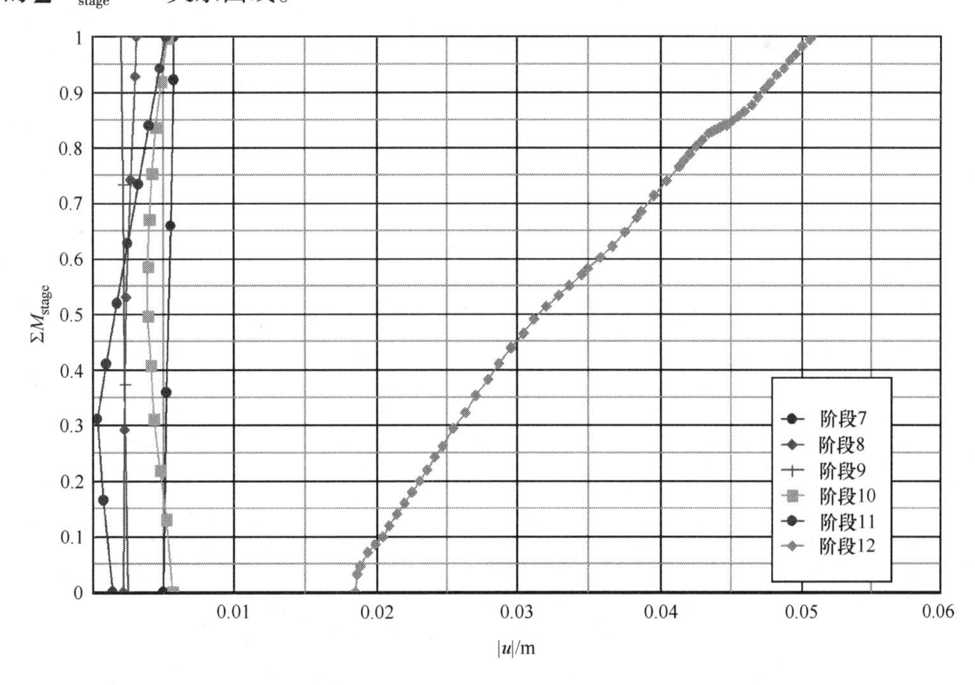

图 18-5　ULS 计算阶段的$\sum M_{stage}$-$|u|$关系曲线

如果承载力极限状态（ULS）计算完成后，得到的基坑变形较大，可以在原设计方法的基础上再进行“安全性”计算，得出的稳定$\sum M_{sf}$值应大于1.0。注意，使用了分项系数之后，安全系数$\sum M_{sf}$不必再考虑安全储备。所以，此时$\sum M_{sf}$只需稍微大于1.0就可以了。图18-6所示为基于阶段6及其对应的ULS计算阶段12分别进行“安全性”计算后得到的$\sum M_{sf}$-|u|曲线。可以看出计算结果满足设计要求。

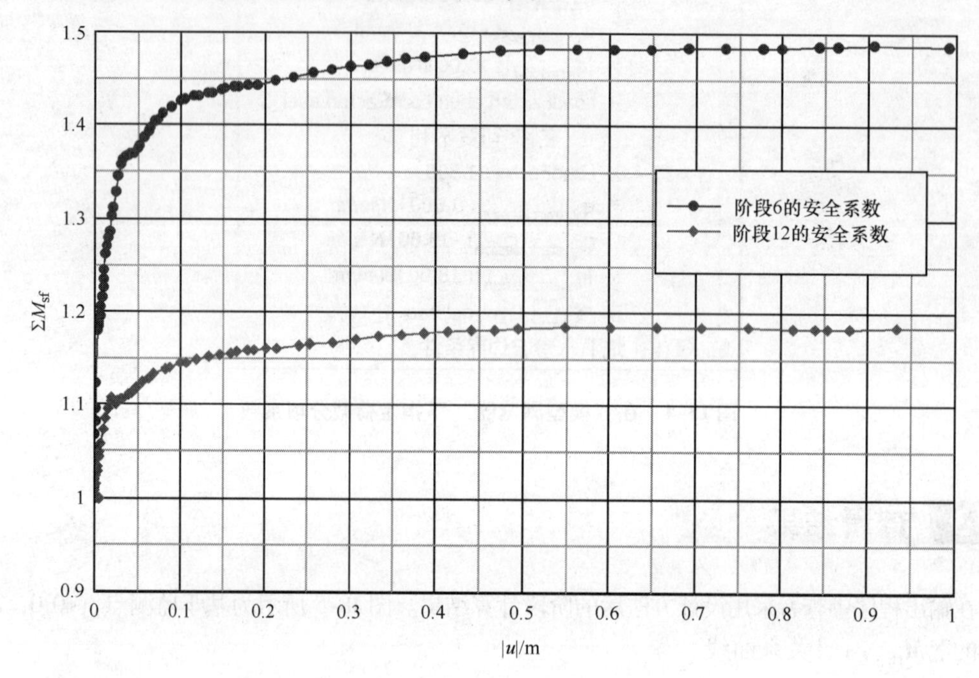

图18-6　对阶段6和阶段12分别进行安全性计算得到的$\sum M_{sf}$-|u|关系曲线

第19章 坝体渗流分析

本章考虑一个坝体渗流分析。如图 19-1 所示，坝顶宽度 2.0m，河水初始深度 1.5m，坝体内外水位差约为3.5m，河水将从坝体左侧（坝内河流）流向坝体右侧（外部洼地），在坝体右侧发生渗流。考虑河水水位随时间的变化，坝内潜水位也将随此变化。

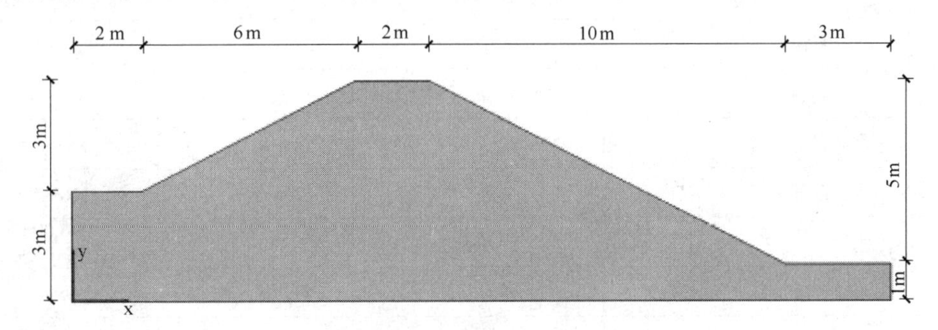

图 19-1　坝体几何模型

学习要点：

1）执行“单渗流（Flow only）”分析。

2）使用剖面曲线。

19.1 几何模型

19.1.1 项目属性

启动PLAXIS 2D“输入”程序，在“快速选择”对话框中选择“启动新项目”。在“项目属性”对话框中输入项目名称，定义模型边界为 $x_{min}=0.0$m，$x_{max}=23.0$m，$y_{min}=0.0$m，$y_{max}=6.0$m，其他选项保持默认。

19.1.2 定义土层

在“土”模式下单击“创建钻孔”按钮“田”，在绘图区中 $x=2$m 处单击，弹出“修改土层”窗口，将水头值设为4.5m。添加 1 个土层，土层顶面标高设为 $y=3$m，土层底面标高取默认值。然后根据表 19-1 创建其他几个钻孔。

表 19-1　建模钻孔信息　（单位：m）

钻孔编号	钻孔 x 坐标	钻孔水头	土层顶面标高	土层底面标高
1	2.0	4.5	3.0	0.0
2	8.0	4.5	6.0	0.0
3	10.0	4.0	6.0	0.0
4	20.0	1.0	1.0	0.0

根据表 19-2 创建土体材料数据组，并将其指定给坝体类组。表 19-2 中未涉及的参数保持程序默认值即可。设置完成后，关闭“修改土层”窗口。

表 19-2　坝体材料参数组

参　数	名　称	坝　体	单　位
一般			
材料模型	模型	线弹性	—
材料类型	类型	排水	—
水位以上重度	γ_{unsat}	20	kN/m^3
水位以下重度	γ_{sat}	20	kN/m^3
参数			
刚度	E'	1E4	kN/m^2
泊松比	ν'	0.3	—
渗流参数			
数据组	—	标准	—
土体类型	—	中等	—
默认渗透系数	—	是	—
水平渗透系数	k_x	0.02272	m/day
垂直渗透系数	k_y	0.02272	m/day

19.2 生成网格

进入“网格”模式，将坝体左侧的水平短线和斜线的“粗化因子”设为 0.5，如图 19-2 所示。单击“生成网格”按钮“ ”，弹出“网格选项”窗口，其中“单元分布”设为“细”。网格生成后，单击“ ”查看网格，如图 19-3 所示。然后可以单击“关闭”标签关闭输出程序。

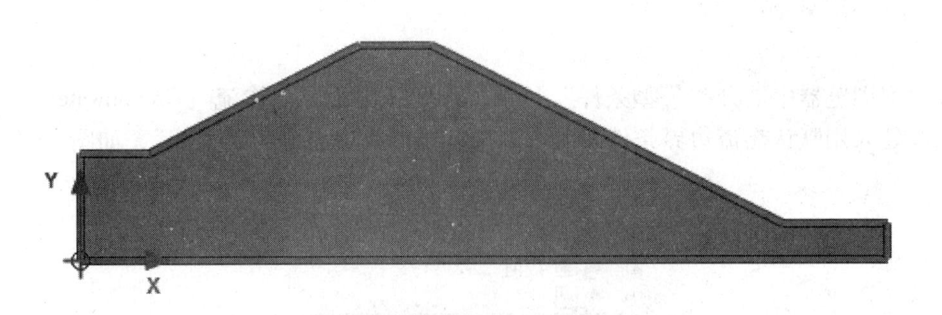

图 19-2　模型局部设置网格加密后的显示

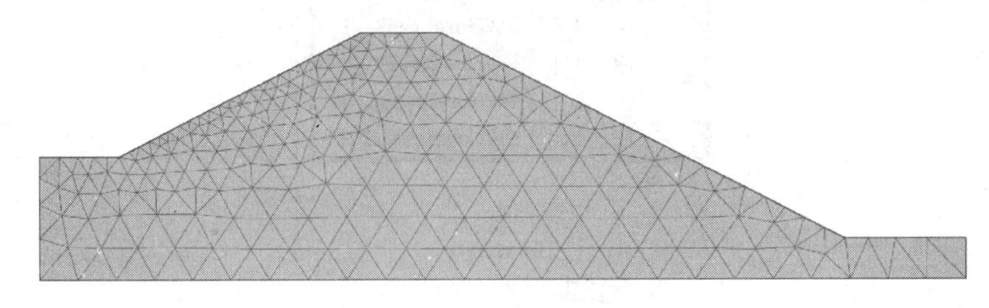

图 19-3　模型网格

19.3 执行计算

本章中仅考虑坝体渗流特性，计算过程包括三个计算阶段。初始阶段，基于平均河水位进行稳态渗流分析。在阶段 1 中，考虑水位的简谐波动进行瞬态渗流计算。在阶段 2 中，进行与阶段 1 类似的计算，但考虑的渗流时间更长。

单击进入“分步施工”模式，基于各个钻孔水头自动生成的全局水位如图 19-4 所示。

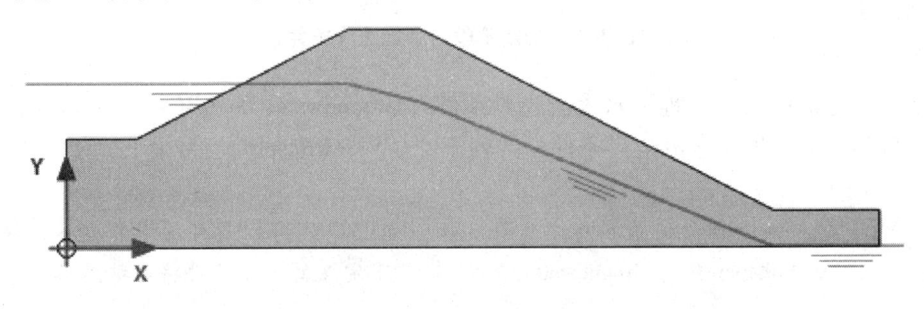

图 19-4　“分步施工”模式下显示的初始阶段全局水位

提示：坝体内部的全局水位会被地下水渗流计算结果所替换。

19.3.1 初始阶段

双击“阶段”浏览器中的初始阶段，在弹出的“阶段”窗口下的“一般”子目录中，将“计算类型”设为“单渗流（Flow only）”，其他参数保持默认，单击“确认”关闭“阶段”窗口。

在模型浏览器中展开“模型条件”目录，再展开“地下水渗流（GroundwaterFlow）”子目录，此处采用默认渗流边界条件即可，即只有模型底边界设为“关闭”，如图19-5所示。

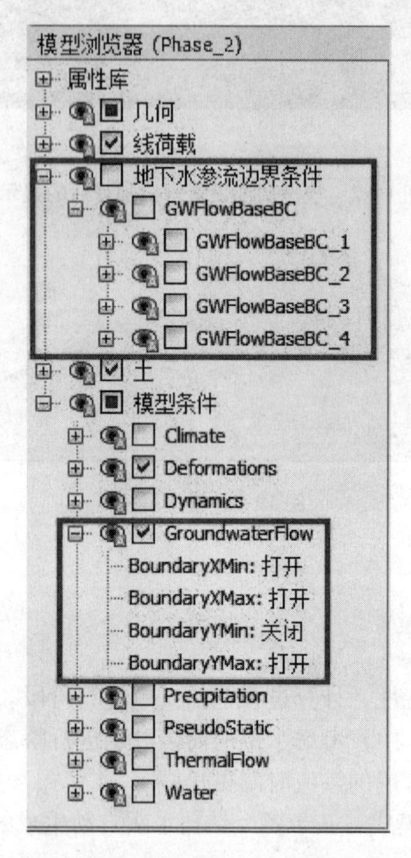

图19-5　初始阶段的渗流边界条件

在模型浏览器中展开“地下水渗流边界条件（Groundwater flow BCs）”子目录，可以看到程序已自动生成了模型渗流边界条件，并列于“GWFlowBaseBC”目录下。

> **提示：** 当“地下水渗流边界条件（Groundwater flow BCs）”子目录下的边界条件处于激活状态，则“GroundwaterFlow”目录下定义的模型条件将会被忽略。

19.3.2　阶段1

添加一个新阶段（阶段1），双击该阶段打开“阶段”窗口，在“一般”目录下将“孔压计算类型”设为“瞬态地下水渗流”，“时间间隔”设为1.0d。在“数值控制参数”子目录下将“储存的最大步数”设为50。其他参数取默认值，然后单击“确认”关闭“阶段”窗口。

在侧边工具栏中单击“选择更多对象”按钮“□”，再单击“选择线”选项的展开菜单中的“选择水边界（Select water boundaries）”，如图19-6所示。

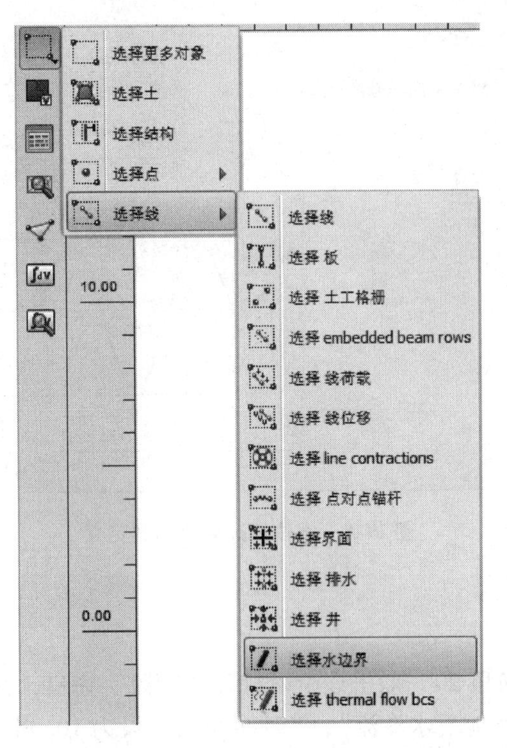

图 19-6 在“选择更多对象”展开菜单中选择“选择水边界”

选择图 19-7 所示的水力边界，从右键菜单中选择“激活”选项。

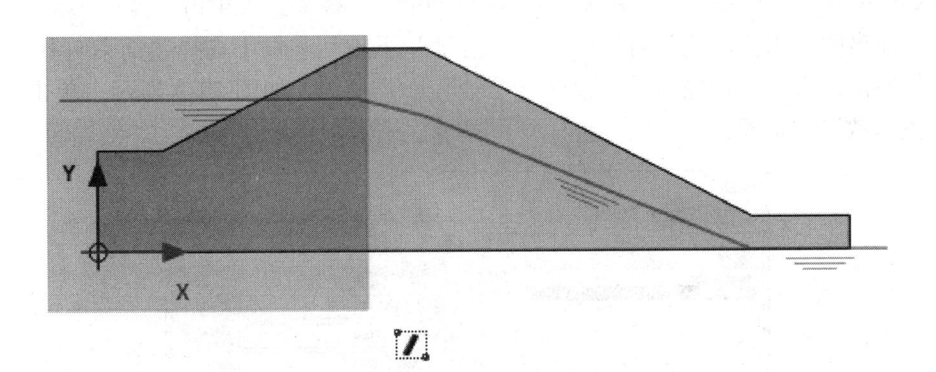

图 19-7 选择水力条件随时间变化的边界

在选择浏览器中将“行为（Behaviour）”设为“水头（Head）”，h_{ref}设为 4.5，在“时间相关（Time dependency）”下拉菜单中选择“时间相关”选项，然后单击“水头函数（Head function）”参数，再单击“+”添加一个水头函数。在弹出的“水头函数”对话框中从“信号”下拉列表框中选择“简谐（Harmonic）”选项，将振幅设为 1.0m，相位角设为 0°，周期设为 1d，如图 19-8 所示。单击“确认”关闭“流函数”对话框。

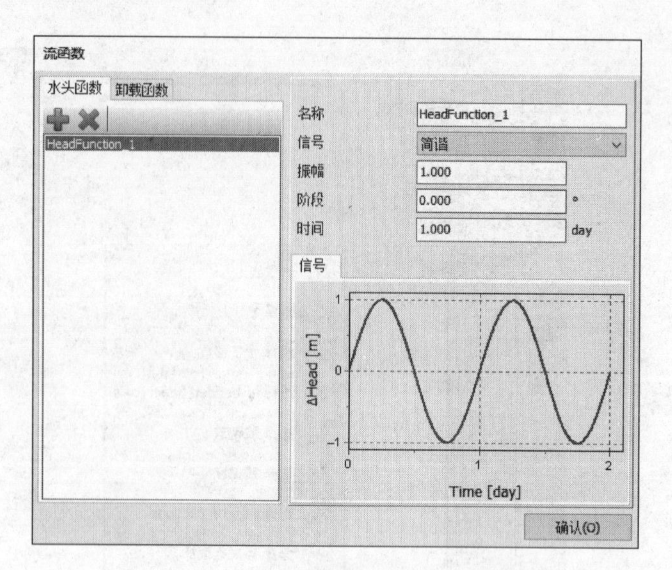

图 19-8　水位快速变化函数定义

19.3.3　阶段 2

添加一个新阶段（阶段 2），双击该阶段打开“阶段”窗口，在“一般”目录下将“孔压计算类型”设为“瞬态地下水渗流”，“时间间隔”设为 10.0d。在“数值控制参数”子目录下将“储存的最大步数”设为 50。其他参数取默认值，然后单击“确认”关闭“阶段”窗口。

在选择浏览器中单击“水头函数（Head function）”参数，再单击“+”添加一个水头函数，在弹出的“水头函数”对话框中从“信号”下拉列表框中选择“简谐（Harmonic）”选项，将振幅设为 1.0m，相位角设为 0°，周期设为 10 天，如图 19-9 所示。单击“确认”关闭“流函数”对话框。

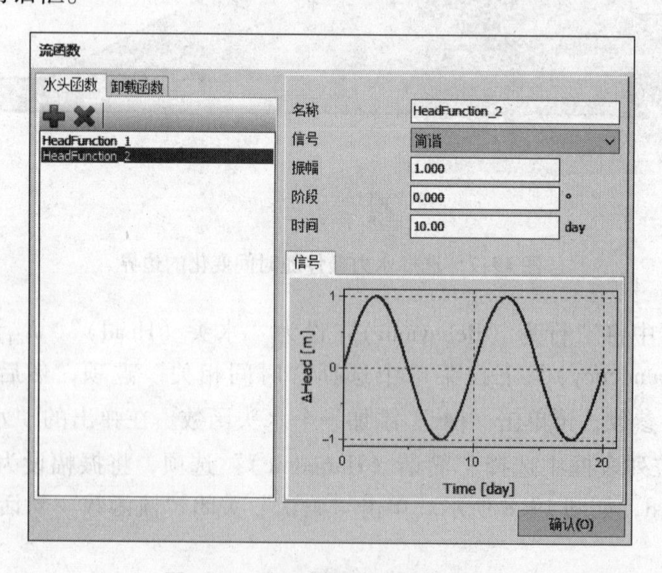

图 19-9　水位缓慢变化函数定义

开始计算之前，单击“选择生成曲线所需的点”按钮“”，选择（0.0，3.0）和（8.0，2.5）附近的点作为监测点。单击“”开始计算，计算完成后单击“”保存项目。

19.4 查看结果

在输出程序中，可以通过“生成动画”工具生成计算结果的演示动画。创建结果动画步骤如下：

1）在“应力”菜单下选择“孔压”→“地下水头”。然后从“文件”菜单下选择“生成动画”选项，弹出相应窗口。

2）定义动画文件名及其存储位置。程序会根据项目名称自动定义默认动画名称，并将其保存在项目文件夹中。创建的动画可以用于查看孔压或渗流场的发展。

3）生成动画时取消勾选初始阶段和阶段2，而仅选中阶段1，并为动画文件重新命名。“生成动画”对话框如图19-10所示。

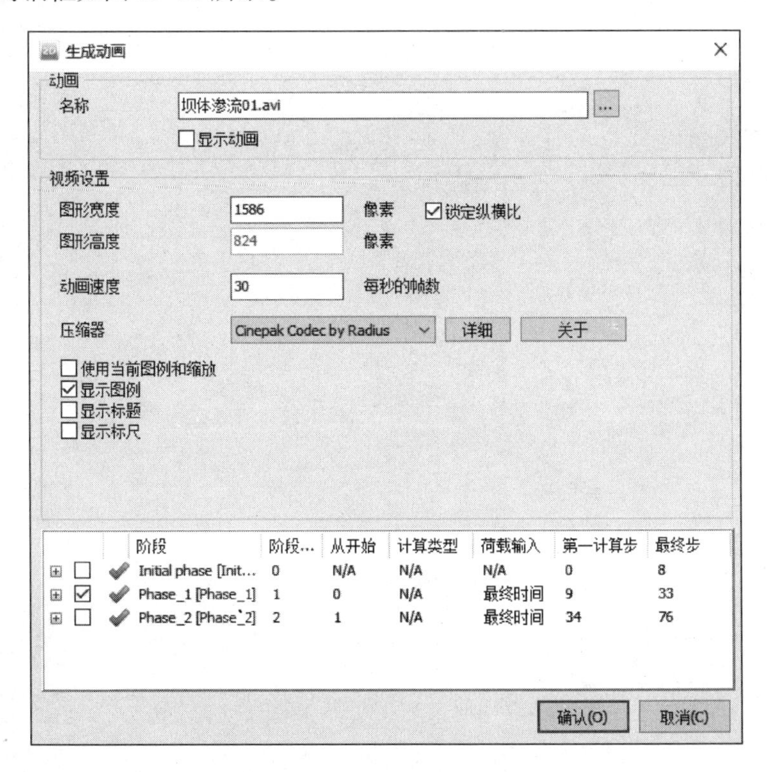

图19-10 “生成动画”对话框

查看剖面结果，操作如下：

单击侧边工具栏中的“剖面（Cross section）”按钮“”，弹出“剖面点（Cross section points）”窗口，定义剖面起始点和结束点。通过点（2.0，3.0）和（20.0，1.0）绘制剖面线，自动打开新窗口显示剖面结果。

在剖面视图中的“应力”菜单下选择“孔压”→“p_{active}”，在“工具”菜单下选择

“剖面曲线”选项，弹出“选择曲线步”窗口。选中阶段 1，弹出新窗口显示剖面结果的变化。对阶段 2 进行同样的设置。指定剖面上的结果随不同时间间隔内的水位波动的变化如图 19-11 和图 19-12 所示（见书后彩色插页）。

结果表明，坝体外部水位波动越慢，对坝体内部孔压的影响越严重，影响范围也越广。

第20章 板桩墙基坑渗流分析

本章基于第13章的模型进行基坑渗流分析，并将引入“井（Well）”单元。

学习要点：

使用井单元。

20.1 几何模型

首先创建几何模型，操作如下：

打开第13章的模型文件，更名另存，例如“基坑渗流分析”。材料参数保持不变，地下水渗流参数见表20-1。

表20-1 渗流参数

参 数	名称	粉细砂	密砂	软土	单位
渗流参数					
数据组	—	USDA	USDA	USDA	—
模型	—	Van Genuchten	Van Genuchten	Van Genuchten	—
土体类型	—	淤泥	砂土	黏土	—
>2μm	—	6.0	4.0	20.0	%
2~50μm	—	87.0	4.0	40.0	%
50μm~2mm	—	7.0	92.0	40.0	%
默认参数	—	是	是	是	%
水平渗透系数	k_x	0.5996	7.128	0.2497	m/day
垂直渗透系数	k_y	0.5996	7.128	0.2497	m/day

在“结构”模式下单击侧边工具栏中的“创建水力条件”按钮“”，从展开菜单中选择“创建井”选项“”，分别通过点（42.0，23.0）—（42.0，20.0）以及（58.0，23.0）—（58.0，20.0）定义两个井单元。

20.2 生成网格

进入“网格”模式，单击“”生成网格，采用默认的单元分布即可，即网格疏密度为“中等”。网格生成后，单击“ ”查看网格，如图 20-1 所示。然后可以单击“关闭”标签关闭输出程序。

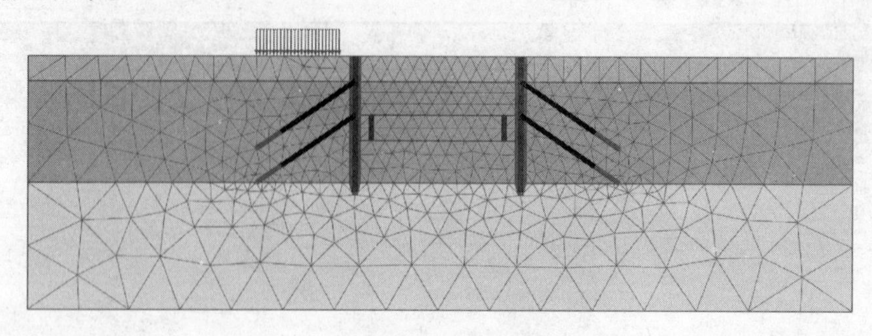

图 20-1　模型网格

20.3 执行计算

进入“分步施工”模式，本章仅执行地下水渗流分析。在“阶段浏览器”中将原有的阶段 1 至阶段 6 全部删掉。

20.3.1 初始阶段

首先生成初始稳态孔压场，定义步骤如下：在“阶段”窗口的“一般”子目录下，从“计算类型”下拉菜单中选择“单渗流”选项，其他参数取程序默认值。地下水渗流边界条件也取默认设置，仅模型底边界（BoundaryYMin）设为“关闭”，其他边界设为“打开”。根据钻孔水头生成的水位自动指定给“全局水位”。

20.3.2 阶段 1

在本阶段中，将坑内水位降至 $y = 20$m，这对应着第 13 章的最终开挖步，定义步骤如下：

添加一个新阶段（阶段 1），在“阶段”窗口中将计算类型设为“单渗流”，“孔压计算类型”取默认选项（稳态地下水渗流）。在“分步施工”模式下激活围护墙两侧的界面，选择全部井单元，并将其激活。在“选择浏览器”中可以看到井单元的行为默认设为“抽取”，流量设为 0.7m^3/day/m，h_{min} 设为 20.0m。这意味着坑内水位将持续下降直至水头接近 20m。图 20-2 所示为选择对象浏览器中设置的井单元参数。单击“ ”开始计算，计算完成后单击“ ”保存项目。

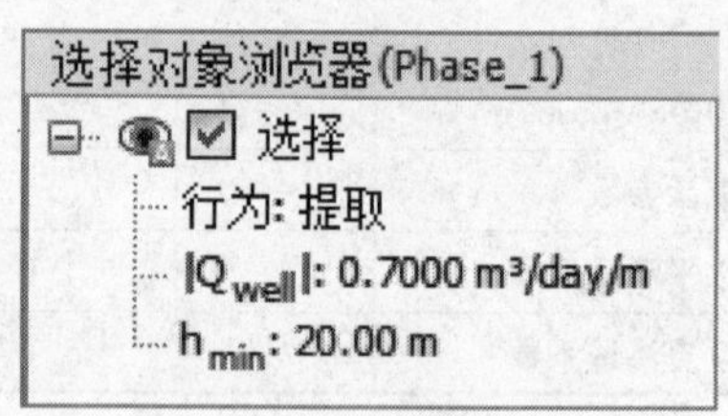

图 20-2　井单元参数设置

> **提示：** 阶段 1 的总流量与第 13 章最终阶段的总流出量相近。

20.4 查看结果

首先查看渗流场，步骤如下：

1）在下拉菜单中选择阶段1，从“应力”菜单下选择“地下水渗流”→“|q|”，结果如图20-3所示。

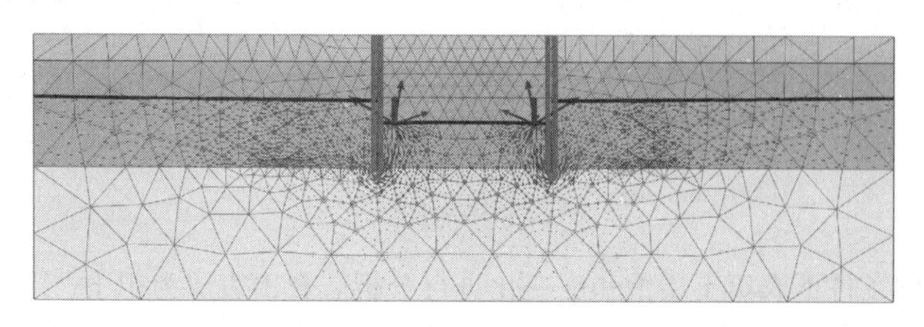

图20-3 阶段1结束时的渗流场（缩放因子=5.0）

2）从“应力”菜单下选择“孔压”→“$|p_{active}|$”，将其与第13章模型的阶段6的孔压结果进行比较。图20-4所示为本章与第13章模型坑内水位$y=20m$时的激活孔压。

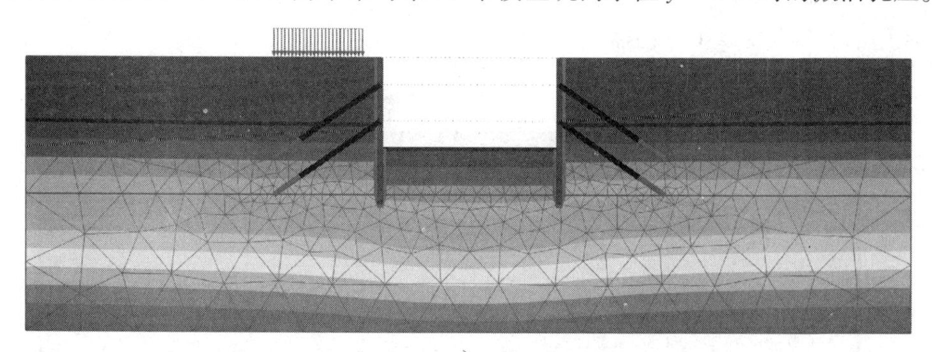

a）

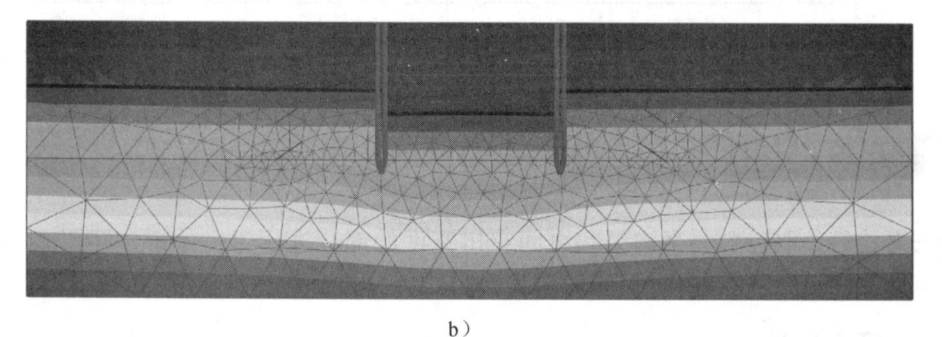

b）

图20-4 不同降水模拟方法得到的孔压场（p_{active}）

a）第13章阶段6的结果 b）本章阶段1的结果

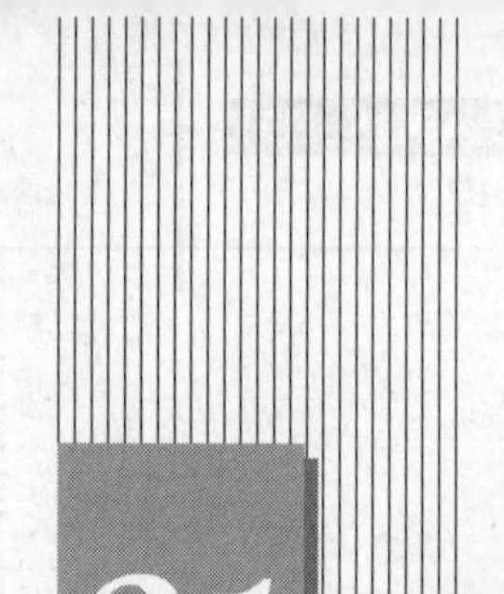

第21章 降水条件下土体饱和度变化分析

本章对降雨条件下农田土层饱和度变化进行分析。农田表层为肥土，下部为砂土，典型剖面如图21-1所示，农田沟渠中的水位保持不变。每天的降雨和蒸发因天气条件而变化。

学习要点：

定义降水边界条件。

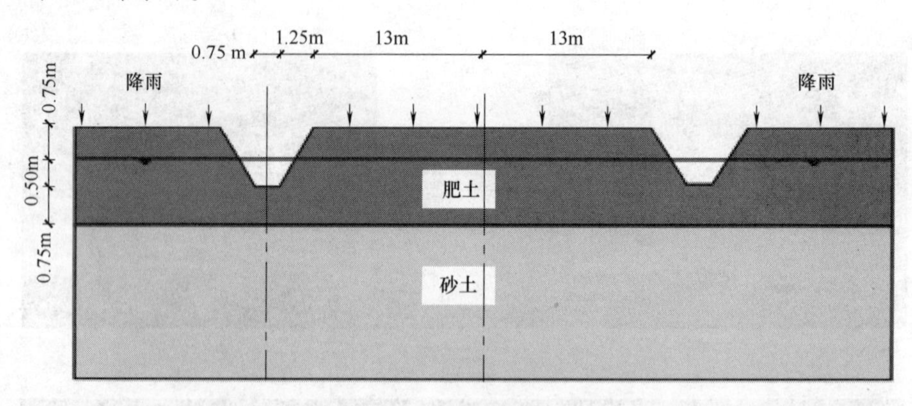

图21-1 典型几何剖面

21.1 几何模型

考虑对称性，取包含一半沟渠和渠间农田宽度的部分进行建模分析，即图21-1中的15.0m宽度范围。模型包含2.0m厚的表层土和3.0m厚的砂土层。

21.1.1 项目属性

启动新项目，在“项目属性”对话框中输入项目名称，定义模型边界为$x_{min}=0.0$m，$x_{max}=15.0$m，$y_{min}=0.0$m，$y_{max}=5.0$m，其他选项保持默认。

21.1.2 定义土层

为便于建模，需更改捕捉选项的设置。在“土”模式下单击“捕捉选项”按钮“”，在弹出对话框中将“间隔数”设为100（见图21-2），其余保持默认，单击“确认”关闭

“捕捉”对话框。

图 21-2　修改栅格设置

定义土层步骤如下：在“土”模式下，分别在 $x=-0.75$ 和 $x=2.0$ 处创建两个钻孔。在“修改土层”窗口中添加两个土层，第一个钻孔的表层土顶底面标高设为 $y=3.75$ 和 $y=3.00$，下部土层的底标高为 $y=0.00$。第二个钻孔的表层土顶底面标高设为 $y=5.00$ 和 $y=3.00$，下部土层的底标高为 $y=0.00$。两个钻孔的水头均设为 $y=4.25$。“修改土层”窗口下定义的土层分布如图 21-3 所示。

按表 21-1 建立土体材料数据组，并将其指定给相应土层，然后关闭“修改土层”窗口。

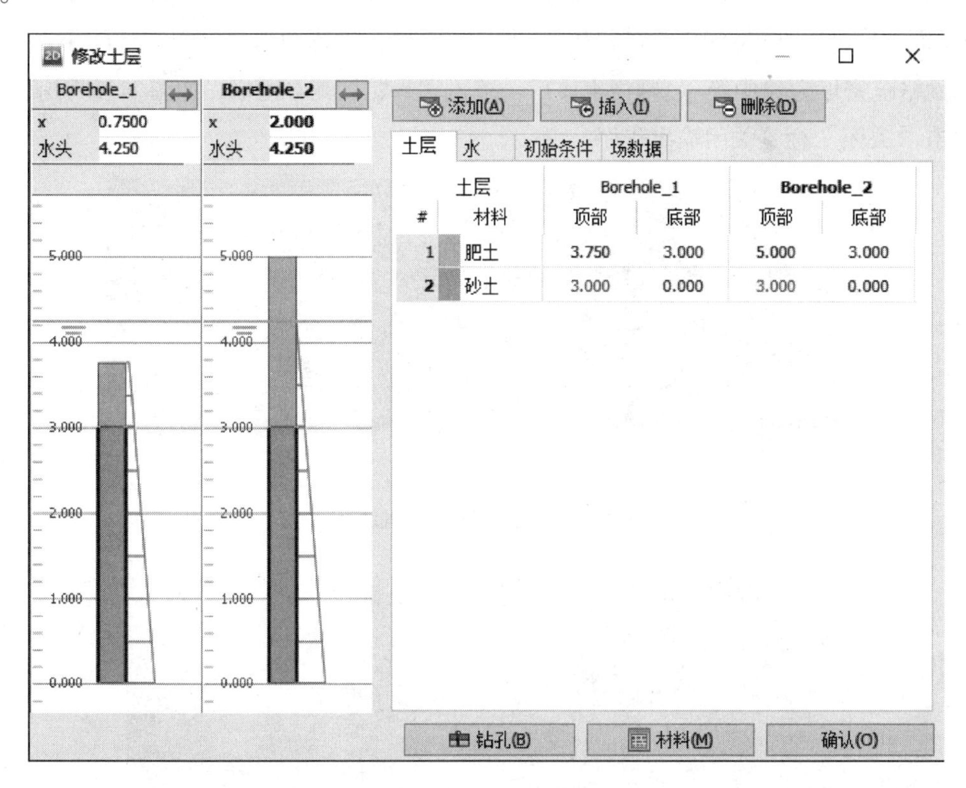

图 21-3　土层分布

表 21-1　土体材料属性

参数	名称	肥土	砂土	单位
一般				
材料模型	—	线弹性	线弹性	—
材料类型	类型	排水	排水	—
参数				
弹性模量	E'	1000	1000	kN/m^2
泊松比	ν'	0.3	0.3	—
渗流参数				
数据组	类型	显的	显的	—
模型	—	Van Genuchten	Van Genuchten	—
下层土/表层土	—	表层土	下层土	—
类型	—	黏性肥土	肥土性砂土	—
水平渗透系数	K_x	0.01538	0.1270	m/day
垂直渗透系数	K_y	0.01538	0.1270	m/day

21.2 生成网格

进入“网格”模式，选中模型顶面所有边界（见图 21-4），在“选择浏览器”中将“粗糙系数（Coarseness factor）”设为0.5。单击“ ”生成网格，采用默认的单元分布即可，即网格疏密度为“中等”。网格生成后，单击“ ”查看网格，如图21-5所示。然后可以单击“关闭”标签关闭输出程序。

图 21-4　模型上边界网格加密

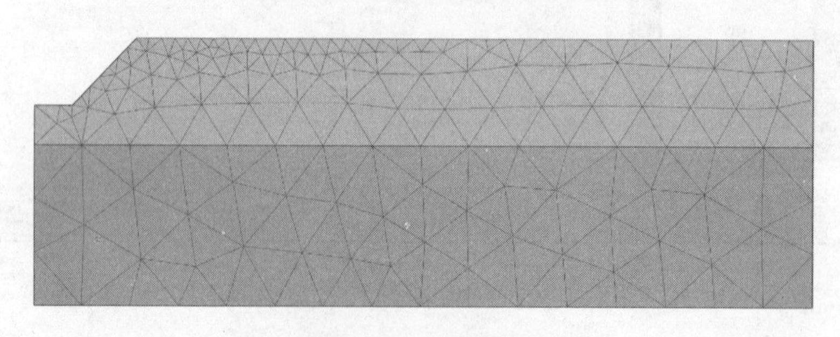

图 21-5　模型网格

21.3 执行计算

计算过程包含两个阶段。初始阶段，计算稳态孔压场。阶段1，进行瞬态渗流计算。

21.3.1 初始阶段：稳态渗流

进入“分步施工”模式，双击初始阶段，在“阶段”窗口的“一般”子目录下，将“计算类型”设为“单渗流”，其他参数取默认设置，单击“确认”关闭“阶段”窗口。

右击模型底边界，从右键菜单中选择“激活”。在“选择对象浏览器”中，从“行为”下拉菜单中选择“水头”选项，并将h_{ref}设为3.000m（见图21-6）。

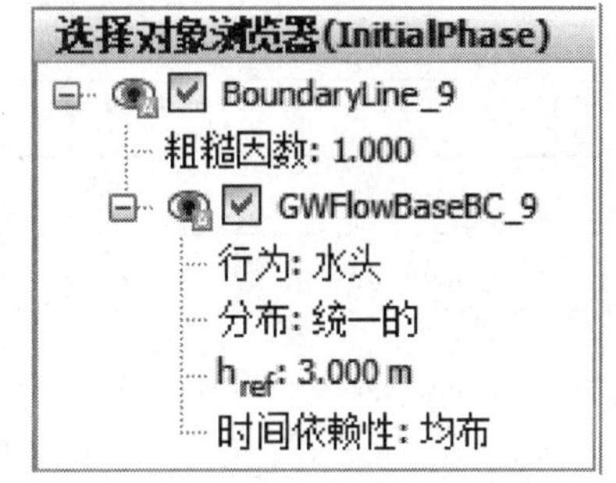

图21-6　模型底部渗流边界条件

在“模型浏览器”中展开“模型条件”目录，再展开“地下水渗流”子目录，将BoundaryXMin和BoundaryXMax设为“关闭”。展开“水（Water）”子目录，将钻孔水头指定为“全局水位”。

提示：计算中会考虑显示定义的地下水渗流边界条件。本章算例中，将在计算中采用模型底边界设置的水头，而忽略“模型条件”目录下“地下水渗流”子目录中程序默认设置的模型底部“关闭”边界条件。

21.3.2 阶段1：瞬态渗流

在本阶段中，考虑降雨条件随时间的变化。添加一个新阶段（阶段1），在“阶段”窗口的“一般”子目录下，将“孔压计算类型”设为“瞬态地下水渗流”，时间间隔设为15d。在“数值控制参数”子目录下，将“储存的最大步数”设为250，其他参数保持默认。单击“确认”关闭“阶段”窗口。

为定义降雨条件，需定义一个流量函数。在“模型浏览器”中展开“属性库”子目录，右击“流函数”，从右键菜单中选择“编辑”选项，弹出“渗流函数”窗口。在“流函数”选项卡下添加一个新函数，重新命名后，从“信号”下拉菜单中选择“表格”选项。单击“添加列”按钮，在表格中添加一列，按表21-2填入表格数据。图21-7所示为定义好的降雨条件函数，单击“确认”，关闭对话框。

表21-2　降水数据

编　号	时间/day	Δq/(m/day)
1	0	0
2	1	1E-2
3	2	3E-2
4	3	0

（续）

编　号	时间/day	Δq /（m/day）
5	4	－2E－2
6	5	0
7	6	1E－2
8	7	1E－2
9	8	0
10	9	－2E－2
11	10	－2E－2
12	11	－2E－2
13	12	－1E－2
14	13	－1E－2
15	14	0
16	15	0

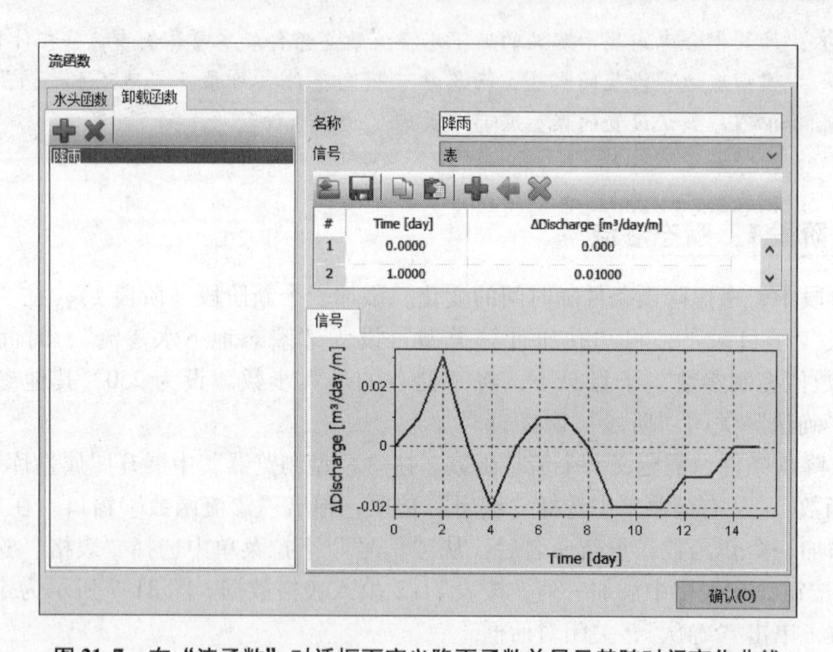

图 21-7　在“流函数”对话框下定义降雨函数并显示其随时间变化曲线

在“模型浏览器”中展开“模型条件”下的“降雨”子目录并将其激活。流量（q）和降雨条件参数（$\psi_{min}=-1.0m$ 和 $\psi_{min}=0.1m$）采用程序默认值。在“降雨”子目录下的“时间依赖性”下拉菜单中选择“时间相关（Time dependent）”，并从“流量函数”（程序汉化误为“卸载函数”）下拉菜单中选择前面定义好的降雨函数（见图 21-8）。

单击“[icon]”开始计算，计算完成后单击“[icon]”保存项目。

图 21-8　在"模型浏览器"中指定降雨函数

21.4 查看结果

主要关注农田表层土体的饱和度随时间的变化。从"应力"菜单下选择"地下水渗流"→"饱和度"。双击图例，弹出"图例设置"对话框，按图 21-9 所示进行设置，饱和度云图如图 21-10 所示。为更好地查看瞬态渗流阶段的饱和度变化，可以创建结果动画。

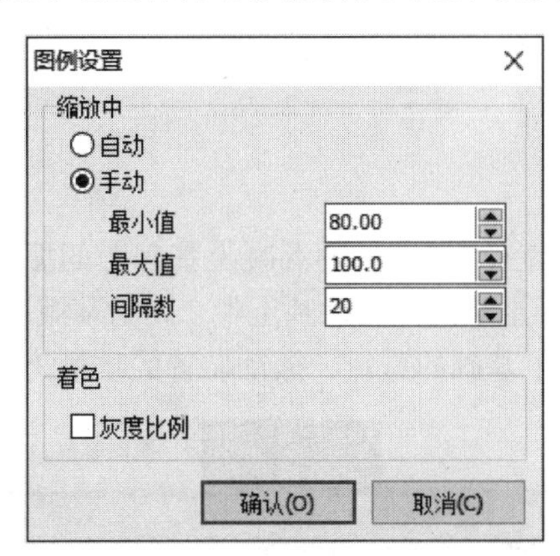

图 21-9　修改图例设置

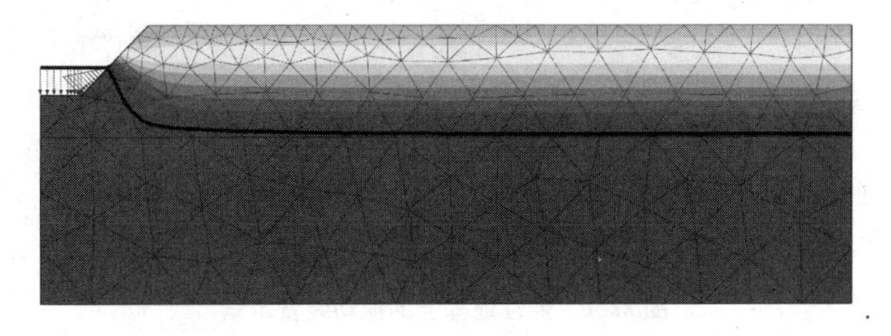

图 21-10　降雨 15 天后的土中饱和度分布

第22章 简谐动力荷载下弹性地基动力分析

用PLAXIS可以模拟土-结构间的动力相互作用，本章研究振源对周围土体的影响。由于黏滞效应引起的物理阻尼通过“瑞利阻尼”来模拟。另外，由于波的径向传播，“几何阻尼”会对振动产生显著的衰减作用。

边界条件的模拟是动力计算中的关键问题之一。为了避免模型边界上的杂波反射（实际上在所取的模型边界位置处并不存在一个能够反射波的边界），需要在边界上施加特殊条件来吸收到达边界上的波。

学习要点：

1）定义动力计算。

2）定义动力荷载。

3）通过瑞利阻尼定义材料阻尼。

22.1 几何模型

振源是安置在厚0.2m、直径为1.0m的混凝土基础上的振动装置，如图22-1所示。由振动装置产生的振动通过混凝土基础传入地基土中。动力荷载通过一简谐荷载来模拟，频率为10Hz，振幅$10kN/m^2$。除了基础的重量，振动装置的重量简化为$8kN/m^2$的均布荷载。

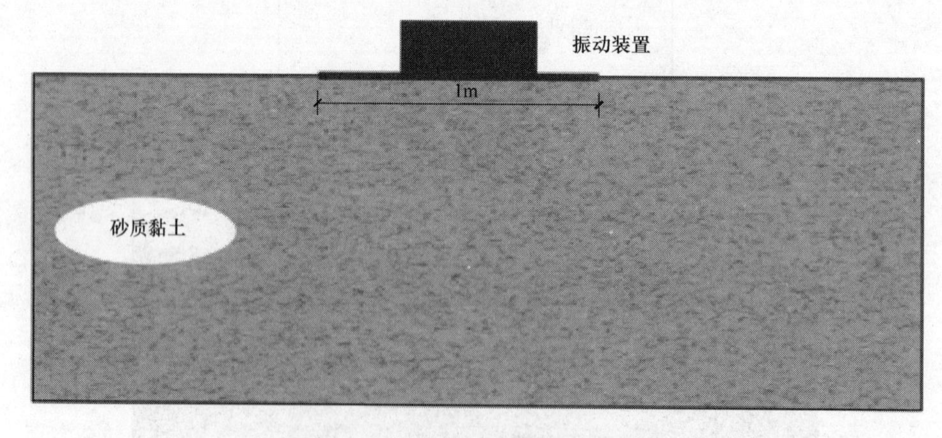

图22-1 弹性地基上的振动装置示意

22.1.1 项目属性

启动新项目，在“项目属性”对话框中输入项目名称。考虑到本章单点振源振动问题的三维特性，建立轴对称模型进行分析。在“模型”选项卡下选择“轴对称”模型，保持默认单位系统，定义模型边界为 $x_{min}=0.0\text{m}$，$x_{max}=20.0\text{m}$，$y_{min}=-10.0\text{m}$，$y_{max}=0.0\text{m}$，其他选项保持默认。

提示： 为了避免反射波的干扰，模型的边界应远离所要研究的区域。虽然采用了特殊措施（设置吸收边界）来避免杂波反射，但还是会有少量影响，所以应设置较远的边界。在动力分析中，模型边界通常比静态分析模型要远得多。

22.1.2 定义土层

地基土由一层10m厚的土层构成，创建一个钻孔并添加一个土层，土层顶标高 $y=0\text{m}$，底标高 $y=-10\text{m}$。注意，本例中不考虑地下水的影响，水头定义在 $y=-10\text{m}$。地基土为砂质黏土，假定为线弹性材料。根据表22-1创建材料数据组并指定给土层。可以看到，地基土的弹性模量相对较高，这是因为动荷载较快且产生小应变，地基土的动力刚度一般大大高于静力刚度。地基土的天然重度和饱和重度相同，表明土体处于饱和状态，但计算中不考虑地下水。

表22-1 土层材料属性

选项卡	参数	符号	地基土	单位
一般	材料模型	—	线弹性	—
	排水类型	—	排水	—
	天然重度	γ_{unsat}	20	kN/m^3
	饱和重度	γ_{sat}	20	kN/m^3
参数	弹性模量	E'	5.0E4	kN/m^2
	泊松比	ν'	0.3	—
初始条件	水平应力系数	$K_{0,x}$	0.5（手动）	—

提示： 当使用莫尔-库仑模型或线弹性模型，程序会根据弹性参数和土体重度自动计算波速 V_p 和 V_s，也可以直接输入 V_p 和 V_s，此时则自动计算弹性参数。

22.1.3 定义结构单元

在“结构”模式下定义振源。通过点（0.0，0.0）和（0.5，0.0）创建板单元，模拟混凝土基础。根据表22-2创建板单元材料组，假定为线弹性材料，重度为 5kN/m^2。

表 22-2 基础材料属性

参 数	符 号	基 础	单 位
材料模型	—	线弹性，各向同性	—
轴向刚度	EA	7.6E6	kN/m
抗弯刚度	EI	24000	kN·m²/m
重度	w	5.0	kN/m/m
泊松比	ν	0.0	—

在板单元上创建线荷载，模拟振动装置的自重及其振动，荷载值在施工阶段中设置。建好的几何模型如图 22-2 所示。

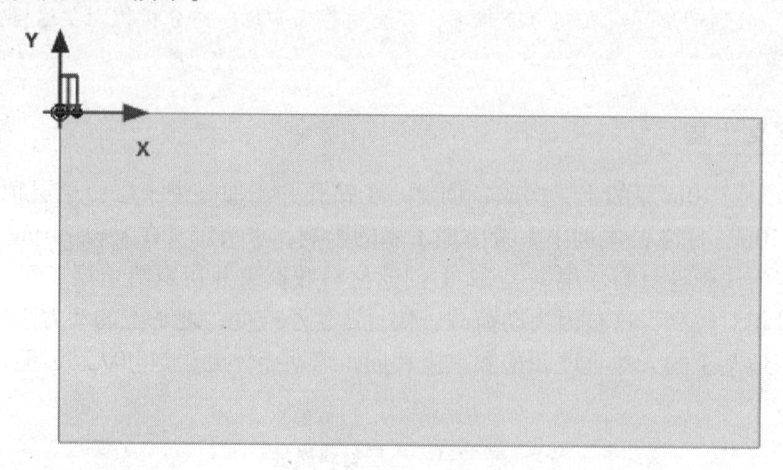

图 22-2 几何模型

22.1.4 生成网格

进入“网格”模式，单击“ ”生成网格，采用默认的单元分布即可，即网格疏密度为“中等”。网格生成后，单击“ ”查看网格，如图 22-3 所示。可以看到，板单元附近已经被自动加密。然后可以单击“关闭”标签关闭输出程序。

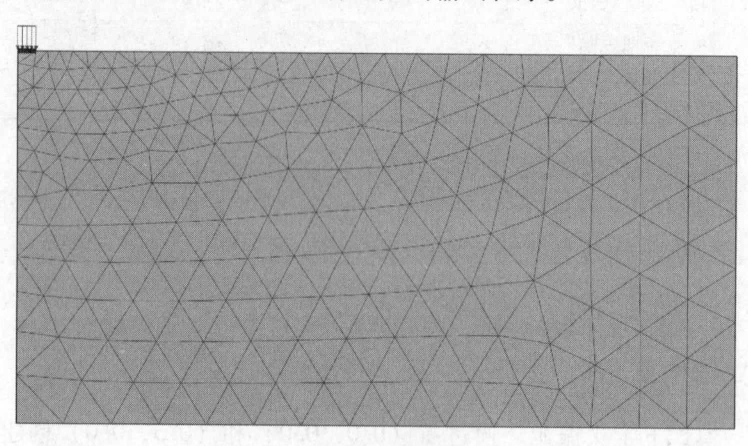

图 22-3 模型网格

22.2 执行计算

对于本例，我们将计算两次。第一次不考虑瑞利阻尼，第二次设置瑞利阻尼来考虑材料阻尼。

22.2.1 不考虑瑞利阻尼

计算过程由4个阶段组成。初始阶段中采用“K_0过程”生成初始应力。第一阶段为“塑性”计算，激活静力荷载。第二阶段为“动力”计算，考虑振动装置的影响。第三阶段为“动力”计算，关闭振动装置，土体自由振动。

1. 初始阶段

单击“分步施工”选项卡，进行计算阶段定义。在“阶段浏览器”中可见程序自动引入初始阶段，本例中保持默认设置即可。

2. 阶段1

添加一个新阶段（阶段1），保持默认设置。在“分步施工”模式下激活板单元及线荷载的静力部分，在“选择对象浏览器”中将$q_{y,start,ref}$设为-8.000kN/m/m，但不要激活动力荷载（见图22-4）。

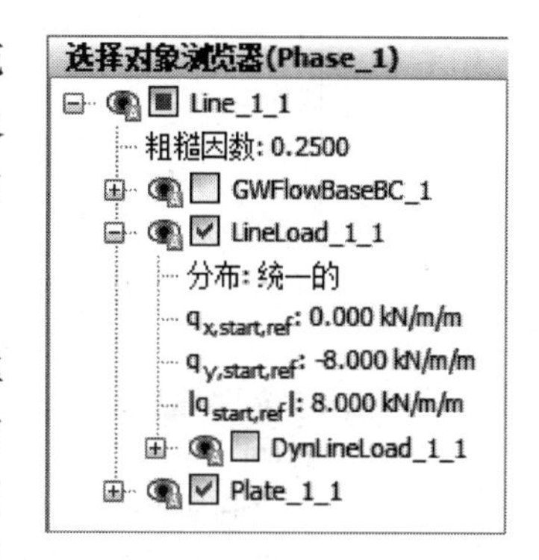

图22-4 在“选择对象浏览器”中施加静力荷载

3. 阶段2

添加一个新阶段（阶段2），施加竖向简谐荷载，频率10Hz，振幅10kN/m^2，模拟振源传来的振动。在“阶段”窗口下的“一般”子目录中，计算类型选为“动力”，“时间间隔”设为0.5s。在“阶段”窗口下的“变形控制参数”子目录中，勾选“重置位移为零”，其他参数保持默认值。

在“模型浏览器”中展开“属性库”子目录，右击“动力乘子”子目录，从右键菜单中选择“编辑”选项，在弹出的“乘子”对话框下，单击“荷载乘子”选项卡，再单击“添加”按钮，创建一个“简谐”信号，可命名为“简谐荷载”，振幅设为10.00，相位角设为0.000°，频率为10.00Hz，如图22-5所示。

在“选择对象浏览器”中，激活荷载的动力分量（DynLineLoad_ 1_ 1），将荷载的分量设为$q_{x,start,ref}$ = 0.000kN/m/m，$q_{y,start,ref}$ = -1.000kN/m/m。单击动力荷载子目录下的“Multiplier_y”，从下拉菜单中选择“简谐荷载”（见图22-6）。

另外，还需要定义特殊的边界条件，来模拟实际土体的半无限介质特性。如果没有这些特殊的边界条件，波会在模型边界上反射，引起干扰。为避免这些杂散反射（Spurious reflections），在x_{max}、和y_{max}处设置黏性边界。动力边界可在“模型浏览器”中“模型条件（Model conditions）”下的“动力”子目录中设置（见图22-7）。

4. 阶段3

添加一个新阶段（阶段3）。在“阶段”窗口下的“一般”子目录中，计算类型选为“动力”，“时间间隔”设为0.5s。在“分步施工”模式下冻结线荷载的动力部分，注意，线荷载的静力部分仍然处于激活状态。本阶段的动力边界应与上一阶段保持一致。

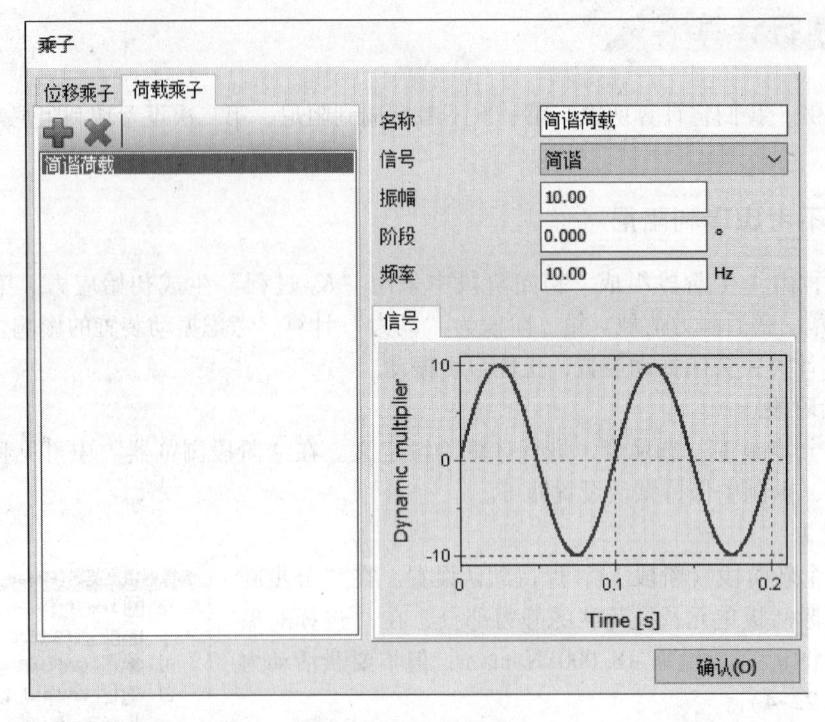

图 22-5　定义简谐乘子

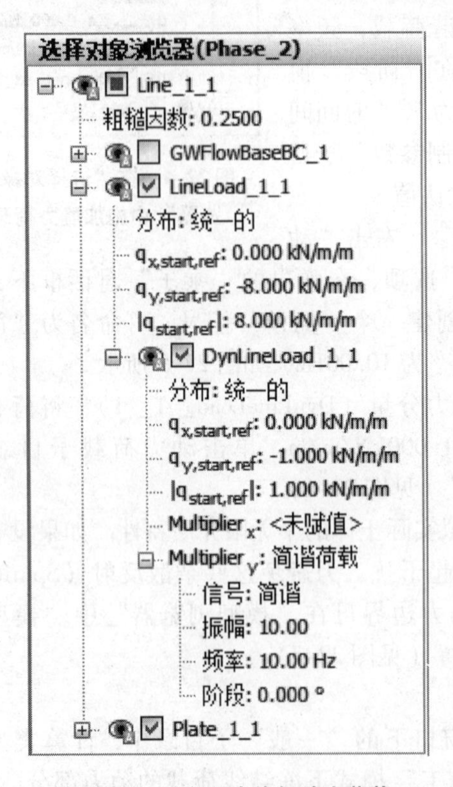

图 22-6　阶段 2 中施加动力荷载

图 22-7　阶段 2 的动力计算边界条件

单击按钮“”选择地表处的节点（如：(1.4，0.0)，(1.9，0.0)，(3.6，0.0)），用于后处理时生成曲线。单击按钮“”执行计算，计算完成后单击“”保存项目。

22.2.2 带阻尼计算

在第二次计算中，通过设置“瑞利阻尼”来考虑材料阻尼。瑞利阻尼在材料数据组中设置，步骤如下：将上述项目更名另存；打开土体材料数据组；在“一般”选项卡中单击“瑞利 α”参数旁的复选框。注意，此时“一般”选项卡发生了变化，右侧会显示“单 DOF 等值（Single DOF equivalence）”面板（见图 22-8）。

为引入 5% 的材料阻尼，将两个指标（Target）的“ξ”参数取值设为“5%”。“目标1”和“目标2”中频率值分别设为“1”和“10”。单击瑞利参数中的一个单元格，程序自动计算 α 和 β 值。单击“确认”，关闭材料数据库对话框。检查阶段设置无误后，开始计算。

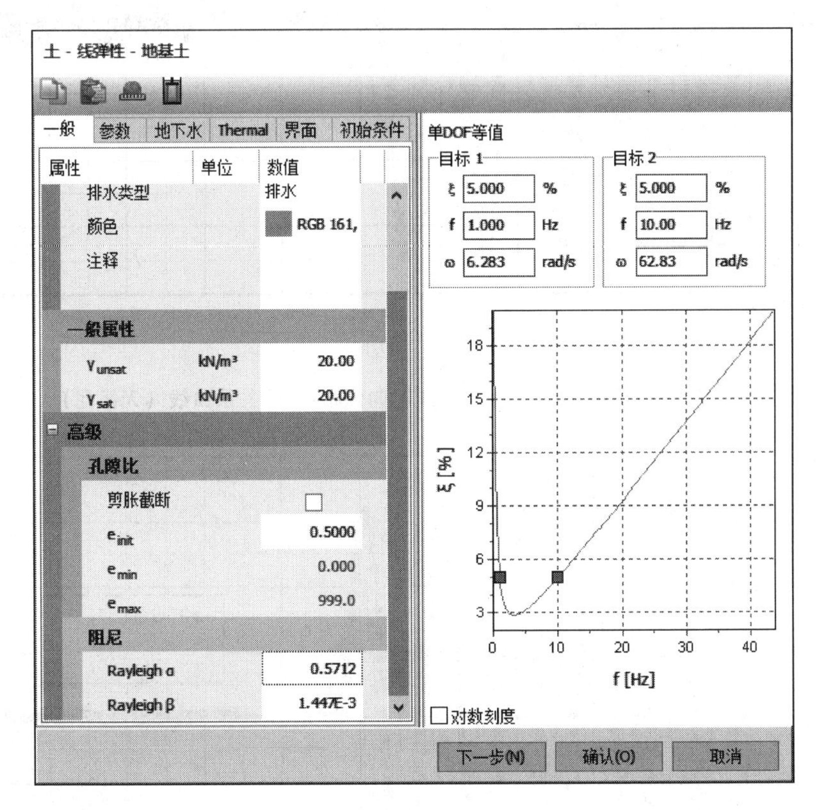

图 22-8 设置瑞利阻尼

22.3 查看结果

利用“曲线生成器”工具，用户可方便地输出计算前选定的监测点的荷载-时间（输入）曲线，以及位移-时间曲线、速度-时间曲线和加速度-时间曲线。位移随时间的发展变

化过程可通过将 x 轴设为动力时间、y 轴设为 u_y 来查看。图 22-9 所示为不设置瑞利阻尼的情况下地表监测点的振动响应，可以看出，即使没有物理阻尼，由于几何阻尼的存在，波也会逐渐消散。图 22-10 则清晰显示了设置瑞利阻尼的效应，可以看出移除荷载后，随着时间推移，振动完全被吸收（时间 $t=0.5\text{s}$），同时，位移大小也降低。在“变形”菜单下选择适当选项，可以在“输出”程序中显示某一时刻的位移、速度或加速度。图 22-11 所示为设置瑞利阻尼情况下阶段 2 结束时（$t=0.5\text{s}$）土中总加速度。

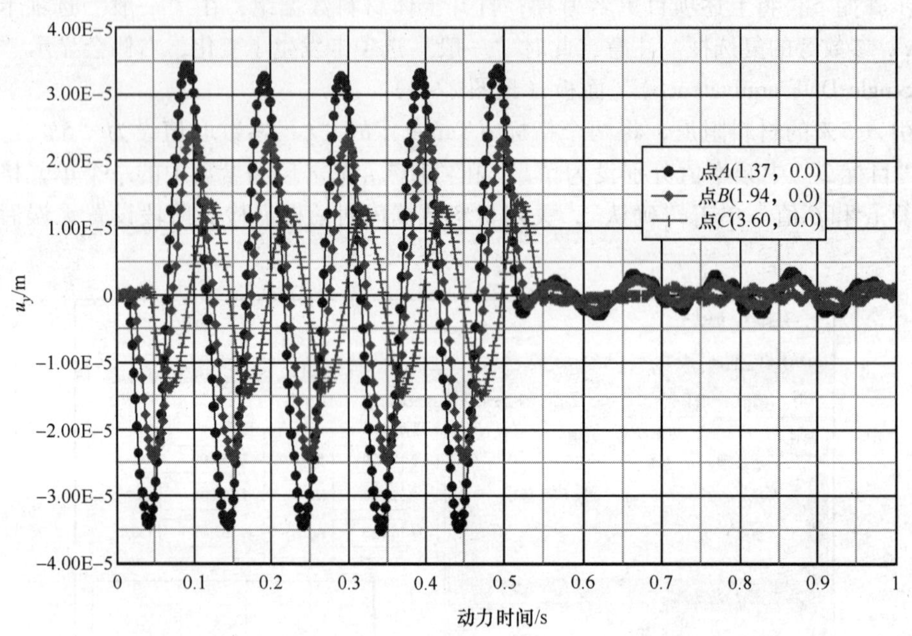

图 22-9　地表距振源不同距离处的竖向位移-时间关系曲线（无阻尼）

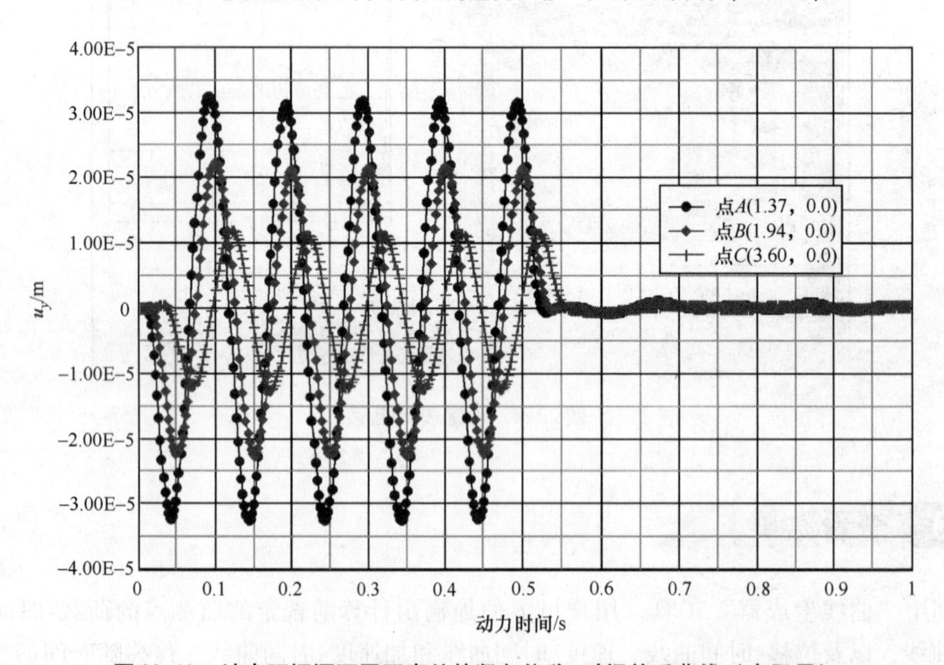

图 22-10　地表距振源不同距离处的竖向位移-时间关系曲线（有阻尼）

图 22-11　阶段 2 结束时土中总加速度 |a| (有阻尼)

第23章 打桩效应动力分析

本章模拟打桩效应，将混凝土桩穿过11m厚的黏土进入砂层，如图23-1所示。桩的直径为0.4m。打桩属于动力过程，会引起周围土体的振动。此外，由于桩周土体中的应力快速增加，土体中会产生超孔隙水压力。

本章算例着重研究桩下土体的塑性变形。为了精确模拟实际情况，砂层的土体模型采用小应变土体硬化模型。

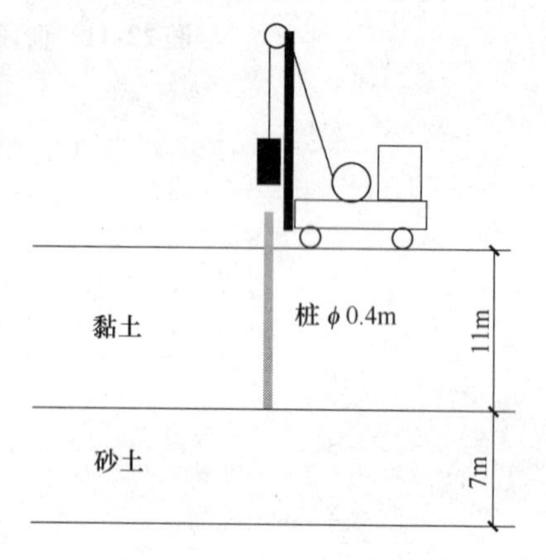

图23-1 打桩示意图

23.1 几何模型

23.1.1 项目属性

启动新项目，在“项目属性”对话框中输入项目名称。在“模型”选项卡下选择“轴对称”模型，单元类型保持默认（15节点单元），定义模型边界为 $x_{min}=0.0m$，$x_{max}=30.0m$，$y_{min}=0.0m$，$y_{max}=18.0m$，其他选项保持默认。

23.1.2 定义土层

地基土由一层11m厚的黏土层和7m厚的砂土层构成。假定潜水位位于地表，并据此生成整个模型的静态孔压场。

在 $x=0m$ 处创建一个钻孔并添加两个土层，第一个土层顶标高 $y=18.0m$，底标高 $y=7.0m$，第二个土层顶标高 $y=7.0m$，底标高 $y=0.0m$。钻孔水头定义在 $y=18.0m$。

黏土层采用莫尔-库仑模型模拟，排水类型假定为“不排水（B）”。采用界面强度折减因子模拟摩擦角沿桩侧的降低。

为了正确模拟桩尖以下土体的非线性变形，砂层通过HSS模型模拟。由于加载过程较快，砂层排水类型也考虑为不排水行为。砂层中的界面单元很短，并不模拟土-结构相互作用，所以界面强度折减因子应设为1，即为刚性的。根据表23-1创建材料数据组，并指定给相应土体类组。

表 23-1 地基土体和桩材料属性

参数	名称	黏土	砂土	桩	单位
一般					
材料模型	—	莫尔-库仑	小应变土体硬化	线弹性	—
排水类型	—	不排水（B）	不排水（A）	非多孔	—
天然重度	γ_{unsat}	16	17	24	kN/m³
饱和重度	γ_{sat}	18	20	—	kN/m³
参数					
弹性模量（常数）	E'	5.0E3	—	3E7	kN/m²
变形模量	E_{50}^{ref}	—	5E4	—	kN/m²
压缩模量	E_{oed}^{ref}	—	5E4	—	kN/m²
卸载模量	E_{ur}^{ref}	—	1.5E5	—	kN/m²
幂指数	m	—	0.5	—	—
泊松比	ν'_{ur}	0.3	0.2	0.1	—
黏聚力	c'_{ref}	—	0	—	kN/m²
不排水剪切强度	$s_{u,ref}$	5.0	—	—	kN/m²
摩擦角	φ'	0	31	—	(°)
剪胀角	ψ_{max}	0	0	—	(°)
剪应变（$G_s=0.722G_0$）	$\gamma_{0.7}$	—	1.0E-4	—	—
小应变剪切模量	G_0^{ref}	—	1.2E5	—	kN/m²
弹性模量（增量）	E'_{inc}	1.0E3	—	—	kN/m²
参考标高	y_{ref}	18	—	—	m
不排水剪切强度增量	$s_{u,inc}$	3	—	—	kN/m²
界面					
界面强度类型	类型	手动	刚性	刚性	—
界面强度	R_{inter}	0.5	1.0	1.0	—
初始					
K_0 方法	—	手动	自动	自动	—
侧压力系数	$K_{0,x}$	0.5000	0.4850	1.0	—

23.1.3 定义结构单元

桩体采用宽 0.2m 的矩形实体模拟，沿桩体设置界面单元以模拟桩-土相互作用。界面应延伸出 0.5m 至砂土层中（见图 23-2）。注意，仅需在桩土接触一侧设置界面。合理模拟桩-土相互作用，对于打入桩体过程中产生的桩土相对位移引起的材料阻尼以及为桩尖附近提供足够柔性非常重要。

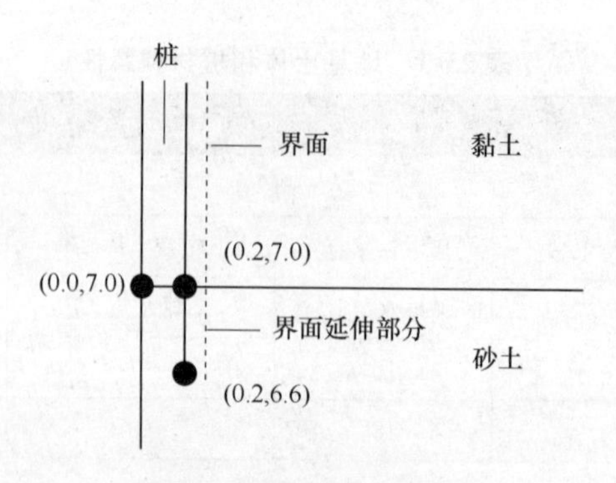

图 23-2　界面延伸部分

提示：创建桩体和界面单元时可以放大模型后进行操作。

定义混凝土桩步骤如下：

进入“结构”模式，在侧边工具栏中选择“创建土多边形”选项，依次通过点（0.0，18.0）、（0.2，18.0）、（0.2，7.0）和（0.0，7.0）创建桩体，然后在桩土接触一侧通过点（0.2，6.6）和（0.2，18.0）创建负向界面模拟桩土相互作用。

桩体为混凝土，采用线弹性模型模拟，并考虑为非多孔行为（表 23-1）。打桩之前，土体中没有桩体，所以最初桩体类组为黏土属性。

为了模拟打桩力，沿桩顶定义分布单位荷载。创建动力荷载步骤如下：

单击侧边工具栏中的“”按钮，通过点（0.0，18.0）和（0.2，18.0）定义线荷载，在“选择浏览器”中定义荷载分量。本例中并不使用荷载的静力分量，即不激活荷载的静力分量，程序会在计算中将其忽略。展开“动力荷载”子目录，将其重力方向的荷载分量设为 -1.0kN/m/m。单击“乘子 y（Multiplier_y）”的下拉菜单，然后单击“+”按钮，弹出“乘子（Multiplier）”对话框，自动添加一个荷载乘子。定义一个“简谐”信号，振幅 5000，相位角 0.000°，频率 50.00Hz，如图 23-3 所示。

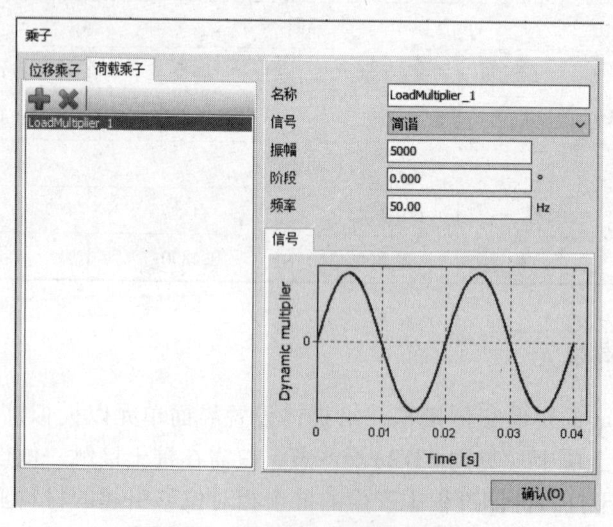

图 23-3　定义打桩荷载简谐乘子

提示：在“模型浏览器”中“属性库”目录下的“动力乘子”子目录上右击，可以定义动力乘子。动力乘子属于全局属性，可以在所有模式下进行定义。

建好的几何模型如图 23-4 所示。

图 23-4　几何模型

23.2　生成网格

进入“网格”模式，单击“ ”生成网格，采用默认的单元分布即可，即网格疏密度为“中等”。网格生成后，单击“ ”查看网格，如图 23-5 所示。然后可以单击“关闭”标签关闭输出程序。

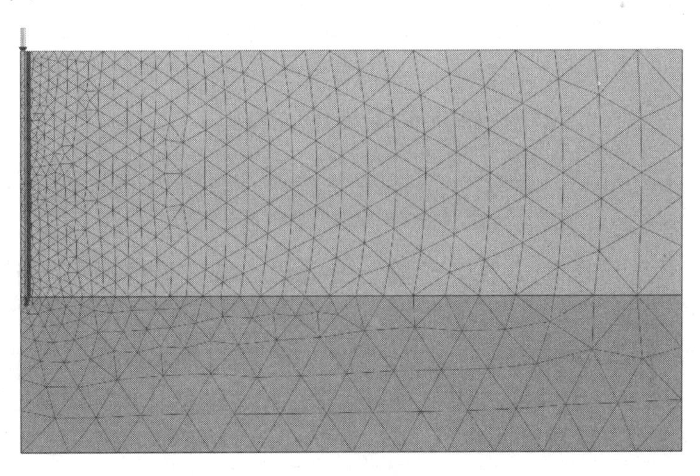

图 23-5　模型网格

23.3 执行计算

计算过程包含3个阶段。初始阶段，生成初始应力条件；阶段1，激活桩体；阶段2，在桩顶施加一次冲击，即激活半个周期的简谐荷载；阶段3，将荷载设为零，分析桩与土随时间的动力响应。最后两个阶段包含动力计算。

23.3.1 初始阶段

通过“K_0 过程”生成初始有效应力，采用默认阶段设置即可。注意，初始阶段中还没有打桩，桩体类组应指定黏土的属性。潜水位设在地表，据此生成静态孔压场。

23.3.2 阶段1

添加一个新阶段（阶段1），在“阶段”窗口下的“一般”子目录中，计算类型选为“塑性”，在“分步施工”模式下将桩体属性指定给桩体类组，并激活界面单元，如图23-6所示。

图23-6 阶段1几何模型

23.3.3 阶段2

添加一个新阶段（阶段2），在“阶段”窗口“一般”子目录中，计算类型选为“动力”，“时间间隔”设为“0.01s”，在“变形控制参数”子目录下勾选“重置位移为零”。在“分步施工”模式下激活线荷载的动力分量，如图23-7所示。在“模型浏览器”中“模型条件”下展开“动力”子目录，对 x_{max} 和 y_{min} 指定黏性边界，如图23-8所示。本阶段施加半个简谐周期的外荷载，阶段末荷载归为零。

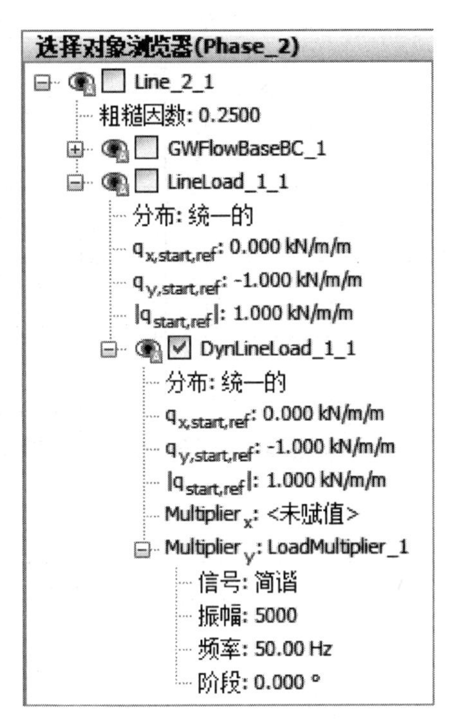

图 23-7 在“选择对象浏览器”中指定动力荷载

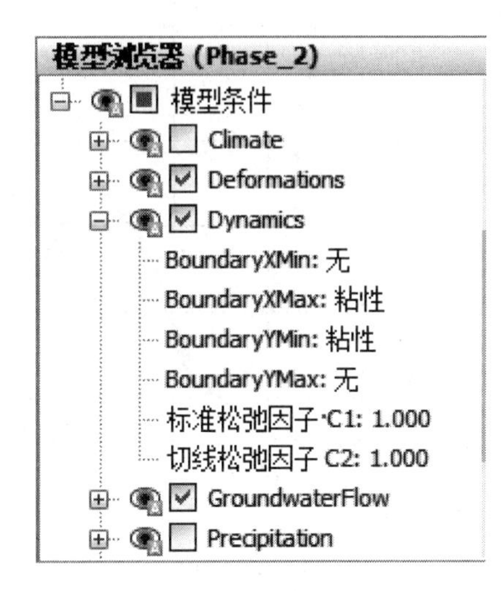

图 23-8 动力边界条件设置

23.3.4 阶段 3

添加一个新阶段（阶段 3），在“阶段”窗口下的“一般”子目录中，计算类型选为“动力”，“时间间隔”设为“0.19s”，在“分步施工”模式下冻结动力荷载。

选择桩顶节点作为位移监测点。单击按钮“∫dv”执行计算，计算完成后单击“💾”保存项目。

23.4 查看结果

图 23-9 所示为桩顶沉降随时间的变化情况，可以看出：

1）半周期冲击荷载下桩顶最大竖向位移约为 13mm，最终桩顶沉降约 10mm。

2）阶段 3 大部分沉降发生在冲击结束后。这是由于压缩波沿着桩体向下传播，引起附加沉降。

虽然没有考虑瑞利阻尼，但是由于土体的塑性行为以及模型边界对波动能量的吸收，桩体的振动逐渐减弱。

查看第二阶段的输出结果（$t=0.01$s，施加冲击荷载后），可以发现在桩尖周围产生了很高的超孔隙水压力，这导致此处土体的抗剪强度降低，使桩体沉入砂土层。在阶段 3 中超孔隙压力仍然存在，因为计算中没有考虑固结。

图 23-10 表明 $t=0.01$s 时桩-土界面上的相对剪应力 τ_{rel}，均达到了 1.0，说明桩长范围内界面上都达到了最大剪应力，表明桩周土体已经开始沿桩体滑移。

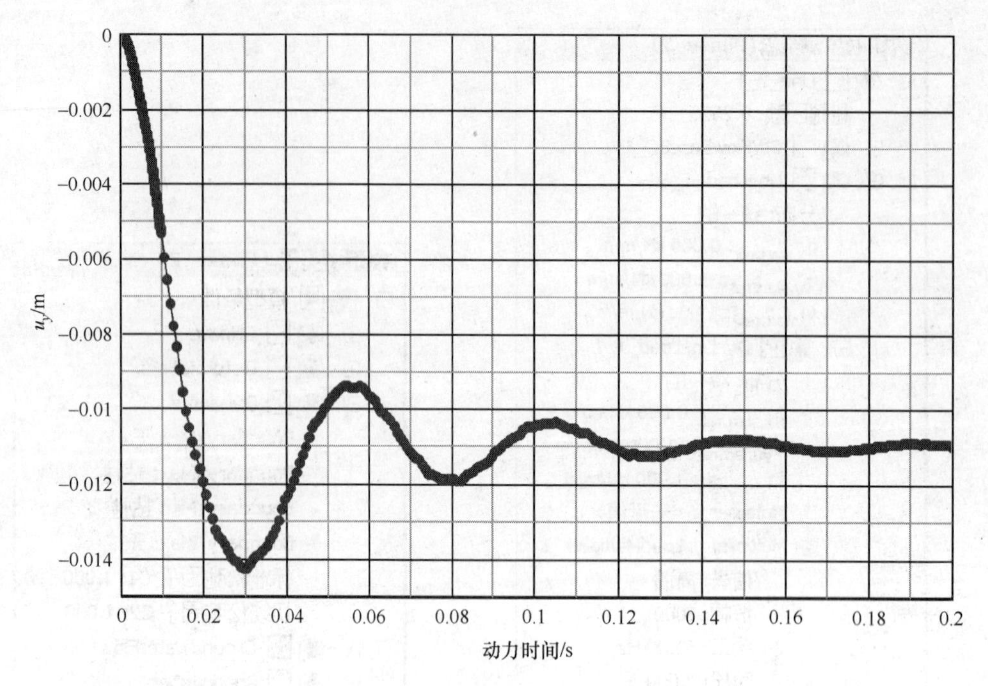

图 23-9　桩的沉降-时间曲线

图 23-10　$t=0.01$s 时界面上的相对剪应力

此外，可以生成结果动画来查看变形网格随时间的变化。可以看到，前一个动力阶段的变形低于第二个动力阶段的变形。

第 24 章 建筑物自由振动及地震分析

本章通过自由振动和地震作用分析，获得建筑结构的固有频率。

某建筑物由地上 5 层及地下室组成，宽 10m，高 17m（包括地下室）。从地面算起总高度为 $5\times3m=15m$，地下室深 2m。楼板及墙体自重考虑为 $5kN/m^2$ 的等效荷载。地基考虑两种土层，上部为 15m 厚黏土层，下部为深厚砂土层。计算模型中，考虑砂土层厚度为 25m。

学习要点：

1）进行自由振动分析和地震荷载作用下的动力分析。

2）使用小应变土体硬化材料（HSS），考虑在循环剪切荷载作用下刚度和阻尼比的变化。

3）定义地震荷载，使用黏性边界条件。

4）在动力分析中激活动力荷载。

24.1 几何模型

24.1.1 项目属性

启动PLAXIS 2D“输入”程序，在“快速选择”对话框中选择“启动新项目”。在“项目属性”窗口下的“项目”选项卡中输入一个名称。保持默认单位系统，将模型边界设置为 $x_{min}=-80m$，$x_{max}=80m$，$y_{min}=-40.0m$，$y_{max}=15.0m$。建立的几何模型如图 24-1 所示。

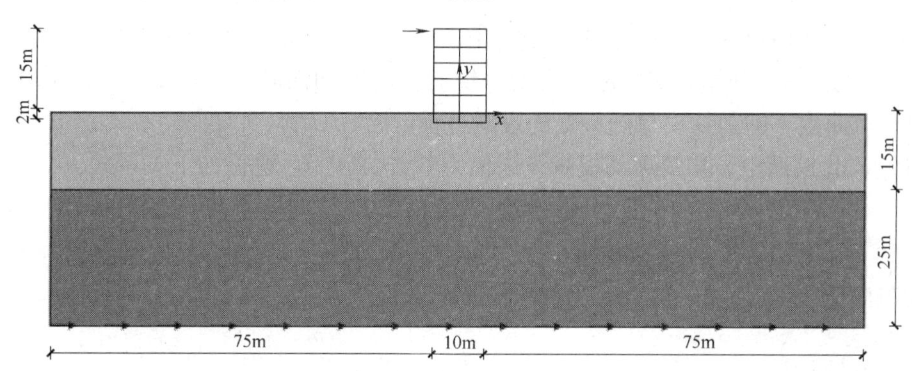

图 24-1 几何模型示意

24.1.2 定义土层

地基包括两个土层，上部为15m厚的黏土，下部为25m厚的砂层。潜水位位于$y=-15$m处。

在$x=0$处添加一个钻孔，在弹出的“修改土层”窗口中添加两个土层，分别位于$y=0$m和$y=-15$m之间，以及$y=-15$m和$y=-40$m之间，钻孔水位设为-15.0m。

黏土和砂土均采用HSS模型来模拟，忽略地下水的影响。HSS模型会自动考虑滞后阻尼。根据表24-1输入土层参数，并指定给相应土层。

表24-1 土层材料参数

标签	参数	符号	上部黏土层	下部砂土层	单位
一般	材料模型	—	小应变土体硬化	小应变土体硬化	—
	排水类型	—	排水	排水	—
	天然重度	γ_{unsat}	16	20	kN/m^3
	饱和重度	γ_{sat}	20	20	kN/m^3
参数	标准排水三轴试验割线模量	E_{50}^{ref}	2.0E4	3.0E4	kN/m^2
	固结试验切线模量	E_{oed}^{ref}	2.561E4	3.601E4	kN/m^2
	卸载/重加载模量	E_{ur}^{ref}	9.484E4	1.108E5	kN/m^2
	幂指数	m	0.5	0.5	—
	黏聚力	c'_{ref}	10	5	kN/m^2
	摩擦角	φ'	18	28	(°)
	剪胀角	ψ	0	0	(°)
	剪应变（$G_s=0.722G_0$）	$\gamma_{0.7}$	1.2E-4	1.5E-4	—
	小应变剪切模量	G_0^{ref}	2.7E5	1.0E5	kN/m^2
	泊松比	ν'_{ur}	0.2	0.2	—

当经受循环剪切荷载时，小应变土体硬化模型（HS small）将表现出典型的迟滞行为。从小应变剪切刚度G_0^{ref}开始，实际刚度将随剪切应变的增加而减小。图24-2和图24-3显示的是模量衰减曲线，即剪切模量随应变的衰减过程。

在HS small模型中，切线剪切模量下限值为G_{ur}，其中G_{ur}遵循如下关系式：

$$G_{ur}=E_{ur}/2(1+\nu_{ur})$$

上层黏土和下层砂土的卸载模量G_{ur}^{ref}及其与G_0^{ref}的比值见表24-2，该比值决定了可能获得的最大阻尼比。

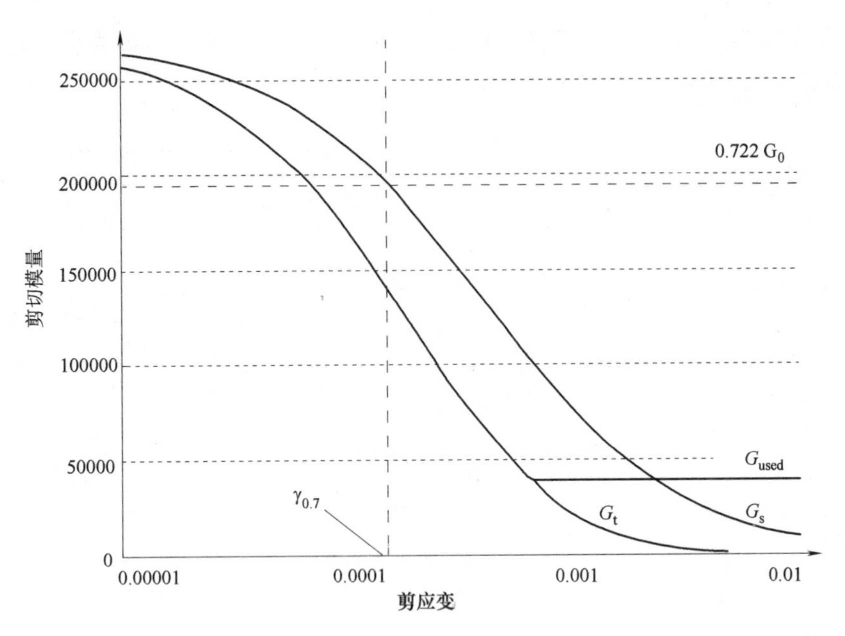

图 24-2 黏土剪切模量衰减曲线

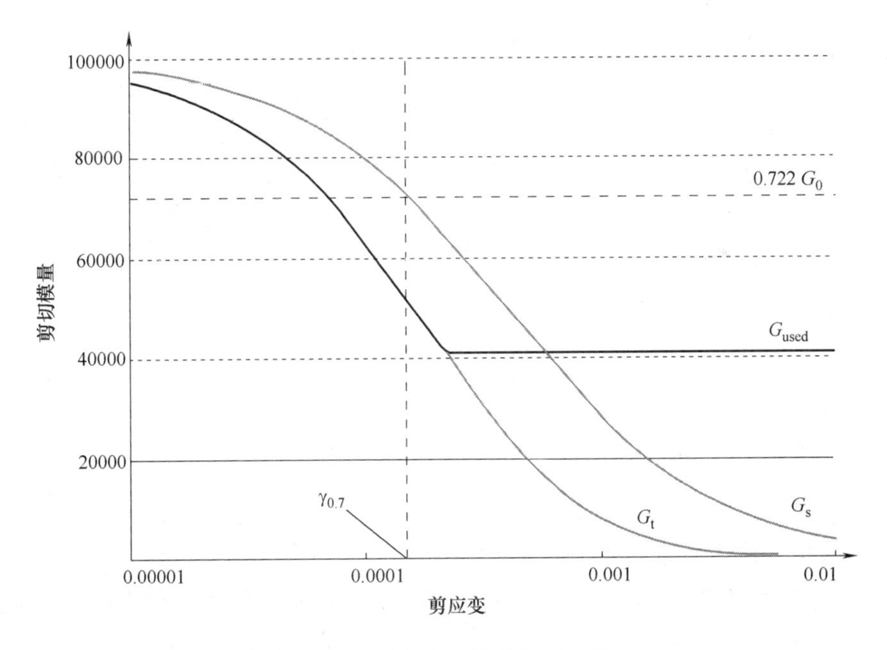

图 24-3 砂土剪切模量衰减曲线

表 24-2 G_{ur}及其与G_0^{ref}的比值

参　数	上部黏土层	下部砂土层	单　位
G_{ur}	39517	41167	kN/m^2
G_0^{ref}/G_{ur}	6.75	2.5	—

图 24-4 和图 24-5 显示了该模型中的材料阻尼比和剪切应变的函数关系。关于模量衰减及阻尼曲线更详细的阐述可查阅相关文献。

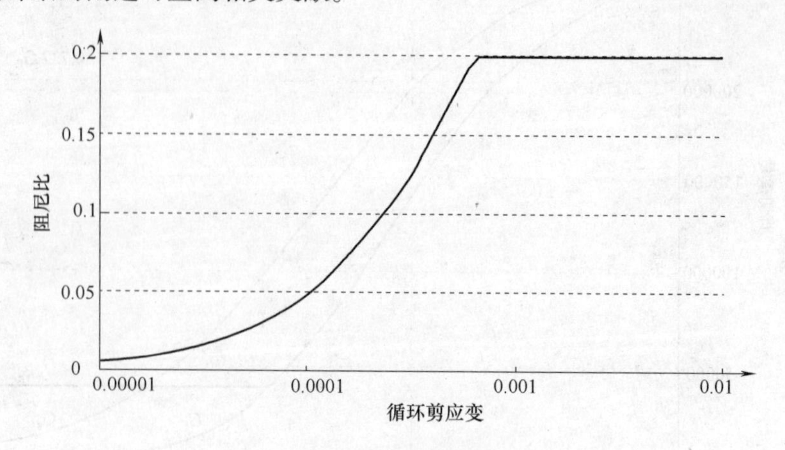

图 24-4　黏土阻尼曲线

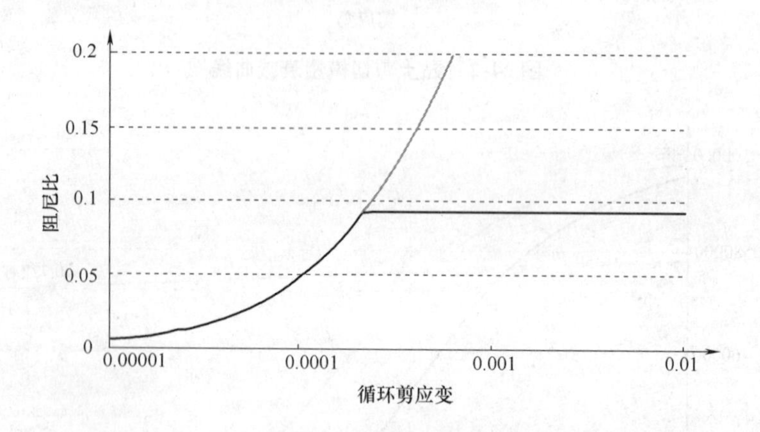

图 24-5　砂土阻尼曲线

24.1.3　定义结构单元

进入“结构”模式，定义结构单元。

1. 创建楼板、墙体和地下室（板单元）

1）创建建筑物墙体。单击侧边工具栏中的“ ”按钮，创建两个竖向板单元，分别通过点（-5.0，0.0）—（-5.0，15.0），（5.0，0.0）—（5.0，15.0）。

2）创建地下室墙体。分别通过点（-5.0，-2.0）—（-5.0，0.0）以及（5.0，-2.0）—（5.0，0.0）创建两个竖向板单元。

3）定义楼板和地下室底板。同样采用板单元模拟，通过点（-5.0，-2.0）—（5.0，-2.0）创建地下室底板；通过点（-5.0，0.0）—（5.0，0.0）创建第一层底板，选中该板单元，然后单击侧边工具栏中的“创建阵列”按钮“ ”，从弹出的“创建阵列”窗口中“形状”下拉菜单中选择“1D，在 y 方向”，列数设为 6，列距 y 设为 3，单击“确认”，生成上部其余楼板。

4）沿地下室周边定义界面单元，模拟土与结构相互作用。

上述模拟建筑物楼板和墙体的板单元均假定为线弹性体。注意，需创建两个板材料组，分别指定给地下室和上部结构，板材料参数见表24-3。建筑物的物理阻尼采用瑞利阻尼模拟。

表24-3　建筑物材料属性（板属性）

参　数	符　号	上部结构	地下室	单　位
材料类型	—	线弹性，各向同性	线弹性，各向同性	—
轴向刚度	EA	9.0E6	1.2E7	kN/m
抗弯刚度	EI	6.75E4	1.6E5	kN·m^2/m
重度	w	10	20	kN/m/m
泊松比	ν	0.0	0.0	—
瑞利阻尼	α	0.2320	0.2320	—
	β	8E-3	8E-3	—

2. 创建立柱（点对点锚杆单元）

定义建筑物内部柱构件。单击侧边工具栏中的“”按钮，通过锚杆单元定义建筑物内部的竖向柱构件，分别通过点（0.0，-2.0）—（0.0，0.0），（0.0，0.0）—（0.0，3.0），（0.0，3.0）—（0.0，6.0），（0.0，6.0）—（0.0，9.0），（0.0，9.0）—（0.0，12.0），（0.0，12.0）—（0.0，15.0）。根据表24-4创建锚杆材料组，并指定给锚杆单元。

表24-4　点对点锚杆材料属性

参　数	符　号	柱	单　　位
材料类型	—	线弹性	—
轴向刚度	EA	2.5E6	kN
平面外间距	$L_{spacing}$	3.0	m

3. 创建静荷载（点荷载）

单击侧边工具栏中的“”按钮，在上部结构的左上角创建一个点荷载，指定荷载x方向分量为10.0kN/m，y方向分量为0.0kN/m。

4. 创建动力荷载（指定线位移+动力乘子）

地震荷载通过模型底边界输入一个指定位移并设置相应的动力乘子来模拟。定义“指定位移”步骤如下：

1）定义指定位移。单击侧边工具栏中的“”按钮，通过点（-80.0，-40.0）—（80.0，-40.0）沿模型底边界创建“指定位移”，将其x方向分量“$\mathrm{Displacement}_x$”设为“指定”，“$u_{x,\mathrm{start,ref}}$”设为1.0，其y方向分量“$\mathrm{Displacement}_y$”设为“固定”，“分布”一栏设为“统一的”（即均布）。

2）定义动力乘子。展开“动力位移”目录，单击“乘子x”下拉菜单，单击“”按钮，弹出“乘子”窗口，自动添加一个位移乘子。从“信号”下拉列表中选择“表格”选项。此处的地震荷载将通过读入 smc 格式的地震加速度记录数据来设置。读者可通过网络浏览器访问PLAXIS知识库（http：//kb. PLAXIS. nl/search/site/smc），将这个地震记录数据 smc 文件（文件名为“225a. smc”）下载到本地计算机上。

单击表格顶部的“打开”按钮“”，选择上一步保存到本地的地震波文件并打开。弹出“导入数据”窗口，从右上角的“语法分析方法”下拉列表中选择“强震 CD-ROM 文件”选项，单击“确认”，关闭“导入数据”窗口。

在“数据类型（Data type）”下拉列表框中选择“加速度”选项，并勾选“偏离修正”选项，单击“确认”，完成动力乘子的定义（见图 24-6）。

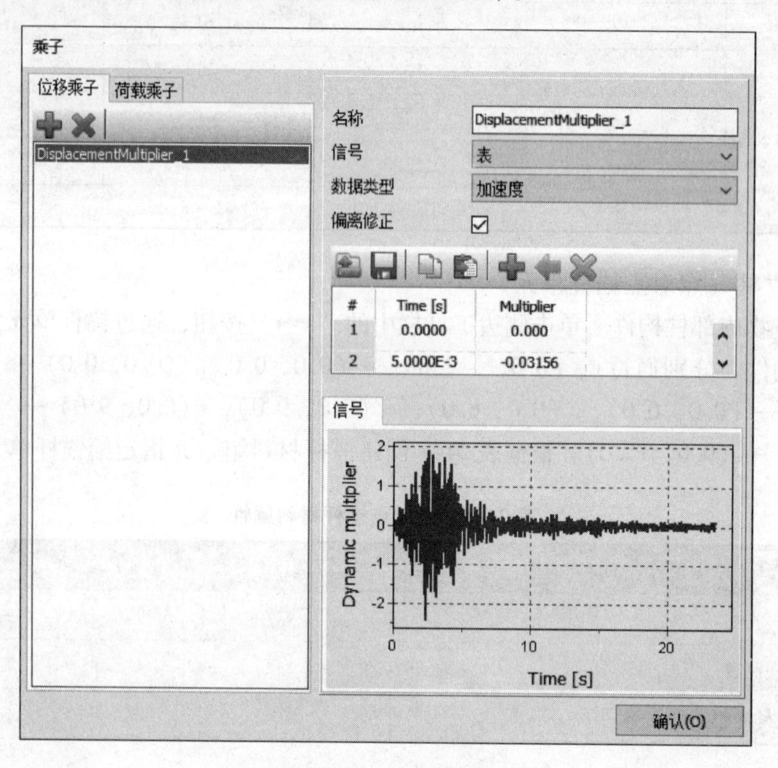

图 24-6　定义“动力乘子”

建好的几何模型如图 24-7 所示。

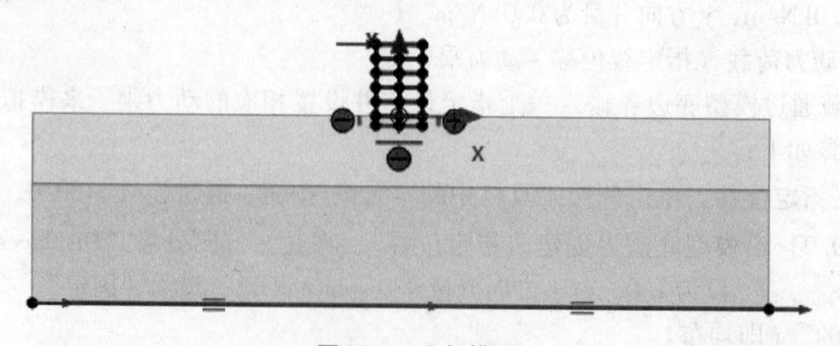

图 24-7　几何模型

24.2 生成网格

进入“网格”模式，单击“生成网格”按钮“ ”，单元分布设为“细”，单击“确认”，生成的网格如图 24-8 所示。

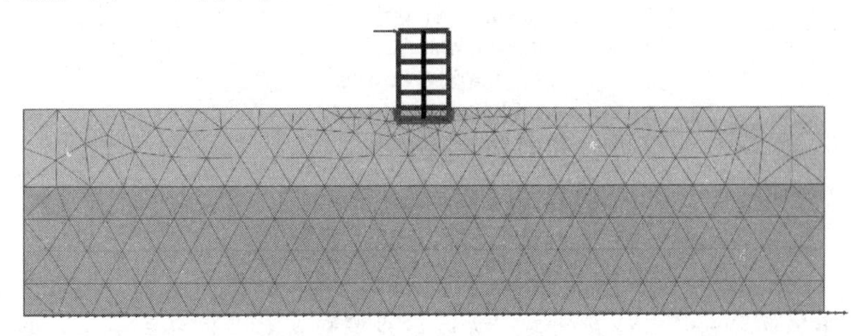

图 24-8 模型网格

24.3 执行计算

计算过程包括初始阶段、建筑物施工、加载、自由振动分析和地震分析 5 个阶段。

24.3.1 初始阶段

进入“分步施工”模式，初始阶段采用默认阶段参数。在“分步施工”模式下，确保结构和荷载均处于冻结状态，如图 24-9 所示（见书后彩色插页）。

24.3.2 阶段 1：建筑物施工

新建一个计算阶段（阶段 1），阶段参数采用默认设置；在“分步施工”模式下激活建筑物（激活板，界面和锚杆）并冻结地下室内的土体，如图 24-10 所示（见书后彩色插页）。

24.3.3 阶段 2：加载

新建一个计算阶段（阶段 2）。在“阶段”窗口中的“变形控制参数”子目录下勾选“重置位移为零”选项，其他参数使用默认值。在“分步施工”模式下，激活左上角的荷载，荷载值已经在“结构”模式下定义好，此处无须修改。

24.3.4 阶段 3：自由振动分析

新建一个计算阶段（阶段3）。在“阶段”窗口中将“计算类型”设为“动力”，“时间间隔”设为 5s。在“分步施工”模式下，冻结点荷载。在“模型浏览器”中，展开“模型条件”目录，再展开“动力”子目录。将模型底边界“BoundaryYMin”设为“黏性”，如图 24-11 所示。

图 24-11　动力分析边界条件

> **提示：** 为了更好地观察计算结果，可以创建模型在自由振动和地震荷载下的动画视频。如果需要制作动画，应对“阶段”窗口中“数值控制参数”子目录下的“储存的最大步数”选项，输入一个足够大的数（如 100）。

24.3.5　阶段 4：地震分析

新建一个计算阶段（阶段 4）。进入“阶段”窗口，将本计算阶段的“起始阶段”设为“阶段 1”，即建筑物施工［Phase_1］，“计算类型”设为“动力”，“动力时间间隔”设为 20s。在“变形控制参数”子目录下勾选“重置位移为零”选项，其他参数保持默认。在“模型浏览器”中，激活“指定位移”及其“动力”乘子。该阶段中模型底部边界不再是黏性边界，应将“模型条件”目录下“动力”中的“BoundaryYMin”设为“无”。选择建筑物顶部的点（0.0，15.0）作为监测点。单击按钮“∫dv”执行计算，计算完成后单击“💾”保存项目。

24.4　查看结果

图 24-12 所示为“阶段 2（加载［Phase_2］）”计算完成后的结构变形。图 24-13 所示为点 A（0.0，15.0）在“阶段 3”即自由振动［Phase_3］，中的时间-位移曲线。可以看出由于土体和建筑物中的阻尼作用，振动随时间缓慢衰减。

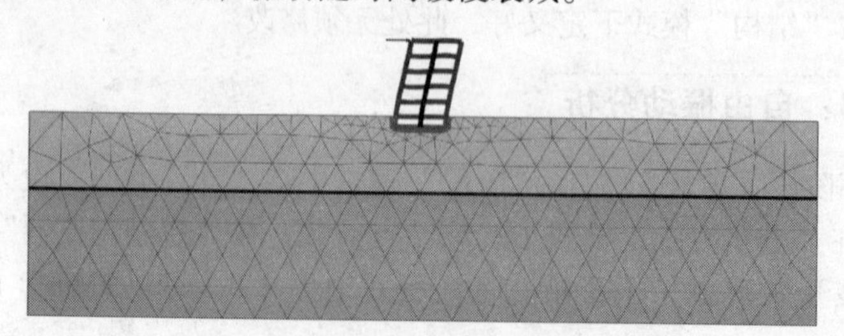

图 24-12　施加水平荷载后的变形网格

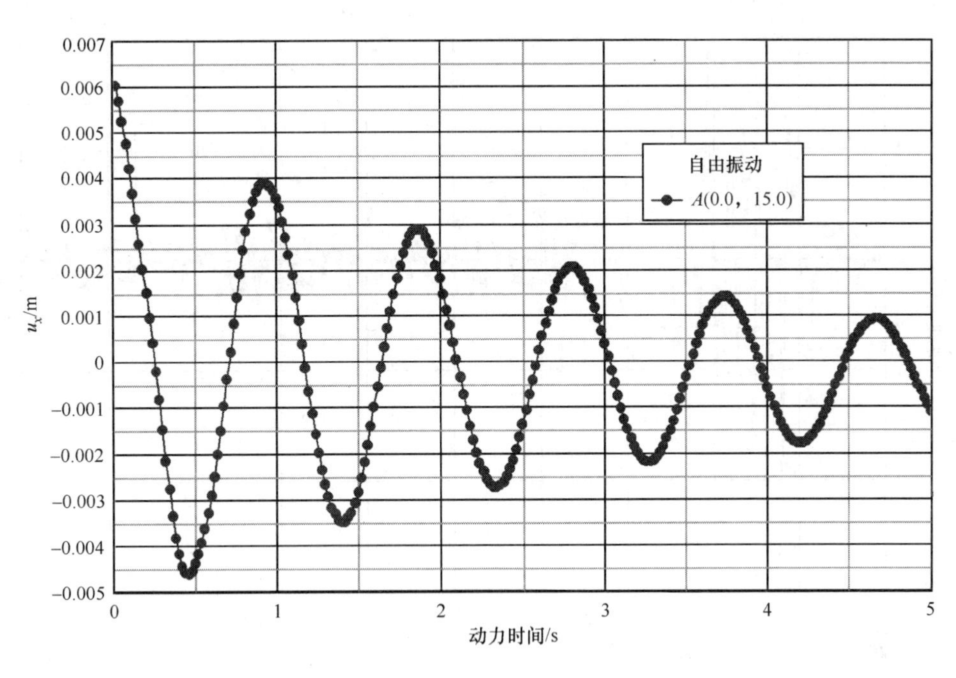

图 24-13　监测点 A 时间-位移曲线（自由振动）

在图 24-13 所示的曲线图上右击，从右键菜单中选择“设置”选项，弹出“设置”窗口。单击进入“图表”选项卡，在下部的“动力”选项栏中勾选“使用频率表示（谱）”，并选择“标准频率（Hz）”选项，单击“确定”，显示结果如图 24-14 所示。通过该图可以评估出结构的主频率为 1Hz 左右。

图 24-15 所示为点 A（0.0，15.0）在地震作用阶段中的水平加速度时程曲线。为了更好地展示结果，可以回到输出程序，选择生成动画视频。

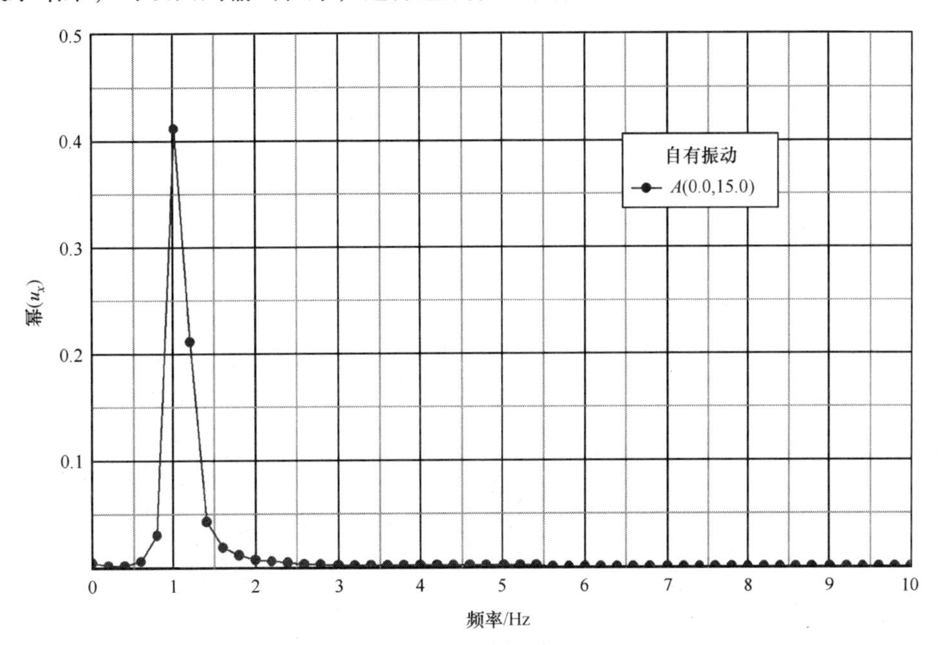

图 24-14　频谱响应曲线

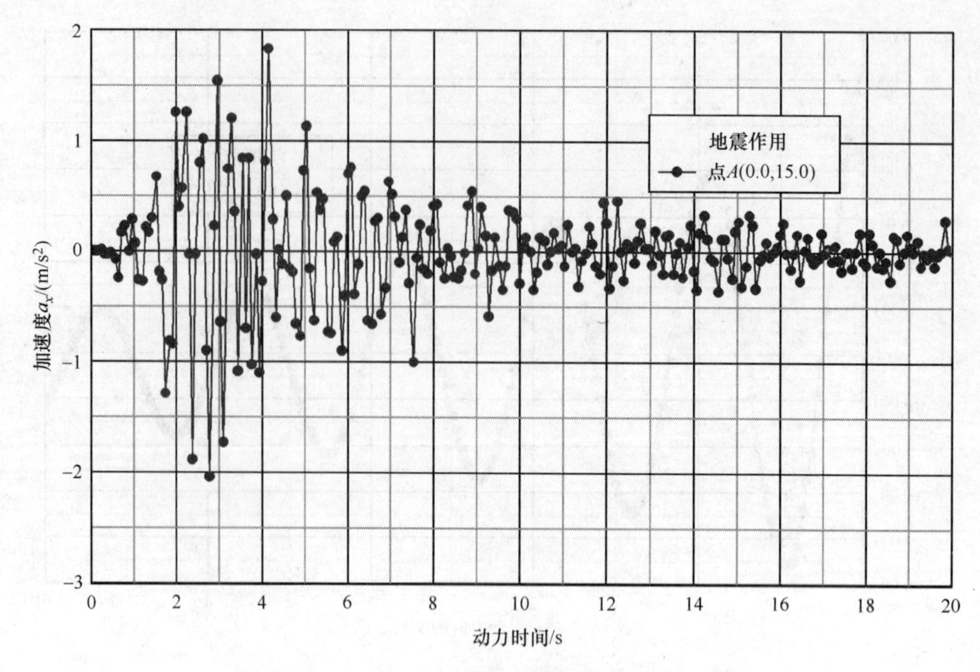

图 24-15 监测点 A 水平加速度时程曲线（地震作用）

第 25 章 通航船闸热膨胀分析

一个通航船闸由于维护短期为“空”状态。一段时间后，气温显著升高导致船闸内热膨胀，而船闸混凝土（墙）的土体一侧保持较低温度。这将导致墙体的反向弯曲，结果是，墙后土体水平应力增加和墙体自身弯矩增加。船闸几何示意如图 25-1 所示。

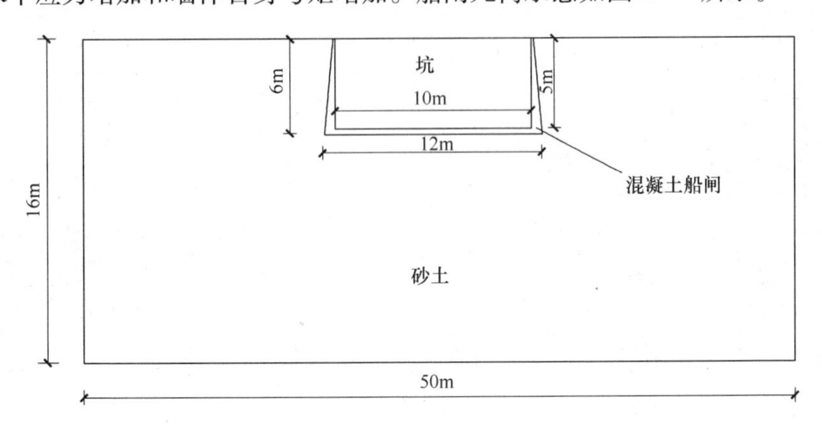

图 25-1　混凝土船闸

本章介绍使用PLAXIS 2D 的热模块分析此类工程问题。

学习要点：

1）定义温度函数。

2）热膨胀。

3）THM（温度-渗流-力学）完全耦合计算。

25.1 输入

25.1.1 项目属性

启动PLAXIS 2D“输入”程序，在“快速选择”对话框中选择“启动新项目”。在“项目属性”窗口下的“项目”选项卡中输入项目名称，例如“船闸热膨胀分析”。将模型边界设置为 $x_{min}=0.0$m，$x_{max}=25.0$m，$y_{min}=-16.0$m，$y_{max}=0.0$m，其他参数保持默认。

25.1.2 定义土层

使用“”按钮在“$x=0$”处创建一个钻孔。在弹出的“修改土层”窗口中，使用“添加(A)”按钮添加一个土层，顶底面标高分别为$y=0$和$y=-16$。钻孔“水头”设为“-4”。

单击“”按钮，弹出“材料数据组”窗口。需要为“砂土”和“混凝土”创建两个材料数据组。根据表25-1建立砂土地层和船闸混凝土的材料数据组，并将“砂土”指定给钻孔土层。

表25-1 土材料属性

参数	名称	砂土	混凝土	单位
一般				
材料模型	材料模型	小应变土体硬化	线弹性	—
排水类型	排水类型	排水	非多孔的	—
水位以上土重	γ_{unsat}	20	24	kN/m^3
水位以下土重	γ_{sat}	20	—	kN/m^3
初始孔隙比	e_{int}	0.5	0.5	—
参数				
弹性模量	E'	—	25E6	kN/m^2
泊松比	ν	—	0.15	—
标准三轴实验割线模量	E_{50}^{ref}	40E3	—	kN/m^2
固结仪（侧限压缩）实验切线模量	E_{oed}^{ref}	40E3	—	kN/m^2
卸载/重加载刚度（回弹模量）	E_{ur}^{ref}	1.2E5	—	kN/m^2
刚度应力相关的幂	m	0.5	—	—
黏聚力	c'_{ref}	1	—	kN/m^2
内摩擦角	φ	32	—	(°)
剪胀角	ψ	2	—	(°)
$G_s=0.722G_0$时对应的剪切应变	$\gamma_{0.7}$	1E-4	—	—
极小剪应变的剪切模量	G_0^{ref}	80E3	—	kN/m^2
地下水				
数据组	—	USDA	—	—
模型	—	Van Genuchten	—	—
土的类型	—	砂质黏土	—	—
渗流参数	—	设置为默认	—	—

（续）

参　数	名称	砂土	混凝土	单　位
热				
比热容	C_s	1000	900	kJ/t/K
导热系数（热传导率）	λ_s	1E－3	1E－3	kW/m/K
土密度	ρ_s	2.6	2.5	t/m^3
X方向热膨胀	α_x	5E－7	1E－5	1/K
Y方向热膨胀	α_y	5E－7	1E－5	1/K
Z方向热膨胀	α_z	5E－7	1E－5	1/K
界面				
强度	—	刚性	手动	—
界面强度折减系数	R_{inter}	1.0	0.67	—

25.1.3　定义结构

采用实体单元模拟闸门结构，并赋予其混凝土属性。进入“结构”模式，单击“ ”按钮，然后在绘图区中依次单击（0，－5），（5，－5），（5，0），（5.5，0），（6，－6），（0，－6）和（0，－5），创建多边形，等到定义施工阶段时再为其指定混凝土属性。

提示：可以选择绘图区下方“ ”按钮，设置栅格的捕捉间隔，设置到0.5更便于本次建模。也可以使用命令流“_polygon (0－5) (5－5) (5 0) (5.5 0) (6－6) (0－6) (0－5)”。

在侧边工具栏中单击“ ”展开菜单中的“ ”按钮，沿模型两侧和底部创建热传导边界，两侧的竖直边界默认为“关闭”。选中底部边界，在选择对象浏览器中将其“行为”设置为“温度”。参考温度“T_{ref}”设为283.4K（＝（283.4－273.15)℃），如图25-2所示。建好的几何模型如图25-3所示。

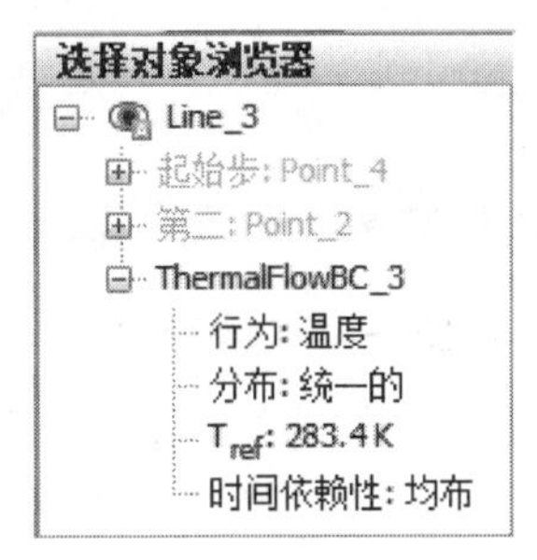

图25-2　在“选择对象浏览器”中设置热传导边界条件

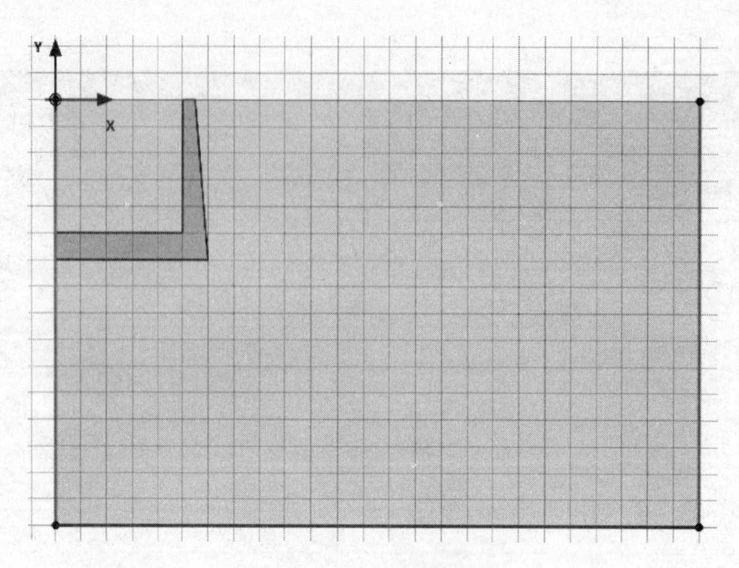

图 25-3　几何模型

25.2 网格生成

进入“网格”模式，将多边形的“粗糙因数”设为0.25，单击“”生成网格，采用默认的单元分布即可，即网格疏密度为“中等”。网格生成后，单击“”查看网格，如图25-4所示。然后可以单击“关闭”标签关闭输出程序。

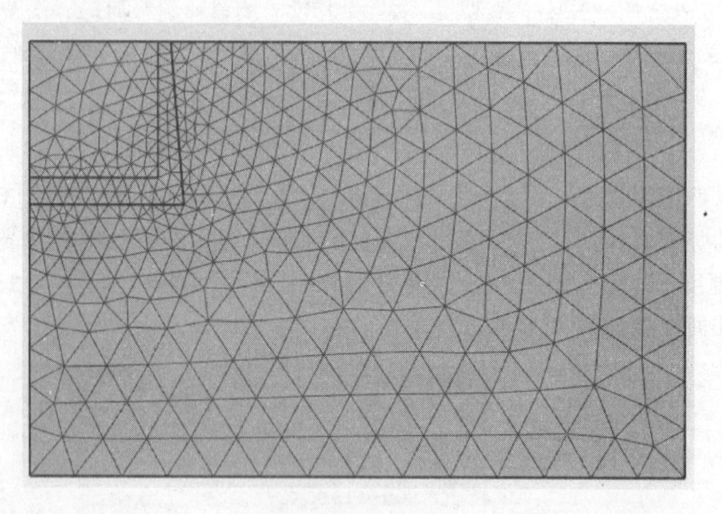

图 25-4　生成网格

25.3 计算

定义三个计算阶段，在“塑性”计算阶段激活混凝土船闸，随后在完全流固耦合计算中定义温度升高。

25.3.1 初始阶段

进入“分布施工”阶段模式，双击“阶段浏览器”中“Initial phase”，使用默认的“计算类型”和“孔压计算类型”。“Thermal calculation type”设为“Earth gradient”，关闭“编辑阶段”窗口。

在“模型浏览器”的“模型条件”子目录中，勾选激活并单击选中“ThermalFlow”，“T_{ref}”设为“283.0K”。“h_{ref}”和“Earth gradient”保持默认（见图25-5）。本阶段的几何模型如图25-6所示。

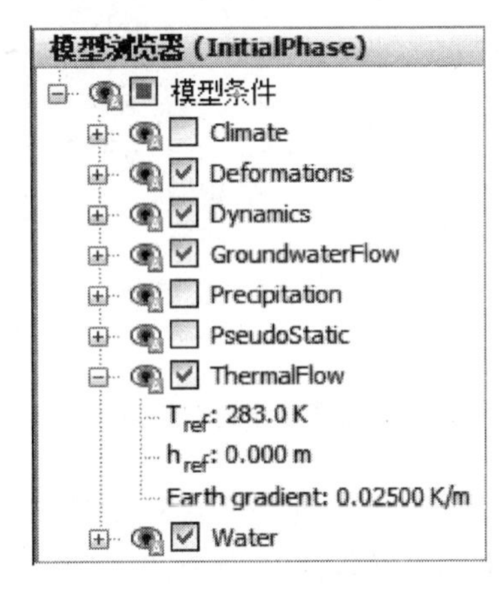

图25-5　模型浏览器中的热传导

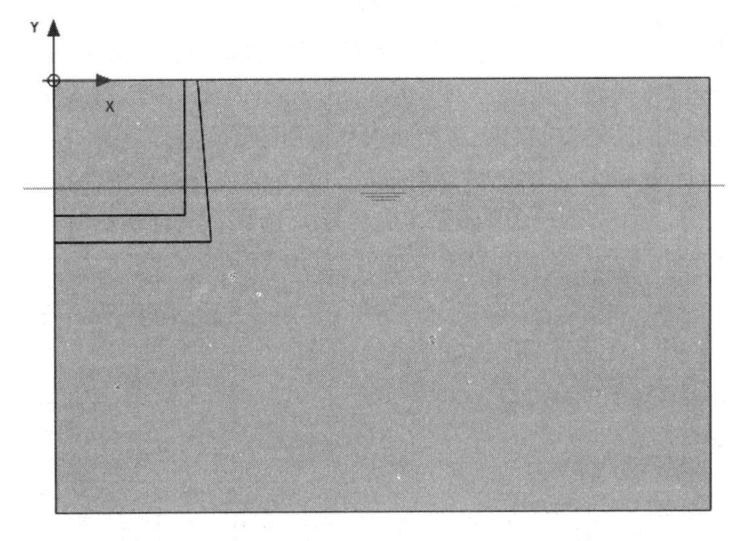

图25-6　初始阶段几何模型

25.3.2 阶段1

单击“”添加一个新阶段（阶段1），在“阶段”窗口“一般”子目录下将“孔压计算类型”设为“稳态地下水渗流”，“Thermal calculation type”设为“Steady state thermal flow”，同时在“变形控制参数”子目录下勾选“重置位移为零”和“忽略吸力”。

在“分步施工”模式下，将“混凝土”材料数据赋予多边形模拟船闸（见图25-7）。

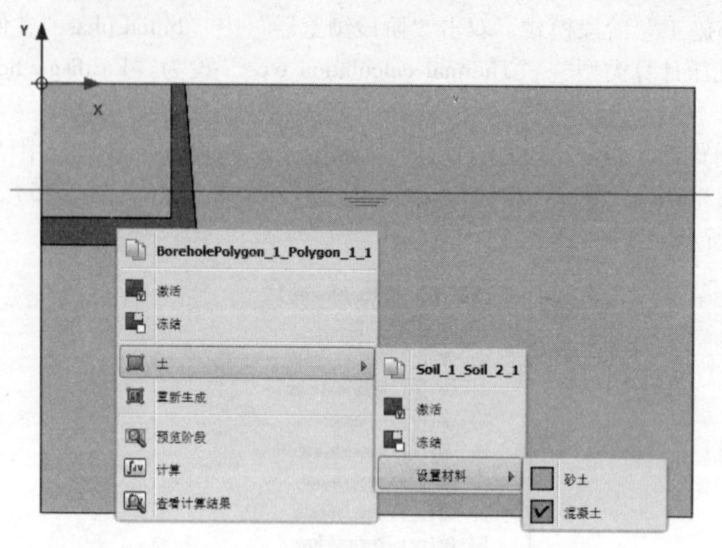

图25-7　将混凝土材料组赋予船闸

右键单击模型左上角土体类组，从右键展开菜单中单击冻结按钮“”，然后在选择对象浏览器中，将这部分土体的“水力条件”设为“干”。选中开挖区的垂直和底部边界，然后在选择对象浏览器中，激活地下水渗流边界条件，并将其“行为”设为“水头”，“h_{ref}”设为“-5.000m”（见图25-8）。以此模拟“空”状态。

在模型浏览器中，激活所有“热传导边界条件”，同时激活“Climate”（气候）条件，将“Air temperature”（气温）设为“283.0K”，“Surface transfer”（表面传热系数）设为“1.000kW/m²”（见图25-9）。这将决定船闸内和地面的热条件。

此外，冻结“ThermalFlow”（热传导）选项。因为热传导边界条件，包括气候条件，适用于稳定热传导计算。而“ThermalFlow”（热传导）选项，适合初始阶段“Earth gradient”（地温梯度）计算方法。设置完成后的模型如图25-10所示。

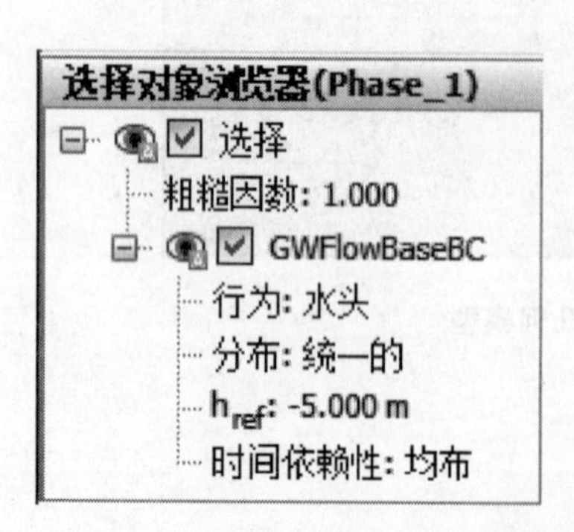

图25-8　选择对象浏览器中地下水渗流边界条件

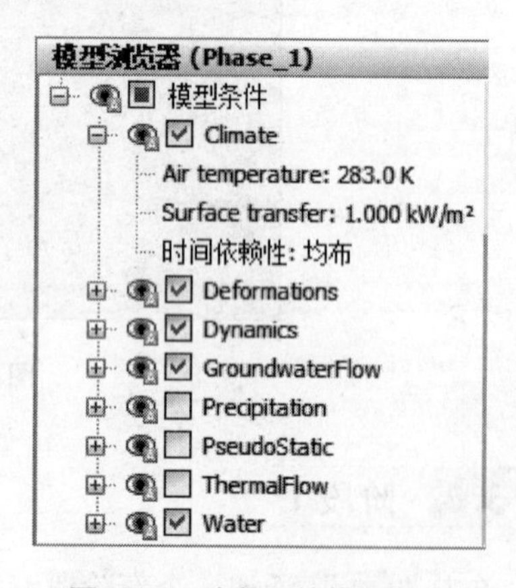

图25-9　阶段1的模型条件

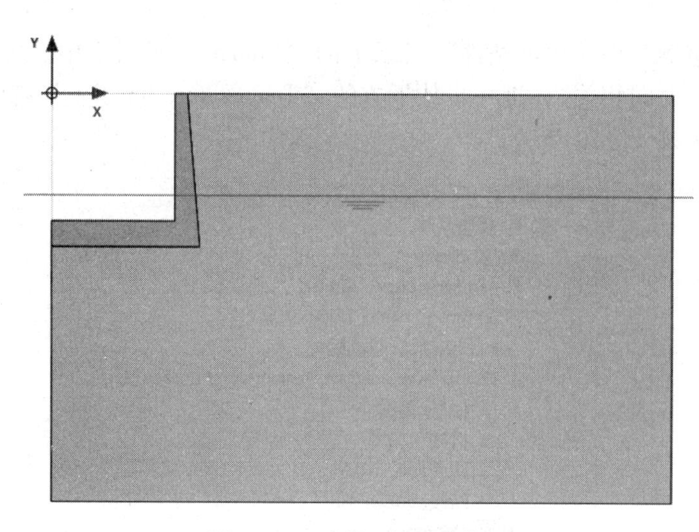

图 25-10　阶段 1 的最终模型

25.3.3　阶段 2

添加一个新阶段（阶段 2），计算类型设为“完全流固耦合”，“Thermal calculation type”设置为“Use temperatures from previous phase”。即本阶段考虑上一个计算阶段的温度影响。“时间间隔”为 10d，同时勾选“重置位移为零”和“忽略吸力”。

此外，在“模型条件”下“Climate”子目录下定义一个时间相关性的温度函数。步骤如下：

右击“模型浏览器”中“属性库”下的“Thermal functions”，选择“编辑”，弹出“Thermal functions”对话框。单击“➕”，默认“简谐”，指定“振幅”为“15.00”，“时间”为“40.00day”。下方出现函数曲线（见图 25-11）。因为阶段 2 的“时间间隔”是“10 天”，仅仅四分之一周期，即 10 天后，气温增加 15K。

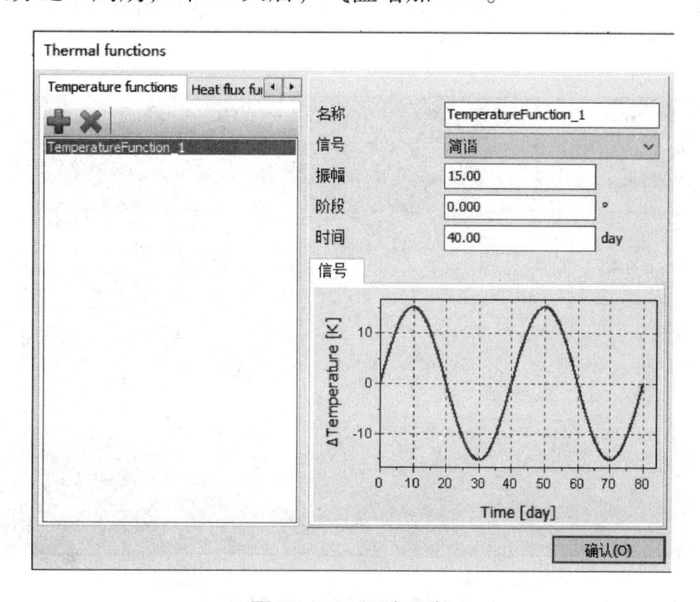

图 25-11　温度函数

在“模型浏览器”中“模型条件”目录下的“Climate”子目录中，从“时间依赖性”下拉菜单中选择“时间相关”，进一步从下方的“Temperature function”右侧下拉菜单中选择定义好的温度函数（见图25-12）。

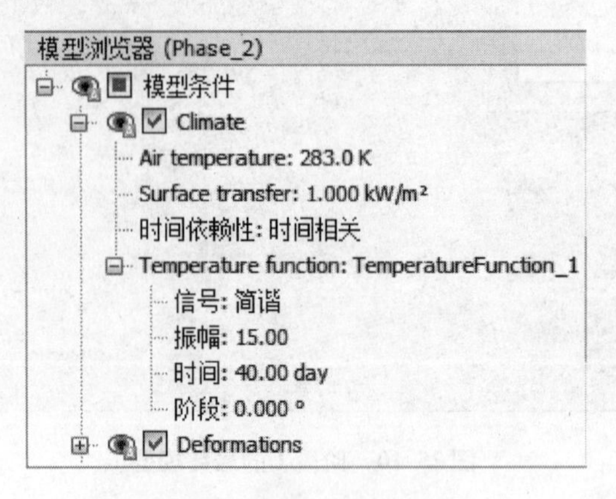

图25-12　阶段2的模型条件

至此，分步施工中的所有计算阶段都已经定义完成。在开始计算之前建议选择生成曲线所需要的点，如点（5，0）。单击按钮“”执行计算，计算完成后单击“”保存项目。

25.4　计算结果

选中“Initial Phase”并单击查看结果按钮“”。弹出输出程序，在“应力”菜单下选择“热（力）流”中的“温度”。

图25-13显示初始温度分布，它是由地表温度和地下热共同决定的。地表温度和模型底部温度的结果值分别是“283K”和“283.4K”。

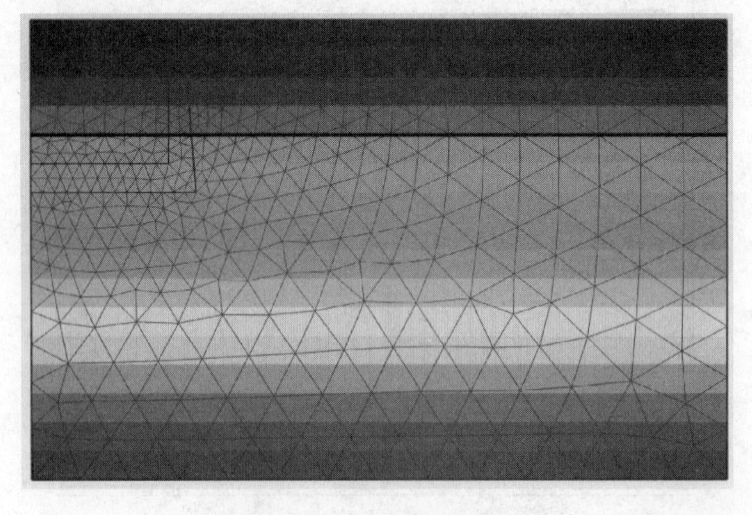

图25-13　初始阶段的温度场

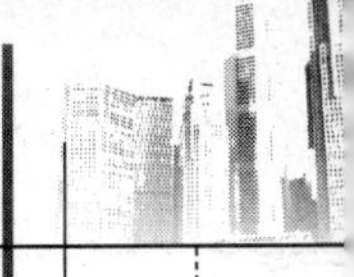

图 25-14 显示阶段 1 的温度分布，它是通过稳态热传导计算得来。实际上，地表的温度和模型底部的温度等于初始阶段定义的温度。然而，因为地表温度定义了“气候条件”（气温），该温度也被施加到了船闸内部并且影响地下温度分布。

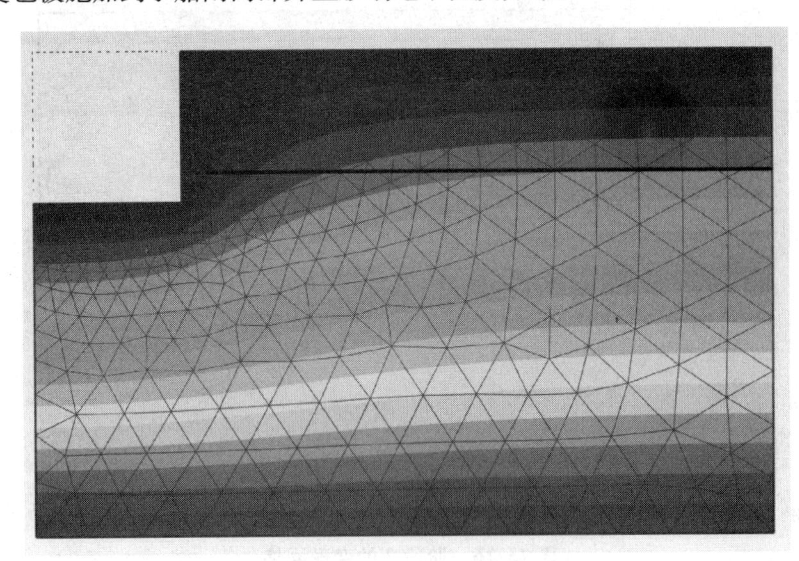

图 25-14 阶段 1 稳态温度分布

重要的结果是在阶段 2。气温逐渐从 283K 升高到 298K（15K 幅值是简谐气温的四分之一周期）。图 25-15 显示地表温度的时间曲线。

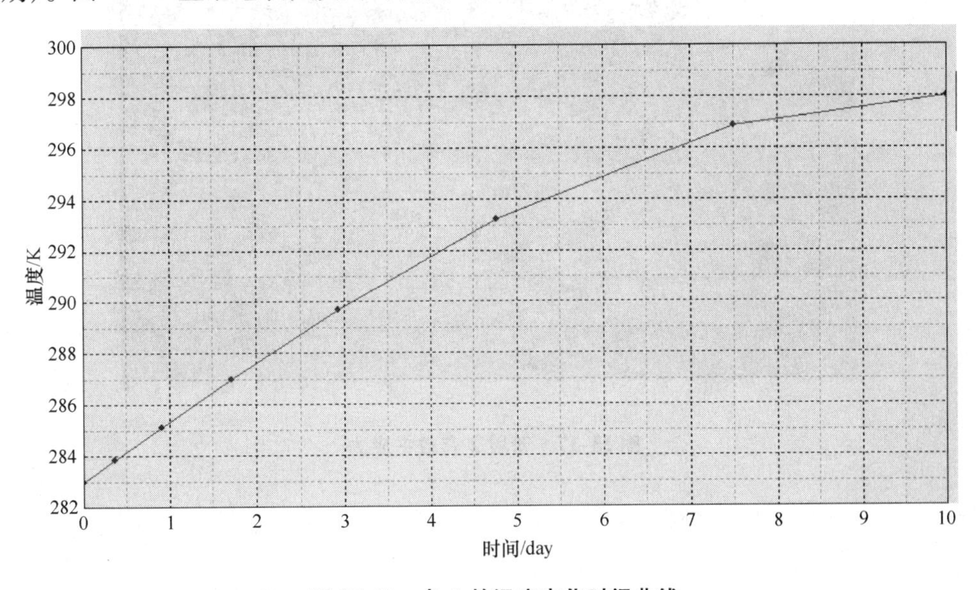

图 25-15 点 A 的温度变化时间曲线

由于混凝土实体的内侧温度变化，而外部（土侧）保持“冷”，墙体发生向外弯曲。图 25-16 显示阶段 2 的变形网格图。由于反向弯曲，墙后土体的水平应力将增加，趋于被动土的应力状态（见图 25-17）。注意，图 25-17 中关闭了非多孔材料的应力显示，这可以通过在默认显示的有效主应力图上右击，从右键展开菜单中单击“设置”选项，然后在“设置”窗口的“结果”选项卡中取消勾选“显示非多孔材料的应力”，即可得图 25-17。

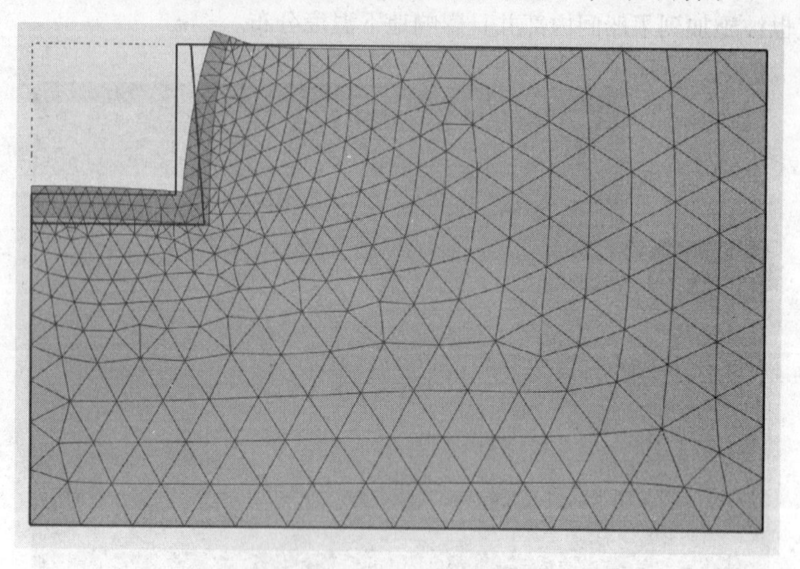

图 25-16　阶段 2 的变形网格

图 25-17　阶段 2 有效主应力

第 26 章 冻结法隧道热-流耦合分析

本例讲述地下水渗流和冻结管热传导的耦合分析。隧道采用冻结法施工，施工顺序为：施工冻结管，土体被冻结，隔断地下水，隧道开始施工。因为该工法冻结土体将消耗大量能量，所以通过模拟地下水渗流和冻结行为可以对冻结系统进行优化设计。

本例中，在 30m 厚土层中建造半径 3m 的隧道（见图 26-1）。地下水从左向右流动，影响着土体的热力学行为。首先土体将遭受到冻结管低温，一旦土体被充分冻结，隧道便可以建造。

因为地下水渗流引起不对称温度分布，模型需要整体模拟。而上一章的示例中建立半个模型就足够了。

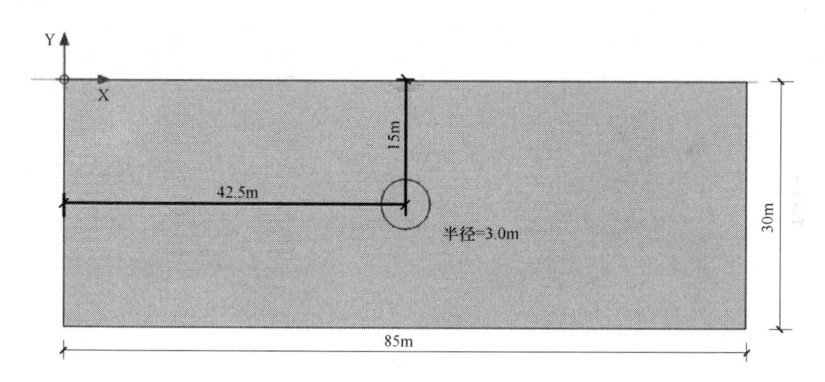

图 26-1 几何模型

学习要点：

1）模拟土体冻结，热传导和渗流耦合。

2）模拟未冻土体含量。

3）使用命令流建立冻结管。

26.1 输入

26.1.1 项目属性

启动PLAXIS 2D“输入”程序，在“快速选择”对话框中选择“启动新项目”。在“项目属性”窗口下的“项目”选项卡中输入一个名称。将模型边界设置为 $x_{min}=0.0m$，$x_{max}=85.0m$，$y_{min}=-30.0m$，$y_{max}=0.0m$。在“Constants（常数）”选项卡下，输入“T_{ref}”和“T_{water}”为“283”，其他保持默认。

26.1.2 定义土层

使用“”按钮在“$x=0$”处创建一个钻孔，在弹出的“修改土层”窗口中，使用“添加(A)”按钮添加一个土层，“顶部”输入“0”，“底部”输入“-30”，“水头”输入“0”。

单击“”按钮，弹出“材料数据组”窗口，根据表26-1中的参数建立土的材料数据组。

表26-1 土材料属性

参数	名称	砂土	单位
一般			
材料模型	材料模型	莫尔-库仑	—
排水类型	排水类型	排水	—
水位以上土重	γ_{unsat}	18	kN/m³
水位以下土重	γ_{sat}	18	kN/m³
初始孔隙比	e_{int}	0.5	—
参数			
弹性模量	E'	1E5	kN/m²
泊松比	ν	0.3	—
黏聚力	c'_{ref}	0（建议1）	kN/m²
内摩擦角	φ	37	(°)
剪胀角	ψ	0	(°)
地下水			
数据组	—	标准	—
土的类型	—	中等	—
水平渗透系数	k_x	1	m/day
垂直渗透系数	k_y	1	m/day
渗透系数改变	c_k	1E15	—
热			
比热容	C_s	850	kJ/t/K
导热系数（热传导率）	λ_s	2E-3	kW/m/K
土密度	ρ_s	2.1	t/m³

（续）

参　数	名　称	砂　土	单　位
X 方向热膨胀	α_x	5E－6	1/K
Y 方向热膨胀	α_y	5E－6	1/K
Z 方向热膨胀	α_z	5E－6	1/K
未冻水含量	—	见表 26-2	—
界面			
强度	—	刚性	—
界面强度折减系数	R_{inter}	1.0	—
热阻	R	0	$m^2 \cdot K/kW$

模拟某个温度下可以流过土体的水量，需要一个未冻水含量的曲线，定义温度和未冻水含量的对应关系。同样的曲线在其他项目中也可以使用。因此，该曲线可以保存和加载到其他项目的属性。在“Thermal（热）”选项卡中，单击“Unfrozen water”勾选框。在右侧出现的页面中，单击“➕”按钮增加数据行，按照表 26-2 输入相应的数据。将定义好的材料组赋予相应土层。

提示：该表可以单击保存按钮进行保存。

表 26-2　砂土未冻结水含量曲线

#	温度/K	未冻水含量
1	273	1
2	272	0.99
3	271.6	0.96
4	271.4	0.9
5	271.3	0.81
6	271	0.38
7	270.8	0.15
8	270.6	0.06
9	270.2	0.02
10	268.5	0

26.1.3　定义结构单元

冻结管通过线单元模拟，长度等于管直径（10cm），赋予热传导边界条件属性。本例简化后，仅建立 12 根冷冻单元，现实中，可施加更多冷冻单元以便土体充分冻结。

进入“结构”模式，单击“ ”按钮，在命令行中输入“line 45.141 －13.475 45.228

–13.425”。按下〈Enter〉键，创建冻结管。按同样方法，根据表 26-3 建立其他冻结管。使用框选按钮框选所有的线。右键单击其中一条线，从“创建”菜单中选择热传导边界“”，使冷冻管具备相应属性。在选择浏览器中，出现“ThermalFlowBC”，设置“行为”为“Convection（对流）”，设置“T_{fluid}”为“250K”，“Transfer coefficient（热传导系数）”设置为“1kW/m²/K”。

提示：PLAXIS命令流可以在 Excel 中写好后直接复制粘贴运行。

表 26-3　冻结管的各线段端点坐标

线号	$X_{点1}$	$Y_{点1}$	$X_{点2}$	$Y_{点2}$
1	45.141	–13.475	45.228	–13.425
2	44.025	–12.359	44.075	–12.272
3	42.500	–11.950	42.500	–11.850
4	40.975	–12.359	40.925	–12.272
5	39.859	–13.475	39.772	–13.425
6	39.450	–15.000	39.350	–15.000
7	39.859	–16.525	39.772	–16.575
8	40.975	–17.641	40.925	–17.728
9	42.500	–18.050	42.500	–18.150
10	44.025	–17.641	44.075	–17.728
11	45.141	–16.525	45.228	–16.575
12	45.550	–15.000	45.650	–15.000

绘制线（0，0）（85，0）代表上边界。右键单击该边界创建“ThermalFlowBC”和“地下水渗流边界”。同样方法建立两侧和底部边界。选中四个边界，在“选择对象浏览器”中热传导边界下将“行为”设为“温度”，“T_{ref}”设置为“283K”。

定义地下水渗流边界步骤为：选中上边界和底部边界，在“选择对象浏览器”中“GWFlowBC”子目录下将“行为”设为“关闭”，选择左边界，设置“行为”为“流入”，“q_{ref}”设置为“0.1m/day”，右边界默认为“泄漏”。

通过隧道设计器创建隧道轮廓。由于未考虑变形计算，不必建立板单元模拟隧道衬砌。建立隧道只是为了让冷冻管附近的网格更加密集和整齐。隧道在计算阶段中不激活，但是PLAXIS将检测到隧道轮廓线并根据它生成网格。如果直接改变冷冻管的粗糙系数，虽然也可以加密网格，但是不能保证均匀整齐。操作步骤如下：

单击绘图区左边的工具栏中的“创建隧道”，弹出“隧道设计器”。“形状类型”默认为“自由”，将其改选为“圆”。进入“线段”选项卡，将两个线段的“半径”设置为“3m”。单击“生成”，然后“关闭”，模型如图 26-2 所示。

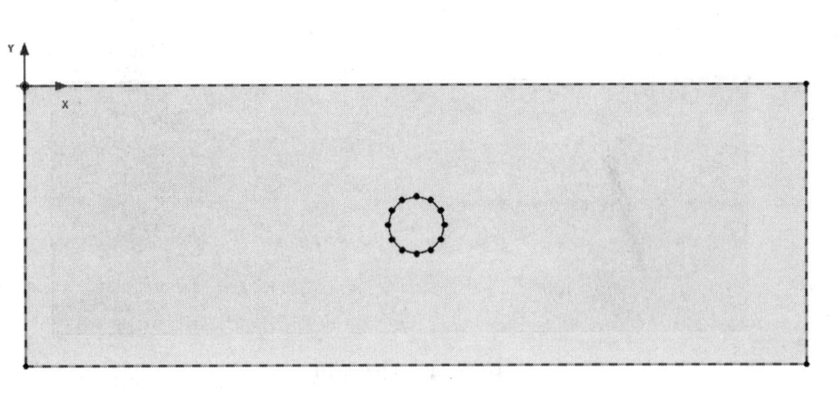

图 26-2　几何模型

26.2 网格生成

进入“网格”模式，单击“ ”生成网格，采用默认的单元分布即可，即网格疏密度为“中等”。网格生成后，单击“ ”查看网格，如图 26-3 所示。然后可以单击“关闭”标签关闭输出程序。

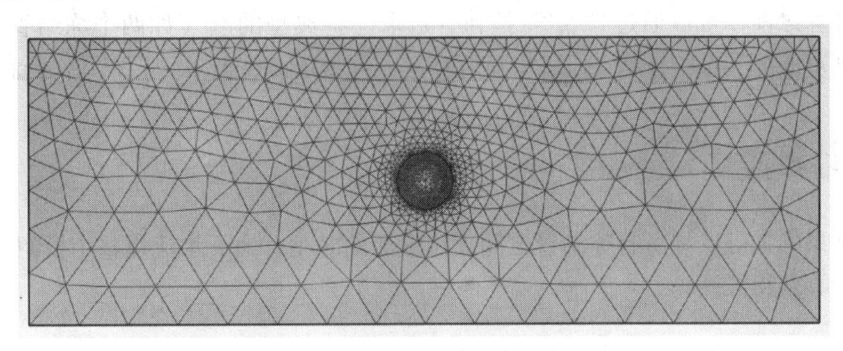

图 26-3　生成网格

26.3 计算

本例计算仅仅执行“渗流模式”。

26.3.1 初始阶段

进入“分步施工”阶段模式，双击“阶段浏览器”中“Initial phase”，在弹出的“阶段”窗口中“一般”子目录下，“计算类型”设为“Flow only（仅渗流）”，“Thermal calculation type”设为“Earth gradient”，关闭“阶段”窗口。

在“模型浏览器”的“模型条件”中，勾选激活并单击选中“ThermalFlow”。设置“T_{ref}”为“283K”。“h_{ref}”和“Earth gradient”均设为“0”。完成的模型如图 26-4 所示。

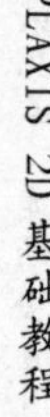

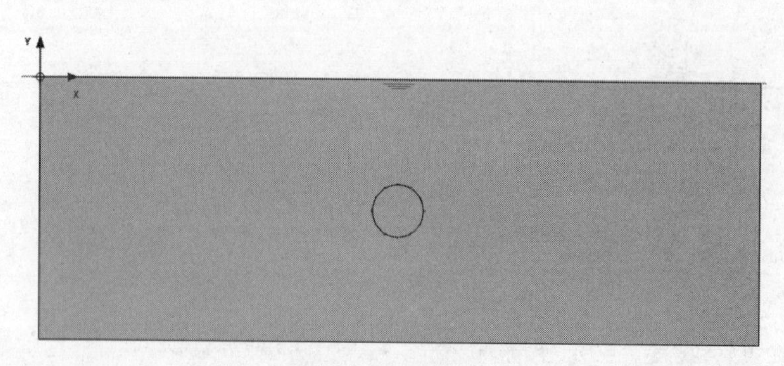

图 26-4　初始阶段

26.3.2　阶段 1

单击“ ”按钮，添加一个新阶段（阶段 1），“孔压计算类型”设为“瞬态渗流”，“Thermal calculation type”设为“Transient thermal flow”，“时间间隔”输入“180”，“存储的最大步数”输入“100”，以便于输出中间过程的计算结果。

在“模型浏览器”中激活全部“Thermal flow BCs”，此外，框选并激活上、下、左、右四个地下水渗流边界条件，并且取消勾选“模型条件”中的“ThermalFlow”。

开始计算之前，可以通过“ ”按钮，选取一些典型的点（如两个冻结管之间的点）用于生成结果曲线。单击按钮“ ”执行计算，计算完成后单击“ ”保存项目。

26.4　计算结果

计算结果的关键点是所有冻结管之间无法渗流的时刻，地下水流过整个模型，稳态和瞬态热传导计算获得温度场。

26.5　查看计算结果步骤

单击“查看计算结果”按钮“ ”，弹出“输出”程序窗口。从“应力”主菜单下选择“热力流”展开菜单中的“温度”选项，图 26-5 所示为瞬态热传导计算的最终温度分布。在“输出”程序中，可以查看各阶段储存的中间计算步结果，从而可以查看隧道施工的冻结过程（输出演示视频更直观）。

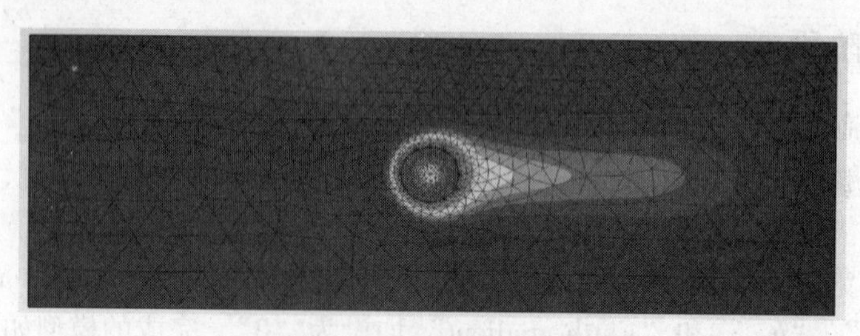

图 26-5　瞬态阶段的温度场

从“应力”主菜单下选择“地下水渗流”展开菜单中的“| q |”选项，并单击工具栏中的“矢量图”按钮“ ”，显示渗流场矢量。图 26-6 所示为冻结 57 天左右时的地下水渗流场，图 26-7 所示为瞬态计算的最终渗流场分布，可以看到，冻结 180 天后整个隧道都趋于冻结，无地下水渗流通过。

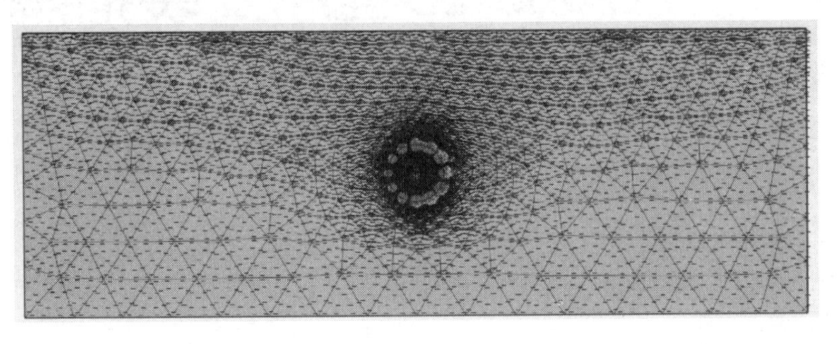

图 26-6　瞬态分析的中间计算阶段的地下水渗流矢量图（约 57 天时）

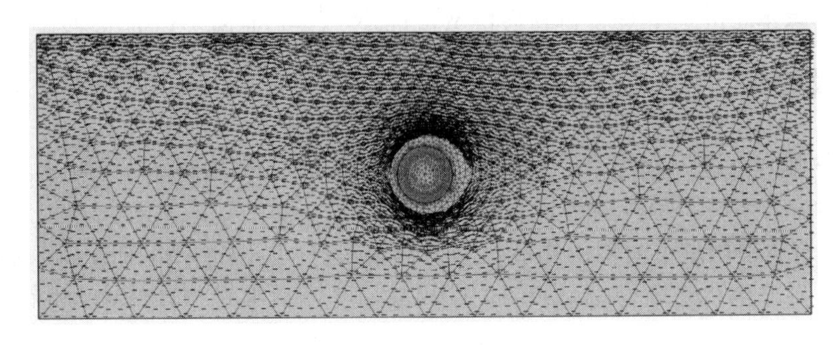

图 26-7　最终渗流场（180 天时）

附 录

PLAXIS 2D程序安装指南

1 硬件要求

(1) 操作系统 PLAXIS软件可在使用 Windows® XP 专业版、Vista 商业版、Windows® 7 专业版和 Windows® 8 专业版等操作系统的计算机上运行。推荐使用 Windows® 7 专业版 64 位系统。

(2) USB 接口 至少需有一个 USB 接口，供插入加密锁使用。

(3) 显卡 要求：256MB GPU，支持 OpenGL 1.3。

强烈建议避免使用过于简单的集成显卡，建议最好使用来自 NVIDIA GeForce 或 Quadro 的独立 GPU，要求至少 128 位总线和 1GB RAM，或者是来自 ATI/AMD 的同等配置的解决方案。

(4) 处理器 要求：双核 CPU。

推荐：四核 CPU。

(5) 硬盘 要求至少 2GB 的空间用于 Windows 临时目录，另外还需要 2GB 的空间保存项目。一些大型项目可能需要更多的空间。为了获得最佳性能，需确保临时目录、项目目录驻留在同一个分区。

(6) 随机存储内存 (RAM) 推荐：至少 8GB。大型项目可能需要更多。

(7) 视频模式 要求：1024 × 768 像素，32 位彩色。

推荐：1280 × 900 像素，32 位彩色。

(8) 鼠标 要求具有两个或三个按钮，带有滚动轮的鼠标在显示输出数据的表格时比较有用。

(9) 输出设备 图形化和表格化的输出结果可以在所有的激光或喷墨打印机上输出（包括彩色打印机）。打印功能完全由 Windows®操作系统控制。

(10) PC 网络 PLAXIS软件分为单机版和网络版。单机版通过识别机器码与相应的计算机绑定，VIP 用户可以申请将一个单机版加密锁绑定到两台机器。PLAXIS网络版可以是单节点或多节点。网络版只限制同时使用软件的数量（即节点数），而不受限于某一台计算机。另外，网络版程序只能在 Windows 操作系统下运行（包括工作站或服务器）。

2 程序的安装

PLAXIS产品主要有两种形式，即单机版和网络版。单机版和网络版的安装不同主要体现在对加密锁的设置上。下文将以PLAXIS 2D 2015 的安装为例，先讲述二者安装时共有的部分，然后再分别介绍单机版和网络版加密锁的设置方法。

（1）软件的安装 PLAXIS 2D 程序的安装过程如下：

1）双击运行PLAXIS 2D 程序安装文件“PLAXIS2DSetup_2015. exe”（见附图 1），弹出提取文件窗口（见附图 2），显示从程序安装包中提取文件的进度。

附图 1 PLAXIS 2D 安装程序

附图 2 提取安装程序中的文件

2）提取文件完成后，自动弹出“Setup- PLAXIS 2D”程序安装向导界面（见附图 3），单击“Next”按钮进入下一步。

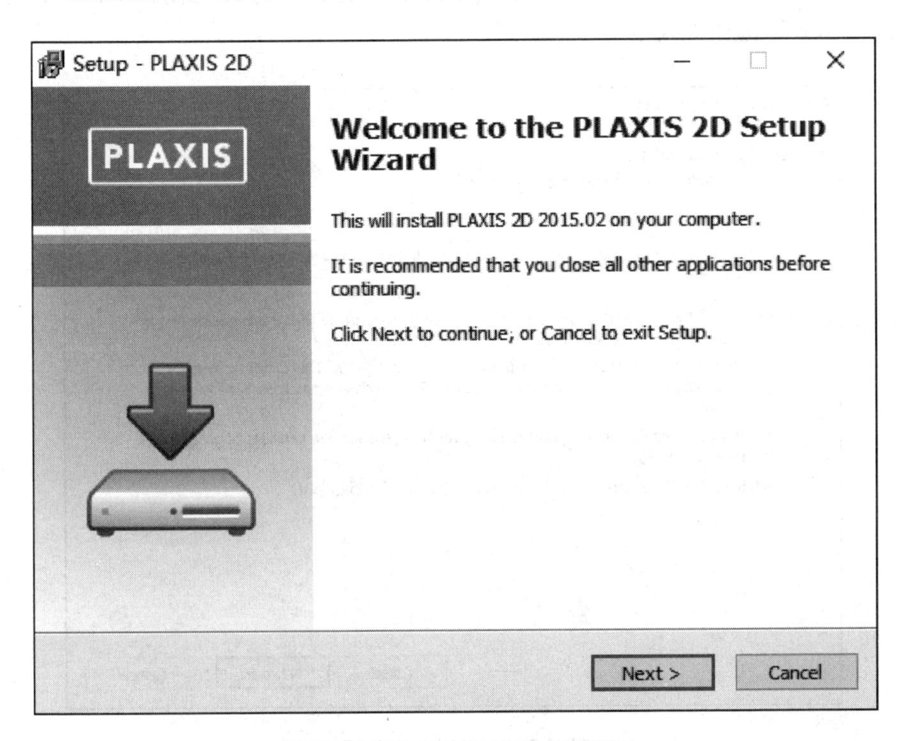

附图 3 PLAXIS 2D 安装向导界面

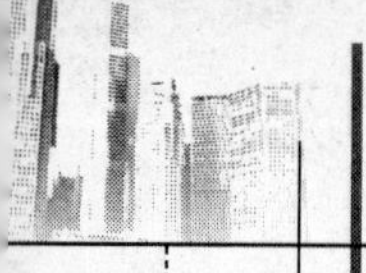

3）选择程序安装目录（见附图4），并单击“Next”按钮进入下一步。

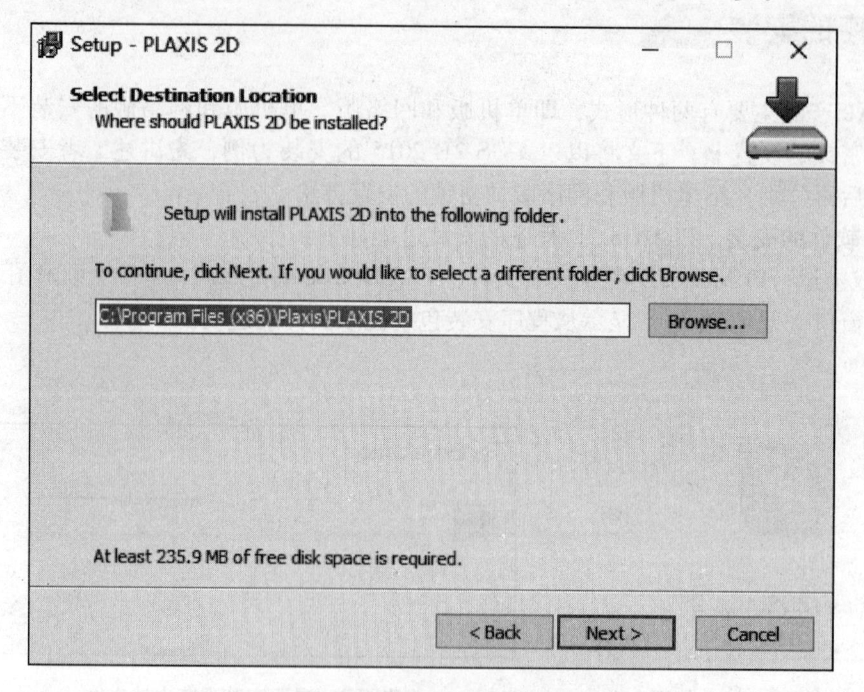

附图4　选择程序安装目录

4）选择除PLAXIS 2D 主程序之外还需安装的附加程序，如果在本机上是首次安装PLAXIS系列程序，建议将本窗口内的四个附加程序全部勾选（见附图5，默认会全部勾选），单击“Next”按钮进入下一步。

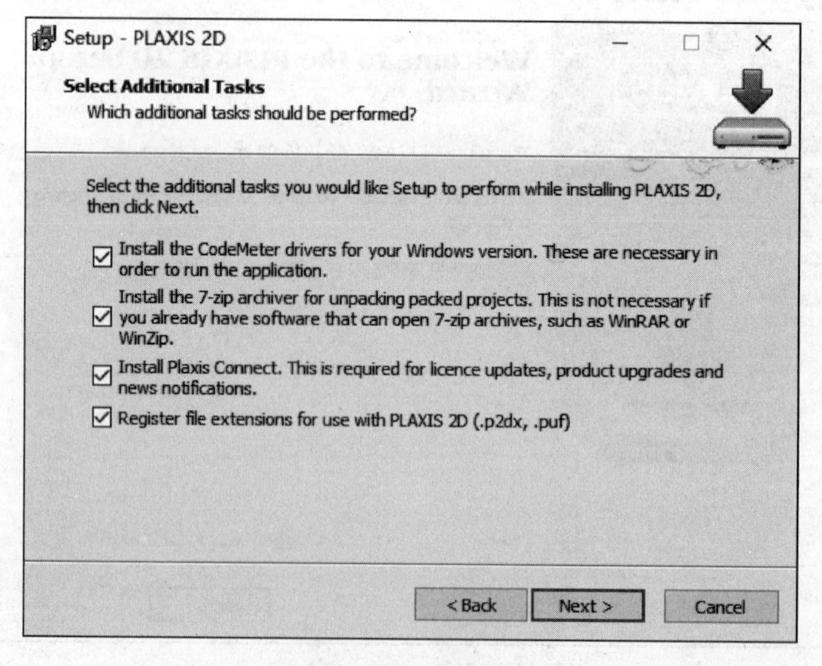

附图5　选择附加安装程序

附图 5 中所示的四个附加程序功能各有不同：

① 勾选第一项，安装“CodeMeter”，是运行PLAXIS 2D 程序所必需的，用于管理加密锁。

② 勾选第二项，安装文件解压工具“7-zip”，用于将程序打包文件解压，如本机上已安装 WinRAR 或 WinZip 之类的文件管理程序，则可不必安装 7-zip。

③ 勾选第三项，安装“Plaxis Connect”，用于更新许可、升级程序版本和查看程序相关的新闻要点，是必须安装的。

④ 勾选第四项，注册PLAXIS 2D 项目文件的扩展名，此项必须选中。

5）输入用户名和注册码（见附图 6），单击“Next”按钮，开始安装程序（见附图 7）。

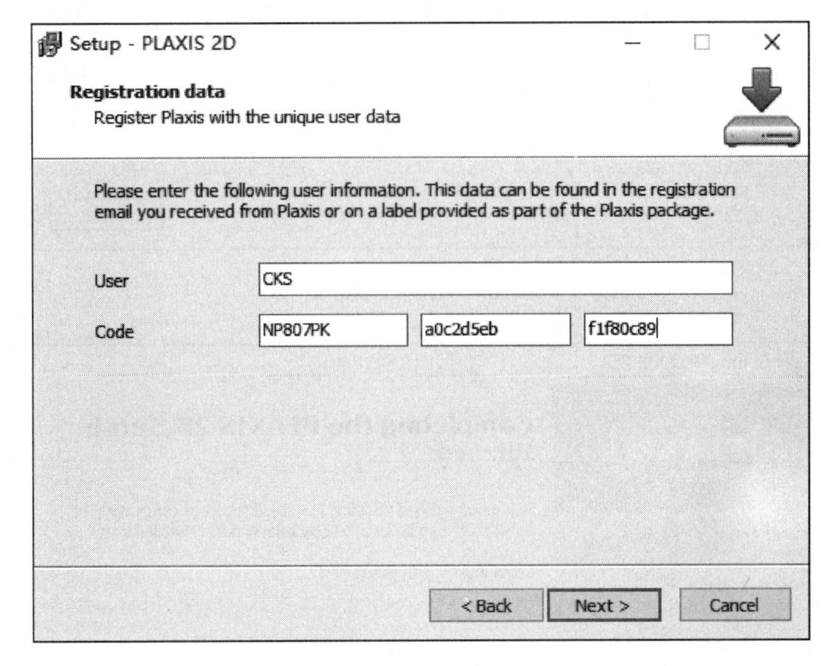

附图 6　输入用户名和注册码

6）单击“Finish”按钮，结束安装（见附图 8）。

（2）加密锁驱动的安装　PLAXIS 2D 在进行程序安装时会不断查找软件包中的加密锁相关文件，因此在安装程序时需要插上加密锁。由于PLAXIS 2D 主程序安装包中已经包含了加密锁管理程序 CodeMeter，因此正常情况下，在安装主程序时勾选相应选项（见附图 5）就可以自动完成加密锁驱动的安装。如果某些情况下，需要用户手动安装加密锁驱动，或者需要将加密锁驱动升级到最新版本时，可遵照以下步骤进行操作：

1）通过浏览器登录网址“http：//kb. PLAXIS. nl/downloads/codemeter-drivers”。

2）在当前网页下找到 CodeMeter 安装程序下载链接，可直接单击用浏览器下载，或在该链接上右击使用下载工具下载。加密锁驱动会随着主程序版本的更新而随时更新，一般情况下，用户应保持本地计算机上的 CodeMeter 和 Connect 为最新版本，尤其是当更新 License 文件时，如果前者不是最新版本将无法更新许可。

3）下载完成后，双击该程序，按照提示完成 CodeMeter 的安装。

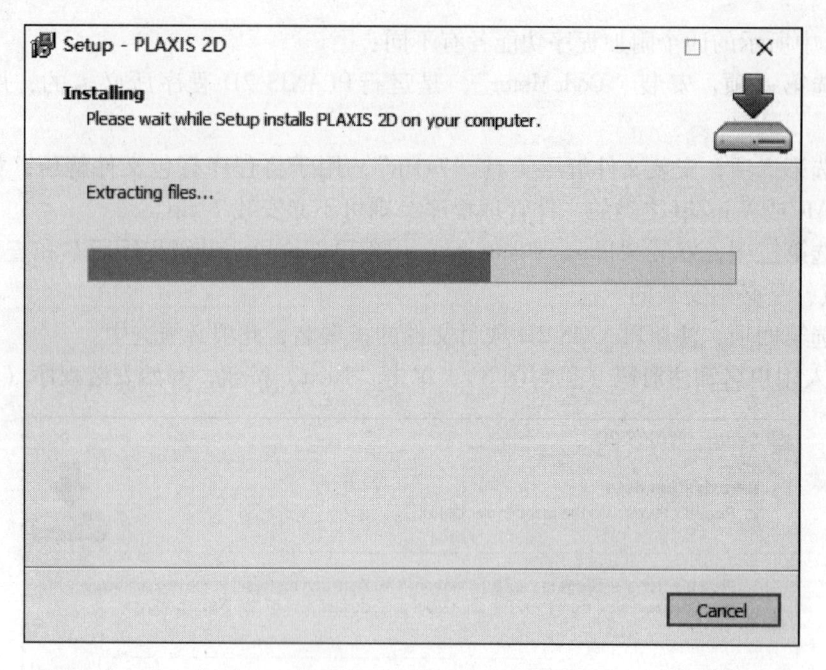

附图 7　程序安装进度

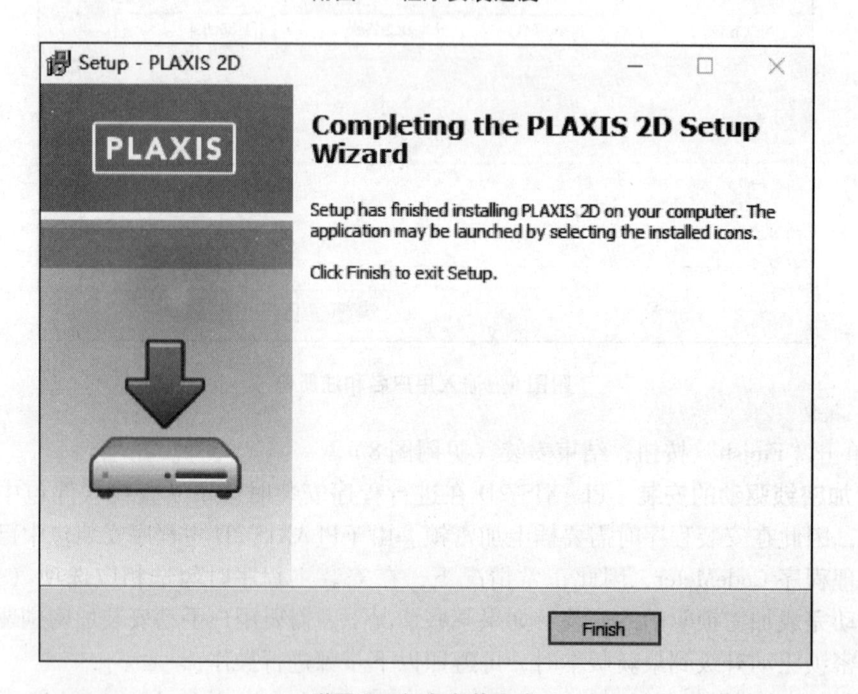

附图 8　程序安装完成

(3) 网络版设置　以下设置过程基于 CodeMeter 5. 10a，CmStick 2. 02。程序版本更新需连接国际互联网，其他版本设置方法与此类似。

1）在服务器上安装PLAXIS 2D 程序（同时附带安装 CodeMeter 驱动，即勾选附图 5 中第一项）（注：如不是最新版 CodeMeter，请通过PLAXIS Connect 程序进行更新，或者按 1 中（2）所述方法手动下载最新版 CodeMeter 后安装）。

2）插上加密锁，在“开始”→“所有程序”中运行“CodeMeter”→“CodeMeter Control Center”，打开“CodeMeter 控制中心”界面，如附图 9、附图 10 所示。

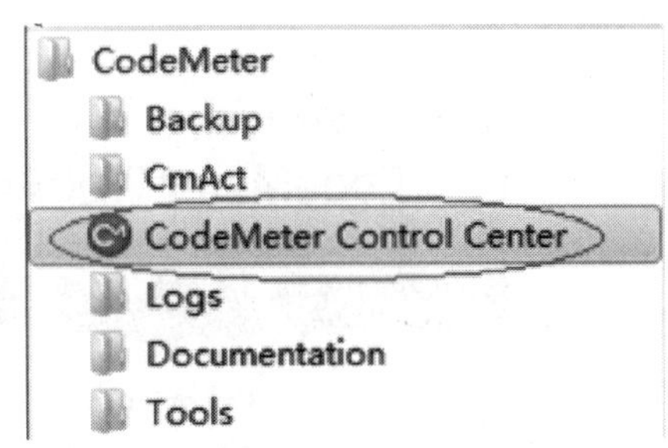

附图 9 启动 CodeMeter Control Center

首先确认“CodeMeter 控制中心”界面中“版本：CmStick 2.02”后面的数字为 2.02（或者更高版本），如果低于该版本，需单击该行右侧的“”按钮进行更新。

然后单击右下角的“Web管理界面”，自动在 Internet 浏览器中打开“CodeMeter WebAdmin”页面，如附图 11 所示。

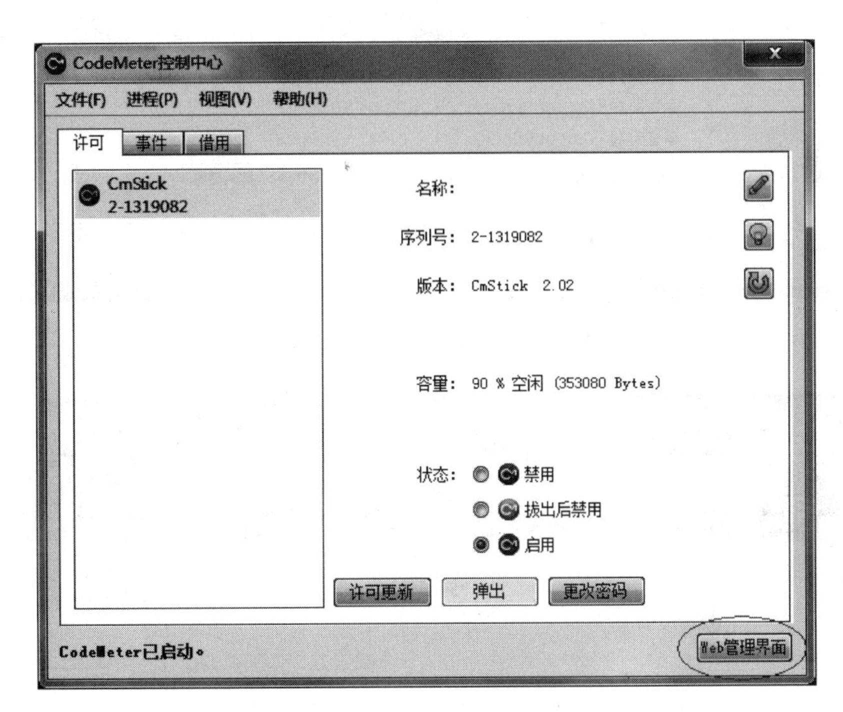

附图 10 “CodeMeter 控制中心”界面

3）在“CodeMeter WebAdmin”页面中单击“配置”菜单，默认进入“网络设置”页面。单击“服务器列表”左下方的“添加”按钮，在弹出的对话框中输入当前服务器的 IP，单击“确定”回到“网络设置”页面并在“服务器列表”中添加了服务器 IP 地址，再单击页面下方的“设置”（见附图 12）。

提示： 不要同时将多台机器设置为服务器，以免搜索服务器时出现混乱（设置新机器为服务器后，请将先前设置为服务器的机器 IP 地址从服务器列表中移除）。

4）同样在“配置”菜单下，单击“服务器配置”，进入服务器配置页面，勾选“运行

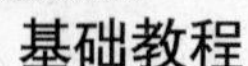

网络服务器”（见附图 13），然后单击“设置”，等候片刻，网络服务器设置完成。

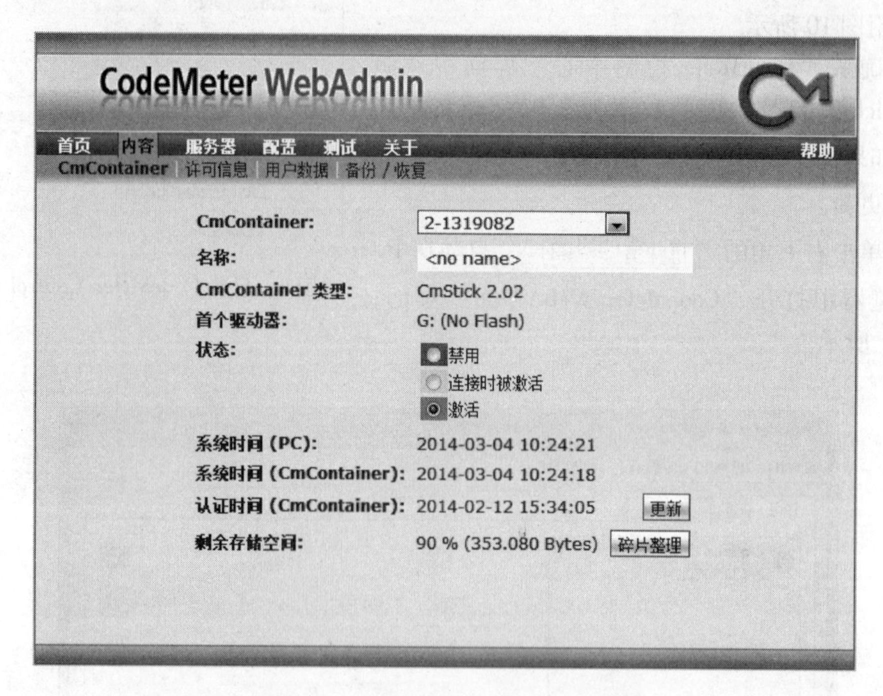

附图 11　CodeMeter WebAdmin 页面

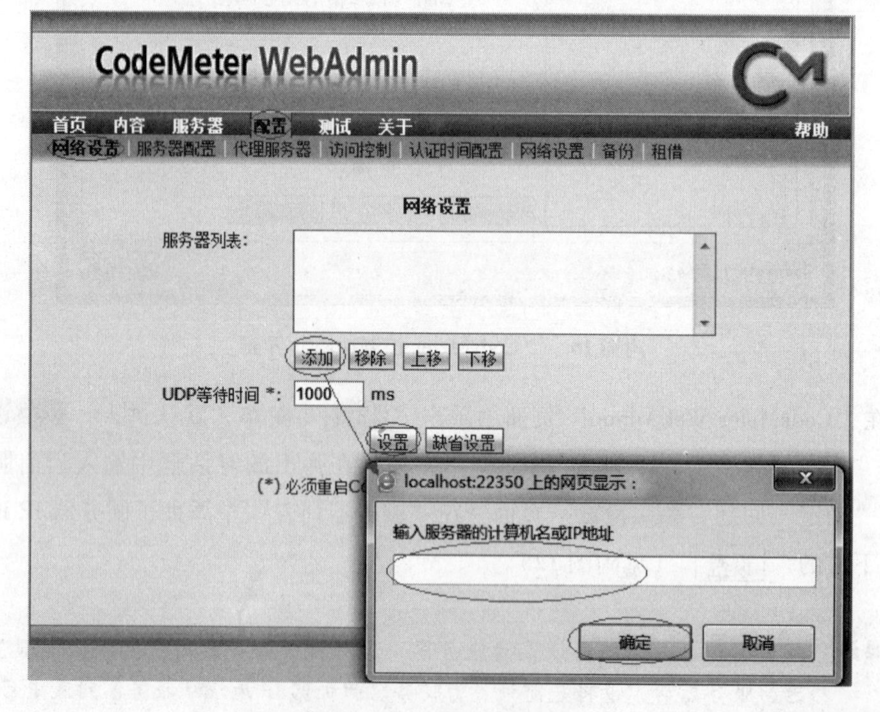

附图 12　添加服务器 IP 地址

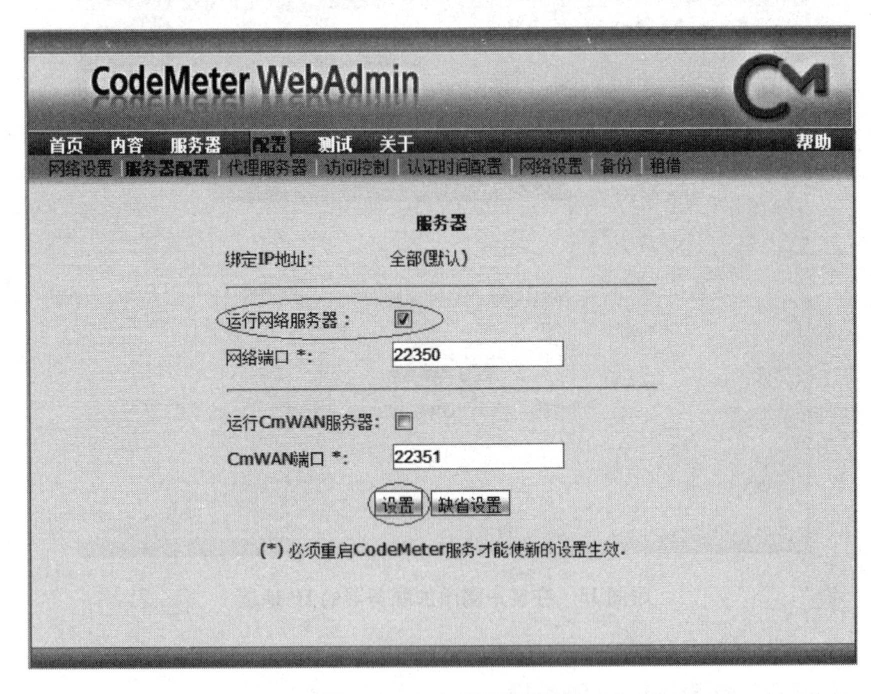

附图 13　运行网络服务器

5）完成上述设置后，请先退出 CodeMeter（见附图 14），然后再从 Windows 开始菜单中重新启动 CodeMeter，设置生效。

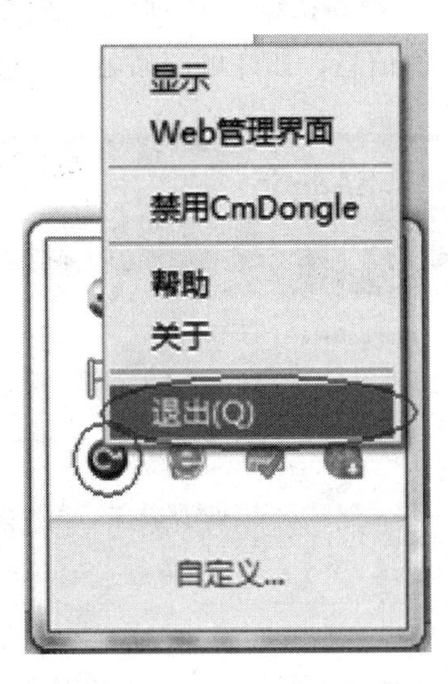

附图 14　退出 CodeMeter

此时运行客户端程序，如果客户端提示找不到加密锁，则需要：打开客户端服务器列表，将服务器 IP 地址（此处假设为 192. 168. 2. 53）添加到客户端服务器列表中，如附图 15 所示。

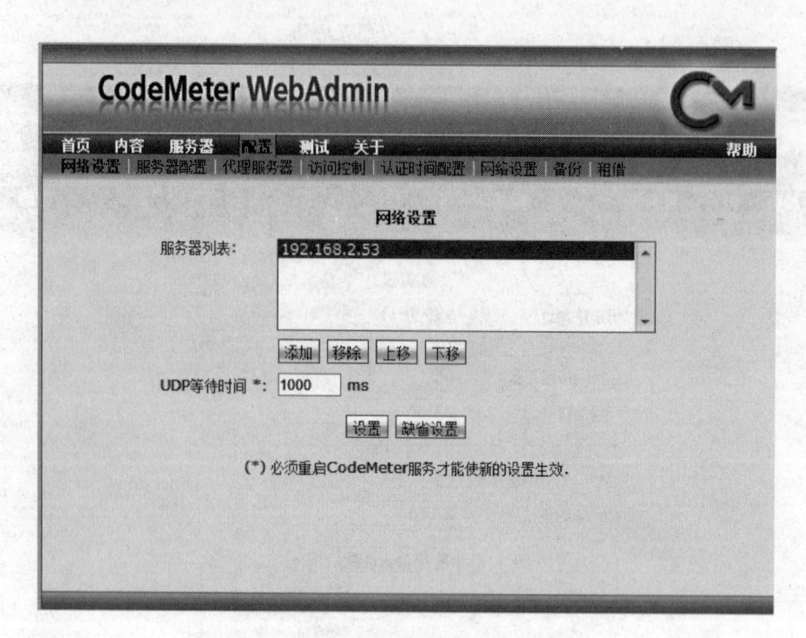

附图 15 在客户端添加服务器的 IP 地址

3 查看加密锁的许可信息

1）插上加密锁，打开 CodeMeter，选择右下角的“Web 管理界面”，参见附图 10。

2）单击“内容”菜单下的“许可信息”选项卡，进入许可信息页面，如附图 16 所示，此时即可查看所使用加密锁的信息，如许可产品名称、过期日期、节点数量等。

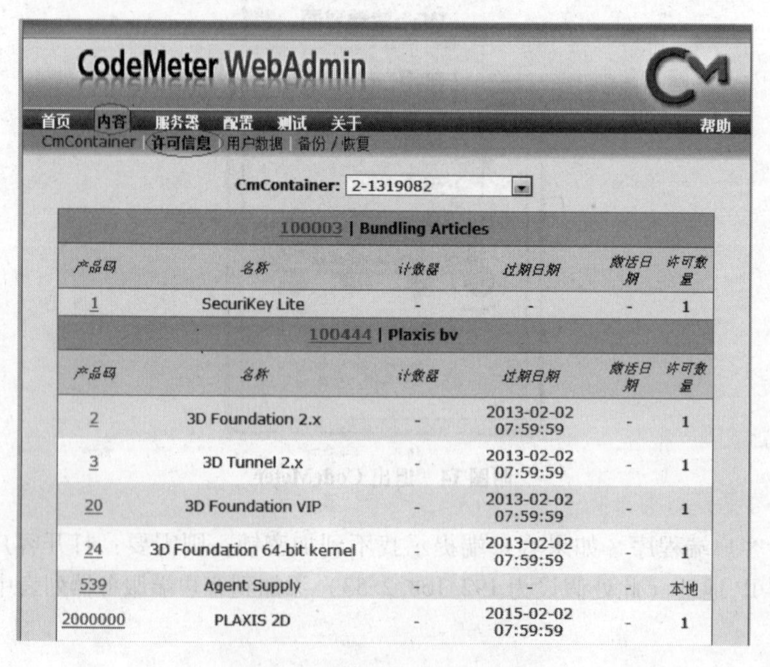

附图 16 查看加密锁许可信息

4 通过网络更新 License

1）插上加密锁，打开 CodeMeter 控制中心，单击右侧第三个按钮（见附图 17），更新 CmStick（见附图 18），直到弹出提示信息 CM-Firmware 已是最新版本（见附图 19）。

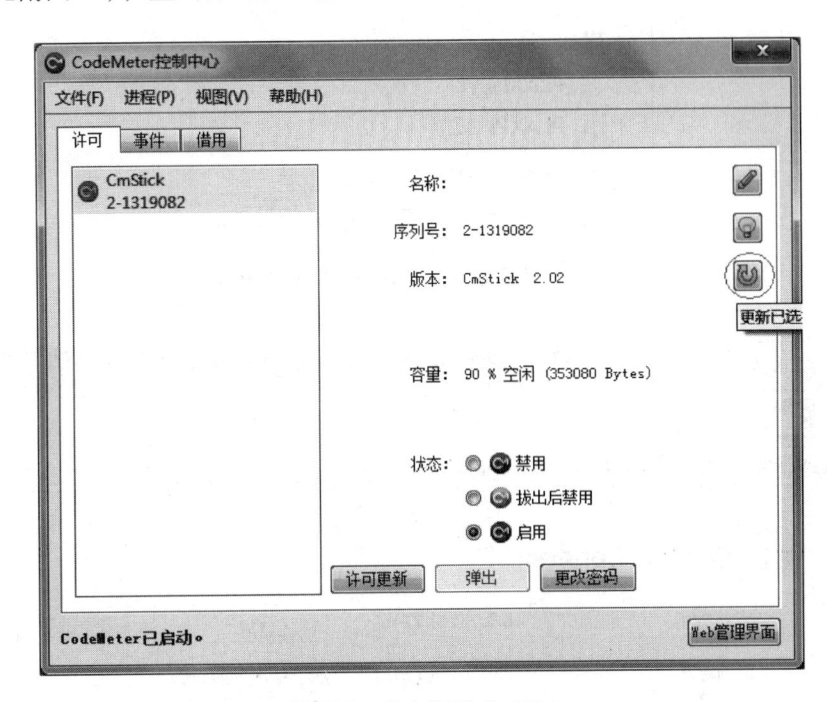

附图 17 单击更新 CmStick

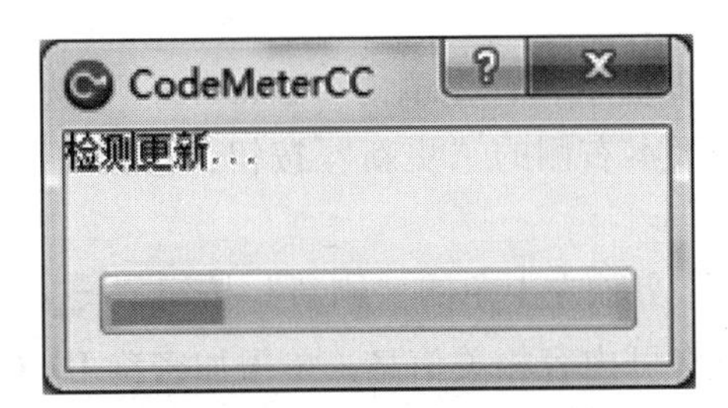

附图 18 CmStick 更新过程

附图 19 CmStick 更新成功

2）从 Windows 的“开始”→“所有程序”中运行“Plaxis”→“PLAXIS Connect”（见附图 20），弹出“PLAXIS 连接”界面，单击“应用程序”选项卡，查看PLAXIS Connect 是否为最新版本。如不是最新，请单击最新版本号右侧的“更新”按钮进行更新，更新成功后提示信息为：您的版本是最新的（见附图 21）。

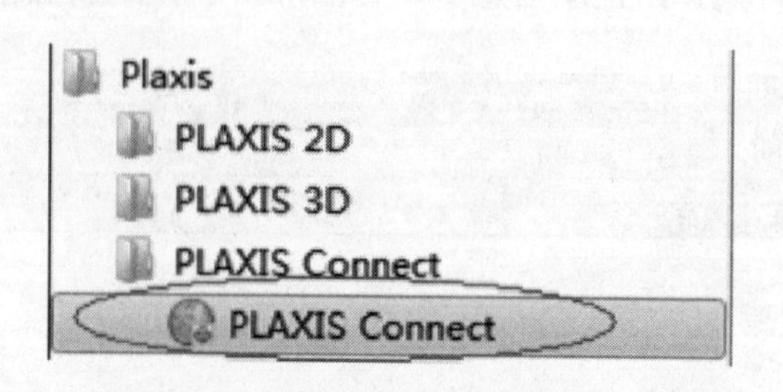

附图 20　从开始菜单打开PLAXIS Connect

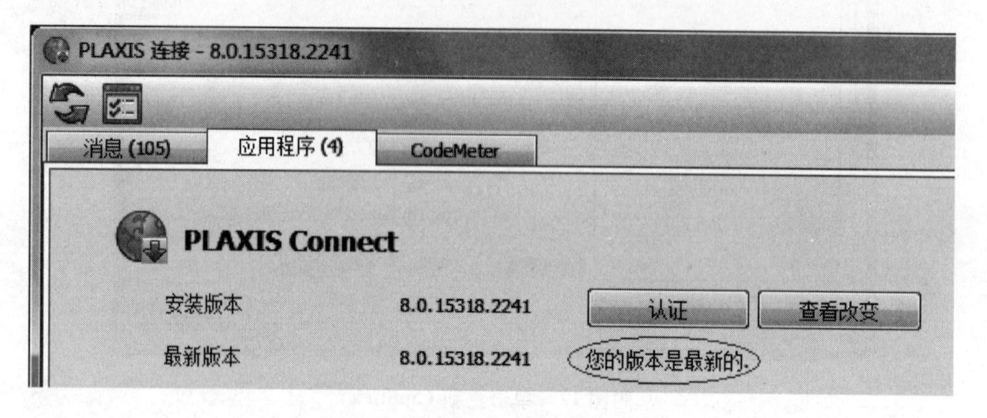

附图 21　更新PLAXIS Connect

3）在“PLAXIS连接”界面下，首先单击“CodeMeter”选项卡，查看 CodeMeter 是否为最新，如不是，单击最新版本右侧的“更新”按钮，直至更新后出现提示信息：您的版本是最新的。

4）单击“PLAXIS连接”界面左上角的“刷新”按钮“ ”，刷新后界面下方许可信息框内将出现加密锁锁号及许可内容相关信息。单击加密狗 ID 右侧的“更新许可”按钮，弹出更新过程等待提示框（见附图 22）。许可更新完成后，可在界面下方许可信息框内查看许可产品名称、许可数量、过期数据、激活状态等，如附图 23 所示。

附图 22　更新许可等待提示框

附图 23　加密锁许可更新及许可信息

5 常见问题及对策

(1) 如何更改用户名　正式成为PLAXIS用户后，需要将临时用户名和密码更改为本单位的相关信息。

以程序安装在 C 盘为例，程序安装目录为“C：\ Program Files \ PLAXIS \ PLAXIS 2D > userdef. puf. ”。

可用写字板打开 userdef. puf 文件，通过复制、粘贴，将用户名和注册码更改为新的本单位的 license 文件中的用户名和注册码。注意：修改后的写字板内容，框架中的“竖线”“加号”等符号应保持原有位置及格式。以北京金土木信息技术有限公司为例，用户名为 CKS，注册码为“NP807PK a0c2d5eb f1f80c89”，则 userdef. puf 文件如附图 24 所示。输出图片时会在图形底部标题栏内写入项目描述、项目名称及用户名等信息，如附图 25 所示。当用户更改为本单位用户名后，附图 25 中右下角一栏内的“CKS”将变更为用户本单位的用户名。

(2) 如何切换语言　PLAXIS 2D 原版用户界面为英文，针对中国用户提供了汉化界面。由于用户对专业术语的理解可能有偏差，汉化界面个别部分可能不尽如人意。如需切换界面

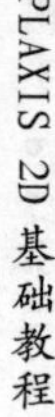

附图 24 PLAXIS用户的注册文件信息

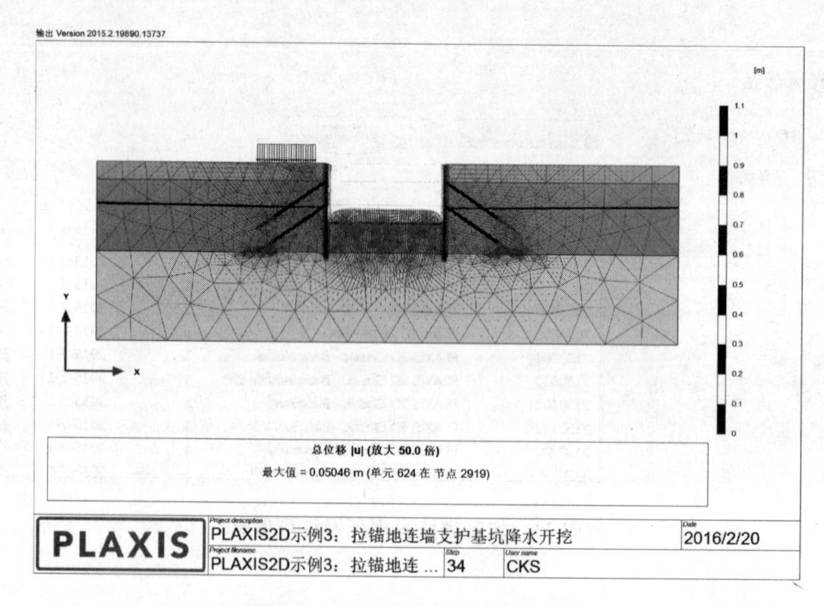

附图 25 PLAXIS 2D 输出示意图

语言，可按下述方法操作：

1）运行PLAXIS 2D“输入”程序，弹出“快速选择”对话框。

2）此时按下〈Ctrl〉+〈Alt〉+〈Shift〉+〈+R〉（即四键同时按下），将弹出“语言重置”提示信息框，如附图 26 所示，单击“确定”，然后关闭“输入”程序（关闭“快速选择”对话框，“输入”程序自动关闭）。

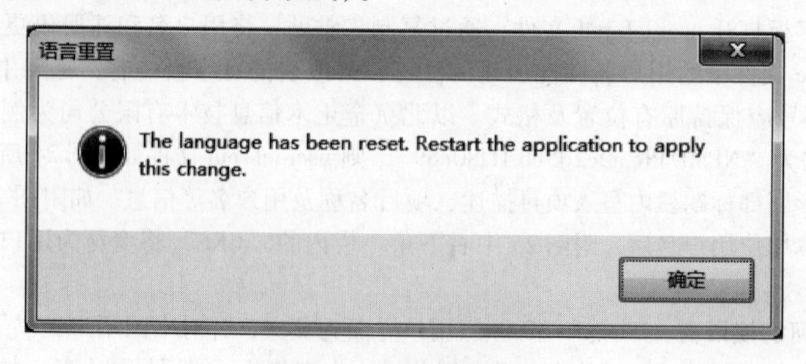

附图 26 语言重置提示框

3）重启PLAXIS 2D“输入”程序，将弹出如附图 27 所示的语言选择提示框，选择所需语言种类，单击“OK”，自动进入切换语言后的程序界面，切换界面语言操作完成。

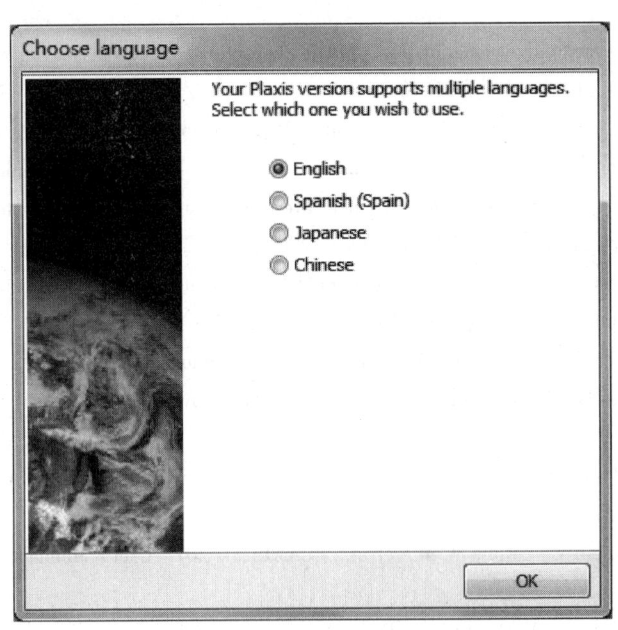

附图 27　语言选择提示框

（3）安装最新驱动后仍提示驱动过期　更新 CodeMeter 时，有些情况下可能会由于未完全删除旧版 CodeMeter 驱动相关文件，在安装最新 CodeMeter 后仍提示驱动过期。此时可按如下操作步骤手动卸载旧版驱动，然后再安装最新 CodeMeter。

1）完全退出 CodeMeter，可参见附图 14。

2）重启计算机。

3）打开任务管理器，终止进程“CodeMeter. exe”“CodeMeterCC. exe”。

4）在控制面板中删除所有 CodeMeter 程序。

5）安装最新的 CodeMeter 驱动。

参考文献

[1] Adachi T, Oka F. Constitutive equation for normally consolidated clays based on elastoviscoplasticity [J]. Soils and Foundations, 1982 (22): 57-70.

[2] Atkinson J H, Bransby P L. The mechanics of soils [M]. London: McGraw-Hill, 1978.

[3] Bathe K J. Finite element analysis in engineering analysis [M]. New Jersey: Prentice-Hall, 1982.

[4] Benz T, Schwab R, Vermeer P A, et al. A Hoek-Brown criterion with intrinsic material strength factorization [J]. Int. J. of Rock Mechanics and Mining Sci., 2007, 45 (2): 210-222.

[5] Bjerrum L. Engineering geology of Norwegian normally-consolidated marine clays as related to settlements of buildings [J]. Seventh Rankine Lecture, Geotechnique, 1967 (17): 81-118.

[6] Bolton M D. The strength and dilatancy of sands [J]. Géotechnique, 1986, 36 (1): 65-78.

[7] Borja R I, Kavaznjian E. A constitutive model forthe σ-ε-t behaviour of wet clays [J]. Geotechnique, 1985 (35): 283-298.

[8] Brinkgreve R B J, Bakker H L. In Proc. 7th Int. Conf. on Comp. Methods and Advances in Geomechanics [C]. Cairns, 1991: 1117-1122.

[9] Brinkgreve R B J, Engin E, Swolfs W M, et al. PLAXIS 2D 2015 User's Manuals [M]. The Netherlands: Plaxis BV, Delft, 2015.

[10] Brinkgreve R B J, Kappert M H, Bonnier P G. Numerical Models in Geomechanics - NUMOG X [C]. London: Taylor & Francis Group, 2007: 737-742.

[11] Brinkgreve R B J. Geomaterial models and numerical analysis of softening [D]. Delft: Delft University of Technology, 1994.

[12] Buisman K. Proceedings of the First International Conference on Soil Mechanics and Foundation Engineering, Cambridge, Mass, 1936 [C]. Mass: Harvard Printing Office, 1965, 1: 103-107.

[13] Burland J B. Deformation of soft clay [D]. Cambridge: Cambridge University, 1967.

[14] Burland J B. The yielding and dilation of clay (Correspondence) [J]. Géotechnique, 1965 (15): 211-214.

[15] CUR. Geotechnical exchange format for cpt-data [R]. Technical report, CUR, 2004.

[16] Das B M. Fundamentals of soil dynamics [M]. New York: Elsevier, 1983.

[17] Davis E H, Booker J R. The effect of increasing strength with depth on the bearing capacity of clays [J]. Geotechnique, 1973, 23 (4): 551-563.

[18] Drucker D C, Prager W. Soil mechanics and plastic analysis or limit design [J]. Quart. Appl. Math. 1952, 10 (2): 157-165.

[19] Duncan J M, Chang C Y. Nonlinear analysis of stress and strain in soil [J]. ASCE J. of the Soil Mech. and Found. Div., 1970 (96): 1629-1653.

[20] Fung Y C. Foundations of solid mechanics [M]. New Jersey: Prentice-Hall, 1965.

[21] Gibson R E. Some results concerning displacements and stresses in a non-homogeneous elastic half-space [J]. Geotechnique, 1967 (17): 58-64.

[22] Goodman R E, Taylor R L, Brekke T L. A model for the mechanics of jointed rock [J]. Journal of Soil Mechanics & Foundations Div, 1968, 94 (sm3): 637-659.

[23] Joyner W B, Chen A T F. Calculation of non linear ground response in earthquake [J]. Bulletin of Seismological Society of America, 1969 (65): 1315-1336.

[24] Kramer S L. Geotechnical earthquake engineering [M]. New Jersey: Prentice-Hall, 1996.

[25] Lysmer J, Kuhlmeyer R L. Finite dynamic model for infinite media [J]. Engineering mechanics division ASCE, 1969 (95): 859-877.

[26] Mattiasson K. Numerical results from large deflection beam and frame problems analyzed by means of elliptic integrals [J]. Int. J. Numer. Methods Eng., 1981 (17): 145-153.

[27] Peschl G M. Institute for Soil Mechanics and Foundation Engineering [C]. Graz: Graz University of Technology, 2004.

[28] Schank O, Gärtner K. On fast factorization pivoting methods for symmetric indefinite systems [J]. Electronic Transactions on Numerical Analysis, 2006 (23): 158-179.

[29] Schank O, Wächter A, Hagemann M. Matching-based preprocessing algorithms to the solution of saddle-point problems in large-scale nonconvex interior-point optimization [J]. Computational Optimization and Applications, 2007, 36 (2-3): 321-341.

[30] Schanz T, Vermeer P A, Bonnier P G. Beyond 2000 in Computational Geotechnics [C]. Rotterdam: Balkema, 1999: 281-290.

[31] Schanz T, Vermeer P A. Angles of friction and dilatancy of sand [J]. Géotechnique, 1996 (46): 145-151.

[32] Schanz T, Vermeer P A. Special issue on pre-failure deformation behaviour of geomaterials [J]. Géotechnique, 1998 (48): 383-387.

[33] Schikora K, Fink T. Berechnungsmethoden moderner bergmännischer bauweisen beim u-bahn-bau [J]. Bauingenieur, 1982 (57): 193-198.

[34] Sluis J J M. Validation of Embedded Pile Row in PLAXIS 2D [D]. Delft: Delft University of Technology, 2012.

[35] Smith I M, Griffith D V. Programming the finite element method [M]. 2nd ed. Hoboken: John Wiley & Sons, 1982.

[36] Vaid Y, Campanella R G. Time-dependent behaviour of undisturbed clay [J]. ASCE Journal of the Geotechnical Engineering Division, 1977, 103 (GT7): 693-709.

[37] Van Langen H, Vermeer P A. Automatic step size correction for non-associated plasticity problems [J]. Int. J. Numer. Meth. Engng., 1990, 29 (3): 579-598.

[38] Van Langen H, Vermeer P A. Interface elements for singular plasticity points [J]. Int. J. Num. Analyt. Meth. in Geomech., 1991 (15): 301-315.

[39] Van Langen H. Numerical analysis of soil structure interaction [D]. Delft: Delft University of Technology, 1991.

[40] Vermeer P A, De Borst R. Non-associated plasticity for soils, concrete and rock [J]. HERON, 1984, 29 (3): 3-64.

[41] Vermeer P A, Stolle D F E, Bonnier P G. Proc. 9th Int. Conf. Comp. Meth. and Adv. Geomech [C]. Wuhan, China, 1998, 4: 2469-2478.

[42] Vermeer P A. Proc. 3rd Int. Conf. Num. Meth. Geomech [C]. Rotterdam: Balkema, 1979: 377-387.

[43] Vermeer P A, Van Langen H. Soil collapse computations with finite elements [J]. Archive of Applied Mechanics, 1989, 59 (3): 221-236.

[44] Zienkiewicz O C, Cheung Y K. The finite element method in structural and continuum mechanics [M]. London: McGraw-Hill, 1967.

[45] Zienkiewicz O C. The finite element method [M]. London: McGraw-Hill, 1977.

[46] 北京金土木软件技术有限公司. PLAXIS岩土工程软件使用指南[M]. 北京：人民交通出版社，2010.
[47] 刘志祥，张海清. PLAXIS 3D 基础教程[M]. 北京：机械工业出版社，2015.
[48] 刘志祥，张海清. PLAXIS高级应用教程[M]. 北京：机械工业出版社，2015.

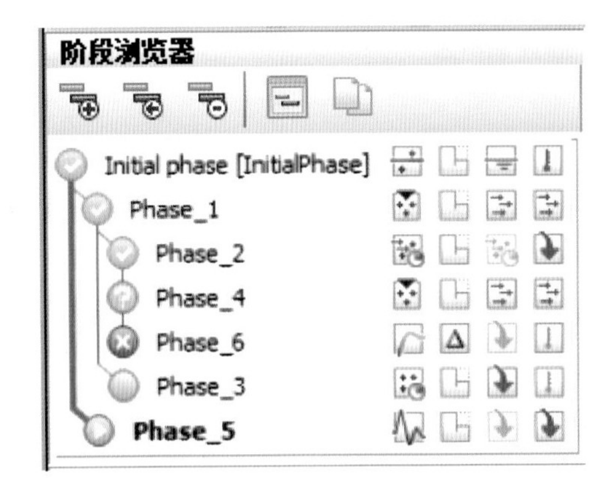

图 3-12 “阶段浏览器”窗口

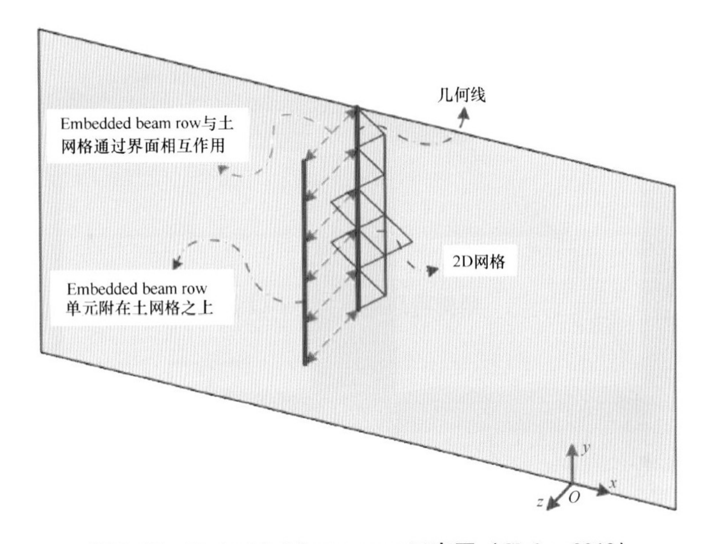

图 5-17 Embedded beam row 示意图（Sluis，2012）

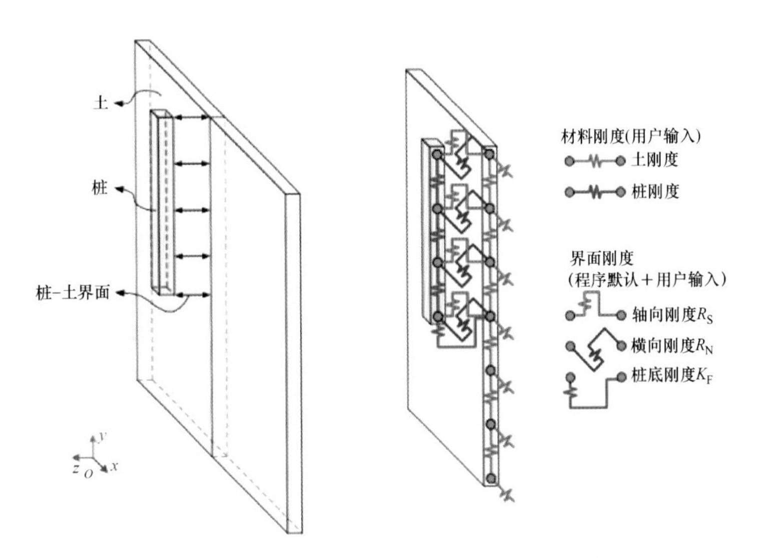

图 5-19 Embedded beam row 单元与土相互作用（Sluis，2012）

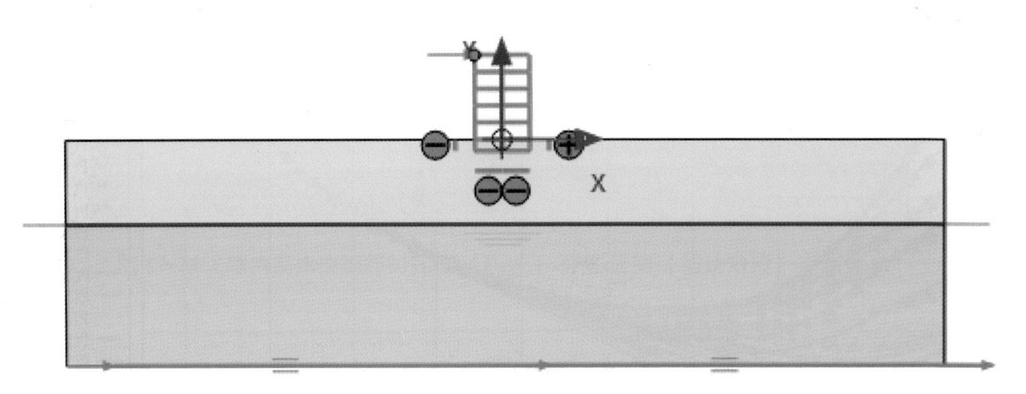

图 24-9　初始阶段

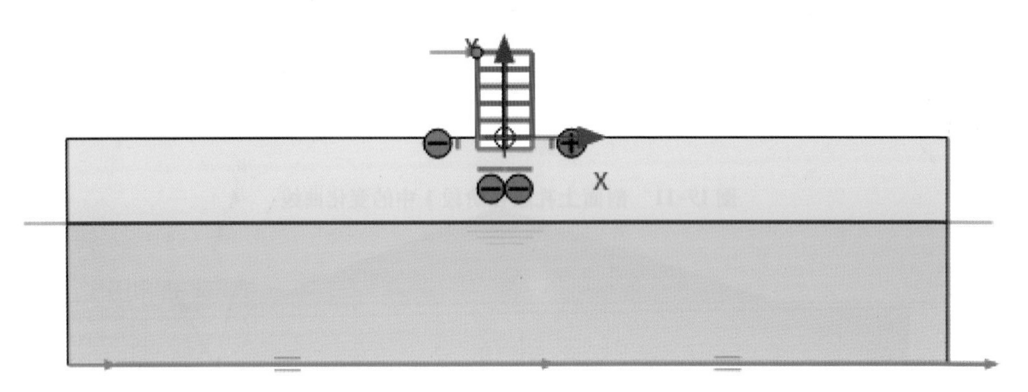

图 24-10　阶段 1：建筑物施工